Clemens Dirscherl
Bäuerliche Freiheit und
genossenschaftliche Koordination

Clemens Dirscherl

Bäuerliche Freiheit und genossenschaftliche Koordination

Untersuchungen zur Landwirtschaft in der vertikalen Integration

DUV Springer Fachmedien Wiesbaden GmbH

CIP-Titelaufnahme der Deutschen Bibliothek

Dirscherl, Clemens:
Bäuerliche Freiheit und genossenschaftliche Koordination ; Untersuchungen zur Landwirtschaft in der vertikalen Integration / Clemens Dirscherl.–
Wiesbaden : Dt. Univ.-Verl., 1989
Zugl.: Freiburg (Breisgau), Univ., Diss., 1988
ISBN 3-8244-4016-4

ISBN 978-3-8244-4016-0 ISBN 978-3-322-90025-8 (eBook)
DOI 10.1007/978-3-322-90025-8

Der Deutsche Universitäts-Verlag ist ein Unternehmen der Verlagsgruppe Bertelsmann.

Druck und Buchbinder: difo-druck Bamberg
Printed in Germany

ISBN 3-8244-4016-4

Bäuerliche Freiheit und genossenschaftliche Koordination

Eine explorative Studie über den landwirtschaftlichen Produktionsbereich in der vertikalen Integration

Inaugural-Dissertation
zur
Erlangung der Doktorwürde
der Philosophischen Fakultäten
der Albert-Ludwigs-Universität
zu Freiburg i. Br.

vorgelegt
von

Clemens Dirscherl
aus Ludwigshafen/Rhein

Referent	: Prof. Dr. Gerd Spittler
Koreferent	: Prof. Dr. Walther Manshard
Dekan	: Prof. Dr. Heiko Steuer
Tag der Abschlußsitzung	: 1. Juli 1988

Inhalt

Verzeichnis der Tabellen und Abbildungen

Vorwort

Mit dem Abschließen einer Dissertation blickt man gerne zurück auf ihre Entstehungsgeschichte und Entwicklung. Auch ich tue das und sehe viele, viele liebe Menschen und hilfsbereite Stellen, die unmittelbar oder mittelbar am Zustandekommen dieser Studie beteiligt waren. Ihnen allen gebührt dafür herzlichen Dank.

Besonderen Dank schulde ich aber der *Friedrich-Naumann-Stiftung*, welche mir im Anschluß an eine Studienförderung auch ein Promotionsstipendium gewährte, über das die Untersuchung finanziell abgesichert war.

Persönlich verdanke ich sehr viel *Prof. Dr. Gerd Spittler*, meinem "Doktorvater" - im wahrsten Sinne des Wortes. Durch ihn lernte ich überhaupt erst die Landwirtschaft als interessantes soziologisches Forschungsfeld kennen. Während meines Studiums bei ihm stieß ich auf die vorliegende Fragestellung. Von ihm erhielt ich wertvolle Anregungen und Hinweise und mit ihm konnte ich jederzeit alle auftretenden Fragen und Probleme besprechen.

Danken möchte ich auch *Prof. Dr. Walther Manshard*, der meinem Promotionsvorhaben auf verschiedene Weise hilfreiche Unterstützung gewährte.

Schließlich sei all jenen Bauern gedankt, die durch ihre Gastfreundschaft, Auskunftsbereitschaft und ihre Duldsamkeit gegenüber "zu theoretischen" Fragen eines landwirtschaftlichen Laien diese Studie überhaupt erst ermöglichten.

1. Anliegen und Vorgehensweise der Studie

Butterberge, Weinseen, faulendes Obst und Gemüse zu Riesenhalden aufgetürmt, die Unfinanzierbarkeit der europäischen Agrarpolitik, dazwischen Gipfelgespräche der Regierungschefs und Landwirtschaftsminister ganze Nächte hindurch in Brüssel, Bauerndemonstrationen gegen Agrarpreiskürzungen und, seit einigen Jahren neu hinzugekommen, die zunehmende Belastung des Naturhaushaltes infolge intensiver landwirtschaftlicher Produktionstechniken - damit sind wohl umfassend die Dauerthemen genannt, welche die Diskussion bestimmen, wenn in der Öffentlichkeit, Politik und Wissenschaft von der Landwirtschaft die Rede ist. Eines ist allen Themen gemeinsam: sie verschleiern die Grundproblematik, um die es eigentlich geht, sie erfüllen "Stellvertreter-Funktion" für eine ganz andere Thematik, wie MROHS zutreffend kommentiert: "In Wirklichkeit steht die gesellschaftliche Stellung der Landwirte zur Diskussion."[1]

Unter dem Einfluß industriegesellschaftlicher Wirtschafts- und Arbeitsorganisation hat sich aus der Agrarkultur eine Agrarökonomie entwickelt, innerhalb der das besondere Wesen bäuerlicher Arbeitsgestaltung immer schwieriger zu erkennen und in die gesellschaftliche Arbeit einzuordnen ist[2]. Daraus folgerte schon vor Jahren J. MÜLLER: "Alles ist vereinheitlicht, genormt, alles Einzeltümliche verfällt der Uniformierung und Nivellierung (...) ein ungeheurer Gleichmachungsprozeß" vollziehe sich in der bäuerlichen Produktion, womit sich die Grenzen zur Industriearbeit verwischten[3]. Im gleichen Maße, wie die Landwirtschaft infolge ihrer Außenbindung technisiert, spezialisiert, modernisiert, intensiviert und automatisiert wird, verlieren solch klassische, hochgeschätzten Werte, wie "Selbständigkeit", "Unabhängigkeit" und eben die sprichwörtliche "bäuerliche Freiheit" an Bedeutung oder müssen sich einer Neubewertung unterziehen. Inzwischen mehren sich die Stimmen, die vor den Folgewirkungen einer solchen Entwicklung warnen: vor dem "Verlust lokaler Selbständigkeit und Identität"[4], der "Zerstörung der dörflichen Gesellschaft und ihrer Lebensbedingungen"[5] und sogar vor der "Entbäuerlichung" der Bauern[6].

Wie sieht aber überhaupt die Außenabhängigkeit der Landwirtschaft tatsächlich aus, wo und auf welche Weise werden der bäuerlichen Freiheit konkret in der Industriegesellschaft Grenzen gesetzt? Das Erkennen dieser für Agrarpolitik wie Agrarsoziologie gleichermaßen wichtigen Fragen und deren allgemeine Problematisierung, wie das gemeinhin getan wird[7], kann nicht darüber hinwegtäuschen, daß eine systematische Behandlung dieses Spannungsverhältnisses fehlt[8]. Die Vielfalt der bäuerlichen Außenbeziehungen (Kooperation und Integration, Staat, Agrarberatung, Verbände, Landhandel, Kreditinstitute, Versicherungen, Forschungsanstalten, Maschinenindustrie usw.)[9] macht darüber hinaus empirische Einzeluntersuchungen erforderlich, wie sie unseres

1) MROHS 1981, S. 104.
2) Vgl. BERGMANN 1975, S. 85 und BRÜGGEMANN/RIEHLE 1986, S. 97.
3) J. MÜLLER 1950, S. 208 f.
4) HAINDL 1986, S. 376 f.
5) Ebd.
6) BRÜGGEMANN/RIEHLE 1986, S. 109 f.
7) Auf Literaturnachweise soll an dieser Stelle wegen der Vielzahl von Titeln verzichtet werden. Dies wird an anderen Stellen nachgeholt.
8) Vgl. SPITTLER 1980, S. 607.
9) Vgl. BENVENUTI 1975.

Wissens bisher lediglich für die staatliche Gesetzgebung ansatzweise vorliegen[10]. Mit dieser Arbeit soll daher ein Beitrag zur bäuerlichen Freiheit in der Industriegesellschaft geleistet werden, womit sich unsere Studie als "peasant study"[11] versteht.

Im folgenden Kapitel wird eingangs die Entwicklungslinie nachgezeichnet, die zur Eingliederung der traditionellen bäuerlichen Landwirtschaft in die industriekapitalistische Gesellschaft geführt hat (2.). Sukzessive geriet die einst subsistenzorientierte bäuerliche Wirtschaft über ihren eigenen Produktions- und Konsumbereich hinaus in eine Außenabhängigkeit zu verschiedenen politischen, wirtschaftlichen, sozialen und kulturellen Systemen. Das dritte Kapitel zeigt auf, welcher Außenabhängigkeit sich die vorliegende Studie widmet: der vertikalen Integration als kooperative Organisationsform landwirtschaftlicher Arbeit. Zunächst wird kurz eine Begriffsklärung vorgenommen und das Wesen der vertikalen Integration in der Landwirtschaft dargestellt (3.1.). Anschließend wird jenen wertgebundenen Merkmalen nachgegangen, die bis heute das Bild bäuerlicher Arbeit bestimmen: die freie, selbständige und unabhängige Arbeitsgestaltung (3.2.), womit sich ein erhebliches Konfliktpotential für die bäuerliche Eingliederung in den vertikalen landwirtschaftlichen Stufenverbund ergibt. Hier ist nun zwischen der "traditionellen" bäuerlichen Freiheitsauffassung, wie sie von den Bauerntumsideologien geboren und im bäuerlichen Selbstverständnis verankert ist (3.2.1.), und der "modernen" bäuerlichen Freiheit, reduziert auf die ausschließlich wirtschaftlich determinierte unternehmerische Freiheit in der Landwirtschaft, wie sie agrarpolitisch propagiert wird (3.2.2.), zu unterscheiden. Ich grenze den Untersuchungsgegenstand dann weiter ein, indem ich mich auf eine bestimmte Form vertikaler Integration konzentriere: die Genossenschaften (3.2.3.). Sie scheinen aus drei Gründen von besonderem Interesse. Erstens sind sie von zentraler Bedeutung für die historische Entwicklung der Landwirtschaft in ihrer heutigen Form[12]. Zweitens spielen sie weltweit bei der Agrarvermarktung als Erfassungsorgane und Unternehmen der Be- und Verarbeitung sowie des Absatzes eine wichtige wirtschaftliche Rolle. In der Bundesrepublik erreichten alle genossenschaftliche Unternehmen 1985 einen Umsatz von 81 Mrd. DM, wovon 46,2 Mrd. DM (ohne Mehrwertsteuer) auf Direktumsätze mit der Landwirtschaft entfielen[13]. Am landwirtschaftlichen Gesamtumsatz liegt der genossenschaftliche Anteil bei um die 50%, bei einigen Sektoren sogar weit darüber[14]. Drittens gelten die Genossenschaften in Agrarwissenschaft und Agrarpolitik als traditionelle Organisationsform bäuerlicher Arbeit, welche das Konfliktpotential zwischen bäuerlicher Freiheit und vertikaler Integration der Landwirtschaft entspannen soll. Gerade um dieses Konfliktpotential geht es schließlich einer anderen Auffassung, die als Proletarisierungsthese der These bäuerlicher Freiheit gegenübersteht (3.3.). Nach einer begrifflichen Klärung zur marxistischen Terminologie (3.3.1.) werden in einem Exkurs allgemeine Entwicklungstendenzen in der Landwirtschaft zusammengefaßt, die von verschiedener Seite bereits als bäuerliche Proletarisierung interpretiert werden (3.3.2.). Anschließend folgt die Dar-

10) Vgl. PERNTHALER 1968, S. 57 ff., BOTHMER 1973, LOCHER 1978, Eingriffe in die unternehmerische Entscheidungsfreiheit des Landwirts 1979 sowie für die USA die Analyse bei BREIMYER 1965, S. 135 ff.

11) Vgl. SPITTLER 1980, S. 609.

12) Vgl. FAUST 1977 und KOPPLIN 1982, S. 31 ff.

13) DEUTSCHER RAIFFEISENVERBND (Hrsg.) 1986, S. 20; vgl. auch KOPPLIN 1982, S. 47 f.

14) BESCH 1981, S. 35 f.; vgl. auch KOPPLIN 1982, S. 83 ff.

stellung jener Form bäuerlicher Proletarisierung, welche analog zur marxistischen Entwicklungsgesetzlichkeit von Industrie und Landwirtschaft mit der vertikalen Integration als landwirtschaftlichem Produktionsverhältnis begründet wird (3.3.3.). Hier wird ein ganz anderes Bild bäuerlicher Arbeit gezeichnet wie zuvor. An die Stelle der Freiheit, Unabhängigkeit und Selbständigkeit tritt die Bindung, Abhängigkeit und Unselbständigkeit - eben der proletarisierte Bauer als Heim- und Lohnarbeiter. In den folgenden Kapiteln werden dann die Ergebnisse aus unseren beiden empirischen Genossenschaftsuntersuchungen vorgestellt (4. und 5.).

Der Forschungsstand zu dem Thema machte es erforderlich, explorativ vorzugehen. Zu den Abhängigkeiten und Bindungen bäuerlicher Arbeit innerhalb der vertikalen Integration liegen meines Wissens keine empirisch fundierten Erkenntnisse vor. Im gleichen Maße, wie es der deutschen Agrarsoziologie an originärer soziologischer Theorienbildung und empirischen Untersuchungen fehlt[15], spiegelt der arbeits- und wirtschaftssoziologische Forschungstand das Desinteresse der Sozialwissenschaft an der landwirtschaftlichen Produktion wider. Für sie ist die bäuerliche Arbeit kein Thema[16]. Es fehlt sowohl an Darstellungen der bäuerlichen Arbeit im allgemeinen wie auch im besonderen unter den Voraussetzungen vertikaler Integration. Die Untersuchungen anderer Disziplinen, die sich mit der vertikalen Integration mehr oder weniger im Zusammenhang mit dem landwirtschaftlichen Produktionsbereich beschäftigt haben, geben ebenfalls wenig Aufschluß über die sozio-ökonomische Stellung der Erzeugerstufe im vertikalen Stufenverbund. Sie sind entweder einseitig agrarökonomisch orientiert[17], beschränken sich auf den rein formaljuristischen Aspekt von Vertragsbeziehungen[18] oder verstehen sich als kooperationstheoretische[19] bzw. partizipationstheoretische Studien[20]. Aus diesem Grund schien es erforderlich, überhaupt einmal wirklichkeitsnahe Erkenntnisse über den Leistungsablauf zwischen (genossenschaftlichem) Integrator und Erzeugerstufe zu gewinnen[21]. Als "die beste Methode, um tief in ländliche Sozialprobleme einzudringen und komplexe Zusammenhänge zu erkennen"[22], wurde daher die Einzelfallstudie gewählt. Es interessierten konkrete raum-, sach-, personen- und situationsbezogene Probleme, die sich aus der vertikalen Integration in der Landwirtschaft ergeben, und nicht deren statistische Verteilung; die Untersuchung versteht sich somit als explorative oder qualitative Sozialforschung[23]. Zwei genossenschaftliche Unternehmen

15) Vgl. GERKEN1976, S. 287 und SPITTLER 1980, S. 609 f.

16) Vgl. nur exemplarisch PRIGGE 1973, BRAVERMANN 1977, FÜRSTENBERG 1977, PIERENKEMPER 1980, INSTITUT FÜR SOZIALFORSCHUNG (Hrsg.) 1981, VILMAR/KISSLER 1982, AMBROSY 1983, DÜRHOLT et al. 1983, LITTEK et al. (Hrsg.) 1983, HARTMANN et al. (Hrsg.) 1984, HOFFMANN-NOWOTNY/GEHRMANN (Hrsg.) 1984, MIKL-HORKE 1984.

17) So z.B. JAMISON 1960, LE BIHAN 1966, THIMM 1966, IRION 1967, GOLDBERG 1968, SAUERBREY 1968, BARTHELMÄ 1973, HOFFMANN 1976, IDE 1982 und PÜTZ 1982.

18) So z.B. STRECKER et al. 1963, FRATZSCHER 1966, SCHOPEN 1966, v. OPPEN 1968, BORCHERT 1970, ROY 1972, v. ALVENSLEBEN et al. 1973, FEUERBORN 1978 und HEIM 1982.

19) So z.B. HÖLSCHER 1964, SCHILLER 1970, KÖBKE 1972, PARDUHN 1972, FASEN 1974, SCHLOEN 1974, KELLER 1975, GERLING 1976, KREMLICKA 1980, JANETZKI 1982 und KALEFELD 1983.

20) So z.B. GERBER 1969 GIORDANO 1976, GASSON 1977, HETTLAGE 1979, NEUMANN 1982, RINGLE 1983, VIERHELLER 1983 und JAUDZIMS 1985.

21) Ähnlich lauten auch die Forderungen, die DRAHEIM 1959, S. 244, KÖTTER 1967, S. 46 und GERKEN 1976, S. 287 an eine empirisch betriebene Genossenschaftsanalyse stellen.

22) PLANCK/ZICHE 1979, S. 464.

23) Vgl. GERDES (Hrsg.) 1979 und WITZEL 1982.

standen dabei im Mittelpunkt: ein Obst- und Gemüsegroßmarkt sowie eine Molkerei. Die Wahl fiel aus mehreren Gründen ausgerechnet auf diese beiden Unternehmen.

Für beide landwirtschaftliche Bereiche nimmt das Genossenschaftswesen eine wichtige Stellung bei der Erfassung, Be- und Verarbeitung sowie der Vermarktung der Erzeugnisse ein. In der Bundesrepublik gab es 1985 113 Obst- und Gemüsegenossenschaften sowie 1.083 Molkerei- und Milchverwertungsgenossenschaften[24]. Als Domäne genossenschaftlicher Betätigung gilt seit jeher die Milchwirtschaft. In diesem für die landwirtschaftlichen Einkommen überdurchschnittlich bedeutsamen Sektor - 25% der landwirtschaftlichen Einkommen stammen aus der Milcherzeugung[25] - bestand 1985 für 366.751 Erzeuger eine genossenschaftliche Absatzbindung[26]. Mit einem Gesamtumsatz von 15.800 Mio. DM[27] entfielen auf genossenschaftliche Unternehmen 1979 fast 80% aller Umsätze mit Milch und Molkereiprodukten[28]. Dem genossenschaftlichen Obst- und Gemüsebau kommt zwar nicht eine derartig überragende Bedeutung zu, doch stellt auch er zumindest unter den pflanzlichen Erzeugnissen eine gewichtige Größe dar. 1979 tätigten 91.385 Erzeuger genossenschaftliche Lieferbeziehungen[29], wobei die Mitgliederentwicklung in Obst- und Gemüsegenossenschaften mit einer Steigerung von 148,8% seit 1950 die stärkste aller Genossenschaftssparten war[30]. Der gesamte Umsatz im genossenschaftlichen Obst- und Gemüsebereich betrug im gleichen Jahr 1.070 Mio. DM, was einem Anteil von 47,9% am Gemüsemarkt und 29,3% am Obstmarkt entspricht[31].

Beide genossenschaftliche Unternehmen liegen außerdem nicht weit voneinander entfernt, wodurch ein geschlossener Agrarraum in die Untersuchung einbezogen werden konnte[32]. Der Untersuchungsraum weist eine große Vielfalt naturräumlicher Gegebenheiten auf mit Kontrasten zwischen wärmebegünstigten Tiefland- und Beckenzonen einerseits und Mittelgebirge und Hügellandschaften mit viel kürzerer Vegetationsperioden andererseits[33]. Entsprechend vielfältig ist auch die Agrarlandschaft. Je nach naturräumlicher Lage sind Waldwirtschaft, Grünlandwirtschaft mit Viehwirtschaft, Ackerbau und Anbau von Sonderkulturen (Obst, Gemüse, Wein, Tabak) anzutreffen. Schließlich wurden die beiden genossenschaftlichen Unternehmen auch aus arbeitsrationalen und -organisatorischen Gesichtspunkten ausgewählt, da der Verfasser im Untersuchungsraum wohnt. Dies war von Vorteil, weil bereits erste Kenntnisse über sie vorlagen, sie zudem mehrmals aufgesucht werden mußten und auch ansonsten allzu lange Fahrzeiten zu den ihnen angeschlossenen landwirtschaftlichen Erzeugerbetrieben entfielen.

Der Forschungsprozeß verlief in drei Phasen: Vorbereitung, Datenerhebung und Datenauswertung. Zur Vorbereitungsphase gehörten neben dem obligatorischen Literatur- und Quellenstudium insbesondere auch die Annäherung an den Untersuchungsge-

---

24) DEUTSCHER RAIFFEISENVERBAND (Hrsg.) 1987, S. 16.
25) JAUDZIMS 1985, S. 148.
26) DEUTSCHER RAIFFEISENVERBAND (Hrsg.) 1987, S. 53.
27) KOPPLIN 1982, S. 52.
28) Ebd., S. 71; vgl. auch DEUTSCHER RAIFFEISENVERBAND (Hrsg.) 1987, S. 56.
29) KOPPLIN 1982, S. 56.
30) Ebd., S. 53.
31) Ebd., S. 66 f.
32) Dies gilt um so mehr, als zuvor bereits eine winzergenossenschaftliche Untersuchung im gleichen Raum durchgeführt worden war; vgl. DIRSCHERL 1984a.
33) Vgl. zu den naturräumlichen Voraussetzungen der Landwirtschaft im Untersuchungsraum ausführlich BORCHERDT (Hrsg.) 1983, S. 26 ff. und BORCHERDT et al. 1985, S. 25 ff.

genstand, den landwirtschaftlichen Produktionsbereich in der vertikalen Integration. Dazu war es unverzichtbar, sich mit Detailfragen und Hintergründen der bäuerlichen Arbeit in der Milchwirtschaft und dem Obst- und Gemüsebau auseinanderzusetzen. Als Informationsquelle dienten zunächst Veröffentlichungen in landwirtschaftlichen Fachzeitschriften. Besondere Bedeutung kam aber den mehrwöchigen Betriebspraktika zu, die in beiden Genossenschaften zwischen August und Dezember 1985 absolviert wurden. Indem sowohl in der Molkerei als auch dem Obst- und Gemüsegroßmarkt in allen für die Erzeugerstufe wesentlichen Bereichen (Erfassung, Beratung, Abrechnung, Qualitätsprüfung, Verkauf) Einblicke genommen und mit allen Stellen wiederholt intensive Gespräche geführt werden konnten, ergab sich die wohl wichtigste Voraussetzung für die gesamte Untersuchung: es wurde ein grundlegendes Basiswissen angeeignet, ohne dies das Verständnis für die komplexen (Kausal-)Zusammenhänge der Beziehungen zwischen Genossenschaft und Erzeugern mit Sicherheit gefehlt hätte. Darüber hinaus dienten erste Besuche bei Milch-, Obst- und Gemüseerzeugern, um sich vor Ort, auf dem Feld, den Anbauflächen, in Stall und Milchkammer von und in der Praxis über produktionstechnische Einzelheiten informieren zu lassen. Mit solchem Basiswissen konnte dann eine vorläufige begriffliche Vorstrukturierung der einzelnen Gegenstandsbereiche vorgenommen werden, worauf auch der durch themenzentrierte Fragenkomplex zwar strukturierte, aber nicht standardisierte Leitfaden aufbaute, der zum Gespräch mit den Erzeugern erstellt wurde[34].

Die Datenerhebung erfolgte im März/April 1986 für den Obst- und Gemüsebau und im Mai/Juni 1986 für die Milchwirtschaft. Bei der Auswahl der Gesprächspartner zeigten sich die genossenschaftlichen Erzeugerberater zwar äußerst behilflich, allerdings kamen dabei Befürchtungen auf, daß durch eine genossenschaftliche Selektion der Befragten vielleicht ein unrealistisch konfliktfreies Bild des Leistungsvollzugs mit den Erzeugern entstehen könnte. Dies bestätigte sich nach den ersten Gesprächen jedoch nicht. Gleichwohl wurden persönliche Beziehungen zu landwirtschaftlichen Betrieben genutzt, um mit deren Hilfe insbesondere genossenschaftskritischen Stimmen Berücksichtigung zu geben. Im milchwirtschaftlichen Bereich wurden mit 14 Erzeugern und 3 Sammelstellenleiterinnen (ohne Milchproduktion), im Obst- und Gemüsebau mit 22 Erzeugern sowie 3 Sammelstellenleitern (mit Anbau) Gespräche geführt. Dabei wurde versucht, alle strukturellen Merkmale, wie Alter, Geschlecht, Erwerbsform, Standort, Produktionsschwerpunkte, abzudecken. Infolge der Vielfalt der Produktionsstruktur im Obst- und Gemüsebau wurden daher auch mehr Erzeuger gesprochen als in der Milchwirtschaft. Hinzu kamen noch zahlreiche sog. "Experteninterviews" bei staatlichen Stellen (Regierungspräsidium, Landwirtschaftsamt, Landratsamt, Veterinäramt, Tiergesundheitsdienst) und den Genossenschaften (Betriebslabor, Buchhaltung, Produktion, Beratung etc.), um über "fact-finding-questions" bestimmte historische, rechtliche, wirtschaftliche oder technische Fragen zu klären[35].

Die Gespräche dauerten je nach Interesse, Auskunftsbereitschaft und Verlauf zwischen 50 Minuten und vier Stunden. Oftmals waren weitere Familienangehörige (Ehepartner, Altenteiler, Kinder, Geschwister) anwesend, so daß sich mitunter rege Diskussionen im größeren Kreis entwickelten, wodurch auch kontroverse Standpunkte anklangen. Bei der Gesprächsführung kam wiederum das zuvor angeeignete Basiswissen voll

34) Vgl. den Leitfaden im Anhang.

35) Eine vollständige Liste der Gesprächspartner findet sich im Anhang.

zur Geltung. Erstens konnten die Fragen anhand konkreter orts-, sach-, zeit- und personenbezogener Themen gestellt bzw. erläutert werden. Außerdem waren die Gespräche von Mal zu Mal, je informierter ich wurde, ergiebiger, da ich bei Unklarheiten besser nachfassen konnten, als Gesprächspartner "selbstverständlicher" akzeptiert wurde und somit von der Rolle des reinen, ausforschenden Befragers losgelöst war.

Für die Datenauswertung mußten alle auf Tonband aufgezeichneten Gespräche zunächst transkribiert werden. Dazu wurden für die Fragestellung relevanten Themenkomplexe verschiedene Topoi aufgestellt, um ganze Gesprächspassagen oder einzelne Aussagen leichter einordnen zu können. Es erfolgte demnach weniger eine materialorientierte Datensammlung und -aufzählung als vielmehr eine problemzentrierte Explikation. Auf diese Weise bildeten sich mehrere analytische Kategorien, welche sich als Eckpfeiler anboten, um die Untersuchungsergebnisse im Anschluß an die beiden Thesen bäuerlicher Freiheit bzw. bäuerlicher Proletarisierung systematisch darzustellen.

Auf eine größere historische Betrachtung des Obst- und Gemüsebaues und der Milchwirtschaft sowie der genossenschaftlichen Entwicklung wird weitgehend verzichtet. An dieser Stelle sei daher bereits auf die entsprechende Literatur verwiesen[36]. Die Untersuchungsergebnisse werden jeweils getrennt für beide landwirtschaftliche Produktionsbereiche dargestellt (4. und 5.). Nach einer Vorstellung der Genossenschaften (4.1. und 5.1.) und ihrer funktionalen Leistungen (4.2. und 5.2.) verfolge ich zunächst die formalen Grundlagen, welche sie überhaupt dazu legitimieren, in die landwirtschaftliche Produktion ihrer Erzeuger gestaltend einzugreifen (4.3. und 5.3.). Danach beschreibe ich die einzelnen Inhalte, auf die sich das genossenschaftliche Interesse hinsichtlich der Produktionsstufe konzentriert (4.4. und 5.4.) sowie die Instrumente, derer sich die Genossenschaften bedienen können, um diese Inhalte bei den Erzeugern durchzusetzen (4.5. und 5.5.). Schließlich wird der wohl wichtigsten Frage nachgegangen: wie nehmen die Erzeuger die genossenschaftliche Einflußnahme auf das Produktionsgeschehen und ihre eigene Stellung im vertikalen Verbund wahr, wie reagieren sie darauf (4.6. und 5.6.)? In dieser Frage liegt nämlich die Antwort darauf, ob die Genossenschaften mit einer reibungslosen funktionalen Eingliederung der Produktionsstufe in den vertikalen Verbund rechnen können (4.6.2. und 5.6.2.) oder nicht (4.6.1. und 5.6.1.). Wesentlich erschien insbesondere für diesen letzten Themenkomplex der Perzeption, daß die Bauern selbst, und zwar so natürlich wie möglich, zu Worte kommen. Daher werden ihre Äußerungen unbearbeitet und oftmals ausführlich wiedergegeben.

Förderlich für die Darstellung und Interpretation der Untersuchungsergebnisse war die Tatsache, daß in beiden Genossenschaften schon zuvor von anderer Seite Erhebungen zu einzelnen Punkten stattgefunden hatten. Im Obst- und Gemüsegroßmarkt war 1984 eine repräsentative Mitgliederbefragung vom badischen Genossenschaftsverband durchgeführt worden[37]. In einem standardisierten Fragebogen sollten die Erzeuger Angaben zu ihrer Ernteplanung, der Warenlieferung sowie dem genossenschaftlichen

---

36) Vgl. zum Obst- und Gemüsebau: ENGEL 1903, KLIMMER 1906, S. 128 ff., SCHILLING 1930, GOTH 1931, S. 35 ff., COLLIGNON 1936, S. 44 ff., GEORGI 1937, DEUTSCHER RAIFFEISENVERBAND (Hrsg.) 1949, S. 137 ff., GUGELMEIER 1958 und 1969, S. 71 ff. und zur Milchwirtschaft: KLIMMER 1906, S. 144 ff., GRABEIN 1908, S. 81 ff., SIEBENHÜTTER 1911, GOTH 1931, S. 19 ff., COLLIGNON 1936, S. 20 ff., DEUTSCHER RAIFFEISENVERBAND (Hrsg.) 1949, S. 129 ff., NITSCH 1957, S. 11 ff. sowie für beide landwirtschaftliche Bereiche: HECHT 1903, BREUNIG 1927 und GRABHERR 1935.

37) BADISCHER GENOSSENSCHAFTSVERBAND RAIFFEISEN-SCHULZE-DELITZSCH 1984.

Unternehmen und seinem Personal machen. Für die Molkerei lagen gleich zwei Untersuchungen vor. Einmal ein Praktikumsbericht, der sich allerdings mehr in allgemeiner Form mit der wirtschaftlichen Organisation der Molkerei beschäftigt[38]. Von ungleich wichtigerer Bedeutung sind hingegen die Ergebnisse, die unter ähnlichem Themenbezug in der Arbeit von E. MÜLLER für die untersuchte Molkerei vorgelegt wurden[39]. Insbesondere diese Studie wird daher mehrmals angeführt,um unsere Untersuchungsergebnisse zu unterstreichen oder zu ergänzen.

Als Zusammenfassung des empirischen Teils (6.) wird eine vergleichende Analyse des landwirtschaftlichen Produktionsbereiches innerhalb der vertikalen Integration vorgenommen. Dabei werden die aus einer anderen Untersuchung gewonnenen Erkenntnisse über den Weinbau[40] zusätzlich einbezogen (6.1.).

Abschließend finden sich dann als Anregung zur weiteren Diskussion über die sozio-ökonomische Stellung der Landwirtschaft in der Industriegesellschaft noch einige Gedanken über die bäuerliche Arbeit, wie sie sich im Verlauf der Untersuchung zusammengefügt haben (6.2.).

38) BRUDER et al. 1979.
39) E. MÜLLER 1987.
40) DIRSCHERL 1984a.

2. Die Eingliederung der Landwirtschaft in die industriekapitalistische Gesellschaft

Seitdem vor über 10.000 Jahren der Mensch begann, den Boden systematisch zu bebauen, um Nahrung zu erzeugen, haben sich Wirtschaftsmotive, Produktionsweisen, Arbeitsorganisation und Arbeitstechniken der Landbewirtschaftung grundlegend gewandelt. Diese Entwicklung hat durch die Herausbildung der kapitalistischen Produktionsweise (als profitorientierte Marktproduktion) enorm an Dynamik zugenommen. Gleichwohl erfolgte die Eingliederung der Landwirtschaft in die kapitalistische Industriegesellschaft nicht schlagartig mit der industriellen Revolution, sondern vielmehr bemächtigten sich industriekapitalistische Wirtschafts-, Organisations- und Arbeitsprinzipien schleichend der Agrarerzeugung. Bereits 1851 befürchtete daher der Begründer der deutschen Volkskunde RIEHL den "Verfall des echten Bauerntums" und beschwor die "Mächte des Beharrens"[1]. Seitdem wurden Krisenerscheinungen in der Landwirtschaft als Ausdruck eines Umbruchs immer wieder diskutiert[2], was sich bis zur aktuellen Auseinandersetzung über die Probleme des europäischen Agrarmarktes und der Ökologie des Landbaues verfolgen läßt[3].

Aus historischer Sicht können fünf Elemente[4] dieses Eingliederungsprozesses angeführt werden:

Die *traditionelle bäuerliche Hauswirtschaft* war von ihrer Struktur her eine vollständig integrierte Einheit[5]: vertikal, weil in ihrer Ökonomie alle Glieder einer Produktionskette (vom Rohprodukt bis zum konsumreifen Produkt) vereinigt waren und horizontal, weil nahezu alle zur Erstellung eines Produktes erforderlichen Teilfunktionen im eigenen Haus wahrgenommen wurden. Solch ein ökonomisches System ist mit unterschiedlichen Bezeichnungen versehen worden: als "Familienwirtschaft"[6], "selbstgenügsame Eigenwirtschaft"[7], "Hauswirtschaft"[8], "Steinzeitökonomie"[9], "häusliche Produktionsweise"[10] oder auch einfach als "bäuerliche Eigenwirtschaft"[11].

Wesentliches Merkmal war die nach innen auf die ökonomisch und sozial-kulturell normierten Grundbedürfnisse der Familie gerichtete Produktionstätigkeit. Das innerfamiliale Gleichgewicht zwischen Produktion und Konsum wurde vom familialen Arbeitsaufwand ausbalanciert[12]. Grundlage für die subsistenzwirtschaftliche Autarkie des

---

1) RIEHL 1976, S. 57 ff.

2) Dies nicht nur mit der klassischen marxistischen Argumentation einer Parallelität von industrieller und landwirtschaftlicher Entwicklungsgesetzlichkeit, sondern auch von Autoren wie v. DIETZE 1923, ALBRECHT 1926, BECKMANN 1926/27, RITTER 1929, NIEHAUS 1948, KÖTTER 1958 und BACH 1967.

3) Vgl. HARSCHE 1982, STROTHE 1984, PRIEBE 1985, GLAESER (Hrsg.) 1986 und SCHMALS/VOIGT (Hrsg.) 1986.

4) Der Begriff "Element" findet bewußt Verwendung, um im Gegensatz zu "Stufen", "Stadien", "Perioden", "Phasen" u.ä. keine zeitlich-räumlich abgrenzbare entwicklungsgesetzliche Typologie aufzustellen, sondern die Grundzüge des landwirtschaftlichen Entwicklungsweges zu beschreiben.

5) Vgl. VASTHOFF 1966, S. 9, PLOCH 1960, S. 4 und ROY 1972, S. 1.

6) TSCHAJANOW 1987.

7) ALBRECHT 1926.

8) BRUNNER 1966.

9) SAHLINS 1972.

10) MEILLASSOUX 1976.

11) EGGEBRECHT et al. 1980.

12) Vgl. MEDICK 1976, S. 263.

"familienwirtschaftlichen Regelsystems"[13] als Einheit im "ganzen Haus" war die Vielfalt der Arbeitsaktivitäten. Solange das Wirtschaftsprinzip der Bedarfsdeckung vorherrschte, waren fremde Produktionsmittel überflüssig. Die Nahrungsmittelerzeugung aus pflanzlichem Anbau und Viehzucht war die tägliche Arbeit der Familienwirtschaft. Zugleich wurden die Agrarerzeugnisse aber auch weiterverarbeitet, da sie als Rohstoffe für die Herstellung von Gebrauchsgütern dienten: Flachs und Wolle wurden gesponnen und zu Kleidungsstücken verarbeitet. Man webte, färbte, schneiderte, schusterte und fertigte Haus- und Arbeitsgeräte selbst an. Aus dem Wald bezog man Holz für die Wohn- und Stallbauten, für Fässer, Wagen, Räder, Licht und Wärme. Die bäuerliche Familie verband demnach ihre landwirtschaftliche Tätigkeit mit der elementaren Ausübung einer Reihe anderer Berufe wie Schmied, Schneider, Zimmermann, Müller, Metzger und Bäcker[14]. Aufgrund dieser ganz auf Subsistenz ausgerichteten Produktions- und Lebensweise war die traditionelle Hauswirtschaft nicht auf wechselseitige Beziehungen zur Umwelt angewiesen.

Mit dem *Aufkommen der Stadt* und der folgenden Städtegründungsperiode[15] war dann der erste entscheidende Schritt zur Veränderung der traditionellen bäuerlichen Wirtschaftsstruktur eingeleitet. Zwar stand die subsistenzwirtschaftliche Familienversorgung noch weiterhin im Mittelpunkt bäuerlichen Arbeitens, doch war mit der Trennung zwischen Land und Stadt die *voll* auf lokale Subsistenzwirtschaft ausgerichtete Produktionsweise aufgebrochen: die erste Verflechtung mit einem über den lokalen Bereich hinausgehenden Markt war geknüpft.

Die wachsenden Städte erreichten bald eine Größe, wo die Agrarproduktion innerhalb des Weichbildes nicht mehr zur Ernährung ihrer Bewohner genügte und Nahrungsmittelzufuhren aus der Umgebung nötig wurden. Außerdem war die Landwirtschaft mit neuen Ansprüchen der Städter, des Adels und der Geistlichkeit an Qualität und Beschaffenheit der agrarischen Erzeugnisse konfrontiert: Wein, Holz, Faser- und Farbstoffe kamen zu den bekannten Grundnahrungsmitteln hinzu[16]. Rund um die Städte und neben den Handelsstraßen begannen sich erste Spezialisierungen im Anbau auszubreiten (z.B. Weinbau). Es war ein ständiger Markt für landwirtschaftliche Erzeugnisse geschaffen, der für die bäuerliche Bevölkerung auf dem Lande einen Anreiz zur Überschußproduktion über den Selbstversorgungsgrad der Familienwirtschaft hinaus darstellte[17]. Mit der partiellen Marktproduktion und Kommerzialisierung ihrer Ernte trat ein Tauschverkehr zwischen nunmehr unterschiedlichen Produzenten und Konsumenten ein. Neben dem Textil-, Bau- und Metallhandwerk hatten sich in den Städten im Zuge der Arbeitsteilung auch Berufe herausgebildet (Fleischer, Bäcker, Müller), die auf die Verarbeitung der landwirtschaftlichen Rohprodukte spezialisiert waren[18]. Ein Anfang zur Marktintegration der landwirtschaftlichen Bevölkerung und ihrer Produktion war gemacht, die Einheit des "ganzen Hauses" wurde brüchig.

Seit Mitte des 18. Jahrhunderts machten sich *Agrarreformen* bemerkbar, die die bäuerliche Bevölkerung von den jahrhundertalten feudalistischen Abhängigkeiten be-

---

13) Ebd.; BODENSTEDT 1986 spricht von "familiärer Solidarität" als "System sozialer Sicherung" (S. 50).
14) Vgl. EGGEBRECHT et al. 1980, S. 166 und BRAVERMANN 1985, S. 90 f.
15) Vgl. HENNING 1985, S. 67 ff.
16) Vgl. BODENSTEDT 1986, S. 78 ff..
17) Vgl. EGGEBRECHT et al. 1980, S. 166 f.
18) Vgl. HENNING 1985, S. 78 ff.

freien sollten und das "Eingangstor"[19] der landwirtschaftlichen Erzeugung in die kapitalistische Produktionsweise darstellen. Die Bauernbefreiung war ein Kernstück umfassender Agrarreformen, die mit der Aufhebung von Gemenglagen, Flurzwang und Gemeinheiten eingeleitet wurden und mit der städtischen Gewerbefreiheit sowie der Beseitigung der alten Standesvorrechte zusammenfielen.

Nach der Entstehung des Ständestaates und noch bis ins 18. Jahrhundert hinein war die feudalistische Abhängigkeit immer stärker geworden. Zwei rechtliche Komponenten bestimmten im wesentlichen die Abhängigkeit[20]: das grundherrliche Recht auf Boden, dem ein mehr oder weniger starkes bäuerliches Nutzungsrecht gegenüberstand, und die personenrechtliche Bindung als wichtiger Bestandteil des Feudalsystems. Die Beschränkung der bäuerlichen Freizügigkeit und die damit einhergehende Verpflichtung zu wirtschaftlichen Leistungen an den Grundherrn bauten die geordnete Grundherrschaft als wirtschaftlichen Verbund aus. Daraus resultierten unterschiedliche Arbeitsleistungen in Form von Hand-, Spann- und Gesindezwangsdiensten sowie Natural- und seit dem 17. Jahrhundert dann verstärkt Geldleistungen des Bauern an den Feudalherrn. Auf die Befreiung der Bauern von diesen Feudallasten und der grundherrlichen Bindungen hatten die Stein-Hardenbergischen Reformen von 1807/1811 entscheidenden Anteil[21]. Sie brachten den Bauern Eigentum an Grund und Boden, förderten seine freie Verfügungsgewalt darüber. Gleichzeitig verlangten sie vom Bauern Eigenverantwortung und persönliche Initiative in einer von liberalistischen Ideen determinierten Wirtschaftswelt, die ihm unter seinem bisher grundherrlichen Schutz fremd geblieben war. Zunächst aber belasteten die Befreiung des Bodens und die Abgeltung der auf ihm ruhenden Herrenrechte den Bauern mit beträchtlichen Ablösungsschulden, die aus dem Betrieb herausgewirtschaftet werden mußten. Dadurch war man in die Geldwirtschaft gezwungen[22], um über eine vermehrte Marktproduktion für die wachsende städtische Nachfrage die erforderlichen Abfindungssummen an die ehemaligen Grundherren zu erwirtschaften. Die neue ungewohnte Selbständigkeit brachte den Bauern als Verkäufer und Käufer von Waren mit anderen Wirtschaften in Verbindung, ließ ihn mit Handel, den Marktgesetzen von Angebot und Nachfrage, dem Kreditwesen und technischen Fortschritt in Berührung kommen. Die Voraussetzungen für eine vollständige Integration der Landwirtschaft in das industriegesellschaftliche Zeitalter waren geschaffen.

Die Agrarreformen hatten direkte Auswirkungen auf Flurverfassung und die ländlichen Abhängigkeitsverhältnisse, auf das Ziel der landwirtschaftlichen Erzeugung selbst hatten sie aber eher mittelbaren und auf die Produktionsverfahren gar keinen Einfluß gehabt. Hier wurden Kräfte wirksam, die als "*Industrialisierung der Agrarproduktion*"[23] ebenso säkular gewertet werden müssen, wie der Industrialisierungsprozeß insgesamt.

Von den traditionellen Bindungen befreit, sorgte die Landwirtschaft für die Ausdehnung des Nahrungsspielraumes, wodurch das gewaltige Bevölkerungswachstum, das die Agrarreformen und die beginnende Industrialisierung freigesetzt hatten, aufgefangen werden konnte. Die landwirtschaftliche Erzeugung richtete sich nicht mehr allein an

---

19) Vgl. ALBRECHT 1926, S. 51 u. PRIEBE 1985, S. 36.
20) Vgl. EGGEBRECHT et al. 1980, S. 155 ff. u. HENNING 1985, S. 29 ff.
21) Vgl. HENNING 1978, S. 49 ff.
22) Vgl. BECKMANN 1926, S. 43 ff.
23) LE BIHAN 1966, S. I.3; vgl. auch KÖTTER 1968, der entsprechend der industriellen Revolution von "landwirtschaftlicher Revolution" spricht (S. 163) sowie EGGEBRECHT et al. 1980, S. 244 f.

den selbstgenügsamen Bedürfnissen des eigenen Haushaltes aus, sondern an dem Bestreben, einen möglichst hohen Ertrag zu erzielen und ihn in einem entsprechenden Marktpreis zu realisieren. Damit war der bäuerliche Betrieb seines früheren autonomen Charakters entkleidet, er war als Produktionsbetrieb erkannt, der über Ackerbau und Viehzucht seinen Gewinn zu maximieren versuchte. Wesentlichen Anteil an dem Übergang vom Erzeugungs- zum Marktdenken hatte der Entwurf einer "rationellen Landwirtschaft" als angewandte Wissenschaft von THAER, der in seinem vierbändigen Werk (1809-1812) ihr Ziel dargelegt hatte: "Die rationelle Lehre von der Landwirtschaft muß also zeigen, wie der möglichst reine Gewinn unter allen Verhältnissen aus diesem Betrieb gezogen werden könne"[24]. THAER und seine Schüler, u.a. LIEBIG und v. THÜNEN, demonstrierten auch, welcher produktionstechnischen Neuerungen die Landwirtschaft hierzu bedurfte[25]: In der Viehwirtschaft zeigten sich die Rationalisierungsbestrebungen in der allgemeinen Einführung der Sommerstallfütterung, dem Aufkommen des Züchtungsgedankens, der Lehre der Tierhygiene und Tierernährung. Ein wichtiger Faktor für die Intensivierung der Agrarproduktion war die Ergänzung des betriebseigenen Naturdungs mit betriebsfremden mineralischen Düngestoffen, um dem Boden die durch den Übergang von der Dreifelderwirtschaft zur Fruchtwechselwirtschaft entzogenen Nährstoffe wiederzuzuführen. Mit dem Eindringen der Chemie in die Landwirtschaft entwickelte sich eine rasch expandierende Düngemittelindustrie[26]. Traditionelle Ackergeräte wie der Pflug und die Egge wurden durch verbesserte oder gänzliche Neukonstruktionen ersetzt. Nach diesen bestand eine rege Nachfrage, was folglich den Übergang von der Einzelfertigung zur standardisierten Serienherstellung einleitete. Eine aufstrebende Landmaschinenindustrie verdrängte das traditionelle dörfliche Landhandwerk der Wagner, Schmiede und Stellmacher[27]. Mit der Anwendung der Dampfkraft erreichte die Mechanisierung der Agrarproduktion eine neue Qualität. So, wie die Spinnmaschine in der Industrie, so revolutionierten die Dampflokomobile als Antrieb für Pflug und Dreschmaschine den Ackerbau[28].

Hatte die industrielle Revolution mit ihren (agrar-)technischen Fortschritten bereits zu einer weitgehenden Eingliederung der Landwirtschaft in die Industriegesellschaft geführt, so erfolgt nun ihre irreversible Totalintegration durch einen Wirkungszusammenhang, der als *Agribusiness* bezeichnet wird. Es ist unerheblich, ob damit "Nahrungswirtschaft", "Nahrungsgüterwirtschaft" oder "Agrar-Industrie-Komplex" übersetzt wird[29]. Wesentlich ist, daß die Landwirtschaft auf ein "abhängiges Glied"[30] in einer Kette der Nahrungsmittelversorgung reduziert wird, sie in den "Sog der Funktionsentleerung"[31] gerät.

Agrartechnische Fortschritte haben einen bereits vor dem eigentlichen Erzeugungsprozeß liegenden Agrarbereich entstehen lassen, der über die Lieferung vorgefer-

---

24) Zitiert nach HERRMANN 1985, S. 158.

25) Vgl. zur Geschichte der Landarbeit und zur landtechnischen Entwicklung im einzelnen: HAUSHOFER 1963, FRANZ 1969, GIEDION 1982, S. 174 ff., THOMSEN 1985 u. HERRMANN 1985.

26) Vgl. FRANZ 1969, S. 164 ff. u. HENNING 1978, S. 131 f.

27) Vgl. HAUSHOFER 1963, S. 194 ff., HENNING 1978, S. 138 ff. u. EGGEBRECHT et al. 1980, S. 247 f.

28) Vgl. HAUSHOFER 1963, S. 128 ff.

29) Zur terminologischen Diskussion vgl. SCHOPPE 1974, S. 19 ff.

30) K. MÜLLER 1950, S. 39.

31) SCHOPPE 1974, S. 23. Vgl. auch BESCH/MEYER 1968, die sogar den Begriff Landwirtschaft explizit durch den der Nahrungswirtschaft ersetzen, da die Erzeugung von Nahrungsmitteln nur durch ein Zusammenwirken mehrerer Wirtschaftsbereiche erfolgen würde (S. 19 f.).

tigter Produktionsmittel die Nahrungsmittelproduktion mitbestimmt: Chemieindustrie (Pflanzen-, Tierschutz-, Düngemittel), Futtermittelindustrie, Ackerschlepper- und Landmaschinenindustrie (technische Anlagen, Geräte, Maschinen) und Baugewerbe (Ökonomiegebäude) stellen den vorgelagerten Bereich dar[32]. Ergänzt wird er durch einen Dienstleistungsbereich. Der Landwarenhandel beschafft die erforderlichen Produktionsmittel für den landwirtschaftlichen Betrieb[33], während das ländliche Kreditwesen um eine solide Finanzierungsgrundlage bemüht ist[34]. Für das Erzeugungsrisiko gewährt das landwirtschaftliche Versicherungswesen vorsorglich Schutz. Formierung und Institutionalisierung im Agrarbereich führten zu einem weitverzweigten Bildungs- und Beratungswesen auf privater wie staatlicher Ebene, wovon zahlreiche Schulen, Akademien, Mustergüter, Fachzeitschriften etc. Zeugnis ablegen[35].

Dem eigentlichen Produktionsprozeß im landwirtschaftlichen Betrieb schließt sich ein weiteres Glied in der Kette der Nahrungsmittelversorgung an: die Erzeugnisse, die die bäuerliche Arbeit hervorgebracht haben, durchlaufen als Rohware erst mehrere Prozesse der Aufbereitung, Verarbeitung, Sortierung, Verpackung etc., bis sie als konsumreife Ware den Verbraucher erreichen. Parallel zur allgemeinen Wohlstandsentwicklung änderten sich mit steigender Kaufkraft breiter Bevölkerungsgruppen auch deren qualitative Ansprüche und Verzehrgewohnheiten. Bei weitgehend physiologischer Sättigung der Konsumenten sind quantitative Steigerungen des Gesamtverbrauches schwerlich zu erzielen. Es erfolgt eine Substitution von Quantität durch Qualität: einmal über den Trend zu "verfeinerten" Nahrungsmitteln und in den letzten Jahren zur gesundheitsbewußten Ernährung[36], zum anderen, indem komplementäre Sach- und Dienstleistungen den Konsumenten eine Zusatzfunktion des Produkts zur reinen Nahrungsfunktion anbieten. In einer "Gesellschaft ohne Zeit"[37] richtet sich nicht nur das Interesse der Berufstätigen auf eine Reduzierung der mit der Nahrungsaufnahme verbundenen Arbeit. Rationalisierungsbestrebungen bei der Nahrungszubereitung verlangen aber gebrauchsfertige Nahrungsmittel - bratfertige Tiefkühlkost, kochfertige Konserven, backfertige Kuchenmischungen und tischfertige Marmeladen etc. - Wünsche, die nicht von der landwirtschaftlichen Erzeugung, sondern den ihr nachgelagerten Veredelungsindustrien befriedigt werden. Die zunehmende Bevorzugung konsumreifer Lebensmittel war erst durch Verarbeitungs-, Konservierungs- und Verpackungstechniken möglich geworden[38], die gleichzeitig auch die Disponibilität der häuslichen Vorratsplanung (Konserve, Gefriertruhe) erweiterten[39].

Als prägendes Kennzeichen für den Strukturwandel der Nahrungswirtschaft stehen die Konzentrationstendenzen in den der Landwirtschaft nachgelagerten Sektoren der Verarbeitung und des Handels. Bei der Be- und Verarbeitungsstufe landwirtschaftlicher Erzeugnisse läßt sich für alle Branchen des Ernährungsgewerbes ein zunehmender Kon-

---

32) Vgl. THIMM/BESCH 1971, S. 22 ff. u. STROTHE 1984, S. 209 ff.

33) Vgl. THIMM/BESCH 1971, S. 92 ff. u. PLANCK/ZICHE 1979, S. 436 ff.

34) Vgl. PLANCK/ZICHE 1979, S. 451 ff.

35) Vgl. ebd., S. 423 ff. u. HENNING 1978, S. 160 ff.

36) Vgl. GLAESER 1986, S. 21 und FRENZ 1974, der die Verbraucherentwicklung nach unterschiedlich wertigen Nahrungsmitteln zeitlich verfolgt (S. 18 ff.).

37) RINDERSPACHER 1985.

38) Vgl. GIEDION 1982, der die verpackungstechnologische Entwicklung für die Fleischindustrie darstellt (S. 252 ff.).

39) Vgl. RINDERSPACHER 1985, S. 171 f.

zentrationsgrad einzelner Unternehmungen feststellen[40]: In der Mühlenindustrie war z.B. die Konzentration bereits 1973 soweit fortgeschritten, daß sieben Großmühlen 75% des bundesdeutschen Marktes kontrollierten. Bei den Tiefkühlkost- und Fertiggerichten besitzen sogar nur drei Unternehmen drei Viertel der Marktanteile. Auch für die Zukkerindustrie ist ebenso ein zunehmender Konzentrationsgrad festzustellen wie für die Milchverarbeitung, wo die Fusion von Molkereien ständig voranschreitet[41].

Wie im Ernährungsgewerbe konzentrieren sich auch im Nahrungsmitteleinzelhandel die Umsätze zusehends auf wenige große Unternehmen[42]. Schon 1977 entfielen mehr als 80% der Umsätze auf die 15 größten Handelsgruppen, wobei bereits damals die drei größten allein 45% des Marktanteils beanspruchten. Gleichzeitig haben die Vertriebsformen innerhalb des Lebensmittelhandels eine enorme Dynamik entfaltet[43], die zu einem grundlegenden Wandel der Verkaufssysteme führte. Die einschneidendste Neuerung war der Übergang zur Selbstbedienung. Mit dem Aufkommen der Supermärkte und der ständigen Zunahme der Ladengrößen ging eine Erweiterung des Lebensmittelsortiments einher. Auch diese Entwicklung entspricht dem Trend zur Zeitreduzierung der mit der Nahrungsaufnahme verbundenen Arbeit. Ein breites Sortiment an standardisierter, qualitativ gleichwertiger, abgepackter und konsumreifer Ware ("alles unter einem Dach") erspart dem Verbraucher zeitaufwendiges Warensuchen, Warenvergleichen und somit langwierige Kaufentscheidungen[44]. Der rationalisierten Nahrungszubereitung stellt sich der rationalisierte Einkauf voran.

Von der traditionellen subsistenzorientierten Hauswirtschaft wurden demnach über die zunehmende Marktproduktion und Kommerzialisierung des landwirtschaftlichen Betriebes bis hin zu seiner vollständigen Eingliederung in das Agribusiness immer mehr Funktionen abgegeben und nichtlandwirtschaftlichen Sektoren übertragen. Zusehends erfährt die bäuerliche Wirtschaft ihre Beschränkung auf die eigentliche Landarbeit, auf die Erzeugung weniger Produkte und ist damit losgelöst von deren Be- und Verarbeitung sowie deren Verkauf: die Milch kommt nicht mehr vom Bauern direkt zum Markt, sondern sie wird als "Rohmilch" von der Molkerei übernommen und nach aufwendigen technologischen Verfahren der Bearbeitung (Kühlung, Sterilisieren, Homogenisieren usw.) veredelt als Trinkmilch, Joghurt, Quark, Rahm u.a. in verschiedenen Fettstufen, Geschmacksrichtungen und Verpackungsformen dem Konsumenten angeboten. Für die Verarbeitung der Trauben und den Weinverkauf sorgen nicht mehr die Winzer, sondern Weinhandel oder Winzergenossenschaft. Obst und Gemüse gelangt entweder über die Saft-, Marmeladen- oder Konservenfabrik bzw. über die Tiefkühlkostbereitung oder über verschiedene Handelsstufen zum Verbraucher. Auch die anderen landwirtschaftlichen Erzeugnisse kommen so oder über ähnliche, der eigentlichen Erzeugung nachgelagerte Sektoren zum Konsumenten. Damit wird die Landwirtschaft

---

40) Vgl. FRENZ 1974, S. 32 ff. SCHLOEN, 1974, S. 42 ff., GÜNNEMANN 1979, BESCH 1981, S. 30 ff. STROTHE 1984, S. 71 ff. sowie den AGRARBERICHT 1985 der Bundesregierung Tab. 103: "Unternehmenskonzentration im produzierenden Ernährungsgewerbe".

41) Vgl. FRASSINE 1976.

42) Vgl. BESCH 1981, S. 28 f. u. FRENZ 1974, S. 24 ff.

43) Vgl. BESCH 1981, S. 29 f.

44) Vgl. RINDERSPACHER 1985, S. 159.

innerhalb des Agribusiness auf die Funktion des Rohstoffproduzenten reduziert, sinkt ab "auf die Stufe des Nurerzeugers von Kalorien"[45]

Mit der Funktionsspezialisierung werden andererseits an die Landwirtschaft und ihre Produzenten neue Anforderungen gestellt. Auf die geänderten Ansprüche der Konsumentenseite an die Nahrungsmittel müssen sich die Erzeuger in ihrer Arbeit anpassen. Die Nachfrage verlangt eine besondere Ware, die der bäuerliche Produzent, will er seine landwirtschaftliche Betriebsexistenz sichern, "marktgerecht" liefern muß. Solche "Marktausrichtung"[46] betrifft sowohl Qualität als auch Aussehen und Beschaffenheit der Erzeugnisse: gleich, ob es sich um Sorte, Farbe, Größe, Reinigungs-, Beschädigungs- und Reifegrad von Früchten bzw. Gemüse oder um Inhaltsstoffe und Frische der Milch handelt, die Verbraucherseite legt mit ihren besonderen Wünschen und Erwartungen die Grundlage, nach der die landwirtschaftliche Erzeugung ausgerichtet wird. Gleichzeitig erfordert die Konzentration der nachgelagerten Sektoren große Mengen einheitlicher, qualitativ immer gleichwertiger Ware, nämlich standardisierte Großpartien; zum einen, weil die Massenproduktionsverfahren der Be- und Verarbeitungsindustrien standardisierte Rohware voraussetzen, um letztlich auch standardisierte Fertigware für den Markt hervorbringen zu können[47]; und außerdem, weil sich die großen Handelsgruppen nicht mehr in der Lage sehen - wie früher der Fachgroßhandel - die Agrarprodukte des täglichen Bedarfes, wie z.B. Obst, Gemüse und Molkereiprodukte, frisch in kleinen Partien auf den Erzeugermärkten selbst einzukaufen. Sie wollen große Mengen, bereits vorsortiert, sortimentiert und gerichtet, zum ihnen passenden Termin pünktlich nach vereinbarter Zeit geliefert bekommen.

Die Agrarproduktion in der industriekapitalistischen Gesellschaft verlangt nach "industriekulturellen Gestaltungsprinzipien"[48], nach einer neuen Organisationsform landwirtschaftlicher Arbeit: "desorganisierende Entwicklungstendenzen" werden "reorganisiert"[49], "koordinierende Kräfte" gewinnen gegenüber "differenzierenden"[50] an Bedeutung. Die Landwirtschaft macht sich nach dem biologisch-technischen (Intensivierung) und mechanisch-technischen (Mechanisierung) Fortschritt den "organisatorisch-technischen Fortschritt"[51] zu nutzen: neue Kooperationsformen werden in der Landwirtschaft praktiziert.

---

45) SCHOPPE 1974, S. 27. LEITZMANN et al. 1986 sprechen in ihrem Aufsatztitel sogar vom "Untergang der Agrarkultur".

46) DRAHEIM 1962. THIMM/ZICHE 1966 haben für die landwirtschaftlichen Erzeuger zugleich ein Kompendium über marktgerechte Warenproduktion verfaßt, das Anleitungen für die Getreide-, Kartoffel-, Schlachtvieh-, Geflügel- und Milcherzeugung enthält.

47) Vgl. GIEDION 1982, der anhand der Brotherstellung sehr anschaulich den Trend zur "Uniformität" der Nahrungsmittel darstellt (S. 225 ff.).

48) HARSCHE 1982, S. 160 f.

49) LE BIHAN 1966, S. I.2.

50) THIMM 1966, S. 8.

51) SEUSTER 1984.

3. Vertikale Integration als kooperative Organisationsform landwirtschaftlicher Arbeit

3.1. Zu Begriff und Wesen der vertikalen Integration

Seit Adam SMITHs anschaulichem Beispiel einer Stecknadelmanufaktur ist überzeugend nachgewiesen worden, daß Arbeitsteilung die Produktivkraft der Arbeit um ein Vielfaches erhöhen kann, daß auf ihr die Entfaltung gesellschaftlicher Produktivkräfte schlechthin beruht. Wo die Produktion aber aufgeteilt wird, muß sie auch wieder auf einer anderen Ebene zusammengefügt werden, soll die Arbeitsteilung einem wirtschaftlichen Ziel dienen: "Jedem einzelnen Schritt zur Aufteilung des Produktionsprozesses entspricht also ein anderer der *Kooperation*"[1]. Die von der traditionellen Landwirtschaft zur industriegesellschaftlichen Nahrungswirtschaft zu beobachtenden arbeitsteiligen Differenzierungsvorgänge verlangen demnach nach Organisationsformen, welche Desintegrationserscheinungen der einzelnen Arbeitsvorgänge - von der Produktion landwirtschaftlicher Erzeugnisse, deren Be- und Verarbeitung, bis hin zu deren Distribution - verhindern und über Kooperation in einen sinnvollen "Tätigkeitszusammenhang"[2] reintegrieren.

Kooperation in der Landwirtschaft ist nun keineswegs erst eine Errungenschaft der Industriegesellschaft. Schon immer entstanden aus der lokalen Notwendigkeit der Nahrungsmittelversorgung Formen der Zusammenarbeit, sei es zum Zweck der gemeinsamen Jagd, der Neulandkultivierung, Bewässerung, Terrassierung und vielem mehr[3]. Die traditionelle Nachbarschaftshilfe stellt bis heute die ursprünglichste und alltäglichste Form der Zusammenarbeit dar. Es erscheint daher angesichts der "organisatorischen Vielfalt kooperativer Verbunde"[4] und der damit einhergehenden Begriffsverwirrung, wie sie in der Literatur anzutreffen ist, unumgänglich, zunächst eine begriffliche Präzisierung vorzunehmen, um sich später einer bestimmten Organisationsform landwirtschaftlicher Kooperation zuwenden zu können.

Die bisherige Begriffsverwendung von "Kooperation" wurde bewußt weit ausgelegt als Zuammenarbeit mehrerer Personen und Gruppen mit unterschiedlichen Teilaufgaben zur Erreichung eines gemeinsamen Ziels[5]. Hiervon weicht die Mehrheit der sich mit landwirtschaftlicher Kooperation befassenden Autoren ab, die explizit VASTHOFFs Kooperationsbegriff übernehmen[6]. Er definiert Kooperation "in einem engeren Sinne (...) als das Eingehen vertraglicher Bindungen zwischen selbständigen Unternehmen."[7] Ausdrücklich fügt er hinzu, daß von den vertraglichen Bindungen ein Einfluß auf die

1) IMMLER 1973, S. 15 (Hervorhebung von C.D.).
2) Vgl. entsprechend den Kooperationsbegriff bei FIEHLER 1980, S. 42 ff.
3) Vgl. BIRNBAUM 1870, S. 7 ff., FAUST 1977, S. 18 ff.
4) KELLER 1975.
5) Eine ausführliche Untersuchung des Kooperationsbegriffs wird von FIEHLER 1980 analytisch für die Politische Ökonomie, Psychologie, Sprachwissenschaft, Betriebswirtschaftslehre sowie die Industrie- und Betriebssoziologie vorgenommen (S. 74 ff.).
6) So z.B. GLÖY 1969a, S. 12, HARBS 1969, S. 12, HILL/STANGE 1970, S. 20, HÜLSEMEYER 1970, S. 297, WITT 1971, S. 12 f., KÖBKE 1972, S. 10, PARDUHN 1972, S. 12, BARTHELMÄ 1973, S. 25 f., SCHOPPE 1974, S. 29 f., STEDING 1975, S. 145 sowie CRÖNLEIN 1979, S. 9.
7) VASTHOFF 1966, S. 2.

Struktur und Organisation der beteiligten Betriebe ausgehen muß[8]. Gegen diesen engen Kooperationsbegriff lassen sich mit IMMLER zwei wesentliche Einwände vorbringen[9]: Mit der Betonung der vertraglichen Sicherung werden die mannigfaltigen Formen informeller Zusammenarbeit ausgeklammert, obwohl gerade diese als Wurzel der Kooperation zu betrachten sind: vom einfachen Erfahrungsaustausch zweier Landwirte über Bewirtschaftungsfragen, über die spontane Aushilfe bei besonderen Vorkommnissen (z.B. Krankheitsfall, Geburt eines Kalbes) und die kurzfristig abgesprochene Zusammenarbeit bei saisonbedingten Arbeitsspitzen, bis hin zum Austausch von Maschinen und Geräten. Selbst die Errichtung eines Gemeinschaftsbetriebes erfüllt bei VASTHOFF erst dann die Anforderung einer Kooperation, wenn sich daraus ein unmittelbarer Kontrahierungszwang als vertragliche Verpflichtung für die Mitgliederbetriebe ergibt[10]. Schließlich stellt der von VASTHOFF für eine Kooperation geforderte Einfluß auf Struktur und Organisation der kooperierenden Betriebe wohl weniger Bedingung als - je nach Intensitätsgrad der Zusammenarbeit - Ergebnis der Kooperation dar. Wir bleiben angesichts dieser funktionalen Einengung des Kooperationsbegriffes bei unserer weit gefaßten Definition.

In engem Zusammenhang zur landwirtschaftlichen Kooperation findet sich der Begriff der *vertikalen Integration*. Angelehnt an die Definition von STRECKER et al.[11] verwenden wir ihn zur Bezeichnung einer bestimmten Form landwirtschaftlicher Zusammenarbeit, bei der die unternehmerischen Entscheidungen von zwei oder mehr einander nachgeordneten Wirtschaftseinheiten hinsichtlich der Lieferung landwirtschaftlicher Produktionsmittel, der Erzeugung, Be- und Verarbeitung sowie der Sammlung, des Transports, der Lagerung und Verteilung agrarischer Urprodukte oder deren Verarbeitungserzeugnisse abgestimmt werden. Davon unterscheidet sich der Bedeutungsinhalt der vertikalen Integration, wie er von anderen Autoren verwendet wird[12]. Unser Interesse richtet sich auf eine der drei Grunderscheinungsformen vertikaler Integration, wie sie von SCHOPEN aufgeführt ist[13]: die vertragliche Vertikalintegration. Hier lassen sich zwei Formen unterscheiden und zwar nach der formalen Grundlage der Abstimmung von zwischenbetrieblichen Entscheidungen[14]: entweder sie erfolgt über Einzelverträge oder über statuarische Bindungen in Genossenschaften und bäuerlichen Kapitalgesellschaften. Die landwirtschaftlichen Genossenschaften - gleich ob im Beschaffungs- oder Absatzbereich - werden also ausdrücklich als Grundform der vertraglichen vertikalen Integration hervorgehoben[15], sofern eine Entscheidungsabstimmung bei der landwirt-

---

8) Ebd., S. 2 f.

9) Vgl. IMMLER 1973, der außerdem auch die Brauchbarkeit von VASTHOFFs Kooperationsbegriff für die innerbetriebliche Kooperation und landwirtschaftliche Kooperationsformen in sozialistischen Ländern in Frage stellt (S. 52 f.).

10) Vgl. VASTHOFF 1966, S. 20 f.

11) STRECKER et al. 1963, S. 30.

12) v. ROMPUY 1961 versteht unter "vertikale Integration" die "Zusammenfassung von Verantwortung" (S. 129) und ähnlich wird von GLÖY 1969a, S. 7, BORCHERT 1970, S. 219, KELLER 1975, S. 20 ff. und anderen ein "Zusammenschluß von Unternehmen bei weitgehender Unterordnung unter eine gemeinsame Geschäftsleitung" (THIMM 1966, S. 29) als Grundvoraussetzung vertikaler Integration angenommen. Damit befindet man sich aber bereits im Bereich der "Konzentration"; vgl. zu dieser Diskussion die Arbeiten von PARDUHN 1972 und SCHOPPE 1974.

13) Vgl. SCHOPEN 1966, S. 17 ff.

14) Vgl. ebd. 1966, S. 20.

15) Ebd., S. 23 f. u. S. 167 f.

schaftlichen Erzeugung mit den Mitgliederbetrieben erfolgt; eine Zuordnung, der wir uns mit der Mehrheit der Autoren anschließen[16].

Kennzeichnend für die vertikale Integration ist die Ausgliederung von einzelnen betrieblichen Teilfunktionen[17], d.h. der landwirtschaftliche Betrieb verzichtet auf die Ausübung bisher selbst vollzogener Aufgaben und übergibt diese einem Kooperationspartner des vor- oder nachgelagerten Bereiches. Die Funktionsauslagerung kann sich auf einen mehr oder weniger weiten Bereich der Beschaffung, Be- und Verarbeitung sowie Vermarktung landwirtschaftlicher Erzeugnisse erstrecken[18]. Über die "vertikale Betriebsvereinfachung"[19] wird die Grundlage für die Rationalisierung im landwirtschaftlichen Produktionsbereich und der nachgelagerten Sektoren gelegt. Da mit der Funktionsdifferenzierung gleichzeitig ein Prozeß der Spezialisierung einherläuft, können sich nun die kooperierenden Betriebe auf die ihnen zugeordneten Aufgabenbereiche personell, zeitlich und finanziell voll konzentrieren, sie letztlich entsprechend ihren Fähigkeiten und Interessen besser wahrnehmen. Je nach Art des ausgelagerten Funktionsbereiches ergeben sich für die Betriebe insofern direkte Kostenvorteile, als sie mit den Aufgaben zugleich die damit verbundenen Investitionen, so z.B. für die Be- und Verarbeitung, Lagerung, Werbung oder Absatzdurchführung, abtreten. Neben diesen "Produktivitätswirkungen"[20] lassen sich für den Absatzbereich "Rationalisierungseffekte"[21] feststellen. Mit der vertikalen Integration sichern sich nicht nur die landwirtschaftlichen Erzeuger auf längere Sicht ihren Absatz, indem sie über vereinbarte Abnahmegarantien ihr Absatzrisiko reduzieren, sondern der nachgelagerte Sektor kann über einen gesicherten Warenbezug an landwirtschaftlichen Rohstoffen auch seine Produktionskapazitäten im Be- und Verarbeitungsbereich bzw. seine Handelskapazitäten voll auslasten. Zudem ermöglicht die Abstimmung zwischen den Gliedern der Integrationskette - landwirtschaftliche Erzeugung und nachgelagerte Sektoren - eine marktgerechte Ausrichtung des agrarischen Warenangebotes an die sich wandelnden Präferenzen der Verbraucherseite.

Um die Abstimmung zwischen den betrieblichen Entscheidungen innerhalb der Integrationskette wirksam und dauerhaft zu gestalten, bilden entweder einzelvertragliche oder bei genossenschaftlicher Integration statuarische Vereinbarungen die formale Grundlage. Man spricht daher auch von "Vertragslandwirtschaft"[22]. In Verträgen verpflichtet sich der Agrarproduzent auf die Lieferung seiner landwirtschaftlichen Erzeugnisse an das nachgelagerte Unternehmen, das im Gegenzug die Annahmegarantie für die Erzeugnisse übernimmt. Den der Landwirtschaft nachgelagerten Unternehmen der Be- und Verarbeitung bzw. des Absatzes wird in den Verträgen darüber hinaus das

---

16) DAMS 1962, S. 101 ff., STRECKER et al. 1963, S. 134, v. OPPEN 1968, S. 95, ROY 1972, S. 6, v. ALVENSLEBEN et al. 1973, S. 1, FASEN 1974, S. 18 sowie inhaltlich entsprechend aber unter anderer Begrifflichkeit VASTHOFF 1966, S. 20 f., FRENZ 1974, S. 60 und SCHOPPE 1974, S. 5.

17) Vgl. HÖLSCHER 1965.

18) Vgl. SEUSTER 1966, S. 126 ff.

19) Ebd.

20) Vgl. BOETTCHER 1974, S. 38 ff.

21) HÖLSCHER 1965, S. 80.

22) SCHOPEN 1966, S. 20, VASTHOFF 1966, S. 19, THIMM 1966, S. 32 sowie FRENZ 1974, S. 60 f.; vgl. davon abweichend WERSCHNITZKY et al. 1974/75, die nur die Integration von Landwirtschaft und gewerblicher Unternehmerseite als Vertragslandwirtschaft definieren (S. 394) und damit den genossenschaftlichen Bereich ausschließen.

Recht eingeräumt, als "Integrator"[23] (der die landwirtschaftliche Erzeugung in die nachgelagerte Stufe integrierende Marktpartner) die Produktion der integrierten Betriebe mit den Erfordernissen der Marktseite abzustimmen. Das für die vertikale Integration kennzeichnende Abstimmen von zwischenbetrieblichen Entscheidungen gewinnt für den Integrator dabei als Mitsprache- und Einflußrecht bis hin zum Verfügungsrecht unterschiedlichster Intensität im landwirtschaftlichen Produktionsbereich besondere Bedeutung. Der Integrator erwirkt sich das Recht der "Koordination für den landwirtschaftlichen Absatz"[24].

Koordination soll daher im Unterschied zu anderen Autoren[25] über die allgemeine "Abstimmung" hinaus, wie sie zwischen zwei gleichberechtigten Parteien erfolgt, begrifflich eingegrenzt werden: unter Koordination verstehen wir die zeitlich-räumlich-modale Einordnung der landwirtschaftlichen Produktionstätigkeit in die vertikale Integration, ausgerichtet an den Zielsetzungen einer, nämlich der der Landwirtschaft nachgelagerten (Be-, Verarbeitungs- und Vermarktungs-)Seite. Mit dieser Definition lassen sich verschiedene Formen landwirtschaftlicher Produktionsabstimmungen, wie der mittelalterliche Flurzwang oder die hochmittelalterlichen Dorfgenossenschaften, welche Regelungen über Fruchtfolgen, Einsaat- und Erntetermine, Viehauftrieb, Errichtung von Zäunen etc. aufstellten, nicht als historische Vorläufer der landwirtschaftlichen Koordination ansehen, da sie aus einer *gemeinsamen* Arbeitsorganisation heraus entstanden und nicht Ergebnis vertikaler Produktionsketten waren. Demgegenüber trifft die Begriffsverwendung "Koordination" auf die wohl erste Form vertikaler Integration in der deutschen Landwirtschaft überhaupt, der Kooperation zwischen Zuckerrübenbauer und Zuckerfabriken seit Mitte des 19. Jahrhunderts, zu. In Anbauverträgen wurden detaillierte Liefer- und Produktionsvereinbarungen getroffen, die die Bewirtschaftungstechnik der Bauern nach den Zielsetzungen der Verarbeitungsseite (Zuckerfabrik) ausrichteten[26].

Da die Ausrichtung der landwirtschaftlichen Produktion auf den Markt nicht erst bei der Erfassung der zu verarbeitenden oder zu vermarktenden Erzeugnisse beginnt, setzt die Einordnung der Erzeugerseite in den vertikalisierten Produktionsprozeß bereits in der Vorstufe, der Urproduktion, ein. So können Produktionsvereinbarungen zwischen Integrator und Erzeuger bei der pflanzlichen Produktion z.B. die Sortenwahl für das Saat- und Pflanzgut, Umfang und Art der Verwendung von Dünge- und Pflanzenschutzmitteln, Pflege, Erntezeit und Erntemethoden beinhalten. In ähnlicher Form ist für die tierische Produktion eine Koordination hinsichtlich Zuchtmaterial, Haltungsform, Fütterungstechnik sowie Tierpflege und Tierhygiene denkbar. Sowohl für die tierische als auch die pflanzliche Produktion unterstützen dabei vereinbarte Qualitätsmerkmale und -normen, die dem Erzeuger als Maßstab der Verarbeitungs- und Vermarktungsfähigkeit seiner angelieferten Erzeugnisse dienen, die Koordination. Weiter-

23) SCHOPEN 1966, S. 16.

24) THIMM 1966.

25) So DRAHEIM 1962 ("Glättung des Leistungsablaufes", S. 18), LE BIHAN 1966 ("Organisation von Vorgängen", S. I.6), KELLER 1975 ("gemeinsames Handeln", S. 16), FIEHLER 1980 ("Konstituierung eines Tätigkeitszusammenhanges", S. 72).

26) In den Anbauverträgen wurden Einzelheiten von Saat, Umfang und Zeitpunkt der Düngung, Pflege und Ernte (Köpfen - Reinigen - Lagern) ebenso genaustens geregelt wie die Warenlieferung und die Zurücknahme der Abfallprodukte aus der Zuckerproduktion ("Schnitzel"); vgl. HECKER 1951/52. Bereits im vorigen Jahrhundert gab es also Produktionsbereiche, die den Bauern auf ein Glied innerhalb des landwirtschaftlichen Produktionsprozesses reduzierten.

hin werden Termin und Modus der Warenlieferung koordiniert: bringt der Erzeuger seine Ware zu einem festen Termin (auf Abruf oder nach Anmeldung), erfolgt der Transport dabei direkt zum nachgelagerten Unternehmen oder über eine Sammelstelle. Die vertikale Integration fungiert demnach als "Koordinationssystem"[27], der Integrator wird zur "Koordinationsagentur"[28] innerhalb der landwirtschaftlichen Produktion.

Für den Integrator nimmt die Koordination der landwirtschaftlichen Erzeugerstufe die zentrale Aufgabe seiner beschaffungspolitischen Unternehmensseite ein. Einmal verlangen die kapitalintensiven Be-, Verarbeitungs- und Handelskapazitäten einen kontinuierlichen, hohen Auslastungsgrad, der nur über die gesicherte, schriftlich vereinbarte Warenversorgung durch die Erzeugerstufe gewährleistet ist[29]. Zum anderen erfüllt die Koordination wettbewerbspolitische Aufgaben[30]. Die Erzeugerstufe verpflichtet sich darauf, dem Integrator ausschließlich landwirtschaftliche Produkte in der von ihm gewünschten Homogenität und Qualität zu liefern.

Um die landwirtschaftliche Produktion in die vertikale Integrationskette einordnen zu können, bedarf es allerdings nicht nur der grundsätzlichen Bereitschaft zur Kooperation und der vertraglichen Vereinbarung zur Produktion, Lieferung und Abnahme von Erzeugnissen, sondern von Seiten des Integrators auch verschiedener Gestaltungsmittel, um der Koordination einen nachhaltig bindenden Charakter zu verleihen[31]. Erst dadurch erhält der Integrator die konkrete Handhabe, wirksam die Produktionsstufe nach seinen nachgelagerten Zielsetzungen zu gestalten. Dies ist z.B. über die Kontrolle der angelieferten Erzeugnisse möglich, weil durch standardisierte Qualitätsnormen[32] sofort Abweichungen von der gewünschten Warenbeschaffenheit auffallen. Besondere Bedeutung kommt in diesem Zusammenhang auch der Bezahlung für die gelieferte Ware zu. Auf der Grundlage eines differenzierten Auszahlungssystems richtet sich die Höhe des Erzeugerpreises danach, ob der Erzeuger die vereinbarten Qualitätsstandards mit seiner Lieferung eingehalten hat.

Diese Ausführungen sollen vorerst genügen, um das besondere Wesen der vertikalen vertraglichen Integration darzustellen. Selbstverständlich treten je nach landwirtschaftlichem Produktionsbereich branchenspezifische Veränderungen auf[33]: im Weinbau, in der Obst- und Gemüseerzeugung, der Milchwirtschaft, Schweine-, Rinder- und Geflügelmast werden jeweils unterschiedliche Koordinationsbedingungen, -inhalte, -instrumente und -ziele wirksam. Gemeinsam ist jedoch allen landwirtschaftlichen Erzeugerstufen, daß der Integrator seinen Einfluß auf die bäuerliche Produktionsgestaltung geltend macht, er in die einzelbetriebliche Produktionsplanung gestaltend miteinbezogen ist. Damit wird die Dispositionsfreiheit der landwirtschaftlichen Erzeugerstufe eingeengt, der "bäuerlichen Freiheit" werden mehr oder weniger enge Grenzen gesetzt.

---

27) LE BIHAN 1966, S. I.8.
28) BENVENUTI 1975, S. 53.
29) Vgl. MEIMBERG 1967, S. 30 f.
30) Vgl. BOETTCHER 1967, S. 17.
31) Vgl. LE BIHAN 1966, S. I.11 ff., FRATZSCHER 1966, S. 35 f. u. BRIXNER 1971, S. 118 ff.
32) Vgl. GROSSE-LÜMERN 1928 und BECKMANN 1930.
33) Vgl. v. OPPEN 1968, S. 111 ff.

3.2. Vertikale Integration und die These bäuerlicher Freiheit

3.2.1. Das Bild vom Bauern: frei, selbständig, unabhängig

3.2.1.1. Bauerntumsideologien

Die gesellschaftliche Stellung der bäuerlichen Bevölkerung ist seit Jahrhunderten durch eine "ambivalente Erfahrungskontinuität" zwischen Abhängigkeit und Selbstständigkeit gekennzeichnet gewesen[1]. Mit der Entstehung der feudalen Gesellschaft seit Mitte des 12. Jahrhunderts waren die Bauern durch zahlreiche persönliche und materielle Abhängigkeiten und Verpflichtungen an ihre Grundherren gebunden. Im deutschen Bauernkrieg (1524-26) manifestiert sich ihr nachhaltigster Versuch, sich an der Grenze der physischen und finanziellen Belastbarkeit der hohen Steuerabgaben und des verstärkten grundherrlichen Zugriffs auf die noch verbleibenden Freiheiten der Gemeinden zu entziehen. Die Bauern forderten die gänzliche Aufhebung der Leibeigenschaft und der leibherrlichen Abgaben sowie Rechtssicherheit und größere Autonomie für die Gemeinden[2]. Erst seit dem 18. Jahrhundert setzte man sich konkret mit diesen Forderungen auseinander. Die erste Schrift in deutscher Sprache zu den Agrarreformen erschien 1771 und führt den Titel: "Bedenken über die Frage, wie dem Bauernstande Freiheit und Eigentum in den Ländern, wo ihm beides fehlet, verschaffet werden könne."[3]

Freiheit und Eigentum sind die immer wiederkehrenden Forderungen der bäuerlichen Bevölkerung bis zu ihrer Realisierung im 19. Jahrhundert, da man erst durch sie als vollberechtigter Staatsbürger anerkannt wurde. Mit der Bauernbefreiung hatte man endlich die so lange Zeit erkämpfte politische und wirtschaftliche Freiheit erhalten. Gleichzeitig wurde die bäuerliche Bevölkerung aber in ein neues Geflecht von Abhängigkeiten eingebunden: in das kapitalistische Marktgeschehen, das im Zuge der Industrialisierung der Landwirtschaft ihre elementare Bedeutung für die Gesellschaft entzog. Die Bauern konnten ihrer erst so kurz erhaltenen Freiheiten nicht recht froh werden, weil sie nun von der Industrie in ihrer Wirtschafts- und von der Stadtbevölkerung in ihrer Lebensweise bedrängt wurden. Das war die Geburtsstunde der Bauerntumsideologien. Die "bäuerliche Freiheit" geriet ins Zentrum der Diskussion über die gesellschaftliche Stellung der Landwirtschaft. Zahlreiche Autoren bemühten sich, den besonderen Wert bäuerlichen Lebens hervorzuheben. Das Freisein von Bindungen nahm dabei eine zentrale Stellung ein, wie nur ein - allerdings um so aussagekräftigeres - Zitat belegt[4]:

"Die Freiheit war des Bauern Lebenselement, die Freiheit einer glücklichen Bauernbubenzeit kann der selbstständig gewordene Landwirt nimmer missen. Zeit seines Lebens hat er gebaut, was er wollte, verkauft, an wen er mochte, frei will er auch dann noch arbeiten, wenn andere längst die Ruhe des Alters genießen, und frei muß er arbeiten, wenn seine Arbeit in Gottes freier Natur gedeihen soll."

---

1) BRÜGGEMANN/RIEHLE 1986, S. 192. Einen sehr guten agrarhistorischen Überblick über Vorstellungen und Wirklichkeit der gesellschaftlichen Stellung der Bauern gibt anhand von Alltagssequenzen der Bildband des Berliner MUSEUMS FÜR DEUTSCHE VOLKSKUNDE (Hrsg.) 1978.

2) Vgl. BUSZELLO et al. 1984, S. 297ff.

3) Zitiert nach MUTH 1967, S. 347.

4) BALLMANN 1920, S. 5.

Dabei war es weniger die besondere Form der landwirtschaftlichen Erzeugung, der man Beachtung schenkte, sondern die Landwirtschaft wurde weit über ihre Rolle als Nahrungsmittelproduzent hinaus zu einer Sozialform erhoben, die für Wirtschaft, Gesellschaft und Staat von einzigartiger Bedeutung sei - eine Sichtweise, die als "agrarischer Fundamentalismus" bezeichnet wird. Solche Agrarideologien, in denen dem Bauern neben Freiheit, Selbständigkeit und Unabhängigkeit eine Vielzahl weiterer Merkmale zugeschrieben werden - Naturverbundenheit, Religiösität, Gesundheit, Zähigkeit, Fleiß, Bodenständigkeit usw. - finden sich bereits bei Justus MÖSER und Ernst Moritz ARNDT sowie den Agrarromantikern Franz von BAADER und Adam MÜLLER[5]. Später faßte Walter Heinrich RIEHL in besonders anschaulicher Weise die konservativen gesellschaftstragenden Werte des "freien Bauerntums" in seinem Werk als "Mächte des Beharrens" zusammen[6], wobei er entsprechend der klassischen Stadt-Land-Dichotomie eine klare Abgrenzung zu den "Mächten der Bewegung" (Bürgertum und Proletariat) vornahm[7]. In der extremsten Form überhaupt wurde die bäuerliche Bevölkerung im Dritten Reich ideologisch vereinnahmt. Die völkischen Heilslehren des Bauerntums als "Kraftquell des deutschen Volkes" und "Blutquell der Nation" drängten allerdings die Ideologie bäuerlicher Freiheit in den Hintergrund[8]. Auch nach dem zweiten Weltkrieg hielt man in der deutschen Agrarsoziologie noch eine Zeitlang an der Verabsolutierung bestimmter bäuerlicher Eigenschaften fest[9]. Insbesondere die der bäuerlichen Bevölkerung zugeschriebenen Werte der Freiheit und Selbständigkeit prägen als Relikt des agrarischen Fundamentalismus bis zur Gegenwart die strukturpolitische Diskussion über den bäuerlichen Familienbetrieb, wie noch an anderer Stelle gezeigt wird.

Bauerntumsideologien erfüllen im wesentlichen "Schutzwallfunktion"[10] und fungieren als "Bollwerk"[11] gegenüber möglichen oder vermeintlichen Angriffen auf die bestehende Wirtschaftsordnung. Dabei werden die Attribute "frei" und "selbständig" in die politische Agitation einbezogen, wie agrarhistorisch die Bündnisse aus Landwirtschaft und Industrie gegen Ende der Bismarck-Ära und später in der Weimarer Republik verdeutlichen[12]. Ähnlich ist die permanente Hervorhebung des "freien Bauern auf freier Scholle" nach 1950 zu verstehen. Als Antwort auf die Vollsozialisierung der Landwirtschaft in der DDR wurde "das freie Bauerntum als Gegengewicht zum Kollektiv"[13] propagiert. RÖHM legte hierzu in einem Aufsatz die Vorzüge einer freien, bäuerlichen Landwirtschaft dar, denn "der deutsche Bauer handelt (...) nicht stellvertretend für 'Hunderte oder Tausende' von Kollektivisten, sondern in Selbstverantwortung für seinen Betrieb und seine Familie"[14]. Zudem sei seine "Möglichkeit der freien Disposition auf wirtschaftlichem und sozialem Gebiet" eine der "wichtigsten und wertvollsten Grundlage

5) Vgl. v. FRAUENDORFER 1957, S. 273 ff. und BACH 1967, S. 72 ff.
6) RIEHL 1976, S. 57 ff.
7) Ebd., S. 153 ff.; vgl. auch BERGMANN 1970, S. 38 ff.
8) Vgl. ZICHE 1968, S. 129 f. sowie BERGMANN 1970, S. 327 ff.
9) Vgl. GRÜNER 1977 und HAUSHOFER 1978.
10) ZICHE 1968, S. 123.
11) PLANCK/ZICHE 1979, S. 271.
12) Vgl. v. FRAUENDORFER 1957, S. 368 ff. u. KÖTTER 1983, S. 116.
13) "Der Bauer in der Welt von morgen". Arbeitsmaterial zur Agrarpolitik, hrsg. vom Bundesvorstand der SPD (sic!), Hannover 1960, S. 16/39; zitiert nach BACH 1967, S. 69.
14) RÖHM 1964, S. 307.

des demokratischen Wirtschafts- und Gesellschaftssystems und wirtschaftlichen Fortschritts"[15].

Der besondere Wert bäuerlicher Freiheit kommt agrarideologisch noch auf andere Weise zum Ausdruck. Durch seine Arbeit in "Gottes freier Natur" verinnerlicht der Bauer bestimmte "natürliche" Charaktereigenschaften, die in der Bezeichnung "Bodenverbundenheit", "Naturverbundenheit" und "Bodenständigkeit" immer wieder auch als Bestimmungsmerkmale des "Ländlichen" in der deutschen Agrarsoziologie zu finden sind[16]. Bereits um die Jahrhundertwende wurde von DAVID in Abgrenzung zu dem mechanischen Prinzipien einer naturwissenschaftlich-ökonomisch determinierten industriellen Produktionsweise das grundlegende Wesen der landwirtschaftlichen Erzeugung dargestellt: "In der Landwirtschaft handelt es sich um die Entwicklung lebender Wesen, in der Industrie handelt es sich um die Verarbeitung toter Dinge."[17] "Der Landwirtschaftsbetrieb ist ein Kosmos lebender Wesen, in den auch das stoffliche Leben des Menschen eingebettet ist."[18] Im Zuge des agrartechnischen Fortschrittes geriet solches universalistisch-biologische Denken in Vergessenheit und die Industrialisierung der Landwirtschaft schritt voran. Die Natur als Grundlage bäuerlicher Arbeit behielt als plakative Ergänzung der allgemeinen Bauerntumsideologie zwar ihren Stellenwert[19], doch Positionen, die die Naturbindung der landwirtschaftlichen Erzeugung in den Vordergrund ihrer agrarpolitischen Überlegungen stellten, waren in der Minderheit[20]. Erst unter dem Eindruck ökologischer Schäden, die als Folge industrieller Agrarproduktion erkannt werden, beginnt man wieder die Sonderstellung der Landwirtschaft als organischen Entwicklungsprozeß zu entdecken und von industriellen Fertigungsprozessen abzugrenzen[21]. Dabei blüht stellenweise auch die naturromantische Verklärung der "freien" bäuerlichen Lebensweise wieder auf, wie zahlreiche alternative Projekte selbstorganisierter Wirtschafts- und Lebensformen auf dem Lande dokumentieren[22].

3.2.1.2. Bäuerliches Selbstverständnis

Freiheit und Selbständigkeit als originäre Bestimmungsmerkmale des Bäuerlichen lassen sich nicht nur auf einzelne Ideologien zurückführen, sondern finden sich in besonders ausgeprägter Weise in der Selbsteinschätzung der landwirtschaftlichen Bevölkerung wieder. Dies soll im einzelnen anhand von empirischen Untersuchungsergebnissen veranschaulicht werden. Dabei sind drei thematische Aspekte zu unterscheiden:

Untersuchungen zur allgemeinen landwirtschaftlichen Berufszufriedenheit und Berufsbewertung

---

15) Ebd., S. 308.
16) Vgl. GRÜNER 1977, S. 98 f.
17) DAVID 1922, S. 44.
18) Ebd., S. 49.
19) Vgl. ZICHE 1968, S. 125 ff.
20) So z.B. BACH 1967 und BRAUNER 1970.
21) So z.B. von PRIEBE 1985, S. 155 ff. und GLAESER (Hrsg.) 1986, wo sogar eine "Renaissance von Agrarkulturen" gefordert wird.
22) Vgl. als ein Beispiel unter vielen die Beiträge in GREVERUS/HAINDL (Hrsg.) 1983.

- Untersuchungen, die sich um eine vergleichende Berufsbewertung von landwirtschaftlicher und industrieller Arbeit bemühen und
- Untersuchungen mit agrarstrukturpolitischer Zielsetzung, die sich mit den Hemmfaktoren und Problemen von Bauern bei der Umschulung bzw. Anpassung an außerlandwirtschaftliche Berufe beschäftigen.

a) Zur allgemeinen Berufsbewertung

Als eine der ersten Untersuchungen in Deutschland, in der sich Bauern über ihre Arbeit äußerten, ist die Göttinger Studie von v. BLANCKENBURG anzusehen. Von 115 befragten Landwirten in Niedersachsen erklärten 77%, sie seien mit ihrem Beruf zufrieden[23], weil sie über viel persönliche Freiheit und Selbständigkeit verfügten (54%)[24]. Ein gleich hohes Ausmaß an Berufszufriedenheit stellte J. O. MÜLLER in seiner Untersuchung über Einstellungen zur Landarbeit fest. Von den 155 befragten Betrieben in Rheinland-Pfalz, Bayern, Baden-Württemberg und Niedersachsen empfand man ebenfalls in 77% Berufszufriedenheit und sogar in 88% Arbeitsfreude[25]. Als Grund wurde auch hier an erster Stelle die Freiheit und Selbständigkeit im Beruf angegeben[26]. Auch weitere Untersuchungen dokumentieren die Zustimmung von Bauern zu ihrem Beruf.

In einer vom Bundesarbeitsministerium in Auftrag gegebenen repräsentativen Studie über die Arbeitszufriedenheit der erwerbstätigen Bundesbevölkerung kamen BUNZ et al. zu dem Ergebnis, daß die Landwirte zu rund 50% mit ihrem Arbeitsinhalt und sogar zu 80% mit ihren Arbeitsbedingungen zufrieden seien[27]. Eine groß angelegte repräsentative Untersuchung der Forschungsgesellschaft für Agrarpolitik und Agrarsoziologie über Landbewirtschafter in der Bundesrepublik bestätigte den allgemein hohen Zufriedenheitsgrad im landwirtschaftlichen Beruf zu 68,4%[28] bzw. für die Haupterwerbslandwirte zu 70%[29]. Als Grund wurden wiederum zu 71%[30] bzw. für die hauptberuflichen Landwirte zu 81%[31] die Selbständigkeit und Freiheit bei der Arbeit genannt. Selbst für die Arbeitnehmer in der Landwirtschaft wird in einer Untersuchung der Agrarsozialen Gesellschaft eine hohe Berufszufriedenheit konstatiert[32], was mit der freien Arbeitsausführung ohne ständige Kontrolle begründet wird[33]:

"die Arbeit kann selbst eingeteilt werden, nachdem morgens gesagt ist, was zu tun ist"
"man hat draußen seine Ruhe"
"es läuft nicht ständig einer hinter einem rum"

Und auch eine jüngere Studie der agrarsoziologischen Forschungsgesellschaft stellt im Verhältnis zu außerlandwirtschaftlichen Erwerbstätigen eine höhere Berufszufrie-

---

23) v. BLANCKENBURG 1958, S. 31.
24) Ebd., S. 35 sowie DERS. 1959, S. 30.
25) J. O. MÜLLER 1964, S. 150.
26) Ebd., S. 158.
27) BUNZ et al. 1973, S. 145.
28) MROHS 1981, S. 81 f.
29) PASCHER 1981, S. 166 f.
30) MROHS 1981, S. 74 f. sowie DERS. 1983, S. 103.
31) PASCHER 1981, S. 175 f.
32) KRETSCHMANN 1982, S. 39.
33) Ebd., S. 49 f.

denheit bei Landwirten fest, weil man über einen hohen Grad an Selbständigkeit im Beruf verfüge[34].

In einer Befragung von WINNEMÖLLER bekundeten zwei Drittel von 138 Landwirten im Rheinisch-Bergischen Kreis, daß sie mit ihrer Tätigkeit zufrieden seien[35]. Die hohe Wertschätzung der Selbständigkeit war auch hier der meist genannte Grund[36], wie durch die ergänzenden Antworten verdeutlicht wird: die Mehrzahl der Befragten beurteilten eine berufliche Tätigkeit in erster Linie danach, inwiefern sie nach eigenem Ermessen gestaltet (54,3%)[37] und inwiefern die Arbeitszeit frei wählbar sei (57%)[38]. Zu ähnlichen Ergebnissen kommt BENDIXEN, der sich in einer repräsentativen Untersuchung für Bayern mit den Einstellungen von Landwirten zu ihrem Arbeitsplatz beschäftigt hat. Die Selbständigkeit als Vorzug des landwirtschaftlichen Berufs lag mit 55% an der Spitze der Nennungen[39]. Bei einer Berufswahl wäre für 76,2% der Befragten eine selbständige und unabhängige Arbeit von ausschlaggebender Bedeutung[40]. In einer Vergleichsbefragung für das gesamte Bundesgebiet wurde der Selbständigkeit von den landwirtschaftlichen Betriebsleitern ebenfalls der höchste Stellenwert zugemessen[41].

SACHS bestätigt in seiner Untersuchung über das Wirtschafts- und Sozialverhalten von Landwirten die Wertschätzung, die der Freiheit bei der landwirtschaftlichen Berufsausübung und Betriebsgestaltung zukommt. Dies verschaulichen die Antworten, die ihm auf seine Frage nach den Vorzügen der landwirtschaftlichen Arbeit gegeben wurden[42]:

"Du bist dein eigner Herr"
"Ich bin selbständiger, mir hat keiner was zu sagen"
"Ich kann schon mal als Selbständiger sagen: na heute läßt Du mal langsamer gehen"
"Das einzig gute an der Landwirtschaft ist, daß der Bauer ein freier Mann ist. Das macht uns stark, daß keiner hinter uns steht und auf die Finger kuckt"

Ebenfalls nach den Vorteilen, die sich aus der landwirtschaftlichen Berufstätigkeit ergäben, wurden 54 niedersächsische Landwirte von v.d. OHE befragt: zu 67% wurde die Selbständigkeit und Unabhängigkeit genannt und zu 35% der große Entscheidungsspielraum, den man habe[43].

Ausschließlich mit den Einstellungen von Bäuerinnen zu ihrer Arbeit beschäftigen sich zwei agrarsoziologische Studien. INHETVEEN/BLASCHE erhielten in ihren Gesprächen mit 133 Kleinbäuerinnen des fränkischen Raumes exemplarisch folgende Aussagen als allgemeine Beurteilung zur Landarbeit[44]:

"man ist sein eigener Herr"
"man ist sein freier Herr"
"man führt ein freies Leben"
"man ist selbständig"

---

34) SCHMIED 1985, S. 128.
35) WINNEMÖLLER 1977, S. 80.
36) Ebd., S. 81.
37) Ebd., S. 95 f.
38) Ebd., S. 96.
39) BENDIXEN 1980, S. 36 f.
40) Ebd. 1980, S. 89 f.
41) Ebd., S. 120 ff.
42) SACHS 1972, S. 84 ff.
43) v.d. OHE 1985, S. 140.
44) INHETVEEN/BLASCHE 1983, S. 217 ff.

"man kann machen, was man will. Man kann sich's einteilen, wie man will"
"ich bin mein eigener Herr über meinen Arbeitstag"

Für den südbadischen Raum bestätigt die explorative Studie von SEIBERT das Gefühl der Selbständigkeit als vorherrschendes Argument für die positive Einstellung zur landwirtschaftlichen Arbeit, wie anhand zweier Äußerungen von Bäuerinnen illustriert wird[45]:

"wir sin unser ... wir sin jo die Chefs selber, wir könne tun un lasse, was mer wolle"
"mer isch do aus sei eigner Herr, gell, un kann schaffe wie mer grad will oder Zeit häd"

Doch nicht nur für das Bundesgebiet liegen solche Ergebnisse vor, die die bäuerliche Freiheit als dominante Wertschätzung im Selbstverständnis der landwirtschaftlichen Bevölkerung dokumentieren. Für die Schweiz erhielt NUSSBAUMER in seiner Untersuchung über die Lebensverhältnisse im Homburgertal auf die Frage nach "dem Schönen im Beruf" von der überwiegenden Mehrzahl der 159 befragten Bauernfamilien die "freie Arbeitsgestaltung" und das "Selber-Herr-und-Meister-sein" als Antwort[46]. WYDER betont in seiner Studie über die Zentralschweiz nach einer Auswertung von 84 Schulaufsätzen zum Thema "Bauernarbeit" ebenfalls die "individuelle Freiheit" als Merkmal bäuerlicher Arbeitseinstellung[47]. Für Großbritannien liegen ähnliche Ergebnisse vor. In Untersuchungen von THORNS[48] sowie GILES/MILLS[49] rangiert der Aspekt "sein eigner Herr zu sein" ("being one's own boss") als Vorzug der bäuerlichen Arbeit an oberster Stelle, was von ROPER bereits in einer früheren Untersuchung auch für amerikanische Farmer bestätigt wurde[50].

GASSON ordnete nach Intensivinterviews mit mehr als 200 Farmern in Ostengland über deren Wertvorstellungen bei der Betriebsführung die Antworten in vier Kategorien ein: instrumentale, soziale, intrinsische, extrinsische. Dabei standen die intrinsischen Wertinhalte, also z.B. Landbewirtschaftung als Tätigkeit nach eigenen Vorstellungen (Unabhängigkeit, Freiheit usw.), an der Spitze, wobei sich allerdings Bewertungsunterschiede nach den Betriebsgrößen ergaben[51]. Das gleiche Wertschema wandte KERRIDGE bei einer Befragung von 72 australischen Farmern an, wo ebenfalls Selbständigkeit und Unabhängigkeit der Betriebsführung vor allen anderen Wertvorstellungen angegeben wurden[52].

b) *Zum Vergleich bäuerlicher Arbeit mit Industriearbeit*

In der schon erwähnten Untersuchung von J. O. MÜLLER über die Einstellungen zur Landarbeit wurde auch nach den Vorzügen des landwirtschaftlichen Berufs im Ver-

45) SEIBERT 1985, S. 86.
46) NUSSBAUMER 1963, S. 119.
47) WYDER 1971, S. 118 f.
48) D. C. THORNS 1968: The influence of social change upon the farmer. Farm Economist, 11 (8), S. 337-344; zitiert nach GASSON 1974, S. 128.
49) A. K. GILES/F. D. MILLS 1971: More about farm managers. University of Reading, Department of Agricultural Economics and Management, Miscellaneous Study no. 49, S. 31-47; zitiert nach GASSON 1974, S. 128.
50) E. ROPER: The Fortune survey. Fortune, 27 (3 und 4), S. 8-16; zitiert nach GASSON 1974, S. 128.
51) GASSON 1974, S. 131 ff.
52) K. W. KERRIDGE 1978: Value orientations and farmer behaviour - An exploratory study. Q. Rev. Agr. Econ. 31, S. 31-72; zitiert nach v. d. OHE 1985, S. 62 f.

gleich zu anderen gefragt. Dazu meinten 82% der Bauern, seine individuelle Freiheit und Selbständigkeit könnte man noch am ehesten in der Landwirtschaft bewahren[53]. Die Freiheit bäuerlicher Arbeit wird als Vorzug gegenüber der Industriearbeit auch von anderen Autoren ermittelt.

Bei einer repräsentativen Erhebung erhielt v. DEENEN von der Mehrzahl der 1.500 nach einer Bewertung landwirtschaftlicher und industrieller Arbeit befragten Betriebsleiter die Antwort, daß es den Arbeitern finanziell und freizeitmäßig besser ginge. Gleichwohl war man nicht bereit, mit ihnen zu tauschen, da Freiheit und Selbständigkeit von 55% subjektiv höher bewertet wurden als Einkommen und Freizeit[54]. SACHS kam in seiner Untersuchung zu ähnlichen Ergebnissen. Die Befragten zogen ihren landwirtschaftlichen Beruf wegen des größeren Freiraumes, den man habe, der Tätigkeit in der Industrie vor; dazu drei Aussagen[55]:

"Wenn ein Bauer müd' ist, setzt er sich hin, es hat ihm ja niemand was zu sagen"
"Ein Arbeiter muß immer das tun, was er gesagt kriegt, und er muß zu der Zeit da sein, wie es läuft"
"wenn einer hier in Industriearbeit geht, ist er ja kein freier Mann mehr"

Und ein Nebenerwerbslandwirt merkte zu seinem Ausscheiden aus der hauptberuflichen Landwirtschaft an[56]:

"wenn ich heute wieder zu entscheiden hätte, ich würde nie wieder in eine Firma reingehen, ich würde nur wieder Bauer werden, weil ich da mein eigner Herr bin"

Auch drei weitere Untersuchungen, die sich mit Nebenerwerbslandwirten beschäftigten, die sowohl industrielle als auch landwirtschaftliche Arbeitserfahrung besaßen, bestätigen solche Aussagen. GERBER fragte in fünf Gemeinden des Oberemmentals nach den Gründen für die Weiterführung landwirtschaftlicher Betriebe, in denen man infolge eines außerlandwirtschaftlichen Berufes über eine ausreichende Einkommensbasis verfügte. Als Antwort erhielt er neben "die abwechslungsreichere Arbeit als in der Industrie" auch die Meinung, daß man "wenigstens auf dem Hof sein eigner Herr" sein wolle[57]. Ähnlich waren die Aussagen, die HÜLSEN in seiner Studie bekam: als Ausgleich zur Industriearbeit wolle man zumindest nebenberuflich die bäuerliche Selbständigkeit nicht missen[58]. Dies entspricht den Ergebnissen einer Untersuchung von BOHN, der in den Landkreisen Freudenstadt und Ludwigsburg jeweils 200 Befragungen durchführte. Die Nebenerwerbslandwirte äußerten sich darin unzufrieden über ihre Hauptbeschäftigung in der Industrie, weil man im Unterschied zur Landwirtschaft "kein freier Mensch" mehr sei[59]. Hierzu passen auch die Antworten, die POPPINGA in seiner Befragung erhielt: zwei Drittel der haupt- wie auch nebenberuflichen Bauern bevorzugten eindeutig die landwirtschaftliche Arbeit, weil man im Vergleich zur Industrie nicht "nach der Pfeife anderer tanzen" müsse[60]. HESSELBACH/HORLEBEIN stellten außerdem in einer Untersuchung über Verhaltenweisen in wirtschaftlichen Entscheidungen bei

53) J. O. MÜLLER 1964, S. 163 ff.
54) v. DEENEN 1971, S. 151 f.
55) SACHS 1972, S. 84 f.
56) Ebd., S. 85.
57) GERBER 1974, S. 180.
58) HÜLSEN 1980, S. 212. Für ROLFES 1959 erscheint in diesem Zusammenhang die Nebenerwerbslandwirtschaft dem "Drang zur Wahrung eines Bereiches eigner Selbständigkeit und Entscheidungsgewalt als Ausgleich gegenüber der Lohnarbeit" zu entspringen (S. 32).
59) BOHN 1980, S. 228 ff.
60) POPPINGA 1973, S. 217 f.

Landwirten fest, daß immaterielle Werte wie Selbständigkeit und Freiheit auch ein Motiv für die elterliche Beeinflussung seien, um Kinder zur Hofnachfolge zu überreden[61].

Nach ihren Gesprächen mit Frauen aus der kleinbäuerlichen Landwirtschaft berichten auch INHETVEEN/BLASCHE von einer Bäuerin mit Fabrikerfahrung, die dem kontrollierten Industriearbeiter den selbständigen Bauern gegenüberstellte[62]:

"Ich bin frei. Hinter mir steht keiner, der mich antreibt und kontrolliert"
"Wir müssen uns nicht durch den Akkord antreiben lassen"
"Wenn ich eine Stunde ausschalten will, kann ich das tun. Das kann ich in der Fabrik nicht"

In einer Untersuchung der Agrarsozialen Gesellschaft befragte HOLLA 220 junge Landwirte, die über eine außerlandwirtschaftliche Berufsalternative verfügten, nach den Gründen für die Hofübernahme. Auch hier wurden wieder die negativen Aspekte der Industriearbeit hervorgehoben: Abhängigkeit von den Entscheidungen und Anweisungen anderer sowie die starren Arbeitszeiten[63]. Dies führte dann zum Ergebnis, daß die Mehrzahl der jungen Betriebsleiter nach ihrer außerlandwirtschaftlichen Berufserfahrung die landwirtschaftliche Arbeit bevorzugten[64] und 78% von ihnen keinerlei Bedauern über ihren Berufswechsel zur Landwirtschaft empfanden[65].

c) *Zu Anpassungsproblemen an außerlandwirtschaftliche Berufe*

Bereits 1966 beschäftigte sich BUCHHOLZ in einer Untersuchung mit den Problemen beruflicher Umschulung von Bauern. Wie bei den späteren Arbeiten zu diesem Thema stand auch hier das Interesse im Vordergrund, die gewonnenen Erkenntnisse in eine gezielte Umschulungsplanung einzubeziehen, was langfristig die berufliche Mobilität der Bauern erhöhen und letztlich die agrarstrukturelle Bereinigung zugunsten der größeren, entwicklungsfähigen Betriebe fördern sollte. Von den 138 Befragten im Sauerland und der Eifel gaben 53% an, die bekannten Vorzüge der landwirtschaftlichen Arbeit (Freiheit und Selbständigkeit) seien ein Hindernis für eine mögliche berufliche Umschulung[66]. Diese Haltung, daß der "Grundberufswechsel als Selbständigkeitsverlust" empfunden wird[67], bestätigt FRINK in seiner Studie. Er attestiert den Bauern eine "psychologische Sperre" gegenüber abhängiger Arbeitnehmertätigkeit[68]. Dem entsprechend kommen ALBRECHT et al. in einer Befragung von 1026 Bauern und 687 Bäuerinnen zu dem Ergebnis, daß die Angst, die gewohnte bäuerliche Selbständigkeit aufgeben zu müssen, zu 73% die ablehnende Einstellung gegenüber einem Berufswechsel begründet[69]. In einer holländischen Studie befürchteten ebenfalls Bäuerinnen, deren Mann in

---

61) HESSELBACH/HORLEBEIN 1976, S. 451.
62) INHETVEEN/BLASCHE 1983, S. 217 ff.
63) HOLLA 1984, S. 45.
64) Ebd., S. 55.
65) Ebd., S. 104 f.
66) BUCHHOLZ 1966, S. 46.
67) FRINK 1970, S. 93.
68) Ebd.
69) H. ALBRECHT et al.: Motivanalyse zur Feststellung der Hemmfaktoren, die einer beruflichen Anpassung der Landwirte im Wege stehen. Veröffentlichter Forschungsbericht, Hohenheim 1972; zitiert nach ALBRECHT 1977, S. 42 ff.

absehbarer Zeit in eine außerlandwirtschaftliche Beschäftigung wechseln wollten, einen Verlust an Selbständigkeit[70].

Auch LIENAU versuchte in einer Untersuchung bei 273 niedersächsischen Landwirten die Hemmfaktoren beim Berufswechsel zu ergründen. Die Betriebsleiter waren sich weitgehend der Vorzüge ihrer Arbeit bewußt; 70% schätzten die "selbständige Tätigkeit" und 19% die "Freiheit der Planung und freie Einteilung der Arbeitszeit"[71]. Als Konsequenz daraus ergab sich, daß zu 53% die Selbständigkeit als wesentlicher Hemmfaktor der beruflichen Mobilität angeführt wurde[72]. In einer anderen Untersuchung befragte HAUG ehemalige Landwirte, die bereits einen Berufswechsel vollzogen hatten. Als Anpassungsprobleme an die Industriearbeit wurden angegeben: "Probleme mit Unterordnung und Einordnung in den Arbeitsprozeß", "Einhaltung von festen Arbeitszeiten" sowie "ständige Pünktlichkeit"[73]. Einige Befragte führten trotz der zusätzlich hohen Arbeitsbelastung ihren Landwirtschaftsbetrieb im Nebenerwerb fort, was damit begründet wurde, daß man als Bauer "mehr Spaß als am anderen Beruf" habe[74].

WINNEMÖLLER setzt sich schließlich in seiner schon erwähnten Studie mit den Anforderungen von Landwirten an außerlandwirtschaftliche Arbeitsplätze auseinander. Von vornherein bekundeten ihm 81% der Befragten, sie könnten sich nicht vorstellen, ihren Betrieb aufzugeben und in eine andere Berufstätigkeit zu wechseln[75]. Diese eindeutige Stellungnahme für den bäuerlichen Beruf kommt auch in einem Polaritätsprofil zum Ausdruck, nach dem die landwirtschaftliche Tätigkeit mit einem sehr hohen Selbständigkeitsgrad verbunden wird[76]. WINNEMÖLLER folgert daraus, daß bei der Suche nach außerlandwirtschaftlichen Berufsfeldern für mobilitätswillige Landwirte Arbeitsplätze im industriellen Produktionsbereich denkbar ungünstig sind[77].

3.2.1.3. Ebenen bäuerlichen Freiheitsdenkens

Alle Untersuchungen zur landwirtschaftlichen Arbeit bestätigen das von den Bauerntumsideologien entworfene und vereinnahmte, wie auch in der öffentlichen Meinung weit verbreitete Bild des freien und selbständigen Bauern. Gleich, in welcher Region, welchem Land, ob Bauer oder Bäuerin, jung oder alt, im Haupt- oder Nebenerwerb und unabhängig vom landwirtschaftlichen Betriebszweig, ja sogar die lohnabhängigen Landarbeiter preisen die Freiheit als Wesensmerkmal landwirtschaftlicher Beschäftigung. Angesichts dieser breiten Übereinstimmung überrascht besonders, daß selbst unberücksichtigt der objektiven Erwerbsform (Einkommenshöhe) und Daseinsform (Freizeit, Arbeitszeit, Urlaub, Zukunftsperspektive) der subjektiven Wertschätzung bäuerlicher Arbeit uneingeschränkt hohe Bedeutung zukommt. PASCHER kommentiert diesen

70) M. VERBOON: Interview met ex-boerinnen en aspirant ex-boerinnen over hun ervaringen bij beroepsveranderung. Bedrijfsontwikkeling 3. Jg., Nr. 5, Mai 1972, S. 415-417; zitiert nach ALBRECHT 1977, S. 118.
71) LIENAU 1973, S. 30.
72) Ebd., S. 49.
73) HAUG 1976, S. 51.
74) Ebd., S. 58.
75) WINNEMÖLLER 1977, S. 83.
76) Ebd., S. 84 f.
77) Ebd., S. 177.

Sachverhalt im Anschluß an seine Untersuchung ähnlich. Er schließt daraus für die zukünftige agrarstrukturpolitische Planung, daß selbst Bauern mit objektiv mangelhafter betrieblicher Existenzgrundlage nicht aus der Landwirtschaft ausscheiden werden[78]. Aufgrund der hohen immateriellen Wertschätzung ihrer Arbeit und ihrer großen Berufszufriedenheit würden auch wirtschaftlich schwach situierte Haupterwerbslandwirte an der Landbewirtschaftung festhalten[79].

Es stellt sich nun die Frage, wie sich die überall beschworene Freiheit und Selbständigkeit konkret im alltäglichen Arbeits- und Lebenszusammenhang der Landwirtschaft ausdrückt. Woran könnte man sie dingfest machen und als Spezifikum bäuerlicher Arbeit erkennen? Eine totale, unbegrenzte Freiheit als vollständige Bindungslosigkeit existiert selbstverständlich auch für den landwirtschaftlichen Betrieb nicht. Erstens besteht eine große Abhängigkeit von der Natur, da Produktionsstandort, Produktionsrichtung, organische Wachstumsvorgänge und Erträge von physisch-geographischen Grundlagen (Klima, Vegetation, Böden) geprägt werden. Zum anderen ist die Landwirtschaft in das engmaschige Netz interdependenter Leistungsbeziehungen der Industriegesellschaft eingeflochten. Bäuerliche Freiheit ist daher nicht als "frei von Sachzwängen"[80] zu verstehen. Vielmehr umfassen Freiheit und Selbständigkeit im bäuerlichen Verständnis unterschiedliche Bereiche der Arbeit und stehen in enger Beziehung zueinander. Dies soll unter Zuhilfenahme einzelner Aussagen von Bauern und Bäuerinnen, wie sie in agrarsoziologischen Untersuchungen häufig vorzufinden sind, näher erläutert werden.

a) Arbeit in freier Natur

Die Freude am Schaffen in der Natur ist ein Bestandteil des bäuerlichen Freiheitsempfindens. Unter "freiem" Himmel sind dem Bauern schon räumlich keinerlei Grenzen gesetzt. Er ist "vogelfrei". Keine Mauern und Gebäude beeinträchtigen seinen Bewegungsradius:

"Draußen ist mir's liebste, weil ich da so frei bin"
"Drinnen bin ich wie ein eingesperrter Vogel"
"Entspannung, sobald ich draußen arbeite. Man kann in alle Richtungen schauen"
\- nach INHETVEEN/BLASCHE[81]

"Ich bin dauernd in der freien Natur, während andere dauernd im Büro hocken und den Genuß gar nicht haben"
\- nach SACHS[82]

Bei der Außenwirtschaft bedingt die Weite der Arbeitsstätten, daß der Bauer oft stundenlang, ohne einem Menschen zu begegnen, seine Arbeit verrichtet. Er ist alleine mit sich und seinen Gedanken, wird von niemandem bei seiner Tätigkeit gestört:

---

78) PASCHER 1981, S. 228.
79) Ebd., S. 227; ähnlich auch bei v. DEENEN 1971, S. 152 f.
80) Vgl. PLANCK/ZICHE 1979, S. 277.
81) INHETVEEN/BLASCHE 1983, S. 176 ff.
82) SACHS 1972, S. 84.

"Ich bin lieber draußen. Da wird nicht soviel dreingeredet"
"Auf dem Feld bist du ein freier Mensch. Da habe ich meine Ruhe. Da schnaufe ich"
- nach INHETVEEN/BLASCHE[83]

"Das ist der Vorteil in der Landwirtschaft: Du bist dein eigener Herr in freier Natur"
- nach SACHS[84]

Mit der Arbeit im Freien wird von einigen Bauern die "frische Luft" als Antipode zur Enge und Geschlossenheit des Raumes, als Freiheit assoziiert:

"Ich muß an die frische Luft, sobald es geht"
"Es tut einem so gut, draußen in der Luft zu arbeiten, besser als im Stall oder im Haus"
- nach INHETVEEN/BLASCHE[85]

"Wenn ich keinen Beruf hätte, würde ich niemals in die Fabrik gehen, erstens mal die Luft alleine"
"... wenn ich am Fließband stehe - ... wenn ich das machen sollte, dann würde lieber die Hälfte verdienen und Landwirt bleiben. Da habe ich erstens mal frische Luft, habe meine Freiheit, ich kann tun und lassen, was ich will"
- nach SACHS[86]

b) Unabhängigkeit von personeller Herrschaft

Bäuerliche Arbeit ist frei von direkt vermittelter persönlicher Herrschaft. Diese Freiheit haben sich die Bauern in jahrhundertelangen harten Auseinandersetzungen von ihren Feudalherren erkämpfen müssen. Ob die Herrschaft von der Kirche, den Lehnsherren oder Adeligen ausgeübt wurde, immer waren es die Bauern, die durch persönliche Verpflichtungen und Weisungen an jemanden gebunden waren. Die historische Erfahrung der Unterordnung unter einen fremden Willen ließ die Bauern nach der Aufhebung der feudalen Bindungen besonders stolz auf ihre endlich gewonnene Unabhängigkeit werden. Auch in der Gegenwart schwingt dieser Stolz noch mit, wenn ein Bauer seinen Status als "freier Herr" hervorhebt. Dabei hat er heute zumeist den Arbeiter im Auge, der in seiner Tätigkeit einem Vorgesetzten, Meister oder Vorarbeiter untergeordnet ist. Der Bauer hat keinen Arbeitgeber über sich, niemand macht ihm Vorschriften, kontrolliert ihn und begutachtet seine Arbeitsergebnisse. Er ist sein "eigener Chef". In verschiedenen Untersuchungen läßt sich dieser bäuerliche Freiheitsgedanke wiederfinden:

"es steht keiner nebendran oder hintendran und sagt immer: So muß Du's machen, du mußt schneller arbeiten ... Ich könnte das nicht, daß mir immer einer auf die Finger schaut"
"Ich bin frei! Hinter mir steht keiner, der mich antreibt und kontrolliert"
- nach INHETVEEN/BLASCHE[87]

"Man steht nicht so unter Aufsicht, wie in der Fabrik"
"Bin mein eigner Herr und brauche vor keinem stramm zu stehen"
"Bin mein eigner Herr. Es ist schön für den Bauer, wenn er nicht braucht nach der Flöt' zu tanzen"
"Bin freier Mensch und habe keine Vorgesetzten"

83) INHETVEEN/BLASCHE 1983, S. 176.
84) SACHS 1972, S. 84.
85) INHETVEEN/BLASCHE 1983, S. 178.
86) SACHS 1972, S. 85 ff.
87) INHETVEEN/BLASCHE 1983, S. 218.

"Ich brauche mir keine Vorschriften machen zu lassen"
- nach J. O. MÜLLER[88]

c) *Freie Betriebsdisposition*

Um die Freiheit als Kennzeichnung bäuerlicher Arbeits- und Lebensweise genau zu erfassen und aus dem Schatten der unverbindlichen Allgemeinbeschreibung zu rükken, spricht NIEHAUS von "konkreten Freiheiten", die für die bäuerliche Existenz von grundlegender Bedeutung sind[89]: Die Freiheit, durch Rechtsakt über seinen Hof zu verfügen (Übergabevertrag, Testament, Verkauf, Belastung), die Freiheit, seinen Betrieb nach seinem Willen zu führen (Kombination der Produktionsfaktoren, Betriebsmittelbezug, Anbauplanung), die Freiheit, die Produkte zu verwerten, wie man, und die gewonnenen Erzeugnisse zu verkaufen, an wen man will. Damit wird auch die Bereitschaft zur Übernahme von Eigenverantwortung eingeschlossen. J. O. MÜLLER listet hierzu in seiner Untersuchung zur Landarbeit verschiedene Aussagen aus Gesprächen mit Bauern auf und betont im Anschluß daran die unterschiedlichen Bedeutungsgehalte von Freiheit und Selbständigkeit im Verständnis der Befragten. Während Freiheit in den bäuerlichen Kommentaren zumeist als Unabhängigkeit von personeller Herrschaft im vorher erwähnten Sinne verstanden wurde, zeugt nach J. O. MÜLLERs Analyse Selbständigkeit mehr von schöpferischer Eigenständigkeit bei der Betriebsplanung und der vielen einzelnen Betriebsentscheidungen[90]:

"Selbständigkeit, das ist Verantwortung, man muß sonntags schon vorplanen, wie es in der Woche mit dem Betrieb weitergehen soll"
"Das selbständige Denken und Planen macht Freude an der Arbeit"
"Ich bin zufrieden mit dem Beruf, weil ich selbständig arbeite. Ich mache Pläne und habe Spaß, wenn ich's schaffe"
"Freiheit macht zufrieden, die eigene Entscheidung und Betriebsleiter zu sein"
- nach J. O. MÜLLER[91]

d) *Zeitsouveränität*

Bäuerliches Freiheitsdenken drückt sich ganz besonders in dem Wissen um die freie Zeitorganisation aus. Infolge der Unabhängigkeit von personeller Herrschaft kann der Bauer über seine Zeit selbst verfügen. Niemand legt ihm einen verpflichtenden Zeitrahmen der Anwesenheit auf dem Hof, im Stall oder draußen auf dem Feld fest und kontrolliert dessen Einhaltung:

"... daß ich frei bin: wenn ich will, kann ich morgens liegen bleiben"
"Eigener Herr! Bei schlechtem Wetter kann man zu Hause bleiben, der Arbeiter muß los"
"Ich bin ein freier Herr, wir müssen nicht morgens raus wie der Fabrikarbeiter"
- nach J. O. MÜLLER[92]

---

88) J. O. MÜLLER 1964, S. 196 ff.
89) NIEHAUS 1957, S. 210; ähnlich auch BREIMYER 1965, S. 71.
90) J. O. MÜLLER 1964, S. 194 f.
91) Ebd., S. 193 f.
92) Ebd., S. 196 f.

Auch über den Zeitpunkt und die Dauer der Arbeitspausen entscheidet der Bauer selbst, wie es gerade seinem Bedürfnis nach Vespern, Ausruhen oder Ablenkung entspricht:

"Wenn ich eine Stunde ausschalten will, kann ich das tun ... Rechnet einmal nur die Zeit, die wir das ganze Jahr über am Gartenzaun stehen, da allein bringen wir mehr als drei Wochen zusammen, die wir nur verplaudern"
"... daß ich frei über meine Arbeitszeit verfügen kann, wie ich mag ... Und ich selber, wenn ich amal denk, Mensch, etzt pfeift da oben ein Star, dann schau ich halt nauf, wie laut der pfeift"
- nach INHETVEEN/BLASCHE[93]

"Ich kann schon mal als Selbständiger sagen: Ich hab' keine Lust heute Mittag, ich lege mich mal zwei Stunden rum"
- nach SACHS[94]

Ebenso wird der Zeitpunkt und die Dauer der einzelnen zu verrichtenden Arbeiten frei vom Bauer bestimmt. Man teilt sich seinen Arbeitstag zeitlich selbst ein. Über Beginn, Länge, Ablauf und Reihenfolge der verschiedenen Tätigkeiten und Arbeitsschritte kann frei entschieden werden, ohne sich fremden zeitorganisatorischen Erfordernissen unterordnen zu müssen. Die Zeitsouveränität der landwirtschaftlichen Arbeit kommt demnach in der absoluten Unabhängigkeit von einem uhrzeitlichen (nicht naturzyklisch!) festgelegten Arbeitsrhythmus zum Ausdruck, wie er besonders für die industrielle Arbeitsorganisation kennzeichnend ist. Der Bauer kann je nach Belieben und Vermögen seine Arbeit einteilen, schneller oder langsamer, länger oder kürzer arbeiten:

"Ich bin doch freier Herr, ich kann meine Arbeitszeit einteilen, es gibt keine Stoppuhr"
"Selbständigkeit! Ich bin nicht gezwungen, auf die Uhrzeit zu arbeiten"
- nach J. O. MÜLLER[95]

"'Los, los', ist man nicht gewohnt, wenn man mal dreißig Jahre selbständig war"
"Wir sind eben eigener Herr ... Wenn man im anderen Beruf wäre, müßte man pünktlich sein"
- nach SACHS[96]

"Mer isch scho irgendwie sei eigner Herr, des stimmt scho. Wenn mer au von viele Dinge abhängig isch, abber mer kann's sich einteile"
- nach SEIBERT[97]

e) *Selbstbestimmte und ganzheitliche Arbeit*

In der agrarsoziologischen Literatur wird immer wieder die Selbstbestimmung und Selbstgestaltung des landwirtschaftlichen Produktionsprozesses als hervorstechendstes Merkmal bäuerlicher Freiheit hervorgehoben[98]. Das Ausmaß der Gestaltungsfreiheit wird einsichtig, wenn man es wie v. BLANCKENBURG mit der Fremdbestimmtheit des industriellen Arbeitsdaseins vergleicht:

---

93) INHETVEEN/BLASCHE 1983, S. 219.
94) SACHS 1972, S. 86.
95) J. O. MÜLLER 1964, S. 196.
96) SACHS 1972, S. 84 f.
97) SEIBERT 1985, S. 86.
98) So bei v. BLANCKENBURG 1962, S. 120, POPPINGA 1975, S. 133, PLANCK/ZICHE 1979, S. 208, INHETVEEN/BLASCHE 1983, S. 216 ff., GREVERUS/HAINDL (Hrsg.) 1983, S. 169 f. sowie GALESKI 1984b, S. 184.

"Die auf die Minute festgelegte Arbeitszeit, der unerbitterliche Rhythmus der Maschine, die hochgradige Rationalisierung der Arbeit, die es nicht zulassen, daß ein Arbeitsgang in Abweichung von der Norm verrichtet wird, sie bestimmen nicht nur kurzfristig, sondern Tag für Tag während der gesamten Arbeitszeit das Verhalten der Fabrikarbeiter."[99]

Daran gemessen besteht für die landwirtschaftliche Tätigkeit ein beachtlicher Spielraum in der Zeit- und Arbeitsorganisation. Wo, wann, wie gesät oder geerntet wird, welche Tiere aufgezogen, welche verkauft werden, das entscheidet kein Meister oder Abteilungsleiter, sondern der Bauer selbst, die Arbeit ist nicht personell fremdbestimmt, sondern selbstbestimmt. Zugleich fehlt auch die indirekte, verdinglichte Fremdbestimmung, wie sie die Fabrikarbeit kennzeichnet. POPPINGA stellt hierzu der landwirtschaftlichen Arbeit analytische Kategorien gegenüber, wie sie für die Untersuchung der Industriearbeit Verwendung finden[100]: Dispositionsverengung (d.h. Abnahme der Wahlmöglichkeiten bei der Arbeitsausführung), Rhythmisierung des Humansystems (d.h. Anpassung an den Takt der Maschinen) und geringe Interventionschancen (d.h. geringe Eingriffsmöglichkeiten in den Arbeitsablauf) sind maßgebliche Determinanten des industriellen Produktionsprozesses, die dem darin eingebundenen Arbeiter nur geringen bzw. bei fortgeschrittener Automation gar keinen individuellen Entscheidungsspielraum mehr lassen. Die Arbeit ist absolut fremdbestimmt. In der Landwirtschaft wird demgegenüber weitgehend die Selbstbestimmungsmöglichkeit der Arbeit betont. Kein Akkord, kein Band oder Maschinentakt schreiben dem Bauern den Arbeitsrhythmus, Arbeitsausführung und -ablauf vor:

"Wir haben keine Fließbandarbeit. Daß man da sogar die Zeit stoppt, wußten wir nicht ... Da heißt es: Prozente, Prozente"
"Wir müssen uns nicht durch den Akkord antreiben lassen"
"In einem Betrieb sich an eine Maschine hinstellen, die den ganzen Tag nur runterklappert, das muß man gewohnt sein"
"Wir haben einmal eine Molkerei besichtigt, die waren den ganzen Tag an einem Platz gesessen und haben an dieselbe Stelle geschielt"
"immer auf die gleiche Stelle schauen"
- nach INHETVEEN/BLASCHE[101]

Die Selbstbestimmtheit der landwirtschaftlichen Arbeit gründet sich ferner in der vergleichsweise ganzheitlichen Arbeitswelt des Bauern. In der Industrie hat die Zerlegung des Produktionsprozesses in einzelne auf Mensch und Maschine zerstückelte Arbeitsvorgänge zu zahlreichen repetitiven, funktional wie inhaltlich einseitig ausgerichteten Teilarbeiten geführt[102]. Auch für die Landwirtschaft hat sich eine Vereinfachung der Produktion ergeben, allerdings nicht aufgrund von Arbeitszerlegung, sondern aufgrund der Arbeitsteilung in verschiedene Produktions- und Veredelungszweige (z.B. Zucht-, Mast- und Futterbaubetrieb).

"Der Arbeitsprozeß wird nicht in einzelne Gänge zerlegt, der Arbeitende - also der Bauer - nicht zum Spezialisten für einen dieser parzellierten Arbeitsgänge, also nicht z.B. zum Melkbecheransetzer, der an einem Arbeitstag nichts anderes tut, als Melkbecher ans Euter zu setzen. Der auf Milchproduktion spezialisierte Bauer füttert, melkt, mistet aus, mäht Gras, erntet Heu, streicht die Silos, repariert die Fördergeräte und manches mehr."[103]

---

99) v. BLANCKENBURG 1962, S. 120.
100) Vgl. POPPINGA 1973, S. 73.
101) INHETVEEN/BLASCHE 1983, S. 219 ff.
102) Vgl. BRINKMANN 1981, S. 72 ff.
103) POPPINGA 1975, S. 133.

Für die bäuerliche Arbeitswelt sind demnach die Vielfalt, Vielseitigkeit und Abwechslung der Tätigkeiten charakteristisches Merkmal im Gegensatz zum beschränkten, eingeengten Arbeitsfeld in der Industrie:

"Ich bin selbständig, als Mann muß ich mehr als Forscher arbeiten, denken und überlegen ... der Bauernberuf ist darum nicht so eintönig"
- nach J. O. MÜLLER[104]

"Ich bin der Meinung: abwechslungsreicher und schöner ... ist die Bauernarbeit schon. Ich bin kein Hilfsarbeiter, aber wenn ich bei uns die Hilfsarbeiter sehe: Tagaus, tagein dieselbe Arbeit machen, nur dieselbe Bewegung am Fließband oder irgendwo anders, das stumpft doch den Menschen ab"
- nach SACHS[105]

"Also meine Arbeit ist halt viel abwechslungsreicher"
"Also, ich möcht ja net den ganzen Tag am Fließband stehn! Ich hab des ja gsehn, wir waren ja in der Fabrik, wie die Frauen da den ganzen Tag das Gleiche machen und monatelang das gleiche machen. Irgendwie stumpft das ab"
"Ich hab nicht immer das Sture, sondern die Vielfalt und die Abwechslung"
- nach INHETVEEN/BLASCHE[106]

Mit der Selbstbestimmtheit und Ganzheitlichkeit der bäuerlichen Arbeit eng verbunden ist die Beziehung des Bauern zum Gegenstand seiner Tätigkeit, die in der Literatur gern als Beispiel für nichtentfremdete Produktionsbeziehung herangezogen wird[107]. Als erster hat J. O. MÜLLER in seiner Untersuchung die "besondere emotionale Beziehung" der Bauern zu ihrer Arbeit als Folge des "ganzheitlichen Naturgeschehens" hervorgehoben[108]. Die stark emotionale Komponente der bäuerlichen Arbeit, der die sachliche, affektiv-neutrale Beziehung des Fabrikarbeiters zu seinem Arbeitsgegenstand gegenübersteht, gründet sich in dem ganzheitlichen Naturerleben der Landwirtschaft. Freiheit und lebendiges Naturwesen stehen als Antipode zur Unfreiheit und toten Materie. Bäuerliche Freiheit zeichnet sich somit auch in der Beziehung des Bauern zu seiner Arbeit aus. Im Vergleich zum toten, unbeweglich und nicht selbst entwicklungsfähigen Arbeitsgegenstand in der Industrie hat es der Bauer mit lebendigem Naturwesen, das eine eigene Entwicklungsdynamik in sich trägt, zu tun. Die bäuerliche Arbeit verfolgt als Pflegewirtschaft einen organischen Lebensprozeß von verschiedenen Generationszyklen, vom Beginn des Lebens über verschiedene Wachstumsstadien bis hin zum Ende einer Generation und dem Entstehen der folgenden[109]. Dabei wird das Wachstum und Gedeihen vom Bauern nicht nur als Voraussetzung für ein später monetär meßbares Betriebsergebnis gewertet, sondern auch emotional als sicht- und faßbare Bestätigung eines persönlich befriedigenden Arbeitserfolges empfunden:

"Wenn heut ein Schwein ferkelt und man sieht die Kleinen, wie sie alle leben und sich amüsieren und dann heranwachsen ..., das ist doch lebendes Wesen"
"Ich hab die Tiere, die ich groß zieh, einfach lieb"
"Da sind wir schon dabei, wenn sie (Bullenkälber, erg.) geboren werden, und die ziehen wir auf, und damit verwächst man"

---

104) J. O. MÜLLER 1964, S. 193.
105) SACHS 1972, S. 85.
106) INHETVEEN/BLASCHE 1983, S. 222.
107) Vgl. POPPINGA 1973, der die Selbstständigkeit der bäuerlichen Produktion anhand des Marxschen Entfremdungsbegriffs herausarbeitet (S. 70 ff.).
108) J. O. MÜLLER 1964, S. 214 ff.
109) Vgl. BRAUNER 1970, S. 16 ff.

"Man sieht einen Erfolg, wie sie so wachsen"
- nach INHETVEEN/BLASCHE[110]

"Ich hab so'n Spaß an dem Vieh immer gehabt"
Mein schönster Urlaub ist, wenn das Vieh gesund ist"
- nach SACHS[111]

Erfolg oder Mißerfolg bei den organischen Wachstums- und Entwicklungsprozessen machen den Bauern über das quantifizierbar wirtschaftliche Maß hinaus auch unmittelbar persönlich, gefühlsmäßig betroffen. Dies gilt im besonderen für die Beschäftigung mit Tieren, wo schon durch die Namensgebung die gefühlsmäßige Beziehung der Bauern zum Ausdruck kommt. Selbst Charaktereigenschaften werden den Tieren aufgrund bestimmter Verhaltensweisen und Gewohnheiten zugeschrieben. Man wendet sich ihnen emotional zu, ist frei von einer ökonomistisch determinierten Betrachtungsweise, wie es in der Industrie üblich ist:

"Es sieht jede anders aus ... Wer viel mit ihnen umgeht, lernt ihre ganzen Arten kennen"
"Ich sag immer: Mit Vieh ist Umgang wie mitm Menschen"
"Jedes Vieh braucht Liebe"
"Die kriegen nicht nur was zum Fressen hingestellt ... die brauchen auch eine Ansprache, ein gutes Wort"
"Ich kann mich vor die Kälberbox hinstellen und unterhalten und unterhalten mit die kleinen Kälber"
"Die Mastschweine, die tun schon auch a weng plaudern"
- nach INHETVEEN/BLASCHE[112]

Die Ganzheitlichkeit der landwirtschaftlichen Arbeit betrifft aber nicht nur die Beschäftigung mit den Tieren, sondern drückt sich auch bei der Feldarbeit aus. Anhand des Wachstumsstandes der Pflanzen wird das Arbeitsergebnis sichtbar, die Arbeitsfreude und -zufriedenheit ist konkret erfaßbar:

"Ich hab meine Freude daran, wenn alles wächst und blüht"
"Man sieht die Arbeit, die ... gemacht wird"
"... ganz schön, wenn man sieht, wie alles wächst und gedeiht"
"Ich kann sehen, wie die War heranwächst"
"daß man zuschauen kann, wie alles wächst"
- nach INHETVEEN/BLASCHE[113]

Zugleich zeigen die letzt genannten Zitate noch eine weitere Dimension der bäuerlichen Freiheit als Folge der ganzheitlichen Arbeitswelt auf. Auch wenn der Bauer nicht immer unmittelbar an seiner Produktionsstätte (Feld, Weide, Stall) weilt und arbeitet, verläuft der Produktionsprozeß ohne ihn, fast wie von alleine. Damit ist der Bauer nicht an einen festen Arbeitsplatz zur Produktion seiner Waren gebunden, sondern die Weite und Vielfalt seiner Arbeitsstätten wird überhaupt erst möglich. Denn während er auf dem Hof Wartungsarbeiten verrichtet, reift zur gleichen Zeit das Getreide auf dem Feld, das Vieh grast auf der Weide - quasi ohne sein Zutun. Der Bauer hat dadurch nicht nur mehr Freiraum für andere zu erledigende Arbeit, sondern er kann mehr oder weniger passiv zuschauen, wie "geblüht", "gewachsen", "geferkelt" wird - kurzum, wie produziert wird.

---

110) INHETVEEN/BLASCHE 1983, S. 164 f.
111) SACHS 1972, S. 89.
112) INHETVEEN/BLASCHE 1983, S. 163.
113) Ebd., S. 174 u. S. 221.

f) Selbständigkeit

Rein formal findet die bäuerliche Selbständigkeit ihre Begründung in der Definition der Erwerbstätigen nach der amtlichen Statistik. Danach werden alle "Personen, die einen Betrieb oder eine Arbeitsstätte gewerblicher oder landwirtschaftlicher Art wirtschaftlich und organisatorisch als Eigentümer oder Pächter leiten" der Berufsgruppe der Selbständigen zugeordnet[114]. In dieser kleinen Berufsgruppe, die anteilmäßig nur 10% der erwerbstätigen Bundesbürger ausmacht[115], ist die Landwirtschaft die zahlenmäßig größte Wirtschaftsgruppierung. Daher wird sie von einigen Autoren als "der noch weitaus stärkste vital gesunde Bereich wirtschaftlicher Selbständigkeit" und "unerläßliches Element einer Marktwirtschaft" geschätzt[116]. Die ausschließlich amtlich-statistische Zuordnung von Selbständigkeit auf landwirtschaftliche Berufe scheint in unserem Zusammenhang uninteressant und kann außer Acht gelassen werden.

Inhaltlich wurzelt auch die Selbständigkeit als Element bäuerlichen Freiheitsdenkens in den historischen Erfahrungen jahrhundertelanger feudaler Abhängigkeiten. Nach J. O. MÜLLERs Untersuchung läßt sich das Mißtrauen der Bauern gegenüber irgendwelchen Bindungen als ausgeprägtes "Unabhängigkeits-bewußtsein" vorzugsweise in stadtfernen, stark bäuerlich geprägten Gemeinden finden. Dort enthält die Selbständigkeit auch Anzeichen einer gewissen Selbstisolierung[117]:

"Man ist frei, man hat mit keinem Menschen zu tun"
"Meine Selbständigkeit ziehe ich vor: ich will mit keinem anderen was zu tun haben und ich brauche nicht mehr unter fremde Augen zu gehen"
"Bin ein freier Mann und brauche keinen zu fragen"
"Die Selbständigkeit seh' ich als Vorzug an, ich laß' mir nicht gern dreinreden"
- nach J. O. MÜLLER[118]

Ähnlich kommt diese Selbständigkeitskomponente, als extremer Individualismus kaschiert, auch in zahlreichen bekannten Bauernsprüchen zum Ausdruck: in dem von RIEHL für den "freien Bauernstand" proklamierten "Selbst ist der Mann"[119] ebenso wie in den Bauernregeln "Kumpanei ist Lumpanei", "Drei Bauern bekommt man selten unter einen Hut" und "Damit zwei Bauern sich einig werden, muß man einen tot schlagen". Freiheit bezieht sich demnach nicht nur auf das Frei-Sein von Bindungen innerhalb hierarchischer Beziehungen, wie wir es schon als "Unabhängigkeit von personeller Herrschaft" vorfanden, sondern darüber hinaus auch in allgemeiner Form auf die horizontale Ebene. Man möchte prinzipiell unabhängig von anderen Menschen sein "eigenes" Leben führen.

Selbständigkeit beinhaltet für den Bauern aber auch Autarkiestreben als Selbstschutz vor möglichen Gefahren und Krisen aus der Umwelt, was sich in seinem Sicherheitsdenken - Sicherung der Existenz von Familie und Betrieb - manifestiert[120]. Das Si-

---

114) STATISTISCHES JAHRBUCH FÜR DIE BUNDESREPUBLIK DEUTSCHLAND 1976, S. 147; zitiert nach BRINKMANN 1981, S. 82.

115) BRINKMANN 1981, S. 84.

116) BACH 1967, S. 133 sowie KÖHNE 1985, S. 233.

117) J. O. MÜLLER 1964, S. 199. Die Selbstisolierung ist auch als zwangsläufige Folge der isolierten Arbeitsweise (Feld, Wald, Stall) und Lebensweise (einzelne, oft zerstreute Höfe) zu sehen; vgl. hierzu BRÜGGEMANN/RIEHLE 1986, S. 122 ff.

118) J. O. MÜLLER 1964, S. 199.

119) RIEHL 1976, S. 71.

120) Vgl. SACHS 1972, S. 67 ff.

cherheitsbedürfnis zeigt sich zum einen in der partiellen Subsistenzorientierung und -produktion. Für die traditionelle bäuerliche Familienwirtschaft als Produktions- und Haushaltseinheit war eine mehr oder weniger autonome Existenzsicherung nur auf der Grundlage eigenbedarfsorientierter Selbstversorgung gewährleistet. Heute vollzieht sich die Produktion und Reproduktion der bäuerlichen Familie weitgehend in Abhängigkeit vom Markt: Geräte und Maschinen, Zucht- und Nutzvieh, Saatgut, Pflanzmaterial, Energie und andere benötigte Betriebsstoffe werden ebenso über den Markt bezogen wie Kleidung, Möbel und Haushaltsgeräte. Der selbständigen Existenz werden also deutliche Grenzen gesetzt. Als einziger Bereich verbleibt noch die Nahrungserzeugung für den Eigenbedarf der Familie als Relikt subsistenzwirtschaftlicher bäuerlicher Produktionsweise: Obst und Gemüse aus dem Garten, das zu Saft und Marmelade verarbeitet oder eingeweckt und gefroren wird; selbstgebackenes Brot, Wurst- und Fleischwaren aus der Hofschlachtung, selbstgemachte Nudeln, Eier von den Hofhühnern, die gemästete Weihnachtsgans und auch Milch, Käse, Butter und Sahne, die von eigenen Kühen stammen, bzw. aus der Rohmilch hergestellt werden. Obgleich es eine Reihe von Erklärungen für diese letzte subsistenzbezogene Ausrichtung auf dem Hof gibt[121], scheint der selbständigen Nahrungssicherung noch wesentliche Bedeutung zuzukommen:

"Dann haben wir immer noch unseren Hof und haben unsere Erzeugung und können leben, wenn wir vielleicht auch schlecht leben müssen, aber wir können noch leben"
"Man hat sein eigenes Kotelett"
"Wir sind Selbstversorger"
"man hat gerne was Sicheres, es können mal ganz böse Zeiten kommen, man kann sich selbst ernähren - man ist da nicht von jedem anderen oder von irgendwelchen anderen Sachen dann abhängig"
- nach SACHS[122]

"wir haben's selber, und warum soll das ein Bauer kaufen, wenn er die Landwirtschaft hat"
"Was man hat, braucht man nicht zu kaufen"
- nach INHETVEEN/BLASCHE[123]

Zweitens kommt das Sicherheitsbedürfnis auch in der Sicherung der bäuerlichen Eigentumswerte zum tragen, als unmittelbare Voraussetzung zur Erhaltung der selbständigen landwirtschaftlichen Existenz. Man erhält erst durch den Besitz von Haus und Hof "eine Versorgungssicherheit, und die hat man nur im eigenen Haus, durch seinen Besitz, nur im eigenen Haus ist man sein eigener Herr"[124]. Das bäuerliche Freiheitsdenken ist daher eng mit dem bäuerlichen Besitzdenken verknüpft, da das Privateigentum an Grund und Boden erst die selbständige Lebensführung und Arbeitsweise ermöglicht[125]:

"Man hängt da arg an der Scholle"
"Ich häng an dem Zeug"
"Wenn man mit dem Zeug aufgewachsen ist, ist man nicht mehr zu verpflanzen"
- nach INHETVEEN/BLASCHE[126]

121) Als Gründe werden auch angegeben: Nutzung der vorhandenen Naturressourcen, bessere Qualität der selbsterzeugten Nahrungsmittel, Kostenersparnis sowie Vorratshaltung; vgl. INHETVEEN/ BLASCHE 1983, S. 67 ff.

122) SACHS 1972, S. 70 ff.

123) INHETVEEN/BLASCHE 1983, S. 68 f.

124) BRÜGGEMANN/RIEHLE 1986, S. 168.

125) Vgl. SONNEMANN 1963.

126) INHETVEEN/BLASCHE 1983, S. 38.

"ich bin glücklich und froh, daß ich erst mal mein eigenes Dach über'm Kopp hab und meine Arbeit hab' und das Auskommen"
- nach SACHS[127]

Zugleich stellt der materielle Besitz die veräußerlichte Form des bäuerlichen Freiheits- und Selbständigkeitsempfindens dar, indem nicht nur der unmittelbare Arbeitsbereich, sondern auch der Zweck der Arbeit der selbständigen Bestimmung des Bauern untersteht. Man arbeitet nicht für andere, wie der Fabrikarbeiter, sondern "für sich selbst", "für's Eigene"[128]. Die Erfolge der Arbeitsleistung kommen in vollem Umfang materiell und finanziell der eigenen Familie und dem eigenen Betrieb zugute:

"Wenn's net das Eigene wär, daß mer's für sich tut, für andere Leut tät ich des manchmal net ... Aber es ist doch im eigenen Interesse"
"Man arbeitet halt für sich"
"Was ich mache, mache ich für mich, den Mann und die Kinder"
- nach INHETVEEN/BLASCHE[129]

"Aber man rechnet sich ja immer noch als Eigentümer, und auf eigener Scholle zu arbeiten ist leichter wie im Kolchosenbetrieb"
"Aber wenn ich morgens die Kühe gefüttert habe, den Stall sauber, und die Kühe fühlen sich wohl, wenn sie wiederkäuen: Dann habe ich doch meine Zufriedenheit gefunden und habe gesagt: 'Eigener Herd ist Goldes wert'"
- nach SACHS[130]

3.2.2. Ein Leitbild wandelt sich und mit ihm die "bäuerliche Freiheit": vom bäuerlichen Familienbetrieb zum landwirtschaftlichen Unternehmen

Die Agrarreformen hatten seit Mitte des 18. Jahrhunderts den Bauern endlich ihre Unabhängigkeit und Selbständigkeit gebracht. Mit der Ausstattung von Freiheit und Eigentum wurde aus der "Familienwirtschaft" als sozio-ökonomische Urform bäuerlicher Arbeits- und Lebensweise die gesellschaftliche Institution des "bäuerlichen Familienbetriebes"[131]. Konstitutives Merkmal des bäuerlichen Familienbetriebes ist die Familienarbeitsverfassung, nach der der Bauer mit seiner Familie Arbeitskraft, Besitzer und Betriebsleiter zugleich ist. Damit ergibt sich im Unterschied zu anderen Arbeitsverfassungen in der Landwirtschaft (unterschiedliche Formen der kooperativen und Fremdarbeitsverfassung)[132] die "weitgehende personelle Vereinigung von disponierender und ausführender Arbeit"[133].

Der bäuerliche Familienbetrieb wurde nach dem zweiten Weltkrieg als agrarpolitisches Leitbild der westeuropäischen Landwirtschaft allgemeingültig anerkannt, wie die

127) SACHS 1972, S. 71.
128) nach J. O. MÜLLER 1964, S. 200. Größe und Ausstattung des Hofes oder Umfang des Bodeneigentums entsprechen als verdinglichter Arbeitserfolg nicht nur dem bäuerlichen Selbstwertgefühl als "Selbständiger" und seinem Bedürfnis nach Bestätigung seiner "Unabhängigkeit", sondern regeln auch die soziale Rangordnung der dörflichen Bevölkerung untereinander, vgl. hierzu BRÜGGEMANN/RIEHLE 1986, S. 165 ff. sowie BUNTZEL 1986, S. 34.
129) INHETVEEN/BLASCHE 1983, S. 33 f. sowie S. 217.
130) SACHS 1972, S. 89.
131) Vgl. MUTH 1967, S. 349.
132) Vgl. PLANCK/ZICHE 1979, S. 212 ff.
133) Ebd., S. 295.

Flut von Grundsatzerklärungen und Programmen der nationalen Regierungen und landwirtschaftlichen Verbände belegt[134]. In der sogenannten Stresa-Resolution von 1958, in der die Grundlagen der europäischen Agrarpolitik formuliert wurden, erhob der Ministerrat der EWG den bäuerlichen Familienbetrieb zum offiziellen Leitbild der Agrarpolitik. Bereits 1955 hatte der vom Bundeslandwirtschaftsministerium eingesetzte Ausschuß zur Verbesserung der Agrarstruktur als das Leitbild bäuerlicher Familienbetriebe solche landwirtschaftliche Betriebe erklärt, die "einer Familie volle Beschäftigung und ein angemessenes Einkommen allein aus der Landwirtschaft zu bieten" vermögen[135]. Das eindeutige Bekenntnis zum bäuerlichen Familienbetrieb entsprang einerseits "den mittelstandspolitischen Vorstellungen und der regierungsamtlichen Auffassung von Wirtschafts- und Gesellschaftsordnung, von Eigentumsstreuung, Freiheit und sozialem Ausgleich"[136]. Die Eigenständigkeit und Selbständigkeit einer Vielzahl mittelbäuerlicher Betriebe sollte die Gewähr für eine neue aufstrebende Wirtschaft auch im Agrarsektor bieten. Neben dieser ideologisch geschätzten gesellschaftsstabilisierenden Wirkung eines freien Bauernstandes ist das Leitbild des bäuerlichen Familienbetriebes historisch auch als politische Abgrenzung zur Kollektivierung der Landwirtschaft in der DDR zu verstehen[137].

Freiheit, Selbständigkeit und Unabhängigkeit sind die Werte, die dem bäuerlichen Familienbetrieb seit jeher zugeordnet werden. Doch bereits die Väter der landwirtschaftlichen Betriebslehre, allen voran THAER, hatten das Wesen der Landwirtschaft ohne solche agrarideologische Ausrichtung kurz und bündig definiert. So schrieb THAER 1810 in seinem Werk "Grundsätze der rationellen Landwirtschaft":

"Die Landwirtschaft ist ein Gewerbe, welches zum Zweck hat, durch Production (...) vegetabilischer und thierischer Substanzen Gewinn zu erzeugen oder Geld zu erwerben"[138].

Das Erwerbsprinzip rückte damit in den Vordergrund bäuerlicher Arbeits- und Lebensweise. Als erfolgversprechend erwiesen sich die Anforderungen, die THAER an die "rationelle Landwirtschaft" stellte, aber nur für die markt- und exportorientierten Großbetriebe, die durch die Anwendung neuer produktionstechnischer Verfahren gewaltige Produktivitätszuwächse erzielten. Den mittel- und kleinbäuerlichen Betrieben, die nur geringe und sporadische Marktleistungen erbrachten, wurden von der "rationellen Landwirtschaft" zu Randfiguren degradiert, bei einigen Epigonen von THAER sogar mehr oder weniger abschätzig als unproduktive landwirtschaftliche Unterschicht abqualifiziert[139]. Dieser Grundstimmung der Thaerschule ist in der aktuellen Auseinandersetzung um die Zukunft der Landwirtschaft eine Neuauflage beschieden. Die Diskussion über die Konkurrenzfähigkeit sogenannter "Grenzbetriebe" überschattet allen politischen Beschwichtigungsversuchen zum Trotz die Idylle des agrarpolitischen Leitbildes bäuerlicher Familienbetriebe. Zahlreich sind die Stimmen aus Agrarpolitik, Agrarökonomie und Agrarsoziologie, die in der Nachfolge von THAER für einen "modernen Familienbetrieb" als gewinnerzielendes Unternehmen plädieren:

134) Vgl. BACH 1967, S. 90 ff.
135) Zitiert nach SCHOPPE 1974, S. 7.
136) JÄGER 1965, S. 20.
137) Vgl. KÖTTER 1983, S. 129.
138) Zitiert nach HAMPICKE 1974, S. 5.
139) Vgl. MUTH 1967, S. 349 ff.

"Wenn die Landwirtschaft an der weiteren Entwicklung teilnehmen will, dürfte sich der Familienbetrieb alter Art als strukturpolitisches Prinzip als nicht tragfähig erweisen"[140].

Die wirtschaftliche Leistungsfähigkeit moderner unternehmerisch ausgerichteter Familienbetriebe wird ausdrücklich zum neuen Leitbild erhoben, wie der AGRARBERICHT 1986 bestätigt[141].

PLANCK/ZICHE unterscheiden in einem Modell vier Betriebskomponenten, anhand derer sich die Entwicklung des Familienbetriebes verfolgen läßt[142]: die Familien- und Haushaltskomponente, die die sozial-biologische und sozial-ökonomische Voraussetzung für die traditionelle subsistenzorientierte Familien*wirtschaft* bilden. Mit der Betriebskomponente als technisch-wirtschaftlicher Ergänzung erwächst der *bäuerliche* Familien*betrieb*. Und erst mit der Unternehmenskomponente als juristisch-finanzielle Seite entsteht der modernen *landwirtschaftliche* Familien*betrieb*. Wie soll aber der "moderne" Bauer konkret aussehen, worin grenzt sich die Wirtschaftsweise eines "landwirtschaftlichen" von der eines "bäuerlichen" Familienbetriebes ab? KROMKA/KREUL führen dazu drei Unterscheidungskriterien an[143].

Erstens: Der gesamte Arbeits- und Lebensbereich in der "modernen" Landwirtschaft wird von "ökonomischer Rationalität" durchdrungen, nachdem sich das gewinnmaximierende Erwerbsprinzip durchgesetzt hat. Alle Entscheidungs- und Handlungsabläufe im landwirtschaftlichen Betrieb unterliegen dieser Wirtschaftsgesinnung. Die bäuerliche Arbeit erhält eine neue Dimension als kalkulierende, rechnerische und planende Tätigkeit, die sich ausschließlich an den Bedingungen des Marktes ausrichtet. Damit tritt zu den bisherigen bäuerlichen Aufgaben das Marktverstehen hinzu, das Beobachten und Erkennen von Zusammenhängen und Techniken des Marktgeschehens, um Rückschlüsse auf die Agrarproduktion ziehen und Einfluß auf Absatzwege und Absatzgestaltung nehmen zu können; die Blickrichtung des Familienbetriebes verläuft weg "vom Hof zum Markt"[144]. Als letzte Konsequenz wird sogar "der Bauer als Kaufmann", die Anwendung des Handelsrechts auf die Landwirtschaft eingefordert[145]. Eine besondere Ausprägung der ökonomischen Rationalität ist die Rechenhaftigkeit. Für alle Transaktionen im Betrieb wird eine Aufwand-Ertrags-Relation vorgenommen, wozu die Buchführung als unverzichtbares Hilfsmittel dient. Sie ist Voraussetzung, um den Betrieb exakt durchleuchten, das Preis-Kosten-Verhältnis übersehen und etwaige betriebliche Änderungen daraufhin vornehmen zu können. Es wird nicht mehr gefühlsmäßig abgewogen und entschieden, sondern rechnerisch kalkuliert. Davon bleibt auch die Beziehung des Bauern zu seinem Arbeitsfeld nicht unverändert: der Boden wird zum reinen Produktionsfaktor, der Hof zum Betrieb und Tiere wie Pflanzen zu wirtschaftlichen Mitteln der Einkommensgewinnung.

Zweitens: Den "modernen" Bauern zeichnet außerdem die Bereitschaft zum Risiko aus. Mit dem technischen Fortschritt können die den Betriebserfolg lange Zeit bestim-

140) KÖTTER 1983, S. 130.

141) AGRARBERICHT DER BUNDESREGIERUNG 1986, S. 58. Ähnlich auch die agrarpolitischen Programme von CDU/CSU und F.D.P.; vgl. KONRAD-ADENAUER-STIFTUNG (Hrsg.) 1976, S. 30, CHRISTLICH DEMOKRATISCHE UNION 1986 und FREIE DEMOKRATISCHE PARTEI 1985.

142) Vgl. PLANCK/ZICHE 1979, S. 296 f.

143) Vgl. KROMKA/KREUL 1983, S. 156 ff.

144) THIMM/ZICHE 1966.

145) So von MAHN 1967 und DOBERT 1968, S. 6.

menden landwirtschaftlichen Risiken (Erzeugungs-, Anbau-, Wachstums-, Ernte-, Veredelungs- und Lagerrisiko)[146] erfolgreich reduziert werden. Gleichzeitig vergrößern sich aber das Markt- und Anlagerisiko. Das Marktrisiko wird mit der vollständigen Ausrichtung der Erzeugung auf die Bedürfnisse und Anforderungen der Nachfrage zur alleinigen Grundlage der betrieblichen Entscheidungen. Zugleich steigt für den Familienbetrieb mit der zunehmenden Kapitalbelastung das Investitionsrisiko[147], da sich infolge immer neuerer, kostenintensiverer Produktions-, Absatz-, Ernte-, Lagerungs- und Verarbeitungstechniken eine langfristige Betriebsplanung den ökonomisch-rationalen Erfordernissen einer flexiblen Marktanpassung widersetzt. Hier wird das Risikoverhalten zum integralen Bestandteil des landwirtschaftlichen Entscheidungshandelns, da zwischen den Betriebszielen "Sicherheit" (Existenssicherung von Familie und Betrieb) und "Leistung" (Erwerbsstreben) eine Lösung gefunden werden muß[148].

Ein *drittes* Merkmal, durch das sich der "moderne" Bauer auszeichnet, ist seine geistige Kreativität. Diese drückt sich darin aus, daß der Familienbetrieb das "richtige" Betriebsziel zur "richtigen" Zeit mit den "richtigen" Mitteln erreicht. Zwar sind der Agrarproduktion durch die physiologische Sättigung der Nachfrage ab einem gewissem Punkt Wachstumsgrenzen gesetzt. Gleichwohl können auch in der Landwirtschaft noch gewinnträchtige qualitative Bedarfslücken, sogenannte Marktnischen entdeckt werden. Besondere Bedeutung kommt der Kreativität auch bei der Übernahme technischer Innovationen (Verfahrenstechniken, Maschinen, Sortenwahl etc.) und beim Absatz in der Produktgestaltung (Verpackung und Werbung) zu.

Mit diesen drei Merkmalen ist die Wandlung des agrarpolitischen Leitbildes wohl am treffendsten beschrieben, wie der Bauer zum landwirtschaftlichen Unternehmer, der Bauernhof zum Unternehmen wird. Gleichzeitig erfährt auch die gerühmte "bäuerliche Freiheit" einen Wandel. Je stärker die Gewinnmaximierung als Betriebsziel in den Vordergrund rückt, je mehr der Bauer in die Rolle des ökonomisch-rationalen Landwirts hineinwächst, um so enger wird das traditionelle bäuerliche Freiheitsdenken ("Leben und Arbeiten als freier Mann nach freier Bestimmung auf freier Scholle") ausgelegt. Die vielfältigen Elemente, die das bäuerliche Freiheitsempfinden zum Ausdruck brachten - Freiheit als Entfaltung und Selbstverwirklichung, ganzheitliche Arbeit, Selbstbestimmung, Naturnähe, personelle Unabhängigkeit - werden als bestimmende Wesensmerkmale bäuerlicher Arbeits- und Lebensform ihrer Bedeutung enthoben. Freiheit wird auf das Wirtschaftsverhalten der Landwirte reduziert und der allgemeinen "unternehmerischen Freiheit" des Mittelstandes subsumiert[149]. Die "moderne" Betriebsführung als "eine der effizientesten und reizvollsten Tätigkeiten unternehmerisch denkender und handelnder Landwirte"[150] rückt in den Mittelpunkt landwirtschaftlicher Arbeit. Wie ein roter Faden läßt sich der modifizierte Freiheitsgedanke in den Plädoyers für ein landwirtschaftliches Unternehmertum verfolgen: "Eigeninitiative und Eigenverantwortung"[151] werden hervorgehoben, "unternehmerische Selbständigkeit und Freiheit" in der

---

146) Vgl. RINTELEN 1938.
147) Vgl. auch SINKWITZ 1985, S. 192.
148) Vgl. SACHS 1973, S. 206.
149) Besonders deutlich bei KÖHNE 1985.
150) STEFFEN 1984b, S. 170.
151) So bei PRIEBE 1961, S. 16, PETERS 1968, S. 419, BORN 1974, SINKWITZ 1985, S. 292 und WOLF 1985.

Landwirtschaft gepriesen[152]. Der landwirtschaftliche Betriebsleiter soll die Fesseln des reinen Nahrungsmittelproduzenten sprengen und den gewonnenen Freiraum dazu nutzen, um als "Allround-Unternehmer" in eine "Managerrolle" zu schlüpfen[153]. Verständlich ist es, daß den Verfechtern eines landwirtschaftlichen Unternehmertums dann auch die bäuerlichen Freiheitsattitüden, wie Unabhängigkeit und Eigenständigkeit im Sinne des "Selbst-ist-der-Mann" unzeitgemäß erscheinen, da sich solches Autonomiestreben den Erfordernissen einer erwerbswirtschaftlichen Markteinbindung widersetzt. Ihrer Meinung nach wird von einer modernen Landwirtschaft schließlich

"die Agrarverfassung insgesamt berührt (...), weil neue Unternehmensformen in der Landwirtschaft gewisse Prinzipien industrieller Arbeitsorganisation integrieren müssen. Dazu gehört u.a. die Eingabe landwirtschaftlichen Eigentums in einen größeren Organisationsrahmen, die Zusammenfassung kleinerer Gebilde unter einem Management, Vergrößerung der technischen, wirtschaftlichen Einheiten, vertikale und horizontale Integration. Auf diese Weise können Kapitalverstärkung und bessere Unternehmensorganisation erreicht werden"[154].

Nachdem sich in der politischen und wissenschaftlichen Diskussion längst die Notwendigkeit der Kooperation als moderne Organisationsform landwirtschaftlicher Arbeit durchgesetzt hat[155], wird die Kooperationsbereitschaft, die Vielfalt und Vielzahl kooperativer Arbeits- und Wirtschaftsbeziehungen sowohl zwischen den Landwirten untereinander als auch mit nichtlandwirtschaftlichen Einrichtungen als Beweis einer aufgeschlossenen bäuerlichen Unternehmensschicht angesehen, die bereitwillig den Kooperationsnexus der selbstisolierenden Unabhängigkeit vorzieht. Obwohl der Landwirt damit seine vollständige betriebliche Dispositionsfreiheit aufgibt, wird gerade der Entschluß, die freie Entscheidung über Ein- und Austritt, Art der Kooperationsform und Grad der sachlichen und persönlichen Einbringung in die Kooperation zu den unternehmerischen Freiheiten der Landwirtschaft gezählt[156].

Doch noch nicht alle Agrarproduzenten können als landwirtschaftliche Unternehmer eingestuft werden, wie zahlreiche Agrarwissenschaftler beklagen. Hierfür sei in besonderem Maße die "Änderung traditioneller Bewußtseinsinhalte der bäuerlichen Familien" erforderlich[157]. Noch zu viele Bauern würden ihre Aufgabe "allein in der Bewältigung der magisch erfaßten Natur" sehen, der sie sich "zwar mit Einsatz, aber oft auch eigensinnig unter besonderer Betonung ihrer Unabhängigkeit hingeben"[158]. Der traditionelle Bauer als "tumber Tor" stehe der agrarstrukturellen Entwicklung zum modernen landwirtschaftlichen Unternehmertum im Wege[159]. Es herrsche vielerorts noch das "visköse (zähflüssige) Element mit seinen leitenden Merkmalen der Beharrlichkeit, Stabilität und Denkträgheit. (...) Um so kontrastreicher heben sich diejenigen Landwirte ab, zu deren Eigenart geistige Beweglichkeit, Ideenfülle, Unternehmungsfreude, aktive

152) So bei SONNEMANN 1963, S. 3, KROMKA/KREUL 1983, S. 158, KÖHNE 1985, S. 237 und PRIEBE 1985, S. 159.
153) THÜNGEN 1986, S. 233.
154) KÖTTER 1983, S. 130.
155) Vgl. zur Auseinandersetzung über die zwischen- und überbetriebliche Kooperation in der Landwirtschaft, wie sie in Agrarpolitik und Wissenschaft geführt wurde, STEDING 1975, S. 145 ff.
156) So u.a. bei JÄGER 1965, S. 25 und in neuerer Zeit bei KÖHNE 1985, S. 240.
157) BARTHELMÄ 1973, S. 20; ähnlich auch bei KÖHNE 1985, S. 233. Bereits ALBRECHT 1926 hatte die fehlende Durchdringung des Bauern mit dem kapitalistischen Geist als Ursache fehlenden landwirtschaftlichen Unternehmertums beklagt (S. 61 f.).
158) MAHN 1967, S. 9.
159) Vgl. zum Stereotyp des "dummen Bauern" BRÜGGEMANN/RIEHLE 1986, S. 52 ff.

Lebendigkeit" zählten[160]. Die traditionelle Sozialisation in der Bauernfamilie erweise sich als Hindernis für eine moderne Landwirtschaft, da sie wenig geeignet sei, "die intellektuellen Anlagen einer echten Unternehmerpersönlichkeit, wie rasche Erfassung einer Situation, Kombinationsgabe, Vorstellungskraft und Kreativität, zu entfalten und den Nachwuchs zu hohen Leistungen zu motivieren"[161].

Aus solchen Einschätzungen heraus hat sich an den agrarwirtschaftlichen, -psychologischen und -soziologischen Instituten eine wissenschaftliche Betriebsleiterforschung etabliert, die den Forderungen nach einer modernen unternehmerischen Landwirtschaft durch eine entsprechende empirische Datenerhebung Rechnung trägt. Die Eigenschaften und Fähigkeiten, durch die sich erfolgreiche Betriebsleiter auszeichnen, werden denen der rückständigen, erfolglosen Bauern von Grenzbetrieben gegenübergestellt; "typologische Ansätze" zur Charakteristik der Persönlichkeit landwirtschaftlicher Unternehmer werden entworfen[162]. Der Bauer und seine Entscheidungen werden als wichtigster "Risikofaktor" des landwirtschaftlichen Betriebserfolges überhaupt entdeckt[163]. Dazu werden die vielfältigsten Korrelationen zwischen verschiedensten Variablen hergestellt: sozialstatistische Merkmale, Qualifikation, Intelligenzquotient, Berufserfahrung, Betriebsproduktivität und -gewinn, topographische Lage, Siedlungsform, Arbeitszeitbedarf, Wirtschaftsverhalten und vieles mehr[164].

Das Verhaftetsein in traditionelle Denkmuster wird insbesondere auch auf die weit verbreiteten Vorbehalte der bäuerlichen Betriebsleiter gegenüber landwirtschaftlichen Kooperationsformen zurückgeführt. Zahlreiche Autoren sehen nämlich in der geringen Kooperationsbereitschaft, der Überbetonung des Freiseins von Bindungen, ein Hindernis moderner Agrarproduktion. So kritisierte bereits 1958 v. BLANCKENBURG den "ausgeprägten Individualitätskult" innerhalb der Bauernschaft. Das Streben, seine Unabhängigkeit zu bewahren, verhindere selbst so klassische Kooperationsformen wie die gemeinschaftliche Maschinenhaltung[165]. SCHNEIDER und KÖBKE kommen in ihren sozialpsychologischen Analysen zu dem Ergebnis, daß gegenüber vertikalen Integrationsformen erhebliche Einwände von Seiten der Landbewirtschafter bestünden, da man unter Umständen in seiner betrieblichen Entscheidungsfreiheit eingeengt werde[166]. Ähnliche Aussagen werden von v. OPPEN für die Vertragslandwirtschaft[167] und von LINK et al. für die gemeinschaftliche Milchviehhaltung vorgebracht[168].

Das bäuerliche Freiheitsdenken scheint demnach das Hauptproblem landwirtschaftlicher Kooperationsformen zu sein, wie Agrarwissenschaft und Agrarpolitik übereinstimmend erklären: "Die notwendigen betriebswirtschaftlichen Formen der Zusammenarbeit sind bereits technisch gelöst. Was noch nicht gelöst ist, ist die Denkweise der

160) SACHS 1956, S. 185.
161) PLANCK/ZICHE 1979, S. 309.
162) Vgl. SACHS 1956, DORENKAMP 1968, MEIER et al. 1972, S. 33 ff. und HOFFMANN 1981, der einen ausführlichen Überblick über den Stand der Betriebsleiterforschung gibt.
163) Vgl. RINTELEN 1938, S. 51 ff., der als erster eine empirische Betriebsleiterforschung praktizierte.
164) Vgl. KESSLER 1976, S. 205 ff., HOFFMANN 1981, S. 118 ff., PASCHER 1984, S. 150 ff. sowie v.d. OHE 1985.
165) BLANCKENBURG 1958, S. 36 f.
166) SCHNEIDER 1969, S. 84 und KÖBKE 1972, S. 158.
167) v. OPPEN 1968, S. 105 ff.
168) LINK et al. 1978, S. 58 f.

einzelnen Bauern."[169] Es sei an der Zeit, Abschied zu nehmen "von der Vorstellung, freier Bauer sein heiße, in isolierter Eigenständigkeit als Herr auf dem eigenen Hof ungebunden schalten und walten zu können"[170]. Um die Kooperationsbereitschaft der Bauern zu steigern, deren Befürchtungen hinsichtlich der Beschneidung ihrer Entscheidungsfreiheiten zu zerstreuen, werden "psychologische Vorbereitung der Dorfbevölkerung", "Aufklärungsarbeit" und "geistige Förderung" propagiert[171]:

"Entscheidende Aufgabe der Beratung ist es, einen Gesinnungswandel in der Landwirtschaft herbeizuführen und die Bereitschaft des Bauern zu überbetrieblicher Zusammenarbeit zu fördern."[172]

Zu diesem Zweck werden Kooperationsfibeln und Broschüren verfaßt, die die Agrarproduzenten über die Vorzüge und Formen über- und zwischenbetrieblicher Zusammenarbeit in der Landwirtschaft informieren sollen und sich ausdrücklich als "Anleitung für die Praxis" verstehen[173].

3.2.3. Genossenschaften als vertikale Integrationsform

3.2.3.1. Allgemeine Kooperationsvor- und -nachteile

Wenn die Kooperationsbereitschaft als vorrangiges Kennzeichen bäuerlichen Unternehmertums gilt, so muß es bestimmte Gründe geben, die für verschiedene Formen der landwirtschaftlichen Zusammenarbeit sprechen. Insbesondere für die vertikale Integration, die vertragliche Zusammenarbeit zwischen Agrarproduktion und nachgelagerter Be- und Verarbeitungs- sowie Vermarktungsstufe, werden bestimmte Kooperationsvorteile genannt[174]. An erster Stelle steht die Absatzsicherung. Die vertikale Integration ermöglicht die räumliche Zusammenfassung homogener Agrarerzeugnisse zu verarbeitungs- und großhandelsfähigen Partien, wodurch erst eine Schwerpunktbildung in der Agrarproduktion bezüglich Menge, Qualität, Sortierung, Sortimentsgestaltung etc. realisiert werden kann. Organisatorische Grundlage eines solchen Produktions-Absatz-Verbundes ist die für Erzeugungsseite wie auch nachgelagerte Seite verbindliche Vereinbarung über Menge, Art und Beschaffenheit der zu liefernden bzw. abzunehmenden Waren. Zugleich wird durch die vertikale Integrationskette der Absatz nicht nur erfolgreich gesichert, sondern auch rationalisiert, was dem Erzeuger unter Umständen zusätzliche Kostenvorteile über höhere Verkaufspreise ermöglicht. Auch wenn direkte oder längerfristige Preisvorteile als unmittelbare Folge vertikaler Integration für den Erzeuger in der Literatur umstritten sind[175], kann zumindest eine preisstabilisierende Wirkung für die Agrarerzeugnisse erwartet werden. Über eine entsprechende Lagerhaltung und ter-

169) Bundeslandwirtschaftsminister ERTL zitiert nach STEDING 1975, S. 145; vgl. auch WYDER 1971, S. 119 ff., NEUBOHN 1972, S. 22 und KESSLER 1976, S. 220.

170) JÄGER 1965, S. 25.

171) Vgl. SCHNEIDER 1969, S. 82 ff., RÖHM 1964, S. 315 und PASCHER 1984, S. 228.

172) Der bayrische Landwirtschaftsminister EISENMANN auf der Tagung des internationalen Arbeitskreises landwirtschaftlicher Berater 1973 in Würzburg; zitiert nach STEDING 1975, S. 145.

173) Vgl. HILL/STANGE 1970 und zuletzt BORRIES et al. 1983.

174) Vgl. LE BIHAN 1966, S. I.15 und BOHN 1980, S. 70f.

175) Vgl. dazu die Diskussion und zitierte Literatur bei FRAGNER 1969, S. 22 ff.

minliche Absatzorganisation vermag der Integrator die Divergenz zwischen unregelmäßigem landwirtschaftlichen Produktionsrhythmus und mehr oder weniger kontinuierlichen Verbraucherrhythmen einigermaßen auszugleichen, um zu einer nachfrageangepaßten Marktbeschickung beizutragen. Die Regulierung der Angebotsmengen sichert der Landwirtschaft eine konstante Entwicklung der Erzeugerpreise und verhindert somit kurzfristige Preisschwankungen.

Ein weiterer Vorteil der vertikalen Integration betrifft den landwirtschaftlichen Produktionsprozeß. Der gegenseitige Informationsaustausch zwischen den Integrationsstufen fördert die schnelle und wirksame Weitergabe produktionstechnischer Innovationen (Saatgut, Dünge-, Pflege- und Fütterungstechniken etc.), die von den Erzeugern angewandt und vielleicht sogar perfektioniert werden. Außerdem ermöglicht die unmittelbare Marktnähe der zentralen Absatz- und Verwertungsstelle des Integrators eine schnelle, unverzügliche Anpassung der Agrarproduktion an die wandelnden Bedürfnisse der Nachfrage.

Da sich die Integrationsstufen arbeitsteilig auf die ihnen zugeordneten Funktionsbereiche konzentrieren (Produktion, Be- und Verarbeitung, Distribution), werden die Erzeuger von bestimmten Aufgabenbereichen entbunden. Damit entfallen für sie auch manche Investitionstätigkeiten, was direkte Kostenvorteile ergibt. Zusätzlich ermöglicht die Abgabe einzelner Funktionsbereiche infolge von Arbeitserleichterung und Arbeitsentlastung mehr und regelmäßigere Freizeit - soziale Vorteile also[176].

Den Vorzügen, die sich für die Landwirte aus der vertikalen Integration ergeben, stehen andererseits gewichtige Nachteile gegenüber. HARBS erhebt in seiner agrarpolitischen Analyse einen gravierenden Einwand gegen die angenommenen Absatz- und Einkommensvorteile für die Landwirtschaft als Ergebnis überbetrieblicher Kooperation. Viel eher würden über die Rationalisierungskette (Rationalisierung - Kostensenkung - Leistungssteigerung - Produktionsanstieg) längerfristig negative Absatzeffekte (Überproduktion und fallende Agrarpreise) und damit sinkende landwirtschaftliche Betriebseinkommen zu verzeichnen sein[177]. Im Zusammenhang mit der Frage nach der bäuerlichen Freiheit ist für uns aber ein anderer Gesichtspunkt von weitaus größerer Bedeutung. Mit der Eingliederung der Agrarproduzenten in einen vertikalen Verbund verliert der bäuerliche Betriebsleiter seinen gewohnten Freiraum. Bisher konnte er unabhängig von außerbetrieblichen Dispositionen alleine über den Einsatz von Produktionsmitteln als Erzeugungsgrundlage, über den gesamten landwirtschaftlichen Produktionsprozeß, die Marktwege und Absatzpartner entscheiden. In der vertikalen Integration erfährt seine betriebliche Dispositionsfreiheit durch die Absatzbindung an das nachgelagerte Unternehmen hingegen eine Einengung. Diese wiegt um so schwerer, wenn der Gesamtverbund einseitig absatzwirtschaftlich orientiert ist und die produktionswirtschaftlichen Erfordernisse vernachlässigt, so daß Struktur und Ausrichtung einzelner Erzeugerbetriebe mit den ausschließlich marktstrategisch fixierten vertraglichen Produktionsauflagen des Integrators nicht mehr übereinstimmen. Der von dem eigentlichen Produktionsprozeß weitgehend isolierte Integrator strebt nämlich oftmals kurzfristige absatzwirtschaftliche Marktvorteile an, ohne deren mittel- oder längerfristigen produktions-, kosten- und einkommenswirtschaftlichen Folgen für die Erzeugerseite zu berück-

176) Vgl. BORRIES et al. 1983, S. 9.
177) Vgl. HARBS 1969.

sichtigen[178]. Außerdem kann sich der Integrator über einzelvertragliche oder statuarische Regelungen sein Mitspracherecht bei der landwirtschaftlichen Produktion wirksam sichern. Im Hinblick auf seine Funktionsbereiche wird er auch die Erzeugerstufe in seine gesamte Verbundplanung einbeziehen, koordinierend zwischen Produktion und Be- und Verarbeitung sowie Absatzgestaltung tätig sein. Dann besteht die konkrete Gefahr nicht nur der partiellen Einengung bäuerlichen Entscheidungsfreiraumes[179], sondern sogar des Verlustes seiner betrieblichen Dispositionsfreiheit. Der landwirtschaftliche Betrieb wird mitunter zum "gebundenen Zuliefererbetrieb"[180]. Auf diesen wesentlichen Nachteil der vertikalen Integration macht daher auch die landwirtschaftliche Beratung kooperationswillige Erzeuger aufmerksam:

"Jeder Kooperationswillige muß sich von vornherein darüber klar sein, daß die Vorteile einer Zusammenarbeit mit einem gewissen Verlust an einzelbetrieblicher Entscheidungsfreiheit erkauft werden."[181]

3.2.3.2. Die besondere Bedeutung genossenschaftlicher Vertikalintegration

Nicht immer wird die Koordination der Erzeugerstufe im vertikalen Verbund mit all ihren Nachteilen so folgenschwer beurteilt wie zuvor. Denn *eine* Organisationsform vertikaler Integration erweckt vor allem das Interesse zahlreicher Autoren: die genossenschaftliche Integration, der besondere Merkmale zugeschrieben werden[182].

Grundsätzlich stellt sich die Frage, ob Genossenschaften ihrer Rechtsform nach überhaupt legitimiert sind, Einfluß auf das Betriebsgeschehen ihrer Mitglieder, z.B. hinsichtlich der Agrarproduktion zu nehmen[183]. Dies läßt sich ohne Zweifel bejahen, da weder Genossenschaftsgesetz noch das Gesetz gegen Wettbewerbsbeschränkung eine andere Antwort zulassen. In § 1 des Genossenschaftsgesetzes ist lediglich verankert, daß die Genossenschaft die Förderung des Erwerbs oder der Wirtschaft ihrer Mitglieder mittels eines gemeinschaftlichen Geschäftsbetriebes bezwecken muß. Ziel landwirtschaftlicher Genossenschaften ist demnach im Unterschied zu privaten Unternehmungen, die Betriebsführung der Landwirte zu unterstützen, die Existenz ihrer Betriebe zu fördern. "Die Genossenschaft ist danach die Dienerin der Mitglieder"[184]. Außer diesem ökonomisch definierten Förderungsauftrag findet sich sonst kein Hinweis auf seine inhaltliche Ausgestaltung, die Organisation des Gemeinschaftsbetriebes oder auf mögliche Bindungsarten (Intensitäts- und Wirkungsgrad) zwischen Genossenschaft und Mitgliederwirtschaften - konkret: wie straff die statuarischen Vereinbarungen über Erzeugung, Lieferung und Abnahme von Agrarerzeugnissen gehandhabt werden dürfen.

178) Vgl. FRICKE 1976, S. 126 f.

179) Vgl. v. ROMPUY 1961, S. 130.

180) ROY 1972, S. 10; ähnlich auch WERSCHNITZKY et al. 1974/75, S. 394.

181) BORRIES et al. 1983, S. 10.

182) JAUDZIMS 1985 wendet sich indessen dagegen, genossenschaftlichen Kooperationsformen von vornherein einen höheren Wert als anderen beizumessen (S. 38 ff.); vgl. dazu auch LAURINKARI 1986.

183) Vgl. THIMM 1967 sowie FEUERBORN 1978, S. 81 ff.

184) GROSSFELD 1975, S. 6.

"Eine Genossenschaft kann also auf die Erzeugung von Agrarprodukten Einfluß nehmen, wenn ihre Statuten dies vorsehen oder die Generalversammlung entsprechend beschließt."[185]

Die zweite "Wenn-Einschränkung" führt zu einem weiteren Kennzeichen, das die besondere Form der genossenschaftlichen Vertikalintegration unterstreicht.

Konstitutives Merkmal der Genossenschaft sind die Prinzipien Selbsthilfe, Selbstverantwortung und Selbstverwaltung, die sich in den statuarisch verankerten Entscheidungs- und Kontrollfunktionen der Mitglieder ausdrücken. Deren einzelbetriebliche Entscheidungsfreiheit hängt also u.a. auch von der Art der Willensbildung in der Kooperation ab. Solange die Mitglieder alle anstehenden Fragen gemeinsam lösen, wird die Beschränkung der Entscheidungsfreiheit durch die Abstimmungsregeln geprägt[186]. Für die genossenschaftliche Vertikalintegration, in der meist ein Management mit der Leitung des Gemeinschaftsbetriebes beauftragt ist, heißt das, daß die bäuerliche Betriebsdisposition um so weniger aufgegeben wird, je größer das Mitspracherecht ist, das die Erzeuger nach der Ausgliederung bestimmter Unternehmensfunktionen und deren Übertragung auf den Gemeinschaftsbetrieb als Träger der Genossenschaft erhalten. Wenn dadurch auch nicht bei täglichen Fragen der Geschäftsführung mitentschieden werden kann, so wird den Mitgliedern aber doch ein Mitspracherecht bei der Festlegung der Grundlinien der Geschäftspolitik über die General- oder Delegiertenversammlung zugestanden[187]. Gerade dieser interne Willensbildungsprozeß machte lange Zeit die positive Bewertung der Genossenschaften aus. Ihnen wurde eine besondere Gesinnung, ja eine eigene Solidarität zugesprochen[188].

Mit der Eingliederung der Landwirtschaft in das nahrungswirtschaftliche System des Agribusiness sahen sich die genossenschaftlichen Unternehmen aber immer stärker der nichtgenossenschaftlichen Konkurrenz ausgesetzt, gegenüber der man sich unter der ausschließlichen Berufung auf den Genossenschaftsgeist nur schlecht behaupten konnte. Um den Förderungsauftrag weiterhin ausfüllen, den Mitgliederwirtschaften Förderung zukommen lassen zu können, waren die genossenschaftlichen Unternehmen gezwungen, sich an die konkurrenzwirtschaftliche Umwelt anzupassen[189]: Rationalisierung der Betriebsabläufe, Schaffung größerer Unternehmenseinheiten, Ausarbeitung von Marketing-Strategien. Zusätzlich wurden die Möglichkeiten, die der kooperative Verbund mit den Mitgliedern bot, in stärkerem Maße genutzt, die Erzeuger zur Steigerung des genossenschaftlichen Leitungspotentials enger in den sie integrierenden Gemeinschaftsbetrieb eingebunden. "Die Bindungswirkungen der Vergangenheit wie Solidarität der Not, 'Treue', Gemeinsamkeit von Wertvorstellungen u.ä. verblassen, (...) sie werden mehr und mehr ersetzt durch die Bindungswirkungen der ökonomischen Leistungsfähigkeit"[190]. Folglich erwachsen den Genossenschaften neue, koordinierende Aufgaben: "sie haben ihre Neutralität hinsichtlich der Planung des Anbaues aufzugeben und (...) ihren Anlieferern klar (zu) machen, welche Erzeugnisse und welche Mengen diese im Hinblick auf die Absatzmöglichkeiten anzubauen haben"[191]. Auch in der genossenschaftlichen Integration verschafft sich demnach der Integrator - in diesem Fall der Gemein-

185) THIMM 1967, S. 46.
186) Vgl. GERLING 1976, S. 24 ff. sowie MÄNDLE/WINTER (Hrsg.) 1980, Sp. 618 ff.
187) Vgl. MENZEL 1968, S. 155, DRAHEIM 1962, S. 29 und MEIMBERG 1967, S. 39.
188) Besonders stark bei SERAPHIM 1956; vgl. auch BIENERT 1955, S. 16.
189) Vgl. GLÖY 1969b, S. 101 ff. und IMMLER 1973, S. 56 ff.
190) Vgl. FEUERBORN 1978, S. 14 f.
191) SONNEMANN 1967, S. 48 f.

schaftsbetrieb - über vertragliche Vereinbarungen das Recht der Einflußnahme auf einzelbetriebliche Entscheidungen seiner Erzeuger. Der Unterschied zum vertikalen Verbund mit einem Privatunternehmen als Integrator besteht nurmehr darin, daß sich die Genossenschaften als "humane Unternehmensform" verstehen[192], eine Einschätzung, die folgendermaßen erklärt wird:

Erstens gilt die vertikale Integration durch Genossenschaften als Form bäuerlicher Selbsthilfe, "weil Genossenschaften auch heute noch im Eigentum der Landwirtschaft sind"[193] und von den bäuerlichen Mitgliedern als Träger "in eigener Regie" betrieben würden[194]. Jeder Erzeuger, der in einen genossenschaftlichen Verbund integriert sei, zähle in zweifacher Hinsicht als Eigentümer: einmal als Inhaber seines eigenen Betriebes und zweitens als Miteigentümer des Gemeinschaftsbetriebes. Daraus schließen Genossenschaftswissenschaft und -praxis für die Erzeuger: diese befänden sich infolge der wie auch immer gearteten vertraglichen oder statuarischen Bindungen nicht in Abhängigkeit zu einem fremden, sondern zum eigenen Betrieb, womit von Abhängigkeit streng genommen gar nicht gesprochen werden könne[195]. "Es kommt also darauf an, wer die Integration vorantreibt und wie sie durchgeführt wird; beides liegt heute noch in der Hand des Bauern", wie BACH für die Genossenschaften zufrieden feststellt[196].

Zweitens erfährt der genossenschaftliche Förderungsauftrag eine besondere Bewertung. Er sei "das geeignete Mittel (...), durch welches die Landwirte mit genügender Wirksamkeit und Kraft ihre Interessen wahrnehmen können"[197]. Denn über die Verankerung des Förderungsauftrages in das Genossenschaftsstatut verwandele sich der Integrator zum Interessensvertreter der Erzeuger. "Dieser Generalauftrag legitimiert (die Genossenschaft, C. D.) ohne Zweifel, ihren Mitgliedern durch Satzungen, Preisgestaltung, Liefer- und Bezugsvereinbarungen, durch Hinweise, Empfehlungen und Betriebsberatung eine bestimmte Verhaltensweise nahezulegen (...) und sogar ihnen aufzuzwingen, wenn sie dem Förderungszweck der Genossenschaft und damit auch dem wohlverstandenen Interesse des vielleicht noch uneinsichtigen Einzelmitgliedes dient."[198] Die Koordination der Erzeuger erweist sich somit eher als Vorteil denn als Nachteil, da die Einflußnahme auf die landwirtschaftlichen Produktionsentscheidungen der Mitglieder nicht aus privatwirtschaftlichen Gewinninteressen, sondern im Betriebsinteresse aller Mitglieder erfolge.

Drittens werden zwei Grundsätze hervorgehoben, die bei der inhaltlichen Ausgestaltung genossenschaftlicher Koordinationsaktivitäten eine zu starke Einschränkung der betrieblichen Entscheidungsfreiheit der Mitglieder verhinderten: das "Subsidiaritätskriterium" und das "Prinzip des minimalen Eingriffes"[199]. Ersteres bezieht sich auf das schon behandelte genossenschaftsdemokratische Ideal der Willensbildung, wonach von einer Beeinflussung der Mitgliederentscheidungen abzusehen ist, wenn diese selbst in der Lage sind, zweckmäßige Entscheidungen zu treffen. Der zweite Grundsatz betrifft

192) SONNEMANN 1977, S. 132; vgl. auch KÖTTER 1967, S. 147.

193) G. MÜLLER 1983, S. 68.

194) BONUS 1986, S. 74.

195) Vgl. DIEDERICHS/DRAHEIM 1966, S. 47 ff. Selbst ein genossenschaftlicher Bezugs- und Absatzzwang wird als "Moment persönlicher Bindung" des Erzeugers durch seine Treuepflicht gegenüber der Genossenschaft gerechtfertigt, wie LANTZKE 1953 ausführt (S. 8 f.).

196) BACH 1967, S. 122.

197) v. ROMPUY 1961, S. 138.

198) SONNEMANN 1967, S. 51.

199) Vgl. BRIXNER 1971, S. 126.

die genossenschaftliche Koordinationspraxis. Danach soll die Freiheit der Mitglieder nur "in minimaler Weise"[200] eingeschränkt werden. Beide Grundsätze seien für die genossenschaftliche Vertikalintegration die Garantie, "daß die Steuerung (...) unter geringstmöglicher Beeinträchtigung der Unabhängigkeit der Willensbildung wahrgenommen, zugleich die Gefahr ihrer Fehlinterpretation als Angriff auf die Selbständigkeit der Mitglieder verringert wird"[201].

Schließlich wird *viertens* die Entscheidung der Mitglieder über Eintritt und Verbleib in einer genossenschaftlichen Vertikalintegration betont[202]. Es liege im freien Ermessen der Landwirte, ob sie die statuarischen oder sonstigen Verpflichtungen, die eine Mitgliedschaft im Verbund mit sich brächten, auf sich nähmen und damit im Einzelfall auch auf Entscheidungsfreiheiten verzichten würden. Außerdem wird darauf verwiesen, daß die genossenschaftlichen Vertikalverbunde kein Monopol hätten, sondern substituierbar seien und die Erzeuger sich jederzeit nach alternativen, auch nichtgenossenschaftlichen Integrationspartnern umschauen könnten[203].

Diese vier Punkte werden immer wieder als Beleg dafür angeführt, daß man den Genossenschaften unter allen vertikalen Integrationsformen einen besonderen Stellenwert zuordnen müsse. Denn seit RAIFFEISEN sei es das oberste Ziel der Genossenschaften, die wirtschaftliche und gesellschaftliche Selbständigkeit der Mitglieder zu bewahren[204]. Folglich werden dann auch die besonderen Aufgaben des genossenschaftlichen Verbundes für die Landwirtschaft formuliert. Es seien "möglichst viele selbständige Existenzen zu erhalten und die bäuerliche Form der Bodennutzung und Viehhaltung zu fördern"[205]. "Betriebe mit nicht genügender Größe sollen so leistungsfähig bleiben, daß sie den Wettbewerb bestehen können, das heißt, daß sie ihre Freiheit und Selbständigkeit nicht aufzugeben brauchen."[206] Freiheit und Selbständigkeit werden in der Genossenschaftsliteratur aber anders als im bäuerlichen Selbstverständnis beurteilt. Die verschiedenen Ebenen bäuerlichen Freiheitsdenkens werden als unrealistische "Robinson-Freiheit" abgetan, die in einer arbeitsteiligen Wirtschaftsgesellschaft gar nicht mehr existiere[207]:

"Wenn also von bäuerlicher Selbständigkeit gesprochen wird, kann es sich schon vorweg immer nur um den Grad der Selbständigkeit handeln, der in einer arbeitsteiligen Gesamtwirtschaft überhaupt noch möglich ist."[208]

---

200) Ebd.
201) Ebd.
202) Vgl. DRAHEIM 1983, S. 74 und auch PLANCK/ZICHE 1979, S. 260.
203) Vgl. DIEDRICHS/DRAHEIM 1966, S. 49 sowie GERLING 1976, S. 55 ff. und G. MÜLLER 1983, S. 65. Dieser Punkt wird von Genossenschaftsseite oftmals beklagt, da er zu einer mangelnden Ausgewogenheit der Partnerschaft zwischen Genossenschaft und Mitgliedern führe: "Während die Genossenschaft (...) ihre wirtschaftliche Kraft grundsätzlich nur aus dem Kreis der Mitglieder zu entnehmen vermag ('Identitätsprinzip') können sich die Mitglieder selbst aus dem Wirtschaftskreislauf mit der Genossenschaft ohne Schwierigkeiten herausbegeben." MENZEL 1968, S. 153.
204) Schon recht früh floß die Selbständigkeitserhaltung der Mitgliederwirtschaften explizit als tragendes Kennzeichen in die Genossenschaftsdefiniton ein, so z.B. bei LIEFMANN 1927, S. 107. Bis heute stellt "die Bewahrung der Selbständigkeit der Mitglieder" das oberste aller Genossenschaftsziele dar; vgl. DERFUSS 1974, S. 92 ff. und SCHULTZ/ZERCHE 1983, S. 20.
205) BACH 1967, S. 120.
206) DRAHEIM 1983, S. 72.
207) DRAHEIM 1962, S. 12.
208) JÄGER 1965, S. 25.

FRICKE zieht daraus den Schluß, daß von einer vollen individuellen Entscheidungsautonomie als wesentliches Merkmal bäuerlicher Familienbetriebe dann gar nicht mehr die Rede sein dürfe[209]. Vielmehr - so stimmen zahlreiche Autoren überein - sei ein Wertewandel in der bäuerlichen Bevölkerung erforderlich. Denn der Verlust der alleinigen betrieblichen Entscheidungsfreiheit, den ein Landwirt im vertikalen Verbund beklage, müsse vor dem Hintergrund der zwar völlig unbeschränkten, dafür aber unsicheren und ungewissen landwirtschaftlichen Betriebsexistenz außerhalb einer Kooperation gesehen werden. Erst in der Einbindung und Absicherung innerhalb einer genossenschaftlichen Vertikalintegration werde für die Landwirtschaft auf Dauer die Voraussetzung geschaffen, selbständig und frei zu wirtschaften[210]. Ohne Mitgliedschaft in einem genossenschaftlichen Verbund würde sich die bäuerliche Freiheit eines landwirtschaftlichen Betriebsleiters nämlich auf eine, die letzte Freiheit reduzieren: den Betrieb aufgeben und aus der Landwirtschaft ausscheiden zu müssen[211].

3.3. Vertikale Integration und die These bäuerlicher Proletarisierung

3.3.1. Begriffliche Vorbemerkungen

Als Antipode zur bäuerlichen Freiheit wird hauptsächlich, aber nicht ausschließlich, von marxistischer Seite die These der zunehmenden Proletarisierung der bäuerlichen Bevölkerung vertreten. Zunächst scheint schon allein die Begriffsverwendung "Proletarisierung" zur Beschreibung der Situation in der kapitalistischen Landwirtschaft aus zweierlei Gründen problematisch. Einmal ist der Terminus zweifellos für die Kennzeichnung der sozio-ökonomischen Lage der industriellen Arbeiterschaft des 19. Jahrhunderts besetzt. Zweitens fehlt in der Auseinandersetzung um die sozio-ökonomische Lage der in der Landwirtschaft Tätigen häufig eine unmißverständliche Klärung dessen, was die bäuerliche Proletarisierung denn im Kern bezeichnet. So werden die Begriffe "Ausbeutung", "Ausplünderung", "Pauperisierung" und "Ruinierung" in der Literatur teils synonym zur Proletarisierung gebraucht, teils als untergeordnete Kategorie oder auch als spezifisches Merkmal zur Kennzeichnung des Proletarisierungsprozesses. Entsprechend diffus fallen dann auch häufig die Analysen zur Klassenstruktur der Landwirtschaft kapitalistischer Gesellschaften aus, worin für die bäuerliche Bevölkerung tendenziell ein Übergang in die Klasse des Proletariats festgestellt wird.

Den entscheidenden Ausgangspunkt für jede marxistische Klassenanalyse bildet das Verhältnis der Menschen zu den Produktionsmitteln. Aus den Eigentumsverhältnissen an diesen leitet sich auch die Stellung des Menschen im Produktionsprozeß ab:

---

209) FRICKE 1976, S. 135.

210) WEIPPERT 1957 spricht in diesem Zusammenhang von "gebundener Freiheit" (S. 129), SONNEMANN 1963 von "freiwilliger Bindung" (S. 7).

211) Vgl. zu dieser Diskussion über die bäuerliche Wertorientierung zwischen Sicherheit und Bindung versus Risiko und Freiheit KÖTTER 1965, S. 285, DERS. 1967, S. 132 f., DERS. 1983, S. 130, GERL 1968, S. 23, SEUSTER 1968, S. 23 f., GLÖY 1969c, S. 37 ff. und G. MÜLLER 1983, S. 64 f. Auf diese ambivalente Erfahrungskontinuität in der Landwirtschaft weisen aus historischer Sicht auch NIEHAUS 1957 (S. 213) und BRÜGGEMANN/RIEHLE 1986 (S. 192) hin.

"Es geht letztlich um die Frage, ob jemand Produktionsmittel besitzt, die er durch andere betreiben läßt, ob er selbst mit eigenen Produktionsmitteln arbeitet oder ob der Zwang zum Verkauf der eigenen Arbeitskraft besteht, weil eigene Produktionsmittel nicht oder nur unzureichend vorhanden sind. Davon, ob jemand Produktionsmittel besitzt und wieviel, hängt also ab, ob er Ausbeuter ist, als einfacher Warenproduzent mit eigenen Produktionsmitteln produziert oder als Lohnarbeiter selbst ausgebeutet wird."[1]

Die Proletarisierung einer gesellschaftlichen Gruppe definiert sich demnach durch ihren Besitz bzw. Nichtbesitz an Produktionsmitteln und durch den Einsatz von Lohnarbeit bzw. den Zwang, seine Arbeitskraft als Ware veräußern zu müssen. Relativ einfach ließen sich dann für die Landwirtschaft die Klassenverhältnisse bestimmen: Landwirte, die ihre Agrarproduktion unter Einsatz von Lohnarbeitskräften betreiben, wären der Klasse der Bourgeoisie zuzuordnen und alle Landarbeiter der Proletarierklasse[2]. Auch wenn der AGRARBERICHT 1986 auf eine Zunahme der familienfremden lohnabhängigen Arbeitskräfte verweist - auf inzwischen 104.000[3] -, zeigt sich dennoch auf lange Sicht sogar eine rückläufige Entwicklung in der Zahl der landwirtschaftlichen Lohnarbeitskräfte um jährlich 1%[4]. Am Einsatz von Lohnarbeitern kann also wohl kaum ein eindeutiger Trend bäuerlicher Proletarisierung erklärt werden.

Als Kennzeichnung des Proletarisierungsprozesses wird viel eher der Übergang der Bauern von nichtkapitalistischen Warenproduzenten - die ihre Waren entweder zu ihrer unmittelbaren Bedürfnisbefriedigung erzeugen oder mit dem Ziel verkaufen, sie nach individueller Bedürfnislage in andere Waren umzutauschen - in die Klasse der Lohnarbeiter gesehen. Proletarisierung wäre somit gleichbedeutend mit der Aufgabe landwirtschaftlicher Betriebe - sei es der sofortigen oder der schrittweisen über die zeitlich begrenzte nebenberufliche Weiterbewirtschaftung[5]. In beiden Fällen tritt der Bauer als Anbieter seiner Ware Arbeitskraft außerhalb der Agrarproduktion auf und nähert sich als Lohn- oder Gehaltsabhängiger der proletarischen Arbeiterklasse an. Zuvor steht aber eine längere Entwicklungslinie, die den Weg vom einfachen bäuerlichen Warenproduzenten bis zu seinem Ausscheiden aus der Agrarproduktion begleitet. Als wohl umfassendste Definition der bäuerlichen Proletarisierung findet sich dieser Prozeß bei SCHNEIDER:

"Unter dem Begriff Proletarisierungsprozeß soll die Verschlechterung der sozialökonomischen Lage der landwirtschaftlichen Erwerbstätigen, ihre zunehmende Abhängigkeit vom Bank- und Finanzkapital, vermittelt über die wachsende Verschuldung, ihre sukzessive Unterwerfung unter das Kapitalverhältnis, damit verbunden der zunehmende Verlust der Verfügungsgewalt über ihre Produktionsmittel und ihre letztendliche Verwandlung aus einfachen Warenproduzenten in Lohnarbeiter, und die damit verbundene Notwendigkeit des Verkaufs ihrer Arbeitskraft, verstanden werden."[6]

---

1) KLEINSORGE/SCHILLING 1974, S. 53.

2) So bei POPPINGA 1973, S. 61 f., NADEL 1974, S. 15, KLEINSORGE/SCHILLING 1974, S. 53 f., LEISEWITZ 1977, S. 97 f. u. SCHNEIDER 1980, S 90.

3) AGRARBERICHT 1986 der Bundesregierung, S. 8.

4) Ebd.; vgl. auch PETERSEN 1979, S. 210 ff. In diesem Zusammenhang propagieren einige Autoren eine ausschließlich landwirtschaftliche Lohnarbeitsverfassung in urban-industriellen Ballungsräumen als die zukünftige Organisationsform landwirtschaftlicher Arbeit, so z.B. SCHLITZ 1984 u. HARSCHE 1982, S. 160 f.

5) So explizit bei BIERMANN 1984, S. 70 ff.

6) SCHNEIDER 1980, S. 60.

In dieser überlangen, weitreichenden Begriffsdefinition finden sich die gesamten Inhalte einzelner Proletarisierungstendenzen wieder, wie sie von verschiedenen Autoren als kennzeichnend für die bäuerliche Bevölkerung herausgearbeitet werden. Für die Proletarisierungsthese läßt sich dann folgende sprachliche Regelung treffen: Danach wird *Proletarisierung* im engeren Sinn als sofortiger oder allmählicher Übergang ehemals bäuerlicher Warenproduktion zur Lohnarbeit definiert[7]. Als Vorstufe zur Proletarisierung steht die *Ruinierung* der landwirtschaftlichen Betriebe, womit die existentielle Voraussetzung der bisherigen bäuerlichen Produktionsweise entfällt. Zunehmend wirtschaften die Betriebe immer unrentabler, bis sie schließlich ganz aus der Agrarproduktion ausscheiden müssen[8]. *Ausplünderung* bezeichnet die Ursachen für die Ruinierung der bäuerlichen Betriebe, da (nach dem Konzept des ungleichen Tausches) die der Landwirtschaft vor- und nachgelagerten Monopole sich die Produkte und Werte der bäuerlichen Arbeitskraft aneignen[9]. Einher mit dem Ruinierungsprozeß geht auch eine Verschlechterung der sozio-ökonomischen Lebenslage der bäuerlichen Bevölkerung, was als *Pauperisierung* bezeichnet wird[10]. Zusammengefaßt ergeben all diese Erscheinungen in der Landwirtschaft den Prozeß, der auch "direkte" oder "klassische" Proletarisierung genannt wird[11]. Neben dieser, von der Wissenschaft meist beachteten und untersuchten Form bäuerlicher Proletarisierung wird seit Mitte der 70er Jahre eine zweite Form diskutiert: die sogenannte *"indirekte Proletarisierung"*[12], die in der vertikalen Integration der landwirtschaftlichen Produktion zum Ausdruck kommt. Sie steht als Gegenthese zur "bäuerlichen Freiheit". Zuvor sollen aber die wesentlichen, dem klassischen Proletarisierungsprozeß zugeordneten Entwicklungstendenzen in der Landwirtschaft kurz skizziert werden.

3.3.2. Exkurs: Allgemeine Tendenzen "bäuerlicher Proletarisierung"

a) Agrarstrukturelle Entwicklung

Offenkundigster Ausdruck bäuerlicher Proletarisierung ist vielen marxistischen Autoren der Strukturwandel in der Landwirtschaft nach dem zweiten Weltkrieg, wie er auch für die Bundesrepublik alljährlich im ARGARBERICHT der Bundesregierung ausführlich dargelegt wird. Bewirtschafteten nämlich 1950 3,9 Millionen Vollarbeitskräfte in 1.647.000 landwirtschaftlichen Betrieben eine Fläche von durchschnittlich 8,06 ha, so reduzierte sich die Zahl der landwirtschaftlichen Arbeitskräfte bis 1980 auf 980.000 in 797.000 Betrieben, wobei sich die durchschnittliche Betriebsfläche auf 15,26 ha er-

---

7) So bei SCHERINGER/SPRENGER 1970, S. 69, POPPINGA 1973, S. 66, BOHN 1980, S. 68 f. u. BERSCH 1985, S. 142 sowie nahezu allen Autoren aus der DDR, wie z.B. KLEINSORGE, RECHTZIEGLER, SCHILLING, SIEBERT u. WÜRZBURG.

8) So bei SCHERINGER/SPRENGER 1970, S. 69 f., KLEINSORGE 1976, S. 32, SCHNEIDER 1980, S. 60 u. BIERMANN 1984, S. 70 ff.

9) So bei LEISEWITZ 1977, S. 153 f. u. DALLMANN 1984, S. 117 f.; vgl. auch die bei BAUMGÄRTNER 1979 zusammengefaßten Theorien (S. 34 ff.). POPPINGA 1975 grenzt übrigens die "Ausbeutung" von der "Ausplünderung" insofern ab, als Ausbeutung ein direktes Lohnarbeitsverhältnis voraussetzt, was eben für die Landwirtschaft kaum festzustellen ist (S. 25).

10) So bei LAMBERT 1971, S. 48.

11) Vgl. SCHNEIDER 1980, S. 60.

12) Vgl. KLEINSORGE/SCHILLING 1974, S. 111 ff. u. SCHNEIDER 1980, S. 60 f.

höhte[13]. Während der deutliche Rückgang der in der Landwirtschaft Erwerbstätigen und der Betriebe von der offiziellen Agrarstatistik in Einklang mit der Agrarwissenschaft als "kontinuierlicher Prozeß der agrarstrukturellen Anpassung" an die gesamtwirtschaftliche Entwicklung interpretiert wird[14], ist er den Vertretern der Proletarisierungsthese in der Nachfolge von LENIN ein Beleg für die Richtigkeit ihrer These. Bereits 1901 hatte LENIN in der Auseinandersetzung um die Agrarfrage hierzu geschrieben:

"Die bloße Tatsache der zunehmenden Landflucht nicht nur der Landarbeiter, sondern auch der Bauern zeugt bereits anschaulich von der zunehmenden Proletarisierung."[15]

Doch nicht nur LENIN und seitdem andere marxistische Analytiker weisen auf "jenen Prozeß der Auflösung der Bauernschaft" als Folge der Abwanderung aus der Landwirtschaft hin[16], sondern auch nichtmarxistische Autoren erkennen den Schrumpfungsprozeß im Agrarsektor als Warnsignal. Kritisch mit der agrarstrukturellen Entwicklung der Bundesrepublik setzt sich besonders PRIEBE auseinander. Bei einer weiteren durchschnittlichen Abnahmerate seit 1949 um jährlich 26.600 landwirtschaftliche Betriebe "würde es darauf hinauslaufen, daß im Jahre 2000 der letzte deutsche Bauer verschwindet"[17]. In die gleiche Richtung zielen auch Untersuchungen über die Landwirtschaft in anderen kapitalistischen Ländern. So stellt z.B. VOGELER für die USA die Frage "where have all the family farmers gone?"[18], und bleibt auch die Antwort darauf nicht schuldig. Es ist die gleiche, die Jahrzehnte zuvor bereits LENIN in seiner Analyse der nordamerikanischen Landwirtschaft gegeben hatte: Verdrängung der Kleinbetriebe durch wenige Großbetriebe[19]. Denn die agrarstrukturelle Veränderung betrifft auch die Entwicklung der Betriebsgrößenstruktur, wonach nämlich eine erhebliche Verschiebung in der Verteilung der Nutzflächen auf einzelne Betriebsgrößen eingetreten ist, wie dies auch für die Bundesrepublik dokumentiert werden kann:

Tab. 1: Konzentration in der Landwirtschaft der Bundesrepublik [20]

	Anteil der Betriebsgrößen an der landwirtschaftlichen Fläche (in %)					
	1-5 ha	5-20 ha	20-30 ha	30-50 ha	50-100 ha	> 100 ha
1949	17	48	13	12	6	4
1960	12	50	15	12	7	4
1972	7	40	21	18	10	4
1983	5	28	20	24	16	7

13) STAMER 1983, S. 51.

14) AGRARBERICHT 1986 der Bundesregierung, S. 8; vgl. stellvertretend für die überwiegende Mehrzahl der Agrarwissenschaftler STAMER 1983, S. 52.

15f) LENIN, Werke Bd. 5, S. 185.

16) Ebd.; vgl. auch KLEINSORGE/SCHILLING 1979, die sich eingehend mit der "Massenaufgabe landwirtschaftlicher Betriebe" beschäftigt haben (S. 62). In jüngerer Zeit spricht PAVLOV 1985 bezogen auf die Bundesrepublik sogar von der konkreten Gefahr der "Liquidierung von Millionen Landwirtschaftsbetrieben und Proletarisierung von mehreren Millionen von Landwirten" (S. 79) - eine eindeutige Übertreibung bei 720.835 landwirtschaftlichen Betrieben und 1.921.200 voll- und teilbeschäftigten Familienarbeitskräften in der Landwirtschaft der Bundesrepublik; Zahlen nach AGRARBERICHT 1986 der Bundesregierung, S. 8 f.

17) PRIEBE 1985, S. 175.

18) VOGELER 1981, S. 279.

19) Vgl. ebd., S. 280 ff. sowie LENIN, Werke Bd. 22, S. 40 ff.

20) Nach PRIEBE 1985, S. 174.

Die Abwanderung aus der Landwirtschaft erfolgt überwiegend von den kleineren Betrieben aus, welche Rationalisierungsinvestitionen und die neu entwickelten Produktionsverfahren nicht im gleichen Maße rentabel und leistungsfähig anwenden können wie die größeren Betriebe. Letztlich vermögen sie dem zunehmenden Druck auf die landwirtschaftlichen Erzeugerpreise nicht mehr standzuhalten. Die Folge ist ein wachsender Konzentrationsprozeß in der Agrarproduktion, der sich nicht nur auf die landwirtschaftliche Nutzfläche bezieht, sondern auch auf die Viehbestände, insbesondere die bodenunabhängige Schweine- und Broilermast sowie die Legehennenhaltung[21]. Während also immer weniger, dafür aber größere Betriebe die Agrarproduktion betreiben, verlassen die ehemals klein- und mittelbäuerlichen Betriebsleiter den Agrarsektor und treten neue Arbeitsplätze außerhalb der Landwirtschaft an. Für POPPINGA ist dies "die letzte Stufe im Proletarisierungsprozeß; gleichzeitig ist hier die Schwelle zum Proletariat im wesentlichen überwunden."[22] Und BERSCH meint, in dem Wechsel von ehemals landwirtschaftlich Tätigen zu Lohnarbeitern die Bestätigung dafür zu erkennen, daß "die These, daß die landwirtschaftlichen Arbeitskräfte zumindest einen Teil der 'industriellen Reservearmee' stellen, bis heute ihre Gültigkeit nicht verloren" habe[23].

b) *Nebenerwerbslandwirtschaft*

Mit dem Strukturwandel im Agrarsektor geht für die Bauern zumeist eine Veränderung ihres landwirtschaftlichen Erwerbscharakters einher, was als "wesentliche Form der Proletarisierung"[24] angesehen wird. In Anlehnung an die EG-Strukturrichtlinien unterscheidet auch die bundesdeutsche Agrarstatistik vier landwirtschaftliche Erwerbsformen[25]: den Haupterwerb (das Einkommen stammt überwiegend aus dem landwirtschaftlichen Betrieb), der wiederum in den Vollerwerb (das außerbetriebliche Einkommen macht bis zu 10% des Gesamteinkommens aus) und den Zuerwerb (das außerbetriebliche Einkommen macht zwischen 10 - 50% des Gesamteinkommens aus) untergliedert wird. Alle anderen landwirtschaftlichen Betriebe, deren Erwerbseinkommen überwiegend aus außerbetrieblichen Quellen stammt (also über 50%), gelten als Nebenerwerbsbetriebe.

Da im Zuge der agrarstrukturellen Entwicklung nach 1945 eine Vielzahl kleinerer Betriebe ihr Ausscheiden aus der Agrarproduktion nicht sofort, sondern erst einmal langsam über den Nebenerwerb vollzog, wird in dem damit verbundenen Anstieg der nebenberuflichen Landbewirtschaftung eine Tendenz zunehmener Proletarisierung der bäuerlichen Bevölkerung gesehen. Bereits für LENIN bedeutete die Entwicklung zum Nebenerwerb in der Landwirtschaft "die erste Stufe der Proletarisierung"[26]. Da der Anteil nebenerwerbswirtschaftlicher Betriebe an der Marktproduktion immer rückläufiger bis hin zur Bedeutungslosigkeit verlaufe, seien diese Agrarproduzenten nurmehr "Quasi-

---

21) Vgl. SIEBERT 1980, S. 49 sowie Materialband zum AGRARBERICHT 1986 der Bundesregierung, S. 27.

22) POPPINGA 1973, S. 66; ähnlich auch KLEINSORGE/SCHILLING 1974, S. 51, SCHNEIDER 1980, S. 55 u. BERSCH 1985, S. 98.

23) BERSCH 1985, S. 105.

24) KLEINSORGE et al. 1979, S. 67.

25) Vgl. Materialband zum AGRARBERICHT 1986 der Bundesregierung, S. 22.

26) LENIN, Werke Bd. 5, S. 220; vgl. auch LENIN, Werke Bd. 3, S. 85 ff.

Landwirte"[27], die als "proletarische Wirtschaften (...) ihrer Hauptbeschäftigung nach Lohnarbeiter sind"[28]. Andererseits ordnete LENIN die Nebenerwerbslandwirte noch nicht ganz der proletarischen Arbeiterklasse zu, sondern gab ihnen im sozialen Klassengefüge die Position als "Halbproletarier"[29]. Ausnahmslos alle marxistischen Klassenstrukturanalysen des Agrarsektors haben sich seitdem dieser Zuordnung angeschlossen, untergliedern aber die Halbproletarier in drei weitere Schichten. Denn "um die veränderten Klassenverhältnisse richtig zu erfassen, ist es vielmehr notwendig, (...) neue, zutreffende Schichten zu bestimmen"[30]. Danach stellen die Nebenerwerbslandwirte, die etwas verwirrend als "Bauern-Arbeiter" bezeichnet werden[31], das Gros des Halbproletariats. Es folgen die sogenannten "Arbeiter-Bauern" (in der Agrarstatistik als Zuerwerbsbetriebe ausgewiesen) sowie die Schicht der "Arbeiter mit ländlichem Wohn- und Grundbesitz"[32]. Insgesamt wird von allen marxistischen Autoren eine Dominanz des Halbproletariats zu 70% innerhalb des Agrarsektors entdeckt. Doch nicht nur von marxistischer Seite werden die Zahlen der offiziellen Agrarstatistik, wonach nur 9,7% Zuerwerbsbetriebe und 40,7% Nebenerwerbsbetriebe für 1985 errechnet werden[33], angezweifelt. Auch PRIEBE nähert sich den 70% an, wenn er aufgrund von Untersuchungen davon ausgeht, "daß Familien mit kombiniertem Einkommen zu mindestens zwei Dritteln überwiegen"[34]. Damit hebt er erhebliche Zweifel an der Dominanz der vollberuflichen Landbewirtschaftung, wie sie allgemein für die Bundesrepublik angenommen wird. Das Zahlenmaterial aus Untersuchungen in anderen kapitalistischen Ländern belegt überdies das kontinuierliche Anwachsen der Nebenerwerbslandwirtschaft als allgemeinen Entwicklungstrend, was auch von nicht-marxistischer Seite als Proletarisierungstendenz in der bäuerlichen Bevölkerung interpretiert wird[35].

Besondere Bedeutung gewinnt die These bäuerlicher Proletarisierung über die Nebenerwerbslandwirtschaft dadurch, daß die soziale Stellung des Nebenerwerbslandwirts als Halbproletarier konkret nur schwierig zu orten ist: Er "pendelt nicht nur zwischen Wohnort und Arbeitsort, er pendelt auch zwischen der (neuen) Existenz als Arbeiter und der (alten) Existenz als Bauer"[36] Das Spannungsverhältnis, das sich daraus ergibt und das sich auch im subjektivem Bewußtsein der Arbeiter-Bauern niederschlägt[37], zeigt sich deutlich in ihrer objektiven sozio-ökonomischen Lage zwichen den Klassen: Einerseits werden sie innerhalb von Untersuchungen eindeutig der Arbeiter-

27) Ebd., Bd. 16, S. 443; in ähnlicher Weise sprach zuvor schon KAUTSKY 1899 von landwirtschaftlichen "Zwitterbetrieben" (S. 114).

28) LENIN, Werke Bd. 16, S. 441.

29) Ebd., Bd. 6, S. 385.

30) SCHNEIDER 1980, S. 88.

31) Die in der agrarsoziologischen Literatur übliche Bezeichnung der Nebenerwerbslandwirte als "Arbeiter-Bauern", so z.B. bei HEINZE 1979 u. BOHN 1980, wird von den marxistischen Autoren auf die Zuerwerbsbetriebe angewandt, um zu betonen, "daß in dieser Gruppe die bäuerlichen Elemente noch überwiegen" (SCHNEIDER 1980, S. 92).

32) In diesem Sinne wird das Halbproletariat erfaßt von RECHTZIEGLER 1968a, S. 151, SCHERINGER/SPRENGER 1970, S. 67, KLEINSORGE/SCHILLING 1974, S. 118 f., SCHNEIDER 1980, S. 91 ff., BIERMANN 1984, S. 72 u. DALLMANN 1984, S. 18.

33) AGRARBERICHT 1986 der Bundesregierung, S. 11.

34) PRIEBE 1985, S. 177.

35) So für die westeuropäischen Länder von FRANKLIN 1969, S. 222 f. sowie für die USA von GOSS et al. 1980, S. 111 u. MOONEY 1983, S. 573 ff.

36) BOHN 1980, S. 69.

37) Vgl. BERGMANN 1975 u. HEINZE 1979, S. 201 ff.

klasse zugeordnet[38], da sie aufgrund ihres geringen formalen Bildungsstandes und der fehlenden außerlandwirtschaftlichen Berufsqualifikation im Hauptberuf meist un- und angelernte Tätigkeiten verrichten[39]. Andererseits aber fühlen sie sich weiterhin stärker mit der Landwirtschaft verbunden, sehen die hauptberufliche Arbeit nur als notwendiges Übel und decken sogar häufig noch aus ihrem außerlandwirtschaftlichen Einkommen die landwirtschaftlichen Betriebskosten[40].

c) *Einkommensentwicklung*

Die Vertreter der marxistischen Proletarisierungsthese fügen ihrer Klassenanalyse ein weiteres Kriterium hinzu, welches das Grundkriterium Stellung zu den Produktionsmitteln ergänzt[41]. Es handelt sich um die Beurteilung und Bewertung der landwirtschaftlichen Einkommensverhältnisse, über die die Proletarisierung breiter bäuerlicher Bevölkerungsschichten angenommen wird. Dabei kommt dem traditionell linken Erklärungsversuch für die Beziehungen zwischen Industrie und bäuerlicher Landwirtschaft, dem Modell der "Agrarpreisschere" herausragende Bedeutung zu[42]. Das Modell vergleicht den Index landwirtschaftlicher Erzeugerpreise (als Grundlage der bäuerlichen Einkommen) mit dem der landwirtschaftlichen Betriebsmittel über einen längeren Zeitraum hinweg. Solch eine Gegenüberstellung der Preisindizes wird seit jeher auch von nicht-marxistischer Seite bäuerlicher Interessensvertretung durchgeführt und als Ursache für die Unterbewertung bäuerlicher Arbeit dargestellt[43]: "Sie äußert sich vornehmlich in einem auffälligen Mißverhältnis zwischen den Preisen für die landwirtschaftliche und die industrielle Erzeugung und zwar in einer zu geringen Bewertung und Bezahlung der bäuerlichen Produkte und einer im Verhältnis hierzu zu hohen Bewertung der industriellen und handwerklichen Erzeugung."[44] Dieses Mißverhältnis - auch als Auseinanderklaffen der Agrarpreisschere bezeichnet - wurde bereits von J. MÜLLER ausführlich in einem Vergleich der Preise für landwirtschaftliche Betriebsmittel mit den bäuerlichen Einkommen seit der Jahrhundertwende dokumentiert[45]. Auch der AGRARBERICHT der Bundesregierung führt genauestens Buch über das Auseinanderklaffen der landwirtschaftlichen Erzeugerpreise und der Kosten für landwirtschaftliche Betriebsmittel[46]. Die Lektüre dieser Zahlen läßt marxistische Analytiker zu folgenden Ergebnissen kommen: "Tatsächlich eignen sich die Monopole durch die Preisschere auch einen Teil der Arbeit der Bauern an und beuten sie dadurch aus"[47], worin eine Bestätigung für die Annahme von MARX gesehen wird, welcher meinte, daß sich die Ausbeutung der Bauern von der der Arbeiter "nur durch die Form unterscheidet"[48].

38) So bei HEINZE 1979, S. 195 u. BERSCH 1985, S. 110 ff.
39) Vgl. ebd.
40) Vgl. BOHN 1980, S. 224 ff.
41) Vgl. KLEINSORGE/SCHILLING 1974, S. 55.
42) Vgl. BAUMGÄRTNER 1979, S. 35.
43) Vgl. POPPINGA 1979, S. 75 f.
44) J. MÜLLER 1950, S. 47.
45) Vgl. ebd., S. 48 ff.
46) Materialband zum AGRARBERICHT 1986 der Bundesregierung, S. 30 ff.
47) SCHERINGER/SPRENGER 1970, S. 41.
48) MARX in MEW Bd. 7, S. 84; vgl. auch SCHERINGER/SPRENGER 1970, S. 37, LEISEWITZ 1977, S. 153 u. HARTKEMEYER 1978, S. 75.

Gegen das Modell der Agrarpreisschere werden aber auch gravierende Einwände erhoben. Die allgemeingültige Annahme der für die Agrarproduzenten ungünstigen Austauschverhältnisse - quasi als "terms of trade" statt auf den internationalen Weltmarkt auf den nationalen Agrarmarkt angewandt - weist verschiedene Mängel auf, wie POPPINGA und SCHNEIDER dargelegt haben[49]; so z.B. daß

- sich empirisch die Agrarpreisschere nicht durchgängig verfolgen läßt,
- die Zugrundelegung gleicher Preisindizes, unabhängig vom Basisjahr der Berechnung aus, gleiche ökonomische Bedingungen für Agrarsektor und industriellen Produktionsgütersektor impliziert, was objektiv nicht gegeben ist,
- im Modell der Agrarpreisschere die innerlandwirtschaftlichen Einkommensdisparitäten zwischen den bäuerlichen Schichten nicht erklärt werden bzw. völlig unberücksichtigt bleiben, weil von einer Ausbeutung der gesamten Bauernschaft ausgegangen wird.

In den verschiedenen Theorien zur Ausplünderung der Landwirtschaft erfuhr das Modell der Agrarpreisschere zahlreiche Ergänzungen und Abänderungen. Doch immer wieder basierte die Argumentation auf dem Konzept des ungleichen Tausches in der Zirkulationssphäre[50]: die Landwirtschaft könne an der allgemeinen Einkommensentwicklung nicht teilnehmen, weil das nachgelagerte monopole Agrarkapital der bäuerlichen Arbeit den Mehrwert abpresse. Es erfolge eine "indirekte Ausbeutung der Bauern über den Markt" insofern, als das Kapital "die Be-, Verarbeitungs- und Handelsspannen sich als Quelle des Monopolprofits" aneigne[51]. Demgegenüber erweitern POPPINGA und SCHNEIDER die Diskussion über die Einkommensentwicklung in der Landwirtschaft, indem sie eine Modifikation der MARXschen Grundrententheorie vornehmen[52]: Sie gehen der Frage nach, inwieweit die Produktionsbedingungen im Agrarsektor den bäuerlichen Warenproduzenten die Realisierung ihres gesamten Warenwertes ermöglichen.

In der Landwirtschaft gibt es wie in allen anderen Produktionssphären auch keine allgemein gleichen Produktionsbedingungen. Die Bauern wirtschaften unter jeweils verschiedenen Ausgangsbedingungen, die durch unterschiedliche Standortqualitäten gekennzeichnet sind. Für die Agrarproduktion sind dabei zwei Standortfaktoren bestimmend: die naturräumliche Lage mit ihren physisch-geographischen Determinanten (Klima, Relief, Bodenqualität) und die Lage zu potentiellen Absatzmärkten. Je nach Art und Güte beider Faktoren ergibt sich für die Agrarproduzenten die Chance, den von ihnen zu individuellen Produktionskosten geschaffenen Warenwert über einen Profit auf dem Markt in Form einer Differentialrente Ia (Fruchtbarkeitsrente) oder Ib (Lagerente) zu realisieren[53]. Zugleich weisen aber infolge des technischen Fortschrittes mit zunehmender Entwicklung der Produktivkräfte die beiden Differentialrenten I tendenziell sinkende Raten auf. An ihrer Stelle gewinnt die Differentialrente II an Bedeutung[54]. Sie bezeichnet die Erzielung eines Profits aus dem natur- und standortunabhängigen Produktionsfaktor Kapital. Die Qualität der naturgebundenen Produktionsbedin-

49) POPPINGA 1972, S. 10 f., DERS. 1973, S. 53,, DERS. 1979, S. 76 f. u. SCHNEIDER 1980, S. 27.
50) Vgl. BAUMGÄRTNER 1979, S. 35 ff.
51) DALLMANN 1984, S. 117.
52) Vgl. MARX in MEW Bd. 25, S. 627 ff. sowie POPPINGA 1975, S. 10 ff. u. SCHNEIDER 1980, S. 27 ff.
53) MARX in MEW Bd. 25, S. 664 f.
54) Ebd., S. 688.

gungen läßt sich nämlich über einen mehr oder weniger hohen Kapitaleinsatz (z.B. Anwendung von Düngemitteln, Be- und Entwässerungstechnik, Transporttechnologie, neuen Produktionsverfahren) entscheidend verbessern oder doch zumindest anheben. Das bäuerliche Einkommen wird nun durch die Agrarpreisbildung nach dem Wertgesetz bestimmt[55]. Drei idealtypische Fälle werden, bezogen auf die Lage am Agrarmarkt, unterschieden:

Erstens: Es besteht weitgehend ein Gleichgewicht zwischen Angebot und Nachfrage bei landwirtschaftlichen Produkten. Der Marktwert (sprich Preis) für die erzeugten Waren richtet sich nach den durchschnittlichen Produktionsbedingungen, d.h. ein Bauer, der unter (im statistischen Sinne) durchschnittlichen Bedingungen wirtschaftet, erzielt über die Deckung seiner Produktionskosten hinaus auch noch einen Profit.

Zweitens: Es besteht eine unbefriedigte Nachfrage nach Agrarerzeugnissen, so daß der Marktwert dafür von den unterdurchschnittlich günstigen Produktionsbedingungen bestimmt wird, also selbst der unter schlechten Erzeugungsbedingungen wirtschaftende Bauer realisiert noch einen Profit.

Drittens: Es besteht ein Überangebot an Agrarprodukten - der für den europäischen Agrarmarkt bei nahezu allen landwirtschaftlichen Gütern zutreffende Fall. Der Marktpreis wird von der unter überdurchschnittlich günstigen Bedingungen erfolgten Agrarproduktion bestimmt, so "daß nur die Klasse der unter den besten Bedingungen produzierenden landwirtschaftlichen Betriebe ihre Waren zum Produktionspreis verkaufen kann. Nur sie ist deshalb, ohne Abzug vom Reproduktionsfond, zur erweiterten Reproduktion in der Lage. Alle anderen Bauern werden ausgeplündert."[56]

Während also die unter günstigen Bedingungen arbeitenden Betriebe die Differenz zwischen ihren Produktionskosten und dem Marktpreis als Differentialrente ihrem Einkommen zuschlagen können, werden nach der Grundrententheorie diejenigen Bauern, die unter schlechten Ausgangsbedingungen wirtschaften müssen (klimatisch benachteiligte Gebiete, schlechte Bodenqualität, realteilungsbedingte Flurzersplitterung etc.) allmählich zu landwirtschaftlichen Grenzproduzenten. Dieser Prozeß würde noch dadurch verschärft, daß die Anwendung neuer Produktionsmittel oftmals den größeren, kapitalkräftigeren Betrieben in günstigen Regionen mit arrondierten Flächen vorbehalten bleibe. "Die Entwicklung der Produktivkräfte durch den technischen Fortschritt führt zu einr steigenden Differentialrente"[57], die sich letztlich nur auf die Einkommenssituation der begünstigten größeren Betriebe positiv auswirke. Für die bäuerliche Bevölkerung habe dies eine starke Differenzierung zur Folge, wie sie am deutlichsten in der innerlandwirtschaftlichen Einkommensdisparität zum Ausdruck komme.

Nicht nur von Vertretern der bäuerlichen Proletarisierungsthese wird auf die in der Tat erheblichen Einkommensunterschiede innerhalb der Landwirtschaft hingewiesen[58]. Auch PRIEBE führt zahlreiche Belege für die innerlandwirtschaftliche Einkommensdisparität an. "Danach verfügen die obersten zehn Prozent aller Vollerwerbsbetriebe, das sind nach der Gliederung des Agrarberichts 1983 rund 37.000 Betriebe, über 31,5% des Gesamteinkommens aller Vollerwerbsbetriebe, das sind nach der Giederung des Agrarberichts 1983 rund 37.000 Betriebe, über 31,5% des Gesamteinkommens aller

---

55) Ebd., S. 187 ff.
56) POPPINGA 1975, S. 30.
57) POPPINGA 1973, S. 59.
58) So bei RECHTZIEGLER 1968a, S. 133 ff., KLEINSORGE et al. 1979, S. 70 sowie SCHNEIDER 1980, S. 37 ff.

Vollerwerbsbetriebe (...) Dagegen müssen sich die letzten 37.000 mit 0,4 bis 0,5% des Gesamteinkommens begnügen."[59] Für POPPINGA liegen die Schlußfolgerungen daraus auf der Hand: "Die Bauern mit den schlechtesten und mittleren Produktionsbedingungen können auf Dauer nicht einmal die einfache Reproduktion aufrechterhalten. Sie fallen dem Proletarisierungsprozeß zum Opfer."[60]

d) *Verschuldung*

In engem Zusammenhang mit der Einkommensentwicklung sehen die Vertreter der Proletarisierungsthese die steigende Verschuldung in der Landwirtschaft - so für die Bundesrepublik von 11.981 Mio. DM (1960)[61] auf inzwischen 48.219 Mio. DM (1985)[62] - als weitere Bestätigung ihrer These. Die Mehrzahl der Bauern versuche über Investitionen ihre Arbeitsproduktivität zu erhöhen, um die wirtschaftliche Lage ihrer Betriebe und letztlich ihre Einkommenssituation zu verbessern. Da die Eigenkapitalkraft allerdings meistens nicht ausreiche, die Investitionen aus dem Akkumulationsfond zu tätigen, seien viele Bauern gezwungen, sie mit geliehenem Geld zu finanzieren[63].

Einige Autoren haben versucht, die funktionale Bedeutung der steigenden Kreditaufnahme im Agrarsektor konkret zu erfassen, indem sie das Verhältnis zwischen dem Zuwachs an betrieblichem Fremdkapital und dem Stand der betrieblichen Nettoinvestitionen in einem bestimmten Zeitraum errechneten[64]. Sie kamen zu dem Ergebnis, daß das Niveau der Neuverschuldung zunehmend das der Nettoinvestitionen übersteigt, woraus geschlossen wird, "daß nicht nur die erweiterte, sondern in wachsendem Umfang auch die einfache Reproduktion eines Teils der Betriebe aus Fremdkapital finanziert werden mußte. Damit ist die langfristige Existenz der von dieser Entwicklung betroffenen Betriebe nicht mehr gesichert."[65] Zugleich werde den Agrarproduzenten von Jahr zu Jahr ein immer größerer Teil der von ihnen geschaffenen Werte als Zinslast für die Schuldentilgung entzogen und käme damit dem Monokapital als Profit zugute[66]. "Auch auf diesem Wege dringt das Monokapital in die Landwirtschaft ein und bringt die Bauern in ökonomische Abhängigkeit"[67], womit ein weiterer Aspekt der bäuerlichen Verschuldung als Proletarisierungstendenz angesprochen wird.

In seinen Studien zu den Entwicklungsgesetzen des Kapitalismus in der Landwirtschaft hatte LENIN diese neue Form bäuerlicher Abhängigkeit anhand der USA beschrieben:

"Die Zunahme der hypothekarisch belasteten Farmen bedeutet in jedem Fall, daß die Verfügungsgewalt über die Farmen faktisch in die Hände des Kapitals übergeht. (...) Wer die Banken

---

59) PRIEBE 1985, S. 198.
60) POPPINGA 1975, S. 37.
61) SCHNEIDER 1980, S. 43.
62) Materialband zum AGRARBERICHT 1986 der Bundesregierung, S. 40.
63) Vgl. SCHNEIDER 1980, S. 42. Schon ENGELS hatte die verschuldeten Bauern als die "zukünftigen Proletarier" bezeichnet; MEW Bd. 22, S. 489.
64) So RECHTZIEGLER 1968a, S. 80 ff., SCHERINGER/SPRENGER 1970, S. 48ff. u. SCHNEIDER 1980, S. 43 f.
65) SCHNEIDER 1980, S. 44.
66) Auf diesen Zusammenhang hatte schon MARX in seiner Analyse der französischen Bauernschaft hingewiesen; vgl. MEW Bd. 7, S. 83 f.
67) SCHERINGER/SPRENGER 1970, S. 48.

hat, der hat unmittelbar ein Drittel aller amerikanischen Farmen in der Hand und beherrscht mittelbar ihre gesamte Masse."[68]

Und an anderer Stelle sah LENIN in der "Trennung des Grund und Bodens vom Landwirt in Form der steigenden Hypothekarverschuldung" sogar erste Anzeichen bäuerlicher Enteignung[69]. In ihrer Analyse der bundesdeutschen Landwirtschaft kommen KLEINSORGE et al. ebenfalls zu diesem Urteil: "Durch die z.T. sehr hohe Verschuldung, befindet sich der Boden, ökonomisch betrachtet, bereits zu einem erheblichen Teil in den Händen des Finanzkapitals."[70] Selbst nicht-marxistische Autoren sehen die Problematik bäuerlicher Verschuldung in ähnlicher Weise. Für die Lage der amerikanischen Landwirtschaft kommentiert MOONEY die steigende Kreditbelastung der Farmer als ihre Unterwerfung samt Arbeitsprozeß und Produktionsmittel unter die Verfügungsgewalt ihrer Kreditgeber[71]. Er zeigt sich daher überrascht, daß diesem Aspekt in der Diskussion über die Verschuldung der Landwirtschaft bisher wenig Aufmerksamkeit geschenkt werde, erscheint er ihm doch als hervorstechendstes Kennzeichen bäuerlicher Proletarisierung[72].

e) *Überarbeit und Selbstausbeutung*

Um ihre Einkommenssituation zu verbessern, versuchen die klein- und mittelbäuerlichen Agrarproduzenten nicht nur über investive Ausgaben ihre Produktion zu intensivieren, sondern auch über die Verlängerung ihrer Arbeitszeit und die verstärkte Hinzuziehung der Arbeitskraft ihrer Familienmitglieder. Die im Vergleich zu den übrigen Wirtschaftsbereichen bedeutend längeren Arbeitszeiten[73] gelten den Verfechtern der Proletarisierungsthese daher auch als weiteres Indiz für ihre Bestätigung.

Schon KAUTSKY konnte dem Lob, das J. St. MILL der bäuerlichen Bevölkerung wegen ihres unermüdlichen Fleißes und ihrer beharrlichen Ausdauer bei der täglichen Arbeit ausgestellt hatte, wenig abgewinnen. Viel eher sah er die "Arbeitswuth" der Agrarproduzenten als erste Boten für die proletarischen Existenzbedingungen der bäuerlichen Bevölkerung[74]. Ebenso waren für LENIN der "eiserne Fleiß" und die "übermäßige Arbeit" in der Landwirtschaft Ausdruck des "verzweifelten Kampfes des Bauern um seine wirtschaftliche Selbständigkeit"[75]. Überarbeit erschien ihm daher nicht als wertvolle bäuerliche Tugend, sondern es sei "die Not, die bittere Not, welche die mittleren und armen Bauern zwingt, von früh bis spät zu arbeiten."[76] Auf die Gefahr der Selbstausbeutung in der Landwirtschaft durch Überarbeit hatte bereits der Klassiker der

68) LENIN, Werke Bd. 22, S. 89 u. S. 97.
69) LENIN, Werke Bd. 4, S. 108.
70) KLEINSORGE et al. 1972, S. 30.
71) MOONEY 1983, S. 572.
72) Ebd. S. 571.
73) So errechnete ein Mikrozensus für 1984 die Wochenarbeitszeit für den Industriearbeiter mit 38,4 Stunden und den landwirtschaftlichen Betriebsleiter mit 65,8 Stunden; vgl. Materialband zum AGRARBERICHT 1986 der Bundesregierung, S. 17.
74) KAUTSKY 1899, S. 106 f.
75) LENIN, Werke Bd. 5, S. 186.
76) LENIN, Werke Bd. 6, S. 391.

Theorie bäuerlicher Familienwirtschaft TSCHAJANOFF hingewiesen[77]. Bei sinkendem Gesamtarbeitseinkommen versuche die bäuerliche Familie ihre Arbeitsleistung durch Mehrarbeit zu steigern, um ihr gewohntes subsistenzwirtschaftliches Produktions- und Konsumniveau einigermaßen zu halten. Auch für die heutige Landwirtschaft wird noch ein ähnliches Wirtschaftsverhalten beobachtet. Der bäuerliche Produzent versuche bei sinkenden Betriebseinkommen infolge niedriger Agrarpreise "auf seinem Hof als 'Mengenanpasser' eine Gewinnmaximierung zu betreiben. Das kann nur bedeuten (...) ständig die Produktionsmenge - sprich Arbeit - zu erweitern. Selbstausbeutung ist die zwangsläufige Folge"[78]. Wird Selbstausbeutung als eine Arbeitssituation definiert, in der "ein Selbstständiger trotz Arbeitszeiten von täglich mehr als acht Stunden nicht das Einkommen erzielt, das er als abhängiger Angestellter erzielen könnte"[79], dann ist für bestimmte Autoren die Mehrzahl klein- und mittelbäuerlicher Betriebe bereits dem Proletarisierungsprozeß unterworfen[80]:

"Die durchschnittliche Arbeitszeit beträgt in der Landwirtschaft für die Bauern etwa 3000 Stunden, für die Bäuerinnen sogar 3500 Stunden im Jahr. (...) Während in den übrigen Wirtschaftsbereichen die Arbeitszeiten sinken, nehmen sie in der Landwirtschaft zu, wobei die Zunahme in den unteren Betriebsgrößenklassen am stärksten ist."[81]

Die starke physische Arbeitsbelastung der Bauern wird seit den ersten landwirtschaftlichen REFA-Untersuchungen immer wieder betont[82]. Dabei stehen drei Aspekte im Vordergrund. Einmal wird besonders die Überbeanspruchung der Bäuerin infolge der Mehrfachbelastung durch Haus-, Hof-, Stall-, Feld- und Gartenarbeiten hervorgehoben: "Sie tragen letztlich dazu bei, die 'Selbstausbeutung' der Frauen zu perfektionieren"[83]; manche sprechen sogar von den "modernen Sklavinnen"[84]. Zweitens wird für die Arbeiterbauern ein erhebliches Maß an Mehrarbeit festgestellt, weil sie ihre Freizeit - statt wie ihre außerlandwirtschaftlichen Kollegen ausschließlich zur Reproduktion zu verwenden - zusätzlich mit der nebenberuflichen Landbewirtschaftung verbringen[85]. Selbst die Wochenenden, Feiertage und der Jahresurlaub würden häufig dazu verwandt, die Reproduktionskosten der Familie durch den Nebenerwerb aus der Landwirtschaft zu senken. Und drittens wird für den Agrarsektor bis in die Gegenwart ein unvergleichlich hohes Ausmaß an Kinderarbeit festgestellt[86], was schon für KAUTSKY unmittelbare Folge bäuerlicher Überarbeit war[87] und für andere Autoren erste Anzeichen bäuerlicher Proletarisierung ist[88].

---

77) Vgl. TSCHAJANOFF 1987, S. 25 ff.
78) BUNTZEL 1986, S. 40; vgl. ähnlich auch SCHNEIDER 1980, S. 41.
79) KALEFELD 1983, S. 14.
80) So explizit bei SCHERINGER/SPRENGER 1970, S. 58 ff. u. KLEINSORGE 1976, S. 35 ff.
81) SCHNEIDER 1980, S. 41 f.
82) Vgl. BLOHM 1959, S. 8 f. u. IMMLER 1973, S. 69.
83) INHETVEEN/BLASCHE 1983, S. 125; vgl. ähnlich MUTH 1967, S. 69.
84) SCHERINGER/SPRENGER 1970, S. 60.
85) Vgl. BERSCH 1985, S. 115.
86) Vgl. IMMLER 1973, S. 87, SCHNEIDER 1980, S. 42 sowie PLANCK/ZICHE 1979, S. 300 f.
87) KAUTSKY 1899, S. 106.
88) So bei PAVLOV 1985, S. 84.

f) *Ländliche Lebensverhältnisse*

Landarmut wird in der Nachfolge von MARX, LENIN und KAUTSKY bis heute von verschiedenen Autoren als eine Begleiterscheinung des bäuerlichen Proletarisierungsprozesses angesehen. Pauperisierung steht demnach für die Proletarisierungstendenz in der Landwirtschaft.

Von MARX ist bekannt, daß er wenig Vorliebe für die bescheidenen Lebensverhältnisse der bäuerlichen Bevölkerung hatte, wie sein häufig zitierter, drastischer Vergleich der französischen Parzellenbauern mit einem Kartoffelsack belegt[89]. Die bäuerliche Produktionsweise mit ihrer geringen Arbeitsteilung und fehlenden Anwendung wissenschaftlich-technischer Fortschritte, die unentwickelten Kommunikationsmittel und die Armut ließen "keine Mannigfaltigkeit der Entwicklung, keine Verschiedenheit der Talente, keinen Reichtum gesellschaftlicher Verhältnisse" zu[90]. Ausgehend von der großen Bedeutung der Bauernfrage für den Kampf gegen den Imperialismus, den Sieg der Arbeiterklasse und den Aufbau des Sozialismus beschäftigte sich dann LENIN wesentlich interessierter und differenzierter mit den Lebensverhältnissen der bäuerlichen Bevölkerung. In der Auseinandersetzung mit den Befürwortern des bäuerlichen Kleinbetriebes, die dessen Überlegenheit über den Großbetrieb aufgrund des Fleißes und der Bescheidenheit der Kleinbauern propagierten, hatte sich LENIN, wie zuvor auch KAUTSKY, eingehend der Dorfarmut angenommen:

"Die Kleinbauern brauchten nicht viel Geld, sagen diese Schönredner; die Klein- und Mittelbauern sind haushälterischer und fleißiger als die Großbauern, außerdem verstehen sie es, einfacher zu leben; (...) mit jedem Stück Brot zu knausern, auf jede noch so kleine Geldausgabe zu verzichten - nennen diese Schönredner eine billige und vorteilhafte Wirtschaft. Natürlich, was kann 'billiger' und 'vorteilhafter' sein, als drei Jahre lang die gleiche Hose zu tragen, im Sommer ohne Stiefel herumzulaufen, den Hakenpflug mit einer Schnur zusammenzubinden und die Kuh mit faulem Dachstroh zu füttern."[91]

Ähnlich hatte es schon KAUTSKY energisch zurückgewiesen, die Bedürfnislosigkeit und Bescheidenheit der Bauern als Tugend zu preisen:

"Der Besitz, der den Bauern peitscht, sich mehr zu schinden, als der besitzlose Lohnarbeiter, treibt ihn auch, seine Ansprüche ans Leben noch unter das Niveau der Ansprüche des letzteren auf ein Minimum zu reduzieren."[92]

Zur Verdeutlichung zitiert er dann detaillierte Beschreibungen zur Lage der Kleinbetriebe in England, Frankreich und Deutschland. Darin werden die Bauernhäuser als Schweineställe, die Hungersnot, der niedrige Bildungsstand - kurz die "jämmerliche Existenz" der bäuerlichen Bevölkerung beklagt[93].

Nachdem sich seit KAUTSKY und LENIN ohne Zweifel die Produktions- und Erwerbsstruktur sowie die Lebensformen auf dem Lande entscheidend verändert haben, bleibt zu fragen, ob bäuerliche Pauperisierung noch immer festgestellt und als Proletarisierungstendenz anerkannt wird. Tatsächlich wird auch in jüngerer Zeit von der sozialen Benachteiligung der Dorfbevölkerung gesprochen; es seien die "Lebensverhältnisse der

89) MARX in MEW Bd. 8, S. 198.
90) Ebd.
91) LENIN, Werke Bd. 6, S. 390 f.; vgl. auch LENIN, Werke Bd. 5, S. 160 ff.
92) KAUTSKY 1899, S. 108.
93) Ebd., S. 108 ff.

Bauern (...) heute nachteiliger anzusehen als jene der Industriearbeiter"[94]. Verschiedene Indikatoren werden hierzu als Beleg angeführt. Einmal die Tatsache, daß wegen der hohen Arbeitsbelastung in der Landwirtschaft den Agrarproduzenten "weder eine ausreichende Arbeitszeitregelung noch die erforderliche Freizeit- und Urlaubsmöglichkeit geboten werden" könne[95]. Zweitens wird betont, daß Gesundheitszustand und Lebenserwartung der Landbevölkerung wesentlich niedriger seien als bei der Stadtbevölkerung[96]: "In der Bundesrepublik führt die offensichtliche Arbeitsüberlastung der Bauern, der fehlende Urlaub und auch die Ungewißheit über die Zukunft zu einer hohen physischen und psychischen Anstrengung der Bauern und oft zu ernsten gesundheitlichen Schädigungen (...) das drückt sich auch in der Lebenserwartung aus."[97] Darüber hinaus wird die besondere Unfallhäufigkeit in der Landwirtschaft als Ausdruck ungesicherter Lebensverhältnisse angesehen[98]. Als weiterer Beleg für die Landarmut dient der geringe Bildungs- und Qualifikationsgrad der ländlichen Bevölkerung[99]. Und selbst "untermenschliche Ernährung" und "Unterkonsumtion", wie sie schon KAUTSKY und LENIN beschrieben hatten[100], wird für die bäuerliche Bevölkerung heutiger Zeit festgestellt und als Proletarisierungstendenz interpretiert[101].

g) Staatliche Agrarsozialpolitik

Institutionalisierter Ausdruck bäuerlicher Proletarisierung ist marxistischen Autoren das agrarpolitische Instrument staatlicher Sozialpolitik für den ländlichen Raum. Mit ihr sei die "staatsmonopolistische Beherrschung der Landwirtschaft mit der Proletarisierung der Masse ihrer Bevölkerung als Ergebnis in das Endstadium" getreten[102].

Seit Mitte der 50er Jahre findet in der Bundesrepublik neben markt-, preis- und strukturpolitischen Maßnahmen als vierter Grundpfeiler der Agrarpolitik eine Politik sozialer Absicherung der bäuerlichen Bevölkerung Anwendung. Sie erstreckt sich auf die Kranken- und Unfallversicherung sowie die Altersversorgung[103]. Da alle anderen agrarpolitischen Fördermittel den Bauern meist nach dem Produktions- und Einkommenspotential ihrer Betriebe zufließen, wollte man einen Ausgleich zur sozialen Absicherung der wirtschaftlich schwächer gestellten Betriebe erreichen. Neu an dieser Zielsetzung war "die Tatsache, daß eine Politik, die sich historisch aus der Arbeiterschutzpolitik heraus entwickelt hat, nun auf selbständige Landwirte und ihre mithelfenden Familienangehörigen übertragen werden sollte"[104] - war das klassische Objekt staatlicher Sozialpolitik doch bisher der besitzlose, abhängig beschäftigte Industriearbeiter gewesen[105]. Mit der Einbeziehung der Landwirtschaft in das System sozialer Absiche-

94) IMMLER 1973, S. 69; wesentlich drastischer noch bei RECHTZIEGLER 1968a, S. 140.
95) IMMLER 1973, S. 87.
96) Ebd., S. 69.
97) SCHERINGER/SPRENGER 1970, S. 61 f.
98) So von HARTKEMEYER 1978, S. 151 ff.
99) So bei IMMLER 1973, S. 67 u. VONDERACH 1979, S. 158 ff.
100) KAUTSKY 1899, S. 110 ff., u. LENIN, Werke Bd. 5, S. 158 ff.
101) So von SCHILLING 1974, S. 31.
102) RECHTZIEGLER 1972, S. 27 f. u. ähnlich auch MIETHKE 1973, S. 67 ff.
103) Vgl. BENDIXEN/HARBECK 1979.
104) BOHN 1980, S. 107.
105) Vgl. LITTEK et al. (Hrsg.) 1983, S. 136 ff.

rung wurde das Bild des freien, selbstverantwortlichen Bauerntums revidiert. Gegen den Einzug der Sozialpolitik in den Agrarsektor, gegen eine soziale Gleichstufung der selbständigen Bauern mit unselbständig tätigen Arbeitnehmern wurden dann auch zuanfangs erhebliche Bedenken erhoben[106].

Als Zeichen bäuerlicher Proletarisierung kommt die Agrarsozialpolitik für die marxistischen Analytiker durch ihren zweifachen instrumentellen Charakter zum Ausdruck. Zum einen richteten sich die sozialpolitischen Maßnahmen nach Konzeptionen, "die auf der Beschleunigung und Absicherung des Differenzierungs-, Konzentrations- und Proletarisierungsprozesses beruhen und auf die wirtschaftliche Stärkung kapitalistischer Agrarbetriebe hinauslaufen"[107]. Insbesondere Landabgaberente und Vorruhestand werden als zentrales Instrument agrarpolitischer Selektion angesehen, welche die Proletarisierung klein- und mittelbäuerlicher Betriebe fördere:

"Das Ziel dieser mit neuen Methoden betriebenen Agrarstrukturpolitik besteht darin, über die konsequente Liquidation der nicht erweiterungsfähigen Klein- und Mittelbetriebe eine landwirtschaftliche Großproduktion zu schaffen, die den Verwertungsbedürfnissen des Monopolkapitals in höherem Maße angepaßt ist"[108].

Da der "massenhafte Bauernruin"[109] verstärkt sozialen Zündstoff innerhalb der Landwirtschaft anhäufe, erfülle die Agarsozialpolitik zugleich auch einen weiteren Zweck, nämlich die verschärften sozialen und politischen Konflikte im Agrarsektor einzudämmen. Trotz einzelner Förderungsleistungen würde es damit letztendlich zur Proletarisierung der bäuerlichen Bevölkerung kommen, nur eben mittels Maßnahmen, "die den Ruinierungsprozeß 'sozial erträglicher' und relativ 'lautlos' gestalten sollen"[110].

3.3.3. Das landwirtschaftliche Produktionsverhältnis vertikaler Integration

Nicht allen Verfechtern der bäuerlichen Proletarisierungsthese erscheinen die zuvor dargestellten Entwicklungstendenzen in der Landwirtschaft ausreichend, um die sozio-ökonomischen Rahmenbedingungen bäuerlicher Proletarisierung zu beschreiben. Vereinzelt findet man kritische Stimmen, die darauf verweisen, daß die Analyse des Proletarisierungsprozesses als Produktionsverhältnis zu kurz komme, weil dieser als Ausbeutungsverhältnis mißverstanden würde[111]. Daher stößt seit geraumer Zeit die vertikale Integration in der Landwirtschaft verstärkt auf analytisches Interesse auch von marxistischer Seite, weil sich die Proletarisierung der bäuerlichen Bevölkerung nicht mehr ausschließlich anhand einzelner Entwicklungstendenzen verfolgen ließe, sondern "durch die Herstellung unmittelbar kapitalistischer Produktionsverhältnisse in der land-

---

106) Vgl. BENDIXEN/HARBECK 1979, S. 112 f. Auf diesen Widerspruch zwischen bäuerlicher Selbständigkeit und staatlicher Sozialsicherung weist auch VOGELER 1981 für die amerikanische Landwirtschaft hin (S. 4 ff.).

107) KLEINSORGE et al. 1979, S. 78; vgl. auch KLEINSORGE 1978, S. 99.

108) MIETHKE 1973, S. 156; ähnlich auch RECHTZIEGLER 1972, S. 46 f., POPPINGA 1975, S. 116 u. KLEINSORGE et al. 1979, S. 78 ff.

109) MIETHKE 1973, S. 155.

110) KLEINSORGE 1978, S. 99; ebenso KLEINSORGE/SIEBERT 1976, S. 39, KLEINSORGE et al. 1979, S. 36 u. 78 sowie WEISS 1984, S. 143.

111) So BAUMGÄRTNER 1979, S. 42.

wirtschaftlichen Produktion selbst" zum Ausdruck komme[112]. Im Unterschied zu kooperations- und agrarwissenschaftlichen Untersuchungen will man sich allerdings nicht nur mit dem technisch-organisatorischen Vorgang der Kooperation einzelner Produktionsstufen innerhalb des vertikalen Verbundes beschäftigen. Es ist vielmehr erklärtes Interesse, Aussagen über Zweck, Ziel und Auswirkungen der Kooperation zu finden[113]: "Um die Auswirkungen der vertikalen Integration auf die ökonomische und soziale Lage und Struktur der landwirtschaftlichen Bevölkerung richtig analysieren zu können, ist es daher notwendig, Ausmaß und Intensität der vertikalen Integration sehr differenziert einzuschätzen."[114] Entsprechend fordert GRÜNER die Auseinandersetzung mit der "inhaltlichen Seite" vertikaler Integration als Ansatzpunkt zu einer Analyse der Beziehungen zwischen Agrarproduzenten und integrierenden Unternehmen[115].

3.3.3.1. Verlust der bäuerlichen Verfügungsgewalt: der Bauer als Heimarbeiter

Auch die Proletarisierungsthese erkennt den Vertragsabschluß zwischen Erzeugerseiter und nachgelagerter Stufe als grundlegendes Kennzeichen der vertikalen Integration in der Landwirtschaft an[116]. Mit der Rechtsform einzelvertraglicher oder statuarischer Vereinbarungen "wird äußerlich das Bild einer Kontraktion gleichberechtigter Partner vermittelt"[117]. Der Art und inhaltlichen Ausgestaltung der Vertragsverhältnisse müsse daher besondere Bedeutung beigemessen werden. Zunächst gebe schon der formale Aspekt "Auskunft über vertraglich festgelegte, einseitige oder beidseitige Sachleistungen der Vertragspartner, d.h. ob nur der Landwirt verpflichtet wird, eine bestimmte Produktmenge in einem bestimmten Zeitraum zu liefern oder ob der Vertragspartner im selben Zeitraum ebenfalls eine Sachleistung (...) zu erbringen hat. Aus solchen Beziehungen lassen sich Schlüsse über die Bindungsintensität und den Grad der Abhängigkeiten ziehen."[118]

SCHNEIDER warnt allerdings davor, dem formalen Aspekt des Vertragsabschlusses allzuviel Aufmerksamkeit zu schenken, denn "die Realität sieht ganz anders aus. Hier sind Mechanismen wirksam, die den vertraglichen Beziehungen den Charakter eines Produktionsverhältnisses verleihen. (...) Aufgrund ungleicher ökonomischer Potenz haben die beiden Vertragspartner ungleiche Verhandlungspositionen, was sich in der Art der ausgehandelten Verträge niederschlägt."[119] Merkmal vieler Verträge sei nämlich, "daß immer der Integrator und niemals der landwirtschaftliche Erzeuger der Autor des Vertrages ist"[120]. Für das integrierende Unternehmen beinhalte dies einen eindeutigen Positionsvorteil, verfüge es doch über einen vertragserfahrenen Verwaltungsapparat, der

112) SCHNEIDER 1980, S. 60.
113) Vgl. KLEINSORGE et al. 1979, S. 110.
114) Ebd., S. 88.
115) GRÜNER 1977, S. 184.
116) Vgl. zur marxistischen Diskussion über Begriff und Kennzeichnung der vertikalen Integration in der kapitalistischen Landwirtschaft RECHTZIEGLER 1968a, S. 163 ff., DERS. 1972, S. 83 ff. u. KLEINSORGE et al. 1979, S. 82 ff.
117) KLEINSORGE et al. 1979, S. 93.
118) BOHN 1980, S. 73.
119) SCHNEIDER 1980, S. 66.
120) KLEINSORGE et al. 1979, S. 93.

den unter Vertrag genommenen landwirtschaftlichen Produzenten bestimmte Bedingungen stellen und einzelne Modalitäten sogar aufzwingen könne. Selbst WERSCHNITZKY et al., die sich aus nichtmarxistischer Sicht mit der Vertragslandwirtschaft beschäftigt haben, bestätigen solche "erheblichen Gefahren", welche mit "der ungleichen Stellung der Vertragspartner (...) in der Unausgeglichenheit und einseitigen Verlagerung der Abhängigkeitsverhältnisse"[121] liegen: unklare, für die Erzeugerseite vielleicht sogar unverständliche Vertragsformulierungen, unangemessene lange Vertragsdauer, einseitige Kündigungsrechte bis hin zu Finanzierungsbedingungen und Preisvereinbarungen, die den Integrator einseitig bevorteilen. Von marxistischer Seite wird daraus gefolgert, daß die Anbindung an ein integrierendes Unternehmen zwangsläufig die Unterordnung bäuerlicher Produzenten unter die monokapitalistischen Verwertungsinteressen bedeute[122]. Als vertikal integrierte Betriebe verlören die Erzeuger nämlich nicht nur ihre Entscheidungsfreiheit über Art, Umfang und Ziel des Absatzes, sondern darüber hinaus auch über die gesamte betriebliche Dispositionsfreiheit. Der Integrator greife zunehmend als Steuerungsinstanz in den eigentlichen landwirtschaftlichen Produktionsprozeß ein, was sich auf die Organisation einer kontinuierlichen Rohwarenanlieferung, Verarbeitungs- und Absatzgestaltung ebenso beziehe wie auf die gezielte Einflußnahme auf das quantitative und qualitative Produktionssortiment in der Erzeugerstufe[123].

Um die Einflußnahme des Integrators auf den landwirtschaftlichen Produktionsprozeß, die ureigenste Domäne bäuerlicher Tätigkeit, zu belegen, wird von den marxistischen Proletarisierungstheoretikern auf Bestimmungen verwiesen, die sich in vielen vertraglichen Vereinbarungen finden ließen[124]: Vorschriften über Standardisierung und Sortierung der Erzeugnisse, über die Haltung bestimmter Rassen, Richtlinien, die den Anbau von festgelegten Sorten und Züchtungen reglementieren. Die Einschränkungen gingen so weit, daß selbst detaillierte Anweisungen für den Produktionsprozeß zu finden seien: welches Saatgut, welches Schädlingsbekämpfungs- oder Desinfektionsmittel und welches Dünge- oder Futtermittel einzusetzen sei, wie die Stalleinrichtungen auszusehen hätten, bis hin zu Bestimmungen über die Bodenpflege, Tierhygiene, den Erntezeitpunkt und Erntetechnik; ja selbst Termine und Organisation der durchzuführenden landwirtschaftlichen Arbeiten würden vom Integrator genauestens koordiniert und reglementiert. DALLMANN bringt die landwirtschaftliche Produktionssteuerung durch den Integrator kurz und bündig auf einen Nenner: "alles, aber auch alles wird streng kontrolliert"[125]. Schließlich würde sich die Einflußnahme der nachgelagerten Stufe nach der eigentlichen Produktion auch auf den Zeitpunkt, Ort und Modus der Warenanlieferung und Warenübergabe erstrecken[126].

Für die Einengung der bäuerlichen Entscheidungsfreiheit durch die alles umfassende Koordination des Integrators führt GÜNNEMANN den Gemüsebau als Beispiel an. Er schildert anhand von Auzügen aus einem Anbauvertrag für Buschbohnen zwischen Erzeuger und einem nachgelagerten Verarbeitungsunternehmen der Tiefkühl-

---

121) WERSCHNITZKY et al. 1974/75, S. 397.

122) Vgl. SCHERINGER/SPRENGER 1970, S. 93.

123) Vgl. RECHTZIEGLER 1968a, S. 168 f.

124) Vgl. SCHERINGER/SPRENGER 1970, S. 90 f., RECHTZIEGLER 1972, S. 88, KLEINSORGE/SCHILLING 1974, S. 113 u. KLEINSORGE et al. 1979, S. 93.

125) DALLMANN 1984, S. 156.

126) Ebd.

kostbranche, wie weit die Reglementierung bäuerlicher Arbeit vorangeschritten sei[127]. Der Erzeuger verpflichte sich darauf, ausschließlich Saatgut des Integrators zu verwenden, die Aussaat zu den vorgegebenen Terminen vorzunehmen, Einzelanweisungen hinsichtlich Pflanzenschutz und Unkrautbekämpfung zu berücksichtigen, den vorgegebenen Erntezeitpunkt einzuhalten und die Felder für die Erntemaschinen des Integrators zugängig zu machen sowie die Bohnen in der gewünschten Beschaffenheit und Qualität (frisch, zart, nicht bastig, frei von Fremdstoffen) zu liefern.

Für die Proletarisierungsthese nimmt die zunehmende Vereinheitlichung, Standardisierung und Normierung der landwirtschaftlichen Produktion und die damit einhergehende Beschneidung bäuerlicher Dispositionsfreiheiten eine zentrale Stellung in ihrer Argumentation ein. Denn die Abgabe der bisher alleinigen Entscheidungsbefugnis über den landwirtschaftlichen Produktionsprozeß an ein nachgelagertes Unternehmen komme dem Verlust der bäuerlichen Verfügungsgewalt über seinen Hof und seine Arbeit gleich[128]. Was mit gelegentlichen Empfehlungen und Beratungen durch den nachgelagerten Sektor begonnen habe, würde aufgrund einer zusehends ausgeweiteten und vertraglich verankerten Einflußnahme und Weisungsbefugnis des Integrators zwangsläufig in der vollständigen Weisungsgebundenheit des bäuerlichen Produzenten gegenüber der integrierenden Absatzseite enden[129]. In letzter Konsequenz wäre statt des Bauern der Integrator "faktisch Leiter der landwirtschaftlichen Produktion"[130].

Für den traditionellen bäuerlichen Warenproduzenten ergeben sich dann nach dieser marxistischen Interpretation folgenschwere Veränderungen in seiner Arbeitswelt. War er seit der Bauernbefreiung in stärkerem Maße lediglich an die Absatzseite hinsichtlich des Verkaufes seiner Erzeugnisse gebunden, so erfährt diese Bindung ein vollkommen neues, irreversibles Stadium, das alle Vorstellungen von bäuerlicher Freiheit geradezu ad absurdum führt. Denn einem Bauern, dem von der Aussaat über die Pflegewirtschaft bis hin zur Ernte oder von der Auswahl des Zuchtmaterials über die Stallform, Fütterung und Pflege seines Tierbestandes jeder einzelne Arbeitsschritt vorgeschrieben und der auf ihre Einhaltung auch kontrolliert wird, solch einem Bauern käme nur noch ausführende Funktion - quasi als fremden Anweisungen befolgenden, abhängigen Beschäftigten - zu. Marxistische Autoren zeigt sich dieser Verlust bäuerlicher Dispositionsfreiheit letztlich als "schrittweise Trennung des Bauern von seinen Produktionsmitteln" - als Proletarisierung[131]. EVRARD et al. vertreten in ihrer These die Auffassung, daß die Bauern de facto ihrer Produktionsmittel sogar enteignet seien[132], was KLEINSORGE zuvor schon "eine besondere Form verschleierter Expropriation" in der vertikalen Integration genannt hatte[133].

Mit dem Verlust der bäuerlichen Verfügungsgewalt wird von den Proletarisierungstheoretikern für die Tätigkeit des landwirtschaftlichen Produzenten zugleich auch eine Funktionsentleerung festgestellt. Die Bauern "stehen auf der untersten Sprosse einer längeren arbeitsteiligen Stufenleiter des Reproduktionsprozesses. Damit wird das spezifische Merkmal der einzelbäuerlichen Produktion - ihre relative Selbständigkeit -

127) GÜNNEMANN 1979, S. 62 f.
128) Vgl. KLEINSORGE/SCHILLING 1974, S. 113.
129) Vgl. ebd., S. 114 u. DALLMANN 1984, S. 155.
130) SCHERINGER/SPRENGER 1970, S. 92.
131) KLEINSORGE et al. 1972, S. 30 u. KLEINSORGE/SCHILLING 1974, S. 112.
132) EVRARD et al. 1977, zitiert nach BAUMGÄRTNER 1979, S. 43.
133) Vgl. KLEINSORGE/SCHILLING 1974, S. 112; vgl. ähnlich auch MOONEY 1983, S. 573.

zunehmend aufgelöst und durch die direkte Unterordnung der Arbeit der Bauern unter ein fremdes Kommando ersetzt"[134]. Der bäuerliche Hof schrumpfe zur "Betriebsabteilung", zum "Rohstoffanhängsel" des integrierenden Unternehmens, der Bauer werde auf die Tätigkeit eines "Rohstoffproduzenten" und "Zulieferers" reduziert[135]: "Das Verharren auf der Stufe der einfachen Warenproduktion hat die kleineren und mittleren Bauern nicht von der Proletarisierung bewahrt, sondern sie in eine besondere Form der Abhängigkeit (...) gebracht."[136] In dem Maße, in dem die bäuerliche Tätigkeit auf eine Etappe innerhalb des kapitalistischen Produktionsprozesses zurückgestuft werde, bei dem nicht mehr das landwirtschaftliche Urprodukt, sondern nur noch das be- und verarbeitete und hergerichtete Endprodukt Ware ist, verwandelten sich dieBauern zu einem Teil der Gesamtarbeiterschaft des nachgelagerten Unternehmens, in "sozusagen seine dezentralisierten Arbeiter"[137].

"Aufgrund der Tatsache, daß sie vom Markt abgeschnitten sind, die Dispositionsfreiheit über die Produktionsmittel und den Produktionsprozeß verlieren und zum Teil mit fremden Produktionsmitteln arbeiten, verlieren sie den Status des selbständigen Warenproduzenten und fallen auf den Status von Heimarbeitern herab (...) Dies ist gleichbedeutend mit der Unterwerfung unter ein kapitalistisches Produktionsverhältnis und der indirekten Proletarisierung."[138]

Mit der Eingliederung der Bauern in die vertikale Integration vollziehe sich also ihr "klassenmäßiger und sozialer Abstieg"[139], was sie schließlich ihrer gesellschaftlichen Stellung nach der Industriearbeiterschaft annähere. Weisungsempfänger seien beide, wobei der Bauer sogar die Verfügungsgewalt über seinen Besitz aufgegeben habe. Die klassenmäßige Annäherung landwirtschaftlicher und industrieller Arbeit infolge ihrer Fremdbestimmung - sei es durch das Agrar- oder das Industriekapital - wird auch in den Analysen zur gegenwärtigen Klassenstruktur der landwirtschaftlichen Erwerbstätigen expliziert. Aus der Gesamtheit der bäuerlichen Bevölkerung wird die Schicht der "landwirtschaftlichen Heimarbeiter" als der Arbeiterklasse zugehörig geortet:

"Es handelt sich hierbei um diejenigen agrarischen Produzenten, die dem Produktionsverhältnis der vertikalen Integration unterworfen sind."[140]

Damit wir die vertikale Integration expressis verbis als ein spezifisch landwirtschaftliches Produktionsverhältnis definiert. Neben dem vollständigen Ausstieg aus der Agrarproduktion durch den Übergang zur Lohnarbeit und dem partiellen Ausstieg durch die Nebenerwerbslandwirtschaft stellt die landwirtschaftliche Heimarbeit im vertikalen Stufenverbund die dritte Form bäuerlicher Proletarisierung dar[141].

Auch von nicht-marxistischer Seite, hauptsächlich von der ausländischen Agrarsoziologie, wird die gesellschaftliche Stellung eines vertikal integrierten Bauern als proletarische gedeutet. Schon 1960 hatte PLOCH bei einer Befragung von Landwirten, die ihre Broilermast innerhalb eines vertikalen Stufenverbundes betrieben, herausgefunden, daß sich nahezu die Hälfte der Befragten (47,3%) eher als abhängige Beschäf-

134) KLEINSORGE et al. 1979, S. 112.
135) Ebd., S. 85 u. RECHTZIEGLER 1968a, S. 183.
136) IMMLER 1973, S. 48.
137) BAUMGÄRTNER 1979, S. 46.
138) SCHNEIDER 1980, S. 67 f.; vgl. ähnlich auch LAMBERT 1971, S. 42.
139) KLEINSORGE/SCHILLING 1974, S. 111 und KLEINSORGE 1978, S. 98.
140) SCHNEIDER 1980, S. 96; vgl. auch KLEINSORGE/SCHILLING 1974, S. 114.
141) Vgl. BOHN 1980, S. 68.

tigte ihres Integrators denn als freie landwirtschaftliche Betriebsleiter fühlten[142]. Ebenfalls von "abhängigen Heimarbeitern" in Bindung an ihren Integrator sprechen VOGELER und MOONEY in ihren Studien zur nordamerikanischen Landwirtschaft[143]. GALESKI zieht für die vertikale Integration in der kapitalistischen Landwirtschaft einen ganz besonderen Vergleich: Ähnlich wie in der vorindustriellen Arbeitsorganisation des Verlagssystems falle dem Bauern als Beschäftigter eines nachgelagerten Unternehmens die Aufgabe der Rohstoffproduktion und -lieferung zu[144].

Solche Analysen zur bäuerlichen Proletarisierung durch die vertikale Integration scheinen fast einhundert Jahre später KAUTSKY zu bestätigen, der bereits in seiner "Agrarfrage" die Vereinigung von landwirtschaftlicher und industrieller Arbeit vorhergesehen hatte:

"Der Bauer hört also auf, Herr in seinem landwirtschaftlichen Betrieb zu sein; dieser wird ein Anhängsel des Industriebetriebs, nach dessen Bedürfnissen er sich zu richten hat. Der Bauer wird ein Theilarbeiter der Fabrik."[145]

LAMBERT vervollständigt diese Aussage: "mit anderen Worten, er proletarisiert sich, ohne deshalb lohnabhängig im strengen Sinn des Wortes zu werden"[146]. Doch selbst Anzeichen bäuerlicher Lohnabhängigkeit werden verschiedentlich als sozio-ökonomische Folge vertikaler Integration ausfindig gemacht.

3.3.3.2. Bezahlte bäuerliche Arbeitskraft: der Bauer als Lohnarbeiter

Nach Auffassung einzelner Proletarisierungstheoretiker schränkt das landwirtschaftliche Produktionsverhältnis der vertikalen Integration nicht nur den betrieblichen Dispositionsfreiraum des Agrarproduzenten erheblich ein, sondern verleiht der bäuerlichen Arbeit einen grundlegenden anderen Charakter: sie wird "im Rahmen des Vertrages faktisch zur Lohnarbeit, der Bauer nimmt die Rolle des Lohnarbeiters an"[147].

EVRARD et al. ziehen folgende Argumentationslinie, um ihre Feststellung bäuerlicher Lohnarbeit in der vertikalen Integration zu begründen[148]: Die Bauern seien schon seit längerer Zeit durch das Bankkapital und den vorgelagerten Sektor zwar den monokapitalistischen Verwertungsinteressen unterworfen gewesen, allerdings ohne daß sich dadurch ihr Produzentenstatus verwandelt hätte. Man habe (nach dem Konzept des ungleichen Tausches) lediglich Handelsbeziehungen miteinander ausgetauscht. Erst durch die vertikale Integration mit dem nachgelagerten Sektor verändere sich der Status des bäuerlichen Produzenten, da ihm die Bestimmung über Anbauverfahren und Produktionstechniken weitgehend entzogen werde. Damit gehe ihm aber nicht nur die Verfügungsgewalt über den landwirtschaftlichen Produktionsprozeß, sondern auch die ökonomische Herrschaft über seinen Besitz verloren, weil Menge, Qualität und Absatzweg seiner Agrarerzeugnisse vom Integrator vorgeschrieben würden. Er müsse also nicht nur

142) PLOCH 1960, S. 27.
143) Vgl. VOGELER 1981, S. 289 und MOONEY 1983, S. 573.
144) GALESKI 1972, S. 140 u. DERS. 1984a, S. 133.
145) KAUTSKY 1899, S. 265.
146) LAMBERT 1971, S. 10.
147) IMMLER 1973, S. 114.
148) Vgl. EVRARD et al. 1977 zitiert nach BAUMGÄRTNER 1979, S. 44.

die Entscheidungsfreiheit über die Gestaltung des Produktionsprozesses an seinen Integrator abtreten, sondern darüber hinaus auch die Verfügungsberechtigung über seine Arbeitsprodukte als Waren. Deutlich käme dies in Form und Inhalt der Bezahlung der Agrarerzeugnisse zum Ausdruck, woraus auf ein bäuerliches Lohnarbeitssystem in der vertikalen Integration geschlossen wird. Die Bezahlung für die vom Bauern produzierten und gelieferten Erzeugnissse sei weniger als Vergütung im Sinne von Verkaufspreisen innerhalb von Handelsbeziehungen zu verstehen, sondern müßten vielmehr als Entgelt für die im Auftrag des Integrators geleistete Arbeit angesehen werden. Der Bauer habe sich durch die Ausschließlichkeitsbindung an den Integrator in dessen unmittelbare Abhängigkeit begeben, so "daß er sich faktisch in einen Verkäufer seiner Arbeitskraft verwandelt hat"[149]. Dazu erstellen EVRARD et al. ein Stücklohnmodell, wonach der Bauer pro produzierte Mengeneinheit (in Stück, Kilo, Liter) bezahlt werde. Ein Zahlenbeispiel soll dies verdeutlichen[150]:

"Werden in 10 Stunden 50 Masthähnchen produziert und hat der Integrator vor, für eine Arbeitsstunde des Bauern - wie es in der Industrie üblich ist - 5 DM zu bezahlen, gilt: in einer Stunde werden 5 Hähnchen erzeugt; der Lohn auf 1 Hähnchen bezogen, der Stücklohn, beträgt dann 1 DM/Hähnchen. Stellt der Stundenlohn von 5 DM die Bezahlung der durchschnittlich gesellschaftlich notwendigen Arbeitszeit dar (also die Reproduktionskosten der Ware Arbeitskraft), so beträgt das Verhältnis von notwendiger Arbeit zu Mehrarbeit, in Hähnchen ausgedrückt und auf 10 Stunden bezogen, 25 Hähnchen für den Bauern und 25 Hähnchen für den Integrator. Es läge also eine Ausbeutungsrate von 100% vor."

Ähnlich wird das Stücklohnmodell auch für die Milchbauern angewandt[151]: Mit der Unterzeichnung eines Liefervertrages verliere der Bauer seine Entscheidungsfreiheit darüber, an welche Molkerei und unter welchen Bedingungen er seine Milch verkaufe. Er unterwerfe sich der vollständigen Andienungspflicht an ein Unternehmen, gleich welcher Preis dieses ihm vergüte. Die Unabhängigkeit als Warenproduzent würde eingetauscht gegenüber der Arbeitsdurchführung im Auftrag einer Molkerei. Infolge der Trennung zwischen Arbeitsdisposition (Kuhhaltung, Milchmenge und -güte, Melktechnik und -zeit usw.) einerseits, vermittelt durch die Beratung und die Arbeits- oder Güterrichtlinien der Molkerei, und Arbeitsausführung durch den Bauern andererseits erhalte der Integrator weitreichende Eingriffs- und Steuerungsmöglichkeiten in den eigentlichen Prozeß der Milchgewinnung und -behandlung. Der Berechnung des Milchpreises komme hierbei zentrale Bedeutung zu. Dieser sei nämlich nicht nur bloßer Verrechnungspreis als Stücklohn für die geleistete Arbeit (pro Kilo angelieferte Milch), sondern fungiere zusätzlich als differenzierter Leistungslohn, der an bestimmte, von der Molkerei vorgegebene Kennziffern gebunden sei, so z.B. Keimgehalt, Eiweiß- und Fettwerte der Milch. Außerdem machten einzelne Bestandteile des Bezahlungssystems, wie Garantiepreis, Güteprämie, Mengenzuschlag und Qualitätsbonus, das leistungsbezogene Arbeitsentgelt der Milchbauern überdeutlich, so daß zurecht von einem bäuerlichen Lohnarbeitsverhältnis zur Molkerei gesprochen werden könne[152].

In der amerikanischen Agrarsoziologie gibt es ebenfalls mehrere Autoren, die den vertikal integrierten Bauern als Lohnarbeiter verstehen. PLANCK/ZICHE zitieren T.

149) RECHTZIEGLER 1968a, S. 183.
150) EVRARD et al. 1977, zitiert nach BAUMGÄRTNER 1979, S. 44 f.
151) Vgl. ebd., S. 45 f.
152) Ebd., S. 46; ähnlich auch RECHTZIEGLER 1968a, S. 183, KLEINSORGE et al. 1972, S. 32 sowie SCHNEIDER 1980, S. 109, Anm. 43.

MILLER, für den der unter Vertrag wirtschaftende Bauer ein "nach Stücklohn arbeitender und bezahlter Industriearbeiter ist"[153]; eine ähnliche Bewertung findet sich in der Analyse von BREIMYER[154]. Explizit als landwirtschaftliches Pendant zum industriellen Stücklohn-Arbeiter will DAVIS den integrierten Vertragsbauern verstanden wissen[155]: Wie der Industriearbeiter sei auch der Agrarproduzent in einen Produktionsprozeß eingebunden, den er nicht mehr selbst bestimmen könne, sondern der sich nach den Vorgaben des Integrators richte. Dieser kontrolliere die Einhaltung vorgeschriebener Arbeitsdispositionen und entscheide über die Verwendung der fertigen Agrarerzeugnisse, so daß der Bauer dem Produktionsprozeß und der Verwertung der von ihm geschaffenen Waren ebenso versachlicht und fremd gegenüberstehe wie der Industriearbeiter. Selbst die Bezahlung des Bauern sei mit dem Industrielohn identisch: ein nach produzierter und gelieferter Wareneinheit errechneter Arbeitslohn. Letztlich verkaufe dann der Bauer anstatt Hühner, Äpfel, Bohnen oder Rüben nunmehr seine Arbeitskraft an den nachgelagerten Integrator.

Es stellt sich nun die Frage, wie die Proletarisierungsthese die "bäuerliche Lohnarbeit" im Vergleich zur industriellen einordnet. Verschiedene Antworten werden dazu gegeben. Die marxistischen Klassenanalytiker der DDR machen es sich recht einfach und stellen beide auf eine Ebene. Wie die industriekapitalistische Produktionsweise für den Industriearbeiter so sei die vertikale Integration der Weg "der massenweise Proletarisierung der Bauern"[156]. BAUMGÄRTNER sieht hingegen die sozio-ökonomische Stellung der Arbeiter nachteiliger als die der Bauern[157]. Beider Stellung im Produktionsprozeß beruhe formal auf einem Vertrag: der eine habe einen Arbeitsvertrag, der andere einen Anbau-, Liefer- oder Erzeugungsvertrag, wobei letzterer vom Bauern leichter zu akzeptieren sei, da er nur Teilbereiche des gesamten betrieblichen Arbeitsspektrums berühre, aber keinen Bruch mit der bäuerlichen Lebensweise erfordere. Andere Autoren bewerten die formale Vertragsbindung des Bauern an seinen Integrator gänzlich anders, so auch VOGELER[158]: Die Verträge ermöglichten dem Integrator, mit dem Bauern wie mit einem abhängig Beschäftigten zu verfahren, ohne jedoch sich der Verantwortlichkeit unterziehen zu müssen, den Bauern auch als solchen zu bezahlen und ihm entsprechende arbeitsrechtliche Absicherungen zukommen zu lassen.

LAMBERT und DAVIS sind ebenfalls den unterschiedlichen Bindungswirkungen von bäuerlichen Integrationsverträgen und industriellen Arbeitsverträgen nachgegangen[159]. Wesentlicher Unterschied zwischen der Proletarisierung des Bauern und der des Arbeiters sei der, daß sich der Bauer auf seinem eigenen Land, auf seinem Hof zum Lohnarbeiter verwandle[160]. Der Industriearbeiter gebe in den Produktionsprozeß lediglich seine Arbeitskraft ein, der Bauer hingegen zusätzlich auch noch seinen Besitz und sein Vermögen. Damit würde er zum Stücklohnarbeiter, der seine eigenen Betriebsmit-

---

153) PLANCK/ZICHE 1979, S. 258.
154) Vgl. BREIMYER 1965, S. 108.
155) Vgl. DAVIS 1980, S. 141 ff.
156) RECHTZIEGLER 1968a, S. 184; ähnlich auch SCHERINGER/SPRENGER 1970, S. 95 u. KLEINSORGE/SCHILLING 1974, S. 113.
157) BAUMGÄRTNER 1979, S. 45.
158) Vgl. VOGELER 1981, S. 138; die gleiche Argumentation verfolgt auch GRÜNER 1977, S. 186.
159) Vgl. LAMBERT 1971 u. DAVIS 1980.
160) DAVIS 1980, S. 142.

tel verwende und unter Oberaufsicht mit ihnen arbeite, um Waren für den Integrator zu erzeugen, über deren spätere Verwendung ihm aber jede Mitsprache entzogen sei. LAMBERT zieht dazu folgende Parallele:

"die Situation des integrierten Bauern ähnelt von Anfang an der eines Drehers, dem der Industrielle sagen würde: 'Ich mache dir das Angebot, ein Jahr in meiner Fabrik zu arbeiten, aber die Drehbank, an der du arbeitest, mußt du dir selber kaufen.'"[161]

Die Arbeitssituation des Bauern innerhalb der vertikalen Integration sei damit insgesamt noch ungünstiger zu bewerten als die des industriellen Lohnarbeiters; er werde zum "totalen Gefangenen"[162]. DAVIS zeigt die Fesseln des Bauern auf[163]: Er gelte und fühle sich im Gegensatz zum Industriearbeiter weiterhin als formal unabhängig und wirtschafte auf seinem eigenen Hof. Daher zwinge er sich und seine Familienmitglieder dazu, fleißiger, härter, länger und gründlicher, also mit mehr Disziplin, die Arbeit in Hof, Stall und auf dem Feld zu verrichten - um die quantitativ und qualitativ einwandfreien Erzeugnisse dem Integrator zum gewünschten Zeitpunkt liefern zu können - als es ein kapitalistischer Agrarbetrieb mit Lohnarbeitskräften jemals könnte. Zugleich stelle sich der formal freie Bauer sozio-ökonomisch wesentlich schlechter als ein vertraglich voll in ein Unternehmen eingebundener Arbeiter. Er trage nicht nur das Investitionsrisiko, sondern auch das Produktionsrisiko (Mißernten, Seuchen etc.), zahle seine eigene Sozialversicherung, habe keine Arbeitsplatzsicherheit, kein garantiertes Mindesteinkommen und keinerlei Urlaubsanspruch. Schließlich verfüge er im Gegensatz zum Industriearbeiter über keine organisierte Interessensvertretung, die seine Anliegen in Verhandlungen gegenüber dem Integrator durchsetzen könne. Im Vergleich zum Industriearbeiter sei der Bauer daher ein "überausgebeuteter Proletarier"[164].

Wiederum andere Autoren bestätigen nur unter Vorbehalten die tendenzielle Annäherung der bäuerlichen Arbeit in der vertikalen Integration an die industrielle Lohnarbeit[165]. Beide basierten zwar auf einem vertraglichen Arbeitsverhältnis, der Arbeitsprozeß vollziehe sich jeweils unter fremdem Komando und, wie in der Industrie, werde auch zunehmend in der Landwirtschaft mit fremdem Kapital gewirtschaftet. Andererseits aber wird die Bezeichnung "Lohnarbeiter" für in vertikale Stufenverbunde integrierte Bauern als "unrichtig" und "pauschal" abgelehnt[166]. Hier gäbe es nämlich grundlegende Unterschiede in den Produktionsverhältnissen und der Arbeitssituation zwischen Bauer und Industriearbeiter zu berücksichtigen[167]. Im deutlichen Gegensatz zur Industrie befänden sich die Produktionsmittel in der Landwirtschaft doch noch weitgehend im Besitz der Produzenten. Außerdem wirtschafteten die Bauern jeder für sich, isoliert; von einem gemeinsamen Klassenbewußtsein könne daher keine Rede sein. BERGMANN führt weitere Unterschiede an[168]. Trotz der Bindung an den Integrator sei der Bauer immer noch alleiniger Träger seiner Tagesentscheidungen und seine Arbeit weise einen unvergleichlich hohen Grad an Vielfalt und Abwechslung auf. Interessant ist dann der Einwand, der gemeinsam von BERGMANN und POPPINGA gegen die begriffliche

161) LAMBERT 1971, S. 43.
162) Ebd., S. 44.
163) Vgl. DAVIS 1980, S. 143.
164) LAMBERT 1971, S. 44.
165) Vgl. POPPINGA 1975, S. 104 u. HARTKEMEYER 1978, S. 75 f.
166) So von POPPINGA 1975, S. 104 u. SCHNEIDER 1980, S. 68.
167) Vgl. ebd. sowie HARTKEMEYER 1978, S. 76.
168) Vgl. BERGMANN 1975, S. 85.

Gleichstellung bäuerlicher Arbeit in der vertikalen Integration mit industrieller Lohnarbeit vorgebracht wird[169]. Da die vertikale Integration in der Landwirtschaft zumeist von Genossenschaften als Einrichtungen bäuerlicher Selbsthilfe betrieben werde, könne bäuerliche Lohnarbeit durch erzeugerorientierte Verträge doch noch verhindert werden. Mit der besonderen Hervorhebung des Genossenschaftswesens als Garant relativer bäuerlicher Unabhängigkeit befindet sich besonders POPPINGA als massiver Vertreter der Proletarisierungsthese in verblüffender Nähe zur Argumentation der ansonsten von ihm verpönten "bürgerlichen" Agrar- und Genossenschaftswissenschaftler[170]. Denn auch diese preisen das landwirtschaftliche Genossenschaftswesen als Träger vertikaler Integration, um die bäuerlichen Produzenten vor einer Degradierung zu "weisungsgebundenen Pseudo-Bauern"[171], "Pseudo-Lohnarbeitern"[172] oder "entlohnten Spezialarbeitskräften"[173] innerhalb der vertikalen Integration zu bewahren. Solchen Vorstellungen wird aber von verschiedener Seite heftig widersprochen.

3.2.3.3. Bäuerliche Proletarisierung in der genossenschaftlichen Vertikalintegration

Nach der Gründung landwirtschaftlicher Genossenschaften im vorigen Jahrhundert als Reaktion auf die wirtschaftliche Not der Bauern waren diese traditionellen Selbsthilfeeinrichtungen einem grundlegenden Wandel unterworfen. Zahlreiche Untersuchungen haben sich mit diesem Wandlungsprozeß beschäftigt und kamen dabei zu dem Ergebnis, daß sich die Genossenschaften neuerer Zeit wie private kapitalistische Unternehmen verhalten würden[174]. Schon KAUTSKY hatte dem Genossenschaftswesen als dritten Weg zwischen Kapitalismus und Sozialismus eine klare Absage erteilt[175]. Er glaubte weder an sie als Organisationsform bäuerlicher Selbsthilfe noch an ihre strategische Bedeutung für eine zukünftige sozialistische Landwirtschaft. Vielmehr war er der Überzeugung, daß sie sich den kapitalistischen Entwicklungsgesetzen der modernen Großindustrie unterwerfen würden[176]. Bis heute gilt einigen Proletarisierungstheoretikern das landwirtschaftliche Genossenschaftswesen neben der Unternehmensfusion und der einzelvertraglichen Agrarproduktion als dritte Grundform der monokapitalistischen vertikalen Integration[177].

"Gerade diese Grundform (...) spielt aber vom quantitativen Umfang her - sowohl hinsichtlich der Marktanteile als auch der erfaßten landwirtschaftlichen Produzenten - die dominierende Rolle bei der bisherigen Entwicklung der vertikalen Integration."[178]

Die Mehrzahl der Bauern sei nämlich aus Angst, ihre gewohnte Unabhängigkeit zu verlieren, weniger dazu bereit, sich vertraglich an private Integratoren zu binden als an ge-

169) Vgl. ebd. sowie POPPINGA 1975, S. 104 f.
170) Vgl. hierzu Kapitel 3.2.3.2.
171) JÄGER 1965, S. 26.
172) BACH 1967, S. 121 f.
173) BORN 1974, S. 149 f.
174) Vgl. u.a. GLÖY 1969b, S. 56 ff., ENGELHARDT 1971, IMMLER 1973, S. 102 ff., COMPART 1977/78 u. GÜNNEMANN 1979.
175) Vgl. KAUTSKY 1899, S. 260 ff.
176) Ebd., S. 276.
177) Vgl. KLEINSORGE et al. 1972, S. 28, RECHTZIEGLER 1972, S. 89 f. u. SCHILLING 1974, S. 27.
178) KLEINSORGE et al. 1979, S. 103.

nossenschaftliche, welche ihnen als bäuerliche Unternehmen wesentlich vertrauter wären.

Die sozialökonomische Sonderform des genossenschaftlichen Eigentums findet allerdings kaum Interesse bei den marxistischen Genossenschaftsanalysen[179]. Vielmehr steht die "hochgradige Verflechtung" zwischen Monokapital und Genossenschaften im Vordergrund der Betrachtung. Dabei wird auf die "personelle Verquickung" - illustriert anhand der Besetzung von Vorstands- und Aufsichtsratsposten - sowie die kapitalmäßigen Beteiligungen erwerbswirtschaftlicher Verarbeitungs- und Handelsunternehmen an genossenschaftlichen Einrichtungen hingewiesen[180]. "Das bedeutet, daß die Genossenschaftsführungen nicht nur unmittelbar mit den Kräften zusammenarbeiten, die aus der Ausbeutung der Bauern Profit schlagen, sondern daß die Genossenschaften bzw. genossenschaftlichen Unternehmungen mehr und mehr unter Aufsicht, Kontrolle und Einfluß des Monokapitals aus Industrie, Handel und Banken geraten"[181]. "Die genossenschaftliche vertikale Integration verschleiert so gegenüber den Bauern das Ausbeutungsverhältnis."[182] Da gleichzeitig die Einflußnahme der Genossenschaften auf ihre Mitglieder immer stärker anwachse, trete an die Stelle eines privatkapitalistischen Integrators ein genossenschaftlicher, ohne daß sich dadurch jedoch die bäuerlichen Abhängigkeiten im vertikalen Stufenverbund veränderten:

"In dem Maße, wie die Genossenschaften (...) nicht nur die von den Mitgliedern angebotenen Produkte absetzen, sondern selbst industriell verarbeiten und vertragliche Lieferverpflichtungen eingehen, können sie sich nicht mehr mit der freiwilligen Mitarbeit ihrer Mitglieder, mit deren 'freien' Einsicht in bestimmte Erfordernisse begnügen. Sie werden a) die Bindungsmöglichkeiten, die sich aus der genossenschaftlichen Rechtsform ergeben, voll ausnutzen, um die Mitarbeit der Mitglieder entsprechend den Erfordernissen zu erzwingen, und b) durch Verträge mit den Mitgliedern (...) zusätzliche Bindungen schaffen."[183]

Auf die zunehmenden Abhängigkeiten der bäuerlichen Wirtschaften von ihren Genossenschaften hatte schon KAUTSKY hingewiesen:

"Die erste Folge der Genossenschaft ist dieselbe, die auch dort sich einstellt, wo der Bauer Lieferant einer fremden Fabrik wird: er muß seinen Betrieb ihren Bedürfnissen anpassen. Die Zuckerfabrik schreibt dem Landwirth vor, welchen Samen er anzuwenden und wie er zu düngen habe, die Molkerei schreibt ihm Futter, Melkzeit mitunter sogar Art des Melkviehes vor."[184]

Ausführlich zitiert KAUTSKY dann aus einem molkereigenossenschaftlichen Musterstatut, um zu zeigen, wie weit der Verlust bäuerlicher Verfügungsgewalt über den eigenen Hof und die Arbeit durch genossenschaftliche Organisationsformen vorangetrieben werde[185].

Auch in neuerer Zeit wird betont, daß sich privatkapitalistische und genossenschaftliche Formen der Vertikalintegration im wesentlichen nicht unterschieden. So stellt WÜRZBURG fest, daß die Vertragsabstimmungen ähnlicher Art seien, bei der Genossenschaft beruhten sie lediglich auf statuarisch verankerten Verpflichtungen der

179) Lediglich bei KLEINSORGE et al. 1979 wird darauf, allerdings auch nur am Rande, verwiesen (S. 88).
180) Vgl. SCHILLING et al. 1977a und 1977b.
181) SCHILLING et al. 1977b, S. 73.
182) SCHILLING et al. 1977a, S. 43.
183) SCHILLING et al. 1977b, S. 72; vgl. ähnlich auch die Analyse von FEUERBORN 1978 aus genossenschaftsrechtlicher Sicht (S. 49 f.).
184) KAUTSKY 1899, S. 264.
185) Vgl. ebd.

Erzeuger[186]. Beide Integratoren würden sich darin gleichen, die Agrarproduktion der Erzeugerstufe ihren Verwertungsinteressen entsprechend zu steuern. Die Stellung der bäuerlichen Produzenten in landwirtschaftlichen Genossenschaften sei daher zu der in anderen vertikalen Integrationsformen nicht unterschiedlich zu bewerten. Für die Verfechter der Proletarisierungsthese bleiben die Bauern demnach auch als Genossenschaftsmitglieder nicht vom Proletarisierungsprozeß verschont. Vielmehr sei ihre "direkte Unterordnung - ob einzelvertraglich oder genossenschaftlich verbrämt - wesentliche Seite dieses Prozesses"[187]. Die Genossenschaften würden zum Pendant der privatkapitalistischen Integratoren, wodurch sie letztlich "das Spiel der Proletarisierung der ausgebeuteten Bauern mitspielen"[188]. Sie entzögen ihren Erzeugern ebenso die Verfügungsgewalt über den bäuerlichen Produktionsprozeß wie andere Integratoren auch, nur eben "in verschleierter Form"[189]. RECHTZIEGLER spricht in diesen Zusammenhang sogar von der "Enteignung der bäuerlichen Betriebe auf kaltem Wege"[190].

Keine größeren Unterschiede zwischen genossenschaftlichen und privatkapitalistischen Integratoren hinsichtlich der Stellung der Agrarproduzenten im vertikalen Stufenverbund sehen auch nicht-marxistische Autoren. Für den italienischen Agrarsoziologen BENVENUTI ist das landwirtschaftliche Genossenschaftswesen unter der Vielfalt möglicher Koordinationsagenturen genauso in seinen Steuerungstätigkeiten auf die Erzeugerseite zielgerichtet wie agrarkapitalistische Integratoren[191]. Dem stimmen selbst PLANCK/ZICHE zu:

"Sogar bei genossenschaftlicher Organisationsform entgleitet den praktischen Landwirten allmählich die Kontrolle, denn wenn die technischen und wirtschaftlichen Abläufe komplizierter werden, nehmen die Geschäftsführer die entscheidenden Positionen ein. Der Landwirt wird faktisch zu einem 'Heimarbeiter', der (...) einen Verwertungsbetrieb, z.B. eine Konservenfabrik, mit Rohwaren beliefert."[192]

Auch ein solch angesehener Genossenschaftswissenschaftler und Genossenschaftspraktiker wie DRAHEIM befürchtete schon vor Jahren, daß innerhalb des genossenschaftlichen Vertikalverbundes die Landwirte häufig nach strengen Vorschriften arbeiten müßten, die ihnen kaum mehr Raum zur eigenen Entscheidung ließen. Ihre Tätigkeit gleiche sich der von weisungsabhängigen Arbeitern in der Industrie an[193], womit nicht nur von KAUTSKY die Positionsbeschreibung der Bauern als "Theilarbeiter der Genossenschaftsfabrik" vorgenommen wurde[194].

Zu ihrer weiteren Bestätigung verweisen die Vertreter der Proletarisierungsthese auf die "monokapitalistische Entwicklung der Konzentration und Zentralisation" im landwirtschaftlichen Genossenschaftswesen seit dem zweiten Weltkrieg[195]. Zahlreiche kleinere Genossenschaftsbetriebe wurden nämlich aufgelöst und zu wenigen größeren Regionalunternehmungen zusammengeschlossen. Die Genossenschaften hätten dabei oftmals "solche Größenordnung erreicht, daß die Gesetze des Kapitels ihre Aktivitäten

186) WÜRZBURG 1976, S. 121 f.
187) Ebd., S. 126; ähnlich auch KLEINSORGE et al. 1972, S. 28.
188) LAMBERT 1971, S. 52.
189) WÜRZBURG 1976, S. 125.
190) RECHTZIEGLER 1968b, S. 20.
191) BENVENUTI 1975, S. 53.
192) PLANCK/ZICHE 1979, S. 258.
193) DRAHEIM 1962, S. 13.
194) KAUTSKY 1899, S. 274.
195) Vgl. SCHILLING et al. 1977b, S. 70 f. u. GÜNNEMANN 1979.

bestimmen, als handle es sich um privatwirtschaftliche Formen von Großunternehmen"[196]. KOPPLIN spricht aus diesem Grund ausschließlich von einem genossenschaftlichen "Raiffeisen-Konzern"[197]. Die zunehmende Größe der genossenschaftlichen Unternehmen wird dann als Beleg für die verstärkten bäuerlichen Proletarisierungstendenzen infolge vertikaler Integration angeführt. Im gleichen Maße, wie die Genossenschaften als Abnehmer agrarischer Erzeugnisse eine dominante, wenn nicht sogar Monopolstellung einnähmen, würden die Bauern als Agrarproduzenten von ihnen abhängig[198]. KLEINSORGE erwartet daher auch einen "beschleunigten Differenzierungsprozeß in der Bauernschaft"[199]. Denn gerade die klein- und mittelbäuerlichen Betriebe könnten sich den arbeits- und kapitalaufwendigen Produktionsbestimmungen des genossenschaftlichen Integrators nicht mehr anpassen, womit sie ihren vertraglichen oder statuarischen Verpflichtungen innerhalb des vertikalen Stufenverbundes nicht mehr genügen könnten. Ohne Vermarktungsalternative wären sie in letzter Konsequenz gezwungen, ihre landwirtschaftliche Existenz aufzugeben und außerlandwirtschaftliche Lohnarbeit aufzunehmen. Was als genossenschaftliche Koordination im Produktionsbereich begonnen habe, sei mit der Produktionsselektion über die Mitgliederselektion als bäuerlicher Proletarisierungsprozeß in der genossenschaftlichen Vertikalintegration zu Ende gegangen[200]. Solche düsteren Genossenschaftsanalysen schließen an die Meinung von KAUTSKY und LENIN an, die schon lange zuvor in den genossenschaftlichen Einrichtungen "Betrug" an den Klein- und Mittelbauern gewittert und ihnen vorgeworfen hatten, Organisationen im Dienst der Großbauern zu sein[201].

So ausführlich man sich in der Proletarisierungsthese analytisch mit den genossenschaftlichen Integrationsformen auseinandersetzt, so offensichtlich ist das Defizit, das hierzu an fundierten empirischen Studien existiert. Meist belassen es die verschiedenen Autoren mit allgemeinen Beschreibungen zur sozio-ökonomischen Stellung der Agrarproduzenten im genossenschaftlichen Stufenverbund oder sie verweisen auf die formalen Vertragsbedingungen als Beleg ihrer These. KLEINSORGE et al. führen z.B. den Vertragstext eines genossenschaftlichen Geflügelverwertungsunternehmens an, wonach vom Integrator Lieferzeitpunkt, Tierrasse, Zustand des Geflügels bei der Übergabe, Anzahl und Gewicht von vornherein ebenso festgelegt würden wie die Richtlinien zu Ein- und Ausstallterminen, Mastdauer, Stallart und Beschaffenheit der Futtermittel[202]. Für die genossenschaftliche Milchwirtschaft zitiert RECHTZIEGLER Bestimmungen aus dem Liefervertrag zwischen Erzeugern und Molkerei. Danach nähmen die Molkereien

196) POPPINGA 1973, S. 49.

197) KOPPLIN 1982, S. 93.

198) Vgl. IMMLER 1973, S. 116 u. KRAMER 1976, S. 33 f.

199) KLEINSORGE 1978, S. 98.

200) Vgl. ebd. sowie RECHTZIEGLER 1968b, S. 20 f., LAMBERT 1971, S. 51 u. SCHILLING et al. 1977b, S. 70. Aus nicht-marxistischer Sicht machen BRIXNER 1967, S. 21, FRENZ 1974, S. 157 f. u. SCHOPPE 1974, S. 55 auf die Abhängigkeit bäuerlicher Betriebsexistenzen infolge wachsender genossenschaftlicher Absatz- und Verwertungsmonopole aufmerksam und BOETTCHER 1967, S. 13 ff. sowie PLANCK/ZICHE 1979, S. 258 weisen auf die genossenschaftliche Selektionspolitik hin.

201) KAUTSKY 1899, S. 277 u. LENIN, Werke Bd. 6, S. 388. In neuerer Zeit greift PRIEBE 1985 diesen Vorwurf wieder auf, wenn er den Genossenschaften "Klassenkampf von oben" (S. 212) vorwirft und den Klein- und Mittelbauern rät, "neue Genossenschaften ins Leben zu rufen" (S. 214).

202) KLEINSORGE et al. 1979, S. 95 f.

auf Bodenbestellung, Düngung und Fütterungstechnik ihrer Milcherzeuger Einfluß[203], was für BAUMGÄRTNER auf den "Beginn der Standardisierung von Arbeitsvorgängen" wie in der Industrie hinweist[204]. ROSSKAMP scheint dies in seiner molkereigenossenschaftlichen Untersuchung zu bestätigen, wenn er davon spricht, die Erzeuger wären "zu genossenschaftskonformer Produktion gezwungen. Der Dienstbetrieb von gestern wird zum Befehlsorgan von morgen"[205]. TRABAND hat schließlich für den Weinbau am Kaiserstuhl die Rolle genossenschaftlicher Integratoren zu bestimmen versucht. Die Winzer seien in ihrer Stellung gegenüber der Genossenschaft ähnlich untergeordnet und in ihrer freien Entscheidungsgewalt ebenso begrenzt wie Landwirte innerhalb der Vertragslandwirtschaft. Ihnen werde vorgeschrieben, wie die Grundstücke zu bepflanzen und welche Rebsorte zu bevorzugen seien[206]. Er zitiert Äußerungen von Winzern als Beleg für ihre abhängige, proletarische Situation: "Wir sind Lohnempfänger wie die Arbeiter und nicht Winzer, die ihre Erde besitzen."[207] Entsprechend wird von ihm die Winzergenossenschaft als Lohnverteiler verstanden, dem die Winzer gleich gegenüberstehen würden wie Arbeiter ihrer Fabrik.

All solchen Aussagen ist gemeinsam, daß sie recht oberflächlich, ohne konkrete Untersuchung der tatsächlichen inhaltlichen Vertragsbeziehungen zwischen genossenschaftlichem Integrator und Erzeuger vorgenommen wurden. Die formalen Bestimmungen des Vertragstextes abstrahierte man auf die reale bäuerliche Stellung im landwirtschaftlichen Produktionsprozeß der vertikalen Integration. Die Proletarisierungsthese steht demnach ebenso wie die These bäuerlicher Freiheit hinsichtlich der genossenschaftlichen Vertikalintegration auf unsicherem Fundament, ohne empirische Absicherung. Es fehlt an monographischen Genossenschaftsuntersuchungen. Diese Lücke gilt es im folgenden zu schließen.

---

203) RECHTZIEGLER 1968a, S. 174 f.
204) BAUMGÄRTNER 1979, S. 46.
205) ROSSKAMP 1971, S. 23.
206) TRABAND 1972, S. 66 f.
207) Ebd., S. 67.

4. Genossenschaftliche Koordination im Obst- und Gemüsebau

4.1. Strukturdaten der untersuchten Genossenschaft

Bis in die 30er Jahre dieses Jahrhunderts fehlten in Baden größere Absatzorganisationen, die sich mit der gemeinschaftlichen Obst- und Gemüseerfassung beschäftigten. So dominierten seit Generationen bestehende Handelsgeschäfte in der Form, daß die Händler während der Haupterntezeiten die Erzeugerbetriebe aufsuchten, um das Obst aufzukaufen. Für die Erzeuger bestand darin ein erhebliches Absatz- und Preisrisiko, da die Händler erst nach der jeweiligen Erntesituation (insbesondere bei größer anfallenden Ernteerträgen) entschieden, wieviel sie aufkauften. Auf diese Weise konnten meist die Preise gedrückt werden, während die Erzeuger mangels anderer Absatzpartner sich den Preisdiktaten unterwerfen mußten. Oftmals hatten die Händler auch Preisabsprachen untereinander getroffen, so daß selbst in Jahren geringerer Erntemengen die Erlöse aus der Obsternte für die Erzeuger unbefriedigend waren. Seit Mitte der 30er Jahre wurde dann der Obst- und Gemüsebau in die Produktionsplanung und Marktordnung des Reichsnährstandes einbezogen. Dazu wurden Bezirksabgabestellen mit genau eingegrenzten Einzugsgebieten geschaffen. Auch in Baden enstand 1935 unter anderen solch eine regionale Stelle, aus der sich dann 1947 die untersuchte Genossenschaft konstituierte.

Die Genossenschaft ist eine Erzeugervereinigung für Obst und Gemüse nach der Verordnung Nr. 159/66 vom 25.10.1965 bzw. der Verordnung Nr. 1035/72 vom 18.5.1972 des Rates der Europäischen Wirtschaftsgemeinschaft und bezeichnet sich selbst daher auch als "Erzeugergroßmarkt"[1]. 1985 tätigte sie einen Umsatz von 13,36 Mio. DM wovon 7,72 Mio. auf das Obst- und 5,64 Mio. auf das Gemüsegeschäft entfielen. Das Einzugsgebiet der Genossenschaft erstreckt sich auf eine Länge von ca. 60 km Nord-Süd-Linie und eine Breite von ca. 18 km West-Ost-Linie, wobei sich ein regionaler Anbauschwerpunkt ergibt. 1985 zählten 2.607 Erzeuger zu den Mitgliedern des Großmarktes.

Kennzeichnend für den Obstbau ist - wie in ganz Baden - die Kultivierung von kleinen und kleinsten Anbauflächen im Nebenerwerb[2]. LUCKE vermutet, daß mindestens die Hälfte der badischen Marktumsätze von Beeren, Zwetschen und Kirschen von Nebenerwerbsbetrieben erbracht werden[3]. Auch der hauptberufliche Obstbau konzentriert sich auf relativ kleinen Anbauflächen, maximal bis zu 10 ha, meist als Sonderkultur-Spezialbetriebe in Kombination mit dem Weinbau, dem auch zahlreiche Nebenerwerbsbetriebe noch zusätzlich neben Beruf und Obstbau nachgehen. Im Gemüsebau zählen lediglich 70 Erzeuger zur Genossenschaft. Die Mehrzahl bewirtschaftet als landwirtschaftliche Betriebe mit Gemüseintensivbau jeweils eine Fläche von weniger als ei-

1) Die Genossenschaftsmitglieder verstehen ihre Erzeugervereinigung begrifflich nicht immer als Genossenschaft, sondern sprechen häufig vom "Markt" oder "Großmarkt". Im folgenden finden daher die Begriffe "Genossenschaft", "Großmarkt", "Obstmarkt", "Erzeugergroßmarkt" gleichbedeutend Verwendung.

2) Genaueres Zahlenmaterial über die Anbaustruktur der Obst- und Gemüseerzeuger stand nicht zur Verfügung.

3) LUCKE 1982, S. 411.

nem Hektar. Ausschließlich auf die Gemüseerzeugung haben sich 15, sog. "reine Gartenbaubetriebe" spezialisiert[4], die sich von dem bäuerlichen Gemüsebau in ihrer Anbauintensität, dem Spezialisierungsgrad, der Betriebsgröße und insbesondere auch ihrer Kapitalintensität unterscheiden. So nutzen die Gartenbaubetriebe Anbautechniken (unter Glas und unter der Folie), um unabhängig von der jeweiligen Jahreszeit durch die zeitliche Aufeinanderfolge verschiedener Gemüsearten die Saison ausdehnen zu können. Insgesamt dominieren sowohl in der Obst- als auch der Gemüseerzeugung die Anlieferer von Kleinpartien, wie sich deutlich auch aus den Jahresumsätzen der Erzeuger nach Größenklassen schließen läßt. Danach entfallen auf die Kleinlieferungen mit einem Umsatz von unter 1.000 DM jährlich rund die Hälfte aller Lieferungen. Weitere 32% tragen mit Warenumsätzen zwischen 1.000 und 5.000 DM zum Geschäft der Genossenschaft bei und nur 18% der Anlieferer können mit Jahresumsätzen von über 5.000 DM als größere Lieferanten des Erzeugermarktes gelten.

Die Produktpalette der Obst- und Gemüsegenossenschaft ist sehr vielfältig, wie schon allein die Aufzählung dokumentiert. Sie umfaßt im einzelnen für das Obst: Steinobst (Süßkirschen, Sauerkirschen, Zwetschen, Pflaumen, Renekloden, Mirabellen), Kernobst (Äpfel und Birnen), Beerenobst (Erdbeere, Himbeere, Brombeere, Johannisbeere, Stachelbeere) und Schalenobst (Walnüsse). Unter die Gruppe der Gemüseerzeugnisse fallen Spargeln, Wurzelgemüse (Möhre, Sellerie, Zwiebel, Radies, Rettich), Gurken (Salatgurken, Einlegegurken), Hülsenfrüchte (Buschbohnen, Stangenbohnen), Kohlgemüse (Weißkohl, Rotkohl, Wirsing, Rosenkohl, Blumenkohl, Kohlrabi), Blattgemüse (Kopfsalat, Feldsalat, Endivien, Spinat), Kräuter (Suppengrün, Petersilie, Schnittlauch), Früchtegemüse (Zuccini, Tomaten, Aubergine) und Stengelgemüse (Rhabarber). Umsatzmäßige Schwerpunkte[5] stellen für das Obst das Steinobst mit rund 4,3 Mio. DM (1983) dar. Zwetschen und Pflaumen kommen mit 35% des gesamten Obstumsatzes wertumsatzstärkste Bedeutung zu, was sich für den Erzeugergroßmarkt auch als größter Zwetschenmarkt der Bundesrepublik auswirkt. Von ähnlich überregionaler Bedeutung sind die Kirschen mit 23% Obstumsatzanteil, besonders als Rohware zur Weiterverarbeitung in den Brennereien zu Kirschwasser. Es folgt dann das Beerenobst mit einem Anteil von ebenfalls 23% vor den Äpfeln mit 12,6% vom Gesamtobstumsatz. Beim Gemüse dominiert das Blattgemüse (insbesondere der Kopfsalat) mit rund 36% am Gemüseumsatz. Aufgrund der kleinklimatischen Gunst der Anbauregion und der Nähe zu einem Konsumzentrum mit entsprechender Nachfrage bietet der Erzeugergroßmarkt als Besonderheit ausgewählte Gemüsespezialitäten an, wie Zuccini, Broccoli, Aubergine, Zuckermais, Spargel sowie Neuzüchtungen an Salat (Lollo Rosso, Eissalat, Frisee, Eichenblatt).

Über den genossenschaftlichen Erfassungsanteil innerhalb des Einzugsgebietes liegen keinerlei Angaben vor und selbst auf direktes Nachfragen halten sich Genossenschaft und Ämter mit Auskünften diesbezüglich äußerst bedeckt, so daß man auf vorsichtige Schätzungen angewiesen ist. Für das Steinobst kann der genossenschaftliche Erfassungsanteil auf 80 - 90%, beim Beeren- und Kernobst ebenso wie beim Gemüse auf 50 - 60% geschätzt werden.

---

4) Vgl. zur terminologischen Unterscheidung im Gemüsebau LACKNER 1968, S. 33.

5) Die Zahlenangaben varriieren selbstverständlich von Jahr zu Jahr nach den Ernteerträgen, gleichwohl kann ein gewisser Trend in der Anbaustruktur ausgedrückt werden.

Im Einzugsgebiet des Erzeugergroßmarktes befinden sich 23 örtliche Sammelstellen als "kollektierende Glieder" zwischen Erzeugern und Genossenschaft[6], um die Obst- und Gemüseerzeugnisse zu erfassen. Verteilung und Lage der Sammelstellen richten sich nach den lokalen Anbauschwerpunkten und Anliefermengen, der Entfernung zur zentralen Obst- bzw. Gemüseverwertungseinrichtung und der Anzahl der Lieferanten. Danach beschäftigt sich neben der zentralen Gemüseeinrichtung in Stadtnähe und der zentralen Obsteinrichtung am Sitz der Genossenschaft inmitten des Erzeugergebietes lediglich noch eine weitere Sammelstelle mit der Gemüseerfassung. Die weiteren 20 Sammelstellen sind ausschließlich mit der Obsterfassung beschäftigt. Die Erfassung in den Sammelstellen wird mit Ausnahme der zentralen Vermarktungseinrichtungen, wo eigenes Personal angestellt ist, von Erzeugern als Sammelstellenleiter zusätzlich zu ihren eigenen betrieblichen Aufgaben wahrgenommen. Dem Erzeugergroßmarkt steht ein Personal von 16 Dauerbeschäftigten in der Obsteinrichtung bzw. 9 Beschäftigten in der Gemüseeinrichtung zuzüglich 2 - 5 saisonaler Aushilfskräfte zur Verfügung.

Die Absatzpartner der Genossenschaft bestehen zu 40% aus dem Großhandel und zu 30% aus dem klein- und großbetrieblichem Einzelhandel. Neben der Frisch- oder Tafelware zum Direktverzehr werden die Obsterzeugnisse auch als Verwertungsware in die Industrie abgesetzt. Insgesamt 20% gehen dabei als Rohware für Säfte, Konserven, Marmelade, Joghurt, Konditoreibedarf u.a. in die Industrie, insbesondere Zwetschen und Pflaumen, Kirschen, Johannisbeeren und Äpfel. Weitere 10% der Früchte dienen als Grundstoff für die Brennereien. Regional spielt für den Obstabsatz der Raum nördlich der Mainlinie eine gewichtige Rolle, da zwischen 60 - 70% der Frischwaren dorthin gelangen. Der Rest wird in den Konsumzentren Südwestdeutschlands abgesetzt und nur ein geringer Teil findet im Ausland seinen Absatz. Die Gemüsevermarktung erfolgt hingegen fast ausschließlich im süddeutschen Raum (95%), vorwiegend sogar im weiteren Umkreis des Erzeugergebietes.

Dem eigentlichen Erzeugergroßmarkt steht eine Vertriebsgenossenschaft zur Seite, die aus einkommenssteuerrechtlichen Gründen die Absatzeinrichtungen (Gebäude, Hallen, Maschinen, Fuhrpark) unterhält und das Verpackungsmaterial (einschließlich Leergut) mit den Erzeugern abwickelt. Zusätzlich tätigt sie Zukäufe von Obst und Gemüseerzeugnissen aus anderen bundesdeutschen und ausländischen Anbaugebieten, wenn die mitgliedereigene Erzeugung nicht ausreicht, um den augenblicklichen Nachfragestand auf dem Absatzmarkt zu decken oder auch deshalb, um mit solchen Zwischenhandelsgeschäften die Zeit zwischen der Hauptsaison (Juni bis September) nutzbringend zu füllen und zugleich die personellen, baulichen und maschinellen Kapazitäten der Genossenschaft auszulasten.

6) SCHOPEN 1966, S. 34.

4.2. Die Leistungsbeziehungen zwischen Genossenschaft und Erzeuger

4.2.1. Der Leistungsprozeß

Formal finden die genossenschaftlichen Leistungsbeziehung ihre Grundlage in §2, Abs. 2 der Satzung des Erzeugergroßmarktes. Darin wird der Tätigkeitsgegenstand der Obst- und Gemüsegenossenschaft umschrieben, nämlich: die gemeinschaftliche Verwertung von Obst und Gemüse und anderen landwirtschaftlichen Erzeugnissen; die Förderung der Konzentration des Angebotes von Obst und Gemüse; die Regulierung der Erzeugerpreise von Obst und Gemüse; der Einsatz von geeigneten technischen Hilfsmitteln zur Aufmachung und Vermarktung des angelieferten Obstes und Gemüses; die gemeinschaftliche Benutzung landwirtschaftlicher Betriebseinrichtungen oder Betriebsgegenstände. Im Mittelpunkt der Leistungsbeziehungen steht demnach die Vermarktung der Obst- und Gemüseerzeugnisse der Mitglieder. Dabei obliegt es der Genossenschaft, sorten- und qualitätsmäßig einheitliche Warenposten der verschiedenen Anlieferer als Sammelposten am Absatzmarkt zum Verkauf zu bringen. Die Genossenschaft erfüllt damit Funktionen[1], die ihr mehr oder weniger vollständig von den Erzeugerbetrieben übertragen werden. Der Leistungsprozeß gliedert sich in folgende Bereiche:

a) Warenerfassung

Mit Ausnahme der Spätäpfel, die direkt in die zentrale Sammelstelle, eine Außenstelle oder eine Apfellagerhalle geliefert werden müssen, erfolgt die Erfassung aller Erzeugnisse durch das Sammelstellennetz. Die Mitglieder liefern während der Ernstesaison zu bestimmten Annahmezeiten ihre Waren in der örtlichen Sammelstelle ab. Der Sammelstellenleiter bzw. in den Zentralstellen das Genossenschaftspersonal nehmen die Waren entgegen und prüfen sie auf ihre Qualität. Dann wird ein Lieferschein ausgestellt, auf dem neben der Mitgliednummer des Erzeugers, der Sammelstelle und dem Anlieferungstag auch die Obst-/Gemüseart, die jeweilige Sorte, Anlieferungsmenge und Handelsklasse sowie bei bestimmten Obstarten auch die Größe in Zentimeter eingetragen wird. Mit ihrer Unterschrift bestätigen Erzeuger und Sammelstellenleiter die Anlieferung bzw. die Erfassung. Bereits an der Sammelstelle werden die Einzelanlieferungen, soweit möglich, zu Großpartien zusammengefaßt und vom Leiter mit seinem Fahrzeug zu den zentralen Verwertungsstellen transportiert. Damit wird der Erzeuger nach der Warenanlieferung von allen weiteren Absatzaktivitäten entbunden. In der Regel ist eine vollständige Warenannahme durch die Genossenschaft gewährleistet. Nur in Ausnahmefällen, so bei besonders gravierenden Qualitätsbeanstandungen, verweigert der Erzeugermarkt bzw. die Sammelstelle die Warenannahme, oder im Falle extremen Angebotsüberhangs wird bei einzelnen Erzeugnissen ein Annahmestop für diese Warengruppen erlassen.

1) Vgl. GUMPERT 1963, S. 89 ff., BUSCH et al. 1966, S. 142 ff. u. GUGELMEIER 1969, S. 208 ff.

b) Marktaufbereitung

Darunter fallen die einzelnen Teilaufgaben, die die Obst- und Gemüseerzeugnisse für den Handel vermarktungsfähig herrichten. Die Genossenschaft hat als Erzeugervereinigung die Aufgabe, durch Qualitätskontrollen die Waren nach der Handelsklassenverordnung auf die gesetzlich vorgeschriebenen Qualitätsnormen zu überprüfen und entsprechend zu kennzeichnen. Nachdem bereits bei der Erfassung die Erzeugnisse durch Sammelstellenleiter bzw. Genossenschaftspersonal geprüft wurden, erfolgt in der zentralen Verwertungsstelle nur noch eine stichprobenartige Kontrolle. Bei der Mehrzahl der Waren nehmen die Erzeuger die Sortierung und Verpackung vor. Gerade bei Weichobst (Stein- und Beerenobst), das im Erzeugergroßmarkt dominiert, verbietet sich aufgrund der besonderen Empfindlichkeit der Früchte eine maschinelle Sortierung und Verpackung. Stattdessen erfordert Ernte und Warenaufbereitung die Erledigung in einem Arbeitsgang, so daß Sortierung und Verpackung zumeist noch auf dem Feld durch die Erzeuger erfolgen. Auch die Kennzeichnung der Partien mit Mitgliednummer, Warenart, Sorte, Handelsklasse und Größe wird von den Erzeugern an den jeweiligen Anlieferungsposten angebracht.

Zur Warenaufbereitungsfunktion gehört als Teilfunktion auch die genossenschaftliche Lagerhaltung[2]. Der Erzeugergroßmarkt verfügt über zwei Lagereinrichtungen. Für die kurzfristige Lagerung dienen Kühllager mit regulierbarer Luftfeuchtigkeit in einer Gesamtkapazität von 1.000 Tonnen. Darin können leichtverderbliche Waren (Weichobst, Tomaten, Kopfsalat) vor witterungsbedingten Qualitätsminderungen, vor allem an Wochenenden oder Feiertagen, bis zu ihrem Verkauf geschützt werden. Zugleich erfüllt das Kühllager auch Vorratshaltefunktion, indem vorübergehende Störungen auf dem Absatzmarkt ausgeglichen werden können. Besondere Kühlräume mit kontrollierter Atmosphäre, sog. CA-Lager ("controlled atmosphere"), ermöglichen mit einer Fassungskapazität von 250 Tonnen die Lagerung von halbverderblichen Waren (Äpfel, Kohl, Wurzelgemüse) bis zu acht Monaten. Dies ist aus zweierlei Gründen von Nutzen: zum einen erreichen späte Apfelsorten ("Boskoop", "Jonathan", "Golden Delicious") erst nach einer gewissen Lagerzeit die optimale Genußreife und zum anderen ist die Genossenschaft bestrebt, das Apfelangebot über die Herbstmonate hinaus auf einen längeren Vermarktungszeitraum auszudehnen, ohne die Qualität der Früchte zu beeinträchtigen[3].

c) Warenumschlag

Erst mit dem Warenumschlag erfüllt die Genossenschaft ihren satzungsmäßigen Förderungsauftrag, indem sie den Mitgliedern über die Vermarktung der Obst- und Gemüseerzeugnisse die Verwertung ihrer Produktionsergebnisse und damit ihrer Arbeit zu realisieren ermöglicht. Dazu bedient sich die Genossenschaft ihrer beiden zentralen Verwertungseinrichtungen, die mit einem entsprechenden personellen wie technischen Vermarktungsapparat ausgestattet sind. Während bis 1972 der Verkauf über Versteige-

2) Vgl. DRESSLER 1980, S. 18 ff.

3) In den CA-Lagern wird durch die Erhöhung des CO_2-Gehaltes und der Absenkung des O_2-Spiegels gegenüber der normalen Luftzusammensetzung ein Reifungshemmender Effekt erzielt. Dabei versetzt sich der Apfel durch seine Atmung in eine Art "Tiefschlaf", bei dem der Stoffwechselprozeß stark herabgesetzt ist. Vgl. HENZE 1972, S. 50 ff.

rungen nach dem niederländischen Vorbild des Veilingssystems praktiziert wurde[4], hat sich unter zunehmendem Einfluß der Einkaufszentralen des Sortimenthandels der Freihand- oder Telefonverkauf durchgesetzt. Dabei ordert der Käufer telefonisch die Ware, ohne deren vorherige Begutachtung zu einem bestimmten Tagespreis. Dies setzt jedoch ein starkes Vertrauen des Käufers in die genossenschaftlichen Qualitätsstandards voraus. In dem Bemühen um Schaffung von Markenartikeln, wie sie bei industriellen Konsumgütern üblich sind, auch für Obst und Gemüse[5], hat sich die Genossenschaft mit den anderen acht badischen Erzeugergroßmärkten zum Marktkontor "Obst und Gemüse Baden e.V." zusammengeschlossen. Unter dem Markennamen "Obst- und Gemüsegarten Baden" als Herkunftszeichen und Gebietsmarke soll auf dem Absatzmarkt einwandfreie, hochwertige Qualität präsentiert werden.

d) *Vergütung*

Die Erzeuger erhalten vier bis fünf Wochen nach ihrer Warenlieferung, bzw. bei Äpfeln, sobald alle Partien das Lager verlassen haben, die Auszahlung dafür auf ihrem Bankkonto gutgeschrieben. Da die qualitativ gleichwertigen Einzelpartien der Mitglieder als geschlossenes Gesamtangebot der Genossenschaft zusammengestellt und verkauft werden und selbst an einem Tag für diese unterschiedliche Preise zu erzielen sind, werden die Erzeuger nicht für ihre jeweiligen Einzelposten bezahlt, sondern nach dem Durchschnittspreis, den die Gesamtwarenpartien eines Markttages erbracht haben. Wie bei den Tagespreisen (bei Beerenobst und den Frühsorten der Kirschen und Zwetschen), wo noch starke Preisschwankungen den Markt bestimmen, verfährt die Genossenschaft auch bei den Wochenpreisen (stabilisiertes Preisniveau) und Saisonpreisen (Äpfel) mit Durchschnittspreisen für gleichwertige Warenanlieferungen. Damit wird gewährleistet, daß eine für alle Erzeuger gerechte Bezahlung erfolgt, wenn diese gleichwertige Partien angeliefert haben, zumal sich ihnen ja keinerlei Einflußmöglichkeit auf den Distributionsweg ihrer Anlieferung und damit auf den Preis bietet. Dies ist besonders dann von Bedeutung, wenn der Absatzmarkt nur eine bestimmte Menge an Frischware aufnehmen kann und der Rest, trotz gleicher Qualität, aber mit Preiseinbußen als Industrie- oder Brennware abgesetzt werden muß (Kirsche, Johannisbeere, Zwetsche). Dann erhalten alle Anlieferer, gleich ob ihre Partie in die Industrie oder auf den Frischmarkt ging, einen Durchschnittspreis pro gelieferte Kilo-Menge ausbezahlt. Ähnlich verhält es sich beim Gemüse, wenn einmal - was allerdings sehr selten vorkommt - mehr Ware angeliefert wurde, als abgesetzt werden konnte (besonders bei Salat und Tomaten) und der nicht verkaufte Teil vernichtet werden mußte.

---

4) Dieses Verkaufssystem arbeitete und arbeitet auf anderen Obst- und Gemüsemärkten teilweise auch noch heute folgendermaßen: Die zu versteigernden Warenpartien werden den potentiellen Käufern zunächst vorgeführt, so daß sie vor Beginn der Versteigerung die Gelegenheit haben, die für sie interessante Waren zu taxieren. Bei der Auktion wird vom Markt(personal) dann nach freiem Ermessen, allerdings unter Einbeziehung der jeweiligen Marktlage, der Preiszeiger der Versteigerungsuhr auf einen bestimmten Ausgangspunkt fixiert. Der Zeiger läuft dann vom fixierten Preis zum niedrigen Preis Richtung Null. Sobald nun die Ware ausgerufen ist und ein Nachfrager sie kaufen will, läßt er durch ein Zeichen den Zeiger anhalten. Käufer ist nun derjenige, er als erster die Uhr gestoppt hat. Vgl. JAEGER 1969, S. 41 ff. u. FASEN 1974, S. 125 f.

5) Vgl. zu solchen Versuchen BUSCH et al. 1966, S. 195.

Von der Warenvergütung werden 10% als genossenschaftliche Vermarktungsgebühr einbehalten. Weitere 0,3% werden als Absatzfondbeitrag des Erzeugers an die Centrale Marketing Gesellschaft der deutschen Agrarwirtschaft in Bonn (CMA) abgeführt. Bei Mitgliedern, die ihre Waren über Sammelstellen anliefern, werden zusätzlich noch 0,5 Pf pro gelieferte Kilomenge als Fuhrlohn abgezogen. Damit sollen die Unkosten für die Sammelstelle und deren Leiter gedeckt werden. Die Arbeit des Sammelstellenleiters wird auf Provisionsbasis (3,5% vom dort getätigten Umsatz) vergütet. Als Fuhrlohn werden ihm pauschal 60 DM monatlich bezahlt, womit Fahrzeug, Benzin, Anhänger und sonstige Aufwendungen abgegolten sind.

e) Vertragsanbau

Der Leistungsprozeß zwischen Genossenschaft und Mitglied erfährt noch eine mögliche Variante bei der Warenerfassung, -aufbereitung und -verwertung dadurch, daß der Erzeugergroßmarkt als Bindeglied zwischen Erzeugern und Industrie sog. Sammelverträge abschließt. Dies betrifft vor allem Einlegegurken, für die die Genossenschaft sowohl mit Erzeugern Anbauverträge als auch mit einer Konservenfirma Lieferverträge abschließt; beide sind miteinander gekoppelt. Der Großmarkt erhält dafür von den Erzeugern eine Vermittlungsgebühr von 8%. In den Anbauverträgen sind Hektarfläche, Mengen, Qualitätsnormen und bereits auch der Preis für die einzelnen Qualitätsklassen festgeschrieben. Mit Ausnahme des Saatgutes, das die Firma stellt, gibt es für die Erzeuger keinerlei Richtlinien bei der Produktion. Der Vertragsanbau nimmt innerhalb der Obst- und Gemüsegenossenschaft aber eine solch unbedeutende Stellung ein - lediglich 7 ha beträgt die Gurkenanbaufläche -, daß er im weiteren Verlauf unberücksichtigt bleibt.

Insgesamt besteht im Erzeugergroßmarkt aufgrund schlechter Erfahrungen keinerlei Neigung zum Vertragsanbau. So bemühte sich ein großer Getränkeproduzent um die Genossenschaft als Mostobstlieferant, woraufhin eine Mostobstversuchsanlage errichtet wurde. Nachdem inzwischen aber der Preis für das Mostobst auf nur 20 Pf/kg gesunken ist, geht der Großmarkt auf Distanz gegenüber einem weiteren Ausbau dieses Projektes. Ähnliche Erfahrungen könnten auch mit den Industriewaren bei Johannisbeeren, Kirschen und Zwetschen angeführt werden. Die Spezialisierung auf vertragliche Obsterzeugung als industrielle Rohware erweist sich für die Erzeuger nämlich erst dann als akzeptabel, wenn Arbeitserleichterung und Kostenreduzierung bei der Produktion die geringeren Erlöse kompensieren. Dies ist aber nur für Großbetriebe rentabel, die maschinell die Ernte durchführen. Im klein- und mittelbetrieblich geprägten Einzugsgebiet des Erzeugergroßmarktes hingegen, wo fast ausschließlich unter Einsatz familieneigener Arbeitskräfte manuell geerntet wird, bemühen sich die Erzeuger lieber um Erbringung qualitativ hochwertiger Frischware, womit sie höhere Preise realisieren können. Zugleich behält die genossenschaftliche Verwertungseinrichtung ohne vertragliche Bindung einen größeren Handlungsspielraum bei der Absatz- und Preisgestaltung.

4.2.2. Produktionsfördernde Dienstleistungen

Neben den bisher erwähnten Leistungen, welche die Obst- und Gemüsegenossenschaft als Verwertungseinrichtung für ihre Mitglieder erbringt, werden den Erzeugern weitere Dienstleistungen angeboten. Die erste Leistung ergibt sich aus dem schon zitierten § 2, Abs. 3 der Genossenschaftssatzung, wo unter Ziffer d) "der Einsatz von geeigneten technischen Hilfsmitteln zur Aufmachung und Vermarktung des angelieferten Obstes und Gemüses" als Tätigkeitsgegenstand aufgeführt ist. Konkret beinhaltet dies die Versorgung der Mitglieder mit dem von ihnen in der Erntezeit benötigten Verpackungsmaterial für ihre Erzeugnisse. Die Genossenschaft bestellt die Verpackungen, lagert sie bei sich und gibt sie dann leihweise in den Zentral- und Sammelstellen vor der Erntesaison an die Erzeuger aus[6]. Im einzelnen handelt es sich um Holzsteigen, Holzspankörbe, Wellpappkartons und -körbe, Plastiksteigen und -schalen sowie Holzkisten in unterschiedlichen Größen und Aufmachungen. Außerdem können die Mitglieder beim Erzeugergroßmarkt verschiedene Kleinpackungsmaterialien (z.B. Beutel, Tragetaschen) wie auch Kennzettel und Schlaufen zur Auszeichnung ihrer Anlieferungen käuflich erwerben. Damit ergibt sich für die Genossenschaft neben der Warenerfassung und -vermarktung ein weiteres, nicht unbedeutendes Aufgabenfeld, wie der Umsatz von 790.700 DM, der für die Verpackungsabwicklung im Geschäftsbericht 1985 ausgewiesen ist, belegt.

Als zusätzliche Leistung bietet der Obstmarkt seinen Erzeugern die Beschaffung diverser landwirtschaftlicher Bedarfsartikel an. Auf diese Weise können durch größere Bestellposten bei den Bezugsstellen Mengenrabatte ausgehandelt und an die beteiligten Erzeuger weitergegeben werden. So rechnet die Genossenschaft ihren Mitgliedern exemplarisch vor, daß sich über Gemeinschaftsbestellungen die Kosten einer Apfel-Intensivanlage um 1.500 - 2.000 DM pro ha reduzieren ließen. Gemeinschaftsbestellungen werden angeboten für Saatgut, Pflanzmaterial, Drahtgeflecht für Umzäunungen, Bindematerial, Pflückeimer und Pflückbeutel, Unterstützungsmaterial für Apfelanlagen, Ernteverfrühungsfolien und anderes mehr. Auf die Beschaffung von Dünge- und Schädlingsbekämpfungsmitteln wird hingegen verzichtet, da diese Artikel über die örtlichen Raiffeisenlager bezogen werden können.

Noch ein weiteres Leistungsangebot macht der Großmarkt seinen Mitgliedern, wie sich aus der Satzung ergibt: "Die gemeinschaftliche Benutzung landwirtschaftlicher Betriebseinrichtungen und Betriebsgegenstände" (§ 2, Abs. 3e) bezieht sich nämlich nicht nur auf das Inventar, das der genossenschaftlichen Vermarktungsfunktion dient (Lagerhallen, Verkaufsapparat etc.), sondern auch auf verschiedene Geräte. Den Rosenkohlproduzenten wird z.B. auf Wunsch eine Erntemaschine zur Verfügung gestellt. Die Kosten für die Inanspruchnahme berechnen sich nach dem Ernteertrag (3 Pf/kg). Vom Großmarkt können die Gemüseproduzenten auch eine Verpackungsanlage zum Einsakken ihrer Waren (z.B. Möhren) anfordern, wofür dann ein ähnlicher Verrechnungsmodus vorgesehen ist.

Eher mittelbar produktionswirtschaftlicher Förderungscharakter kommt weiteren Leistungen der Obst- und Gemüsegenossenschaft zu. So wurden mit Hilfe des Erzeugermarktes zwei Obstbauprojekte finanziert, über die den Erzeugern nicht sofortige

---

6) So wurde noch während der Erhebung verfahren. Für 1987 wurde aber eine Änderung der Verpakkungsabwicklung angestrebt, auf deren Hintergründe und Verfahrensweise später eingegangen wird.

wirtschaftliche Vorteile, dafür aber eine mittelbare Förderung ihrer zukünftigen Produktionstätigkeit erbracht wurde. Zum einen handelt es sich um die schon erwähnte - inzwischen wieder aufgegebene - Mostobstversuchsanlage. Hier sollten anbautechnische Fragen, wie Sortenwahl, Pflanzenschutzaufwand, Blütenfrostanfälligkeit der Äpfel etc. erprobt werden, um die produktionswirtschaftliche Rentabilität für die Erzeuger zu errechnen. Nachdem die praktischen Erfahrungen aus dieser Anlage keine kostendekkende Bewirtschaftung in Aussicht gestellt hatte, konnte die Genossenschaft ihren Erzeugern entsprechende Empfehlungen an die Hand geben und sie vor längerfristigen wirtschaftlichen Nachteilen infolge der Spezialisierung auf den Mostobstvertragsanbau bewahren. Das zweite Projekt ist eine Zwetschen-Pilotanlage, die im November 1984 unter Federführung des Obstmarktes entstand. Da im Erfassungsgebiet der Genossenschaft die überwiegende Mehrheit der Zwetschenbäume von einer Krankheit, der sog. Scharka, befallen ist, was zu quantitativ wie qualitativ ungenügenden Zwetschenerträgen führt, bemüht man sich darum, in einer scharkafreien Anbauzone junges, gesundes Baummaterial heranzuziehen. Mittels dieser Investitionstätigkeit will die Genossenschaft ihren schwerpunktmäßig auf Zwetschen ausgerichteten Erzeugern den Weg für eine bessere Bewirtschaftungsgrundlage ebnen. Ähnliches verfolgt die Anbauberatung als Leistungsangebot des Erzeugergroßmarktes an seine Mitglieder. Seit 1978 ist ein Obstbautechniker am Markt angestellt, der die Erzeuger in allen Fragen des Obstbaues berät. Die Beratung bezieht sich sowohl auf individuelle Anbauprobleme einzelner Erzeuger als auch auf Hinweise und Ratschläge allgemeiner Art über Rundschreiben, Aushänge und einen telefonischen Anrufbeantworter. Zudem werden den Erzeugern mit der staatlichen Obst- und Gemüsebauberatung gemeinsam erarbeitete Anbauempfehlungen zur Hand gegeben, die Hinweise zu Sortenwahl, Mindestanbaufläche, Standort und Bodenansprüche, Düngung und Schädlingsbekämpfung, Anbaumethoden, Pflanzgut, Pflanzabstände, Bodenpflege sowie zur Wirtschaftlichkeit der jeweiligen Kultur enthalten. Der Obstbauberater bietet den Erzeugern praktische Hilfestellung in Anbaufragen auch dadurch an, indem er Vorträge, Begehungen von Obstanlagen, Schnittkurse und in Zusammenarbeit mit außergenossenschaftlichen Stellen Lehrfahrten in andere Anbaugebiete organisiert und durchführt.

Über ihren rein hilfswirtschaftlichen Charakter hinaus versteht sich die Genossenschaft auch als unmittelbare Interessensvertretung ihrer Erzeuger, wie der Geschäftsführer hervorhebt:

"Wir bemühen uns in allen Bereichen, die auch nicht direkt Wirtschaft heißen, uns dafür einzusetzen, daß den Erzeugern in ihrer Arbeit geholfen wird."

Solches Verständnis von genossenschaftlicher Förderungsleistung weist auf das mehr meta-ökonomische Leistungsangebot hin, das der Großmarkt seinen Erzeugern bei Bedarf zukommen läßt. So wird jenen Erzeugern, die eine Frostschutzberegnung durchführen möchten, bei der Antragstellung für Investititonsbeihilfen zur Grundwasserentnahme (Brunnenbau) geholfen. Als Interessensvertretung ihrer Mitglieder erwies sich die Genossenschaft auch schon, indem sie die Fahrt zu zentralen Protestkundgebungen deutscher Sauerkirschproduzenten organisierte[7]. Gemeinsam mit den anderen acht badischen Erzeugergroßmärkten drängte sie außerdem die Landesregierung nach

7) Dabei ging es um die massive Einfuhr von Sauerkirschen, wobei einzelne osteuropäische Länder, insbesondere Jugsolawien, das Mindestpreisniveau unterboten.

der Atomkatastrophe von Tschernobyl zu Ausgleichszahlungen an die Gemüseproduzenten für ihre nicht verwertungsfähigen, weil radioaktiv verseuchten Erzeugnisse.

4.3. Formale Grundlagen der Koordination

4.3.1. Gesetze und staatliche Verordnungen

Nach dem zweiten Weltkrieg herrschte im deutschen, ganz besonders aber im badischen Obstbau die extensive Form der Bewirtschaftung vor. Kennzeichnend hierfür war die Vielfalt, mit der der Obstbau betrieben wurde. Vielfältig waren die kleinräumigen, oft ungeeigneten Standorte, was sich als Streuobstbau auf Feldern, in Gärten und an Wegen niederschlug. Vielfältig waren auch Altersstufen und Baumformen der Gehölzer, die innerhalb gleicher Lagen standen, sowie die Sorten, die angepflanzt waren[1]. Angesichts solch einer Bewirtschaftungsweise, bei der man die Höhe der Ernteergebnisse weitgehend dem Zufall überließ, konnte sich der deutsche Obstbau gegenüber der expandierenden ausländischen Konkurrenz mengen- und qualitätsmäßig kaum behaupten. Schon frühzeitig wurden daher Rufe nach ordnungspolitischen Steuerungsmaßnahmen staatlicher Seite laut. Am 21. Juli 1953 zeigten sich dann die ersten Koordinationsbemühungen im Erlaß der "Verordnung über Handelsklassen für frisches Obst und Gemüse", an dem der Fachausschuß für genossenschaftliche Obst- und Gemüseverwertung des deutschen Raiffeisenverbandes maßgeblich beteiligt war[2]. Da die Anwendung der darin enthaltenen Richtlinien zunächst fakultativ vorgesehen war, folgte am 2. Juli 1955 eine weitere Verordnung des Gesetzgebers zur verbindlichen Standardisierung bestimmter Warengruppen[3].

Nach Inkrafttreten des Gemeinsamen Europäischen Marktes kamen dann auf Initiative von Raiffeisenverband und Bundesausschuß für Obst und Gemüse verschiedene Vorschläge zur Stärkung der deutschen Obst- und Gemüsewirtschaft gegenüber der europäischen Konkurrenz zustande, was die Rationalisierung und Vereinheitlichung der Produkt- und Absatzgestaltung, insbesondere hinsichtlich der Sortenvereinfachung, Verpackungsnormierung und der Verbesserung der Sortierung betraf. Die ersten Koordinationsaktivitäten in Richtung Erwerbsobstbau zeichneten sich ab. Ihre formale Verankerung erhielten sie 1962, als auf dem Weg zu einer Gemeinsamen Marktorganisation für Obst und Gemüse die Verordnung Nr. 23 des Rates der EWG vom 20.4. die Abstimmung der Obst und Gemüseerzeugung auf gemeinsame Qualitätsnormen vorsah. Seitdem erfuhr diese Verordnung verschiedene Änderungen und Ergänzungen; bis heute gilt sie in der Fassung Nr. 1035/72 vom 18. Mai 1972. Darin wird die Festlegung von Güteklassen vorgenommen, mit deren Anwendung bezweckt werden soll, "Erzeugnisse

---

1) SNOWDON 1965 spricht diesbezüglich vom "Sortenwirrwarr" (S. 79) u. GUGELMEIER 1969 forderte für den badischen Obstbau dessen "Ordnungsbedürftigkeit" (S. 77).

2) Vgl. ROSENBROCK 1976, S. 155 u. 489 f.

3) Namentlich Äpfel, Birnen, Zwetschen, Pflaumen, Tomaten, Kopfkohl und Zwiebeln sowie in der Ergänzung vom 9. Oktober 1971 für Bohnen, Salat, Paprika, Sellerie, Kohlrabi, Champignons, Meerrettich, Lauch, Radies, Rettich, Rote Beete, Schwarzwurzeln, Himbeeren, Brombeeren, Heidelbeeren, Preiselbeeren, Johannisbeeren und Stachelbeeren.

unzureichender Qualität vom Markt fernzuhalten, die Erzeugung so auszurichten, daß den Anforderungen der Verbraucher entsprochen wird, sowie Handelsbeziehungen auf der Grundlage eines lauteren Wettbewerbs zu erleichtern und somit zur Verbesserung der Rentabilität der Erzeugnisse beizutragen."[4] Weiterhin werden in Artikel 6 die Kennzeichnungspflicht der Waren entsprechend der Qualitätsnormen sowie in Artikel 8 die Qualitätsprüfung geregelt. Die Warenkontrolle soll danach "vorzugsweise vor dem Abtransport aus den Anbaugebieten, bei der Verpackung oder der Verladung der Ware erfolgen."[5] In einem Anhang der Verordnung befinden sich dann die gemeinsamen Qualitätsnormen, die für bestimmte Obst- und Gemüsegruppen[6] - ähnlich der bisherigen Handelsklassenverordnung - systematisch nach einzelnen Merkmalen aufgeführt sind, nämlich nach Mindesteigenschaften, Klasseneinteilung, Größensortierung, Toleranzen, Verpackung, Aufmachung sowie Kennzeichnung. Da die Obst- und Gemüsegenossenschaft eine Erzeugervereinigung ist, verpflichtet sie sich, die Güte- und Größenstandards nach der Verordnung einzuhalten und die Warenanlieferungen ihrer Mitglieder daraufhin zu überprüfen. Gleichzeitig sind die Erzeuger verpflichtet, ihre gesamte Erzeugung über ihre Genossenschaft abzusetzen und die Vorschriften anzuwenden, die hinsichtlich der qualitativen Verbesserung der Produktion von der Erzeugervereinigung erlassen werden.

Neben den Qualitätsrichtlinien dieser Verordnungen existieren für den Obst- und Gemüseanbau keinerlei weiteren verbindlichen Vorschriften. Zwar wurde 1958 für Baden-Württemberg ähnlich den Lageverzeichnissen im Weinbau, ein Generalobstbauplan erlassen, der über eine detaillierte Lage- und Anbauordnung die Bewirtschaftungsflächen nach besonderer Standortneigung ausweisen sollte. Doch dieser Versuch einer unter Hoheit der Landesbehörden erlassenen Koordinationsgrundlage scheiterten daran, daß der Generalobstbauplan bis heute keine Anwendung fand[7].

4.3.2. Genossenschaftssatzung

Zwischen jeder Genossenschaft und ihren Mitgliedern wird eine Verfahrensordnung benötigt, die das Verhalten der am Leistungsprozeß Beteiligten klärt. Um die gegenseitigen Rechte und Pflichten von Genossenschaft und Mitglied aus der Sphäre der Unverbindlichkeit, Freiwilligkeit, Planlosigkeit und Spontanität herauszuheben, bildet

4) EWG Verordnung Nr. 1035/72 über eine gemeinsame Marktorganisation für Obst und Gemüse vom 18. Mai 1972, Präambel.

5) Ebd., Artikel 8, Absatz 2.

6) Namentlich Blumenkohl, Kopfkohl, Rosenkohl, Spinat, Kopfsalat, krause Endivie, Eskariol, Chicorée, Pflückerbsen, grüne Bohnen, Möhren, Zwiebeln, Knoblauch, Spargel, Artischocken, Tomaten, Gurken, Bleichsellerie, Gemüsepaprika, Porree, Auberginen, Zuccini; sowie für Obst: Zitrusfrüchte, Tafeltrauben, Äpfel, Birnen, Aprikosen, Pfirsiche, Kirschen, Pflaumen und Erdbeeren.

7) Insgesamt sollte zur Intensivierung des Obstbaues der Streuobstbau durch großflächige Rodungen unwirtschaftlicher Flächen beseitigt werden. Dazu war vorgesehen, innerhalb von 10 Jahren 60.000 ha der damals auf 130.000 ha geschätzten Gesamtobstfläche zu räumen. Bis 1973 wurden aber lediglich 16.000 ha gerodet und inzwischen werden dem Streuobstbau unter ästhetisch-landeskulturellen, sozialökonomischen und ökologischen Aspekten wieder landschaftsprägende Gestaltungsfunktion zugeschrieben. Zudem war regional z.B. der Kraichgau als bevorzugtes Obstbaugebiet ausgewiesen, bis heute ist er aber für den Obstbau nahezu unbedeutend.

die Satzung die formale Grundlage einer verbindlichen Dauerregelung. Sowohl Genossenschaft als auch Erzeuger unterwerfen sich hinsichtlich bestimmter Entscheidungstatbestände und Handlungsweisen dieser Verfassung, womit nicht mehr individuell beliebig, sondern nach einem organisationalen Entscheidungssystem verfahren wird[8], eine unabdingbare Voraussetzung für einen erfolgreichen Leistungsprozeß zwischen Genossenschaft und Mitglied, auch in der Obst- und Gemüsegenossenschaft.

Das Statut des Erzeugergroßmarktes bildet entsprechend den genossenschaftsrechtlichen Bestimmungen[9] den Rahmen aller Außen- und Innenbeziehungen, indem es die folgende Punkte beinhaltet: allgemeine Kennzeichnung der Genossenschaft (Sitz, Rechtsform, Zweck und Gegenstand), Mitgliedschaft (Voraussetzung, Erwerb und Beendigung), Organe (Art der Organe, Besetzung, Wahl, Rechte und Pflichten), Geschäftsjahr und Rechnungsgrundlegung, Bekanntmachungen und Gerichtsstand. Zugleich festigt die Satzung der Erzeugervereinigung die Zusammenarbeit mit den Mitgliedern, indem der genossenschaftlichen Koordination über ihre statuarische Grundlegung ein bindender Charakter verliehen wird. Dies geschieht durch die Verankerung von Mitgliederpflichten in der Satzung. Durch die Aufnahme entsprechender Bestimmungen werden den Erzeugern einzelne Verhaltenspflichten auferlegt, und der Genossenschaft wird über Anordnungsbefugnisse die Einflußnahme auf die Erzeugung, quasi ein Steuerungsrecht, eingeräumt[10].

In § 12 des Statuts sind solche Mitgliederpflichten als Koordinationsgrundlage formal festgelegt. Darin verpflichtet sich das Mitglied laut Absatz g) darauf, "seine gesamte Ernte an marktfähigen Erzeugnissen des Obst- und Gemüsebaues nach Maßgabe der Lieferbedingungen über die Genossenschaft zu verwerten." Mit diesem Passus, der den Erzeugern ausdrücklich zur Inanspruchnahme seiner Genossenschaft mit seiner *gesamten* Ernte verpflichtet, besteht für ihn praktisch ein Kontrahierungszwang. Mitgliedschaft in der Erzeugervereinigung ist somit identisch mit vollständiger Lieferpflicht[11]. Weiterhin verpflichtet sich das Mitglied in Absatz h) "die Vorschriften anzuwenden, die von der Genossenschaft in Hinblick auf die qualitative Verbesserung der Erzeugnisse und die Anpassung der Angebotsmengen an die Markterfordernisse festgelegt worden sind, oder werden". Damit erwirkt sich der Erzeugermarkt explizit ein Koordinationsrecht nicht nur für alle absatzbezogenen Belange, sondern darüber hinaus auch für den Produktionsbereich im Obst- und Gemüsebau, der eigentlichen Domäne der Erzeuger. Zugleich erfolgt über Absatz i) nachdrücklich eine statuarische Absicherung, daß sich die Mitglieder auch tatsächlich der genossenschaftlichen Koordination unterwerfen. Dieser Absatz regelt nämlich die Konsequenzen, die ein Nichtbeachten der genossenschaftlichen Koordination nach sich ziehen: Das Mitglied hat "für den Fall eines schuldhaften Verstoßes gegen Ziffer h vom Vorstand und Aufsichtsrat festgesetzte Vertragsstrafen zu entrichten." Um der Genossenschaft auch eine Kontrollmöglichkeit als koordinationsbegleitende Maßnahme zur Seite zu stellen, verpflichtet sich das Mitglied in Absatz d) darauf, "auf Anforderung die für die Genossenschaft erforderlichen Auskünfte zu erteilen und gegebenenfalls nachzuweisen". Mit der statuarisch veranker-

8) Vgl. KÖBKE 1972, S. 171.
9) Vgl. WINTER 1982, S. 89 ff.
10) Vgl. FEUERBORN 1978, S. 49.
11) Vgl. THIMM 1967, S. 47.

ten Auskunftspflicht des Erzeugers besitzt der Obst- und Gemüsemarkt eine wichtige Informationsquelle über die Produktionsbasis seiner Mitglieder.

Über die generelle Festlegung der Liefer- und Auskunftspflicht sowie der Verpflichtung auf Einhaltung von Genossenschaftsvorschriften hinaus enthält die Satzung selbst keine näheren Einzelheiten über Art und Ausführung der Erzeugung und Anlieferung. Im Statut wird also lediglich das *grundsätzliche* Koordinationsrecht des Erzeugermarktes verankert. Für Einzelheiten der Ausgestaltung dieses Rechtes bilden die Zusatzbestimmungen in den genossenschaftlichen "Anlieferungsbedingungen" eine Ergänzung.

4.3.3. Anlieferungsbedingungen

Die Anlieferungsbedingungen stellen genossenschaftsrechtlich den typischen Fall einer Aufstellung von Ergänzungspflichten in Zusatzbestimmungen dar[12]. Schon die Satzung verweist darauf, indem die Kontrahierungspflicht betreffende Bestimmung in § 12, Absatz g) anordnet, daß die Lieferung"nach Maßgabe der Lieferbedingungen" zu erfolgen hat. Außerdem wird in einer allgemeinen Verhaltensvorschrift eingangs der Mitgliederpflichten (§ 12, Abs. a) darauf verwiesen, daß "den Bestimmungen des Genossenschaftsgesetzes, der Satzung, und den Verkaufsbedingungen und Anlieferungsbedingungen, sowie den Beschlüssen der Vertreterversammlung nachzukommen" ist[13].

Im einzelnen behandeln die Anlieferungsbedingungen folgende, die genossenschaftliche Koordination grundlegenden Punkte: Warenzulassung und Warenlieferung, das Verpackungsmaterial sowie die Verwertung der Erzeugnisse.

"An die Zulassung eines Anlieferers, der seine Obst-, Gemüse- und Gartenbauerzeugnisse über den Erzeugermarkt verwerten will, kann die Erfüllung besonderer Bedingungen geknüpft werden" (§ 2, Abs. 1). Die Anlieferung ist nur für Erzeugnisse, die aus dem Betrieb des Anlieferers stammen, gestattet (§ 2, Abs. 2). Auch aus den Anlieferungsbedingungen ergibt sich für den Erzeuger ein Kontrahierungszwang, wie zuvor schon aus der Satzung: "Der Anlieferer ist verpflichtet, alle in seiner Wirtschaft anfallenden, marktfähigen und zum Absatz über den Erzeugergroßmarkt geeigneten Obst-, Gemüse- und Gartenbauerzeugnisse anzuliefern" (§ 3, Abs. 1). Darüber hinaus wird das Mitglied zur Einhaltung der Weisungen des Marktes, die die Anlieferungen betreffen, verpflichtet, "insbesondere hinsichtlich der bestehenden Verordnungen und Bestimmungen, über Beschaffenheit der Ware, Sortierung, Kennzeichnung und Verpakkung sowie über Anlieferungszeiten" (§ 3, Abs. 2). Zugleich wird die Qualitätskontrolle der Ware, der sich der Anlieferer freiwillig zu unterziehen hat, verankert. Wortgleich mit § 12, Abs. h) der Satzung fordern auch die Anlieferungsbedingungen die Anwendung der genossenschaftlichen Vorschriften bei der Warenerzeugung. Schließlich findet auch die Warenprüfung ihre Festschreibung in den Bestimmungen: "Der Erzeuger-

12) FEUERBORN 1978, S. 67.
13) Als koordinationsgrundlegende Bestimmungen sind das Genossenschaftsgesetz, mehr ein allgemeines "Organisationsgesetz" (WINTER 1982, S. 82), ebenso wie die Verkaufsbedingungen, die die Absatzgestaltung mit Handel und Industrie regeln, nicht von Bedeutung.

großmarkt ist berechtigt, aber nicht verpflichtet, die ihm angelieferte Ware zu prüfen. Er kann die ihm zur Vermarktung nicht geeignet erscheinenden Erzeugnisse nach Feststellung von Mängeln zurückweisen oder zurückstufen" (§ 3, Abs. 4). Das Recht auf Zurückweisung der Waren bezieht sich ausdrücklich auf nicht marktfähige Sortierung, Verpackung und den Reifegrad der Obst- und Gemüseerzeugnisse.

In den Anlieferungsbedingungen wird auch die Abwicklung des Verpackungs- und Kennzeichnungsmaterials geregelt (§ 4, Abs. 1). Danach stellt die Genossenschaft das Material zwar zur Verfügung, der Erzeuger verpflichtet sich aber auf dessen baldige Abholung. Bei der Wahl der verschiedenen Verpackungsarten hat sich der Erzeuger den Anordnungen des Großmarktes zu fügen. Im Gegensatz zur vollständigen Lieferpflicht der Erzeuger ist für den Großmarkt lediglich festgeschrieben, er sei "bestrebt, einen restlosen Absatz der angelieferten Erzeugnisse durchzuführen; er ist jedoch hierzu nicht verpflichtet" (§ 5, Abs. 2). Kann die Genossenschaft die angelieferten Waren nicht vollständig verwerten, "so gilt der Ankauf als nicht zustandegekommen und der Anlieferer ist auf Verlangen des Erzeugergroßmarktes verpflichtet, diese nicht verwertbaren Erzeugnisse zurückzunehmen" (§ 5, Abs. 2). Mit den Anlieferungsbedingungen koppelt die Genossenschaft noch weitere, für die Mitglieder verbindliche Regelungen, namentlich die für Obst- und Gemüseerzeugung relevanten Gesetze und staatlichen Verordnungen (EG-Verordnungen, Handelsklassengesetz, Eichgesetz und Lebensmittelgesetz) sowie drei weitere Regelungen von Verbänden[14]. Schließlich geben die Anlieferungsbedingungen auch Aufschluß über bestimmte "Maßnahmen bei Verstößen" (§ 7).

4.4. Koordinationsinhalte

Die Leistungen der Obst- und Gemüsegenossenschaft bestehen für ihre Mitglieder schwerpunktmäßig in der Annahme und Vermarktung der angelieferten Erzeugnisse, wobei sich genossenschaftliche Sammelfunktion und Verwertungsfunktion gegenseitig ergänzen. Als Erzeugergemeinschaft strebt die Genossenschaft daher eine kooperative Produktions- und Absatzplanung an[15], indem sie die Erzeugung ihrer Mitglieder hinsichtlich Warenart, Sorten, Mengen und Qualität bereits von Beginn der Pflanzung an steuernd beeinflußt und sich nicht nur auf die reine Erfassungstägigkeit beschränkt. Die genossenschaftliche Koordinationsfunktion als "Einwirken genossenschaftlicher Arbeit auf die Produktion von Obst und Gemüse"[16] stellt eine unverzichtbare Voraussetzung für ein starkes genossenschaftliches Leistungspotential dar. Die gezielte Einflußnahme auf den landwirtschaftlichen Produktionsprozeß, die Ernte und Warenanlieferung ist um so wichtiger, als Obst- und Gemüseerzeugnisse spezifische warentechnologische Merkmale, wie Variabilität, Saisonalität, Konsumreife und einen mehr oder weniger leichten Verderblichkeitsgrad aufweisen. Dabei kommt dem Lieferservice des Erzeugergroß-

14) Dabei handelt es sich um die "Geschäftsbedingungen beim Verkehr von Obst und Gemüse der Bundesarbeitsgemeinschaft Gartenbau", der "Verfahrensordnung zur Bildung und Arbeitsweise von Schiedsgerichten für Lieferstreitigkeiten beim Verkehr von Obst und Gemüse" sowie den Vorschriften des "Marktkontors Obst und Gemüse Baden e.V."; diese Regelungen sind für die Koordinationsaktivitäten der Genossenschaft allerdings kaum von Belang.

15) Vgl. IMMLER 1973, S. 101 f.

16) DEUTSCHER RAIFFEISENVERBAND (Hrsg.) 1949, S. 143.

marktes gegenüber seinen Absatzpartnern herausragende Bedeutung zu, da nicht nur die reine Auftragsabwicklung, sondern das nachfrageadäquate Warenangebot, die Zuverlässigkeit der Marktbeschickung und die qualitative Beschaffenheit der Lieferung die besondere Präferenz der Nachfrage für Obst und Gemüse aus dem Erzeugergroßmarkt bestimmen[17]. Aus diesem Grund ist die Genossenschaft bemüht, ihre Erzeuger zu einem entsprechenden quantitativen und qualitativen Warensortiment (Obst- und Gemüsearten und -sorten), zu kontinuierlicher Lieferbereitschaft und Liefergenauigkeit zu beeinflussen. Folglich ergeben sich unterschiedliche Koordinationsinhalte, die der Erzeugergroßmarkt gegenüber seinen Mitgliedern geltend macht.

4.4.1. Neuanpflanzungen

Vorrangiges Ziel der Genossenschaft ist es, bereits bei Neuanpflanzungen die Erzeuger auf eine "planende Produktionspolitik"[18] hinsichtlich "marktfähiger Erzeugnisse"[19] einzustellen. Dies wird durch eine Anbauplanung erreicht, die auf eine ausgeglichene Arten- und Sortenstruktur bei Obst und Gemüse zielt. Sowohl nicht absatzfähige Überschüsse als auch vermarktungshemmende Fehlbestände sollen dadurch vermieden werden. Mit der Neuanpflanzung wird aber nicht nur die Grundlage für das zukünftige Warensortiment des Erzeugergroßmarktes gelegt, sondern darüber hinaus werden auch die Voraussetzungen für die Qualität der späteren Erzeugnisse geschaffen. Denn eine wahllose Bepflanzung ohne Berücksichtigung der Bonität der Standorte wirkt sich quantitativ und qualitativ unbefriedigend auf das Ernteergebnis aus. Die Genossenschaft bemüht sich, ihre Erzeuger dahingehend zu beeinflussen, entsprechend der spezifischen Kenntnis einzelner Standortqualitäten marginale Böden und Lagen zu selektieren[20]. Konkret beinhaltet die genossenschaftliche Koordination bei der Neuanpflanzung von Obstbäumen und -sträuchern folgende Punkte: Kulturart, Obstsorte, Standort, Baum- bzw. Strauchform, Unterlage, Reihenabstand und Pflanzabstand. Allerdings wird nicht allen Kriterien gleich große Bedeutung beigemessen.

Bei der Apfelproduktion wirkt der Großmarkt auf seine Mitglieder ein, überaltete Baumbestände mit abnehmenden und qualitativ unbefriedigenden Erträgen zu roden und durch großflächigere Anpflanzungen auf spätfrostgeschützten Standorten zu ersetzen. Dabei soll bestes Pflanzmaterial (gut verzweigt, möglichst zweijährige Bäume mit einjähriger Krone) in modernen Pflanzsystemen (schlanke Spindel) Vorrang gegeben werden. Wesentlich für neue Apfelanlagen ist die Wahl einer Apfelsorte nach dem neuzeitlichen Sortenspiegel, was höhere Preise für die Erzeuger garantiert. Im Einzugsgebiet des Erzeugergroßmarktes dominiert mit 60 - 70% aller Apfelanlieferungen die herkömmliche Sorte "Golden Delicious" unter insgesamt 20 Sorten. Bei stagnierendem Obstverbrauch und wachsender Konkurrenz strebt die Genossenschaft daher weg von den gängigen und hin zu neuen, gefragten Sorten. Dabei geht der Trend eindeutig zu

---

17) Vgl. DRESSLER 1980, S. 28 ff.

18) SCHEIBLER 1951, S. 125.

19) Satzung der Obst- und Gemüsegenossenschaft § 12 g) und Anlieferungsbedingungen § 3, Abs. 1.

20) GUGELMEIER 1969 forderte die Genossenschaften sogar auf, in Ergänzung der Grunddaten aus dem Generalobstbauplan eine Standortkartierung ihrer Erfassungsgebiete vorzunehmen, um entsprechende Eignungszonen bei der Anbauplanung berücksichtigen zu können (S. 267).

den roten Sorten ("Jonagold", "Gloster" und "roter Boskoop"), die auf dem Markt wesentlich höhere Preise erzielen. So wurde 1983 für die grüne Hauptsorte im Vergleich zu den rotbäckigen Sorten "Jonagold" (1,41 DM) und "Gloster" (0,95 DM) ein durchschnittlicher Kilopreis von nur 0,74 DM erzielt. Damit steht die Genossenschaft am Schluß der Apfelauszahlungspreise aller badischen Erzeugergroßmärkte. Die Ursache hierfür sieht sie aber nicht bei sich, z.B. in schlechten Vermarktungserfolgen, sondern vielmehr auf der Erzeugerseite, nämlich in der ungünstigen Sortenstruktur mit der einseitigen Dominanz des "Golden Delicious". Denn gerade diese Sorte befindet sich auch in den ältesten Anlagen, welche die schlechteste Qualität hervorbringen: kleine Früchte mit Berostung.

Seit 8 - 10 Jahren forciert der Obstmarkt den Anbau von Beerenobst, nachdem damit beste Preise auf dem Markt erzielt wurden. Es sollen von dem Mitgliedern aber nur feuchte Flächen als Standorte und Frühsorten bevorzugt werden. Bei Erdbeeren fällt besonders deutlich die Empfehlung auf, da für die Erzeuger bei einjährigen Kulturen eine längerfristige Bindung unterbleibt. Der Anbau von Flächen über 50 Ar und mit Beregnungsmöglichkeit wird favorisiert, insbesondere der Folienanbau mit frühen oder späten Sorten, womit sich vor bzw. nach der Erdbeer-Hauptsaison höhere Preise erzielen lassen. Auch im Himbeeranbau sind noch bestimmte Frühsorten ausbaufähig, da eine große Nachfrage bei bestem Preisniveau ungedeckt bleibt. Andererseits ergeben sich in der Anbauregion aufgrund der für Himbeeren schädlichen Sommerhitze besondere bioklimatische Voraussetzungen, die sonnengeschützte Standorte erfordern. Stachelbeeren, die lange Zeit auf Hausgärten für den Eigenbedarf beschränkt waren, erlangen neuerdings wieder an Bedeutung infolge ihrer vereinfachten Produktion am Drahtrahmen. Dabei spricht sich die Genossenschaft für rote Sorten aus. Da bei roten Johannisbeeren der Markt in der mittleren Reifezeit gesättigt ist, wird den Erzeugern auch hier die Pflanzung von Frühsorten in frühen Lagen nahegelegt. Bei Brombeeren rät der Obstmarkt von weiteren Neupflanzungen ab, da der Bedarf gedeckt sei. Ebenso hält die Genossenschaft ihre Mitglieder von Neupflanzungen bei Sauerkirschen mit dem Verweis auf das geringe Preisniveau ab. Als Tafelware besteht für Süßkirschen hingegen noch Bedarf. Der Anbau soll sich aber auf kleine Baumformen (niedrigbleibend, kleinkronig) mit Überdachung, in frostgeschützten Lagen konzentrieren. Hierzu hat der Großmarkt sogar extra einen Aufruf an interessierte Erzeuger herausgegeben. Außerdem verlangt der Markt ausschließlich großfrüchtige, dunkle und platzfeste Sorten. Auch als Industrieware benötigt die Genossenschaft noch Kirschen, aber nur dunkle, weil gerade für Konserven der kräftige Farbstoff wichtig ist. Bei Brennkirschen als Rohware drückt der sinkende Umsatz an Kirschwasser das Preisniveau nach unten, was die Genossenschaft von Neupflanzungen abraten läßt. Kategorisch ablehnend verhält man sich bei der Neupflanzung von Zwetschen wegen der Scharkakrankheit im Erfassungsgebiet. Es wurde ein absoluter Anbaustopp verhängt. Selbst von virusfreiem Pflanzmaterial aus Baumschulen wird abgeraten, da auch die Jungpflanzen der Ansteckungsgefahr ausgesetzt seien. Stattdessen hat man einen Aufruf erlassen, in dem Erzeuger gesucht werden, die in einem vom Anbauzentrum entfernten Gebiet zur Produktion scharkafreier Spätsorten bereit sind.

Innerhalb der Gemüseproduktion versucht die Genossenschaft dem aktuellen Trend zur Flächenausdehnung entgegenzuwirken. Aufgrund der unbefriedigenden Erlössituation im Weinbau und teilweise auch im Obstbau versuchen zahlreiche Landwirte auf den Gemüseanbau auszuweichen. Der Großmarkt befürchtet daher ein Überangebot und folglich Absatzschwierigkeiten, weshalb er an die Erzeuger appelliert, den Anbau ohne vorherige Absprache mit der Genossenschaft zu unterlassen. Die Koordination bei der Neuanpflanzung von Gemüse beschränkt sich auf die Auswahl der Arten. Bei den marktgängigen Erzeugnissen, besonders bei Kopfsalat, nähert sich der Bedarf der problematischen Erfassungsgrenze[21]. Ausbaufähig sind vor allem Rosenkohl, Wirsing, Lauch und Chinakohl. Bei den zwar preisstarken, aber nicht mengenfähigen Gemüsespezialitäten dringt die Genossenschaft auf ein ausgeglichenes Sortiment weniger Erzeuger, was die Salatexoten ebenso betrifft wie Cocktailtomaten, Zucchini und Aubergine. Für eine Gemüsespezialität besteht indessen noch Bedarf: für Spargeln, um zu Saisonbeginn noch vor der Erdbeerernte mit dem Handel ins Geschäft zu kommen. Aus diesem Grund propagiert die Genossenschaft die Ausweitung des Spargelanbaues auf leichten Böden.

4.4.2. Anbautechnik

Beim originären Produktionsprozeß, dem Anbau, wirkt der Erzeugergroßmarkt lediglich auf die Obsterzeugung ein. Die Einflußnahme betrifft einzelne anbautechnische Methoden der Düngung, des Pflanzenschutzes, des Schneidens von Bäumen und Sträuchern sowie der Frostschutzberegnung. Von entsprechenden Koordinationsmaßnahmen bei der Gemüseerzeugung hält man sich indessen aus zweierlei Gründen zurück. Einmal verfügt die Genossenschaft, anders als im Obstbau, im Gemüsebau über keinen Berater, wodurch eine koordinierende Tätigkeit auf sachkompetenter Grundlage entfällt. Zum anderen wird der Gemüsebau weitgehend hauptberuflich, entweder von landwirtschaftlichen oder gärtnerischen Betrieben durchgeführt; die Genossenschaft schließt daraus auf vorhandene Sachkenntnis und fachliches Engagement bei ihren Gemüseproduzenten, was eine Beratung nicht dringend erforderlich mache.

a) Düngung

Der Erzeugergroßmarkt betont gegenüber seinen Mitgliedern eine ausgeglichene Nährstoffversorgung der Obstanlagen als Grundvoraussetzung für befriedigende Ernteerträge. Als Nährstoffe werden Stickstoff, Phosphor, Kali, Magnesium und Bor mit den jeweiligen Mengenangaben pro Bodenfläche angeraten. Andererseits warnt der Obstmarkt dringend vor unsachgemäßer, nämlich zu hoher Stickstoffkonzentration, weil sich für Erzeuger und Markt erhebliche Probleme daraus ergäben. Ein Zuviel an Stickstoff im Apfelanbau verringere nicht nur die Lagerungsfähigkeit der Äpfel, sondern steigere zusätzlich die Lagerschwierigkeiten aufgrund der erhöhten Stippeanfälligkeit der Früchte, wie der Obstbauberater wiederholt die Erzeuger warnt[22]. Außerdem werde bei

---

21) Seit geraumer Zeit hat Belgien den Anbau von Kopfsalat ausgeweitet, womit es auf den nahegelegenen bundesdeutschen Absatzmarkt zielt. Ein rapider Preisverfall ist die Folge; vgl. FRUCHTHANDEL Nr. 24/1985, S. 1152.

22) Vgl. auch BÜNNEMANN/HANSEN 1973, S. 8 ff.

Apfel- und Zwetschenbäumen ein unerwünscht starkes Wachstum gefördert und der Ertragsbeginn verkürzt. Eine zu hohe Stickstoffzugabe vermehre bei Kirschbäumen den Harzfluß, fördere den Pilzbefall und verringere die Haltbarkeit der geernteten Früchte, was den Vermarktungszeitraum erheblich reduziere. Bei Himbeeren wird die zu starke Stickstoffdüngung für das Aufreißen der Rinde und der daraus resultierenen "Rutenkrankheit" sowie für erhöhte Botrytisanfälligkeit und einen gehemmten Triebabschluß verantwortlich gemacht. Bei einzelnen Kulturen spricht sich der Erzeugergroßmarkt für weitere gezielte Düngemaßnahmen aus, wobei die zu verwendenden Präparate und genaue Dosierungsanweisungen mitgeteilt werden, so. z.B. für die Kalkammonsalpeter-Zugabe bei Sauerkirschen, die Blattdüngung bei Äpfeln und die pflanzenstärkende Beerendüngung nach der Ernte.

b) Pflanzenschutz

Die Genossenschaft bemüht sich weiterhin darum, daß die Erzeuger bestimmte Pflanzenschutzmaßnahmen in ihren Obstanlagen durchführen. Vor allem bei den Apfel-Spätsorten dringt der Obstmarkt auf vorbeugende Maßnahmen, welche die Lagerungsfähigkeit der Früchte fördern. Als unabdingbares Muß für alle Apfelproduzenten wird daher die präventive Spritzung gegen Lagerschorf und Lagerfäulnis gefordert. Mindestens zwei Spritzungen sind im Abstand von 14 Tagen durchzuführen, wobei die erste bereits frühzeitig nach dem Austrieb zu erfolgen hat und die volle Konzentration des Mittels zu nehmen ist. Nur damit, so die Genossenschaft an ihre Erzeuger, sei gewährleistet, daß die gelagerten Äpfel später auf dem Frischmarkt und nicht als Mostobst verwertet würden. Ähnlich wichtig ist dem Großmarkt auch die Stippebekämpfung bei den Äpfeln. Mittels Calziumspritzungen bis kurz vor der Ernte soll die Stippeanfälligkeit empfindlicher Sorten verringert werden. Bei erhöhtem Schildlausbefall von Apfel- und Zwetschenbäumen ergeht die Aufforderung an die Produzenten, ihre Anlagen zu kontrollieren und, falls nötig, eine Winter- bzw. Austriebsspritzung vorzunehmen.

Da feuchte Witterung Zwetschen und Kirschen zum Platzen bringen, was eine vermehrte Fruchtfäulnisgefahr birgt, werden die Erzeuger durch Angabe von Präparaten und Dosierung zur vorbeugenden Spritzung angehalten. Als platzhemmend bei Kirschen wird zudem hoher Grasbewuchs und ein Laubschnitt vor der Ernte empfohlen. Auch gegen Pilzbefall der Kirschen soll von Seiten der Erzeuger etwas unternommen werden, wozu der Obstmarkt geeignete Mittel zur Blüten- und Vorerntespritzung empfiehlt. Vor große Vermarktungsschwierigkeiten stellen madenbefallene Kirschen die Genossenschaft. Aus diesem Grund werden die Kirscherzeuger aufgefordert, gegen die Kirschfruchtfliege vorzugehen. Dazu wird gemeinsam mit dem amtlichen Pflanzenschutzdienst der günstigste Bekämpfungstermin bekanntgegeben. Die Spritzungen sind nur bei halbreifen Kirschen durchzuführen, die Wartezeiten sind zu berücksichtigen.

Beim Beerenobst werden den Erzeugern ausführliche Pflanzenschutzmaßnahmen zur Hand gegeben. Für Himbeeren und Brombeeren empfiehlt die Genossenschaft zwei Vorblütespritzungen innerhalb von 14 Tagen und zwei bis drei Blütespritzungen jeweils zu Blütenbeginn, zur Vollblüte und eine Wiederholungsspritzung bei nasser Witterung. Auch hierzu werden die geeigneten Präparate mit der Dosierungsanleitung mitgeteilt. Ebenso verhält es sich bei den roten Johannisbeeren, wo mehrere Spritzungen gegen

Läuse, Botrytis, Blattfall- und Holzkrankheiten sowie Mehltau vorgesehen sind: eine Austriebs-, eine Blüten-, mindestens zwei Nachblüten- und eine bis zwei Nacherntespritzungen. Um bei allen Pflanzenschutzmaßnahmen an den Früchten Spritzflecken zu vermeiden, wird an die Erzeuger appelliert, kleine Düsen unter hohem Druck zu verwenden und Netzmittel der Brühe beizumischen.

c) *Schnitt und Ausdünnung*

Besonders intensiv drängt der Obstgroßmarkt seine Mitglieder zur Anwendung des Sommerschnittes in ihren Obstanlagen. Verschiedene Gründe sprechen aus seiner Sicht dafür. Zum einen unterstütze der Sommerschnitt nachhaltig die Pflanzenschutzmaßnahmen, soweit es sich um die Bekämpfung von Blattläusen, Spinnmilben oder Mehltau bzw. um die Bekämpfung der Stippeanfälligkeit bei Äpfeln handele. Durch das Entfernen der nach innen wachsenden Triebe, der Konkurrenztriebe und Wasserschosse würden buschige Bäume verhindert und die Pflanzenschutzbehandlungen könnten aufgrund der besseren Verteilung der Spritzbrühe wirksamer ausgebracht werden. Gleichzeitig werde zu starkes Wachstum der Bäume gebremst und über die Brechung der Alternanz ein gleichmäßigerer Ertrag erzielt. Als wesentlicher Vorteil des Sommerschnittes bzw. auch des Sommerausrisses wird aber die bessere Belichtung, besonders bei Äpfeln, hervorgehoben. Durch das Entfernen überzähliger Triebe - bei frischen Jungtrieben mit der Hand, bei längeren, bereits leicht verholzten mit der Schere - werde die Beschattung beseitigt. Die erhöhte Sonneneinstrahlung fördere die Fruchtausfärbung, besonders der rotfarbigen Sorten. Allerdings warnt die Genossenschaft vor einem Sommerschnitt an heißen Tagen, da durch den plötzlichen Wegfall der Schattenzonen die Früchte nicht mehr vor Sonnenbrand geschützt seien.

Bei ertragsreichen Apfelanlagen spricht sich der Obstmarkt auch für das Handausdünnen aus, d.h. die kleineren, schwächeren und schadhaften Früchte werden ausgepflückt, um den verbleibenden, gesunden zu besserer Ausreifung und Größe zu verhelfen. Entsprechend dringt die Genossenschaft auch bei Kirschbäumen auf eine Kronenbehandlung, um über einen Sommerriß die Konkurrenztriebe, nach innen wachsende und aufrechtstehende Triebe zu beseitigen. Bei jungen Apfel- und Kirschbäumen sollen die Seitentriebe herabgebunden oder mit Gewichten nach unten gezogen werden, um eine Triebberuhigung und die Fruchtbarkeit der Bäume zu fördern. Bei Beerensträuchern sollen die Erzeuger ebenfalls durch vorbeugende Erziehungsmaßnahmen dem Schädlings- und Pilzbefall entgegenwirken und die Qualität der Blütenknospen erhöhen. Das Wegreißen oder Schneiden von Bodentrieben und das Kürzen von Seitentrieben bei beginnender Rotfärbung der Beeren erleichtere als Sommerschnitt bei Johannisbeeren nicht nur das Ernten, sondern verfrühe auch die Fruchtreife um drei bis vier Tage, was dem genossenschaftlichen Streben, so früh wie möglich den Absatzmarkt mit Waren zu beliefern, entgegenkommt. Sofort nach der Ernte sollen an den Beerensträuchern dann die abgetragenen Ruten entfernt und das Holz wegen möglichen Befalls von Glasflüglern verbrannt werden.

d) Frostschutzberegnung

Um infolge unterschiedlicher Standortbedingungen größere Schwankungen der Ernteerträge zu vermeiden, fordert der Erzeugergroßmarkt seine Mitglieder dazu auf, durch Frostschutzberegnungsanlagen spätfrostbedingten Ertragsausfällen entgegenzuwirken[23]. Er appelliert an sie, trotz der hohen Investitionskosten und der mühsamen und zeitaufwendigen Genehmigungsverfahren zur Wasserentnahme auch an spätfrostgefährdeten Standorten mittels Beregnung für sichere Erträge zu sorgen.

4.4.3. Leergutabwicklung

Die Obst- und Gemüsegenossenschaft übernimmt für ihre Mitglieder die Besorgung des für die Ernte und Warenanlieferung benötigten Leerguts, wie aus den Anlieferungsbedingungen (§ 4, Abs. 1) hervorgeht. Dabei wird zwischen Leihverpackungen und Kaufverpackungen unterschieden. Die Leergutabwicklung bei den Einwegmaterialien wie Wellpappkartons, Plastikschalen und dem Kennzeichnungsmaterial zur Ausstattung der Warenposten (Lieferkennnummern, Blaupapier, Schlaufen) verläuft abrechnungsmäßig ganz einfach, indem die Erzeuger die von ihnen benötigten Materialien bei der Genossenschaft kaufen. Ebenso verhält es sich bei den Gemüseanlieferungen, für die die Produzenten zuvor Holzsteigen kaufen müssen. Die kleineren Erzeuger holen ihre Gebinde bei der Gemüseerfassungszentrale ab, die größeren erhalten ab 1.000 Stück ihre Steigen direkt geliefert. Die Verlustverpackung für Obsterzeugnisse werden ebenfalls von den Mitgliedern bei ihrer Obstzentrale oder den Sammelstellen erworben. Für die bei Industrieware verwendeten Plastiksteigen ist im Erzeugergroßmarkt immer ein bestimmter Bestand vorhanden, der bei Bedarf leihweise an die Erzeuger ausgegeben wird.

Problematisch ist nun die Leergutabwicklung aus zweierlei Gründen, weshalb sich die Genossenschaft intensiv um eine entsprechende Koordination bemüht. Erstens werden die Leihdauerverpackungen (Holzkisten und Spankörbe in verschiedenen Größen) bei der Warenanlieferung jeweils im Tausch, volle gegen leere, ausgegeben. Über die ausgeliehenen Gebinde wird von den Erfassungsstellen mittels eines Leergutscheins genauestens Buch geführt. Bis zur Verrechnung des Verpackungsmaterials am Jahresende gehen aber bei mindestens zwei Dritteln der Anlieferer einzelne Kisten, Steigen und Körbe verloren. Selbst bei Bestandskontrollen, die vom Markt mitunter bei den Erzeugern vorgenommen werden, können diese Fehlbestände oftmals nicht geklärt werden. Daher fordert die Erzeugergemeinschaft ihre Mitglieder auf, auf ihre Leihverpackungen besser acht zu geben und sie auf keinen Fall außerhalb der Anlieferungen an den Markt zu verwenden. Zweitens beginnt die Genossenschaft am Ende einer Saison bereits für die kommende Saison mit der Packmaterialdisposition auf der Grundlage bisheriger Erfahrungswerte und Erntevorausschätzungen. Da sie das Material für ihre Mitglieder bestellt und sich liefern läßt, nimmt sie eine Vorfinanzierung bei den Einwegpackungen

23) Die Frostschutzberegnung beruht darauf, daß das gefrierende Wasser den Pflanzenteilen Wärme abgibt. Voraussetzung ist natürlich, daß ununterbrochen die Beregnung und damit die Wärmenachlieferung erfolgt.

vor und lagert das gesamte Gebinde in der Zentrale. Aus diesem Grunde ist der Großmarkt bemüht, daß die Erzeuger so bald wie möglich das für jede Erntesaison benötigte Gebinde abholen, damit er wieder mehr Platz in den Lagerhallen und für die Verlustverpackungen die Vorfinanzierung vergütet bekommt. So ergeht an alle Produzenten jedes Jahr im März der Aufruf, sich rechtzeitig das Packmaterial abzuholen, um die Genossenschaft räumlich und finanziell zu entlasten. Schon in den Anlieferungsbedingungen (§ 4, Abs. 1) verpflichtet sich das Mitglied ja darauf, sein Material "frühzeitig vom Erzeugergroßmarkt" zu besorgen.

4.4.4. Ernte und Warenanlieferung

Für den Erfolg der genossenschaftlichen Vermarktungstätigkeit sind zwei Bereiche, die sich dem Prozeß der Urproduktion anschließen, wesentlich mitbestimmend: die Ernte und Anlieferung der Obst- und Gemüseerzeugnisse. Insbesondere der Zeitpunkt von Ernte und Warenanlieferung sowie vereinzelt auch die Technik des Ernteverfahrens zählen daher zu den Koordinationsinhalten der Genossenschaft, weil bereits hier der Maßstab für den quantitativen und qualitativen Ernteertrag gelegt wird.

a) Liefertreue

Zunächst bezieht sich die Koordination auf die zu erntenden und zu liefernden Warenmengen. Da zwischen Genossenschaft und Mitgliedern keine konkreten Mengenvereinbarungen getroffen werden, wie es z.B. in der Vertragslandwirtschaft mit industriellen Abnehmern üblich ist[24], begnügt man sich entsprechend der Satzung und Anlieferungsbedingungen mit der allgemeinen Umschreibung, daß *alle* aus der Wirtschaft des Mitglieds geernteten Obst- und Gemüseerzeugnisse über den Großmarkt zu verwerten sind. Das Interesse der Genossenschaft an einer absoluten Liefertreue ihrer Erzeuger entspringt der Überlegung, nicht nur als zweit- oder gar drittrangiger Absatzpartner zu fungieren, dem die qualitativ minderwertigen Warengruppen geliefert werden, während man die hochwertigen Produkte privat oder an andere Abnehmer verkauft. Ebensowenig möchte die Genossenschaft in sogenannten Schwemmezeiten quasi "Lückenbüßerfunktion" wahrnehmen, wenn sie für das Mitglied den einzig sicheren Absatzkanal darstellt, weil andere Absatzpartner wegfallen, während aber in Jahren geringerer Ernteerträge sich die Mitglieder unter Umgehung ihrer Genossenschaft günstigere Erlöse zu sichern versuchen. Mit der vollständigen Lieferbindung der Erzeuger ist nach SCHOPEN bereits rein formell die wichtigste Voraussetzung einer vertikalen Integrationsform erfüllt: "Der Erzeuger kann nicht mehr frei am Markt seinen Abnehmer wählen, da er entweder auf Grund seiner Mitgliedschaft oder durch Anerkennung der Lieferordnung seine Unternehmerfunktion, den Kreis seiner Abnehmer zu bestimmen, an die Genossenschaft delegiert hat."[25]

---

24) Vgl. FRATZSCHER 1966, S. 34 f.
25) SCHOPEN 1966, S. 40.

b) Lieferbereitschaft

Weiterhin bemüht sich der Erzeugergroßmarkt, seine Lieferanten je nach Absatzlage zu ständiger Lieferbereitschaft anzuhalten. Da der landwirtschaftliche Produktionsrhythmus weitgehend von den natürlichen Verhältnisen der Vegetationsperiode abhängt, entzieht sich die Reifephase der Erzeugnisse einer unmittelbaren Koordination durch die Genossenschaft. Allerdings versucht sie auch hier steuernd tätig zu werden, indem einerseits im Gemüsebau die Ernteverfrühung mittels Folie propagiert und andererseits eine Erntestreuung über Früh- und Spätsorten vorgenommen wird. Gerade durch die saisonale Verteilung von frühreifen, mittelreifen und spätreifen Sorten zu unterschiedlichen Erntezeitpunkten wird eine ausgeglichene Erfassung und Vermarktung ermöglicht, welche die Verwertungskapazitäten voll ausnutzt, kurzfristig saisonale Angebotsstaue vermeidet und die Vermarktungsperiode verlängert. Hierzu verlangt die Genossenschaft von ihren Mitgliedern alljährlich vor der Saison Erntevorausschätzungen über die unterschiedlichen Kulturen und Arten, um einen allgemeinen Überblick über das voraussichtlich anfallende Warenangebot zu erhalten. Auf diese Weise kann dem Markt eine erste Hilfestellung für seine Absatzorganisation zur Hand gegeben werden. Mit solchen Maßnahmen ist allerdings zunächst nur die saisonale Lieferbereitschaft gewährleistet. Um diese zu einer ständigen zu erweitern, bedarf es weiterer Bemühungen von Seiten der Genossenschaft.

Meist erfolgt der Verkauf der Obst- und Gemüseerzeugnisse bereits am Morgen telefonisch, während die Anlieferungen dazu von den Mitgliedern erst im Laufe des Tages erbracht werden. Dadurch besteht die zweifache Gefahr von Fehldispositionen. Erstens: es kann passieren, daß mehr Waren verkauft wurden, als tagsüber tatsächlich zur Erfassung kommen. Dann erwartet die Genossenschaft von ihren Erzeugern kurzfristige Lieferbereitschaft, ad hoc. Das heißt konkret, der Markt ruft Erzeuger, die das gesuchte Warensortiment schwerpunktmäßig kultivieren, an und fragt bei ihnen diesbezüglich nach, etwa: "in was seid ihr stark", "wollt ihr was schaffe" oder auch knapper im Imperativ: "los, raus uff's Feld". Für das Mitglied bedeutet das, daß es während der Saison jederzeit zur Ernte und Warenanlieferung abrufbar bereit sein muß[26]. Zweitens: wird von den Erzeugern mehr Ware angeliefert, als verkauft wurde und voraussichtlich am nächsten Tag noch verkauft werden kann, so bemüht sich die Genossenschaft, ein weiteres Anhäufen der Überschüsse infolge zusätzlicher Anlieferungsmengen zu verhindern. Dazu werden die Erzeuger, soweit es Reifegrad und Witterung erlauben, zu Ernteverzögerungen angehalten, um die Anlieferungen zeitlich hinauszuschieben, womit kurzfristig ein Gleichgewicht im Warenangebot angepeilt wird. Darüber hinaus kann es auch vorkommen, daß die Genossenschaft mittelfristig bestimmte Auftragslieferungen zu erfüllen hat. Dann ergeht an alle Mitglieder ein Ernteaufruf, wie "unbedingt durchpflücken!" oder "wir benötigen dringend folgende Ware".

---

26) Sollten selbst solche Ernteaufrufe unbeachtet bleiben und die mengenmäßigen Engpässe weiterhin nicht beseitigt werden können, dann versucht der Großmarkt durch Zukäufe über seine Vertriebsgenossenschaft die Warenlücke zu schließen.

c) *Erntezeitpunkt*

Insgesamt ist der Erzeugergroßmarkt demnach bestrebt, seine Lieferanten zu kontinuierlicher und absatzadäquater Lieferbereitschaft zu erziehen. Dies betrifft auch die dem Absatzrhythmus angepaßte Ernte und Warenanlieferung. Da erwiesenermaßen die Nachfrage der Konsumenten zum Wochenende (Freitag, Samstag) abrupt ansteigt, entspricht die Marktbeschickung der Genossenschaft diesem Verbraucherrhythmus. Die für das Wochenende bestimmten Obsterzeugnisse sollen daher in der Mehrzahl bereits mittwochs geerntet und erfaßt werden, um donnerstags an den Handel ausgeliefert und ab freitags den Endverbrauchern vorort angeboten werden zu können[27]. Aufgrund dieser zeitlichen Distributionsabfolge sind die Erzeuger angehalten, am Donnerstag und Freitag (mit Ausnahme von Himbeeren und Brombeeren) keine Früchte zu ernten. Es existiert sogar ausdrücklich ein "Freitagspflückverbot". Denn wenn die an diesen Tagen gepflückten Kirschen oder Zwetschen gegen Wochenende erfaßt und erst samstags oder sonntags an den Handel gingen und dann von Montag bis Donnerstag - so lange reicht nämlich meist die zeitliche Disposition des Lebensmittelhandels - in den Geschäften bis zu ihrem Verkauf lagerten, wären die Früchte mitunter eine Woche alt, bis sie den Endverbraucher erreichten. Was dies, unberücksichtigt von zusätzlichen Wärme- und Transportbelastungen, für die Qualität der Früchte bedeutet, läßt sich unschwer ausmalen.

Den Interessen einer qualitativ hochwertigen Marktbeschickung hat sich der einzelne Erzeuger bei der Wahl des Erntezeitpunktes und dem Anlieferungstermin also eindeutig zu unterwerfen. Dies zeigt sich besonders eindrucksvoll auch bei den Äpfeln, weil hier der richtige Pflückzeitpunkt entscheidend Einfluß auf Qualität und Lagerungsfähigkeit der Früchte nimmt[28]. Eine zu frühe Apfelernte beeinträchtigt eindeutig die Fruchtqualität. Fruchtgröße, Farbe, Zucker- und Säuregehalt sowie Aroma sind noch nicht optimal ausgebildet und der Apfel wird anfälliger für Schrumpfen, Stippe und Schalenbräune. Hingegen führt eine zu späte Ernte zu verringerter Haltbarkeit und erhöht zugleich die Anfälligkeit des Apfels gegenüber Fruchtfall, Glasigkeit, Fleischbräune und Fruchtfäule. Die Erzeuger müssen daher den "richtigen" Pflückzeitpunkt wahrnehmen, um Äpfel von einem Höchstmaß an geschmacklicher und sortentypischer Ausprägung (Farbe und Größe) sowie guter Haltbarkeit ernten und anliefern zu können. Der Obstmarkt verlangt in dieser Hinsicht von seinen Apfelproduzenten die Einhaltung bestimmter Erntevorschriften, die sich sowohl auf Termin als auch Verfahrenstechnik beziehen. Die Erstlingsfrüchte sind getrennt zu ernten und anzuliefern, da sie wegen ihrer geringeren Haltbarkeit zuerst aus dem Lager verkauft werden müssen. Um sich der Apfelernte aller Erzeuger zu einem einigermaßen gleichen, akzeptablen Zeitpunkt zu vergewissern, gibt der Markt für die verschiedenen Sorten alljährlich dem Klima und dem Reifestand der Früche angepaßte Rahmenpläne zum Erntetermin heraus, an die sich die Mitglieder zu halten haben. So war 1984 der Zeitrahmen der Apfelernte für die einzelnen Sorten folgendermaßen gesteckt: 13. - 15.9. "Alkmene", 17. - 22.9.

---

27) Lediglich die leichtverderblicheren Waren wie Himbeeren, Brombeeren sowie Frischgemüse und Salat gehen auch noch am Wochenende an den Handel, allerdings nur im produktionsnahen Konsumgebiet, wo weite Transportwege wegfallen.

28) Vgl. STREIF 1980.

"McIntosh", ab 24.9. "Jonagold" und "Cox", ab 5.10. "Golden Delicious" und alle weiteren Sorten waren nach Befragen der Genossenschaft zu ernten.

d) Ernteverfahren

Auch die Technik des Ernteverfahrens steht unter genossenschaftlichem Koordinationsbestreben nach höchstmöglicher Qualität. Generell wird für alle Obstarten eine selektive Ernte verordnet, um den unterschiedlichen Reifestand der Bäume und Sträucher in den verschiedenen Lagen Rechnung zu tragen. So sollen bei Äpfeln zunächst die oberen sonnenbestrahlten Behänge ausgepflückt und die unteren Früchte erst zehn Tage später nach der Ausreifung geerntet werden. Für "Jonagold" sind mindestens zwei Pflückgänge, meist jedoch sogar drei bis vier innerhalb von vier bis sechs Wochen vorgesehen, um die erforderliche Ausfärbung und Größe (mindestens 70 mm) zu erzielen. Ähnlich differenziert sind auch die anderen Apfelsorten zu ernten, wobei die kleineren und unreifen Früchte zunächst noch am Baum belassen werden sollen und erst später nach dem Nachwachsen zu pflücken sind. Bereits während der Ernte müssen die Äpfel von ungenügender Qualität entweder ganz aussortiert werden, damit sie erst gar nicht zur Erfassung kommen, oder je nach Fehlerhaftigkeit als Mostobst ausgepflückt werden. Beim Pflücken sind die Früchte vorsichtig und sachgemäß anzufassen, um Druckstellen zu vermeiden. Die Sorte "Golden Delicious" darf nicht früh morgens geerntet werden, weil sie bei kalter Witterung besonders druckempfindlich reagiert. Die Genossenschaft betont außerdem, daß Äpfel keinesfalls in Eimern geerntet und später in Kisten ausgekippt werden dürfen, sondern spezielle Pflückbeutel und Pflückeimer zu verwenden sind, die nach unten entleert werden. Nur so könnten "Dallen" vermieden werden.

Ähnlich wie bei der Apfelernte sind die Erzeuger auch bei allen anderen Obsternten zu größtmöglicher Schonung der Früchte aufgefordert. Strikt verboten ist die Ernte bei Regenwetter und starkem Tauniederschlag, weil nasse Früchte leichter von Fäulnis befallen werden. Himbeeren und Brombeeren dürfen ausschließlich frisch am Morgen gepflückt werden, um gerade bei diesen sehr leicht verderblichen Früchten beste Qualität zu gewährleisten. Die Genossenschaft verlangt überdies von ihren Mitgliedern, daß sie wie bei den Mostäpfeln auch bei allen anderen Obsterzeugnissen bereits während der Ernte Qualitätssortierungen vornimmt, damit offensichtlich minderwertige Ware erst gar nicht zur Anlieferung kommt. Besonders gefordert wird dies für Zwetschen. Vor den Erntegängen sollen Bäume und Äste kräftig durchgeschüttelt werden, damit die scharkakranken Zwetschen runterfallen und von vornherein aussortiert sind.

Die Genossenschaft nimmt auch deswegen auf ihre Erzeuger hinsichtlich der Ernte Einfluß, weil oftmals bereits zuvor der Verwendungszweck der Ware bekannt ist. So ergeht dann z.B. an die Kirschenerzeuger die Aufforderung, statt Tafelware (was arbeitsaufwendiger ist, da mit Stil geerntet wird) Industrieware (ohne Stil) zu ernten oder statt Brennware (auch kleinere und schadhafte Früchte) Industrieware (mehrheitlich gesunde Früchte mit 18 mm Mindestgröße) zu pflücken.

Auch wenn der Rationalisierungstrend in der Obst- und Gemüsegenossenschaft für eine Reduzierung und Konzentration der Sammelstellen auf wenige, dafür größere Erfassungsstationen spricht[29], um eine kostengünstigere, schnellere und letztlich effizientere Anlieferung zu ermöglichen, überläßt es der Großmarkt bisher noch der Wahl der Produzenten, welcher Erfassungsstelle sie ihre Ware anliefern möchten, ob am Wohnort, in der Nähe des Erzeugerstandortes oder direkt in der zentralen Erfassungsstelle der Genossenschaft.

4.4.5. Warenaufbereitung und Warenbeschaffenheit

Der Strukturwandel auf dem Nahrungsmittelmarkt, der durch Nachffragekonzentration, neue Vertriebsformen und wechselndes Verbraucherverhalten gekennzeichnet ist, stellt auch an die Warenaufbereitung und Warenbeschaffenheit von Obst und Gemüse neue Anforderungen. Heute bestimmen weitgehend die Einkaufszentralen des Sortimenthandels mit ihren Filialgeschäften, Warenhäusern, Handelsketten und Konsumgenossenschaften, wie die Erzeugnisse qualitativ und quantitativ beschaffen, sortiert, aufbereitet und verpackt sein sollen, bevor sie dem Verbraucher einkaufsgerecht (handliche Verpackung, übersichtliche Aufmachung) und konsumgerecht (verzehrfertige, frische Qualität) angeboten werden. Hierzu bedient man sich der Standardisierung landwirtschaftlicher Produkte, wie sie als "Zusammenfassung von großen Massen, gleicher, gleichbleibender, möglichst bester Waren in Einheitspackung, gleicher Aufmachung und unter gleichem Namen" bereits 1930 als genossenschaftliche Erzeugungs- und Absatzmethode gefordert wurde[30]. Die Zusammenstellung einheitlich großer Posten aus zahlreichen Einzelanlieferungen und deren Verkauf als Sammelposten ist aber nur realisierbar, wenn alle Erzeuger ihre Anlieferungen nach gleichen Qualitäts-, Sortierungs- und Aufbereitungsvorschriften vornehmen. Warenaufbereitung und Warenbeschaffenheit bedarf demnach der genossenschaftlichen Koordination, was sich im Erzeugergroßmarkt inhaltlich auf folgende Punkte konzentriert:

a) Verpackung und Kennzeichnung

Bis Obst und Gemüse vom Produzenten zum Endverbraucher gelangt, muß es verschiedene räumliche und zeitliche Distributionsstufen durchlaufen. Dazu ist eine Verpackung erforderlich, die der besonderen Beschaffenheit und den Eigenschaften der Waren entspricht. Dem versuchen die einzelnen deutschen Regionalverbände aller Obst- und Gemüsegenossenschaften in Zusammenarbeit mit dem deutschen Raiffeisenverband und dem Arbeitskreis "Verpackung" innerhalb des Bundesausschusses Obst und Gemüse gerecht zu werden, indem sie einheitliche Gebindenormen und Grundmaße der Verpackungsgefäße festlegen[31]. Der einzelne Erzeuger kann daher nicht individuell nach Belieben in jedem verfügbaren Verpackungsmaterial sein Obst und Gemüse dem

29) In diese Richtung wurde in einer Mitgliederbefragung des Erzeugergroßmarktes durch den Badischen Raiffeisenverband 1984 bereits die Stimmungslage unter den Erzeugern vorsondiert, was bis heute aber noch zu keinen Veränderungen innerhalb des Sammelstellennetzes geführt hat.

30) BECKMANN 1930, S. 3. Bei GOTH 1931 ist nachzulesen, wie sich die Obst- und Gemüseabsatzeinrichtungen in Baden schon frühzeitig um Standardisierung ihrer Erzeugnisse bemühten (S. 28 ff.).

31) Vgl. ROSENBROCK 1976, S. 498.

Großmarkt anliefern, sondern muß sich in dieser Hinsicht dessen Anforderungen fügen. Denn die Vielfalt der Erzeugnisse (Kulturarten und Sorten), Absatzpartner (Groß-, Kleinhandel und Industrie), Verwendungszwecke (Frisch-, Konserven-, Tiefkühl- und Brennware), Absatzwege (produktionsnahe und produktionsferne) und Transportmittel (Spedition, Fuhrpark, Bahn und Abholung) macht aus der Vielfalt der Verpackungsmöglichkeiten[32] jeweils die besondere Wahl eines bestimmten Gebindes erforderlich, das vier Funktionen zu erfüllen hat: Schutz-, Transport-, Manipulations- und Informationsfunktion[33].

Da es sich bei den Obst- und Gemüseerzeugnissen vorwiegend um äußerst empfindliche und verderbliche Ware handelt, muß auch die Verpackung zur Qualitätssicherung beitragen. Sie hat die Ware während der Distribution vor klimatischen Einflüssen (Temperatur und Feuchtigkeit) ebenso zu schützen wie vor mechanischen (Stoß und Druck). Dies ist eine wichtige Komponente des Lieferservice, weil ein Verpackungsmaterial aus haltbaren Werkstoffen, womöglich mit luftdurchlässigen Stellen versehen, die Ware in gutem Zustand, ohne Qualitätsverluste den Abnehmer erreichen läßt. Die Verpackung muß außerdem so genormt sein, daß die Erzeugnisse gut transportfähig, also stapelfähig sind, das Gebinde nicht verrutscht und der Gewichtsbelastung durch aufliegende Behältnisse im Stapel standhält. Im Hinblick auf Transportkosten und Transportdurchführung darf das Leergewicht des Gebindes nicht zu hoch sein und die Abmessungen sollen eine effiziente Transportraumnutzung gewährleisten. Da die Waren mehrmals bewegt werden - vom Feld über die Sammelstelle zur zentralen Erfassung, dort umgesetzt und palettenweise zu Großpartien zusammengestellt - muß sich die Verpackung in die Rationalisierungserfordernisse dieser Manipulationsvorgänge einfügen. Sie muß also derartig gestaltet sein, daß die Transportkette vom Erzeuger zum Verbraucher weitgehend ununterbrochen ist. Zuletzt erfüllt die Verpackung auch noch Informationsfunktion, da bereits bei der Warenerfassung über die Auftragszusammenstellung im Erzeugergroßmarkt bis hin zur Warenauslieferung an die Abnehmer schon vom Gebinde auf den Inhalt geschlossen werden kann. Außerdem strahlt die Art der Sichtbarmachung und Darbietung des Füllgutes quasi als deren "Spiegel" einen besonderen Werbeeffekt auf die Verbraucherseite aus[34].

Zur Erfüllung dieser vier Funktionen ordnet die Genossenschaft ihren Erzeugern bestimmte Richtlinien bei der Wahl des Verpackungsmaterials an. So müssen zur Anlieferung von Industrieware generell 6-kg-Plastiksteigen mit ausgelegtem Papier verwendet werden. Sämtliches Gemüse ist in Holzeinheitskisten zu geben, mit Ausnahme von Tomaten und Zucchini, die in sogenannten Hollandsteigen, oder Bohnen und Spargeln, die in Spezialkörben anzuliefern sind. Beerenobst bringt der Erzeuger entweder in 250-g-Schalen zu 20 Stück in einer Steige oder in 500-g-Schalen zu 10 Stück in einer Steige zur Erfassung, was der Obstmarkt jeweils nach den Wünschen des Auftraggebers zuvor anordnet. Auch bei Steinobst richtet sich die Art des Gebindes nach dem Abnehmer. Es stehen nach Bedarf 10-kg-Spankörbe als Handelsverpackung zur Verfügung oder für

---

32) Dies sind namentlich: Obstschalen (für 250 g und 500 g Früchte), Umpacksteigen (für 10 und 20 Obstschalen), Trägerschalen und Tragetaschen, Umpackkartons (für Trägerschalen sowie 8 und 10 Tragetaschen), Wellpappkörbe (für 2,5 kg Steinobst, 3 kg und 4 kg Äpfel sowie 10 kg Zwetschen), Wellpappkartons (für 10 kg und 20 kg Äpfel), Holzsteigen (für 6, 18 und 20 Kilo-Ware), 6 Kilo-Kunststoffsteigen, Holzeinheitssteigen, Holzspankörbe und weitere Spezialkartons.

33) Vgl. DRESSLER 1980, S. 22 ff.

34) Vgl. LACKNER 1967, S. 213.

Sonderverkaufsaktionen des Handels besondere Kleinpackungen. Kirschen und Zwetschen sind in mit Entlüftungsschlitzen versehenen 2,5-kg-Wellpappkörbe bzw. als verkaufs- und gebrauchsfertige Mengen in Ein- oder Zwei-Pfund-Kunststoffschalen zu pflücken. Für Süßkirschen als Frischmarktware wird außerdem die 6-kg-Holzsteige verwendet. Auch wenn die Erzeuger am liebsten in Großgefäße ernten, weil dies schneller und einfacher geht, müssen sie sich nach der jeweiligen Auftragslage der Genossenschaft und deren Weisungen hinsichtlich der Verpackungsart fügen. So kann es vorkommen, daß Ware ausschließlich in Kleingefäße zu einem Pfund eingefüllt werden muß[35], was für den Erzeuger mit mehr Arbeit - mehrmaliges Abpacken und Abwiegen für eine Steige statt nur einmaligem - verbunden ist. Bei freier Wahl des Gebindes ernten z.B. die Apfelproduzenten ihre Früchte bevorzugt in Großgefäße (Großkiste, 20-kg-Bodenseekiste oder Holzsteigen) statt in kleinere Kartons oder Wellpappkörbe, um einfacher und schneller die gleiche Warenmenge abliefern zu können.

Die Genossenschaft legt bei der Verpackung der Ware zudem größten Wert darauf, daß sich die Gefäße in "ordentlichem Zustand" befinden, d.h. nicht schmutzig, die Pappgefäße nicht geknickt und die Holzsteigen nicht angebrochen sind oder sogar einzelne Leisten fehlen. Die Anlieferer sind daher angehalten, auch in dieser Hinsicht eine sorgfältige Warenaufbereitung durchzuführen, die schon rein optisch eine besondere Warenqualität des Erzeugergroßmarktes widerspiegelt. Dazu gehört ebenfalls, daß die Erzeuger ihre Warenposten vor der Erfassung kennzeichnen. An den Spankörben müssen Schlaufen angebracht werden, die mit der Warenbezeichnung, der Größensortierung, Handelsklasse und der Kennnummer des Erzeugers zu versehen sind. Entsprechend muß die Signierung auch an der Außenseite der angelieferten Steigen und Kisten vorgenommen werden. Wichtig für eine einwandfreie Warenaufbereitung ist natürlich das ordnungsgemäße Abpacken der Erzeugnisse nach den vorgegebenen Gewichtsmengen. Die Erzeuger verpflichten sich mit ihrer Anlieferung darauf, daß beim Einfüllen der Erzeugnisse nach den jeweiligen Vorgaben und ohne das Verpackungsmaterial tariert wurde. Die Behältnisse müssen mindestens das ausgewiesene Sollgewicht aufweisen.

b) Reifegrad

Nicht nur die äußere Aufmachung der Ware in ausgewählten Gebindearten ist Gegenstand der genossenschaftlichen Koordination, sondern die eigentliche Qualität der Erzeugnisse steht besonders im Mittelpunkt der Steuerung des Erzeugergroßmarktes. Dazu finden die Handelsklassenverordnung und EG-Qualitätsnormen mit ihren Klassen "Extra", I, II und teilweise auch III als Maßstab für die Beschaffenheit der Warenanlieferungen und deren Einordnung in Güteklassen Anwendung. Durch die Einordnung der Erzeugnisse in verschiedene Güteklassen werden die Produkte fungibler, da sie nach festgelegten und allgemein verbindlichen Standards gehandelt werden können[36] - eine unverzichtbare Voraussetzung für den Telefonverkauf im Erzeugergroßmarkt, damit die Abnehmer ohne vorherige Besichtigung der Warenposten deren Be-

35) In absehbarer Zukunft werden die Kleinpackungen immer stärkere Verwendung finden, weil sich die Haushaltsgrößen verkleinern bis hin zu Einzelhaushalten von sog. "Singles".

36) Vgl. TREIS 1970, S. 104.

schaffenheit auch auf Distanz ungefähr abschätzen können. Die gesetzlichen Qualitätsnormen beziehen sich auf Mindestgröße sowie die äußere und innere Qualität, d.h. Farbe, Form und Befall mit Krankheiten und Schädlingen.

Zunächst ist der Reifegrad der Ware ein wichtiges Gütekriterium. Allgemein gilt für die Anlieferer die Anordnung, ihre Erzeugnisse in einem Reifestadium und Frischezustand zur Erfassung zu bringen, die es der Ware ermöglichen, unversehrt Transport und Hantierung zu überstehen und am Bestimmungsort noch der Güte laut Handelsklasse zu entsprechen, mit der sie vor der Erfassung ausgezeichnet wurden. Konkret beinhaltet dies für die Gemüseproduzenten, keinen welken Salat und weder unreife (grüne) noch vollreife (weiche) Tomaten anzuliefern. Im Obstbereich fallen die Mindesteigenschaften, die bei der Anlieferung zu berücksichtigen sind, umfangreicher aus. Bei den Äpfeln wird vor allem auf gut ausgereifte Früchte Wert gelegt, die weder grasig noch in ihrer Ausfärbung unterentwickelt sind. Rotbäckige Äpfel sollen tatsächlich in rotfarbigem Reifezustand und nicht grün angeliefert werden. Die Farbgebung der einzelnen Apfelsorten bezieht sich dabei auf den jeweiligen Oberflächenanteil der Früchte (die Hälfte, ein Drittel oder ein Zehntel), der bei der Warenerfassung bereits ausgefärbt sein soll. Die Himbeerproduzenten müssen den Reifegrad ihrer Früchte ebenfalls nach der Sorte bestimmen. Während die herkömmlichen Sorten mit grünlichem bis hellrotem Spitz anzuliefern sind, bedürfen die neueren Himbeersorten erst bei rotem Spitz der Ernte. Generell gilt, daß die Beeren hellrot und fest, nicht dunkelrot und weich sein sollen, da die dunkelroten, weil überreifen, Früchte den Endverbraucher nicht mehr in frischem, genußreifen Zustand erreichen. Brombeeren dürfen keine roten Zellen aufweisen, sondern sollen rundum schwarz, allerdings auch nicht überreif (weich) sein. Beide Beerenarten sind gesund und ohne angefaulte Einzelzellen abzuliefern. Auch die für den Frischmarkt bestimmten dunklen Kirschen sollen festfrüchtig und keinesfalls weich sein. Bei Zwetschen und Johannisbeeren ist der Reifegrad ebenfalls nach den Sorten zu unterscheiden. Die Zwetschensorte "Zimmers" muß mit bläulicher, die Sorte "Ersinger" mit grünlicher Rundung geerntet werden. Dunkler als die roten Johannisbeersorten sind die anderen Sorten anzuliefern.

Auch beim Verwertungsobst ist der Reifegrad der Früchte für die Erfassung teilweise vorgegeben. Um Kirschen der Genossenschaft als Rohware für Saft- und Joghurthersteller andienen zu können, müssen die Früchte gut ausgereift, von dunkelbrauner bis schwarzer Farbe sein, weil für die industrielle Vorbereitung gerade der kräftige Farbstoff gefragt ist. Bei Brennkirschen werden sogar voll- bis überreife Früchte verlangt, für die ein Mindestöchslegehalt von 75° als Erfassungsvoraussetzung besteht. Die Marmeladenindustrie fordert für Zwetschen als Rohware ebenfalls vollreife (gelbfleischige statt grünfleischige) Früchte wegen deren intensiveren Farbgebung und des höheren Fruchtzuckergehaltes.

c) Größe

Als weiteres Qualitätskriterium dient dem Erzeugergroßmarkt die Größe der einzelnen Obst- und Gemüseprodukte. Da die Verbaucher zunehmend das äußere Erscheinungsbild von Waren ihrem Konsumverhalten zugrunde legen, bemüht sich die Genossenschaft, ihre Mitglieder auf großfrüchtige Anlieferungen auszurichten; ausgenommen sind Himbeeren, Brombeeren und Johannisbeeren, für die keine Größenbestimmungen existieren. Generell werden alle Erzeugnisse vom Großmarkt nur als Handelsklasse I erfaßt, wobei dann z.B. für Stachelbeeren je nach Sorte eine Mindestgröße von 22/20 mm vorgeschrieben ist. Bei den Größen geht der Markt teilweise weit über die gesetzlich vorgeschriebenen Mindestanforderungen hinaus. Den Produzenten wird die Schwelle zur Anlieferungszulassung damit erhöht, worin eine qualitätssteigernde Maßnahme gesehen wird, um gegenüber der Konkurrenz bestehen zu können. Für Kirschen beträgt die gesetzliche Verordnung z.B. 20 mm Querdurchmesser für Klasse "Extra" und - je nach Sorte - 15/17 mm für Klasse I. Die Genossenschaft hebt dagegen ihr Anspruchsniveau auf 25/22/20 mm je nach Sorte als Erfassungsvoraussetzung an, wobei allerdings dann diese Kirschen nur als Klasse I erfaßt und vermarktet werden und von Klasse "Extra" kein Gebrauch gemacht wird. Eine Verschärfung der Mindestgrößenbestimmung erfolgt ähnlich bei Äpfeln, Zwetschen und Erdbeeren. Der Obstmarkt nimmt die Ware, die den gesetzlichen Mindestgrößen der Klasse "Extra" entsprechen, lediglich als Klasse I an und tritt mit dieser Klasse auch seinen Abnehmern gegenüber. Mit Ausnahme der Äpfel vermarktet die Genossenschaft kein Obst der Klasse II. Um gegenüber den Abnehmern die besondere Warengüte - gemessen an der Größe - hervorzuheben, macht man von der Klasse "Extra" keinen Gebrauch. Stattdessen wird den Kunden solche Ware als besonders schöne und große "Spitzenware" der Klasse I zu höheren Preisen angeboten. Selbst bei Äpfeln, für die auch Klasse II erfaßt wird, sind die Mindestgrößen verschärft. Genossenschaftliches Ziel sind Früchte von 70 - 85 mm je nach Sorte, womit man sich über den gesetzlichen Standard begibt, wie der Geschäftsführer des Erzeugergroßmarktes erläutert:

"Nun können Sie sagen, laut Handelsklassenverordnung sind bis 60 mm Äpfel zugelassen. Das sind eben unsere eigenen Bedingungen, daß wir über 65 mm für Klasse II und über 70 mm für Klasse I fordern. Diesen Bedingungen müssen sich die Erzeuger halt unterwerfen."

Auch Industrieware, wie z.B. Kirschen, sind zum Teil an bestimmte Anlieferungsvoraussetzungen gebunden; während auf Wunsch der industriellen Abnehmer für Marmeladeware 20 mm und für Glasware 21 mm erforderlich sind, stellen die Saftproduzenten keinerlei Größenanforderungen an ihre Rohware.

d) Sonstige Güteeigenschaften

Die genossenschaftliche Koordination richtet sich noch auf weitere Qualitätskriterien bei der Warenanlieferung. Nach den staatlichen Verordnungen gilt für alle Obst- und Gemüseerzeugnisse, daß sie ganz, d.h. nicht gebrochen, geteilt, gedrückt oder gequetscht, sauber, insbesondere frei von Erde, Sand und ähnlichem, frei von Rückständen von Dünge- und Schädlingsbekämpfungsmitteln, von anormaler äußerer Feuchtigkeit und frei von fremdem Geschmack sowie Geruch sein müssen. Der Erzeugergroßmarkt fordert besonders in drei Bereichen die Einhaltung von qualitativen Standards bei der Obstanlieferung.

Erstens ist die Genossenschaft bemüht, daß keine Hagelware zur Anlieferung kommt, was besonders Kirschen und Zwetschen betrifft. Denn der Hagelschlag führt bei den Früchten nicht nur zu äußeren Schalenfehlern, was dem genossenschaftlichen Bestreben nach ausschließlich Frischmarktware der Klasse I widerläuft, sondern beeinträchtigt infolge von Verhärtungen und Vernarbungen der Einschlagstellen auch die geschmackliche Qualität. Zweitens sollen die angelieferten Früchte ohne Schädlings- und Krankheitsbefall sein. Dies bezieht sich in erster Linie auf die Kirschen, da der Obstmarkt sowohl seinen Abnehmern für Frischmarktware als auch der Verwertungsindustrie hundertprozentige Madenfreiheit der Früchte garantiert. Außerdem wird von den Apfelproduzenten verlangt, daß ihre Anlieferung frei von Druckstellen, Berostung und Schorf sind. Äpfel und Zwetschen müssen ohne Schildläuse sein. Bei Zwetschen gilt zudem als besonderes Gütemerkmal, wenn die Früchte von einem Duftfilm überzogen sind. Scharkaerkrankte Zwetschen sind ebenso wie mehltaubefallene Stachelbeeren von der Erfassung ausgeschlossen. Schließlich nimmt sich die Genossenschaft drittens noch den besonderen Qualitätsinteressen ihrer industriellen Absatzpartner an. Auch als Rohware müssen die Zwetschen scharkafrei sein. Alle zur Verwertung bestimmten Früchte dürfen zudem weder zerdrückt, noch angefault sein. Dies gilt besonders für Kirschen und Johannisbeeren, da diese als Grundstoff zur Joghurtherstellung frei von Pilzen sein müssen; andernfalls würden sich bei der Fabrikation erhebliche Schwierigkeiten einstellen. Kirschen und Johannisbeeren müssen auch als sogenannte "Rollware" gesund sein, weil sie zur industriellen Verwertung als Konditoreibedarf gefroren werden und nach dem Auftauen wieder als einzelne Früchte abrollen sollen. Beschädigte Ware, die feucht und zermatscht angeliefert wurde, rollt aber nach dem Auftauen nicht ab, sondern bildet einen Klumpen.

Auch im Gemüsebau stellt die Genossenschaft qualitative Ansprüche an ihre Produzenten. Alle Salatsorten sind frei von Erde und Sand und nicht geschossen abzuliefern; Feldsalat muß überdies gründlich geputzt und unmittelbar am Wurzelhals abgeschnitten sein. Kohlrabi dürfen ebensowenig Risse aufweisen und holzig sein wie Rettiche oder Möhren. Alle weiteren Qualitätseigenschaften, die die angelieferten Obst- und Gemüseerzeugnisse aufweisen müssen, entsprechen den Bestimmungen der EG-Qualitätsnormen bzw. der Handelsklassenverordnung.

e) Sortierung

Wesentliche Voraussetzung, um die angelieferten Einzelposten der Erzeuger als Sammelposten der Genossenschaft vermarkten zu können, ist nicht nur die einheitliche Warenaufbereitung mittels Verpackung und Signierung, sondern auch die qualitative Standardisierung. Aus diesem Grunde müssen die angelieferten Erzeugnisse ihrer Güteauszeichnung entsprechend genau sortiert sein, damit die Warenposten einheitlich und gleichmäßig in Größe, Farbe, Reifegrad und Form sind. Zwar gibt es nach den staatlichen Bestimmungen sogenannte "Toleranzen", nach denen ein gewisser Anteil (meist 10%) der Warenanlieferung von der ausgezeichneten Güteklasse abweichen darf, doch orientiert sich der Erzeugergroßmarkt auch hier an der "oberen, verbraucherfreundlichen Linie", wie der Geschäftsführer zu verstehen gibt. Indem die gesamte Anlieferung an Beerenobst und Kirschen - unabhängig ihrer Spitzenqualität eine "Extra"-Klasse - als Klasse I vermarktet wird, und indem man der Klasse II die Qualitätsstandards von Klasse I zugrunde legt, versucht der Großmarkt von vornherein einheitliche Warenposten von gleichmäßiger Güte zusammenzustellen. Ähnlich verhält es sich bei der Gemüseerfassung, da die Genossenschaft die Mehrzahl der Erzeugnisse als Klasse II vermarktet, um nicht ständig mit Qualitätsunterschieden innerhalb der einzelnen Posten rechnen zu müssen. Dafür sollen die Erzeuger ihre Warenanlieferungen dann trotz vielleicht höherer Güteklasse in eine Handelsklasse niedriger einstufen.

4.5. Koordinationsinstrumente

Ziel aller genossenschaftlicher Koordination ist der erfolgreiche Leistungsaustausch mit den Mitgliedern, indem durch die materielle, räumliche und zeitliche Abstimmung der einzelnen Leistungsstufen ein sinnvolles Ineinandergreifen von Produktion, Ernte, Anlieferung und Vermarktung der Erzeugnisse erreicht wird. Dabei bemüht sich die Genossenschaft, die von ihr bestimmten Koordinationsinhalte aus dem Rahmen allgemeiner Unverbindlichkeit herauszuheben und auf deren Realisierung durch die Erzeuger hinzuwirken. Es bedarf bestimmter Koordinations- oder "Steuerungsinstrumente"[37], derer sich die Genossenschaft bedienen kann. Solche Instrumente werden allerdings nicht voneinander isoliert, jedes für sich eingesetzt, sondern sollen durch ihr Zusammenwirken miteinander die Produktionstätigkeit der Erzeuger in Einklang mit der genossenschaftlichen Verwertungstätigkeit bringen.

4.5.1. Beratung und Information

a) Mitteilungen an die Erzeuger

Aus dem Leistungsprozeß zwischen Obst- und Gemüsegenossenschaft und Mitgliedern ergeben sich eine Reihe von Fragen, die von Seiten des Erzeugergroßmarktes einer Abklärung bedürfen. Die Fragen betreffen einerseits die organisatorische Durchführung der Leistungsbeziehungen und andererseits einzelne inhaltliche Aspekte, die aus dem genossenschaftlichen Koordinationsstreben resultieren. Die Genossenschaft muß daher für eine laufende Information ihrer Mitglieder Sorge tragen. Sie tut dies regelmäßig durch Rundschreiben und Aushänge an den zentralen Erfassungs- und den örtlichen Sammelstellen. Vor jeder Erntesaison erhalten alle Erzeuger außerdem ein ausführliches Rundschreiben, das über die voraussichtlichen Erfassungstermine der Sammelstellen, die zur Wahl stehenden Verpackungsgefäße sowie die Leergutabwicklung informiert und die Erzeuger an einzelne Qualitätsrichtlinien erinnert. Darüber hinaus gibt der Erzeugermarkt besondere Empfehlungen, Ratschläge und Hinweise, die sich auf Anbau und Ernte beziehen. So wird auf einige Obst- und Gemüsearten und -sorten hingewiesen, deren Anbau forciert bzw. reduziert werden soll und es werden produktionstechnische Maßnahmen zur Qualitätsförderung angemahnt (z.B. Düngung, Pflanzenschutz, Sommerschnitt, Erntetechnik). An bestimmte Mitgliedergruppen (Apfel-, Beeren-, Zwetschen- und Kirschproduzenten) sind auch schon jeweils auf die besondere Bewirtschaftungstechnik und Qualität ihrer Kultur bezogene Schreiben ergangen.

---

37) Vgl. BRIXNER 1971, S. 117 ff.

Während der Saison erfolgen kurzfristige Meldungen, welche Änderungen der Warenerfassung betreffen (z.B. Termine, Warengruppen, Verpackungsart) nur noch über Aushänge an den zentralen Erfassungsstationen und den Sammelstellen. Über Aushang werden auch die Spritzaufrufe und sonstigen aktuellen Meldungen mitgeteilt. Als zusätzliche Informationsquelle für die Erzeuger wurde vor einigen Jahren ein automatischer Anrufbeantworter installiert, über den man ab Saisonbeginn die aktuellen Hinweise des Obstmarktes erfahren kann. Solche Hinweise sind unter anderem auch die Mitteilung der wöchentlichen Durchschnittspreise, die einzelne Obstarten und Sorten erreicht haben. Die Weitergabe des Preisstandes über Aushänge, den Anrufbeantworter und sogar über die Lokalpresse erfüllen eindeutig instrumentelle Funktion der Erfassungssteuerung. Im Falle angespannter Absatzlage bei einzelnen Erzeugnissen mit niedrigem Preisstand signalisiert die Genossenschaft durch entsprechende Meldungen, wie z.B. "lohnt sich noch die Ernte?", die fehlende Rentabilität des Ernteaufwandes, womit sie auf eine Reduzierung der Warenanlieferungen hinwirken will. Bei ungedeckter Nachfrage mit steigender Preistendenz fordert der Obstmarkt hingegen durch die Mitteilung der zu erzielenden hohen Erlöse seine Erzeuger dazu auf, umgehend durchzupflücken und die Ernte anzuliefern.

Jeder Erzeuger erhält von der Genossenschaft in unregelmäßigen Jahresintervallen die "Anbauempfehlungen" zugeschickt. In diesem Heft sind in Zusammenarbeit mit den amtlichen Beratungsstellen Empfehlungen der marktgängigen Arten und Sorten für Neuanpflanzungen ausgearbeitet und qualitätsfördernde Anbautechniken aufgeführt.

b) Gruppenberatung

Im Obst- und Gemüsebau wird die Beratung von den verschiedensten Institutionen wie Landwirtschaftsamt, Landratsamt, Regierungspräsidium und Pflanzenschutzamt wahrgenommen. Die Offizialberatung widmet sich in erster Linie anbautechnischen Fragen. Die Zusammenarbeit mit den Absatzeinrichtungen verläuft eher locker und auch nicht immer ohne Spannungen aufgrund verschiedener Auffassungen und Empfehlungen in einzelnen Punkten. Allerdings versteht sich die genossenschaftliche Beratung keineswegs als Konkurrenz, sondern als Ergänzung der Offizialberatung[38], indem sie stark auf absatzwirtschaftliche Gesichtspunkte wie Sortenempfehlungen und Qualitätsproduktion ausgerichtet ist[39]. Zugleich werden die Empfehlungen der amtlichen Stellen, insbesondere des Pflanzenschutzamtes (so z.B. des Warndienstes beim Bekämpfen der Kirschfruchtfliege), regelmäßig und sofort an die Erzeuger weitergegeben.

Schwerpunkt der Beratung durch den Erzeugergroßmarkt ist der Obstbau durch den eigens dafür angestellten Obstbautechniker. Seine Aufgabe ist die Verbesserung und Bereinigung der regionalen Anbaustruktur: marktgängige statt Problemsorten, moderne Neuanlagen statt veraltete Baumbestände, qualitätsorientierte Kultivierung statt traditionelle Bewirtschaftungsweise. Außerdem soll er bei den Mitgliedern auf eine Rationalisierung von Produktion, Ernte und Warenerfassung hinwirken. Daher wird die

38) FRATZSCHER 1966 spricht sich in dieser Hinsicht für eine klare Trennung der genossenschaftlichen von der staatlichen Beratungstätigkeit aus (vgl. S. 90).

39) Für SCHOPEN 1966 nimmt daher die genossenschaftliche Beratungsarbeit "eine zentrale Bedeutung beim Aufbau des integrierten Absatzsystems" im Obst- und Gemüsebau ein (S. 47).

Beratung allgemein "als besonders wirksames Koordinierungsinstrument zwischen Erzeugerbetrieb und Absatzstufe" beurteilt[40].

Der Obstbauberater bietet den Erzeugern mehrere Gruppenveranstaltungen an, in denen sie über verschiedene Bereiche der Bewirtschaftung, von der Planung von Neuanlagen über Anbautechniken bis hin zur Ernte, informiert werden. Vorrangiges Ziel der Beratungsarbeit ist dabei die Aufklärung[41]. Den Erzeugern wird deutlich gemacht, weshalb bestimmte Einzelmaßnahmen richtig sind, daher vom Obstmarkt angeordnet werden und nicht nur im genossenschaftlichen Interesse durchzuführen sind, sondern auch den Erzeugern selbst Vorteile bringen - nämlich gesicherte Erträge, bessere Qualität und folglich höhere Preise:

"Der Erzeuger soll erkennen, daß er selbst durch eigenes Zutun die Qualität steigern kann und damit auch mehr Geld bekommt."
- Geschäftsführer.

Dazu muß den Erzeugern der nötige Wissens- und Informationsstand vermittelt werden, damit sie die genossenschaftlichen Koordinationsbemühungen nicht als Schikane abtun, sondern als Nivellierung des Informationsgefälles zwischen Produktions- und Absatzstufe verstehen. Der Obstmarkt führt daher Anlagebegehungen, Schnittkurse und Lehrfahrten durch. Während der Saison macht der Berater mit interessierten Mitgliedern sog. "Ernterundgänge", wobei er in Obstanlagen den Stand der Bäume, Ernteprobleme und grundsätzliche Pflegemaßnahmen diskutiert. Die Apfelanlagen stehen meist im Mittelpunkt der Gruppenberatungen. Vor Ort werden den Teilnehmern z.B. Anhaltspunkte zur Bestimmung des "richtigen" Erntezeitpunktes mitgeteilt: die Löslichkeit des Stils vom Fruchtkuchen, der Umschlag der Grundfarbe der Frucht oder der Chlorophyllgehalt des Fruchtfleisches. Direkt unter dem Baum kann der Erzeuger dann seine neuen Kenntnisse am Apfel praktizieren, indem er einen Jodtest vornimmt oder mittels Farbtafeln die Farbänderungen der Früchte ermittelt. Ebenso anschaulich werden regelmäßig Sommerschnittkurse in Apfel- und Zwetschenanlagen veranstaltet, um den Erzeugern die Vorzüge der Sommerbehandlung (Schnitt, Ausriß, Ausdünnen und Auspflücken) praxisnah zu demonstrieren. Dabei rechnet der Berater vor, wie sich diese Maßnahmen auf die Erntearbeit der Produzenten erleichternd auswirken. Um z.B. ein Kilo Äpfel zu pflücken, seien 11 Stück à 60 mm oder 8 Stück à 65 mm Durchschnittsgröße nötig, aber nur 5 - 6 Stück von dem - von der Genossenschaft angestrebten - Durchmesser von 75 mm, was sich direkt in weniger Pflückarbeit niederschlage. Solche Beratung in kleineren Gruppen fördert nicht nur das Verständnis der Produzenten für die genossenschaftlichen Anbaurichtlinien, sondern unterstützt zusätzlich den Erfahrungsaustausch untereinander. Ohne Scheu vor größerer Öffentlichkeit und ohne Hemmungen kommen einzelne Qualitätsprobleme im Anbau zur Sprache und werden gemeinsam unter Führung des Beraters gelöst.

In unregelmäßigen Abständen lädt der Großmarkt mit anderen Stellen auch zu Lehrfahrten ein, in den letzten Jahren zu mehreren Beeren-, Apfel- und Kirschlehrfahrten. Ziel dieser Exkursionen sind andere Obstbauregionen, wo die Erzeuger unter fachkundiger Leitung über die Anwendung bestimmter Anbautechniken und qualitätsfördernder Bewirtschaftungsmaßnahmen informiert werden. Der Erzeugergroßmarkt hält außerdem alljährlich im Winter für jede Sammelstelle eine Mitgliederversammlung ab.

40) Ebd. 1966, S. 47.
41) FEUERBORN 1978 nennt dies "Einflußnahme durch Überzeugung" (S. 45).

Darin wird ein allgemeiner Überblick über das Marktgeschehen gegeben und, auch an dieser Stelle wiederum, die qualitätsorientierte Produktion propagiert. Indem Geschäftsführer und Berater aus ihrer täglichen Praxis Probleme mit minderwertigen Warengruppen erörtern, versuchen sie auf mehr Verständnis bei den Mitgliedern für den genossenschaftlichen Qualitätsgedanken hinzuwirken. Anhand von Einzelfällen wird der Ärger der Kundschaft über unreife, verdorbene oder überreife Waren beschrieben, der frische Zustand der Erzeugnisse als Voraussetzung für die Bewältigung längerer Absatzwege herausgestellt und ein "Superpreis" für erstklassige "Spitzenware" zugesichert. Meist gibt der Obstbauberater dann noch anhand von Dias, Tabellen und sonstigem Anschauungsmaterial anbautechnische Hinweise, deren Anwendung bei der Produktion angemahnt wird.

c) *Individualberatung*

Neben der Gruppenberatung in Kursen, Rundgängen, Exkursionen oder Versammlungen wird der Obstbauberater auch bei einzelnen Mitgliedern tätig. Bei Anbauproblemen oder Ernteschwierigkeiten können die Erzeuger den Berater direkt in der Genossenschaft aufsuchen oder mit ihm ein Gespräch vor Ort in den Obstanlagen vereinbaren. Der besondere Vorzug der Individualberatung gegenüber der Gruppenberatung besteht darin, daß die spezifischen Gegebenheiten des Einzelfalls in einer "qualifizierten Spezialberatung"[42] Berücksichtigung finden. Auf der Grudlage der Kenntnis von individueller Betriebsorganisation, Betriebsablauf und Produktionsvoraussetzungen (z.B. Arbeitskräftebesatz, Produktionsstandort, Spezialisierungsgrad) vermag der Berater dem Erzeuger über praxisnahe und anwendungsbezogene Hinweise Entscheidungshilfen zu geben. So wird er einem Nebenerwerbsbetrieb kaum eine arbeitsaufwendige Apfelintensivanlage, einem Betrieb mit wenig Arbeitskräften eine Erdbeerintensivierung oder in sonnigen Lagen eine Himbeerpflanzung empfehlen. Gleichzeitig berücksichtigt die Anbauberatung hinsichtlich der Kultur- und Sortenwahl auch die Marktgegebenheiten:

"Mir wisse ja, was im Verkauf geht, und was ma braucht. Und da kann ma auch ä bissel steuern. Ma sagt dann: 'davon die Finger lasse', 'von dem brauche mir mehr' oder ich nehm des erscht gar net in mei Beratung auf."
- Berater

Folglich wird gegenwärtig von Sauerkirschen und schwarzen Johannisbeeren abgeraten, und bei allen Kulturen werden Frühsorten und bei Äpfeln rote Sorten empfohlen. Entsprechend steuert auch der Leiter der Gemüse-Verwertungseinrichtung die Neuanpflanzungen der einjährigen Kulturen:

"Des wird bei de Genossenschaft abgesproche, daß die hingehe und mir sage: 'horch e mol, des hat für euch kein große Wert, der macht des scho, und da reicht des uns, macht ihr lieber Gurke, Tomate oder sonscht was'"
- GG2

Über die reine Anbau- und Ernteempfehlung hinaus bemüht sich der Obstbauberater um eine einwandfreie Gütesortierung der Warenanlieferungen. Dazu nimmt er verschiedentlich an der Erfassung der Obsterzeugnisse in den Sammelstellen teil und macht die Anlieferer auf Ungenauigkeiten in der Größen-, Farb- oder Qualitätssortie-

42) FRATZSCHER 1966, S. 36.

rung aufmerksam. Die Erzeuger sind außerdem aufgefordert, im Falle von Unsicherheiten und Fragen bei den von ihnen vorzunehmenden Güteeinstufungen den Berater mit einem "Probekorb" aufzusuchen:

"Wenn irgendwelche Frage sind, macht ma halt en Probekorb, geht hoch auf de Markt und fragt die: 'was muß raus, was kann noch ni?'"
- OV 4

Die persönliche Beziehung zu den Erzeugern, welche die Individualberatung mit sich bringt, macht den Obstbauberater zu einem fundierten Kenner der regionalen Anbaustruktur[43], was für die Genossenschaft einen bedeutsamen Koordinationsfaktor darstellt, so hinsichtlich der Lieferbereitschaft ihrer Mitglieder. Dies wird in Situationen deutlich, wenn z.B. dringend zur Vermarktung benötigte Ware in zu geringen Posten zur Anlieferung kommt. Dann wird der Berater aufgrund seiner besonderen Kenntnis der Produktionsstruktur einzelner Mitglieder tätig. Er sucht die auf die fehlende Warengruppe spezialisierten Betriebe auf, mahnt die Produzenten zur sofortigen Ernte und sorgt dafür, daß die Erzeugnisse direkt auf dem Feld erfaßt und zum Transport verladen werden. Solche Vorzüge der Individualberatung läßt verständlich werden, warum der Erzeugermarkt immer wieder intensiv in Rundschreiben, Aushängen und Versammlungen seine Mitglieder zur Annahme der Beratung wirbt:

"Ob Neuanlage, Erhaltung, Schnitt, Düngung, Ernte - ich komme, um mit Ihnen an Ort und Stelle eine gute Lösung zu finden."
- Obstbauberater im Rundbrief

Dabei möchte die Genossenschaft ihre Anbauberatung ebensowenig wie die sonstigen Mitteilungen keinesfalls als genossenschaftliches Steuerungsinstrument, sondern als Hilfestellung für die Erzeuger verstanden wissen:

"Wir hoffen, daß wir Ihnen geholfen haben"
"Bitte haben Sie für diese Maßnahmen Verständnis"
"Unser Rat an Sie als Erzeuger"
"Wir möchten Ihnen dazu folgende Empfehlung geben"
"Wir bitten ebenso höflich wie dringend, auf die Einhaltung der Anlieferungsbedingungen bedacht zu sein"
- Auszüge aus Rundschreiben

4.5.2. Produktionsfördernde Dienstleistungen

Ähnlich der Beratungsarbeit kommt auch den weiteren produktionsfördernden Dienstleistungen des Erzeugergroßmarktes instrumenteller Charakter zu, um die landwirtschaftliche Produktion in Einklang mit den genossenschaftlichen Verwertungsinteressen zu bringen. Besonders deutlich kann dies anhand der Beschaffung von Betriebsmitteln für die Erzeuger nachvollzogen werden. Die fakultativen Gemeinschaftsbestellungen von Jungpflanzen für den Obstbau oder von Saatgut für den Gemüsebau werden vom Großmarkt nicht ausschließlich deswegen durchgeführt, um aufgrund größerer Mengen über Rabatte Preisermäßigungen für die Mitglieder zu erzielen. Vielmehr er-

43) In den USA stellen die genossenschaftlichen Obst- und Gemüseberater als "fieldsmen" über die ständige Kontaktaufnahme mit den Erzeugern eine besondere Vertrauensperson dar; vgl. LILIENTHAL 1956, S. 93.

hofft sich der Markt davon einen "Egalisierungseffekt"[44], indem über die Besorgung einheitlich guten Pflanz- und Saatmaterials auf eine Qualitätshebung in der Produktionsstufe hingewirkt werden kann. Die Vorteile der genossenschaftlichen Beschaffung werden vom Obstbauberater auch in dieser Hinsicht kommentiert, daß man als Erzeugervereinigung auf die Baumschulen "mehr Druck ausüben" könne, um die gewünschte Qualität der Jungpflanzen zu erhalten. Mit einer Bestellung von 2.000 jungen Apfelbäumen würden bestimmte Anforderungen verbunden, z.B. genaue Anzahl und Länge der Seitentriebe. Aus diesem Grund wäre eine Ausdehnung der Beschaffung von Saatgut und Pflanzmaterial von Seiten des Marktes sehr wünschenswert. Auch der Verkauf von Pflückeimern und Pflückbeuteln unterstützt letztendlich die genossenschaftliche Koordination hinsichtlich einer sorgfältigen und qualitätsschonenden Erntedurchführung. Indem den Mitgliedern nicht nur die allgemeinen Weisungen zur Erntetechnik gegeben, sondern auf Wunsch gleich auch das zugehörige Gerät besorgt wird, erhöht sich die Chance, daß die Erzeuger tatsächlich das Pflücken den Qualitätsbestrebungen gemäß (also Vermeiden von Druckstellen) durchführen. Ebenso ist die Beschaffung der Ernteverfrühungsfolien eine Antwort auf die Markterfordernisse. Je frühzeitiger der Erzeugergroßmarkt mit seinen Waren die Saison eröffnet, um so höher sind die Vermarktungserfolge und Erlöse wegen der bestehenden größeren Nachfrage- und Preiselastizität.

Doch nicht nur die Beschaffung von Betriebsmitteln stellt sich als koordinierende Kraft dar[45]. Das genossenschaftliche Angebot, Erzeugern, die zwecks Planung einer Frostschutzberegnungsanlage einen Antrag auf Wasserentnahme stellen wollen, beim Ausfüllen der Unterlagen zu helfen, ist schließlich die logische Konsequenz der ständigen Propagierung dieser produktionstechnischen Maßnahme in Rundschreiben und auf Versammlungen. Das Vermeiden von spätfrostbedingten Ertragsschwankungen kommt den Interessen des Marktes im Hinblick auf sichere Ertragslagen und folglich ausgelasteten Vermarktungskapazitäten ebenso zustatten wie den Erzeugern. Auch das Verleihen von Rosenkohl-Erntemaschinen kann in solch instrumenteller Hinsicht gesehen werden. Da ein Vermarktungsbedarf an Rosenkohl besteht, ist der Gemüsemarkt an seinem intensivierten Ausbau interessiert. Das genossenschaftliche Leistungsangebot an die Erzeuger, durch Maschinen die Erntearbeit zu erleichtern, ist daher ausdrücklich als Anreiz gedacht, das Interesse der Gemüseproduzenten an dieser Kultur und ihrem Anbau zu forcieren. Ähnlich muß auch das Scharka-Pilotprojekt, das von der Genossenschaft initiiert wurde, verstanden werden. Ganz offen räumt der Geschäftsführer dies ein:

"Es geht ja nicht nur um die Erzeuger, es geht auch um den Markt."

Indem so schnell und gründlich wie möglich alle scharkabefallenen Zwetschenanbauflächen geräumt und unter Fachaufsicht des Obstmarktes mit virusfreiem Material neu be-

44) Vgl. SCHULTE-ALTHOFF 1954, S. 119 ff..

45) Solche genossenschaftlichen Leistungsangebote, die einerseits die Produktion der Mitgliederwirtschaften fördern, denen andererseits aber auch unübersehbar koordinierende Funktion zukommt, hat auch KELLER 1975 in der von ihm untersuchten Obst- und Gemüsegenossenschaft festgestellt. Er interpretiert diese Maßnahme dahingehend, daß die Erzeuger durch das Anbieten von Dienstleistungen stärker, insbesondere auch in moralischer Sicht, an ihre Genossenschaft gebunden werden sollen (S. 108).

pflanzt werden, kann die Zwetschenproduktion als Schwerpunkt des genossenschaftlichen Obstsortiments wieder die frühere Bedeutung erlangen.

4.5.3. Meldepflicht

Die in der Satzung der Obst- und Gemüsegenossenschaft verankerte Meldepflicht der Mitglieder spiegelt sich als Instrument der Erfassungssteuerung in den Anlieferungsmeldungen wider. Vor jeder Erntesaison sind die Erzeuger angehalten, so früh wie möglich dem Großmarkt mitzuteilen, welche Mengen an welchen Obstarten und Sorten voraussichtlich anfallen werden. Die schriftlichen Angaben der ungefähr zu erwartenden Ernteerträge sollen über den aktuellen Vegetationsstand, den Obstbesatz und aufgrund der durchschnittlichen Erfahrungswerte ermittelt werden. Bei unvorhergesehenen Änderungen, die zu stärkeren Ertragseinbußen führen (z.B. bei Schädlingsbefall, Spätfrösten oder Hagelschäden) sind die Erzeuger aufgefordert, Korrekturmeldungen vorzunehmen. Zusätzlich müssen die örtlichen Vertreter der Genossenschaft[46] in "Ernteschätzbögen" die aus ihrer Anbaugemeinde voraussichtlich anfallenden Erntemengen veranschlagen. Über die Auswertung dieser Angaben erhält die Genossenschaft eine ungefähre Kenntnis über den Umfang der Warenanlieferung, der während der Erntesaison zu erwarten ist. Schon frühzeitig kann dann eine erste Erfassungs- und Absatzplanung vorgenommen werden. Die Genossenschaft fordert z.B. bei Überbehang mit zu erwartenden Rekordernten die Mitglieder zu erhöhter Qualitätsproduktion auf, indem ein zusätzlicher Schnitt, das Auspflücken kleinerer Früchte oder eine stark selektiv ausgerichtete Ernte angeordnet werden. Im Falle spätfrostbedingter Ertragsausfälle, was mindere Umsätze und Erlöse erwarten läßt, kann den Erzeugern mit weniger streng ausgelegten Qualitätsrichtlinien entgegengekommen werden.

Im Gegensatz zum Obstbau gibt es beim Gemüsebau keine Erntevorausschätzungen, dafür aber "Anlieferungsmeldungen". Diese beziehen sich einmal auf die wöchentliche Voranmeldung. Die Produzenten erhalten dazu einen Meldezettel, in den sie jeweils für eine Woche ihre voraussichtliche Tagesanlieferungen jeweils nach Kultur und Gebinde eintragen sollen. Zweitens wird die Gemüseerfassung mit Ausnahme der weniger verderblichen Kulturen (Kohlrabi, Karotten, Sellerie, Zwiebeln und Kohlarten), die alle mehr oder weniger länger lagerfähig sind, nur auf vorherige Anmeldung des Erzeugers am Morgen bzw. auf Bestellung der Genossenschaft vorgenommen. Nachdem bereits morgens ab sieben Uhr die telefonischen Verkaufsgespräche geführt werden, erhalten die Erzeuger zwischen acht und zehn Uhr die Zusage zur Warenanlieferung. Entweder ordert die Gemüseverwertungseinrichtung telefonisch bei bestimmten Mitgliedern mit bekanntermaßen größeren Posten bzw. bei der Gemüsesammelstelle die benötigten Warengruppen oder - was meist der Fall ist - der Leiter der Sammelstelle bzw. die Erzeuger erkundigen sich direkt über Art und Menge der gewünschten Erzeugnisse beim Markt. Mit diesem Meldesystem bezieht der Gemüsemarkt ein Steuerungsinstrument,

46) Laut Genossenschaftsgesetz kann in Genossenschaften mit über 1.500 Mitgliedern die Vertreterversammlung an die Stelle der Generalversammlung treten, wenn dies die Satzung vorsieht. Im Erzeugergroßmarkt ist das der Fall und so wird für jeweils 50 Mitglieder stellvertretend ein örtlicher Vertreter gewählt, der die Interessen seiner Anbaugemeinde in der Vertreterversammlung zu wahren hat. Vgl. WINTER 1982, S. 103 ff.

um die Anlieferungen seinen Erfassungs-, Lager- und Absatzkapazitäten entsprechend zu gestalten. FEUERBORN sieht darin sogar die Gefahr, daß in der alltäglichen Praxis die Genossenschaft "einen nicht unerheblichen psychologischen Druck auf die Mitglieder ausüben" kann[47]. Erstens wird ihnen praktisch die Ernte nach den Verwertungschancen statt nach den natürlichen Reife- und Witterungsverhältnissen verordnet. Damit unterliegen die Produzenten ohne Anlieferungsgenehmigung der ständigen Gefahr, daß ihre eigentlich vermarktungsfähigen, aber zur Erfassung (noch) nicht zugelassenen Erzeugnisse bei ungünstiger Witterung qualitativ Schaden nehmen:

"Wenn jetzt die viel hän ... wenn ma sage ... grad Salat, ja da muscht du dein Salat noch zwei, drei Tag stohlasse. Die kannscht du jetzt net bringe."
- GG1

"Wenn die eim sage: 'Mensch, 's is voll!', dann läscht ma's bleibe, des is klar. Wenn's geht, dann schaut ma halt, daß ma zwei Tag später dran kommt - wenn's Wetter mitmacht."
- BG1

Zweitens stehen die Erzeuger unter dem Druck, ihre vielleicht auch zu voreilig telefonisch eingegangene Zusage zur Warenanlieferung sowohl terminlich als auch mengenmäßig einhalten zu können. Dazu sind aber ein zur Erntearbeit disponibler Arbeitskräftebesatz und entsprechende Produktionserträge auf dem Feld erforderlich. Der Erzeuger muß sich demnach in seinen Entscheidungen hinsichtlich der Ernte (z.B. dem Schneiden des Salates) und Warenlieferung unmittelbar den Verwertungsinteressen und Anordnungen seiner Genossenschaft unterwerfen:

"Du kannscht ja net so einfach 50 Kischte Salat abschnide un weischt net, wohin mit."
- OGV2

Neben der Erntevorausschätzung beim Obst und den Anlieferungsmeldungen beim Gemüse wurde auch schon eine "Anbaumeldung" praktiziert. Dazu führte der Erzeugergroßmarkt eine Erhebung bei allen Mitgliedern durch. In Fragebögen sollten genaue Angaben über die Anbaurichtung, Sorten und Flächengrößen gegeben werden. Ziel dieser Aktion war es, einen Überblick über die Anbaustruktur des Erfassungsgebietes zu erhalten, um längerfristig die Erzeugung in die vom Großmarkt gewünschte, nämlich absatzorientierte Richtung zu lenken.

4.5.4. Erfassungstermine

Nicht nur die Gemüseproduzenten müssen sich hinsichtlich der Ernte und Warenanlieferung den genossenschaftlichen Verwertungsinteressen unterwerfen. Auch auf die Arbeit der Obstproduzenten nimmt der Erzeugergroßmarkt über die Erfassungstermine maßgeblichen Einfluß. Die Beschränkung der Warenanlieferung auf befristete saisonale Zeiträume, einzelne Wochentage und Tageszeiten dient nicht ausschließlich der Organisation der Warenerfassung, sondern gibt der Genossenschaft zugleich ein wichtiges Koordinationsinstrument zur Hand, um den Zeitpunkt der Ernte bei den Mitgliedern zu bestimmen. Ein wesentlicher Faktor der Qualitätsproduktion befindet sich somit im Einflußbereich des Obstmarktes: der Reifegrad der Früchte bei ihrer Erfassung.

47) FEUERBORN 1978, S. 73.

a) Saisonbeginn und Saisonende

Schon der Beginn der Obstsaison wird vom Markt festgelegt. Nachdem sich der Obstbauberater in den Anlagen über den Reifestand der Bäume und Sträucher informiert und mit einzelnen Erzeugern seine Beobachtungen augetauscht hat - vornehmlich mit Vorstands- und Aufsichtsratsmitgliedern -, wird von der Genossenschaft der saisonale Erfassungsbeginn terminiert und den Erzeugern mitgeteilt. Damit ist diesen zugleich auch das Startsignal zur Ernte und Anlieferung ihrer Erzeugnisse gegeben, da zuvor, unabhängig vom Reifezustand einzelner Lagen und Bäume, noch keine Ware angedient werden konnte. Natürlich beginnt die Erfassung durch die Genossenschaft nicht willkürlich oder alljährlich zum gleichen Zeitpunkt. Sie richtet sich vielmehr nach dem Vegetationsverlauf und den gegebenen Witterungsverhältnissen. So wird die Erdbeersaison zwischen der 21. und 23. Woche, die Zwetschensaison zwischen 30. und 32. Woche eröffnet. Während der Erzeugermarkt mit der Bestimmung des Saisonbeginns die Anlieferung von unreifer Ware verhindern möchte, zielt die Beendigung der Saison darauf, zunehmend überreife Früchte von der Erfassung auszuschließen. Sobald vermehrt überreife Ware dem Markt angedient wird und sich zugleich die Reklamationen der Abnehmer über verdorbene, faule Lieferungen wiederholen, ruft die Genossenschaft ihre Mitglieder zu zügigem Durchpflücken und erhöhter Aufmerksamkeit beim Sortieren auf. Gleichzeitig wird der letzte Erfassungstermin für bestimmte Obstarten und Sorten, also das Saisonende, verkündet. Neben dem Qualitätsgedanken spielt dabei auch der Preis eine Rolle. Das zeitliche Ausdehnen der Ernte bei immer geringer werdenden Anlieferungsmengen mit immer schlechter sortierten Posten verzögert und erschwert nämlich die Absatzgestaltung des Obstmarktes, bis ab einem bestimmten Grenzniveau - für Erdbeeren z.B. bei 1 DM/Pfd. und Zwetschen 30 Pf/kg - der Ernteaufwand der Erzeuger und der Erfassungs- und Vermarktungsaufwand der Genossenschaft nicht mehr rentabel erscheinen.

b) Markttage

Auch die sogenannten "Markttage" sind vom Obstmarkt nach seinen Gesichtspunkten festgelegt. Außer donnerstags und freitags werden während der Saison jeden Tag Waren erfaßt. Der Beschränkung auf fünf Markttage (von Samstag bis Mittwoch) liegen die schon erwähnten Qualitätsüberlegungen zugrunde, die sich aus dem wöchentlichen Absatzrhythmus des Marktes ergeben[48]. Institutionalisierter Ausdruck der Erfassungstermine als Koordinationsinstrument ist das "Freitagspflückverbot", das alljährlich zu Beginn jeder Saison von der Genossenschaft ausgesprochen wird. Danach ist es den Mitgliedern untersagt, freitags Obst zu pflücken, das erst samstags zur Erfassung kommt - eine Maßnahme, um den Abnehmern die Tagesfrische der gelieferten Posten zu garantieren[49]. Aus diesem Grund werden Beerenfrüchte von dem fünftägigen Erfassungsrhythmus des Großmarktes auch ausgenommen. Weil Himbeeren, Brombeeren und

48) Vgl. Kap. 4.4.4. Absatz c).

49) Eigentlich müßte auch ein "Donnerstagspflückverbot" bestehen, weil nach dem Mittwoch erst wieder samstags Markttag ist. Die Genossenschaft vertraut jedoch auf die Einsicht der Mitglieder, nicht zwei Tage alte Ware anzudienen. Außerdem würde bei der Erfassung die mangelnde Frische optisch und geruchsmäßig sofort offenkundig.

Erdbeeren bei ungünstiger Witterung und zu spätem Pflücktermin besonders fäulnis- und verderbanfällig sind, können sie täglich angeliefert werden, um schnellstmöglich über die verschiedenen Distributionsstufen in genußfähigem Zustand den Endverbraucher zu erreichen.

Über diese allgemein üblichen Markttage hinaus können sich zwischendurch immer wieder einmal Änderungen ergeben, wenn es die Absatzsituation erfordert. Um bestimmte Aufträge der Verwertungsindustrie in kürzester Zeit erledigen zu können, schiebt der Obstmarkt kurzfristig auch den Donnerstag oder Freitag als zusätzliche Markttage ein, allerdings nur für die Industrielieferung benötigten Warengruppen (meist Kirschen und Johannisbeeren). Ebenso werden bei Absatzengpässen und einem Überangebot an Anlieferungen einzelne Tage aus dem Erfassungsrhythmus herausgenommen, um die angespannte Marktlage etwas zu entschärfen. Meist handelt es sich um Samstage und Sonntage, da die Genossenschaft befürchtet, daß an den arbeits- und schulfreien Wochenenden die zahlreichen Nebenerwerbsbetriebe einschließlich ihrer vielen helfenden Familienangehörigen auf die Felder zur Ernte strömen und die ohnehin schon bestehenden Schwemmen (zumeist Brennkirschen) mit ihren Warenlieferungen noch zusätzlich vergrößern könnten.

c) Abenderfassung

Vom Obstmarkt werden auch die täglichen Annahmezeiten der Erfassungsstation und Sammelstellen seinen Absatzinteressen entsprechend gelegt. In der Regel erfolgt die Erfassung abends zwischen 19 - 19.45 Uhr. Bis 10 Uhr morgens müssen hingegen die Beeren angeliefert sein - ebenfalls wiederum eine qualitätsfördernde Maßnahme. Die Erzeuger sollen frühmorgens die Früchte pflücken und aufbereitet sofort zur Erfassung bringen, damit sie als Sammelposten umgehend an den Handel ausgeliefert werden können.

Die allgemeine Abenderfassung wird erst seit 1983 praktiziert. Zuvor mußten die Erzeuger morgens ihre Waren anliefern. Dabei pflückten sie ihre Früchte zeitlich nach Belieben, mittags, nachmittags oder abends, in der Sommerzeit sogar bis spätabends. Im Hochsommer stand das Erntegut dann auf Paletten gestapelt, aufgeheizt und ohne Luftzirkulation oder Kühlung im Hof des Erzeugers, womöglich noch verschlossen in Wagen oder Scheune, bis es im Laufe des nächsten Vormittags zur Erfassung kam. Währenddessen hatte der Geschäftsführer zumeist schon seine Verkaufsgespräche am Telefon geführt, ohne einen Überblick über die eintreffenden Warenposten zu haben. Bis die Früchte von den Erzeugern zur Sammelstelle, von dort umgepackt und zur genossenschaftlichen Zentraleinrichtung gebracht, schließlich zu Sammelposten gerichtet waren und zur Auslieferung kamen, war es oftmals nachmittags geworden. Die Waren hatten dann noch - inzwischen einen Tag alt - den Transport zum Bestimmungsort zu überstehen, um nach mehrtägiger Auslage im Handel immer noch frisch den Endverbraucher zu erreichen. Die Umstellung auf die Abenderfassung wurde vom Obstmarkt daher als Instrument eingesetzt, um die Ernteposten der Mitglieder in frischem Zustand zu erhalten. Nun werden die tagsüber geernteten, aufgeheizten Früchte bereits abends der Genossenschaft angeliefert, dort zu Sammelposten zusammengestellt, über Nacht im Kühllager um einige Temperaturgrade heruntergekühlt und sofort morgens ausgeliefert.

Außerdem ist dem Geschäftsführer bei seinen morgendlichen Verkäufen bereits der abends zuvor erfaßte Warenbestand bekannt.

4.5.5. Kontrolle

a) *Warenprüfung*

Seit 1957 besteht innerhalb der Obst- und Gemüsewirtschaft die Organisation der "Freiwilligen Qualitätskontrolle". Sie wurde aufgrund der Erkenntnis ins Leben gerufen, daß alle Güteverordnungen und Qualitätsrichtlinien nur dann Wirkung zeigen und von den Erzeugern übernommen werden, wenn ihre Einhaltung gleichzeitig einer Kontrolle unterzogen ist. Die Aufgabe der staatlichen Kontrolle obliegt in Baden-Württemberg den Obst- und Gemüseprüfern des Regierungspräsidiums, die in unregelmäßigen Abständen die zentralen und örtlichen Sammelstellen des Erzeugergroßmarktes aufsuchen, um die angelieferten Warenposten der Mitglieder auf ihre untadelige Qualität und Sortierung zu untersuchen. Mit seiner Mitgliedschaft in der Genossenschaft erklärt sich der Erzeuger laut Anlieferungsbedingungen nicht nur zur freiwilligen Qualitätskontrolle bereit (§ 3, Abs. 2), sondern auch zur genossenschaftlichen Warenprüfung (§ 3, Abs. 4).

Bei der Andienung nehmen die von der Genossenschaft mit der Erfassung Beauftragten die angelieferten Warenposten in Augenschein, um sie auf die Einhaltung der Richtlinien hinsichtlich Beschaffung und Aufbereitung zu inspizieren. Dabei wird besonders auf die richtige Verpackungsart, auf Reifegrad, Gesundheit und Unversehrtheit der Erzeugnisse sowie die Übereinstimmung der Posten mit ihrer Kennzeichnung (Handelsklasse, Sorte, Größe in mm) geachtet. Allerdings machen die Vielfalt des Warensortiments und die Unterschiedlichkeit der Qualitätskriterien die Kontrolle in einzelnen Punkten schwierig. Daher stehen den genossenschaftlichen Prüfern einige Hilfsmittel zur Verfügung. Um die den Anforderungen entsprechenden Größenstandards in Millimeter für einzelne Obstanlieferungen mustern zu können, ermöglichen Schablonen eine schnellere Größeneinstufung. Für die Mehrzahl der Kulturen (Äpfel, Kirschen, Zwetschen, Beeren) gibt es solche Schablonen, in denen die Mindestdurchmesser für die Handelsklassen I und II eingelassen sind und in die dann stichprobenartig einzelne Früchte eingepaßt werden können. Damit wird die Kontrolle erheblich erleichtert, weil sich gerade an der Größensortierung in die Klassen I und II so mancher Disput zwischen Anlieferer und Warenprüfer entzündet:

"Wenn se dann sehe, wie's Obst in Schablon durchplumpst, is de Streit beend."
- Genossenschaftlicher Warenprüfer

Als weiteres Hilfsmittel zur Warenprüfung dienen Farbtafeln, anhand derer man die vom Obstmarkt verlangte Fruchtausfärbung und damit letztlich auch den richtigen Reifegrad bestimmen kann. Selbst die innere Beschaffenheit der Erzeugnisse, wie z.B. die Madenfreiheit bei Kirschen, soll einer Stichprobe unterzogen werden. Dazu werden einzelne Kirschen in ein Glas Wasser mit Salzlösung gegeben. Schlupfen die Maden aus der Frucht, so ist die vollständige Annahme dieses Postens zumindest als Tafel- und Industrieware gefährdet. Sonstige Mängelware, wie von Schädlingen und Krankheiten befallene oder von Hagelschlag und Frost beeinträchtigte Erzeugnisse, fallen bei der

Erfassung aufgrund ihrer fehlerhaften äußeren Beschaffenheit sofort als qualitativ minderwertig auf und bedürfen keiner besonderen Nachprüfung. Stimmt ein angelieferter Warenposten eines Erzeugers nicht mit der Signierung überein - wenn also ein Posten statt Klasse II als Klasse I oder Industrieware als Frischmarktware ausgezeichnet wurde - kann vom Erzeugergroßmarkt eine Rückstufung vorgenommen werden.

Um die angelieferten Warenposten der Erzeuger genau identifizieren zu können, müssen die Mitglieder vor der Erfassung daran Kennzettel mit ihrer genossenschaftlichen Anlieferungsnummer anbringen. Damit ist eine Beanstandung einer Anlieferung durch den Großmarkt auch dann noch möglich, wenn ein ungeprüfter Einzelposten , im genossenschaftlichen Sammelposten eingeordnet, bereits den Markt verlassen und den Bestimmungsort erreicht hat. Reklamieren nämlich Handel oder Endverbraucher offensichtliche Mängel an einem Posten, die sowohl der genossenschaftlichen Warenprüfung als auch der freiwilligen Qualitätskontrolle entgangen waren, so läßt sich anhand des Kennzettels an Steige, Korb oder Karton der dafür verantwortliche Erzeuger ausfindig machen. Dem Großmarkt wird dann telefonisch die Nummer des Betreffenden durchgegeben. Das Koordinationsinstrument der genossenschaftlichen Kontrolle erstreckt sich demnach über die reine Warenerfassung hinaus auf den gesamten Distributionsbereich. Die Kennzettel mit den Erzeugernummern dienen dem Markt aber auch zur innergenossenschaftlichen Warenprüfung bei Äpfeln und Brennkirschen. Alle Apfelanlieferungen werden im Spätjahr als einzelne Erzeugerposten getrennt und gekennzeichnet im CA-Lager gestapelt. Sobald die Früchte das Lager verlassen, werden sie über ein Laufband wiederum als Einzelposten separat sortiert. Die nach Mitgliederanlieferungen getrennte Lagerung und Sortierung ermöglicht dem Erzeugergroßmarkt die Kontrolle darüber, ob die Äpfel während der Einlagerung von Schorf befallen wurden. Ist dies bei einzelnen Posten der Fall, läßt sich auf eine fehlende bzw. mangelhafte prophylaktische Lagerschorf-Spritzung des Erzeugers schließen und die Posten werden daraufhin als Mostobst abgestuft. Eine ähnliche Kontrolle wird auch bei den Brennkirschen praktiziert. Jede Anlieferung wird getrennt in einem Faß mit der jeweiligen Erzeugernummer eingelagert. Daher ist auch noch nach der Erfassung eine Qualitätsprüfung der einzelnen Posten über die Messung des Mostgewichtes möglich.

b) Soziale Kontrolle

Die von der Genossenschaft durchgeführte Warenprüfung erfährt eine Ergänzung durch die soziale Kontrolle der Mitglieder untereinander. Nach BRÜGGEMANN/ RIEHLE ist sie dadurch gekennzeichnet, daß sie "fast an jedem Ort, fast zu jeder Zeit und fast jeder" ausübt[50]. Diese "Permanenz sozialer Kontrolle"[51] wird auch vom Geschäftsführer der Genossenschaft für die Erzeugerorte im Erfassungsgebiet bestätigt:

"Wir haben hier noch einen solch starken Dorfverband, daß praktisch jeder jeden kontrolliert."

Drei Determinanten lassen die soziale Kontrolle wirksam werden[52], was sich auf die Obst- und Gemüseproduktion bezogen folgendermaßen darstellt. Erstens: die Kontrolle verläuft entlang einer Beobachtungsstruktur, die sich an *formal* akzeptierten äuße-

50) BRÜGGEMANN/RIEHLE 1986, S. 179.
51) Ebd.
52) Vgl. ebd., S. 180 f.

ren Merkmalen festmachen läßt[53]. Die Genossenschaftsmitglieder übernehmen untereinander z.B. die besondere Wertschätzung für hochwertige, einheitliche Obst- und Gemüsequalität, ähnlich wie sie vom Großmarkt ständig propagiert wird. So spricht man von einer "guten Sach", wenn Bäume und Sträucher auffallend großen, einheitlichen und gesunden Behang aufweisen. Gleichförmige, blütenweiße Rettiche oder wohlgeformte, volle Salatköpfe sind "schöne Waren", deren Erzeugern die allgemeine Achtung für ihre besondere Qualität gilt. Fixiert auf diese Wertvorstellungen werden dann die Arbeitsergebnisse der Erzeuger bei der Arbeit in den Obstanlagen oder auf den Feldern und bei der Anlieferung an die örtlichen Sammelstellen untereinander verglichen. Einige sind für ausgesprochen "schöne Ware", andere für "liederliches Zeug" bekannt:

"Also ich bring z.B. weit und breit de schönschte Rettig, mir hän da halt de richtige Bode dafür."
- OGV1

"Wenn ma nur schwätzt und nie drüs in die Anlag is, kriegscht halt nix zusamme. Ich kenn scho so e paar, die mit de letzscht War daher komme. Ich versteh gar net, daß die (Genossenschaft, C.D.) des abnemme."
- OV4

Vom Erzeugergroßmarkt werden die Mitglieder sogar ausdrücklich dazu aufgefordert, auf andere Anlagen zu achten:

"Wir bitten Sie, eigene Beobachtungen über sehr gut tragende Bäume mit außergewöhnlicher Fruchtqualität unserem Berater mitzuteilen, damit sich vielleicht der eine oder andere Hinweis für die Allgemeinheit übernehmen läßt."
- aus einem Rundbrief

Die den Mitgliedern aufgetragene Beobachtung "gut tragender Bäume" schließt unvermeidlich auch die Wahrnehmung schlecht tragender Bäume mit ungenügender Fruchtqualität ein. Damit wird den Erzeugern indirekt die Anwendung der genossenschaftlich propagierten qualitätsfördernden Produktionstechniken angemahnt, um nicht als schlechter Produzent auffallen zu müssen.

Zweitens: die soziale Kontrolle richtet sich nach einem festgelegten Kommunikations- und Interaktionsmuster, für das die Gespräche die Grundlage darstellen[54]. Typisch hierfür ist in der Obst- und Gemüsegenossenschaft die Situation bei der Warenanlieferung, wenn die Mitglieder mit ihren Posten in einer langen Reihe vor der Sammelstelle stehen und auf ihre Erfassung (Entladung, Kontrolle, Umstapeln) warten. Diese Gelegenheit wird wahrgenommen, um einen prüfenden und vergleichenden Blick auf das Erntegut anderer Erzeuger zu werfen und seine Meinung über festzustellende Qualitätsschwankungen und deren Ursachen kundzutun und mit anderen auszutauschen:

"da sieht ma manchmal e Qualität, daß es ein wundert, daß die sowas anliefere. Ich würd mich da schäme."
- OV3

"Ach Gott, natürlich, wenn da die Große mit ihre Anhänger anfahre und paletteweise I-er War ablade, da komme mir halt net mit. Die mache des im große Stil und hän ja auch genügend Zeit dafür."
- ON4

53) Ob sich danach auch tatsächlich das Verhalten des einzelnen Erzeugers richtet, davon soll an anderer Stelle (Kap. 4.6.1.1. u. 4.6.1.3.) die Rede sein.

54) Vgl. PLANCK/ZICHE 1979, S. 142.

Drittens: die soziale Kontrolle läßt aufgrund bisher gemachter Erfahrungen nur bestimmte dorf- und interessenbezogene Orientierungen zu. Man kontrolliert also nur denjenigen - ausgerichtet an der eigenen Beobachtungsstruktur - von dem man meint, es sei bei ihm Kontrolle geboten. Verwandte oder befreundete Erzeuger werden sich daher kaum gegenseitig die Anlagen, Felder oder Warenanlieferungen kritisch beäugen, um minderwertige Qualitäten festzustellen. Demgegenüber bleiben einmal verfestigte Meinungen, daß z.B. jemand regelmäßig gute oder schlechte Ware anliefert, nahezu unverrückbar bestehen und dies nicht nur innerhalb der Erzeugerschaft, sondern auch bei den genossenschaftlichen Mitarbeitern:

"Schwarze Schafe, die immer alles falsch mache, gibt's halt überall, auch bi uns."
\- OV3

"Bei einige weiß ma, da brauchscht gar net hinschaue, des is in Ordnung. Bei andere aber, da schau ich mir des (die Anlieferung, C.D.) erscht emol a."
\- Genossenschaftlicher Warenprüfer

"Das sind immer die selben. Das hört man schon, wie einer anfährt. Macht der Traktor 'tock-tock-tock-tock' garantier ich Ihnen eine einwandfreie Ware. Dann gibt's aber auch welche, bei denen macht's 'tock-pff-tsch-tock-pff-tsch', da weiß ich gleich: hoppla, aufgepaßt."
\- Geschäftsführer

"Sin auch immer dieselbe: da weiß ma, wenn der auf de Hof fährt, da sagt ma, wenn ma grad zu tue hät, z.B. zum Kolleg: 'hör mal, dahinte, da passescht e bissel ärger uf!'"
\- Berater

Besondere Wirkung als Koordinationsinstrument scheint die soziale Kontrolle zu zeigen, wenn es um die Einhaltung des Freitagspflückverbotes geht. Bei Verstößen gegen diese Genossenschaftsverordnung werden einige Mitglieder dann tätig, indem sie den Erzeugergroßmarkt darüber informieren:

"Und wenn wirklich einer freitags zum Pflücken geht, was natürlich auch passiert, klingelt bei uns sofort das Telefon und wir gehen der Sache nach."
\- Geschäftsführer

"Und wir wissen das, wenn jemand freitags im Obstbaum hockt. Mir erfahren des. Da funktioniert noch die Dorfkontroll."
\- Berater

"Da gibt's so Spitzel, wo de Markt anrufe und sage: 'der oder der hockt do uf'm Baum'."
\- OV1

4.5.6. Sanktionen

Soweit die bisherigen Koordinationsinstrumente nicht ausreichen, um die Mitglieder zu einem gewünschten Verhalten zu veranlassen, kann die Genossenschaft auf Sanktionen zurückgreifen, um ihrem Einfluß auf die Obst- und Gemüseproduktion der Erzeuger Geltung zu verschaffen. Allgemein werden "positive" (belohnende) und "negative" (bestrafende) Sanktionen unterschieden. Im Erzeugergroßmarkt sind ausschließlich Sanktionen mit Strafcharakter formal verankert, um auf diejenigen Mitglieder einzuwirken, die die genossenschaftlichen Koordinationsinhalte ignorieren und gegen sie verstoßen. Als deutliches Zeichen der Mißbilligung sollen die Sanktionen ein zukünftig den genossenschaftlichen Anordnungen angepaßtes Verhalten erreichen. Solche Zeichen können auf verschiedene Weise, mit unterschiedlichem Disziplinierungsgrad gesetzt werden.

a) Ermahnung

Die Ermahnung ist die mildeste Sanktionsform, mit der die Genossenschaft ihre Mitglieder zu koordinationskonformen Verhalten auffordern kann. Regelmäßig ergeht an alle Erzeuger während der Saison in Rundschreiben der allgemeine Aufruf, die bekannten Qualitätsrichtlinien bei der Bewirtschaftung und Warenanlieferung einzuhalten:

"Immer wieder fallen Apfelanlagen auf, in denen außer der Ernte keine Arbeiten verrichtet werden. Denken Sie daran, daß eine intensive Bewirtschaftungsweise mit besserer Qualität belohnt wird."

"Wir appellieren an Sie, sorgfältigst Ihre Ware den Anforderungen entsprechend auf Sortierung zu überprüfen und minderwertige Qualität erst gar nicht zu ernten."
- aus Rundbriefen

Wenn dann trotzdem bei einzelnen Warenposten wiederholt Qualitätsverstöße registriert werden, sind die genossenschaftlichen Warenprüfer und Sammelstellenleiter dazu angehalten, die Erzeuger gleich bei der Erfassung darauf anzusprechen und zurechtzuweisen. Nehmen die qualitativ minderwertigen Anlieferungen zu und gehen vermehrt Reklamationen der Abnehmer beim Markt ein, wendet sich dieser mit erneuten und eindringlichen Mahnungen an alle Mitglieder:

"Bereits die erste Lieferung brachte Reklamationen, weil rote Kirschen mitgeliefert wurden - schlecht sortiert! Wir fordern Sie deshalb nochmals auf, nur einwandfreie, dunkelbraune (oder auch schwarze) Ware anzuliefern."

"Braune Kirschen weisen teilweise schon bei der Verladung erheblichen Verderb auf. Reklamationen kommen deshalb täglich. Wir raten Ihnen dringend, Ihre Kirschen auf das sorgfältigste zu ernten und zu sortieren."
- aus Rundbriefen

Werden bei der freiwilligen Qualitätsprüfung vom Abnehmer oder Endverbraucher nachträglich Warenposten bemängelt, welche die genossenschaftliche Prüfung unkontrolliert bzw. unbeanstandet passiert hatten, sind "Mängelberichte" vorgesehen. Diese sollen an die über die Kennnummern identifizierten Erzeuger ergehen, wofür dann DM 10,-- Mahngebühr zu entrichten sind. Dem Erzeuger werden Art, Umfang und Grund der Beanstandung, das Datum und eventuell sogar Zeugen der Mängelfeststellung mitgeteilt. Bei besonders gravierenden und länger andauernden Qualitätsverstößen verbindet die Genossenschaft ihre Mahnungen mit der Ankündigung und Androhung weiterer Sanktionen.

b) Zurückstufung und Zurückweisung der Ware

Als weitere Maßnahme zur Sanktionierung qualitativ unzureichender Anlieferungen ist ein genossenschaftliches Recht auf Zurückstufung und Zurückweisung von Waren in den Anlieferungsbedingungen verankert. Der Erzeugergroßmarkt "kann die ihm zur Vermarktung nicht geeignet erscheinenden Erzeugnisse nach Feststellung von Mängeln zurückweisen oder zurückstufen; dies gilt insbesondere dann, wenn die Erzeugnisse nicht fachgerecht und vorschriftsmäßig sortiert und verpackt sind oder den für einen günstigen Verkauf erforderlichen Reifegrad nicht aufweisen oder nicht für den Absatz über den Erzeugergroßmarkt geeignet sind" (§ 3, Abs. 4). Anlieferungen, deren Qualität oder Sortierung nicht mit der am Posten ausgezeichneten Güteklasse übereinstimmen, aber zur Annahme noch qualitativ zugelassen werden können, werden demnach bei der Erfassung gütemäßig zurückgestuft. Als Handelsklasse I sortierte und gekennzeichnete Ware mit Unregelmäßigkeiten hinsichtlich der sortentypischen Beschaffenheit (Farbe, Größe etc). oder leichten Mängeln (z.B. Schorf, Berostung, verheiltem Hagelschlag) wird als Handelsklasse II signiert und erfaßt. Obsterzeugnisse, die von den Mitgliedern als Frischmarktwaren angedient werden, von Reifegrad und Größe aber nicht einmal den dazu erforderlichen Mindestgütekriterien der Klasse II entsprechen, sollen die Sammelstellen nur als Industrieware entgegennehmen:

"Bei anhaltend schlechter Qualität werden wir Ihre Anlieferungen noch strengeren Prüfungen unterziehen müssen und notfalls nur als Industrieware annehmen."

"Geplatze Ware ist grundsätzlich keine Marktware, sondern, soweit möglich, Industrieware."
- aus Rundschreiben

Bei besonders eklatanten Verstößen gegen die genossenschaftlichen Qualitäts-, Sortier- und Verpackungsvorschriften sind die Sammelstellen aufgefordert, die Waren zurückzuweisen:

"Überreife und verderbanfällige Kirschen werden zurückgewiesen."

"Kirschen unter 20 mm werden als Frischware nicht angenommen; diese schwarz werden lassen für Industriezwecke."
- aus Rundschreiben

Vor einigen Jahren fand das Recht auf Annahmeverweigerung im Erzeugergroßmarkt wiederholt Anwendung, nachdem schwere Gewitter mit Hagel über dem Erzeugungsgebiet niedergegangen und besonders die Zwetschen stark beschädigt waren. Alle angelieferten Posten, die damals Hagelschlag aufwiesen, wurden rigoros als "Hagelware" abgelehnt und noch nicht einmal für Industriezwecke erfaßt:

"Wir haben ein sehr hohes Qualitätsniveau und haben Hagelware als Frischmarktware damals abgelehnt. Und selbst als Industrieware haben die in der Verwertung beim Zerreiben der Zwetschen zu Marmelade festgestellt, daß es zu Problemen kommt. Da mußten wir handeln und haben konsequent Hagelware nicht angenommen."
- Geschäftsführer

Die Zurückweisung von Waren wird im Gemüsebau gegenüber einzelnen Mitgliedern auch als generelle Erziehungsmaßnahme mit Strafcharakter praktiziert. Da infolge des Meldesystems zur Warenanlieferung erst eine Genehmigung der zentralen Gemüseverwertungsstelle vorliegen muß, findet die Annahmeverweigerung verstärkt als Disziplinierungsinstrument gegenüber denjenigen Produzenten Anwendung, die gegen die genossenschaftliche Koordination verstoßen. Diese Maßnahme wird bevorzugt angewandt, wenn einzelne Erzeuger das Gebot der ständigen Lieferbereitschaft mißachten. Fordert der Leiter der Gemüsestellen wegen fehlender Warenbestände ein Mitglied zur sofortigen Ernte und Anlieferung auf, was dieser aber wegen anderer Arbeiten oder Termine - dies betrifft besonders die Wochenenden und Feiertage - ablehnt, so besteht die Gefahr, daß der Leiter ein paar Tage später den Anlieferungsmeldungen des Mitgliedes eine Absage erteilt:

"Ich merk mir die schon, die net wolle ... sonscht bestell ich nix mehr bei dene, wenn er net spurt."
- Leiter der Gemüsestelle

"Am Himmelfahrtstag is de erschte Rettich. Wenn'd jetzt sagscht: 's is Himmelfahrt, ich geh fort und mach nix, dann kannscht hundertprozentig damit rechne, daß die nächschte zwei, drei Portione stehe lasse muscht, und die gehe dir dann kaputt."
- OGV1

Das Instrument der Warenzurückweisung verstärkt demnach den "psychologischen Druck" auf die Mitglieder, gegenüber der genossenschaftlichen Koordination Wohlverhalten zu zeigen[55] um so mehr, als die Verderblichkeit der Gemüseerzeugnisse als materieller Druck sie zur ständigen Lieferbereitschaft erzieht. Denn was soll der Erzeuger mit seinen reifen, zur Ernte anstehenden Waren machen, wenn der Großmarkt einen einmal nicht beachteten Ernteaufruf mit wiederholter Annahmeverweigerung sanktioniert und das Gemüse derweil auf den Feldern qualitativ Schaden nimmt und zur späteren Anlieferung unbrauchbar wird. Daher wird man der genossenschaftlichen Koordination entsprechen und auch zu einem vielleicht ungeeigneten Zeitpunkt Lieferbereitschaft zeigen, um weiterhin ohne Beeinträchtigung seine Waren anliefern zu können:

"du muscht bringe, ob Samstag, Sonntag oder Feiertag, wohl oder übel."
- OGN 1

"entweder du bringscht oder kommscht zehn Tag lang net dran, des is die Devise."
- BG1

In weniger rigoroser Anwendung findet sich das Instrument der Warenrückweisung im Obstbau. Wird einmal ein Verstoß gegen das Freitagspflückverbot entdeckt, verweigert der Obstmarkt die Annahme des freitags geernteten Posten:

"Wir weisen jedes Jahr auch Ware zurück, die am Samstag angeliefert wird, von der wir wissen, daß die am Freitag geerntet wurde."
- Berater

"haben wir tatsächlich einen am Freitag erwischt beim Pflücken, dann weiß der, daß der am Samstag gar net zu kommen braucht."
- Geschäftsführer

Betroffen von der Warenrückweisung sind allerdings nur die freitags gepflückten Anlieferungen. Weitere Ernteposten werden, anders als im Gemüsebau, von der Annahmeverweigerung nicht berührt. Trotzdem betont der Obstmarkt die abschreckende Wirkung, die mit dieser Maßnahme erzielt werden soll:

"Und wenn wir ein paar nur zurückweise, reicht des zur Abschreckung."
- Berater

"des ist Strafe genug. Und meischtens schimpft der auch noch auf uns und zeigt damit ungewollt den anderen, daß wir der Sache nachgehen."
- Geschäftsführer

c) *Vertragsstrafe*

Die Satzung gibt dem Erzeugergroßmarkt als materiell wirksame Koordinationsmöglichkeit Vertragsstrafen zur Hand (§ 12, Abs. i). Für den Fall eines schuldhaften

55) FEUERBORN 1978, S. 73.

Verstoßes gegen die genossenschaftlichen Vorschriften kann das betreffende Mitglied mit einer vom Vorstand und Aufsichtsrat in der Höhe festzusetzenden Vertragsstrafe belegt werden. Diese Strafmaßnahme wird den Erzeugern von Zeit zu Zeit in den Rundbriefen angedroht, um bei wiederholten Mängelkontrollen zu einer sorgfältigeren Qualitätssortierung der Warenanlieferung anzumahnen:

"Wir werden in Zukunft noch stärker die Verantwortlichen für die Reklamationen regreßpflichtig machen müssen."
- aus Rundschreiben

Allerdings ist die Vertragsstrafe lediglich eine "Kann-Bestimmung", an deren Anwendung seit Bestehen des Erzeugergroßmarktes sich weder Mitglieder noch Vorstände oder Aufsichtsräte erinnern.

d) *Ausschluß aus der Genossenschaft*

Der Ausschluß aus der Genossenschaft ist die letzte Maßnahme, mit der der Erzeugergroßmarkt ein von seiner Koordination abweichendes Verhalten einzelner Mitglieder sanktionieren kann. In § 9 des Status sind die Ausschlußgründe aufgenommen; danach sind die zum Ausschluß eines Mitglieds berechtigten Tatbestände:

"a) Wenn es trotz zweimaliger schriftlicher Aufforderung den satzungsgemäßen oder sonstigen der Genossenschaft gegenüber bestehenden Verpflichtungen nicht nachkommt.
b) wenn es eine Auskunft, zu deren Erteilung es verpflichtet ist, nicht, nicht vollständig oder unwahr erteilt. (...)
d) wenn es durch Nichterfüllung seiner Verpflichtungen die Genossenschaft oder seinen Sicherungsgeber schädigt (...)
g) wenn sich sonst sein Verhalten mit den Belangen der Genossenschaft nicht vereinbaren läßt".

Aus genossenschaftsrechtlicher Sicht ist der letzte Passus, wie FEUERBORN ausführlich belegt, zumindest "nicht ganz unbedenklich", da unter einer so allgemein gehaltenen Bestimmung letztlich jede Handlungsweise als von genossenschaftlichen Belang ausgelegt werden könne[56]. Es sei daher "zu bezweifeln, ob nach dieser Vorschrift jeder Genosse weiß, welche Fälle eines Fehlverhaltens hierunter fallen"[57].

Vom Erzeugergroßmarkt wurde der Ausschluß als Strafandrohung niemals öffentlich ausgesprochen und fand bisher auch noch gegenüber keinem Mitglied Anwendung. Gleichwohl gibt der Geschäftsführer zu verstehen, in welchen Fällen er sich den Ausschluß als letztes Mittel genossenschaftlicher Sanktionierung der Erzeuger vorstellen kann:

"wenn einer wirklich die Privatvermarktung in größerem Stil betreibt und uns dadurch zur Konkurrenz wird, legen wir demjenigen nahe, die Genossenschaft zu verlassen."

---

56) FEUERBORN 1978, S. 99.

57) Ebd., S. 100. Aus diesem Grund fordert FEUERBORN dann auch zu Recht, "daß die Satzung die Ausschlußtatbestände wenigstens in groben Zügen erkennen läßt. Ausreichend etwa dürfte es sein, wenn die genannte allgemeine Ausschlußbestimmung dadurch ergänzt wird, daß beispielhaft auf bestimmte Verhaltensweisen verwiesen wird oder wenn sie in einer Reihe konkret bestimmter Ausschlußgründe aufgeführt wird. In diesen Fällen ist klargestellt, für welche Art von Tatbeständen sich die Genossenschaft einen Ausschluß vorbehalten will" (ebd.).

e) Positive Sanktionen

Positive Sanktionen als Verhaltensregulativ mit Begünstigungscharakter kennt der Erzeugergroßmarkt gegenüber seinen Mitgliedern in der Regel nicht. Es gibt keine Zusatzleistungen, die den Erzeugern als Belohnung für besonders koordinationskonformes Verhalten angeboten werden. Eine außerordentliche Sonderleistung gegenüber den Mitgliedern wurde bisher nur einmal wirksam. Als alle Zweschenproduzenten im Zentrum des Erzeugungsgebietes infolge der planmäßigen Scharkakrankheit-Bekämpfung zur Rodung ihrer Bäume aufgefordert waren, widersetzten sich einige Erzeuger dieser Anordnung. Nachdem trotz mehrfachen Überredungsversuchen durch Berater und Geschäftsführer immer noch ein paar Mitglieder eine Rodung ihrer Zwetschenanbauflächen verweigerten, stellte der Obstmarkt eine Prämie in Aussicht, worauf der Widerstand dann schließlich aufgegeben wurde.

4.5.7. Bezahlung

Als eines der wichtigsten genossenschaftlichen Steuerungsinstrumente wird allgemein die Preispolitik angesehen, die gegenüber den Erzeugern innerhalb der Auszahlungspraxis Anwendung findet[58]. Durch die Art der Preisgestaltung vermag eine Genossenschaft ihren Mitgliedern einen ökonomischen Anreiz zu bieten, ihrer Koordination zu entsprechen. Als Koordinationsinstrument erfüllt die Bezahlung über die reine Vergütung der angelieferten Warenposten hinaus drei eng miteinander verflochtene Funktionen. Diese sind in Anlehnung an die funktionale Typologie des Leistungsentgeltes von FÜRSTENBERG folgende[59].

a) Sozialpsychologische Stimulationsfunktion

Mittels seiner Auszahlungspraxis signalisiert der Erzeugermarkt seinen Mitgliedern, daß sie wirtschaftliche Vorteile erwarten können, wenn sie den genossenschaftlichen Koordinationsinhalten entsprechende Warenanlieferungen tätigen. Erfüllt ein Warenposten in allen Punkten die gesetzlichen und genossenschaftlichen Gütebestimmungen, so weiß der Anlieferer, daß dieser Posten mit Gewißheit als von überdurchschnittlicher Qualität in Klasse I eingestuft und als solche verwertet wird. Da sich mit einem Sammelposten der Klasse I auf dem Absatzmarkt meist höhere Preise realisieren lassen, erhält der Erzeuger für seine Anlieferung auch eine entsprechend höhere Bezahlung, als wenn er II-er Ware oder sogar Industrieware angedient hätte. Als Beispiel können die Auszahlungspreise von 1984 für Äpfel der Sorte "Golden Delicious" herangezogen werden.

58) Vgl. FEUERBORN 1978, S. 46 und THIMM 1967, S. 48.
59) Vgl. FÜRSTENBERG 1977, S. 86 ff.

Tab. 2: Kilo-Preise für "Golden Delicious" (1984)

Klasse I		Klasse II	
60 - 65 cm:	35 Pf	60 - 70 cm:	20 Pf
65 - 70 cm:	50 Pf	70 - 80 cm:	40 Pf
70 - 75 cm:	80 Pf	über 80 cm:	50 Pf
75 - 80 cm:	90 Pf		
über 80 cm:	1,- DM		

Ausgerichtet auf die gewünschte Apfelanlieferung von schönen, gleichförmigen und großen Früchten hat der Obstmarkt demnach eine zweifache Gütedifferenzierung vorgenommen: einmal, die Einordnung in Handelsklassen I und II, wobei die Früchte mit leichten Mängeln (Schorfbefall, Dellen) als II-er Ware minder bezahlt wurde als die weitgehend fehlerfreien Posten der Klasse I. Zusätzlich erfolgte dann noch eine differenzierte Bezahlung nach Fruchtgröße innerhalb der beiden Handelsklassen. Für die Klasse I nimmt der Obstmarkt dabei eine sog. "Fünfer-Kalibrierung" vor, d.h. die Auszahlungspreise werden nach kleineren Größengruppen (in 5cm-Staffelung) unterschieden, während für Klasse II eine großzügigere Kalibrierung (nach 10 cm) als ausreichend empfunden wird. Der Erzeuger weiß also, daß eine qualitativ einwandfreie Apfelanlieferung mit möglichst großen Früchten ihm einen höheren Erlös in Aussicht stellt als Posten mit kleinfrüchtiger Mängelware. Diese Preisdifferenz soll ihn motivieren, trotz vielleicht höheren Arbeitsaufwandes in seinen Anlagen (Schnitt, Ausdünnung, Düngung, Schädlingsbekämpfung und Ernteverfahren) die von der Genossenschaft angemahnten und empfohlenen qualitätssteigernden produktionstechnischen Maßnahmen anzuwenden.

Als besonderer Anreiz für die Mitglieder wird vom Obstmarkt die Warenanlieferung von außergewöhnlich guter Qualität intern als "Klasse 0" verbucht, obgleich man mit solch einer über die Klasse I hinausgehenden Klasse "Extra" gar nicht den Abnehmern gegenübertritt. Diese Sonderklasse mit entsprechend besserer Bezahlung wird seit 1983 praktiziert. Sie ist die Antwort auf wiederholte Beschwerden von Mitgliedern, die Erzeugnisse von Spitzenqualität produzierten und anlieferten, diese von der Genossenschaft aber auch nur als I-er Ware eingestuft und vergütet wurden. Der Obstmarkt wollte daraufhin den Drohungen der betroffenen Erzeugern, man werde in Zukunft nicht mehr solche Spitzenqualitäten, die mit erhöhtem Arbeitsaufwand verbunden sind, produzieren, entgegentreten:

"mir könne net die Sach runterlaufe lasse, mir müsse schaue, daß ma se obe behalte, 's Niveau. Und deswege mache mir intern 'Klasse 0' für besoders gute War. Mir wolle damit ein Anreiz gebe bei de Erzeuger, um langfristig 's Niveau anzuhebe."
- Berater

b) Technische Regulationsfunktion

Die Abstufung in unterschiedliche Vergütungsgruppen ergänzt die Warensortierung durch die Mitglieder und die Wareneinstufung durch die Genossenschaft, indem eine Normierung der Posten über die Preisdifferenzierung vorgenommen wird. Von der Genossenschaft werden die gesetzlichen Gütekriterien und die eigen aufgestellten Anforderungen an die Anlieferungen als Leistungsstandards für alle Warenposten zugrunde gelegt. Die unterschiedliche Bezahlung für unterschiedliche Qualitäten und Sortierungen dienen als Richtmaße der von den Mitgliedern erbrachten Arbeitsleistungen. Jedes Mitglied hat ein Anrecht darauf, daß es die infolge seines Arbeitsaufwandes erreichte Qualität ihrem Wert angemessen vergütet bekommt. Unterschiedliche Anlieferungsqualitäten werden daher nicht für alle Erzeuger auf genossenschaftliche Sammelposten umgelegt und als Durchschnittspreise bezahlt, sondern nach ihrem tatsächlichen Erlös, den sie als Klasse I oder II bzw. als Industrieware auf dem Absatzmarkt erzielt haben. Über die Qualitätsbedingungen, die der Differenzierung zugrunde liegen, werden die Erzeuger zuvor vom Obstmarkt informiert. Der Auszahlungspreis an die Mitglieder verstärkt demnach als Regulativ die Anforderungen, die an die Anlieferungen gestellt sind:

"Es ist sinnvoller, dem Erzeuger von vornherein klipp und klar zu sagen: schneidet die Bäume, dünnt aus, spritzt usw. - kurz: streng dich an, dann kannst du diese Norm erreichen und wirst entsprechend danach bezahlt."
\- Geschäftsführer

Die Bezahlung trägt außerdem dazu bei, Einzelheiten der Warenernte und Anlieferung technisch zu koordinieren. Da das Pflücken in kleine Erntebehälter arbeitsaufwendiger und beschwerlicher ist als in größere, werden z.B. die Tafelkirschen, die als Steige mit 10 x 500 Gramm-Schalen erfaßt wurden, mit einem höheren Kilopreis ausgezahlt als Tafelkirschen, die in den 6-kg-Steigen zur Anlieferung kamen. Damit soll reguliert werden, daß nicht alle Mitglieder der Einfachheit wegen nur noch in Großgefäße ernten, weil die Genossenschaft für ihre Abnehmer auch kleinere Gebindeformen benötigt. Ähnliches gilt auch für das aufwendige Pflücken der Tafelkirschen mit Stil. Als Frischmarktware wurden den Erzeugern dafür z.B. 1984 im Durchschnitt 2,20 DM/kg vergütet, während die zur Verwertung bestimmte Industrieware, die ohne Stil und mit weniger Sorgfalt vom Baum abgerissen oder geschüttelt werden konnte, nur mit 1,40 DM/kg bezahlt wurde.

c) Soziale Kontrollfunktion

Als Instrument "pretialer Steuerung" dient die Bezahlung nicht nur der allgemeinen Festsetzung von Leistungsvergütungen und als Anreiz zu "steuerungszielkonformen Verhalten"[60], sondern auch zur (Eigen-)Kontrolle der Erzeuger. Das Mitglied wird über die Abstufung der Preise in die Lage versetzt, seine Anlieferungsqualitäten mit denen anderer Erzeuger zu vergleichen. Die Bezahlung macht die Qualität der einzelnen Warenposten für die Mitglieder überhaupt erst als solche materiell erkennbar und läßt die eigene Anlieferung dazu einordnen. Über die unterschiedlichen Auszahlungshöhen vermag die Genossenschaft demnach ihren Koordinationsbestrebungen besonders wirksam Nachdruck zu verleihen, da der Erzeuger das Beachten bzw. Mißachten der genossenschaftlichen Koordination ganz persönlich am eigenen Geldbeutel zu spüren be-

60) BRIXNER 1971, S. 118.

kommt. Am Beispiel der unterschiedlichen Vergütung für Apfelanlieferungen soll dies verdeutlicht werden.

Tab. 3: Apfelvergütung der Sorte "Boskop" 70 mm (1984)

	Klasse I	Klasse II	Mostobst
Kilopreis	DM 1,-	DM 0,80	DM 0,20
Warenwert:			
10 Bodenseekisten			
à 20 kg Äpfel	DM 200,-	DM 160,-	DM 40,-
abzüglich:			
10% Vermarktungsgebühr	DM 20,-	DM 16,-	DM 4,-
0,3% Absatzfondbeitrag	DM 0,54	DM 0,43	DM 0,11
Summe	DM 179,46	DM 143,57	DM 35,89

Die unterschiedliche Bezahlung für die I-er und II-er Ware bzw. für das qualitativ minderwertige Mostobst kommt entsprechend der Stimulationsfunktion und der Regulationsfunktion deutlich in der Tabelle zum Ausdruck. Zusätzlich greift nun aber noch die Kontrollfunktion koordinierend ein, wenn die Unkosten der Lagerung und Sortierung vom Obstmarkt berechnet werden.

Tab. 4: Verrechnung der Apfellagerung und Sortierung für "Boskop" 70 mm (1984)

	Klasse I	Klasse II	Mostobst
errechneter Warenwert (aus Tab. 3)	DM 179,46	DM 143,57	DM 35,89
abzüglich:			
Sortierkosten 6 Pf/kg	DM 12,-	DM 12,-	DM 12,-
a) Kühllagerkosten 6 Pf/kg	DM 12,-	DM 12,-	DM 12,-
b) CA-Lagerkosten 12 Pf/kg	DM 24,-	DM 24,-	DM 24,-
Auszahlungssumme an			
das Mitglied bei			
a) Kühllagerung	DM 155,46	DM 119,57	DM 11,89
b) CA-Lagerung	DM 143,46	DM 107,57	- DM 0,11

Werden die gelagerten Mitgliederposten zur Vermarktung aus dem Kühllager bzw. dem CA-Lager herausgenommen und postenweise sortiert, und müssen dann aufgrund von Qualitätseinbußen (Lagerschorf, Fäulnis etc.), die bei einzelnen Posten während der Lagerzeit aufgetreten sind, Güteabstufungen vorgenommen werden, so ergeben sich für die betroffenen Mitglieder empfindliche Preisverluste. Wird einem Erzeuger seine von ihm als I-er Ware deklarierte Anlieferung von der Genossenschaft als II-er Ware aussortiert, vermarktet und vergütet, so macht die Preisdifferenz bei einem Posten mit 10 Bodenseekisten à 20 kg Äpfel nach Abzug der Sortier- und Lagerkosten immerhin nahezu

DM 40,- aus. Besonders gravierend ist der Verlust für den Erzeuger, der im Spätjahr seine Anlieferung als Tafelware, gleich ob Klasse I oder II, angedient hatte, die Früchte die Lagerzeit aber qualitativ nicht unbeschadet überstanden haben. Denn nun werden auch für diese als Mostobst zurückgestuften Posten Sortierung und Lagerung in Rechnung gestellt, so daß schließlich der Auszahlungspreis an das Mitglied Produktionskosten und Arbeitsaufwand überhaupt nicht mehr deckt. Es hätte die Apfelerzeugung genauso gut sein lassen können. Mit der Preisdifferenzierung steht der Genossenschaft ein außerordentlich griffiges Koordinationsinstrument der Kontrolle und Disziplinierung ihrer Erzeuger zur Verfügung. Indem demjenigen Mitglied, das infolge unzureichender anbau- und produktionstechnischer Bewirtschaftungsmaßnahmen - in diesem Falle infolge fehlender oder mangelhafter Lagerspritzungen - minderwertige Ware angeliefert hat - hier nicht lagerfähige Äpfel -, erhebliche Preisabzüge drohen, wirkt der Erzeugergroßmarkt auf die Einhaltung seiner Koordinationsinhalte bei den Mitgliedern hin.

4.5.8. Selektion

Schließlich kann die Genossenschaft sich noch eines weiteren, grundsätzlichen Koordinationsinstrumentes bedienen, um eine Obst- und Gemüseanlieferung, die ihren Koordinationsinhalten angepaßt ist, zu erreichen: der Selektion[61]. Durch Selektionsmaßnahmen läßt sich die Mitgliederstruktur des Erzeugergroßmarktes entscheidend verändern. Die Erzeuger unterscheiden sich hinsichtlich ihrer Produktionstätigkeit nach Erwerbsart, Anbaustruktur, betrieblicher Entwicklungsmöglichkeit, Qualifikation, Standort, Einsatz- und Lieferbereitschaft und Eigenkapital, um nur die wichtigsten Merkmale zu nennen. Damit weisen sie auch eine unterschiedliche Anpassungsfähigkeit und Anpassungsintensität zur Übernahme und Anwendung der genossenschaftlichen Koordinationsinhalte auf. Selektionsmaßnahmen können nun vom Erzeugergroßmarkt dahingehend eingesetzt werden, um diejenigen Mitglieder, die einen erfolgreichen genossenschaftlichen Leistungsprozeß begünstigen, gegenüber solchen, die sich eher als Handicap eines erfolgreichen Leistungsaustausches erweisen, zu selektieren[62]. Vom Ausschluß aus der Genossenschaft wären dann zum einen Erzeuger mit Klein- und Kleinstlieferungen, die sich mit einer rationellen (palettenweisen) Erfassung nicht vereinbaren lassen, bedroht. GUGELMEIER sprach sich aus diesem Grund schon vor fast 20 Jahren für die Festsetzung von Mindestanlieferungensmengen innerhalb der badischen Erzeugervereinigungen für Obst und Gemüse aus[63]: Die Genossenschaften sollten die Warenerfassung vom Mindestlimits über Verpackungs- oder Gewichtseinheiten abhängig machen. Der Erzeugergroßmarkt wendet eine Mindestmengenregelung der Anlieferungsposten nicht an, auch wenn er sich mit deren Inhalten durchaus identifiziert und dies gegenüber Erzeugern mit kleinen Erfassungsmengen auch vertritt:

"Wir brauchen Mitglieder mit Mindestmengen. Da geht's mit drei Sträuchern Johannisbeeren oder ein paar Äpfelbäum eben net. Die soll der für sich behalte und uns net mit so Kleinkram belasten."
- Geschäftsführer

61) Vgl. BOETTCHER (Hrsg.) 1966.
62) Vgl. THIMM 1967, S. 53.
63) GUGELMEIER 1969, S. 268.

"Der Geschäftsführer is schon dafür, wenn jemand im Obstmarkt is und vielleicht 10 oder 20 Körb anliefere tut im Jahr, da is er also gar net so arg drauf. Er sagt, wenn die also net mehr habe, dann isch's vielleicht besser, wenn's ihr Sach so irgendwie verkaufe. Des find ich ehrlich gsagt net richtig, denn die mit ihre 20 Körb sind doch genauso recht wie die mit 200, oder?"
- ON4

Als Grundlage eines rationellen, erfolgreichen Leistungsaustausches zwischen Erzeuger und Genossenschaft werden vom Großmarkt die größeren Obst- und Gemüsebaubetriebe, insbesondere die hauptberuflichen, hervorgehoben:

"Natürlich wär's uns am liebschte, wenn wir möglichst wenig, dafür aber große Spezialbetriebe mit Intensivkultur hätten."
- Berater

Eine weitere selektionsbedrohte Mitgliedergruppe stellen die Erzeuger mit ständig qualitativ uneinheitlichen oder sogar minderwertigen Warenanlieferungen dar. Meist handelt es sich auch bei dieser Gruppe wiederum um die Erzeuger mit den kleineren Anlieferungsmengen. Für den Großmarkt ist es nämlich wesentlich schwieriger, aus solchen kleinen und zudem noch schlecht sortierten Einzelposten genossenschaftliche Sammelposten zusammenzustellen, als wenn Mitglieder große, qualitativ einheitliche und gut sortierte Palettenanlieferungen tätigen, die für sich schon einen Sammelposten ergeben:

"Die kleineren Erzeuger tut sich halt schwerer in der Sortierung. Die haben vielleicht nur fünf Körb. Von der einen Sortierung gibt's zweieinhalb, von der nächsten eineinhalb und wieder die nächste wird auch net voll und so weiter. Irgendwas muß der Mann jetzt tun, um volle Körb uns zu bringen. Und da wird dann halt aufgefüllt, auch wenn's mit der Sortierung und Größ net ganz so stimmt. Da bleibt dann halt die Qualität auf der Streck, wo sich ein größerer eben leichter tut."
- Geschäftsführer

"bei Großanlieferer is die War einheitlicher als bei selle, die nur e paar Körble hän."
- OV3

Nach den Anlieferungsbedingungen (§ 2, Abs. 1) könnte die Genossenschaft gegenüber solchen mängelbehafteten Kleinanlieferungen dahingehend selektiv tätig werden, indem sie ihr Konditionierungsrecht anwendet: "An die Zulassung eines Anlieferers, der seine Obst-, Gemüse- und Gartenbauerzeugnisse über den Erzeugergroßmarkt verwerten will, kann die Erfüllung besonderer Bedingungen geknüpft werden." Über die schon erwähnten, allgemeinen Qualitäts- und Sortiervorschriften hinaus, die für alle Mitglieder Gültigkeit besitzen, findet dieser Passus aber keinerlei Anwendung.

Wie versucht die Obst- und Gemüsegenossenschaft nun aber Selektionsmaßnahmen als Koordinationsinstrument gegenüber den kleineren Erzeugern einzusetzen, wenn sie nicht einmal von der Festlegung von Mindestanlieferungskontingenten und ihrem Recht auf Konditionierung bestimmter Warenanlieferungen Gebrauch macht? Zwei Wege lassen sich hier unterscheiden, der direkte und der indirekte. Als direkte Selektionsmaßnahmen gelten Eintritts- und Austrittsbedingungen, die der Mitgliedschaft zugrundegelegt werden[64]. Der Erzeugergroßmarkt hat 1986 solch eine besondere Eintrittsbedingung für neue Mitglieder statuarisch verankert (§ 37, Abs. 2). Danach muß ein Neumitglied mit dem üblichen Eintrittsgeld von DM 30,- sofort auch mindestens die Hälfte eines Geschäftsanteils von DM 300,- als Pflichteinzahlung leisten, was bisher auf zwei Geschäftsjahre verteilt entrichtet werden konnte. Letztlich erhöht sich die Summe, die beim Eintritt in die Genossenschaft zu zahlen ist, auf DM 180,- , ohne

64) Vgl. PARDUHN 1972, S. 69 ff. und SCHLOEN 1974, S. 155 ff.

daß das Mitglied dafür eine Förderleistung der Genossenschaft in Anspruch genommen hat. Diese Maßnahme wendet sich gegen Erzeuger mit kleinen und Kleinstanbauflächen, die das hohe Eintrittsgeld von einer Mitgliedschaft abschrecken soll:

"da überlegen sie sich dann, ob sie mit ihren paar Zwetschenbäumen, ihrem Hausgärtle oder Schrebergarten zu uns kommen. Wahrscheinlich nicht. Und das ist genau das, was wir damit bezwecken möchten."
- Geschäftsführer

Indirekt werden Selektionsmaßnahmen im Erzeugergroßmarkt wirksam, indem bestimmte Mitgliedergruppen innerhalb der genossenschaftlichen Förderungsleistung bevorzugt behandelt werden. Dies geschieht hauptsächlich auf zwei Arten. Erzeuger, die Großanlieferungen mit ganzen Paletten tätigen, werden schneller bei der Erfassung abgefertigt, weil sie sich nicht in die Reihe der Einzelanlieferungen anstellen müssen und die Warenkontrolle vollständig wegfällt. Der Anlieferer fährt in der Erfassungsstation vor, seine auf Paletten gesetzten Posten werden mit dem Gabelstapler vom Wagen oder Anhänger entladen und sofort als Sammelposten versandfertig gemacht:

"wenn die mit ihre Palette komme, hab ich noch nie gemerkt, daß die gucke, was unte drunter is. Des hab isch noch nie gesehe, daß die e Palett umgekehrt habe. Wer weiß, was die anliefere."
- ON2

"Für uns isch's einfacher mit de Palette: runtergholt mi'm Stapler und gleich in die Eck zum Versand - des geht ruck-zuck. Net wie bei de andere, wo ma Körble für Körble rumhebe muß und noch schaue, ob's stimmt."
- In der Erfassung tätiger Genossenschaftsangestellter

"de Vorteil (von der Palettenanlieferung, C.D.) is, daß ma große Menge schnell abliefere kann, ohne selbst ständig am Markt präsent sein zu müsse. Ma bringt's hin, wird schnell abgfertigt und glaufe isch's."
- GG2

Die zweite Art der Bevorzugung von Großanlieferern ist die prompte Erfassung ihrer Ware, was besonders für die größeren Gemüsebaubetriebe von Vorteil ist, die unter Umgehung des genossenschaftlichen Meldesystems zumeist ihre gesamte Ernte anliefern können. Im Falle einer angespannten Absatzsituation mit einem Überangebot an Gemüse werden vornehmlich die größeren Betriebe bei der Warenannahme berücksichtigt, während die kleineren Betriebe mit einem vorübergehenden Annahmestopp belegt werden:

"Genossenschaft is nur was für die große, die spezialisieren sich uf ei Sach: ein Hektar nur Salat, und schmeiße dene des paletteweis hin. Die mache's mit de Masse. Mir könne des net, mir hän weniger, und dafür aber verschiedene Sache. Zeitlich müsse mir uns ja auch nach'm Betrieb richte."
- BG2

"Obst und Spargel komme ja je nach Witterung schubweise und dann kann ich ohne Begrenzung jede Menge bringe (...) ich mach's runter, bring's uf de Markt und dann is fertig."
- OGV2

"bei ner leichtverderbliche War kann ma auf die Schnelle ne große Menge absetze - wo ma auch sicher absetze kann, egal welche Menge, daß ich anliefer."
- GG2

Oder bei bestimmten Auftragseingängen, die nur kleinere Warenposten umfassen mit oft lukrativem Preisniveau - dies betrifft zumeist Export-Aufträge aus der grenznahen Schweiz - kommt es auch vor, daß die größeren Spezialbetriebe persönlich darüber informiert werden, die Mehrheit der Erzeugerschaft indessen von solchen Sonderanlieferungen ausgeschlossen bleibt bzw. über Rundschreiben und Aushänge gar nicht informiert wird. Diesen Selektionsmaßnahmen liegen folgende Überlegungen zugrunde: Die größeren, meist hauptberuflichen Betriebe beziehen aus dem genossenschaftlichen Leistungsprozeß weitgehend ihre materielle Existenzgrundlage im Gegensatz zu den kleineren Nebenerwerbsbetrieben, denen die Obst- und Gemüseproduktion lediglich als Ergänzung des Haupteinkommens dient. Zudem ist der Erzeugergroßmarkt auf die Anlieferungsquantitäten wie auch -qualitäten der größeren Betriebe anteilsmäßig wesentlich stärker angewiesen als auf die Kleinanlieferungen der eher hobbymäßig ausgerichteten Erzeuger.

4.6. Perzeption der Koordination durch die Erzeuger

Wie für alle Ordnungsgefüge ist auch für die genossenschaftliche Koordination innerhalb des Leistungsprozesses mit den Erzeugern die Gegensätzlichkeit von "Sollen" und "Sein" anzutreffen. Es stellt sich nämlich die Frage, wie die Koordinationsbemühungen (Inhalte und Instrumente) des Erzeugergroßmarktes von den Mitgliedern als Handlungsanweisung wahrgenommen und realisiert werden. Schließlich kann man "eine Ordnung normativ noch so perfekt gestalten, die Frage aber, wie sie sich in der Praxis auswirkt, wie sie die Menschen befolgen, das ist wieder eine andere Sache."[1] Alle Konzeptionen zur Ausgestaltung eines reibungslosen und erfolgreichen Leistungsaustausches zwischen Genossenschaft und Mitgliedern - wie sie z.B. von GUGELMEIER als Bereinigung der Erzeugerstruktur, der Qualitätsverbesserung, der Ernterationalisierung und als Neuentwurf eines Erfassungs- und Kontrollsystems für den Obstbau erarbeitet wurden[2] - bleiben eben ohne praktische Bedeutung, wenn sie von den Erzeugern nicht wahrgenommen, angenommen und übernommen werden. Ähnlich verhält es sich auch mit dem genossenschaftlichen Koordinationsinstrumentarium zur Steuerung der Produktionstätigkeit, das dann seine Wirkung verliert, wenn es Lücken aufweist, die von den Erzeugern erkannt und genutzt werden. Im folgenden soll daher geklärt werden, unter welchen Bedingungen die Koordinationsbemühungen für den Erzeugergroßmarkt erfolgreich verlaufen und vor allem, wo und warum ihnen Grenzen gesetzt sind. Der Eintritt eines Mitgliedes in eine Kooperation ist ebensowenig wie seine Unterschrift als formale Zustimmung zu den in der Satzung und den Anlieferungsbedingungen verankerten Verhaltenspflichten eine Garantie dafür, daß sich das Mitglied auch tatsächlich später den allgemeinen genossenschaftlichen Anweisungen und den speziellen Koordinationsinhalten entsprechend verhält - eine Feststellung, die im Gegensatz zu zahlreichen Genossenschaftsautoren steht, die den Unterschied zwischen realem "Ist-Handeln" und gewünschtem "Soll-Handeln" außer Acht lassen[3].

---

1) PERNTHALER 1968, S. 50.
2) Vgl. GUGELMEIER 1969, S. 260 ff.
3) Exemplarisch hierfür soll BRIXNER 1971 angeführt werden, der davon ausgeht, daß ein gewünschtes Mitgliederverhalten schon allein durch genossenschaftliche Kontrakte zu erreichen wäre (S. 123 ff.).

Erstes, rein äußeres Indiz für Koordinationsgrenzen sind die zahlreichen, immer wieder erfolgenden Aufrufe der Genossenschaft in Rundschreiben und Aushängen zur Einhaltung der Qualitäts- und Sortierbestimmungen:

"infolge schlechter Obstqualitäten sehen wir uns gezwungen, Ihre Anlieferungen noch schärfer zu kontrollieren"
"wir fordern unsere Mitglieder auf, Qualität und Gewichte in den Gebinden besser zu kontrollieren"
"Immer wieder gehen bei uns Reklamationen ein. Wir fordern Sie deshalb nochmals auf, nur einwandfreie Ware anzuliefern"
"Verwenden Sie noch mehr Sorgfalt bei der Ernte und Sortierung"
- aus Rundschreiben

Wenn der Erzeugergroßmarkt sich infolge von Verhaltensverstößen der Erzeuger wiederholt zu solchen Ermahnungen und Aufforderungen veranlaßt sieht, müssen der genossenschaftlichen Koordination irgendwo und irgendwie Grenzen gesetzt sein; diese gilt es zu erkennen.

4.6.1. Koordinationsgrenzen

4.6.1.1. Strukturbedingte Koordinationsgrenzen

a) Erzeugerstruktur

Die Mitgliederstruktur des Erzeugergroßmarktes begrenzt als Spiegelbild der untersuchten Anbauregion die genossenschaftliche Koordination aus drei Gründen:

Erstens: Der Sonderkulturanbau ist extrem weinbaulastig. Ursprünglich standen Weinbau, Obst- und Gemüseerzeugung gleich stark nebeneinander. Ende des 19. Jahrhunderts erfuhr der Weinbau dann seinen Niedergang durch das weiträumige Ausbreiten der Reblaus, so daß die Anbauflächen mit Obstbäumen aufgeforstet wurden. Doch die nach dem zweiten Weltkrieg einsetzende staatliche Protektion des Weinbaues mit ihren zahlreichen Förderungsmaßnahmen (Flurbereinigung, staatliche Beihilfen) führte bis noch vor wenigen Jahren zu einer Expansion der Rebbewirtschaftung auf Kosten des Obst- und Gemüseanbaues. Die Vernachlässigung der Obst- und Gemüseproduktion wirkte sich dabei sowohl hinsichtlich der Flächenwahl als auch der Arbeitswirtschaft in den Betrieben aus. Vor allem die Obstbäume und -sträucher wurden von den Reben zunehmend in frostgefährdete Grenzlagen, in die Ebene und in Muldenlagen zurückgedrängt. Mit der Dominanz der Rebanbauflächen sank gleichzeitig auch die Arbeitsaufwendung im Obstanbau[4]. Besondere qualitätsfördernde Anbau- und Pflegemaßnahmen, wie sie den genossenschaftlichen Koordinationsinhalten entsprechen (z.B. ein den Winterschnitt ergänzender Sommerschnitt, das Ausdünnen und Auspflücken der Bäume, Stammpflege, Schädlingsbekämpfung) finden bei den Erzeugern nur wenig Anklang. Man meint, auch ohne solch zusätzliche Arbeitsbelastung auskommen zu können, insbesondere in Betrieben, die zur gleichen Zeit andere Arbeiten im Weinberg zu verrichten haben. Für den Erzeugergroßmarkt bedeutet dies, daß seine Mitglieder sich vorwiegend als Haupt- oder Nebenerwerbswinzer verstehen und die Obst- und Gemü-

4) Eine ähnlich zweitrangige Bedeutung des Obstanbaues stellt KELLER 1975 in seiner Untersuchung für das Rhein-Main-Gebiet fest (S. 98 f.)

seproduktion ihren Betrieben arbeitswirtschaftlich unterordnen. Ihr Interesse konzentriert sich ganz auf die Rebbewirtschaftung, während der Obstbau eher als Anhängsel betrachtet wird:

"in de meischte Betriebe is des so, daß de Obstbau nebeher läuft. De Weinbau is des Hauptstandbein."
- OV3

"Im Sommer sin ma in de Rebe, da hän mehr kei Zit für's Schneide."
- OV1

"Ich gebe Ihnen den Rat, Ihre Obstanlagen so intensiv zu betreuen wie Ihren Rebanbau."
- Geschäftsführer auf einer örtlichen Erzeugerveranstaltung

Bestimmte Bereiche des Obstbaues sind als Intensivkultur sogar von vornherein ausgeschlossen. In der Arbeitswirtschaft kollidieren z.B. Kirschenernte, Erdbeeren und Himbeeren zeitlich mit der Laubarbeit im Weinberg. Ebenso kommt die Traubenlese im Herbst mit der Apfelernte der Spätsorten in Kollission:

"Beere passe net ins Rebgschäft nei. Himbeere isch im Sommer ernte und des fällt mit de Laubarbeit zusamme."
- OV2

"das müssen sie (die Erzeuger, C.D.) sich früher überlegen. Die müssen sich für eins entscheiden und des andere lasse. Aber Weinbau und Apfelanlagen, des geht net gut."
- Geschäftsführer

"Mir hän kei Äpfel, des geht net, mir hän doch Rebe."
- ON3

Lediglich der Zwetschenanbau fügt sich in die Rebbewirtschaftung ein, wenn ein Erzeuger auf Obst- und Weinbau gleich große Sorgfalt verwenden will, weil die Zwetschenernte zwischen die Laubarbeit und Lese im Weinberg fällt. Aus diesem Grund befindet er sich wohl auch schwerpunktmäßig im genossenschaftlichen Erfassungsgebiet.

Erst mit den Absatzkrisen im Weinbau - infolge der mengenmäßigen Rekordernten 1983 und 1984 und der zahlreichen Weinskandale - und den daraus resultierenden geringen Auszahlungspreisen der Winzergenossenschaften bahnt sich allmählich eine Trendwende hin zum Obst- und Gemüsebau an. Starke Frostschäden 1985 in den Weinbergen führten sogar dazu, daß sich in unteren Terrassen Ansätze zu Rebrodungen finden lassen, was im Zuge der Rebflächenausdehnung vor 10 - 15 Jahren noch undenkbar gewesen wäre. Einige Mitglieder des Erzeugergroßmarktes gehen dabei verstärkt zum Anbau von Beeren und Spargeln über oder legen geschlossene Apfelanlagen an, um über positive Auszahlungspreise der Obst- und Gemüsegenossenschaften die sinkenden Traubenauszahlungspreise der Winzergenossenschaften zu kompensieren:

"je schlechter die Situation auf'm Weinmarkt is, um so mehr geht ma auch wieder zum Obstbau über."
- OV5

"seit zwei, drei Jahr versuch ich's halt auch e bissel mehr mit'm Obst."
- OV2

"Seit die Weinpreise im Keller sind, komme mehr Leut in die Veranstaltunge vom Berater"
- OGV1

Gleichwohl zeigt die Mehrzahl der Erzeuger mit Weinbau noch zu wenig Interesse an den von der Genossenschaft geforderten oder gewünschten Anbautechniken und Pflegemaßnahmen:

"In den letzten zwei Jahren wurden bei uns viele Apfel-Neuanlagen erstellt. Mit Besorgnis sehen wir jedoch, daß häufig zu wenig darin gearbeitet wird. Das fängt mit der Erstellung des Gerüstes, beim Anbinden der Bäume, dem Schneiden und Abbinden der Äste an und geht bis zum Pflanzenschutz."
- aus einem Rundschreiben

"Wenn's immer nur danach heißt - Schneide erst nach de Rebe, Spritze erst nach de Rebe, Pflücke erst nach de Rebe - dann kann de Erzeuger nicht erwarten, daß er preislich mit seinen Äpfeln plötzlich davorn liegt."
- Geschäftsführer

"was die alles von einem wolle, da könnt ich's ganze Jahr nur in de Obstbäum hocke. Ich hab auch noch Rebe."
- OV3

"do hän ma viel zu tun, wenn ma all des macht, wo se sage"
- OV1

Zweitens: Ebenfalls historisch bedingt ist infolge der Realteilung die Vielzahl der kleineren Betriebe. Dem Erzeugergroßmarkt gehört kein einziger reiner Obstbaubetrieb an. Zumeist handelt es sich um die schon erwähnten haupt- oder nebenberuflichen Betriebe, die den Weinbau mit der Obsterzeugung kombinieren, oder um sog. Feierabendbetriebe mit geringer Marktleistung und starken Ertragsschwankungen - insgesamt also in der Mehrzahl um Betriebe, in denen die Obstproduktion nur eine untergeordnete Rolle spielt[5]. Besonders die vielen Mitglieder, deren Haupterwerb außerhalb der Landwirtschaft liegt, betreiben die Obst- und Gemüseproduktion auf kleinen und kleinsten Flächen eher hobbymäßig, abends und am Wochenende. Entsprechend gering ist ihr Interesse an einem größeren Arbeits- und Kapitalaufwand (Erntegeräte, Dünge- und Schädlingsbekämpfungsmittel etc.). Folglich stehen diese kleinen Nebenerwerbsbetriebe der genossenschaftlichen Koordination hinsichtlich Qualitätssteigerung, Sortenbereinigung und Betriebsspezialisierung im Wege. Bei der Vielzahl der kleinen Betriebe erwächst sich daraus aber ein gefährlicher Multiplikator, wenn man die Qualität der Warenanlieferung berücksichtigt:

"es dreht sich alles um die Qualität. Und wenn die Erzeuger des ebe net intensiv genug mache, bringt des gar nix. Dann stimmt Qualität net. Und des is ebe des Problem mit dene Kleine."
- Berater

"des koscht mich alles viel zu viel Geld und Arbeit."
- ON3

"Ach Gott ja, wenn ich's im Große mache tät, da wär's was anderes. Des is schon richtig, was die wolle, aber für unsereins rentiert sich der ganze Aufwand net."
- ON4

"was Ihr alles wollet!"
- Zuruf eines Obsterzeugers im Nebenerwerb während der Ausführungen des Beraters auf einer örtlichen Erzeugerversammlung

Gerade die kleineren Nebenerwerbsbetriebe sträuben sich auch gegen die Spezialisierung auf wenige Intensivkulturen, da häufig der Eigenbedarf an Obst und Gemüse im Vordergrund der Bewirtschaftung steht. Die an der Eigenverwertung ausgerichtete Vielseitigkeit von Kulturen und Sorten - so z.B. beim Anbau von Zwetschen: einige zum Frischverzehr, einige Backzwetschen und Marmeladezwetschen - verhindert eine Sortenbereinigung, wie sie der Erzeugergroßmarkt im Interesse der Erfassung- und Absatzrationalisierung anstrebt. Zugleich wird die Ausarbeitung von allgemeingültigen An-

---

5) Vgl. zur Typologie des Erwerbsobstbaues auch GUGELMEIER 1969, S. 40 ff.

bauempfehlungen durch den Berater erheblich erschwert. So gibt es allein 20 verschiedene Apfelsorten und 12 verschiedene Zwetschensorten, die beim Obstmarkt zur Erfassung kommen und vermarktet werden müssen. Außerdem stellen die vielen kleinen Nebenerwerbsbetriebe eine unsichere und unberechenbare Erzeugergruppe in Hinblick auf ihre Lieferbereitschaft und Lieferzuverlässigkeit dar. In Jahren mit Durchschnittserträgen werden nur die über den Eigenbedarf hinausgehenden Erzeugnisse angeliefert, in Jahren mit geringen Ernteerträgen kommt gar nichts zur Erfassung und in Jahren mit Rekordernten vergrößern die vielen Kleinposten der Nebenerwerbsbetriebe die ohnehin schwierig abzusetzenden Überschußmengen:

"die komme auch nur, wenn's ihne grad so paßt"
- OV5

"dene is halt egal, was se kriege: kommt viel rein is gut, dann wird's dem Obstmarkt gebracht, kommt nix is auch gut; ma braucht's Geld ja net"
- OV4

Ihre Produktionstätigkeit richten die kleinen Nebenerwerbsbetriebe also nicht nach der genossenschaftlichen Koordination, sondern nach ihren eigenen Erfordernissen aus. Dies betrifft auch die Wahl des Erntezeitpunktes, der primär vom Vorhandensein benötigter Arbeitskräfte (zumeist Familienangehörige) und erst dann vom optimalen Pflückzeitpunkt oder der genossenschaftlichen Anordnung abhängig gemacht wird:

"Ich muß dann pflücke, wenn ich Leut hab. Und des is halt meischt am Wochenend, da is kei Schul und die Familie kann helfe."
- ON1

"des Pflücke richt sich danach, ob Kinder und Schwestre Zeit hän. Des könne mir net allein mache."
- ON3

Dem geringen Interesse, das von der Mehrzahl der Genossenschaftsmitglieder dem Obstbau entgegengebracht wird, entspricht auch deren schlechten Kenntnisstand hinsichtlich anbautechnischer und produktionstechnischer Sachverhalte. Schon vor fast 20 Jahren beklagte GUGELMEIER für das badische Obstbaugebiet den "geradezu katastrophalen Mangel an Grundkenntnissen und dementsprechend an Pflegeaufwendungen."[6] Die geringen obstbaulichen Fachkenntnisse lassen bei den Erzeugern oftmals auch das erforderliche Verständnis für die genossenschaftlichen Koordinationsmaßnahmen fehlen. Selbst die Betriebsleiter, die hauptberuflich dem Erwerbsobstbau nachgehen, verfügen in der Mehrzahl über keine spezielle fachliche Ausbildung im Gegensatz zu anderen landwirtschaftlichen Bereichen, wo sich die berufliche Qualifikation der jüngeren Landwirte schon erheblich verbessert hat. Der Obstbauberater des Großmarktes vermißt neben der fachlichen Qualifikation bei den Erzeugern überhaupt deren grundsätzliche Bereitschaft, sich mit Einzelfragen der Produktion zu beschäftigen. Dazu vermutet er, daß von vielen Mitgliedern noch nicht einmal seine Anbauhinweise oder die genossenschaftlichen Informationen in den Rundschreiben und Aushängen gelesen würden:

"Die hän jo kei Interesse. Da kann ma schwätze und mache, wie ma will."
- Berater

"Bitte beachten Sie unsere Aushänge an den Sammelstellen!"

---

6) GUGELMEIER 1969, S. 160; ähnlich auch SNOWDON 1965, S. 79.

"Wir möchten Ihnen auch raten, die an den Sammelstellen ausgehängten Rundschreiben zu lesen. Damit sparen Sie sich und uns immer wieder auftretenden Ärger."
- Berater im Rundschreiben

Drittens: Im Gemüsebereich bereitet eine Erzeugergruppe der genossenschaftlichen Koordination teilweise Schwierigkeiten: die Gartenbaubetriebe, die innerhalb des Erzeugergroßmarktes als eigenwillig gelten, und von denen sich einige über die bäuerlichen Gemüseerzeuger erheben:

"die Gemüsler sind irgendwie en eigne Stand, vor allem die Gartenbaubetriebe."
- Berater

"Die Gartenbaubetriebe meine auch, sie wärn was besseres. Erschtens weil se Ausbildung hän als Gärtner, dann hän die Gewächshäuser und stelln schon emol was andris dar."
- BG1

"die meine, die hätten die Weisheit mit Löffel gefresse"
- BG2

"Mir sin die Gärtner, mir hän halt auch e Ausbildung. Die Bure sin ja net Mitglied im Gartebauverband. Die mache ja alles mögliche: Mascht, Obscht, Gmis und was weiß ich noch. Mir sin halt spezialisiert uf eins."
- GG2

Zwar streben die Garbenbaubetriebe aus Erwerbsinteresse und infolge ihrer Spezialausbildung von sich aus zu höchster Qualitätsproduktion, doch sperren sie sich gegenüber jeglicher "Einmischung" des Erzeugergroßmarktes in ihr Betriebsgeschehen - wohl auch ein Grund, warum der Großmarkt von einer genossenschaftlichen Gemüseberatung absieht:

"Mir wisse scho, was läuft, da brauche mir die net."
- GG1

"mir produziere und die solle vermarkte. Ich misch ja auch net bei denen mit und sag: 'des und des machscht so, dem machscht en bessere Pris'."
- GG2

Besonders das genossenschaftliche Meldesystem, wie es von der Gemüseverwertungseinrichtung praktiziert wird, stößt auf wenig Zustimmung. Die Gartenbaubetriebe, die sich auf die Gemüseproduktion spezialisiert haben, sind nämlich darauf angewiesen, ihre großen Posten abzusetzen; so ist es manchmal unerheblich, ob zu einem mehr oder minder guten Preis. Daher kann es passieren, daß bei Vermarktungsengpässen mit niedrigem Preisstand die gärtnerischen Erzeuger weiterhin ihre Ware anliefern wollen, dies vielleicht sogar auch trotz eines Annahmestopps tun, während die bäuerlichen Erzeuger, die mit dem Gemüseanbau lediglich einen Teil ihres Betriebseinkommens erwirtschaften, die Anlieferung freiwillig oder als Annahmestopp verordnet längst eingestellt haben.

b) *Dörfliche Sozialstruktur*

Wesentliches Kennzeichen des Erzeugungsgebietes ist der noch stark ländlich geprägte Sozialraum, womit sich die Anbauregion erheblich von anderen stadtnahen Produktionszentren für Obst und Gemüse, z.B. dem Rhein-Main-Gebiet, dem Rheinland oder der Niederelbe, unterscheidet. Die Erzeuger leben in kleineren Ortschaften und auch der Sitz des Großmarktes befindet sich in dörflicher Umgebung. Damit gehören die Obst- und Gemüseproduzenten nicht nur dem genossenschaftlichen Stufenverbund, sondern mehr oder weniger eng auch ihrem jeweiligen Dorfverband an. Als Grenze der genossenschaftlichen Koordination erweist sich die dörfliche Sozialstruktur nun deswegen, weil die örtlichen Sammelstellenleiter einen Teil des dörflichen Lebenszusammenhanges darstellen. Ihrer Funktion als Transmissionsriemen zwischen genossenschaftlicher Koordination und Erzeugern können und wollen sie daher nicht immer gerecht werden. Besonders gravierend zeigt sich dies bei den Warenlieferungen an die Sammelstellen, deren Qualität und Sortierung von der zentralen genossenschaftlichen Verwertungseinrichtung immer wieder beanstandet wird. Allgemein heißt es im Erzeugergroßmarkt, daß die Warenaufbereitung der Erzeuger, die über Sammelstellen erfaßt werden, in der Regel mehr Mängel aufweisen (qualitativ minderwertige Beschaffenheit, Ungenauigkeiten bei der Sortierung und Tarierung sowie der Auszeichnung der Posten) als die von jenen, welche ihre Posten in den zentralen Erfassungsstationen andienen. Als Ursache werden die gänzlich fehlende oder nur oberflächliche und lückenhafte Durchführung der Warenprüfung durch die Sammelstellenleiter verantwortlich gemacht. Da diese nämlich mit der Erfassung und Kontrolle der Warenanlieferung beauftragt sind, andererseits aber aus dem gleichen Ort wie die Erzeuger stammen, verfügen sie nicht immer über die erforderliche Unabhängigkeit für eine objektive Warenprüfung[7]. Sie produzieren als Genossenschaftsmitglied, wie alle anderen Erzeuger auch, Obst und Gemüse und identifizieren sich daher mehr mit der Erzeuger- als der genossenschaftlichen Absatzseite - ein wesentlicher Unterschied zu den Warenprüfern, die hauptberuflich in den zentralen Erfassungsstellen des Großmarktes arbeiten:

"Warum soll ich zu dene Leut hingehe und sage, ihr dürft des (freitags pflücken, C.D.) net. Ich bin emal ehrlich - manchmal bin ich selber unter Zeitdruck und geh dann raus, auch wenn Freitag is. Ma macht des ja sicherlich net, wenn ma sieht, daß was verderbe könnt. Wenn ma aber sieht, daß de Reifegrad stabil is, kann ma des schon runterhole."
- Sa1

"Des is doch en Schwachsinn. Was soll ich an de Erzeuger rummotze, ich bin doch selber einer. Wenn die Hagelwar anliefere, was soll ich deswege mit dene rummache. De Hagel hat doch über meiner Anlag auch net halt gemacht, mei Kirsche oder Zwetsche hän doch auch Hagelschlag. Und wenn ich dene ihrs net nehm, ich mein, dann dürft ich's meine auch net zum Obstmarkt bringe. Da schneid ich mich doch ins eigne Fleisch."
- Sa3

Die Sammelstellenleiter gehören dem dörflichen Sozialverband ebenso an wie die Erzeuger: man ist gemeinsam aufgewachsen, besuchte zusammen die Schule, wohnt in einem Dorf, feiert gemeinsam Feste - kurzum man teilt fast alle Lebensvorgänge miteinander. Aus dieser für den Außenstehenden oftmals schwierig zu erkennenden und verstehenden dörflichen Lebensgemeinschaft[8] entsteht eine Interessensgemeinschaft, in die auch die Warenerfassung durch die Sammelstellen einbezogen ist. Konflikte werden sowohl von Seiten des Sammelstellenleiters als auch der anliefernden Erzeuger vermieden. Beide sind an einer schnellen, reibungslosen Abwicklung der Erfassung interessiert, möglichst ohne Beanstandungen und Reklamationen. Die Tätigkeit des Sammelstellenleiters beschränkt sich dadurch auf die Warenannahme und die Bestätigung des Liefer-

7) Dieser Punkt wurde auch in einer Untersuchung nordrheinischer Erzeugerversteigerungen von JAEGER 1969 angesprochen: Großabnehmer von Obst- und Gemüseerzeugnissen bemängelten danach meistens solche Warenposten, die von örtlichen Sammelstellen erfaßt worden waren (S. 61).

8) Vgl. hierzu die Arbeiten aus dem Tübinger Ludwig-Uhland-Institut für empirische Kulturwissenschaften, so z.B. ILIEN 1977, ILIEN/JEGGLE 1978 und BRÜGGEMANN/RIEHLE 1986.

scheines für den Erzeuger. Diese lockere Handhabung der Erfassung mit kaum oder nur geringer Warenkontrolle fällt dem Sammelstellenleiter um so leichter, als es sich bei den Erzeugern um Verwandte, Nachbarn, Vereinskameraden, Stammtischbrüder, Arbeitskollegen oder sonstige Bekannte von sich oder seinen Familienangehörigen handelt. Er hat somit überhaupt kein Interesse, sich die genossenschaftlichen Koordinationsinhalte und -instrumente zu eigen zu machen und gegenüber den Erzeugern zu vertreten, woraus sich vielleicht Konflikte und Streitereien (z.B. über die Güteeinstufung in Klasse I oder II) mit diesen ergeben könnten:

"Ich bin doch net de Dorfpolizischt vom Markt."
- Sa3

"der (Sammelstellenleiter, C.D.) fragt nach dene Sache gar net viel. Er sagt, er isch net als Prüfer angestellt, er isch für's Annehme dar. Der will halt kei Streit im Dorf habe."
- OV2

Würde ein Sammelstellenleiter seine Funktion als Warenprüfer tatsächlich ernsthaft wahrnehmen und bei der Anlieferung von Mängelware diese beanstanden, zurückstufen oder sogar zurückweisen, so würde er gegen die Interessengemeinschaft mit den anderen Erzeugern verstoßen und seine Stellung im dörflichen Sozialgefüge wäre zumindest gefährdet[9]:

"ich hab doch kei Lust de Buhmann vom Ort zu sein."
- Sa1

"bei de Sammelstellenleiter menschelts sehr arg. Grad weil des Leut sin aus'm Ort und die getraue sich häufig net, was zu sage; auch emal zu sage 'des nehm ich net'. Die nehme des dann ebe doch noch mit."
- Berater

"Wenn mir da einer blöd herkäm, da wär aber was los"
- OV 1

"die hän kei Lust sich mit uns rumzuärgere. Was hän se auch davon - nur Ärger im Dorf."
- OGV1

Als Beispiel für das Vermeiden von Reibungspunkten mit den Erzeugern kann die fast niemals angewandte Madenkontrolle angeführt werden. Vom Erzeugergroßmarkt hat der Sammelstellenleiter die Anweisung, zumindest stichprobenweise die Kirschenanlieferungen mittels einer Salzlösung auf ihre Madenfreiheit zu überprüfen. Davon macht aber kaum einer Gebrauch, weil er Hemmungen hat, den Erzeugern als "Madenkontrolleur" gegenüber aufzutreten:

"Nee, des mach ich net. Ich bin doch net dene ihrn Dubel"
- Sa3

"da mach ich doch net de Kaschpar vor de versammelte Mannschaft, des is mir echt zu blöd."
- Sa2

"des hän die bei uns noch nie gemacht. Wenn die des anfange ... da hätte mir wenigschtens unsern Spaß."
- OV2

Es ist daher verständlich, daß die Erzeuger größtes Interesse daran haben, ihre Ernte immer an ihre örtliche Sammelstelle abzuliefern, wo sie bekannt sind, den Leiter

9) Andererseits könnte es auch vorkommen, daß ein Sammelstellenleiter seine Antipathien oder Feindschaften gegenüber anliefernden Erzeugern durch besonders gründliche Warenkontrolle auslebt. Dies ist aber in keinem Gespräch angeklungen, vielleicht weil soziale Konflikte im dörflichen Sozialgefüge meist verdeckt ausgetragen oder ganz vermieden werden; vgl. hierzu BRÜGGEMANN/ RIEHLE 1986, S. 212 ff.

gut kennen und mit einer Warenerfassung ohne Beanstandungen rechnen können. Selbst wenn die Obstanlage eines Mitgliedes außerhalb der örtlichen Gemarkung liegt und sich sogar in der Nähe einer anderen Sammelstelle oder der zentralen Obsterfassungsstation befindet, bevorzugt der Erzeuger die Anlieferung an seinem Ort. Die besondere Wertschätzung, die alle Genossenschaftsmitglieder ihrer örtlichen Sammelstelle zukommen lassen, kam auch in einer repräsentativen Untersuchung im Erzeugergroßmarkt zum Ausdruck, die vom Badischen Genossenschaftsverband 1984 durchgeführt wurde[10]. Es sollten die möglichen Reaktionen der Mitglieder auf eine zwecks Rationalisierung und Kostenersparnis eventuell durchzuführende Zentralisierung und Straffung des Sammelstellennetzes erforscht werden. Die breite Mehrheit lehnte eine solche Maßnahme rundum ab, selbst unter dem Gesichtspunkt, daß ihnen durch die Einsparung der Sammelstellenkosten höhere Vergütungen zukämen. Knapp die Hälfte gab sogar an, im Falle einer Schließung ihrer Sammelstelle andere Absatzpartner statt die Genossenschaft zu beliefern oder sogar die Anbauflächen ganz zu roden und die Obstproduktion einzustellen.

Dem Erzeugergroßmarkt ist die Problematik der Sammelstellenerfassung durchaus bewußt, und er kennt auch die Lücken, die sich damit für die genossenschaftliche Warenkontrolle und Qualitätspolitik ergeben:

"Wir fordern die Sammelstellenleiter auf, die Gewichte in den Gebinden besser zu kontrollieren."
"An die Sammelstellenleiter ergeht der Aufruf, Qualität und Sortierung der Anlieferungen sorgfältig zu prüfen und Ware, die den Anforderungen nicht entspricht, zurückzuweisen."
- aus Rundschreiben

"Des ist eine menschliche Frage: der Sammelstellenleiter muß mit dene Leut im Ort leben. Im Lauf der Jahre stumpft da auch die Kontrolle ab; der weiß des, die Erzeuger wissen des und wir wissen des auch. Der da drauße will sich ja auch net mit jedem anhänge und streite."
- Geschäftsführer

Das große Verständnis des Geschäftsführers für die Sammelstellenleiter rührt daher, daß auch er inmitten des Anbaugebietes wohnt und im Sozialgefüge der Erzeuger integriert ist. Als Teil des dörflichen Lebenszusammenhanges möchte auch der Geschäftsführer nicht dauernd mit seinen Erzeugern im Streit leben, nur wegen einzelner oder wiederholter Verstöße gegen die genossenschaftliche Koordination. Aus diesem Grund geht er Konflikten mit den Erzeugern, soweit es sich vermeiden läßt, aus dem Wege und hält sich von einer rigorosen Anwendung des Koordinationsinstrumentariums zurück, wie noch zu zeigen sein wird:

"Vom Druck halt ich ganz und gar nix. Ich bin nicht dafür da, mich mit unseren Erzeugern zu streiten; dafür werd ich net bezahlt. Ich möcht mit dene in Frieden leben. Wissen Sie, in der Zeit, als wir das Hagelproblem hatten, bin ich in keine Wirtschaft reingegange - darin seh ich net meinen Sinn. Ich möcht abends auch emal ausgehen können, ohne daß ich mich mit jedem gleich behänge muß (...) Man muß einfach wisse, was in der Gegend läuft. Man muß einfach die Stimmung der Erzeuger kennen. So was kann ma net einfach steuern, da braucht ma die Abstimmung mit der Meinung unserer Erzeuger."
- Geschäftsführer

10) BADISCHER GENOSSENSCHAFTSVERBAND RAIFFEISEN - SCHULZE-DELITZSCH 1984.

c) *Alternative Vermarktungswege*

Rein formal haben alle Mitglieder, die einer Kooperation beigetreten sind, das Recht, diese auch wieder bei Bedarf zu verlassen, weil es sich um eine freiwillige Zusammenarbeit handelt[11]. Für eine Genossenschaft bedeutet dies, daß ihrer Koordination um so mehr Grenzen gesetzt sind, je mehr Alternativen für das Mitglied zum genossenschaftlichen Leistungsprozeß existieren und je niedriger die Austrittskosten sind. Denn sobald das Mitglied um seine betriebliche Existenzsicherheit auch ohne genossenschaftlichen Leistungsvollzug weiß, weil dieser ohne größere Probleme auf andere Weise ersetzt werden könnte, um so eher wird es sich womöglich der genossenschaftlichen Koordination widersetzen bzw. diese einfach nicht einhalten.

Die Obst- und Gemüseproduzenten können grundsätzlich zwei Wege wählen, um ihre Waren alternativ zum Erzeugergroßmarkt zu verwerten. Zum einen können sie die Vermarktungsleistung einer anderen Institution in Anspruch nehmen, womit lediglich ein Austausch der Absatzpartner erfolgt. Als Vermarktungsalternative zur Genossenschaft steht den Erzeugern ein im Anbaugebiet ansässiges Großhandelsunternehmen zur Verfügung:

"durch des, daß es uns noch gibt, kann die Genossenschaft mit ihre Erzeuger net mache wie e Kolchos. Wenn's uns nimmer mehr gebe würd, dann hän's es manchs leichter."
- Obst- und Gemüsehändler

"mir hät des bei de Genosseschaft obe nimmi gepaßt. Deswege liefere mir jetzt schon länger zum Handel."
- OV 8

Ein zweiter Weg, die genossenschaftliche Vermarktungsleistung zu ersetzen, besteht darin, daß man diesen Funktionsbereich in eigener Regie übernimmt, anstatt ihn einer anderen Vermarktungsinstitution zu übertragen. Die Erzeuger können als Privat-/Direkt-/Selbstvermarkter verschiedene Absatzkanäle benutzen, um ihre Obst- und Gemüseerzeugnisse der Verbraucherstufe zuzuführen. Die wohl einfachste Art der Direktvermarktung ist der Verkauf an Endverbraucher in der näheren Umgebung des Produktionsstandortes[12]: Nachbarn, Verwandte, Freunde, Bekannte und besonders die Anwohner der expandierenden Neubaugebiete in den Randzonen der Anbauorte, die zur Arbeit in die Städte pendeln, stellen eine kräftige Nachfragegruppe für Obst und Gemüse dar. Viele Erzeuger versuchen auch über den Ab-Hof-Verkauf oder an kleinen Ständen entlang der Hauptverkehrsstraßen ihre Waren den Passanten des Geschäftsverkehrs und des Ausflugsverkehrs am Wochenende anzubieten. Teilweise haben sich aus solchen ersten Absatzkontakten feste Kundenbeziehungen zu den städtischen Konsumzentren entwickelt. Nebenerwerbsbetriebe verkaufen ihre Erzeugnisse oftmals an die Arbeitskollegen. Die Privatvermarktung wird traditionell auch über städtische Wochenmärkte, den frühmorgendlichen Großmarkt, als Fuhrverkauf ("Hausieren") in stadt- und anbaufernen Gegenden oder auch als Direktbelieferung an Filial- und Einzelhandelsgeschäfte abgewickelt. Für die Gemüseproduzenten bietet sich schließlich noch der Verkauf an Kantinen, Gasthäuser und Krankenhäuser an:

---

11) Vgl. GERLING 1976, S. 55 ff.

12) Vgl. auch INHETVEEN/BLASCHE 1983, S. 78 f.

"Ich bin auf die (Genossenschaft, C.D.) net angewiese. Ich brauch die net. Ich krieg mei Sach auch so los."
- BG3

"wenn'd Möglichkeit häscht, woandersch hizuliefere, muscht nach de Genossenschaft nimmi mehr groß luage."
- GG2

Über den direkten Absatzweg vom Erzeuger zum Verbraucher liegen aus dem Untersuchungsraum kaum Zahlenangaben vor und auch Erzeugergroßmarkt, Handel und staatliche Stellen halten sich mit Informationen äußerst bedeckt[13]. Im "Obstgutachten Baden-Württemberg" von 1973 war lediglich festgestellt worden, daß in einzelnen Anbaugebieten des Landes die Hälfte oder gar mehr des Verkaufsobstes vom Erzeuger abgesetzt wird[14]. Bei den Gesprächen mit Mitgliedern der Obst- und Gemüsegenossenschaft wurde von allen eine Privatvermarktung in mehr oder weniger großem Stil eingestanden. Als festes Standbein eines Obst- und Gemüsebaubetriebes erfordert die Direktvermarktung allerdings die Erfüllung bestimmter Voraussetzungen. Sofern keine traditionellen Absatzbeziehungen existieren, bedarf es des Anbaues und der Pflege eines festen Kundenstammes. Die relative Verbraucherferne ist trotz moderner Transport- und Kommunikationstechnologien noch immer ein wichtiger Zeit- und Kostenfaktor. Zur Privatvermarktung geeignet sind konsumreife Erzeugnisse; neben Eiern stehen Obst und Gemüse an erster Stelle. Mit der Vermarktungsfunktion übernimmt der Erzeuger auch die Lagerhaltungs- und Marktaufbereitungsfunktion, womit besondere Arbeiten und finanzielle Aufwendungen verbunden sind - Kriterien, welche die Privatvermarktungin größerem Stil für bestimmte Erzeugergruppen von vornherein nicht in Frage kommen läßt. Zunächst sind Gebäude zum Einbau von Lagerräumen erforderlich, woran sich dann die Investitionen für den Bau und die Installation von Kühllagern mit einem durchschnittlichen Fassungsvermögen von 200-400 dt anschließen. Mit der Direktvermarktung ist auch ein erhöhter Arbeitsaufwand verbunden. Zum einen benötigt der Produzent eine Produktvielfalt in seinem Warenangebot. Er muß mehrere Arten und Sorten von Obst und Gemüse anbieten können:

"ma braucht halt e breites Sortiment: alle Salate und Gemüsesorte, die verlangt werde."
- BG1

"des riesig breite Angebot, des ich dem Kunde auf'm Wochemarkt anbiet, des is ja net deswege, weil ich Spaß dran hab, wie ein Irrer durch die Gegend zu kurve. Wie schön wär des für mich, wenn ich eine Sorte anbiete könnt und stell mich an de Markt."
- OV7

"Ich muß alles anbaue, um am Markt bestehe zu könne. Da kann ich ebe net nur Kopfsalat bringe, wie bei de Genossenschaft."
- GG2

So müssen die Obsterzeuger neben Äpfeln auch Beerenobst und Steinobst, die Gemüseerzeuger alle gängigen Arten und Sorten produzieren. Oftmals wird das eigentliche Sortiment sogar noch zusätzlich durch eigene oder zugekaufte Erzeugnisse erweitert: Eier, Zwiebeln, Kartoffeln, selbstgebrannten Schnaps. Schließlich erfordert das Herrichten der Ware, die Marktbeschickung mit Hin- und Rückfahrt und das Verkaufsgespräch ebenso wie schon die Produktion der Warenvielfalt mehr Arbeit als bei genossenschaftlich erfaßten Erzeugern:

---

13) LUCKE 1983 spricht daher auch von "weitverbreiteter Schweigsamkeit" (S. 306).
14) Ebd.

"die Vielfalt, die ich bring, des is in jedem Fall mit mehr Arbeit verbunde. Ich hab die viele Sorte, muß die extra säe, dann extra ernte, umteile, ufteile ..."
- GG1

"Grad mit de Äpfel: die werden geerntet, sortiert, gepackt, gestapelt, komme ins Kühllager rein, raus auf de Wage zum Wochenmarkt, dort an de Stand ... Ich hab's emal gezählt: dreizehn mal hab ich so e Kischt in de Händ, bis se zum Verkauf kommt."
- OV7

Die Privatvermarktung als alleiniger professioneller Absatzweg wird wegen dieser zahlreichen Anforderungen für die Mehrzahl der Obst- und Gemüsebetriebe nicht in Frage kommen. Als *zusätzlicher* Vermarktungsweg stellt sie allerdings für die Vollerwerbs- wie auch die vielen kleinen Nebenerwerbsbetriebe eine interessante Ergänzung zur genossenschaftlichen Erfassung dar.

d) Erfassungsstruktur

Allein schon die Vielfalt der Obst- und Gemüseerzeugnisse, die von den Mitgliedern angebaut, geerntet, angeliefert und vom Erzeugergroßmarkt erfaßt wird, macht eine lückenlose genossenschaftliche Koordination problematisch. Die Produktpalette unterschiedlichster Kulturen mit ihren verschiedenen Varianten an Sorten erschwert es, Anbau- und Bewirtschaftungsanweisungen für alle Erzeugnisse bis ins Detail aufzustellen und in die Beratungsarbeit aufzunehmen. Wie schon GUGELMEIER festgestellt hat[15], entzieht sich die Vielfalt der Strukturen im Produktionsbereich des badischen Obst- und Gemüseanbaues weitgehend der Kontrolle: Wie soll der Erzeugergroßmarkt die Tausenden von Obstbäume und Sträuchern in unterschiedlichen Lagen auf ihre richtige Kultivierung, Pflege und Erntetechnik kontrollieren? Wie kann die genossenschaftliche Koordinationstätigkeit rund 2.600 Mitglieder (Gärtner, bäuerliche Erzeuger, Voll- und Nebenerwerbsbetriebe, Freizeitlandwirte) erreichen? Schließlich verhindern die von Jahr zu Jahr wechselnden unterschiedlichen Anlieferungsmengen der einzelnen Erzeuger einen nur annähernd genauen Überblick über deren Anbaustruktur. Die Zugehörigkeit zu 23 verschiedenen örtlichen Sammelstellen tut ein weiteres, um eine wirksame Koordinationstätigkeit zu begrenzen.

Bereits die funktionale Arbeitsüberschneidung zwischen Erzeugern und Genossenschaft entzieht dem Großmarkt bestimmte Kontrollmöglichkeiten. Aufgrund seiner warenspezifischen Beschaffenheit wird das Weichobst von den Erzeugern als Teilaufgabe der Marktaufbereitungsfunktion sortiert. Die besondere Druck- und Transportempfindlichkeit von Beeren- und Steinobst lassen es zweckmäßig erscheinen, Ernte, Sortierung und Verpackung innerhalb eines Arbeitsganges auf dem Feld vorzunehmen, da sich eine maschinelle Sortierung dieser weichen Früchte durch den Erzeugergroßmarkt im Gegensatz zu den weniger empfindlichen Äpfeln verbietet. Damit wird den Mitgliedern von der Genossenschaft ein wesentlicher Arbeitsschritt übertragen. Zugleich gibt der Obstmarkt aber auch ein für die spätere Vermarktung wichtiges Element der qualitativen Beschaffenheit der Warenposten aus der Hand und muß auf die Einsicht und das Verständnis der Erzeuger in eine ordentliche Warensortierung vertrauen. Die Übernahme der Sortierung durch die Erzeuger stellt einen nicht unerheblichen Begrenzungsfaktor

15) GUGELMEIER 1969, S. 133.

der Koordination dar, weil sich die Verrichtung dieser Tätigkeit der unmittelbaren genossenschaftlichen Kontrolle entzieht. Die Erzeuger nehmen die Sortierung gleich beim Pflücken des Obstes vor, indem sie die einzelnen Früchte nach Größe, Reifegrad und sonstigen Güteeigenschaften (Schorf, Fäulnis, Schädlings- und Krankheitsbefall) in verschiedene Gefäße hineingeben. Aus drei Gründen entsteht dabei die Gefahr einer qualitativ uneinheitlichen Sortierung. Einmal schleicht sich bei den Erzeugern im Verlauf der Erntesaison eine Arbeitsroutine ein, zumal wenn man sich beim Pflücken auch noch miteinander unterhält; man schaut gar nicht mehr richtig hin, pflückt die Früchte fast mechanisch in die Behälter:

"da is ma voll drin. Ma läuft schon automatisch durch die Reihe: die pflückt ma, die läßt ma falle, des kommt rechts, links - fertig."
- Ehefrau von OV3

"irgendwie hat ma des im Gefühl. Da braucht ma gar nimmehr richtig hinschaue, des is ei Handbewegung."
- OV5

Außerdem fehlt den zahlreichen Erntehelfern, die als Familienangehörige oder Freunde die Arbeit der Erzeuger unterstützen, häufig die gebotene Kenntnis der Handelsklassen, Güteverordnungen und genossenschaftlichen Qualitätsbestimmungen oder auch die notwendige Erfahrung, die eine untadelige Sortierung beim Pflücken erfordern:

"Natürlich passiert des, daß jemand, der des Pflücke und Sortiere sonscht net so macht, der macht halt auch emol Fehler. Der nimmt e fauli, die mir erscht gar net pflücke."
- ON1

"Ah, da muß ma aufpasse. Wenn ma des net so kennt, rupft ma alles ab, wie's grad kommt. Also z.B. mit de Klasse, net, 's gibt I-er und II-er War. Da muscht wisse, was d'nehme kannscht. 's gliche mit Induschtriewar. Un so isch's mit allem."
- ON2

Und schließlich ist die Beurteilung der Früchte nach Reifegrad, Schädlingsbefall, Größe etc. oftmals willkürlich, was eine einheitliche Sortierung erschwert. So werden vom Erzeugergroßmarkt laut Rundschreiben "leichte Hagelschäden" zugelassen oder das Obst soll "so gesund wie möglich" gepflückt und angeliefert werden. Solche allgemeinen, auch gar nicht näher konkretisierbaren Anweisungen werden von den Mitgliedern subjektiv, also verschieden und zumeist zu ihren Gunsten ausgelegt, d.h. die Warenposten werden gütemäßig eher höher eingestuft[16]. Ähnlich verhält es sich bei dem eigentlich quantifizierbaren, weil meßbaren Gütekriterium der Fruchtgröße. Der Erzeuger weiß zwar ungefähr die für Handelsklasse I und II erforderlichen Mindestdurchmesser für Kirschen, Erdbeeren, Zwetschen, Äpfel und deren einzelne Sorten, doch kein einziger trägt bei der Ernte eine Größenschablone mit sich, mittels der eine genaue Einstufung vorgenommen werden könnte. Die Größeneinteilung in Klasse I und II wird nach Augenmaß, nach "Gefühl" durchgeführt:

"Des mach ich nach Gfühl. Die Grenze sin ja fließend, grad zwische I-er und II-er War."
- OV3

"des is halt e Auslegungssach. Ich mein, objektiv kann ma des gar net richtig einteile."
- OV4

"Ma kann doch net jedes Kirschle nachmesse. Wie willscht des mache? (...) Des is in eim drin."
- ON2

16) Dies wird von EHRLE 1975 generell auch für die Gemüseproduzenten festgestellt (S. 170).

"gewisse Toleranzschwelle müsse sein. Des kann ma net so genau nehme."
- Sa2

"Es gibt keinen Maßstab, der absolut gültig und verallgemeinerbar ist. Des bleibt der subjektiven Einschätzung des Erzeugers überlassen. Man kann zwar Größe und Gewicht messen, aber ma hat halt nur einen Blick drauf. Und der Blick muß in Sekundenschnelle sich einen Eindruck verschaffen."
- Geschäftsführer

Auch der mittelbaren Kontrolle durch den Erzeugergroßmarkt entzieht sich die Sortierung der Mitgliederposten weitgehend. Da die Genossenschaft schon die Sortierarbeit ihrer Erzeuger nicht verfolgen und überprüfen kann, obliegt es den Sammelstellenleitern und den Genossenschaftsangestellten in der zentralen Erfassungsstelle, die Anlieferungen bei der Warenannahme auf ihre ordnungsgemäße Beschaffenheit zu überprüfen. Doch auch hier stoßen die genossenschaftlichen Koordinationsbemühungen an Grenzen. Die Sammelstellen erfassen das gesamte örtliche Produktionssortiment der Erzeuger, also alle angepflanzten Obstkulturen, in allen Sorten. Wenn man sich nun die Erntesaison vergegenwärtigt mit ihrer Hektik und der großen Zahl von Anlieferern, treten die Lücken der Erfassung als Kontrollorgan der genossenschaftlichen Koordination offen zutage. Die Sammelstellenleiter und die Genossenschaftsangestellten der zentralen Erfassungsstation sind nämlich nicht nur für die Organisation der Erfassung (Warenannahme und -kontrolle, Ausstellung des Lieferscheines, buchungstechnische Vorgänge) zuständig, sondern gleichzeitig auch noch für die Umgruppierung und den Abtransport der angelieferten Waren zur postenweisen Aufbereitung, Sortierung und Stapelung. Zeitlich fallen dabei meist mehrere Anlieferungen unterschiedlicher Kulturen, Sorten und Handelsklassen zusammen. Solche Tage mit großem Andrang sind besonders am Wochenende, das den Mitgliedern ein Heer von zusätzlichen Arbeitskräften beschert, und bei plötzlich auftretenden ernteverfrühenden oder erntegefährdenden Witterungsschwankungen festzustellen. Den langen Warteschlangen der ungeduldig drängelnden Erzeuger und der anfallenden Arbeitsbelastung sind Sammelstellenleiter und mit der Erfassung beauftragte Bedienstete oftmals gar nicht mehr gewachsen, so daß eine - selbst wenn beabsichtigte - ordnungsgemäße Warenprüfung vollständig unterbleibt[17]:

"des goht doch viel zu lang. Des kann ich doch net alles kontrolliere."
- Sa2

"bei große Anlieferunge muscht gucke, daß überhaupt nachkommscht. Do drängle se und do is e Mordshektik. Wenn da noch anfängscht zu kontrolliere (...) Des is halt Sach vom staatliche Prüfer."
- Sa1

"da hät ich viel zu tun. Des stellt sich de Obstmarkt immer so leicht vor. Aber in de Praxis siehts immer anders us. Die solle mal herkomme, wenn's rundgeht."
- Sa3

Eine Warenkontrolle findet bei der Erfassung nur noch als Zählen der Verpackungseinheiten statt. Für das Überprüfen der Einfüllmengen, der Sortierung, qualitativen Beschaffenheit, Fruchtgröße oder der Kennnummer an den Einzelposten haben die Sammelstellenleiter weder Zeit noch Lust.

Die beschränkte Kontrollmöglichkeit der genossenschaftlichen Koordination wird auch bei der eigentlichen Produktionsstufe offenkundig. Allein schon die vielen Erzeu-

17) GUGELMEIER 1969 berichtet in seiner Untersuchung sogar vom "Zusammenbruch der gesamten Betriebsorganisation an bestimmten Markttagen" (S. 214).

ger und die Größe des genossenschaftlichen Einzugsgebietes verhindern eine hinreichende Kontrolle bei der Neubepflanzung, Anbautechnik, der Kultivierung, des Erntezeitpunktes und der Ernteverfahren:

"die viele, viele Erzeuger, des is unser Problem: trotz aller Handelsklassegesetze, Verordnunge und und und wird einfach viel rumgewurschtelt. Da sin einfach zu viel Leut drunter, die net mit genügender Sorgfalt arbeite. Und mir kriege des net richtig in de Griff - wie willscht des auch steuere."
- Berater

"wie will ma des kontrolliere, des geht doch gar net."
- OV2

"Wer will des denn kontrolliere. Mir sin doch net in ner Kolchos. Noch wirtschafte mir frei."
- OV3

"Naja, ma könnt die Vorschrifte verschärfe und die Kontrolle verstärke, aber irgendwie bleibt's dann doch auf de Streck bei soviel Mitglieder. Man kann ja net nebe jeden Erzeuger jemand zum Aufpasse stelle."
- Sa1

4.6.1.2. Genossenschaftliche Koordinationspraxis

Die genossenschaftliche Koordination stößt dort an ihre Grenzen, wo sie nur halbherzig, lückenhaft oder auch inkonsequent betrieben wird. Sobald die Erzeuger nämlich erkennen, daß die Genossenschaft zwar Koordinationsinhalte aufstellt und als Anweisungen an die Mitglieder weitergibt, deren Einhaltung aber andererseits nicht oder kaum überprüft bzw. überprüfen kann und deutliche Verstöße dagegen sogar duldet oder nicht wahrnimmt, dann wird die Ernsthaftigkeit der Koordination in Frage gestellt. Solch eine Koordinationspraxis läßt sich für den Erzeugergroßmarkt exemplarisch an folgenden Punkten feststellen.

a) Liefertreue

Bis vor wenigen Jahren wurde die Liefertreue zum Großmarkt von den Erzeugern mehrheitlich eingehalten. Die Genossenschaft konnte es daher tolerieren, wenn in kleinerem Ausmaß die Privatvermarktung betrieben wurde, sofern der Großteil der Erzeugnisse weiterhin in guter Qualität zur Anlieferung kam. Seitdem sich aber unter den Mitgliedern der finanzielle Erfolg aus dem Direktverkauf - mit teilweise erheblich höheren Erlösen als die genossenschaftliche Vergütung - herumgesprochen hat und nachdem die sinkenden Traubenauszahlungspreise der Winzergenossenschaften die betrieblichen Einkommen stark geschmälert haben, setzen immer mehr Erzeuger auf die Privatvermarktung, zumal hierfür noch Nachfragelücken und Marktnischen zu bestehen scheinen:

"Mir merke des: der Trend zum Selbstvermarkte wird immer stärker. Mir versuche des halt unter Kontroll zu kriege."
- Berater

Obwohl Satzung wie auch Anlieferungsbedingungen den Erzeugern die Pflicht zur vollständigen Anlieferung ihrer gesamten Ernte - mit Ausnahme des Eigenbedarfs - auferlegen, betreibt inzwischen die Mehrheit neben der Genossenschaftsanlieferung auch den

Direktverkauf, besonders beim Obst. Bisher wurde dieser Verstoß gegen die Koordination weitgehend noch übergangen, wohl auch deshalb, weil selbst Aufsichtsräte und Vorstände der Genossenschaft es mit ihrer Lieferpflicht nicht ganz genau nehmen:

"wenn einer am Straßenrand mit seine paar Kischte steht oder im Freundes- und Bekanntenkreis seine Leut ne Freud macht, des könne mir toleriere."
- Geschäftsführer

"de Markt sieht des net so eng:"
- OV4

"des is doch net verbote. Da sagt keiner was, wenn ma ebbes privat verscherbelt."
- OV1

"die wisse genau, wer alles privat verkauft. Des macht dene aber nix aus."
- ON3

Einige Mitglieder haben sich die Privatvermarktung in größerem Stil als zweiten Absatzweg neben der Genossenschaft aufgebaut. Sie stehen mit ihren Ständen auf dem städtischen Großmarkt oder den Wochenmärkten oder beliefern sogar teilweise in Konkurrenz zum Erzeugergroßmarkt direkt den Handel:

"de gröschte Ärger is, daß die Erzeuger an de selbe Handel liefere wie mir und uns zur Konkurrenz werde - des is die Sauerei."
- Berater

"aber dann kommt ne Schwelle, wo wir sage: 'so net mein Freund!' Wenn der des professionell aufzieht, im große Stil, auf dem Großmarkt oder Wochenmarkt mit Stand und so, da tritt die Schädigung der Genossenschaft ein."
- Geschäftsführer

Gleichwohl wird immer noch weitgehend Toleranz geübt, selbst gegenüber solchen Genossenschaftsmitgliedern mit größerer Privatvermarktung. Solange diese ihr "genossenschaftsschädigendes Verhalten" nicht groß der Öffentlichkeit preisgeben, womöglich sogar über Zeitungsinserate Werbung betreiben oder bei den anderen Erzeugern sich damit aufspielen, unternimmt der Erzeugergroßmarkt auch weiterhin nichts dagegen:

"Ich bin nicht für Knechtung, auch nicht in der Vermarktungsfrage ... Nur, wenn da jemand kommt und verkündet, wie gut, wie toll, zu welchen Riesenpreisen sie verkaufen, dann hört der Spaß auf. Dann entsteht Unruhe unter den Erzeugern."
- Geschäftsführer

"ah nei, des stört die net, ma darf's halt net an die große Glock hänge."
- OV6

Die Inkonsequenz genossenschaftlicher Koordination hinsichtlich der Liefertreue geht soweit, daß die Mitglieder ihre Privatvermarktung gegenüber dem Erzeugergroßmarkt nicht nur offen zugeben[18], sondern ihn sogar als Hilfsorgan ihres Direktverkaufes benutzen. Einige Erzeuger fragen beim Obstmarkt telefonisch an, wie die Preislage bei einigen Kulturen (besonders Erdbeeren) ist und was sie auf dem freien Markt verlangen können. Andere beziehen für ihren Freiverkauf Ware (besonders Äpfel), wenn ihre eigenen Posten zur Beschickung ihrer Privatkundschaft nicht mehr ausreichen:

"die meischte mache da kei Geheimnis raus, daß se auf em Markt stehe ... die rufe auch bei uns an und frage, was se verlange könne."
- Berater

---

18) So wurde auch in der schon erwähnten Umfrage unter den Mitgliedern des Erzeugergroßmarktes vom Badischen Genossenschaftsverband mit Verwunderung die "Offenheit" konstatiert, mit der man die Privatvermarktung zugab.

"Die wisse doch drobe, wenn ich Äpfel kauf, für was ich die brauch."
- OV7

b) *Qualitätspolitik*

Die Vermarktungstätigkeit des Erzeugergroßmarktes ist auf eine höchst mögliche Qualitätsanlieferung von Obst und Gemüse seiner Mitglieder angewiesen. Aus diesem Grund müßte sich die genossenschaftliche Koordinationspraxis in erster Linie auf Maßnahmen konzentrieren, die die Qualitätspolitik unterstützen. Wie bei der Liefertreue der Mitglieder verhält sich der Obstmarkt auch in diesem zentralen Punkt teilweise widersprüchlich und inkonsequent, was bei den Erzeugern zur Verunsicherung über die tatsächliche Handhabung der genossenschaftlichen Qualitätsbestimmungen führt. An drei Beispielen soll dies verdeutlicht werden.

Erstens: Der Erzeugergroßmarkt gibt den Mitgliedern die Anweisung zur differenzierten Ernte, wie in Rundschreiben und auf Versammlungen immer wieder zur Sprache kommt, um eine Obstanlieferung von bester Güte zu erhalten. Wiederholtes Auspflükken, Baumschütteln, Vorsortieren und Aussortieren der Früchte sind die dazu erforderlichen Arbeitsschritte, welche die differenzierte Ernte kennzeichnen. Andererseits möchte der Großmarkt aber eine zügige Ernteerfassung und mahnt seine Erzeuger zur Eile an, da sich mit zunehmender Ernteverzögerung Absatz und Preisbildung schwieriger gestalten. Für die Mitglieder stellt sich aus diesem Widerspruch die Frage: schnellere Ernteabwicklung oder sorgfältiges, differenziertes Pflücken?

Zweitens: Bei nasser Witterung besteht für die Erzeuger ein generelles Pflückverbot, d.h. die Ernte ist auf eine spätere, trockene Zeit zu verschieben. Gleichzeitig sind trotz dieser Regelung die Erfassungsstellen bei Regen geöffnet und die Erzeuger können ihr nasses Erntegut ohne Beanstandung anliefern. Damit wird das erklärte Ziel der genossenschaftlichen Qualitätspolitik, nämlich einen möglichen Fäulnisbefall der Früchte infolge ihrer anormalen Feuchtigkeit bei Erfassung, Lagerung und Transport zu vermeiden, ad absurdum geführt, wie auch der Obstbauberater eingesteht:

"Es war schon, da hat's de ganze Mittwoch geregnet und abends kame 10.000 Korb Zwetsche, pitschnaß. Mir habe angenomme: de Preis war gut, die War auf'm Markt war knapp, da hän mir uns um die Qualität net so recht gekümmert. Aber mir hän Glück ghabt: 's kame kei Reklamatione. Des sin die Dinge, die beiße sich, ich weiß. Normalerweis darf die War wege Fäulnis net naß geerntet werde. Auf de andere Seit verlangt de Markt jeden Tag Ware."

Entsprechend lässig nehmen auch die Mitglieder das Regenpflückverbot wahr:

"Soll ich mei Sach am Baum hänge lasse, nur weil's geregnet hat. Des nehme die net so ernst."
- ON5

"Ja gut, ma sollt net nasse War anliefere. Aber bisher is es immer gnomme worde. Da hat sich noch keiner dran gstört."
- OV2

Drittens: Auch bei der Beurteilung und Güteeinstufung der angelieferten Warenposten in Klasse I und II verfährt der Erzeugergroßmarkt, je nach Marktlage wechselnd, von der Qualitätspolitik her gesehen also inkonsequent. Bestehen Vermarktungsengpässe mit einem Warenüberangebot, legen die genossenschaftlichen Warenprüfer die Qualitätsbestimmungen und Güteverodnungen besonders eng aus, so daß nur die hochwertigsten Warenposten als Klasse I zur Erfassung zugelassen werden. Andererseits vergißt der Erzeugergroßmarkt seine Qualitätspolitik, sobald die Nachfrage ungedeckt ist und jede Menge Anlieferungen zuläßt. Dann werden nahezu alle Warenposten als Klasse I und eigentliche Industrieware als Tafelware der Klasse II angenommen. Diese Nachfrageabhängigkeit führt zu einer schwierigen Balance zwischen Anpassung an die Markterfordernisse und konstantem Qualitätsniveau, was letztlich zur Verunsicherung der Erzeuger über die aktuell gültige Qualitätspolitik beiträgt:

"Wenn wenig War da isch, dann kannscht praktisch alles, egal was für Qualität, zum anständige Preis verkaufe. Und umgekehrt: wenn viel War da is, dann hascht selbst bei Spitzewar Probleme mit dem Verkauf."
- Berater

"Wir leben halt auch nur vom Marktangebot: beim Überangebot ist das Schönste nicht mehr schön genug. Einmal kommt man an die untere Grenze der Handelsklasse, ein ander mal an die obere."
- Geschäftsführer

"'s is schon so: bei Überschüsse sin nur beschte War gefragt. Da sin se pingelig bei de I-er, da mache's es gern in II-er. Und wenn's fehlt, nehme se alles als I-er."
- OGV1

Der Auszahlungspreis als Instrument genossenschaftlicher Koordination verliert dann auch an Bedeutung, weil die Mitglieder nicht mehr erkennen können, ob die Höhe ihres Erlöses aus der Anlieferung von Qualitätsware oder der allgemeinen Marktsituation resultiert. Aber gerade die Wahrnehmung der deutlichen Preisabstufung für unterschiedliche Warengüte stellt eine wesentliche Voraussetzung für qualitätsorientiertes Produktionsverhalten dar. Andernfalls zeigt die Bezahlung nur begrenzt instrumentelle Wirkung[19]:

"Trotz Spitzenqualität kann ich nur bis zu einer bestimmten Preisgrenze verkaufen ... bessere Qualität als der Durchschnitt zahlt sich für den Erzeuger daher nicht unbedingt finanziell aus."
- Geschäftsführer

"Wenn die Nachfrag net stimmt, kannscht mit deiner Spitzewar auch nix anfange. Des kriegscht dann net bezahlt. Deswege guck ich, daß ich e schöne Durchschnittswar bring. Alles andere rentiert sich net."
- OV3

"Manchmal isch's wirklich so: mi'm gröschte Mischt kannscht's beschte Geld mache und an de schönschte War verdienscht nix."
- OGV2

c) *Warenkontrolle*

Da die Mehrzahl der Erzeuger ihre Waren bereits vorsortiert über die örtlichen Sammelstellen dem Erzeugergroßmarkt anliefert, werden die Sammelstellen vom Obstmarkt als Kontrollorgan genossenschaftlicher Koordination betrachtet. Mit der Errichtung dieser kollektierenden Einrichtungen ist es aber nicht getan, wie schon die früheren Ausführungen belegen. "Vielmehr muß der Genossenschaftsbetrieb jeder einzelnen Sammelstelle das Aufgabengebiet vorschreiben und dieses auch überwachen."[20] Dazu müßte gehören, daß er die Sammelstellenleiter ausdrücklich zur Warenprüfung anweist und ihnen in der Erntehauptsaison genügend Personal zur Verfügung stellt, um eine ausreichende Kontrolle zu gewährleisten. Auch die sonstige Praxis der Warenkon-

19) Vgl. BRIXNER 1971, S. 118.
20) KELLER 1975, S. 91.

trolle legt der genossenschaftlichen Koordination Grenzen auf, so z.B. die Tatsache, daß die Erzeuger ihre Lieferscheine selbst ausfüllen oder, daß die Palettenanlieferungen meist nicht auf ihre Sortierung und Qualität kontrolliert werden:

"Mir wolle mit Palette angeliefert habe von de Große, weil die manchmal 300 Körb bringe, mit eim Schlag. Die werde dann weniger kontrolliert, wie die kleine, wo ma jeden Korb in die Hand nimmt. Des is zwar net richtig, spart uns aber viel Arbeit."
- Berater

Die alltägliche, lässige Handhabung der Warenkontrolle während der Erntesaison wird durch die Schilderung eines Gemüseerzeugers sichtbar:

"Offiziell isch sicher e gewisse Kontrolle da. Aber in de Praxis sieht's so aus, daß da irgendeiner von dene Hansele drüse rumkurvt. Du ladscht dei Zeug ab, gibscht dem den Wisch (= Lieferschein, C.D.) und sagscht, er soll sein Servus runtersetze. Und zu 90% guckt keiner drauf, was de bringscht. Kontrolliere tut eigentlich richtig nur de Chef, wenn er da is. Wenn se wirklich mal was mache, dann nehme se mal en Kopfsalat rus und schaue. Aber net emal so, daß se die obere Köpf usnehme und schaue, was unte für welche drinne sind. Die wolle sich halt auch net mehr Arbeit mache, wie nötig."
- BG1

d) *Beratung*

Die Erzeuger sind laut Satzung (§ 3, Abs. 1 und 2) und Anlieferungsbedingungen (§ 12, Abs. a und b) dazu verpflichtet, allen Vorschriften, Anweisungen und Anordnungen des Erzeugergroßmarktes Folge zu leisten. Damit ist formal die Grundlage gegeben, der genossenschaftlichen Koordination einen *bestimmenden* Charakter zu verleihen. Doch trotz ihrer statuarisch verankerten Weisungsbefugnis gegenüber den Mitgliedern, macht die Genossenschaft von ihrem Recht keinen Gebrauch. Zwar werden "Anordnungen" und "Anweisungen" den Mitgliedern in Rundschreiben und Aushängen verkündet, doch versteht der Großmarkt diese letztendlich nicht als Beratung imperativer Art, sondern eher als unverbindliche, gutgemeinte Empfehlungen, Ratschläge, Appelle oder Hinweise - als Beratung indikativer Art[21]:

"Wir können nur empfehlen, nicht bestimmen. Wir können nur empfehlen und darauf hinweisen, das tun wir auch. Wir meinen, wir sollten unsere Erzeuger mit gezielten Hinweisen helfen, die Produktion zu verbessern. Ob er das befolgt, das muß er immer selbst entscheiden. (...) Wie der Erzeuger das letztlich macht, ist doch nicht mein Problem."
- Geschäftsführer

Da der Erzeugergroßmarkt in seiner bisher dargestellten Koordinationspraxis die notwendige Entschiedenheit und Bestimmtheit vermissen läßt, erkennen seine Mitglieder auch die genossenschaftliche Beratung kaum als Handlungsanweisung an, die zu befolgen ist. Mehrheitlich wird die Beratung, wie die meisten Anordnungen der Genossenschaft, als freiwilliges Angebot verstanden, dem man bei Bedarf inhaltlich entspricht - oder eben auch nicht:

"Die Beratung wird nur tätig, wenn man was von ihr will. Wenn man auf ihn zugeht, dann kommt er, sonst läßt er einen in Ruh."
- OGV1

---

21) Zur Unterscheidung von imperativer und indikativer Beratung in Genossenschaften vgl. BRIXNER 1971, S. 121 f.

"des is alles beratend. Die könne ja niemand zwinge."
- OV2

"Vorschrifte sin keini do. Mir mache halt, wie mir denke. Ma schafft ja in seim Interesse, so gut, wie's geht."
- OV1

"des sin allgemeine Empfehlunge. Ob sich der Erzeuger dran hält, oder net, des is sei Sach."
- OV4

e) *Sanktionen*

Ebenso wie von seinem Weisungsrecht gegenüber den Mitgliedern hat der Erzeugergroßmarkt auch noch nie von seinem direkten Sanktionsrecht Gebrauch gemacht. Weder der Ausschluß eines Mitgliedes noch Vertragsstrafen wurden bisher angewandt, um Erzeuger, die erwiesenermaßen gegen die genossenschaftlichen Bestimmungen wiederholt verstoßen haben, zu bestrafen. Da besonders das Gebot der Liefertreue von der Mehrheit ständig mißachtet wird, scheidet der Ausschluß als letztes Mittel der statuarisch vorgesehenen Bestrafung ohnehin aus, weil dem Erzeugergroßmarkt sonst zahlreiche Lieferanten, vor allem auch größere, als Umsatzträger verloren gingen:

"Wenn ma's nach de Satzung nimmt, müßt ma komplett mehr als die Hälfte rausschmeiße. Des könne mir ja net. Mir hän ja Interesse an Umsatzvergrößerung und wolle ja kei Verkleinerung."
- Berater

Daher beläßt man es bei Appellen, die den Mitgliedern in den jährlichen Versammlungen verkündet werden:

"Die Freivermarktung hat ihre Grenzen erreicht. Leut, ihr müßt euch jetzt entscheiden. Für uns oder für euch selbst. Also so, wie bisher läuft's einfach net weiter."
- Geschäftsführer auf einer örtlichen Mitgliederversammlung

Ansonsten hält sich der Erzeugergroßmarkt mit der Anwendung von Strafmaßnahmen als Koordinationsinstrument vollständig zurück, was von den Mitgliedern längst bemerkt wurde:

"Was soll ich mit unsere Erzeuger ständig Ärger mache. Ich hab nix davon, die haben nix davon. Dann laß ich's doch besser gleich bleiben."
- Geschäftsführer

"Und wenn schon, was wolle se denn groß mache."
- ON5

"Wenn's ihne net paßt, dann würden se ja reagiere. Aber bisher merkt ma nix. Und da nehm ich an, 's is alles paletti."
- OV1

4.6.1.3. Abwehrverhalten der Erzeuger gegenüber der genossenschaftlichen Koordination

Das Verhalten der Erzeuger spiegelt auf besonders anschauliche - und für den Agrarsoziologen interessante - Weise die Strukturmerkmale und alltägliche Koordinationspraxis des Großmarktes wider und schmälert damit seinen Koordinationserfolg. Da es sich bei den Erzeugern in der Mehrzahl um Produzenten im Nebenerwerb handelt, und auch die wenigen Mitglieder im Vollerwerb (mit Ausnahme der 15 gärtnerischen Gemüseproduzenten) ihre Produktion mit anderen landwirtschaftlichen Betriebszweigen kombinieren (insbesondere dem Weinbau), versuchen sie jeglichen Eingriff in ihren Produktionsablauf und das Betriebsgeschehen so gering wie möglich zu halten. Vor allem diejenigen Koordinationsmaßnahmen, die mit finanziellen Aufwendungen und größerem Arbeitsaufwand verbunden sind, bemüht man sich auf Distanz zu halten. Damit treten bei den Erzeugern zwei Erwartungshaltungen gegenüber ihrer Genossenschaft hervor: einerseits fordert man von ihr als hilfswirtschaftlicher Fördereinrichtung eine optimale Vermarktungsleistung - ersichtlich an hohen Auszahlungspreisen für geliefertes Obst und Gemüse - andererseits aber wollen sich die Genossen den dazu erforderlichen organisatorischen und qualitativen Richtlinien nur ungern oder sogar überhaupt nicht unterwerfen. Am liebsten möchte man die Unabhängigkeit des nicht genossenschaftlich eingebundenen Erzeugers beibehalten. Bei der Mehrzahl der Mitglieder ist also ein Abwehrverhalten gegenüber der genossenschaftlichen Koordination festzustellen, das sich auf unterschiedliche Weise manifestiert.

a) Mißtrauen

Weit verbreitet ist bei den Erzeugern das Mißtrauen gegenüber den genossenschaftlichen Koordinationsbemühungen. Ganz besonders betrifft dies die Anbauempfehlungen des Erzeugergroßmarktes. Meist werden ihm von Verbandsseite aus Marktbeobachtungen und Marktanalysen gewonnene Anbauempfehlungen angetragen, die er dann über Rundschreiben und Versammlungen an die Erzeuger weiterleitet. In der Vergangenheit zeigte die Übernahme solcher Hinweise für Genossenschaft wie Erzeuger allerdings wenig erfolgreiche Wirkung. Die Anbauempfehlungen wurden von zu vielen Erzeugern in der Hoffnung auf höhere Erlöse in die Praxis umgesetzt, so daß nach geraumer Zeit die Bestandslage bei einigen Kulturen und Sorten mit einem Mal vom Fehlbestand zum Überschuß umschlug. Für die Erzeuger war damit anstatt der erwarteten guten Preissituation eine eher unbefriedigende Vergütung verbunden:

"Vor Jahre is de Golden Delicious propagiert worde. Heut wär's besser, ma hät nur halber so viel oder noch weniger. So kommt's, wenn ma sich nach dene richt."
- OV2

"Des is nix. Des sieht ma doch an de Anbauempfehlunge. De Markt empfiehlt Beere seit e paar Jahr. Jetzt hän se alle Beere gpflanzt. Warte emal in ein, zwei Jahr, da geht de Preis in de Keller und mir sin die Dumme, wie beim Wi."
- OV3

"De Beere sin jetzt scho e Modeerscheinung. Wenn des noch stark ausgedehnt wird, weil se's propagiere, is preislich nix mehr drin."
- ON1

Das auf solche Erfahrungen sich gründende Mißtrauen der Erzeuger schlägt sich auch bei den aktuellen Anbauempfehlungen zum Spargelanbau nieder. Da Spargel als Edelgemüse eine bevorzugte Domäne der Privatvermarktung darstellt, verfolgen die bisherigen Spargelerzeuger mit Argwohn die genossenschaftliche Propagierung seines Anbaues. Sie fürchten um ihre gewohnten Markt- und Preisvorteile:

"Die Kerle versauen uns des Geschäft. Da schwätze se rum und empfehle Spargel und uns verhaut's de Preis."
- OGV2

"tut nure recht werbe, daß de Spargelpreis wieder sinke."
- Zuruf eines Erzeugers auf einer Versammlung

Da letztendlich immer der Erzeuger das Risiko für nicht eingetroffene Marktprognosen hinsichtlich Kultur- und Sortenempfehlungen trägt[21], ist es nicht verwunderlich, daß, wenn der staatliche Anbauberater auf einer Winterversammlung den Erzeugern Empfehlungen und Ratschläge erteilt:

"Prophet bin ich net, aber ich habe den Mut, Ihnen Entscheidungshilfen zu geben",

seine Ausführungen mit höhnischem Gelächter und lauten Kommentaren begleitet werden:

"den Mut hät ich auch, wenn's net uf mei Konto goht"
"Euer Geld isch's ja net"
"Mut uf unser Risiko".

Das Mißtrauen gegenüber den genossenschaftlichen Anbauempfehlungen entwikkelt bei den Erzeugern die Initiative zur eigenen Marktbeobachtung und Preisvergleichen. So verkehrt sich die genossenschaftliche Koordination häufig gerade ins Gegenteil um. Anstatt selbst die Anbauempfehlungen zu beachten und zu übernehmen, mutmaßen die Mitglieder abwartend, daß die Mehrheit ihrer Mitgenossen dies schon tun werde. Auf keinen Fall möchte man nämlich infolge eines plötzlich einsetzenden Anbaubooms von sinkenden Auszahlungspreisen betroffen werden. Man vertraut seinen eigenen Beobachtungen mehr als den genossenschaftlichen Anbauempfehlungen:

"wenn e Produkt gut läuft und mir empfehle des, weil mir könnte mehr davon brüche, dann läuft's viel zu langsam, bis e Meng do isch. Die Erzeuger sin einfach zu abwartend und schaue erscht emol, wie die andere mache."
- Berater

"Jetzt habe se de Rosenkohl empfohle. Do wäre se nächscht Winter ihr blaues Wunder erlebe. Do stiege jetzt bstimmt einige neu i - aber ohne mich."
- OGN1

"Ich persönlich halt von dene Anbauempfehlunge nix. Sei Erfahrunge muß jeder selbst mache. Was von obe versucht wird zu steuere, geht meischtens schief. Wenn ma in eim Jahr empfiehlt: 'macht des und des!', dann hät ma im nächschte Jahr hundertprozentig die Bombe hoch, weil nämlich jeder sich dran ghalte hat."
- Sa2

Unabhängig von der genossenschaftlich gewünschten Anbaurichtung orientiert man sich an den eigenen Erfahrungen bzw. der Preisentwicklung, die sich für eine Kultur oder Sorte verfolgen läßt. Der Erzeugergroßmarkt kann noch so viel empfehlen, hinwiesen oder sogar auch anordnen, die Mitglieder richten ihre Anbauplanung nach eigenen und nicht nach genossenschaftlichen Gesichtspunkten aus. Der Spielraum für die Koordination wird dadurch erheblich eingeengt:

"Mit de Beratung is des so e Sach. De Markt kann einem die Entscheidung auch net abnehme, da der auch net weiß, wie de Verbraucher reagiert."
- OV5

21) Vgl. hierzu FASEN 1974, S. 121.

"De Gemüsebau isch - wie will ich sage - e ziemlich heißes Geschäft. Da muß ma immi e bissel umschaue, was geht und was net. Da kannscht dich net nur auf de Markt verlasse."
- OGV 3

"Ma sieht ja, was verkauft wird, was gfragt is, wie die Preise sind. Des geht Ruck-Zuck, da muß ma sich nach richte und net, was die eim für'n Vortrag halte."
- OGV2

"wenn's preislich schlecht steht, dann könne wohl Empfehlunge komme, aber de Mann drüße macht doch, was er will."
- OV6

"man muß selber e weng beobachte und muß höre, was gschwätzt wird und was goht. Daß ma sich allein nach dem richtet, was dort empfohle wird, glaub ich net."
- ON4

Nicht nur nach finanziellen Gesichtspunkten richten sich die Erzeuger bei ihrer Anbauplanung. Die eigenen betrieblichen Erfordernisse hinsichtlich Arbeitswirtschaft, betrieblicher Spezialisierung oder auch nur bestimmte Gewohnheiten tragen wesentlich zur Entscheidung für die eine oder andere Kultur und Sorte bei:

"Als erschtes muß ma schaue, wie's in de Betrieb paßt. Dann erscht wird ma schaue, wie sich sowas bei uns mache läßt".
- OV1

"ma setzt halt, was ma grad denkt. Des muß ma ja nach'm Betrieb richte. Des muß ma selber entscheide, des kann eim de Markt net sage"
- OGN1

"Mir sin e Kirsche- und Zwetschegebiet, da passe de Beere net. Mir eigne uns dafür net und deswege laß ich's sei. Da könne se noch so schwätze."
- OV2

Über die Anbauempfehlungen hinaus werden auch die anderen genossenschaftlichen Empfehlungen und Anordnungen hinsichtlich Produktionstechnik (Düngung, Pflanzenschutz, Schnitt) und Ernte von den Erzeugern mehrheitlich mit Skepsis bedacht. Dabei zieht man eine klare Trennungslinie zwischen sich selbst als Erzeuger und Praktiker und den genossenschaftlichen Ratschlägen und Anweisungen, die - einschließlich derjenigen des Obstbauberaters - "nur" von "Theoretikern" stammen. Schließlich - so heißt es - arbeite man seit Jahren, oftmals seit Generationen, im Obstbau und brauche keine "Besserwisserei":

"Mir sin doch die Praktiker. Was solle mir uns ständig mit dene ihrm Gschwätz rumschlage - die Besserwisser."
- ON5

"Die rede da immer viel. Aber des wisse mir doch schon. Da brauche mir doch dene ihr Ratschläg net."
- OV1

"Herr Gott, des is scho recht, was die berate. Und die mache des ja schließlich auch net zum Spaß. Aber es muß halt jeder mit seim Betrieb fertig werde und zweitens mit seiner Kass. Des weiß ma schon selbst, wie ma wirtschafte muß"
- ON4

"De Großvadder hät schon Obstbau gmacht, de Vadder hät's gmacht. Und jetzt bin ich schon ... bald 12 Jahr dabei. Da hat ma's dann irgendwie drin und braucht kei Beratung nimmer."
- OV3

"die könne dir auch net helfe. Die sitze auch nur am Schreibtisch und schaffe acht Stund und keini 18 wie mir. Wenn mir nur acht Stund gschafft hätte, hätte mir gar nix: kei Haus, kei Hof, gar nix."
- OGV1

Das Mißtrauen, das von den Erzeugern der Genossenschaftsberatung entgegengebracht wird, entspricht der weitverbreiteten Meinung über die "Unfähigkeit der Agrarberatung"[22], wie es sich im Schlagwort des "beratungsgeschädigten Landwirts" widerspiegelt[23]. Die allgemein mißliche Situation in der Landwirtschaft (auch im Obstbau) wird unter anderem auch auf das landwirtschaftliche Beratungswesen zurückgeführt, das lange Zeit falsche, unpraktikable oder zu teuere Ratschläge erteilt habe - eben "vom grünen Tisch aus". Für einige Erzeuger verschieben sich dabei die Unterschiede zwischen der staatlichen Beratung einerseits und der speziellen Obstbauberatung durch den Erzeugergroßmarkt andererseits. Pauschal wird jede Beratung als untauglich abgelehnt:

"Mir sin doch heut schon so weit, wie ma's macht, isch es falsch. Da hilft auch kein Berater"
- OGV1

"Jetzt sin halt die Erzeuger in de letzschte Jahre von de Beratung ziemlich enttäuscht. Da wolle die nix mehr von Beratung wisse"
- Sa1

"Um da mitzukomme und mitrede zu könne, müsst ma kaufe, kaufe, kaufe: Geräte, Maschine, Beregnungsanlag und und und: Und was is es End vom Lied: verschuld bis über beide Ohre und dann kriegt ma zu höre: falsch geplant, falsch gerechnet, zu viel inveschtiert. Ach die Bandite solle bloß ruhig sein. Für uns kleine is die Zeit ebe vorbei."
- OV8

Ein Sammelstellenleiter meint sogar, der Erzeugergroßmarkt unterlasse im Gegensatz zum Obstbau in der Gemüseerzeugung eine Beratungsarbeit nur deswegen, weil bei den einjährigen Kulturen Beratungsfehler schneller erkennbar seien als bei den langjährigen Obstkulturen. Die Genossenschaft wolle sich daher einer möglichen direkten Mitverantwortung bei der Produktion entziehen:

"Mit de Beratung sieht ma doch, wie's isch: Bei uns versuche's es mi'm Obscht. Beim Gmüs mache's es net. Des is dene zu brenzlig. Des is en kurzfristiger Anbau, da sieht ma nach drei Monat, was los war und sagt: 'de Berater hat schuld'. Beim Obscht aber weiß ma nach e paar Jahr nimmer, war's de Berater, der es empfohle hat oder hat de Erzeuger Mischt gebaut."
- Sa1

Mißtrauisch stehen die Erzeuger ihrer Genossenschaft auch wegen deren Qualitätspolitik gegenüber. Das Mißtrauen resultiert aus dreierlei Erfahrungsebenen: der subjektiven Einstellung des Erzeugers zu den genossenschaftlichen Qualitätskriterien im allgemeinen, den gemachten, widersprüchlichen Erfahrungen mit ihrer konkreten Einhaltung durch den Erzeugergroßmarkt und schließlich der genossenschaftlichen Qualitätskontrolle. Zweifel hegen die Mitglieder besonders an den staatlichen Handelsklassenbestimmungen, denen die genossenschaftlichen Qualitätsmerkmale für einzelne Obst- und Gemüseerzeugnisse zugrunde liegen. In der Mehrheit stimmt man darüber ein, daß die geforderten Gütekriterien sich ausschließlich auf die äußere, optische Warenbeschaffenheit beziehen und die inneren Eigenschaften der geschmacklichen Komponente unberücksichtigt bleiben[24]:

---

22) BRÜGGEMANN/RIEHLE 1986, S. 120.

23) Dies wurde selbst von staatlicher Stelle in einem Gespräch zum Ausdruck gebracht.

24) Zu ähnlichen Ergebnissen kommen auch INHETVEEN/BLASCHE 1983 in ihrer Untersuchung (vgl. S. 112 f.). Schon Ende der 40er Jahre hatte GIEDION 1982 auf diese Folge agrarischer Standardisierung aufmerksam gemacht (S. 160 ff.)

"die zahle nach Schönheit, net nach Geschmack. Da bringt ma noch dickere, noch schwerere, noch schönere War, aber schmecke tun se nach nix. Und is e bissel en Fleck drauf, da werd getobt und's heißt: 'Industriewar'."
- OV2

"Farb und Größ, des isch halt wichtig. Alles andre kannscht vergesse"
- ON1

"wie's schmeckt, isch ja dene egal. Da muß ja nur de Durchmesser stimme und Farb. Die Inhaltsstoffe sin dene egal. Im Prinzip: en große, farbige Ballon mit Wasser drin würd dene auch schon reiche."
- OGV2

Besonders die Größe (Durchmesser in cm) als entscheidendes formales Kriterium für die Handelsklasseneinstufung und Bezahlung stößt bei den Erzeugern auf Unverständnis, da beim Verzehr der eigenen Früchte oder bei der Privatvermarktung die Größe einer Frucht kaum Beachtung findet:

"wenn's die Leut so wolle, muß ma's halt bringe. De Markt sagt: 'großi Frücht will de Verbraucher'. Des muß ma halt glaube, wenn er des sagt. Andererseits, mir esse ja auch Obst, aber auf Größ schaue mir net."
- ON4

"Ich versteh gar net, daß de Obstmarkt immer auf die Größe schielt. Mir graut's, wenn ich durch en schwache Behang Übergröße hab, die kann ich auf'm (Wochen-, C.D.) Markt fast net verkaufe. Ne mittlere, gängige Größ von 65 mm (bei Äpfeln, C.D.) is des, was die Leut gern kaufe. Des kann ich einfach net verstehe, die Genossenschaft verkauft doch auch net an Marsmensche."
- OV7

"Im Privatverkauf krieg ich für kleine Erdbeere en bessere Preis als beim Obschtmarkt für große. Mei Kundschaft will die Riesegröß gar net. Deswege is mir des schleierhaft, daß die immer nur die Riesegröße verlange."
- OGV3

Insgesamt stößt das genossenschaftliche Qualitätsstreben bei der Mehrheit der Erzeuger auf Skepsis, wie auch die genossenschaftsinterne Befragung der Mitglieder durch den Verband in Karlsruhe ergab. Man versteht die einseitige Orientierung auf sog. "Spitzenware" nicht, da deren Produktion den Erzeuger mit höheren Kosten und mehr Arbeitsaufwand belaste, sich finanziell aber nur in den seltensten Fällen auszahle. Zudem meinen die Mitglieder, daß der Endverbraucher auch Konsumware mit leichten Mängeln zu günstigeren Preisen verlange.

Die Erzeuger mißtrauen der Qualitätspolitik ihres Großmarktes auch deswegen, weil ihnen die genossenschaftliche Koordinationspraxis in dieser Richtung kein einheitliches, allgemeingültiges Bild vermittelt, wie schon zuvor dargelegt wurde. Je nach Marktlage variiert der Maßstab, der der Güteeinstufung zugrundegelegt ist:

"Manchmal nehme se aber auch de letschte Dreck. Da denk ich mir: wer will denn sowas, des tätscht du doch net kaufe. Und dann hät ma also e stolze War und was kriegt ma dafür: dumme Sprüch und kaum die Unkoschte ri."
- OGN1

"Ich bring die schönschte War und was sage se, ich soll's mir an de Hintere binde. So goht's doch wirklich net"
- OGV1

Schließlich beobachten die Erzeuger mit kleineren Warenposten argwöhnisch, daß die Palettenanlieferungen kaum der Qualitätskontrolle unterliegen. Sie zweifeln an der

Objektivität der genossenschaftlichen Warenprüfung, der sie eine einseitige Bevorzugung der größeren Erzeuger unterstellen[25]:

"die Palette, da schau'n se ja nie rein. Aber bei uns kriege se ja jedes Körble zwische die Finger"
- ON2

"ein Erzeuger bringt e War, en ganze Laschtwage voll, wo ma uns würd damit wieder mit Stein bewerfe, wenn ma die bringe tät; wo ma uns die wieder mitgebe hät. Und da wird kein Mucks gemacht. Und bi uns wird mit unsre paar Kischtle geschrie, als ob sonscht was."
- OGN1

"die messe mit zweierlei Maß: An de große Erzeuger mit viel War hän se natürlich mehr Interesse als an unsereins. Da nehme's es mit de Qualität net so genau."
- ON4

Mit der skeptischen Beurteilung der genossenschaftlichen Qualitätspolitik eng verbunden ist das Mißtrauen der Erzeuger gegenüber der genossenschaftlichen Vermarktungsleistung, der originären Funktion eines förderungswirtschaftlichen Hilfsbetriebes. Infolge der arbeitsteiligen Kooperation haben die Erzeuger ihrem Großmarkt den betrieblichen Funktionsbereich des Obst- und Gemüseverkaufs übertragen. Sie sind damit auf seine erfolgreiche Vermarktungstätigkeit, gemessen am vollständigen Absatz zu befriedigenden Preisen, angewiesen. Die Mitglieder mißtrauen der Absatzleistung ihrer Genossenschaft besonders deshalb, weil sie meinen, der Großmarkt würde sich entsprechend seiner qualitativen Ausrichtung lediglich auf den Verkauf von Spitzenwaren konzentrieren - und das noch nicht einmal zu Spitzenpreisen, da man an die preisdrückenden Großabnehmer der Lebensmittelketten als Absatzpartner gebunden sei. Die genossenschaftliche Vermarktung lasse sich dadurch zwar erheblich vereinfachen, weil man die telefonischen Morgenverkäufe regelmäßig, schnell und in gewohntem Verlauf tätigen könne, andererseits fehle es dem Erzeugergroßmarkt aber an Phantasie und Ideen für neue Absatzwege und -techniken. Mangelndes Engagement und ungenügende Flexibilität in der Vermarktung, besonders bei qualitativer Durchschnittsware, werden ihm daher von großen Teilen der Mitglieder vorgeworfen[26]. Der nichtgenossenschaftliche Handel - so eine weitverbreitete Meinung - sei als dauerhafter Absatzpartner insgesamt zwar unsicherer, in der Vermarktungsleistung wird ihm aber aufgrund seiner Hartnäkkigkeit, Flexibilität und seines Verhandlungsgeschickes mehr Anerkennung zuteil[27]:

"bei de Genossenschaft is des so schwerfällig: alles ist festgelegt - die Marktzeite, de Kundestamm, nur noch I-er Qualität. Die könne gar nimmer auf de einzelne Abnehmer so eingehe wie de Handel. Der nimmt auch emal was, was net so grad Handelswar is, halt zum schlechtere Preis, aber er nimmt's. Des wär bei de Genossenschaft nur Industriewar. Und so stell ich mich beim ... (Name des Händlers, C.D.) mit de schlechtere Qualität besser als bei de Genossenschaft."
- OV7

"de ... (Name des Händlers, C.D.) is beweglicher, der kann individueller auf die Leut eingehe, kann Situatione auf'm Markt schneller einschätze als Genossenschaft. Die is wege ihrer Größ zu wenig beweglich, zu eingfahre (...) Beim Händler is es eher möglich noch emal e War unterzukriege, die

25) Vgl. zur Wahrnehmung der genossenschaftlichen Selektionspolitik durch die kleineren Erzeuger auch HÜLSEN 1982, S. 77 f.

26) Zu ähnlichen Ergebnissen kommt die Untersuchung von HÜLSEN 1982, in der die Nebenerwerbslandwirte ihrer Genossenschaft "Beamtenmentalität" vorwarfen (S. 77).

27) Die Erzeuger lassen bei ihrer Bewertung allerdings außer Acht, daß es der Handel mit seinen wesentlich geringeren Vermarktungsmengen bei der Absatzgestaltung, besonders qualitativ minderwertiger Posten, erheblich einfacher hat als der Erzeugergroßmarkt mit mehreren hundert Anlieferern und entsprechend großen, zu verkaufenden Warenposten.

auch von de Qualität her net ganz so is. Der sagt dann seine Kunde: 'des is net ganz so schöne War, dafür kriegt ihr se billiger'. Genossenschaft will halt immer nur I-er War, des is halt einfacher für die zum Verkaufe. Da müsse se sich net so anstrenge."
- OV6

"de Geschäftsführer muß dene Lit am Telefon halt emal sage könne: 'Leut, des is so und so, die War is genauso transportfähig, is genauso gut, nur hat se kleine Fehler. Ich geb's euch zum bessere Preis'. Dafür is er ja do, daß er auch emal was tut für die Erzeuger"
- OV1

"sel is sicher, daß sich e privates Unternehme stärker um de Absatz kümmert, als de Obstmarkt, der en große Lade is und nur schöne, große Poste zusammestelle will und schön gut verkaufe ohne viel Aufwand. De Obschtmarkt is halt groß. Früher, wo noch mehr Konkurrenz war, mußte die schon e bissel mehr mache zum Vermarkte."
- OV2

Als Beispiel für das Mißtrauen in die Vermarktungsleistung kann das Jahr 1983 angeführt werden, wo nach schweren Gewittern ein genereller Annahmestopp für Hagelware mit der Begründung verkündet wurde, für solch qualitativ minderwertige Ware (mit Hagelschlag) fänden sich keine Abnehmer. Zur gleichen Zeit nahm der Obsthandel aber Hagelware an - für die Erzeuger ein deutliches Zeichen, daß sich bei entsprechendem Engagement auf dem Absatzmarkt doch auch Abnehmer für preisgünstigere Hagelware finden ließen:

"De ... (Name des Händlers, C.D.) hät gsagt, de Markt is aufnahmefähig, auch für Hagelwar. Un der hat's gnomme. Un speziell 'Ersinger' - des hät sich um die Sort 'Ersinger' gedreht - da war en Mangel. Und ma weiß, daß des hauptsächlich en Kuchezwetsche is. Un wenn ma den umkehrt uflegt, da sieht ja niemand den Hagel. Aber de Obschtmarkt hät nur gsagt: 'des Jahr nehme mir kei Hagelwar' - un so war's. Die hän halt net rischtig Abnehmer gsucht."
- OV6

"Genossenschaft hät sich net stark genug um Abnehmer bemüht, daß vielleicht die Stammkunde, die immer War abnehme, Hagelwar abglehnt habe. Und des hat die Genossenschaft an die Erzeuger weitergegebe, anstatt sich zusätzlich um andere Abnehmer umzusehe. Weischt ja, Privatinitiative sind manchmal beweglicher und schneller als die große Apparate."
- Sa1

"De Handel hat se gnomme. Der wußt, wo er die unterbringt. (...) Wenn se de Handel nimmt, warum dann net auch de Markt?"
- OV2

"Mir hän viel Zwetsche gnomme aus'm Einzugsgebiet von de Genosseschaft. Aber die habe des ghört und die eine oder andere von dene Erzeuger war verärgert, weil er ebe e Anlage Zwetsche da hänge hat und hört, 's wird nix gnomme. Und des hät en Hüfe Geld koscht und wenn de se rumdrehscht und wenn er se weng verliest, mindeschtens die Hälft kannscht verkaufe. Mir hän se halt gnomme und mir hän se auch gut verkauft."
- Obsthändler

Seitdem ist bei einigen Erzeugern ein ausgeprägtes Mißtrauen in das Verkaufsgeschick und die Initiativbereitschaft ihrer Genossenschaft zurückgeblieben:

"Wenn de Markt uns sagt, mir könne kei Hagelwar bringe, weil des de Abnehmer net kauft, müsse mir annehme, daß des stimmt. Wenn nun de Großhandel trotzdem auf de andere Seit Hagelwar annimmt und die auch noch verkaufe kann, weiß isch jetzt net, ob uns de Markt angschmiert hät. Aber eins weiß isch: ma kann em nimmer so traue."
- OGV1

"Mir wurde heimgschickt mit 42 Körb ausgelesene 'Ersinger', wo mir uns e mords Müh mit de Ausles gmacht hän: Schöne, große Frücht, waren halt zwei, drei drin mit e bissel Hagelpuffer. De ... (Name des Händlers, C.D.) hat ma's aber dann gnomme. Des vergeß ich net so schnell, denn eigentlich is doch Gnosseschaft für uns da. Da hät se uns aber schwer hängelasse."
- OV1

Die genossenschaftliche Vermarktungsleistung ist der bestimmende Faktor für die Vergütung an die Mitglieder und folglich auch für deren landwirtschaftliches Einkommen. Entsprechend mißtrauisch messen die Erzeuger die Absatztätigkeit des Großmarktes an seinen Auszahlungspreisen:

"Also für mich is es des Bequemschte in die Genosseschaft zu liefern, obwohl ich des von de Marktpolitik her auch net für sonderlich gut halt. Weil zu em gute Stück em Erzeuger de Markt aus de Hand gnomme wird und daß em Erzeuger auch sicherlich preislich leichter was aufdiktiert wird."
- BG1

"Genosseschaft gibt dir im Grund ja nur, was se hän. Verkaufen's es, wenn se also suche, kriegscht du auch e guts Geld. Und wenn se nix suche, hän se zuviel und du kannscht froh sein, wenn dei Sach kannscht bringe und die zahle grad, was se wenn."
- GG1

"Mir is aufgfalle, daß andere, außerhalb von de Genosseschaft mit bedeutend schlechtere Qualität ein genau so gutes Einkommen erzielt habe. Die hän sich viel weniger Müh gemacht in ihrem Obstbau und hän halt einfach ihr Obst besser verkauft als Genosseschaft. Da hab ich mir dann dacht: warum soll ich des net auch mache könne anstatt von de Genosseschaft jeden Preis nehme zu müsse, grad wie die verkaufe."
- OV7

Besonders die größeren Erzeuger, die neben der Genossenschaft auch den Handel beliefern oder direkt vermarkten, zweifeln nicht nur an der Vermarktungsleistung, sondern auch an der seriösen Preisinformation des Erzeugergroßmarktes:

"ob bei de Preisgestaltung mir Mitglieder richtig informiert sind, weiß ma ja net. Nehme ma halt an, daß es stimmt, was se an Erlöse erziele. Aber nur ein Beispiel: de Markt verkauft 's Kilo für 1,05. Uns sagt er aber eine Mark. Die Differenz von fünf Pfennig wandert schon wieder in die Genossenschaftskass, wo mir nix von wisse."
- OV7

"Ma weiß halt nie, ob mir auch des zahlt kriege, wie sie's verkauft hän. Die könne mir viel erzähle, nachprüfe kann ich's ja net. Deswege is mir's liebschte, wenn ichs selbscht verkauf. Da seh ich: des und des krieg ich auf die Hand und fertig. So nach dem Motto: 'selbscht is der Mann'"
- OGV2

Bei den kleineren Nebenerwerbsbetrieben weicht das Mißtrauen in die genossenschaftliche Preispolitik eher einem Gefühl der Gleichgültigkeit, weil die Obstproduktion lediglich eine Ergänzung des Einkommens aus dem Hauptberuf darstellt:

"Ma muß halt nehme, was ma kriegt."
- ON1

"Natürlich is en höherer Preis uns auch lieber, aber wenn net, hän ma's Sach wenigschtens los."
- ON2

"Ma nehme's halt, wie's es zahle - was willscht mache"
- ON3

Da die Kosten für das Leergut wesentlich die Auszahlungspreise der Erzeuger mitbestimmen, wird gerade auch die Verpackungsabwicklung in finanzieller Hinsicht mißtrauisch betrachtet. Die Mehrheit ist davon überzeugt, daß der Erzeugergroßmarkt die Körbe, Kartons, Schalen, Schlaufen und Kennzettel, die zur Warenaufbereitung benötigt werden, nicht zum Selbstkostenpreis verkauft[28]:

28) Tatsächlich trifft solche Skepsis zu. Der Geschäftsführer erklärt die Differenz zwischen Einkaufspreis und dem Preis, der dem Mitglied für das Verpackungsmaterial berechnet wird, mit dem organisatorischen und finanziellen Aufwand, der mit der Bestellung und Besorgung von Kartons, Schlaufen usw. verbunden sei.

"daran werde se auch noch was verdiene wolle. Ich mein, des darf ma offiziell net groß sage, aber 's is einfach so, des is seim Erzeuger sei Geld, des is net richtig, daß die daran verdiene wolle."
- OGV1

"Ob die des zum Selbschtkoschtepreis abgebe, da hab ich schon mei Zweifel. Seit zehn, zwölf Jahr komme se mit de gleiche Vermarktungsgebühr aus. Da stimmt doch irgendwo was net. Alles wird doch teurer! Und da glaub ich aber, daß die des über's Verpackungsmaterial abwickle, um ihr Unkoschte zu decke."
- OV7

"Mit dem Leergut wern sicher noch Geschäfte gmacht, da brauche mer gar net zu dischkutiere."
- OGN1

"Normalerweis derf Gnosseschaft nix dran verdiene. Aber so, wie ich des überblick, schlage se da schon noch gut drauf. Ich hab noch kei Rechnung gseh, was de Markt für sei Leergut zahlt. Aber da hole's sich schon noch was ri."
- OV1

Die Leergutabwicklung gab zuletzt 1986 Anlaß zu größerem Mißtrauen der Erzeuger, weil zum Jahresanfang 1987 eine Änderung anstand, die inzwischen auch realisiert ist. Bei dem bisherigen Modus nahm der Großmarkt eine Vorfinanzierung vor, indem er das Leergut im Winter besorgte, bei sich lagerte und vor der Saison an die Mitglieder leihweise ausgab. Erst bei der Warenvergütung für angelieferte Erzeugnisse wurde dann das Leergut mit den Erzeugern verrechnet. Aus verschiedenen Gründen wurde von genossenschaftlicher Seite eine Änderung angestrebt: im Zuge der Rationalisierung sollte die Verrechnung statt erst über die Genossenschaft gleich über die Erzeuger erfolgen, der Fehlbestand an Leihpackungen am Jahresende sollte beseitigt werden, eine verspätete Leergutausgabe erst kurz vor oder sogar während der Erntesaison sollte verhindert werden und schließlich sollte die Lagerung mangels räumlicher Kapazitäten im Großmarkt bei den Erzeugern erfolgen. Der neue Modus sieht vor, daß die Erzeuger ihr Leergut kaufen müssen, wofür ihnen später eine höhere Vergütung zuteil wird. Die Höhe des Kaufpreises variiert nach dem Zeitpunkt der Leergutversorgung. Besorgt sich ein Erzeuger schon frühzeitig zu Jahresanfang sein Verpackungsmaterial, so erhält er es zu günstigeren preislichen Konditionen als ein Erzeuger, der erst kurz vor Saisonbeginn sich um sein Leergut kümmert. Häufig wurde von den Mitgliedern nämlich die Disposition deshalb so spät vorgenommen, weil sie nach den Spätfrösten im Mai eher ihren Bedarf überschlagen konnten. Die Vorteile der Neuregelung stehen aus der Sicht fast aller Erzeuger eindeutig auf Seiten der Genossenschaft: sie schiebe die Vorfinanzierung an die Mitglieder ab, so daß bei diesen "totes Kapital" nicht nur räumlich, sondern auch finanziell lagere:

"Die Geschäftsführung vom Großmarkt versucht wieder die Koschte aus ihrem Betrieb rauszuschiebe und de Mitglieder zuzuschustere. Des is net so gut, weil bei de Erzeuger des Geld vor de Saison weg is und die Verzinsung fehlt. De Zins schlägt sich dafür beim Markt positiv zu Buch."
- Sa1

"de Trend goht jo dohin, immermehr uf de Kleine abzuschiebe. Die Große, wie die Genosseschaft, wolle jo nur Gewinne mache - erzeugerfreundlich is des net."
- OV1

"Vom Erzeuger aus sieht's doch wieder anders aus, als Genosseschaft sagt. Für uns is des e totes Kapital, des uf em Hof liegt. Klar für die Genosseschaft auch, aber dene tut's net so weh, wie unsereim"
- OV6

Die Vorfinanzierung des Leergutes fällt den Erzeugern vor der Saison auch deswegen schwer, weil sie bereits mit anderen Betriebskosten belastet sind, während sie noch keine Einnahmen aus der Obstproduktion verbuchen können:

"Des wird eim einfach zu viel im Frühjahr: lauter Unkoschte, Düngemittel, Spritzmittel und ab 87 dann's Leergut und kei Einnahme. Des bringt uns Erzeuger nur Nachteile."
- OV5

Das Mißtrauen der Erzeuger richtet sich auch gegen Informationen, die der Großmarkt über seine Mitglieder sammeln könnte. Dies bezieht sich besonders auf die jährlichen Erntevorausschätzungen. Die Mehrheit der Erzeuger sieht darin eine verbindliche Zusage zur Warenanlieferung, aufgrund derer man später womöglich auf die Einhaltung der Liefertreue verpflichtet wird. Solch einer, schon weit vor der Saison eingegangenen Ablieferungsverpflichtung, wie sie ja vom Statut und den Anlieferungsbedingungen eigentlich selbstverständlich sein müßte, stehen die Erzeuger aber äußerst distanziert gegenüber:

"Die Erzeuger wolle halt net, daß irgendwas bekannt wird, von de Flächegröß und dem mögliche Ertrag. Da könne se besser rummauschle mit'm Selbstvermarkte und auch mit'em Finanzamt."
- Berater

"Uf die Melderei do geb ich nix druf. Ich mein, des brucht ma net. Da sag ich: 'horch, rechent damit, nächscht Woch kommet e hüfig Zwetsche oder Kirsche, des is nur de Anfang, d' Woch druf gibt's noch mehr'. Da muß des reiche. Was bruchet die des schon Monat vorher wisse?"
- OGV1

"Also ich glaub des net, so mit de Absatzplanung oder wie se sage. Ich glaub, des is so, daß se de Erzeuger feschtnagle wolle: 'so un soviel, häscht gsagt, bringscht und jetzt - wo is es?'"
- OV1

"Ich laß mich net gern festlege. Weiß ich, wie's kommt, ertragsmäßig und mit'm Preis?"
- OV2

Andere Erzeuger suchen nach den verschiedensten Gründen, um ihr Unbehagen gegenüber einer mengenmäßigen Festlegung ihrer Warenanlieferung, wie sie mit einer Erntevoranmeldung verbunden wäre, zu erklären:

"Ma möcht sich doch net so festlege - spielt's Wetter mit oder net oder kommt was dazwische"
- OV3

"Des is doch en Quatsch. Wieder so was von de Theorie. Des kann ma net voraussehe. Noch läßt sich Natur net besteche."
- ON5

"da bin ich skeptisch. In de Landwirtschaft is des halt problematisch. Da kannscht net vorausplane. Innerhalb von e paar Tag kann sich durch Witterung, grad beim Frühobscht, des schnell nachreift, wahnsinnig was ändern. Da kann plötzlich en Ernteschub komme - des is net vorhersehbar. Deswege will ma sich net festlege."
- OV4

"all Schätzerei und Statistik is net richtig. Es kommt halt, wie's kommt."
- OV6

"Ach Gott, wenn's nur immer stimme tät, was grechent wird. Des sieht ma doch, wie mit dene Meinungsumfrage im Fernsehen. So isch's auch mit dem. Am Schluß is alles ganz anders, als vorhergsagt und dann heißt's: 'wo is die War, die angmeld häscht?'"
- ON4

"Ich glaub da net dran, daß sowas goht. Die Statistike sind doch meischtens falsch. Un was hän se davon - falsche Zahle, die net stimme."
- OGV2

Den Gemüseproduzenten gibt schließlich das von der Erfassungsstelle praktizierte Meldesystem Grund zu größtem Mißtrauen. Da eine Anlieferung der Erzeugnisse nur nach vorheriger Anmeldung und Genehmigung getätigt werden kann, sind die Mitglieder bestrebt, bei Bedarf jederzeit eine Erlaubnis zur Warenanlieferung zu erhalten. Nach jeder Ablehnung einer beabsichtigten Lieferung mutmaßen die Erzeuger daher, ob ihnen die Genehmigung tatsächlich wegen fehlender Absatzkapazitäten oder aus sonstigen Gründen verweigert wurde. In dem Gemüsestellenleiter personifiziert sich das Mißtrauen, das gegenüber der Organisation der Warenerfassung existiert. Da er an der Schaltstelle der für die Erzeuger so wichtigen Entscheidung über Warenanlieferung oder -verweigerung sitzt, empfinden die Erzeuger über die rein funktionale Verflechtung mit ihm hinaus auch eine direkte, persönliche Abhängigkeit von ihm:

"des is halt sel Problem und des find ich net richtig: ma darf halt nur bringe, wenn's m Herr ... (Name des Leiters, C.D.) geschickt isch. Wenn sel en gute Tag hat. Weiß ich, ob er jetzt wirklich was bruchet oder net. Oder ob er wieder nur wieder schlecht gschlafe hat oder Ärger mit de Frau hat, wenn isch nix bringe darf."
- OGN1

"Also der Genosseschaftsgedanke isch da ja in keinschter Weis mehr vorhande. Im Prinzip ist der ... (Name des Leiters, C.D.) ja von mir als Erzeuger und Genosseschaftsmitglied angstellt. Und des Gefühl vermittelt er wirklich net. Er macht so als Chef. Ma merkt ebe genau, daß er weiß, was für Macht, daß er hät. Er entscheidet, wer liefert. Und wenn er dich unte durchsauße läßt, dann lieferscht ebe nimmi."
- BG1

"des is die Grundeinstellung beim ... (Name des Leiters, C.D.): isch bin de King, die brauche mich ja, die komme all wieder."
- Ehefrau von BG1

"Beim Gemüsebau muß ma sich ganz klar danach richte, was se abnehme bzw. was se verkaufe könne. Und da isch des Problem, wenn de ... (Name des Leiters, C.D.) blöd will, kommt ma net dran. Deswege muß ma sich halt gut mit ihm stelle."
- OGV3

Die persönliche Beziehung zum Gemüsestellenleiter spielt demnach eine wichtige Rolle für den Erzeuger, damit er sein Gemüse regelmäßig, rechtzeitig und vollständig anliefern kann. Aus diesem Grund bemüht man sich, Konflikte mit ihm zu vermeiden und sich "gut zu stellen". Dabei wächst aber das Mißtrauen unter den Mitgliedern darüber, ob nicht ein anderer Erzeuger durch ein besonders freundschaftliches Verhältnis mit dem Leiter bei der Warenerfassung bevorzugt wird:

"des Problem bei denen Vorbestellunge is, daß persönliche Beziehunge zum betreffende Geschäftsleiter einem beträchtliche Vorteile bringe könne. Und wenn ma sich ebe net so gut versteht, bringt des ebe Nachteile."
- GG1

"'s isch halt auch en Vorteil für die, die mit'm ... (Name des Leiters, C.D.) e guts persönliches Verhältnis hän. Dann drängle se und tun se schön und was weiß ich net noch alles. Und dann macht er halt, wie se wollen."
- GG2

"Muscht halt schaue, daß dich gut mit'm verstehscht. Sonscht kannscht glei zuhaus bleibe."
- BG1

Das in den unterschiedlichen Punkten zum Ausdruck gebrachte Mißtrauen der Erzeuger zu ihrer Genossenschaft ist aber nicht nur als allgemeine Einstellung oder diffuses Unbehagen gegenüber der Koordination festzustellen. Vielmehr konkretisiert es sich in verschiedenen Verhaltensstrategien und Handlungsweisen.

b) Opposition

Die Obst- und Gemüseerzeuger haben zumindest theoretisch die Möglichkeit, ihren Widerstand gegen die genossenschaftliche Koordination im Rahmen von Versammlungen zum Ausdruck zu bringen. In Anfragen, Redebeiträgen oder über Anträge als Beschlußvorlage können die Mitglieder ihre Meinung über die Koordinationsinhalte (z.B. die Qualitätspolitik oder Verpackungsabwicklung) kund tun, um mit Hilfe Gleichgesinnter eine Änderung zu erzielen. Hier kommt man aber zu dem vieldiskutierten Problem, ob solch ein Abwehrverhalten in Form des offenen Widerspruchs und Widerstandes in der genossenschaftsdemokratischen Wirklichkeit praktiziert wird bzw. werden kann und ob es überhaupt Aussicht auf Erfolg hätte. Denn unabhängig von den rein formaljuristischen Möglichkeiten, die ein Erzeuger innerhalb des genossenschaftlichen Willensbildungsprozesses wahrzunehmen befugt ist[29], geht es um die Frage der praktischen Umsetzung dieser Mitwirkungsrechte. Dazu hat sich seit geraumer Zeit innerhalb der Genossenschaftswissenschaft die Partizipationsforschung etabliert[30], die nach Antworten auf die "bürokratische Erstarrung" der genossenschaftlichen Mitgliederbeziehungen[31], der "Partizipationsmüdigkeit" der Genossen[32] - kurzum dem "Oligarchieproblem in der Genossenschaftsdemokratie"[33] sucht. Nachdem zahlreiche genossenschaftstheoretische wie empirische Untersuchungen die Dominanz von Managerentscheidungen gegenüber den eigentlichen Mitgliederinteressen dargelegt haben[34], erhofft man sich von der Belebung genossenschaftsdemokratischer Ideale ein verstärktes Interesse der Mitglieder, sich mit ihren Belangen und Meinungen in die genossenschaftliche Willensbildung einzugeben. Besonders RINGLE hat sich dabei mit seinen Strategien zur Erhöhung der Gruppenaktivitäten und der Mitgliederkommunikation hervorgetan[35].

Läßt sich nun im Erzeugergroßmarkt für Obst und Gemüse bei den Mitgliedern ein Abwehrverhalten gegen die genossenschaftliche Koordination in Form des offenen Widerspruchs und Widerstandes feststellen? Nein, lautet die deutliche Antwort. Auch in den mehrmals besuchten Erzeuger- und Vertreterversammlungen war die Mitgliederpassivität weit verbreitet. Es gab weder Fragen noch größere Wortmeldungen oder Änderungsanträge von Seiten der Erzeuger. Diese beschränkten sich auf das mehr oder weniger interessierte und aufmerksame Zuhören. Für eine detaillierte Ursachenforschung darüber fehlt innerhalb dieser Untersuchung sowohl Raum als auch Zeit. Aus diesem Grund sollen nur wenige Anhaltspunkte für die fehlende Opposition der Mit-

29) Vgl. dazu NEUMANN 1982.
30) Zum theoretischen Hintergrund vgl. HETTLAGE 1979.
31) DÜLFER/HAMM (Hrsg.) 1983, S. 32.
32) GEBERT 1983, S. 176.
33) VIERHELLER 1983, S. 45.
34) Vgl. dazu als nur begrenzte Auswahl: GERBER 1969, BOETTCHER (Hrsg.) 1977, COMPART 1977/78, S. 137 ff., BAEHRFELD 1978, S. 183 ff., HETTLAGE 1981, S. 284 ff., PÜTZ 1982, S. 85 ff., KALEFELD 1983, S. 105 ff. und die Beiträge bei DÜLFER/HAMM (Hrsg.) 1983; VIERHELLER 1983 gibt dazu auch einen allgemeinen Überblick.
35) Vgl. RINGLE 1983 u. 1984.

glieder in den dafür eigentlich vorgesehenen Willensbildungsorganen (Mitglieder- und Vertreterversammlung) angeführt werden.

Einmal kann es sein, daß die inkonsequente Handhabung der genossenschaftlichen Koordinationspraxis bei den Mitgliedern zu einer abwartenden Haltung führt, ungefähr im Sinne: "redet ihr ruhig, später macht ihr's ja sowieso nicht". Widerspruch gegen die genossenschaftliche Koordination würde sich damit erübrigen. Andererseits aber lassen es die Mitglieder auch bei den sie direkt betreffenden Belangen, wie z.B. der Neuregelung der Verpackungsabwicklung, an offenem Widerspruch fehlen. Dies hat verschiedene Gründe. Ihren Widerspruch müssen die Mitglieder gegenüber einer sachkompetenten, auftrittssicheren und redegewandten Geschäftsführung vor den Augen der anderen Erzeuger vortragen. Dazu mangelt es ihnen aber meist schon an der notwendigen Kenntnis finanzieller, organisatorischer oder absatzwirtschaftlicher Sachverhalte:

"Die geng ja uf des einzelne Mitglied mit seine Einwänd nimmi ih. Net, daß se uf jedes horche müßt. Aber die setze sich ja in soundsoviel Sache drüber weg, und des is so kompliziert, daß e Mitglied gar nimmi durchschaut."
- OGV1

"des is ja auch net so einfach, da ufstehe und große Rede schwinge. Da muscht ja erschtemal wisse, was de dene zu sage häscht. Da blicke die Erzeuger des gar net so richtig."
- Sa1

"Ach Gott, was willscht groß sage? Wenn de emal vor versammelter Mannschaft runtergeputzt worde bischt, so als Depp, wo kei Ahnung hät, da meldscht dich so schnell nimmi."
- ON4

Die Mehrheit der Erzeuger ist auch im Auftreten unsicher, wenig wortgewandt und ängstigt sich daher vor größeren Widerreden gegen die Geschäftsführung in den Versammlungen:

"Mir könne halt net so schön rede wie die. Da wer ma doch überbügelt. Woher solle mir's auch könne? Die mache's ja tagtäglich: telefoniere, Besprechunge, Versammlunge. Und mir schaffe halt: entweder is ma allein drüß uf'm Feld oder mit de Frau. Aber da hän mir kei Zit zu schwätze. Da werd gschafft."
- OGV3

"Bei viele von uns is einfach auch die Redegewandtheit net so. Wenn'd ufstehe sollscht und rede, da fängts Herz a klopfe. Und do bleibscht lieber sitze, als daß was saigscht."
- OGN1

"des Problem is des, also: wenn jemand do ufsteht in so ner Versammlung, vor so em Gremium und dene Herre, die obe sitze, wirscht im Grund net für voll gnomme, so als dummer Buri"
- BG1

Schon das erhöhte Podium, auf dem genossenschaftlicher Geschäftsführer und Verbandsfunktionäre "oben sitzen", flößt den Mitgliedern Unbehagen ein und verhindert couragierten Widerspruch:

"wie so e Versammlung psychologisch ufgebaut is, isch mein, ma sieht: die Diskussionspartner, die hocke do obe uf de Bihn. Do hockscht jetzt da als kleiner Mann. Jetzt, selbscht wenn de ufstehscht, bischt de immer noch e halbe Meter kleiner, mindeschtens, wie die. Und die luege do obe rab. Des is doch ganz logisch, daß da lieber saigscht: 'nee, ich hock do unte, ich halt lieber mei Mül."
- OV3

Mitverantwortlich für das Desinteresse der Mitglieder an den genossenschaftlichen Versammlungen ist mit Sicherheit auch die eingefahrene Routine, mit der diese abgehalten werden. Aufbau und Ablauf der Versammlungen sind immer gleich: Begrüßung - Verteilen kleinerer Geschenke (Kugelschreiber, Schlüsselanhänger etc.) - Marktbericht durch den Geschäftsführer - Essen und Trinken auf Genossenschaftskosten - offene und einstimmige personal- oder sachbezogene Wahlen - Hinweise durch den Obstbauberater - Ehrungen - Verabschiedung:

"'s is doch immer 's gliche. Da bruchscht nimmi higehe."
- OV1

"da wird gscholte und gschimpft. Aber wenn Versammlunge sin und alles wird abgwickelt wie immer, wird's auch wieder gschluckt. De Erzeuger is irgendwie e Stück net bereit, was zu unternehme und dene ihr Programm durcheanderzuwirble."
- OV5

"in dene Versammlunge, und des is net so ohne, ich will dann schon emol Zunder gebe. Aber dann läuft alles so schön, so harmonisch, dann will ich net do jetzt de böse Bua mache. Des wolle die doch net, des stört doch nur de Ablauf."
- OV2

Stehen wirklich kontroverse Themen an, wie eben die Neuregelung der Verpackungsabwicklung, dann werden diese als letzter Tagesordnungspunkt, meist gegen Mitternacht, behandelt. Die ersten Mitglieder haben dann bereits die Versammlung verlassen, während die noch ausharrenden inzwischen müde geworden sind und kaum noch den Ausführungen folgen können:

"Die führe schon Regie, wie's ihne paßt. Die Sache, wo's Ärger gebe könnt, die komme immer zum Schluß, wo ma schon kei Luscht mehr hät"
- BG1

"Erscht wird ma ruhig gstellt: es gibt e Veschper und Wi. Dann is ma schon emal zufriede. Da findscht Du niemand, aber auch niemand, der noch ufstoh will und groß dagege wettert"
- OV3

Wichtig für den Entschluß eines Erzeugers zum offenen Widerspruch in einer Versammlung ist auch die konkrete Aussicht, daß seine Widerrede zumindest Gehör findet und ernsthaft diskutiert wird, wenn sie nicht sogar zur Entscheidung stehende Sachverhalte korrigieren kann. Solch eine Erwartung läßt der Geschäftsführer aber gar nicht erst unter den Mitgliedern aufkommen, wie die Auseinandersetzung um das Leergut zeigte:

"Da duld ich jetzt keinen Widerstand mehr. Irgendwann hört der Spaß auf!"
- Geschäftsführer auf einer örtlichen Mitgliederversammlung

"Ich will mich net mich euch streite, Leut. Kommt, des ziehe mir jetzt durch und hinterher sagt ihr: 'des war richtig so!'
"Wir können des auch selber durchziehen, wenn Sie nicht mitmachen."
- Geschäftsführer auf der Vertreterversammlung

Es ist daher nicht verwunderlich, daß die Erzeuger auf den genossenschaftsdemokratischen Weg der Opposition verzichten und - sofern möglich - andere Abwehrstrategien entwickeln, mit denen sie zwar die genossenschaftliche Koordination nicht ändern, sich ihr dafür aber wirksam entziehen können.

c) *Defensive Strategien*

Anstatt eines offensiven Abwehrverhaltens gegenüber der genossenschaftlichen Koordination wählen die Erzeuger "defensive Strategien"[36]. Sie versuchen also erst gar nicht, durch ihren Widerspruch und Widerstand direkt auf eine Änderung der genossenschaftlichen Koordinationsinhalte und -instrumente hinzuwirken, sondern wollen vor jeglicher Einflußnahme des Erzeugergroßmarktes in Ruhe gelassen werden. Dazu haben sie Mittel und Wege entwickelt, mit der sie einzelne Anordnungen und Forderungen der Genossenschaft umgehen, sich die genossenschaftliche Koordination auf Distanz halten können. Ziel solcher defensiver Abwehrreaktionen ist es, ohne Einmischung von genossenschaftlicher Seite die Obst- und Gemüseerzeugung zu betreiben und ein, je nach betrieblicher Situation, mehr oder weniger hohes Einkommen daraus zu erwirtschaften:

"Da derf ma sich net so streng an die Vorschrifte und des gebunde fühle, vom Markt her und so. Da muß ma halt schaue, wie ma am beschte rumkommt."
- OV1

"des is alles Auslegungssach, mit dene Regle und was se so sage. Wie ma's grad sieht, so macht ma's auch. Und mir sin bisher damit gut gfahre."
- OGV2

"Ob mir uns daran halte an des, was se alles wolle, des is und bleibt jedem sei Sach. Mir wirtschafte halt und tun, wie mir wolle."
- ON4

Ein mögliches Abwehrverhalten sind *Ausweichreaktionen*. Die Erzeuger versuchen, zur Genossenschaft und ihrer Koordination räumlich auf Distanz zu gehen. Natürlich kommt Migration als Fluchtbewegung[37] für die Obst- und Gemüseproduzenten als wohl drastischste Reaktion nicht in Betracht. Dafür bieten sich aber die vollständige oder partielle "lautlose Abwanderung"[38] zu anderen Vermarktungswegen an, bei denen sich der Erzeuger gar nicht oder nur in geringem Maße Koordinationsbedingungen unterwerfen muß. Besonders die Privatvermarktung bietet dem Erzeuger gegenüber dem genossenschaftlichen Absatz eine Fülle von Freiheiten. Seine Erzeugung unterliegt keinen qualitativen Mindestanforderungen, über die jemand Kontrolle ausübt. Zwar legen auch die Endverbraucher des Ab-Hof-Verkaufs oder auf den Wochenmärkten bestimmte qualitative Maßstäbe bei ihren Warenkäufen an, doch sind diese wesentlich geringer als die aus den staatlichen Verordnungen und der genossenschaftlichen Qualitätspolitik resultierenden Gütekriterien des Erzeugergroßmarktes. Diese Beobachtung widerlegt die oftmals vertretene Behauptung, die Erzeuger würden die qualitativ minderwertigen Waren

---

36) Die analytische Kategorie der "defensiven Strategien" mit ihren unterschiedlichen Ausprägungen findet in Anlehnung an die Untersuchungen von SPITTLER Verwendung. Darin hat er diese Strategien als Form bäuerlichen Abwehrverhaltens gegenüber staatlichen Forderungen beschrieben: so für das Unterlaufen staatlicher Ge- und Verbote der Bauern in Gobir/Niger (SPITTLER 1978, S. 56 ff.), die defensiven Strategien der bäuerlichen Bevölkerung gegenüber der Territorialverwaltung im kolonialen Französisch-Westafrika (SPITTLER 1981, S. 69 ff.) sowie das Ausweichen der Bevölkerung im preußischen Bauernstaat des 18. Jahrhunderts vor steuerlicher Veranlagung und der Rekrutierung als Soldaten für das Militär (SPITTLER 1980a, S. 589 ff.).

37) Vgl. SPITTLER 1978, S. 59 und 1981, S. 70 ff.

38) BOETTCHER 1980, S. 84 f.

ihrer Genossenschaft andienen, während sie die hochwertigen Waren direkt den Verbrauchern verkaufen[39]:

"Es gibt Erzeuger, die mache aus de schlechte Qualität noch e Geschäft. Die sortiere des, was bei uns Moschtobst oder Industriewar wär, so mit Flecke, Delle und so, aus und verkaufe des am Wochemarkt zu gute Preise, weil Leut meine, des wär weniger gspritzt und gdüngt."

- Berater

"Ich mach's halt so, daß des, was am Markt als Industriewar is, des nehm ich mit in die Stadt. Und die Leut kaufe des gern. Da krieg ich's Dreifache rus von dem, was mir de Markt als Industriewar zahlt."

- OGV3

"Also z.B. Äpfel mit Dalle, em Riß, e bissel Schorf oder wo net ganz groß sind, die verkauf ich an die Privatkundschaft zu em wirklich gute Preis. Des tät ma de Markt oder de Handel gar net nehme."

- OGV6

Für die Produktionstätigkeit hat die Aussicht auf Vermarktung minderwertiger Waren - und das zu guten Preisen - Folgen. Hat ein Erzeuger mehrmals die Erfahrung gemacht, daß er unterdurchschnittliche Qualitäten genauso gut oder sogar besser auf dem Privatweg absetzen konnte als hochwertige Spitzenware über seine Genossenschaft, dann sträubt er sich allmählich gegenüber deren Qualitätspolitik. Die Privatvermarktung bietet sich als Ausweg an, um die oftmals mit Arbeits- und Kapitalaufwand verbundenen Anordnungen und Hinweise des Erzeugergroßmarktes zu umgehen:

"Ich frag mich dann schon, was des alles soll: der ganze Aufwand und die mords Hektik, was die immer mache und sage, wie ma schneide soll und Gewichte dranhänge und die ganze Empfehlunge, was da immer in dene Rundschreibe steht. Ich bring auch so e gut Qualität zustand."

- OV2

"Erdbeere bring ich gar nimmer an de Markt. Die wolle nur die Riesegröß und des is mir echt zu blöd des rauszusortiere. Mei Kundschaft nimmt des liebend gern, so wie's is."

- OGV3

"Und wenn's von de Qualität net so ganz stimmt, sag ich ma halt: 'macht nix, des bring ich auch so weg!' Da gibt's genügend Leut, die komme uf de Hof und freue sich, wenn se des kriege. Aber deswege mache mir uns kei Kopfzerbreche. Des sehe mir net so eng mit dene Qualitätsvorschrifte."

- Ehefrau von ON5

Gemüseproduzenten wählen die Privatvermarktung auch deswegen, um dem genossenschaftlichen Meldesystem zu entgehen. Die Unsicherheit, die mit dem dort praktizierten Genehmigungsverfahren zur Warenanlieferung verbunden ist, möchte man vermeiden. Daher versuchen zahlreiche Genossenschaftsmitglieder, ihre Erzeugnisse zunächst am Morgen auf dem städtischen Großmarkt oder den Wochenmärkten zu verkaufen, bevor sie mittags beim Erzeugergroßmarkt wegen einer Anlieferung anfragen:

"Ma is halt net so gebunde, so will ich emal sage. Wenn was in de Genosseschaft grad net so gut geht, dann heißt's: 'ihr können nix liefere!' Und deswege geh ma auch noch uf de Markt (...). Da sind ma vielseitiger und könne da oder da bringe."

- OGV3

"Ma weiß nie, nehme's es oder nehme's es net. Und dann immer die Fragerei: 'derf ich schneide und wieviel?'"

- Ehefrau von GG2

"da stell ich mich lieber gleich mit em Salat uf de Markt. Denn so muscht erscht telefoniere und frage: 'kennt er des bruche?' und dann muscht anmelde und muscht sage: 'in e paar Tag oder in zwei Tag hab ich Rettich, Salat oder sonschtwas'."

- GG1

39) JAEGER 1969, S. 193. Diese Meinung vertritt auch der Geschäftsführer der Genossenschaft.

Unabhängig sind die Privatvermarkter auch bei der Wahl der Verpackung, in dem sie ihre Ware zum Verkauf bringen. Während man sich beim Erzeugergroßmarkt an bestimmte Gebindenormen zu halten hat und man in der Regel nur neue, ungebrauchte, mit dem Namen des Großmarktes bedruckte Gefäße verwenden darf, kann der Privatvermarkter nach Belieben und Bedarf die Verpackungsart wählen: ob große oder kleine Gebinde, aus Holz, Pappe oder Plastik, mehrmals gebraucht und leicht beschädigt. Gleichzeitig fällt damit auch die aufwendige Arbeit der Warenausstattung und -aufbereitung weg:

"Privatvermarkte is halt am fexibelschte. Da packt ma die War in Kleinkischte, mittlere oder große, wie ma's grad brucht, wie se aussehe is egal!"
- OGV3

Auf diese Weise stellt das Verpackungsmaterial beim Privatvermarkten im Gegensatz zur Genossenschaftsanlieferung keinen Kostenfaktor dar, da man sich die alten Steigen und Kisten aus den Filialgeschäften der Handelsketten, die vom Erzeugergroßmarkt beliefert werden, kostenlos abholt und für den Direktverkauf verwendet. Die Kostenersparnis für den Privatvermarkter ist dabei enorm, wenn man berücksichtigt, daß eine Steige DM 1,70 kostet und somit das Verpackungsmaterial bei den Genossenschaftsanlieferern bis zu 10.000 DM, bei den größeren sogar 15.000 bis 20.000 DM jährlich als Unkosten zu Buche schlägt. Es sind dann häufig auch finanzielle Gründe für die Privatvermarktung mitentscheidend[40]. Denn neben dem Verpackungsgeld spart der direktabsetzende Erzeuger nicht nur die zehnprozentige genossenschaftliche Vermarktungsgebühr, sondern streicht auch noch die Handelsspanne gewinnbringend für sich ein, indem er die Handelsstufe überspringt. Als Privatvermarkter steht der Erzeuger keiner preisdrückenden, konzentrierten Nachfrage in Form von Lebensmittelketten gegenüber wie der Erzeugergroßmarkt, sondern seine Abnehmer sind Endverbraucher, die für frisches Obst und Gemüse direkt vom Erzeuger gerne einen höheren Preis zu zahlen gewillt sind:

"Was solle mir da sage? Warum solle mir's net privat verkaufe, wenn's e guts Geld gibt, e besseres als vom Markt?"
- OGV2

"Zwische Erzeugerpreis, des was mir auf die Hand bekomme, und Verbraucherpreis liege doch gut und gern 300%. Und des Geld kann ich mir doch selber verdiene. Deswege hab ich lieber in e Kühllager und was weiß ich net inveschtiert. Aber 's zahlt sich aus!"
- OV7

Ein Erzeuger macht die Preisvorteile in einer Rechnung am Mostobst deutlich, das er selbst keltert und als Most verkauft:

"Nehme ma's Moschtobst, wo de Markt eim nie viel zahlt. Von eim Doppelzentner hab ich e Ausbeut von 80 Liter. Ich verkauf de Liter auf'm Wochenmarkt für eine Mark. Des sind also 80 Mark. Und was krieg ich bei de Genosseschaft obe? Die zahle 20 Mark, wenn's hochkommt. Es gab aber auch schon nur 6 Mark!"
- OV7

Wichtig für die Privatvermarktung ist schließlich ein weiterer finanzieller Vorteil: einkommenssteuerlich wird nicht jede verdiente Mark beim Finanzamt angegeben. Bei einem Erzeuger macht das sogar nach eigenen Angaben bis zu 80% seines Einkommens aus den morgendlichen Großmarktverkäufen aus, wie er offen eingesteht:

40) Vgl. hierzu die betriebswirtschaftlichen Vergleichsrechnungen von LUCKE 1983.

"Ehrlich gsagt, 's sin auch steuerliche Vorteil, die mir hän. Gut 80% geht am Finanzamt vorbei."
- BG2

"Ma sin verpflichtet, beim Finanzamt Abrechnunge vorzulege. Da, wo ma aber keini hän, da kann ma schon e bissle mauschle, des is halt auch en Vorteil!"
- GG1

"... damit net alles in de Bücher stoht!"
- GG2

Privatvermarktende Mitglieder des Erzeugergroßmarktes möchten der genossenschaftlichen Koordination nicht nur hinsichtlich Warenqualität und Warenaufbereitung entgehen oder finanzielle Vorteile suchen, sondern ein weiterer Grund motiviert sie zu diesem Absatzweg[41]. Mit ihrem Eintritt in die Genossenschaft haben sie die gesamte Verantwortung über die Vermarktung ihrer Erzeugnisse aus der Hand gegeben, was - wie zuvor erwähnt - zu beträchtlichem Mißtrauen gegenüber der Vermarktungsleistung ihres Großmarktes führt. Dabei erfahren die Erzeuger die genossenschaftliche Koordination um so stärker, als diese fremdbestimmt ist. Der Geschäftsführer oder die von ihm beauftragten Mitarbeiter geben angesichts der jeweiligen Marktlage entsprechende Weisungen hinsichtlich Sorte, Qualitäten, Sortierung, Erfassungsterminen oder Verpakkungsart an die Mitglieder aus. Für diese erscheinen solche Weisungen aber oftmals unverständlich und - besonders in der Gemüseverwertungseinrichtung - als Willkürakte, weil ihnen der zum Verständnis der Vermarktungssituation erforderliche Informationshintergrund fehlt. Selbst eine Information durch den Großmarkt darüber, warum die eine oder andere Anordnung getroffen wurde, bleibt dem Erzeuger unklar und abstrakt, weil nicht konkret nachvollziehbar. Daher geben alle privatvermarktenden Genossenschaftsmitglieder als Grund für ihren zusätzlich gewählten Absatzweg die persönliche Markterfahrung, das Verkaufserlebnis oder die Eigenverantwortung an, welche man bei der Privatvermarktung habe. Wenn tatsächlich eine neue, marktgängigere Sorte die traditionelle Anbaustruktur ergänzen muß, dann ist es der Erzeuger selbst, der diese gewandelte Nachfrage auf dem Wochenmarkt oder beim Ab-Hof-Verkauf feststellt:

"Bei Neuanpflanzungen berücksichtig ich, was so die gängige, gefragte Sorte sind. Da richt ich mich nach meiner Erfahrung aus und net nach dem, was die Genosseschaft meint, daß gut ist und ma mache soll."
- OGV2

"nach de erste Saison auf'm Wochemarkt hab ich im folgende Frühjahr gleich 700 'Golden Delicious' abgesägt und andere Sorte drangepropft, weil ich sofort gemerkt hab, mit dem 'Golden' allein is kein Blumetopf zu gewinne."
- OV7

Wenn tatsächlich Absatzengpässe bestehen, die einen vollständigen Verkauf blockieren, dann ist es nicht ein genossenschaftlicher Annahmestopp, der dem Erzeuger das signalisiert, sondern er selbst macht diese Erfahrung:

"Wenn ich was net verkauf, was ja auch passiert, dann weiß ich aber, warum ich's net loskriegt hab. Aber wenn de Markt mir sagt: 'bruchscht gar nix bringe!', dann weiß ich jetzt net, is des e Laun oder kriege die's wirklich net los."
- GG2

41) Die Entscheidung eines Erzeugers für einen bestimmten Absatzweg darf daher nicht monokausal gesehen werden, wie dies z.B. SCHÜRMANN 1984 tut (S. 150 ff.), sondern sie ist das Ergebnis unterschiedlicher Erfahrungszusammenhänge und vielschichtiger Erwägungen, die diesem Entscheidungsprozeß vorangehen.

"Mir könne auch net sage, daß mir jeden Tag alles verkaufe. Dann muß ma halt ebe was wegschmeiße, wenn's Genosseschaft auch net nimmt. Des Risiko, daß ma net alles loskriegt, habe mir auch. Aber des isch unser eignes Verschulde dann, wenn mir nix verkaufe. Mir wisse dann, warum e schlechts Gschäft war."
- GG1

Wenn die Qualität der Erzeugnisse wirklich minderwertig ist und die Abnehmer dies reklamieren, dann ist es der Erzeuger, der mit der Unzufriedenheit seiner Kundschaft ebenso konfrontiert wird, wie er auch ihre Zufriedenheit mit seinen Waren erfährt:

"Ich möcht schon gern sehen, wo die Frücht hingehe und wie die ankomme. Des is e Erlebnis, des ma irgendwie braucht, wenn ma sieht, die Leut sin zufriede und komme wieder."
- OV5

"Ich laß auch Selbstpflücker auf mei Feld. Und wenn ich seh, des schmeckt dene, und die komme öfter und werden auch Stammkunde, dann is des was anderes, als wenn ich auf de Markt komm und die prüfe des vielleicht auf Farb und Größ und 's läuft halt so weiter, ohne daß ma mitkriegt, wer des e mal ißt"
- OV4

"hier trag ich die Verantwortung auch über de Anbau hinaus: is de Kunde zufriede, kommt er wieder zu mir."
- ON5

Und wenn der Preis für die verkauften Erzeugnisse zu gering war, dann wird dies nicht durch den genossenschaftlichen Auszahlungsbeleg ohne Begründung mitgeteilt, worauf sich der Erzeuger über die mangelhafte Vermarktungsleistung seiner Genossenschaft ärgert, sondern er selbst hat die Preise der allgemeinen Marktlage angepaßt und festgesetzt:

"In em bestimmte Rahme kann der, der am Markt steht oder sonscht wie sei Zeug privat verkauft, de Preis noch selbst beeinflusse, während ma des sonscht de Genosseschaft überlasse muß und halt nehme muß, was se eim zahle."
- OGV3

"Ich bestimm de Preis. Beim schlechte Preis is es meiner, genau wie en gute meiner is."
- OGV1

"Verkauf ich nix oder zu em schlechte Pris, dann ärger ich mich, des is klar. Aber wenn Genosseschaft saigt, mir bruche nix oder ich krieg den Wisch mit de Auszahlung und des is schlecht, dann stinkt's mir nochemal, weil des die Hansele verbockt hän."
- BG1

Und dann halt, wenn ich die War hab und merk, hach, heut des läuft, dann mache ma 10 Pfennig teurer. Und wenn's net so läuft, geh ich halt runter. Des entscheid aber ich und net einer von de Genosseschaft drübe."
- GG2

Indem ein Erzeuger neben der genossenschaftlichen Verwertung über einen weiteren Absatzkanal seine Waren verkauft, behält er sich demnach einen größeren Entscheidungsfreiraum bei: über die Abnehmer, die er selbst bestimmt, über den Zeipunkt von Ernte und Verkauf, welche unabhängig von genossenschaftlichen Erfassungsterminen erfolgen, über die Art, wie er seine Waren aufbereitet und verpackt, was unbeschränkt von Sortier- und Verpackungsvorschriften geschieht, über den Verkaufspreis, den er selbst aushandelt, bis hin über die Zusammensetzung seines Produktionssortiments hinsichtlich Arten- und Sortenstruktur sowie Qualität, die er nach eigenen Überlegungen gestaltet:

"Es is halt **mei** *War, die* **ich** *verkauf. Und die Qualität hab* **ich** *bestimmt. Und des is* **mei** *Kundschaft, an die* **ich** *verkauf und* **mei** *Preis, den* **ich** *verlang. Des is de Unterschied. Ma is halt e Stück freier als in de Genosseschaft."*
- OGV3

"Es klingt vielleicht komisch, aber des gfällt mir, daß ma sich gefühlsmäßig irgendwie freier fühlt, als wenn ma nur in de Genosseschaft liefert."
- BG1

Mit dem Ausweichen der Mitglieder auf die Privatvermarktung verliert die statuarische Lieferbindung als Koordinationsgrundlage ebenso an Bedeutung wie Liefertreue und Lieferbereitschaft als Koordinationsinhalte[42]. Andererseits stellt aber gerade "das Taktieren der Erzeuger nach mehreren Seiten zugleich", wie es oftmals beklagt wird[43], eine durchaus legitime Verhaltensweise des so oft beschworenen landwirtschaftlichen Unternehmers dar. Hier kann der Erzeuger seine unternehmerischen Fähigkeiten unter Beweis stellen, indem er den Absatz seiner Erzeugnisse als klassische Kernfunktion eines landwirtschaftlichen Betriebes[44] selbst in die Hand nimmt. Gerade das scheint den privatvermarktenden Genossenschaftsmitgliedern auch den meisten Spaß zu bereiten:

"Des isch auch des, was Spaß macht, was ein reizt: de Markt beobachte und schaue, daß ma en richtige Riecher hat, wo ma am beschte verkauft. Wenn alles festgefahre wär und alles festgelegt, so immer nur an Genosseschaft liefere, dann wär's langweilig."
- OGV3

"Ich steh gern morgens in de Früh auf'm Markt. Des macht Spaß, weil ich seh, daß ich Erfolg hab. Weil ich mei War so gut wie möglich an de Mann bring. Und net nur immer an die Genosseschaft liefere und dann nehme, was se grad zahle."
- GG1

"Ma is irgendwie mehr Betriebsleiter. Ma is net nur im Feld, sondern irgendwie noch verkaufe und so. Ma bestimmt de Preis von de War selber und des macht Spaß."
- OV7

Je mehr der Privatverkauf dann den Absatz der Erzeuger bestimmt, um so eher erfüllt die Genossenschaft nur noch "Lückenbüßerfunktion":

"Bei Zwetsche sin plötzlich Leut do, die komme 's ganze Jahr net, nur wenn die Zwetsche losgehe. Die kriege se privat net weg. Oder einige komme nur mit bestimmte Sorte, z.B. de 'Ortenauer' und 'Stanley', die bekomme se privat auch net los. Weil en Private sagt: 'des Lumpezeug'. Wenn des emal gesse hascht, des willscht nie wieder. Und des bringe se zu uns, während se des andere, Beere oder Spargle oder auch Kirsche selbscht verkaufe. Und des is die Sauerei!"
- Berater

"Ma darf's net sage, aber die Genosseschaft is für mich mehr oder weniger nur noch en Lückebüßer geworde. Ich liefer an die Genosseschaft nur noch des ab, was ich am Wochemarkt net loskrieg."
- OV7

"Was ma morgens uf em Großmarkt net wegkriege, des versuche ma dann halt bei de Genosseschaft zu bringe"
- GG2

"Mir gucke halt, daß ma alles so verkaufe. Und de Rescht sin ma froh, wenn ma de Genosseschaft bringe könne."
- OGV3

Für den Erzeugergroßmarkt ist das Ausweichen seiner Mitglieder auf andere Absatzwege mit erheblichen Schwierigkeiten im Verkaufsgeschäft verbunden. Das war auch der Anlaß für die schon mehrmals zitierte Mitgliederbefragung des genossen-

42) Vgl. auch SCHOPEN 1966, S. 42.
43) So von GUGELMEIER 1969, S. 81.
44) Vgl. SEUSTER 1966, S. 131 ff. u. KÖHNE 1985, S. 236.

schaftlichen Dachverbandes im Erzeugergroßmarkt. Obwohl alle Mitglieder der statuarischen Anlieferungspflicht unterliegen, tätigen von den rund 2.500 Erzeugern jährlich nur 450-600 regelmäßig Anlieferungen[45]. Die restlichen nehmen den Erzeugergroßmarkt als Absatzpartner nur dann in Anspruch, wenn sich der genossenschaftliche Vermarktungsweg preislich günstiger oder sicherer erweist als der private Absatz oder die Vermarktung über den Handel[46]. Auch die Erzeuger, die regelmäßig ihre saisonalen Anlieferungen tätigen, verkaufen noch privat ihre Erzeugnisse. Nicht alle Mitglieder machen dies im großen Stil auf Wochenmärkten, dem städtischen Großmarkt oder über den organisierten Ab-Hof-Verkauf. Doch im Verwandten- oder Bekanntenkreis und als Straßenverkauf sucht fast jeder private Abnehmer, hauptsächlich für sein Obst. Begünstigt sind dabei Erzeuger, die sich in konsumnahen städtischen Wohnzentren befinden, deren Anwohner keine Selbstversorgung an Obst und Gemüse in eigenen Gärten betreiben und somit eine gesicherte Abnahme garantieren. Für die Privatvermarktung eignen sich allerdings nicht alle Erzeugnisse gleich gut. Gemüse und Salat als alltägliche Nahrungsmittel werden relativ einfach verkauft, Spargel, Beerenobst und Äpfel finden leichter Abnehmer als Steinobst. So werden rund zwei Drittel der Spargel im genossenschaftlichen Erfassungsgebiet von ihren Produzenten privat verkauft und bei Erdbeeren liegt der Anteil des Direktabsatzes immerhin zwischen 30 und 40%. Äpfel eignen sich besonders gut zur Privatvermarktung, da für sie vom Herbst bis zum Frühjahr eine halbjährige Verkaufszeit (und dies bei geringer Verderbanfälligkeit) besteht.

Eine andere Variante der Ausweichreaktion praktizieren diejenigen Mitglieder, deren Produktionsstandort sich in Randgebieten zu anderen Erzeugervereinigungen befinden. Der Ehemann ist dann Mitglied in der einen, die Ehefrau Mitglied der anderen Genossenschaft. Die Anlieferung wird dann meist von der Preishöhe, die gerade ausbezahlt wird, abhängig gemacht. Diese Ausweichmöglichkeit haben aber nur die wenigsten Erzeuger.

Als konsequenteste Ausweichform steht den Mitgliedern der endgültige Abbruch der genossenschaftlichen Leistungsbeziehungen zur Verfügung. Von der Mehrheit der Erzeuger wurde dieser Schritt auch schon angedroht, falls die Genossenschaft irgendwann einmal ihre Rationalisierungspläne verwirklichen sollte, wonach die örtlichen Sammelstellen auf wenige zentrale Erfassungsstellen zentralisiert würden. In der Mitgliederbefragung nach ihrer voraussichtlichen Reaktion darauf angesprochen, gaben die Erzeuger folgende Antworten: rund 25% wollten ihren Anbau gänzlich einstellen. Weitere 25% wollten zur ausschließlichen Privatvermarktung übergehen, während 10% angaben, den Handel zu beliefern. Die Bereitschaft zur Belieferug einer anderen Sammelstelle als der örtlichen bestand nur bei 20%. Die restlichen 20% wußten noch nicht, wie sie in einem solchen Fall reagieren würden. Damit war dieses Thema einer konzentrierten Erfassung erst einmal vom Tisch.

Eine andere Art der genossenschaftlichen Koordination auszuweichen besteht darin, die Kontakte zum Erzeugergroßmarkt so gering wie möglich zu halten und auf das Nötigste, Unvermeidliche zu beschränken: die Warenanlieferung. Deutlicher Beleg für die verbreitete Anwendung dieses Abwehrverhaltens ist die dürftige Inanspruch-

45) Natürlich enthält die Mitgliederkartei des Erzeugergroßmarktes auch zahlreiche Karteileichen, d.h. Erzeuger, die die Produktion längst eingestellt haben, bzw. Erzeuger, die den Anbau vorwiegend eigenbedarfsorientiert betreiben.

46) Zu ähnlichen Ergebnissen kam die Untersuchung von KELLER 1975, S. 85.

nahme des genossenschaftlichen Beratungsangebotes. Obwohl immer wieder zu den Veranstaltungen der Gruppenberatung (Schnittkurse, Ernterundgänge, Anlagebegehungen) eingeladen wird und Einzelberatungen angeboten werden, macht nur eine verschwindend kleine Minderheit davon Gebrauch[47]. Zu den Kursen der Gruppenberatung kommen nur zwischen 5 und 15 Erzeugern. Die Einzelberatung wird ebenfalls nur von wenigen, immer den gleichen, dem Berater schon gut bekannten Mitgliedern aufgesucht. Auch wenn der Obstmarkt regelmäßig seine Erzeuger auffordert, das breite Beratungsangebot zu nutzen:

"Nehmen Sie die Hilfe ihres Beraters doch auch in Anspruch"
"Wir weisen Sie auf unser Beratungsangebot hin"
"Rufen Sie doch den Berater an oder kommen bei ihm vorbei"
- aus Rundschreiben

schätzt der Berater, daß er bisher lediglich ein Fünftel aller Erzeuger mit seinen Hinweisen, Ratschlägen und Empfehlungen erreichen konnte. Die Mehrzahl will von der Beratung nichts wissen, wehrt sie sogar ab, weil man "seine Ruhe will":

"Wenn ma uf ihm zugeht, dann kommt er, sonscht läßt er einen in Ruh."
- Sa1

"Mir hän so zuviel zu tun, da hän ma für Beratung kei Zit. Mir wolle unser Ruh"
- OV1

"Solang ma sich selber net rührt, kriegt ma von de Beratung nix mit. Und mir komme auch ohne ihn gut aus."
- ON2

"Ja, wenn ma Frage oder Probleme hat, is des scho recht. Aber mir brauche des net. Mir mache unser Sach allein und sind zufriede mit."
- ON4

Ebenso gering ist das Interesse der Mitglieder an Gemeinschaftsaktionen mit dem Erzeugergroßmarkt im Produktionsbereich. Allen Aufforderungen und Plädoyers seitens der Genossenschaft zum Trotz, verweigert die Mehrheit ihre Beteiligung an Gemeinschaftsbestellungen von Bedarfsartikeln. Auch über erste Anfänge beim gemeinschaftlichen Gebrauch von Maschinen und Geräten kam man nicht hinaus, weil die Erzeuger dieses Angebot kaum nutzten. Der Berater gesteht offen solche Fehlschläge ein:

"So was hat kein Sinn. Des mache wenig, viel zu wenig mit. Die Masse macht einfach net mit, da kann ma rede und schwätze, wie ma will. Die hän immer Angscht, was mit andere zu mache. Und mit'm Neue freunde se sich eh net gern an. Die wurschtle am liebschte für sich, jeder allein."

Die einfachstge Form defensiven Abwehrverhaltens ist das *Ignorieren von Anordnungen und Aufforderungen*. Dies geschieht nicht unter großer Öffentlichkeit mit lautstarken Protesten, Provokationen oder im Streit, sondern als "stiller Ungehorsam"[48]. Erste Anzeichen für diese Strategie finden sich in den zahlreichen Verstößen der Erzeuger gegen das Gebot der genossenschaftlichen Liefertreue, was bereits zuvor als Ausweichverhalten ausführlich dargestellt wurde. Ignoriert werden von den Mitgliedern weitgehend auch die genossenschaftlichen Anbauempfehlungen, weil gegenüber diesen ein ausgeprägtes Mißtrauen existiert. Entsprechend konträr verläuft dann die tatsächli-

47) Zu ähnlichen Ergebnissen kam SACHS 1970 in seinen Gesprächen (S. 170).
48) SPITTLER 1978, S. 61.

che Anbauentwicklung bei einzelnen Kulturen und Sorten zur genossenschaftlichen Anbauplanung:

"mir pflanze, was mir wolle"
- OV1

"wenn er net will, de Erzeuger, kann sich de Obschtmarkt uf de Kopf stelle. Der pflanzt, was er will und meint."
- Sa1

Obwohl schon seit nahezu zehn Jahren die Anbauempfehlungen des Erzeugergroßmarktes z.B. auf die roten Apfelsorten zielen, zeigt sich immer noch keine ausgeglichene Sortenstruktur im Apfelanbau. Die Empfehlungen für schwarze, großfrüchtige Tafelkirschen scheinen ebenso ungehört die Mitglieder passiert zu haben wie die Warnungen an die Obstproduzenten, sich vermehrt der Gemüseerzeugung zuzuwenden.

Deutlich zeigt sich der defensive Charakter der Abwehr genossenschaftlicher Koordination darin, daß die Erzeuger immer wieder behaupten, von genossenschaftlicher Seite gebe es keinerlei Ge- und Verbote, man könne daher produzieren und anliefern, was und wie man wolle:

"Ma kann des ja net zwingend vorschreibe, des is alles freiwillig. Ma macht, wie ma denkt."
- OGV1

"Mir schreibt ja niemand vor, des muscht so oder so mache. Schließlich kann ich des so mache, wie ich's will."
- OV4

"des kann ma grad mache, wie ma will."
- OV3

"Du bischt halt in der Richtung eingeschränkt, daß Qualität so ungefähr stimme soll. Und des gibt dir e Grundlinie vor, wie de schaffscht. Aber sonscht, vom Markt, wie de spritzt, düngscht, oder was de sonscht noch auf'm Feld machscht, da hän se kei Einfluß."
- OV5

Auch wenn die Koordinationspraxis des Erzeugergroßmarktes bisweilen diesen Eindruck entstehen läßt, gibt es doch bestimmte Regelungen und Anordnungen, die für alle Mitglieder bindend sind. Das Freitagspflückverbot wird z.B. vom Erzeugergroßmarkt entschieden vertreten, von den Erzeugern aber in der Mehrzahl ignoriert:

"Es wird sich im Große und Ganze net danach ghalte."
- Sa1

"Aber, wenn'd jetzt viel Zwetsche häscht, wo reif sind, verstehscht, du hascht wenig Lit, was machscht dann? Dann muscht raus pflücke geh, auch wenn's Friddig is. Sonscht wirscht net fertig am Samstag, wenn'd kei Hilf häscht!"
- OV3

"Och, was heißt Pflückverbot. Also, da kann ma net so sei. Da sind se bei de Zwetsche oder de Kirsche auch net so!"
- ON4

"Ich hab auch War, die ich am Friddig gpflückt hab, im Keller stehe ghät. Ich hab dieselb War in de Keller stellt, die ich am Markt gliefert hab. Und des hät bei mir zehn Tag ghobe. Deswege versteh ich des ganze Theater mit'm Freitagspflückverbot net."
- OV1

"des is net verkehrt, wenn die noch e Tag liege bei mir und ich se erscht am Samstag zum Obschtmarkt bring."
- OGV1

"Ich hab ghört, daß ma irgendwie net freitags ernte darf, aus irgendem Grund, hän se gsagt. Aber - ma muß halt gucke, wie ma rum kommt."
- ON3

Zahlreiche genossenschaftliche Koordinationsinhalte betreffen die Anbautechnik. Der Erzeugergroßmarkt gibt dazu entsprechende Empfehlungen und Hinweise mit der Aufforderung aus, diese möglichst anzuwenden. Auch wenn es sich nicht nur um indikative Aufforderungen handelte, sondern um strenge Verordnungen, so wäre deren Einhaltung durch die Mitglieder dadurch noch keineswegs garantiert:

"Und wenn's Vorschrifte sin, wäre se aber net als Vorschrifte gnomme."
- OGV2

"Und wenn se Vorschrifte ufstelle und kontrolliere - entscheidend is, was die Erzeuger mache. Und momentan is es so, daß se so ziemlich mache, was se wolle."
- Sa1

"Empfehlungen gut und schön, aber ob ich's dann mach, des bleibt mir entschiede".
- ON1

"Mir mache, wie mir wolle, spritze, dünge, alles halt. Da lasse mir uns von niemand ebbes sage."
- OV1

"Vorschrifte lasse mir uns net mache. Mir schaffe, wie mir meine".
- OV3

"Ich gschtalt's halt so, wie's de Bode bringt. Ich variier's, wie ich's will. Da kann ma niemand dreirede!"
- OV2

"da nehme ich grad des (= Dünge-, Spritzmittel, C.D.), was ma so im Haus noch hat."
- ON4

Ignoriert werden oftmals auch die Anordnungen der Genossenschaft, welche die Warenanlieferung bei angespannter Marktsituation betreffen. Das bezieht sich besonders auf die Verwertungsware, die Brennkirschen. Obwohl die Genossenschaft ausdrücklich dazu auffordert, "nur das dringendste" und nur Früchte aus Anlagen des Mitgliedes anzuliefern, während man die restlichen Kirschen zum Ausreifen an den Bäumen belassen soll, setzt zumeist ein Ansturm von Brennkirschlieferanten auf die Sammelstellen ein[49]. Ob sich darunter auch Bestände von nichtgenossenschaftlichen Erzeugern befinden, ist nicht überprüfbar.

Als Folge des Ignorierens der genossenschaftlichen Koordination ist auch die Neuregelung der Leergutabwicklung zu sehen. Die jahrelangen Aufforderungen des Erzeugergroßmarktes, die Mitglieder sollten sich rechtzeitig vor Saisonbeginn ihr Verpakkungsmaterial abholen und mit ihm sorgsam umgehen, waren jedes Mal ungehört geblieben. Man versorgte sich erst kurz vor oder sogar während der Ernte mit dem benötigten Leergut, benutzte es auch für die Privatvermarktung und so fehlten am Jahresende beachtliche Gebindemengen.

Das Abwehrverhalten gegenüber der genossenschaftlichen Koordination wird in seinen Handlungen durch spezifische Kommunikationsmuster der Erzeuger ergänzt: Schweigen und Lügen[50]. *Schweigen* ist als kommunikative Ausweichreaktion bei den

49) GUGELMEIER 1969 schildert einen ähnlichen Vorfall: "Eine Marktempfehlung, mit der Ernte von Steinobst an einem bestimmten Wochenende kurz zu treten, weil praktisch keine Nachfrage zu erwarten war, führte z.B. bei dem Erzeugergroßmarkt Weinheim zum völligen Zusammenbruch der Marktorganisation. Jeder Erzeuger sah in der Zurückhaltung des anderen die Chance, seine Obsternte am speziellen Markttag günstig unterzubringen. Der Erfolg dieses Verhaltens war ein quantitatives Rekordangebot, das nahezu völlig dem Verderb anheimfiel." (S. 244)

50) Als defensives Kommunikationsmuster wird von einigen Autoren noch die "Zustimmung ohne innere Zustimmung" genannt. Vgl. SPITTLER 1978, S. 62 und für die genossenschaftliche Willensbildung ATTEMS 1982, S. 21.

Mitgliedern weit verbreitet. Sie möchten dadurch einen engeren Kontakt zur Genossenschaft so weit wie möglich vermeiden. Typisch hierfür ist, daß die Erzeuger ihre Anbauplanung nicht mit dem Erzeugergroßmarkt absprechen, obwohl er dies ausdrücklich wünscht:

"Die Mehrzahl spricht sich aber net mit uns ab. Uns wär's natürlich lieber, wenn ma wüßt, was se plane und anbaue. Aber die sage eim ja nix. Die schalte auf stur. Da kann ma halt nix mache!"
- Berater

Auch ansonsten machen die Erzeuger über ihre Obst- und Gemüseproduktion, z.B. über besondere Vorkommnisse (Krankheiten, Ertragsausfälle etc.) der Genossenschaft keinerlei Mitteilungen. Die Bereitschaft zum kommunikativen Austausch ist insgesamt äußerst gering, wie die Teilnahme der Mitglieder an den genossenschaftlichen Versammlungen belegt. An den örtlichen Mitgliederversammlungen im Winter nimmt ungefähr nur ein Drittel teil und deren Aktivitäten beschränken sich dann auf das Zuhören und den Verzehr des kostenlosen Vespers. Selbst in der Vertreterversammlung, dem eigentlichen Beschlußorgan der Erzeuger, dominiert Schweigen. Obwohl gerade diese Veranstaltungen für die Vertreter als Repräsentanten ihrer örtlichen Erzeuger vorgesehen sind, fehlen meist ein Viertel der Delegierten. In der Regel ist auch bei den Anwesenden kaum eine Wortmeldung oder ein Diskussionsbeitrag zu verzeichnen.

Eine aktivere Form des Schweigens besteht darin, auf Fragen nicht zu antworten[51]. Als Beispiel kann das defensive Abstimmungsverhalten in der Vertreterversammlung genannt werden. Bei der offenen Abstimmung über verschiedene Beschlußvorlagen votieren zahlreiche Vertreter überhaupt nicht. Sie stimmen weder mit Ja oder Nein noch enthalten sie sich der Stimme. Sie geben in keiner Richtung eine Stellungnahme ab, obwohl sie durchaus eine eigene Ansicht vertreten, so z.B. bei der Abstimmung über die Leergutabwicklung. Damit wird der genossenschaftliche Willensbildungsprozeß erheblich untergraben. Von besonderer Brisanz war das Abwehrverhalten der Mitglieder gegenüber der genossenschaftlichen Koordination in Form des Schweigens bei der vor einigen Jahren durchgeführten Anbaumeldung. Die verschickten Fragebögen, in denen der flächenmäßige Anteil aller Kulturen und Sorten angegeben werden sollte, wurden von den Mitgliedern einfach nicht zurückgesandt. Die Rücklaufquote der Bögen betrug unter 10% - "ein Schlag ins Wasser", wie der Obstbauberater resignierend kommentiert. Ähnlich schweigsam verhalten sich die Erzeuger bei den, von der Genossenschaft angestrebten Anlieferungsmeldungen, wonach eine Warenlieferung zwei, drei Tage zuvor, doch zumindest wöchentlich dem Erzeugergroßmarkt gemeldet werden soll. Kein einziger Erzeuger macht zur Zeit über seine voraussichtliche Anlieferung Meldung und nur ein Fünftel ist - laut Mitgliederbefragung - überhaupt dazu bereit:

"Was hät de Markt davon, wenn ich was anmeld und ich weiß genau, daß des net stimmt später."
- OGV1

"Des mach ich net. Was nutzt ma des? Was wolle die damit? Ob viel kommt oder net, am Verkauf ändert des doch nix."
- OV1

Eine weitere defensive Kommunikationsform der Erzeuger ist *Lügen*. Mit Lügen kann man der genossenschaftlichen Kontrolle meist entgehen. Wird tatsächlich ein Erzeuger beim Verstoß gegen das Freitagspflückverbot erwischt und daraufhin angespro-

51) SPITTLER 1978, S. 62.

chen, so gibt er an, die Ware keineswegs hätte samstags anliefern wollen, da sie zur privaten Verwendung bestimmt sei:

"'s passiert halt auch, daß mir jemand zur Red stelle und der sagt, er hät für sich privat gepflückt. Des is net zu kontrolliere. Da kann ma dann nix sage."
- Berater

"mal im Ernst: was wolle se denn mache, wenn wirklich einer erwischt werd? Könne die mir nachweise, ob isch jetzt pflück, um morge anzuliefere oder weil ma privat was bruchet?"
- OV2

Als aktive, handlungsorientierte Form des Lügens versuchen die Erzeuger ihre Genossenschaft zu *täuschen*. Diese Art der versteckten Umgehung der genossenschaftlichen Koordination ist weit verbreitet. Am häufigsten findet die "Spiegelung" einer Warenanlieferung Verwendung[52]. Dabei werden die sichtbar besseren Qualitäten von den Erzeugern nach oben (im Gebinde oder einem ganzen Palettenposten) gepackt, während die deutlich minderwertigen Erzeugnisse unten versteckt werden:

"Also bei ner Anlieferung uf'm Markt sin Möglichkeite schon ganz gut, dene Kontrolle net unbedingt ausgesetzt zu sein. Da muscht nur schaue, wie de lieferscht. Wenn'd Palette lieferscht - des wollen die eh - dann kontrollieren se glei gar net. Und sonscht packscht halt de Murks unte hin und die schön War nach obe, daß es glei sehn."
- BG1

"Du kannscht auch, was net grad so is von de Qualität her, unte hi mache. Des sieht dann keiner."
- OV3

Eine weitere Art des Täuschens ist die Warenanlieferung von nichtgenossenschaftlichen Erzeugern. Aufgrund familiärer, nachbarschaftlicher oder sonstiger guter Beziehungen liefern Mitglieder bei Absatzengpässen für andere Erzeuger, die ansonsten den Handel beliefern oder privat vermarkten, deren Waren unter ihrem Namen beim Erzeugergroßmarkt an; unter Umständen vergrößern sie damit den ohnehin schon bestehenden genossenschaftlichen Angebotsüberschuß:

"Wenn de ... (Name eines Privatvermarkters, C.D.) en Überschuß hät, was er morgens am (städtischen, C.D.) Großmarkt net wegkriegt, kann er des ja über mich an Genossenschaft mitvermarkte. Des mache mir schon."
- BG1

Eine zwar außergewöhnliche, doch immerhin mögliche und wohl auch schon praktizierte Form der Täuschung besteht darin, daß Mitglieder ihre angelieferten Warenposten mit einer falschen Erzeuger-Kennnummer versehen. Auf dem Lieferschein wird die richtige Nummer angegeben, womit für den Erzeuger die spätere Auszahlung gewährleistet ist. Da bei der Warenerfassung aber kaum die Kennzettel an den Posten auf ihre richtige Erzeugernummer überprüft werden, kann sich ein Mitglied mit besonders minderwertiger Warenqualität auch bei späteren Reklamationen durch den Handel seiner Verantwortung entziehen. Die genossenschaftliche Warenkontrolle könnte demnach von den Erzeugern wirksam umgangen werden:

"'s wird bestimmt auch Schindluder getriebe mit dene Kennzettel. 's wird net drüber gsproche am Markt, um kei Unruh zu erzeuge. Aber da klebt ma halt uf sei Kischt de Zettel und schreibt e andre Nummer druf."
- OGV2

52) Vgl. JAEGER 1969, S. 61.

"also ich hab emol e Mahnung kriegt vom Markt, daß Gewichte net gstimmt hän. Dabei hab ich an dem Tag gar nix angliefert. Ich bin mir bis heut net im Klare, wie des passiert is. Da müßt ja einer min Nummere uf sei Ding ghabt habe."
- OV1

Zuletzt kann von den Erzeugern als besonders grobe Abwehrstrategie zur Umgehung der genossenschaftlichen Koordination die *Bestechung* angewandt werden. Im Erzeugergroßmarkt betrifft dies die Gemüseerfassungsstelle. Mittels Bestechung versuchen Mitglieder das Meldesystem zu unterlaufen, damit sie jederzeit bei Bedarf, unabhängig von der aktuellen Erfassungskapazität, ihre Waren anliefern können. Zwar gilt dieses Thema im Erzeugergroßmarkt als absolutes Tabu, doch räumen einzelne Mitglieder offen ein, daß man durch "Schmiergelder" an den Leiter der Erfassungsstelle seine persönlichen Beziehungen und damit seine Genehmigungschancen zur unbeschränkten Warenanlieferung wesentlich verbessern könne:

"'s is auch schon gmunkelt worre, daß Schmiergelder bezahlt worre sin, wenn er größere Menge abnimmt, 200 Kischte und so"
- GG2

"Ha jo, des is doch's Naheliegendschte, daß do geschmiert werd in so em Verhältnis. Zumindescht in dem Rahme, daß Weinfläschle spendiert werde und so Zeugs. Des isch doch klar: wenn ich Erzeuger bin und will Zeugs anbringe, daß ich dann versuch, die e bissel zu verwöhne."
- BG1

Allen defensiven Abwehrstrategien der Mitglieder gemeinsam ist ihre individuelle Handlungsorientierung. Sie werden nicht untereinander abgesprochen und als zielgerichtete Reaktion auf die genossenschaftliche Koordination kollektiv organisiert. Die individuellen Handlungen der zahlreichen Erzeuger mögen sich im Einzelfall wiederholen oder sogar zu einer zahlenmäßigen Mehrheitshandlung anwachsen, wie z.B. beim Ausweichen zur Privatvermarktung, doch steht dabei immer das Streben des einzelnen Erzeugers im Vordergrund, die genossenschaftliche Koordination abzuwehren.

4.6.2. Koordinationserfolg

4.6.2.1. Freiwillige Koordinationskonformität

Grundsätzlich kann ein Mitglied zur genossenschaftlichen Koordination nicht nur eine ablehnende Haltung einnehmen, sondern auch eine zustimmende. Obgleich die überwiegende Mehrheit der Erzeuger gegenüber ihrer Genossenschaft ein erhebliches Mißtrauen zu hegen scheint und versucht, sie sich auf Distanz zu halten, gibt es doch auch eine Minderheit, die vorbehaltlos oder mit Einschränkungen den Koordinationsinhalten entspricht:

"Irgendwo muß ja e gemeinsame Linie do sein, sonscht brauche mir kei Genossenschaft, um unser War zu vermarkte."
- OV5

Es handelt sich dabei interessanterweise um die jüngeren Obsterzeuger mit einer besseren fachlichen Ausbildung (Obstbau- oder Weinbaulehre), die für die genossenschaftliche Qualitätspolitik der Produktion von Spitzenware und die dazu erforderlichen anbautechnischen Maßnahmen Verständnis zeigt:

"Des is schon wichtig. Des muß sein, daß da vom Markt her gschaut werd, daß Qualitäte stimme. Die Konkurrenz vom Usland wird ja immer stärker."
- OV4

"Marktdisziplin muß sein. Wenn ich privat vermarkt, muß ich auch Qualität einhalte, sonscht laufe mir die Kunde weg."
- OV5

Zwar werden auch von ihnen einzelne Inhalte der Koordination kritisiert (Neuregelung der Leergutabwicklung) und sogar ignoriert (Privatvermarktung), doch machen sich diese Erzeuger die genossenschaftlichen Anbauempfehlungen zu eigen und betreiben ihre Produktion in enger Absprache mit dem Obstbauberater:

"'s isch schon von Vorteil, wenn ma sich abspricht mit dem, was ma anpflanzt: 'was kennt ihr brauche, was is erwünscht, wo habt ihr Lücke?'"
- OGV3

"Wenn ich halt Probleme hab oder was Neues mache will, geh ich hin zum ... (Name des Beraters, C.D.) und klär des ab mit em."
- OV5

Dabei verstehen die Erzeuger die Koordinationsbemühungen ihres Großmarktes keineswegs als Gängelung oder Einmischung in ihren Betriebsablauf, wie dies von den anderen empfunden wird, sondern eher als Bestätigung ihrer eigenen Meinung über die Obsterzeugung. Sie sind davon überzeugt, auch ohne solche Aktivitäten der Genossenschaft ihre Anbauflächen unter qualitätspolitischen Gesichtspunkten zu kultivieren:

"Auch wenn's de Markt net saigt, daß ma's mache soll, tu ich's so richte, daß ma e gut Qualität kriege. Mir hän fascht nur I-er War. Des mach ich aber freiwillig."
- OV5

"Mir hän schon immer uf Qualität produziert."
- OV4

"Von mir aus kennte se ruhig noch e bissel mehr Druck mache, daß Erzeuger spure. Ich hab mit meiner Qualität nie Probleme. Mir wär's egal."
- ON1

Andererseits begründen die jüngeren Erzeuger ihre Zustimmung zur Genossenschaft als koordinierende Zentralinstanz mit traditionellen genossenschaftsideologischen Vorstellungen, mit denen "Genossenschaftsgeist" und "Solidarität" eine Neubelegung erfahren:

"Ma muß sich halt anpasse. Aber damit hab ich kei Schwierigkeite. Soviel Genosseschaftsgeist muß ma habe."
- OV5

"Einschränkunge muß ma im Grund gnomme akzeptiere. Sobald sich einer zur genosseschaftliche Vermarktung entscheidet, muscht du mit in Kauf nehme, daß also nachher du dich der Ordnung, de Genosseschaft fügscht. Des is sowas halt wie die genosseschaftliche Solidarität."
- OV4

"Des is halt so in er Genosseschaft. Da muscht dich in'd Gemeinschaft einordne. Und wer des net will oder net kann, den brauche mir net. Denn irgendwie sind die Genossenschaft ja mir selber, die Erzeuger, und des is von unserm Vorteil, daß sich alle anpasse."
- ON2

Dieser widersprüchlich anmutende Sachverhalt - einerseits Zustimmung zur genossenschaftlichen Koordination aus innerer Überzeugung, andererseits Zustimmung eher als Anpassung aus Genossenschaftsräson - wird auch in weiteren Aussagen deutlich:

"Ja, aber die Kontroll und de Zwang, gut War anliefere zu müsse, des isch auch da. Des häscht ja schon in dir drin. Von dem kannscht dich nimmi löse. Unabhängig, was Genosseschaft grad saigt, du weischt des, daß e gut Qualität verlangt is, des is in deim Kopf, die ganz Zeit, und dann machscht ebe so, daß'd auch e gut Qualität kriegscht."
- BG1

"Des steckt in eim drin, daß ma e ordentlich War bringt und net wie andere mit ihrm Lumpezeug, mit dem se ankomme."
- OV4

Inwiefern die freiwillige Übereinstimmung mit der genossenschaftlichen Koordination bei Erzeugern nun tatsächlich ihrer inneren Überzeugung entspricht oder letztlich bereits Folge der routinemäßig erfahrenen Koordination ist - daß nämlich Erzeuger schon "koordiniert" sind - läßt sich schwerlich eindeutig klären. Denn es wäre immerhin möglich, daß Erzeuger die genossenschaftliche Koordination deswegen bejahen und sie zu ihrer persönlichen Überzeugung machen, damit sie nicht auch subjektiv von ihnen als Beschränkung ihres Entscheidungsfreiraumes empfunden wird. Eine lückenlose Aufklärung dieser Frage liegt aber nicht im Antwortbereich der Agrarsoziologie, sondern der Agrarpsychologie.

4.6.2.2. Faktische Bindung der Erzeuger an ihre Genossenschaft

Auch wenn die Erzeuger gegenüber ihrer Genossenschaft verschiedene Abwehrstrategien entwickelt haben, so gibt es doch Bereiche, bei denen sie sich der Koordination zwangsläufig unterordnen müssen. Dies betrifft die Wahl des Gebindes zur Verpakkung ihrer Erzeugnisse und die Erfassungstermine. Eine Warenanlieferung wird nur dann zur Erfassung zugelassen, wenn die vorgegebene Gebindeart eingehalten wurde. Hier sichert sich die Genossenschaft das absolute Bestimmungsrecht, da die Verpakkung für die Absatzfunktionen (Lagerung, Transport, Werbung) und die einzelnen Distributionsstufen von herausragender Bedeutung ist[53]. Bei der Verpackung läßt sich auch die Kontrolle wirksam durchführen. An einzelnen Posten sind Verstöße gegen die Gebindenorm ebenso problemlos und schnell auf einen Blick festzustellen wie bei den Palettenanlieferungen. Gleich welche Verpackungart vom Erzeugergroßmarkt als Norm für die Anlieferung vorgeschrieben ist, dem Erzeuger bleibt bei genossenschaftlicher Vermarktung keine Wahl und keine Abwehrmöglichkeit. Er muß seine Ware in dem vorgeschriebenen Gebinde anliefern:

"Bei de Verpackung muß ma sich halt nach'm Markt richte, was der grad halt braucht."
- OV2

"Die Verpackung is Pflicht. Da muscht dich anpasse. Du kannscht ja net deini eigne Kischte bringe. Des goht net. Du muscht dich schon anpasse mit de Größe, damit se de Norm entspreche, allein schon wege'm Staple."
- OGV1

"In einem könne se halt stark Druck ausübe: bei de Verpackung."
- OV1

Erfolgreich verläuft die genossenschaftliche Koordination auch bei den Erfassungsterminen. Die Erzeuger können nur dann ihre Waren anliefern, wenn "Marktzei-

---

53) Vgl. Kap. 4.4.5., S. 109 ff.

ten", d.h. wenn die örtlichen und zentralen Erfassungsstellen zur Warenannahme geöffnet sind[54]. Damit liegt zum einen der Beginn und die Beendigung der jährlichen Erntesaison allein in der Hand des Erzeugergroßmarktes - ein wichtiges Instrument der Qualitätspolitik, weil Vegetationsstand, Reifegrad und Witterungsverlauf Berücksichtigung finden. Außerdem erfolgt mit der Festsetzung der wöchentlichen und täglichen Marktzeiten die Koordination mit dem Verwertungsrhythmus der Genossenschaft. Die zeitlichen Vorgaben der Erfassungstermine kann der Erzeuger nicht umgehen. Er kann nur an bestimmten Wochentagen (Samstag bis Mittwoch) und zu bestimmter Tageszeit (in der Regel abends) anliefern:

"An die Anlieferungszeite muß ma sich halte. Wenn z.B. donnerstags und freitags kei Annahm is, kann ich net pflücke gehe. Oder wenn se abends statt morgens annehme, muß ich halt abends mei Sach anbringe."
- OV4

"Wie se die Markttage lege, so muscht bringe. Da muß ma sich halt füge. Was willscht mache, dischputiere nützt da nix."
- ON4

"Ma muß halt um die un die Zit des Zeug do han."
- ON1

Die Erfassungstermine stellen für einige Erzeuger einen regulierenden Eingriff in ihre Arbeitsgestaltung dar. Sie nehmen auf Zeitpunkt der Ernte und Warenaufbereitung sowie die Erledigung anderer betrieblicher Arbeiten Einfluß. Der Eingriff ist dabei für den Erzeuger besonders gravierend, dessen gewohnter Arbeitsrhythmus entscheidend davon berührt wird und den genossenschaftlichen Erfordernissen untergeordnet werden muß. Deutlich tritt dies bei der 1983 erfolgten Umstellung von der Morgen- auf die Abenderfassung zutage, die nicht von allen Erzeugern begrüßt wurde. Eine Minderheit sieht die Abenderfassung nur ungern. Diese Erzeuger müssen während der Saison ihren gewohnten Ernteablauf umstellen und nun, ausgerichtet auf den Erfassungstermin um 19 Uhr, ihre Arbeit auf dem Feld früher beenden, um ihr Erntegut als Warenposten aufzubereiten und zur Sammelstelle zu fahren:

"Früher war's besser. Da konnt ma im Sommer druß noch was schaffe und ernte und richte für die Morgenannahm. Ma konnt weitermache mit seiner Arbeit und so muß ma jetzt heim und uf de Markt, obwohl's noch hell is druß."
- OV1

Die Koordination zeigt also in den Bereichen Erfolg, auf die die Genossenschaft unmittelbar organisatorisch Einfluß hat und die außerhalb des Entscheidungsfeldes der Mitglieder liegen. Nur auf diese Weise konnte auch die Neuregelung der Leergutabwicklung durchgeführt werden. Trotz eines eventuell abschlägigen Votums der Vertreterversammlung war die Neuregelung durch einstimmigen Beschluß des Vorstandes zuvor schon längst beschlossene Sache und nicht mehr abzuwehren[55].

Wirkung zeigt die genossenschaftliche Koordination auch in bezug auf die Qualitätspolitik, allerdings nur, wenn konsequent das Instrument der Preispolitik Anwendung

54) Vgl. Kap. 4.5.4., S. S. 126 ff.

55) Mit der Novelle des Genossenschaftsgesetzes von 1973 hat sich in Angleichung an das Aktienrecht die Entscheidungskompetenz eindeutig auf den Vorstand verlagert. Der Vorstand führt die Genossenschaft in eigener Regie. Ein Weisungsrecht gegenüber Vorstand und Aufsichtsrat haben General- oder Vertreterversammlung nicht. Die Entscheidungsbefugnis beider Versammlungen beschränkt sich somit auf personelle Wahlvorgänge zu den Organen der Genossenschaft. Vgl. MÄNDLE/WINTER (Hrsg.), 1980, Sp. 618 und WINTER 1982, S. 117 ff.

findet. Wie bei der Wahl des Gebindes oder dem Zeitpunkt der Erfassung ist das Mitglied auch hinsichtlich der Höhe des Auszahlungspreises ohne Einfluß und vom Erzeugergroßmarkt abhängig. Die Erzeuger reagieren aber nur dann koordinationskonform, wenn ihnen aufgrund objektiver, unausweichlicher Warenkontrolle unterschiedliche Qualitäten auch unterschiedliche Vergütungen einbringen. Erst das Wissen, daß qualitative Unterschiede zwischen einzelnen Posten weder durch fehlende objektive und unabhängige Warenkontrollen noch durch diverse Abwehrstrategien verdeckt werden können - und somit preislich nivelliert sind -, sondern tatsächlich auch unterschiedlich bezahlt werden, motiviert zur Übernahme der qualitätssteigernden Anbau- und Bewirtschaftungstechniken. Deutlicher Beleg ist die Apfellagerung und -sortierung, die vom Obstmarkt mit eigenem, unabhängigen Personal vorgenommen wird. Da die schorfbefallenen Äpfel nach der Lagerung aussortiert und später als Mostobst geringer vergütet werden, bemühen sich die Apfelproduzenten, die Schorfanfälligkeit ihrer Warenposten gezielt zu verhindern. Dazu gehört eben auch die gründliche und mehrmalige Lagerschorfspritzung, wie sie von der Genossenschaft verordnet ist und inzwischen von den Erzeugern mehrheitlich durchgeführt wird; ein Erfolg für den Erzeugergroßmarkt dank objektiver Warenkontrolle und konsequenter Auszahlungspraxis.

Über den Preis lassen sich die meisten Erfolge genossenschaftlicher Koordination erzielen. Würde der Erzeugergroßmarkt konsequent eine nach Qualität ausgerichtete Preispolitik gegenüber seinen Mitgliedern vertreten, er hätte zumindest von den erwerbswirtschaftlich orientierten Erzeugern ein koordinationskonformes Verhalten zu erwarten:

"'s kommt immer uf de Preis an. Ma muß des Preis kenne. Wenn ma z.B. Kirsche ohne Stil anliefert, wenn de Preis stimmt im Verhältnis zur Arbeit, dann mache des die Erzeuger."
- Sa1

"Ich mein, en finanzielle Anreiz muß do sein, damit sich die Mehrarbeit, die mit de Qualität verbunden is, lohnt. Sonscht macht des niemand."
- OV6

"de Anbau vom Gemis is glei geregelt: da macht ma des, was grad Geld bringt. 's muß was russpringe."
- OGV3

Für den genossenschaftlichen Koordinationserfolg ausschlaggebend bleibt aber letztlich der Grad der Bindung, in der sich die Mitglieder zu ihrer Genossenschaft befinden. Und die ist bei der Mehrzahl der Obst- und Gemüseproduzenten relativ gering, wie die zahlreichen, verschiedenen koordinationsbegrenzenden Faktoren demonstriert haben.

5. Genossenschaftliche Koordination in der Milchwirtschaft

5.1. Organisation und Strukturdaten der untersuchten Genossenschaft

Bis zum Anfang dieses Jahrhunderts wurde die städtische Bevölkerung Badens von verschiedenen Stellen mit Frischmilch versorgt. Im Untersuchungsraum befanden sich neben sechs organisierten Milchgenossenschaften, -zentralen und -vereinen in bäuerlicher oder privater Trägerschaft auch noch mehrere nichtorganisierte Milchhändler und selbstvermarktende Bauern im Konkurrenzkampf um den Milchabsatz[1]. Während des ersten Weltkrieges kam es dann zu Engpässen der städtischen Milchversorgung, da bei gleichzeitiger Verringerung der einheimischen Viehbestände die Milchzukäufe aus der Schweiz und aus Frankreich wegfielen. Milch wurde zur Mangelware. Hamsterfahrten in stadtnahe gelegene Dörfer und Schwarzmarktpreise auf dem Milchmarkt waren die Folge. 1916 beauftrage daraufhin die Stadt, in der sich der Sitz der untersuchten Molkerei befindet, im Interesse einer gesicherten Milchversorgung einen städtischen Milchhof als zentrale Sammel- und Verteilerstelle. Nach Kriegsende brach in der Inflationszeit die Milchversorgung völlig zusammen. Dieser Zustand dauerte bis in die zwanziger Jahre an. Die allgemeine Krisensituation in der Landwirtschaft ließ schließlich den Staat tätig werden. Im Rahmen eines "Sonderhilfsprogrammes für die Landwirtschaft" gewährte die Reichsregierung weitreichende Fördermittel für den Ausbau der Agrarproduktion. Der Antrag des städtischen Milchhofes auf Gewährung eines Kredites wurde aber mit der Begründung abgelehnt, die Landwirtschaft habe nicht genügend Einfluß auf das Unternehmen. Die Ablehnung brachte den Stein ins Rollen, der zur Gründung des genossenschaftlichen Molkereiunternehmens in der heutigen Form führte. 1928 trafen sich Vertreter der Stadt, der Landwirtschaft und des Milchhandels, des städtischen Milchhofes sowie eines privaten Molkereivertriebes mit dem Ziel, zur besseren Wahrnehmung der Belange der Landwirtschaft, der Verbraucher und des Handels gemeinschaftlich ein leistungsfähiges Unternehmen zu gründen. Nach eineinhalbjährigen Verhandlungen wurde 1930 die Gründung einer Milchzentrale GmbH vollzogen. Der Geschäftsbetrieb ging aus dem städtischen Milchhof und dem privaten Molkereivertrieb hervor. Stadt, Molkereiverband und Milchhandel waren die Gesellschafter. Erst fünf Jahre später (1935) erfolgte die Gründung einer Milcherzeugervereinigung, die anstelle des Molkereiverbandes als Gesellschafter auftrat. Allmählich übernahm diese Vereinigung immer mehr Geschäftsanteile von der Stadt, nachdem diese die städtische Milchversorgung gewährleistet sah. 1946 lagen erstmals 50% der Anteile in der Hand der Landwirtschaft.

Das untersuchte molkereigenossenschaftliche Unternehmen hat sich von Anfang an die Rechtsform einer Kapitalgesellschaft (GmbH) zugelegt[2]. Da die Landwirtschaft

---

1) Die besondere Bedeutung des Handels und der örtlichen Milchgenossenschaften in den Erzeugergebieten arbeitet in diesem Zusammenhang anschaulich E. MÜLLER 1987 heraus (S. 12 ff.).

2) Für die Wahl kapitalgesellschaftlicher Unternehmensformen bäuerlicher Direktbeteiligung führt SCHOPEN 1966 (S. 172 ff.) u.a. an:
- die Erschließung günstigerer Kapitalbeschaffungsmöglichkeiten
- das Bemühen um eine bessere Kontinuität des Geschäftkapitals
- Stimmrechtsverteilung entsprechend den Beteiligungsverhältnissen am Gesellschaftskapital

aber mit inzwischen 91,8% der Anteile die Mehrheit trägt, kann die Molkerei auch als "milcherzeugerorientierte Kapitalgesellschaft"[3], "Unternehmen mit bäuerlicher Direktbeteiligung in nichtgenossenschaftlicher Rechtsform"[4] - kurz als "Gesellschaftsunternehmen genossenschaftlichen Charakters"[5] gekennzeichnet werden. Auch wenn sie nicht mit dem formalen Rechtskleid der Genossenschaft versehen ist, hält sich die Molkerei als Unternehmen der Erzeuger - sogenannte "latente Genossenschaft"[6] - einen auf diese ausgerichteten Förderungsauftrag zugute. Die Grundsätze der Wirtschaftsführung sind an der Leistungs-, Ertrags- und Einkommenssteigerung der Mitgliederwirtschaften orientiert. Der genossenschaftliche Charakter des Unternehmens kommt auch darin zum Ausdruck, daß es dem genossenschaftlichen Prüfungsverband angeschlossen ist und dieser bei Streitigkeiten zwischen Erzeuger und Molkerei als Gütestelle für Schlichtungsversuche angerufen wird. Von daher ist es durchaus gerechtfertigt, von einer Molkereigenossenschaft zu sprechen.

Zwischen Lieferanten und Molkerei sind drei unterschiedliche Regionen umfassende genossenschaftliche Milcherzeugervereinigungen zwischengeschaltet. Deren Gegenstand ist nach ihrer Satzung die "Förderung der Landwirtschaft, insbesondere der milchwirtschaftlichen Interessen der Mitglieder" (§ 2, Abs. 2). Diese grobe Beschreibung macht schon den praktischen Bestimmungszweck der Erzeugervereinigungen sichtbar. Er erschließt sich ebenfalls aus der Satzung (§ 2, Abs. 2b). Dort ist "die Übernahme von Beteiligungen und von treuhänderischen Beteiligungen bei milchwirtschaftlichen Unternehmen" als ihr Gegenstand aufgeführt. Die Milcherzeugervereinigungen sind zwar in rechtlicher Hinsicht völlig selbständig, besitzen wirtschaftlich aber so gut wie keine Aufgabe. Sie sind Eigentümer der landwirtschaftlichen Anteile an der Molkerei und ihre Vertreter bilden u.a. auch deren Aufsichtsorgane, doch ihre eigentliche Geschäftstätigkeit richtet sich lediglich auf die Einbehaltung der Erzeugerbeteiligungen am Molkereibetrieb. Man kann deshalb auch von einer mittelbaren Trägerschaft der Landwirtschaft sprechen, da die Erzeuger nicht persönlich, sondern über ihre Milcherzeugervereinigungen als juristische Person das Unternehmen tragen. Mitglied der Milcherzeugervereinigungen müssen alle Direktlieferanten der Molkerei mit einer jährlichen Anlieferungsmenge von über 30.000 kg Rohmilch sein. Je angefangene 35.000 kg Jahresanlieferungsmenge ist ein Anteil von DM 2.000,- zu zeichnen. Bei Anlieferungen unter diesem Limit erfolgt eine anteilsmäßige Einzahlung. Erzeuger mit einer Jahresanlieferung von unter 30.000 kg sind in der Regel nicht Mitglied einer Erzeugervereinigung. Statt des erforderlichen Geschäftsanteils haben sie ein Gleichstellungsguthaben in Höhe von 5,8 Pf/kg Jahresanlieferung (Basisjahr 1983) an die Molkerei zu leisten. Im Bewußtseinsbild der Erzeuger verschwinden die Milcherzeugervereinigungen aufgrund ihrer relativ un-

- Haftungsbegrenzung auf die geleistete Kapitaleinlage
- Straffung der Unternehmensführung durch Stärkung des Managements
- Erleichterung der Beteiligung nichtgenossenschaftlicher Unternehmen

3) MÜCKE 1966, S. 223.
4) SCHOPEN 1966, S. 172.
5) NITSCH 1957, S. 43.
6) PAULICK kennzeichnet damit solche Unternehmen, "die genossenschaftliche Ziele in anderer Rechtsform als in der der eingetragenen Genossenschaft verfolgen, bei denen sich also hinter einer erwerbswirtschaftlichen Form (Aktiengesellschaft, Gesellschaft mit beschränkter Haftung) ein genossenschaftlicher Inhalt verbirgt." PAULICK, H.: Die eingetragene Genossenschaft als Beispiel gesetzlicher Typenbeschränkung, Tübingen 1954, S. 13; zitiert nach KELLER 1975, S. 170. Vgl. hierzu auch BRIXNER 1966, S. 2 ff.

bedeutenden wirtschaftlichen Aufgaben und die Molkerei stellt sich als *die* Erzeugervereinigung dar, weil man mit ihr die alltäglichen Leistungsbeziehungen der Milcherfassung verknüpft[7]. Auch die alljährliche Generalversammlung der Milcherzeugervereinigungen erscheint den Landwirten in der Regel als Mitgliederversammlung in der Molkerei, was de jure nicht stimmen kann, da an dem molkereigenossenschaftlichen Unternehmen keine Einzelerzeuger, sondern neben zwei Städten und dem Milchhandel nur die Milcherzeugervereinigungen beteiligt sind.

Neben den Milcherzeugervereinigungen in genossenschaftlicher Rechtsform bestehen noch weitere örtliche Milchsammelgenossenschaften. Diese treten wie die Direktlieferanten als Einzelmitglied der Milcherzeugervereinigungen auf. Für die ihnen angeschlossenen Erzeuger zeichnen sie zentral - berechnet über die Summe aller an die örtliche Sammelgenossenschaft getätigten Milchanlieferungen - ebenfalls ihre Geschäftsanteile, womit auch sie kapitalmäßig am molkereigenossenschaftlichen Betrieb beteiligt sind.

Die komplexe Organisationsstruktur macht für den weiteren Verlauf der Untersuchung eine klare Sprachregelung erforderlich. Sofern nicht ausdrücklich andere begriffliche Unterscheidungen vorgenommen werden, soll unter milchgenossenschaftlichem Unternehmen (Milchgenossenschaft) die Molkerei als milchverarbeitender Integrator verstanden werden. Die Milcherzeuger werden unabhängig davon, ob sie Mitglied der Milcherzeugervereinigung oder einer örtlichen Milchsammelgenossenschaft sind, Genossen, Erzeuger oder Lieferanten genannt. Zur Verdeutlichung der Organisationsstruktur findet zusammenfassend ein Schaubild Verwendung.

Abb. 1: Die Organisationsstruktur des molkereigenossenschaftlichen Unternehmens

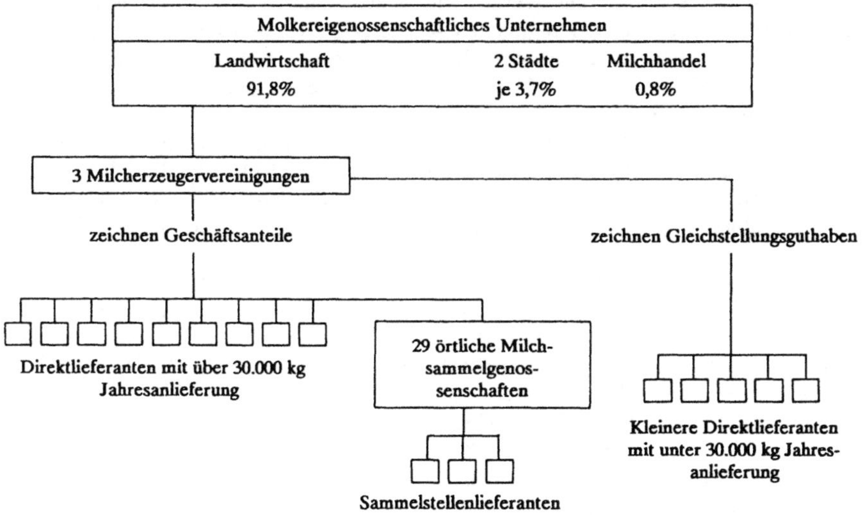

7) Ähnlich auch KELLER 1975, der darin "die positive Wirkung eines psychologischen Momentes" erblickt, da sich der Landwirt mit seiner Molkerei sehr eng verbunden fühle (S. 186 f.).

Die Milchgenossenschaft erfaßt heute ein Einzugsgebiet von nahezu 3.300 km^2. Im Geschäftsjahr 1986 lieferten 2.594 Erzeuger Rohmilch von rund 36.000 Kühen an. Die erfaßte Milchmenge betrug fast 137 Mio. kg. Der Umsatz des Unternehmens belief sich auf rund 140 Mio. DM aus Eigenerzeugnissen (Milch und Molkereiprodukte) sowie weiteren rund 63 Mio. DM aus Handelswaren eines breiten Lebensmittelsortiments.

Die zunehmenden Konzentrationstendenzen in der Molkereiwirtschaft führten auch bei der untersuchten Genossenschaft in der Vergangenheit zu zahlreichen Kooperations und Fusionsformen, welche bis heute noch nicht abgeschlossen sind. Daraus haben sich die Zentrale des molkereigenossenschaftlichen Unternehmens (aus dem ehemaligen städtischen Milchhof) als Milchwerk I, aus einem fusionierten Unternehmen das Milchwerk II sowie ein Tochterunternehmen ergeben, das der Einfachheit halber Milchwerk III genannt werden soll. Im Zuge der Rationalisierungsbestrebungen wurde in den drei Milchwerken ein umfassendes arbeitsteiliges Programm der Produktionstrennung vorgenommen. Während im zentralen Werk I nahezu alle Frischmilch- und Molkereiprodukte hergestellt werden, konzentriert sich das Zweigwerk II vornehmlich auf die Produktion von Butter und "Creme fraiche" sowie die Abwicklung der Exportgeschäfte mit Italien und Frankreich. Im Milchwerk III erfolgt schwerpunktmäßig die Trocknung zu Milchpulver (Ernährungspulver, Futterpulver, Pulvermischerzeugnisse), die Herstellung diätischer Nahrungsmittel sowie von Butter, Buttermilch und Streichkäse. Insgesamt beschäftigt das molkereigenossenschaftliche Unternehmen 334 Mitarbeiter, wovon allein 279 im zentralen Milchwerk I tätig sind.

Der Übersichtlichkeit und Genauigkeit wegen wird sich die molkereigenossenschaftliche Untersuchung im weiteren Verlauf auf das zentrale Milchwerk I mit seinem umliegenden Erfassungsgebiet beschränken. 1986 belief sich die Anlieferungsmenge aus diesem Raum auf 82,5 Mio. kg Rohmilch von rund 19.000 Kühen. 1.266 Erzeuger gehören dem Erfassungsgebiet des Werkes I an. Davon sind ca. 900 als Direktlieferanten eigenständige Mitglieder der regionalen Milcherzeugervereinigung. Die restlichen Erzeuger verteilen sich auf 16 örtliche Milchsammelgenossenschaften bzw. sind als kleinere Direktlieferanten weder Miglied der Erzeugervereinigung noch einer örtlichen Sammelgenossenschaft.

Die Statistik der Molkerei weist keine Differenzierung der Lieferanten nach Erwerbsform aus. Allerdings läßt sich ein grobes Bild aus den Kuhbestandsgrößen ersehen. Die durchschnittliche Kuhzahl betrug 1983 14,08 je Betrieb, wobei sich allerdings erhebliche Unterschiede in den Bestandsgrößenklassen ergaben, wie aus der Tabelle 5 hervorgeht.

Die Tatsache, daß 17,2% der Erzeuger 41,7% der Gesamtmilchanlieferung tätigen, weist indirekt auch auf die Lieferantenstruktur hin. Diese Erzeugergruppe, die über einen Bestand von über 20 Kühen verfügt, wird mit Sicherheit den Haupterwerbsbetrieben zuzuordnen sein. Bedeutsam erscheint auch, daß die kleineren Milchwirtschaftsbetriebe mit Bestandsgrößen von unter zehn Kühen zwar knapp die Hälfte aller Lieferanten stellen, aber nur rund 20% der Gesamtanlieferungen an Milch tätigen. Schon aus diesen beiden Zahlenverhältnissen läßt sich auf die eher klein- bis mittelbäuerliche Struktur der Milchlieferanten schließen, was im großen und ganzen die Erzeugerstruktur der Milchwirtschaft Baden-Württembergs widerspiegelt[8].

8) Vgl. STATISTISCHES LANDESAMT BADEN-WÜRTTEMBERG (Hrsg.) 1986, S. 105 ff.

Tab. 5: Milchanlieferungen an das Werk I nach Bestandsgrößen[9]

Bestandsgröße Zahl der Kühe	Zahl der Milchlieferanten in %	%-Anteil an der Gesamtanlieferung
1 - 3	6,7	0,9
4 - 6	18,8	6,2
7 - 10	24,2	12,7
11 - 15	19,8	18,3
16 - 20	13,3	20,2
über 20	17,2	41,7

5.2. Die Leistungsbeziehungen zwischen Erzeugern und Genossenschaft

5.2.1. Der Leistungsprozeß

Wie in den meisten anderen landwirtschaftlichen Stufenverbunden erfolgt auch in der Milchwirtschaft eine Arbeitsteilung zwischen Produktionsstufe und nachgelagertem Be- und Verarbeitungsunternehmen. Dem landwirtschaftlichen Betrieb fällt die Aufgabe der Milcherzeugung zu, während die Molkerei die Erfassung der Rohmilch sowie deren Be- und Verarbeitung zu Frischmilch und diversen Milcherzeugnissen übernimmt. Der milchproduzierende Betrieb überträgt damit eine Reihe von ihm früher selbst wahrgenommener Funktionen an das genossenschaftliche Unternehmen[10]. Den Leistungsprozeß kennzeichnen im einzelnen folgende Bereiche.

a) Milcherfassung

Die Erfassung der Rohmilch stellt den zentralen Punkt des genossenschaftlichen Leistungsprozesses dar, weil hier die Erzeuger mehrheitlich mit ihrer Molkerei durch mehr oder weniger direkte Kontaktaufnahme in Beziehung treten. Acht Tanksammelfahrzeuge sind im Einzugsgebiet des Werkes I auf insgesamt 16 Touren mit der Erfassung der Rohmilch beauftragt. Zwei Erfassungssysteme lassen sich dabei unterscheiden: die Direkterfassung und die Sammelstellenerfassung.

---

9) Die Angaben beruhen auf der Lieferantenstatistik vom 24.2.1983, also noch vor Inkrafttreten der Quotenregelung, die für alle Betriebe die Anlieferungsmenge kontingentierte und die Betriebsaufgabe zahlreicher kleiner Betriebe zur Folge hatte. So ist z.B. die Milchrentenaktion der EG nicht berücksichtigt, so daß mit Sicherheit von einer weiteren Verschiebung der Kuhbestände und Anlieferungsmengen zugunsten der größeren Betriebe ausgegangen werden kann.

10) Vgl. GRABEIN 1908, S. 81 ff. MÜHLHAUPT 1912 sprach sogar von der "Entmilchung" des ländlichen Raumes (S. 65). Vgl. auch E. MÜLLER 1987, die anhand historischer Quellen die Auswirkungen der Funktionsauslgerung auf die bäuerlichen Betriebe veranschaulicht (S. 17 ff.).

Die Direkterfassung geschieht über zwei mögliche Wege. Einmal, indem das Tanksammelfahrzeug zu den Erzeugern fährt und dort ab Hof die Milch holt. Man spricht daher auch von "Ab-Hof-Erfassung". Der Sammelwagen fährt direkt an die Milchkammer heran, um die Rohmilch über einen Schlauch in den Tank zu saugen. Gleichzeitig ermöglicht die besondere technische Ausrüstung des Fahrzeuges die automatische Messung der Milchmenge. Sie erfolgt volumetrisch über eichfähige Milchdurchlaufzähler. Der zweite Weg der Direkterfassung verläuft über Sammelplätze/Sammelpunkte, was nicht mit den Sammelstellen zu verwechseln ist. Ein oder mehrere Erzeuger liefern in fahrbaren Hofbehältern ihre Rohmilch an einen der Fahrtroute des Tanksammelwagens befindlichen Sammelplatz an. Solche Sammelpunkte sind entweder in Straßen einmündende Hofeinfahrten, bei abgelegenen Höfen bestimmte Punkte an der Landstraße, an die die Hofbehälter zu bringen sind, oder bei geschlossenen Dorfanlagen zentrale Haltepunkte innerhalb des Ortes. An diesen Sammelplätzen erfaßt der Tankwagen dann wie bei der Ab-Hof-Erfassung die Rohmilch.

Das zweite Erfassungssystem ist die Milchabholung bei örtlichen Sammelstellen. Die beiden Erfassungsarten Sammelstelle und Sammelpunkt/Sammelplatz unterscheiden sich sowohl hinsichtlich ihres Institutionalisierungsgrades als auch ihrer Funktionen. Bei den Sammelstellen handelt es sich nämlich um die schon erwähnten örtlichen Milchsammelgenossenschaften. In insgesamt 16 dieser kollektierenden Glieder zwischen Erzeuger und Molkerei wird im Erfassungsbereich des Werkes I noch Milch angeliefert. Im Einzugsgebiet des ganzen molkereigenossenschaftlichen Unternehmens existieren noch 29 Milchsammelstellen[11]. Die Mitglieder bringen zweimal täglich nach der Melkarbeit ihr Gemelk zur Rampe der örtlichen Genossenschaft. Der Transport erfolgt in Kannen, die meist nur wenige hundert Meter mit dem PKW, Traktor oder auch Handkarren angeliefert werden. Ein Sammelstellenleiter oder eine -leiterin sind mit der Erfassung von der Genossenschaft beauftragt. Da die Milch frisch gemolken und ungekühlt ist, muß sie sofort in der Sammelstelle nach dem Verwiegen in Wannen tiefgekühlt werden. Im Unterschied zum System der Direkterfassung, bei der Kühlung und Lagerung der Milch von den Erzeugern in Kühlwannen oder stationären Milchtanks (Ab-Hof-Erfassung) bzw. fahrbaren Hofbehältern mit Tauchkühler (Sammelpunkt-Erfassung) wahrgenommen werden, geben die Erzeuger, die einer örtlichen Genossenschaft angeschlossen sind, diese beiden Funktionsbereiche zur gemeinschaftlichen Erledigung an ihre Sammelstelle ab. Von dort wird die Milch dann, wie bei der Direkterfassung, einmal täglich vom Tanksammelwagen abgeholt.

b) *Milchbe- und -verarbeitung*

Sobald die Rohmilch von den Tanksammelfahrzeugen erfaßt worden ist, setzen die Bereiche der genossenschaftlichen Leistungserstellung ein, die von den landwirtschaftlichen Betrieben der Molkerei übertragen wurden. Aus der Rohmilch werden über zahlreiche, komplexe Be- und Verarbeitungsverfahren Milch und Milcherzeugnisse hergestellt. Dabei muß sich die Molkerei den geänderten Bedürfnissen der Verbraucherseite anpassen. Form und Art des Nahrungseinkaufes und der Nahrungsaufnahme der Kon-

11) Es wird bewußt von "noch" gesprochen, weil damit eine Entwicklung verbunden ist, an der die genossenschaftliche Koordination maßgeblich beteiligt war, wie noch zu zeigen sein wird.

sumenten bestimmen ebenso wie die sich ständig wandelnden Ansprüche an die qualitative Beschaffenheit der Milcherzeugnisse das molkereigenossenschaftliche Programm. Ein Blick auf das aktuelle Sortiment des Unternehmens macht dies deutlich. Es wird nicht nur einfach Milch produziert, sondern "Frischmilch", "Landmilch", "Fitmilch", "Schwedenmilch" in unterschiedlichen Fettstufen und Erhitzungsarten. Unter Milcherzeugnisse fallen nicht einfach Joghurt, Quark oder Dickmilch, sondern diese Produkte werden in unterschiedlichen Fettstufen, Geschmacksrichtungen, Fruchtkombinationen angeboten. Auf den Trend zum rationalisierten Einkauf - nur noch maximal wöchentlich, dann aber en gros im Supermarkt oder Großmarkt - findet sich im Produktionsprogramm der Molkerei ebenso eine Antwort, wie auf die zunehmende Rationalisierung der Ernährung. Haltbare Milch, Schlagsahne und Sterilprodukte (Milch und Kaffeesahne) vergrößern die Disponibilität der Vorratshaltung privater Haushalte. Verbrauchs- und genußfertige Erzeugnisse wie Milchmixgetränke (Kakao, Milchkaffee), Salatcremes und konsumgerechte Müslis verkürzen die Zeit der Nahrungszubereitung und Nahrungsaufnahme.

Um die Vielzahl dieser Molkereiprodukte herstellen zu können, bedarf es kostspieliger Anlagen und Maschinen, die dem molkereitechnologischen Standard angepaßt sind. Vom Rohmilchlager über die einzelnen Anlagen zur Pasteurisierung, Kurzzeiterhitzung (71 - 74 °C), Hochzeiterhitzung (85 °C), Dauererhitzung (62 - 65 °C), Ultrahocherhitzung (135 - 150 °C), der Homogenisierung, Sterilisierung bis hin zu Eindampfungsanlagen für Sauermilcherzeugnisse - um nur einige zu nennen[12] - sind Verfahren notwendig, die nicht nur angemessene Räumlichkeiten und enorme finanzielle Aufwendungen voraussetzen, sondern auch entsprechende sachliche Mittel und persönliche Qualifikationen. Zudem erfordern die strengen lebensmittelrechtlichen Bestimmungen[13] ein eigenes Betriebslabor, das vom Eingang der Rohmilch in die Molkerei über die einzelnen Be- und Verarbeitungsschritte bis hin zum Endprodukt die Beschaffenheit der Erzeugnisse ständig testet, probiert und überwacht. Die Funktion der milcherzeugenden Betriebe ist auf die Urproduktion des Rohstoffes für das molkereigenossenschaftliche Unternehmen reduziert, wie allein schon der Terminus "Rohmilch" deutlich macht.

c) *Marktaufbereitung und Warenumschlag*

Der molkereigenossenschaftlichen Be- und Verarbeitungsfunktion schließt sich die Marktaufbereitungs- und Warenumschlagsfunktion an. Bevor die einzelnen Milcherzeugnisse auf die verschiedenen Distributionswege geschickt werden können, müssen sie ihrer Beschaffenheit und Transportierbarkeit entsprechend abgefüllt und verpackt werden. Mit Ausnahme der "Landmilch", die mit besonderem Werbeaufwand in einer wiederverwertbaren Pfandflasche aus Glas abgefüllt wird, finden Einwegverpackungen aus Pappe und Plastik Verwendung. Mehrere Kühlräume, in denen die haltbareren Produkte gestapelt werden, dienen der Vorrats- und Lagerhaltung. Allerdings liegt der Schwerpunkt des Werkes I bei den Frischmilcherzeugnissen. Alleine auf die Frischmilch entfällt ein Umsatzanteil von fast 40% aller Eigenerzeugnisse. Um im Hinblick auf diese

12) Vgl. zur Entwicklung der Molkereitechnologie RABICH 1974, S. 109 ff.
13) Vgl. "Verordnung über Milcherzeugnisse" vom 15. Juli 1970.

wenig haltbaren, schnell verderblichen Waren eine rasche Auftragsabwicklung zu ermöglichen, bedarf es - ähnlich der Anpassung an den molkereitechnologischen Fortschritt bei der Be- und Verarbeitung - auch beim Warenumschlag einer modernen, auf die Bedürfnisse der Abnehmerseite ausgerichteten Absatzorganisation. Dies schließt ein durchrationalisiertes Vertriebssystem ebenso ein wie unterschiedliche Marketingmaßnahmen. Der Molkerei stehen 42 Frischdienstfahrzeuge zur Auslieferung zur Verfügung. Außerdem werden über einen Fachgroßmarkt, der im Milchwerk I eingerichtet ist, an Einzelhändler und Großverbraucher Molkereiprodukte verkauft.

d) *Vergütung*

Mit der Auszahlung des Milchgeldes an die Erzeuger nimmt der Leistungsprozeß zwischen Mitgliedern und Molkerei sein Ende. Das Milchgeld definiert sich als monetäres Entgelt für den vom Erzeuger der Molkerei gelieferten Rohstoff Milch. Die Vergütung erfolgt direkt, also unter Umgehung der Milcherzeugervereinigungen. Lediglich bei den örtlichen Sammelstellen nimmt die Milchgeldauszahlung der damit von der Ortsgenossenschaft beauftragte Rechner für die angeschlossenen Mitglieder vor. Die Rohmilch wird von der Molkerei nicht gekauft, sondern ihr von den Erzeugern zur Verwertung überlassen. Damit entfällt auch ein fester, einmaliger Verkaufspreis. Stattdessen wird das Milchgeld über eine monatliche Abschlagszahlung vergütet. Grundlage hierfür bildet ein jährlich neu festgesetzter Basis- oder Grundpreis für jedes gelieferte Kilo Rohmilch, welcher sich nach der wirtschaftlichen Lage des Unternehmens, insbesondere den Investitionstätigkeiten, richtet. So betrug der Basispreis für 1982: 53,1 Pf/kg für 1983: 57 Pf/kg und für 1985: 55,2 Pf/kg. Zusätzlich werden unter Berücksichtigung der besonderen Beschaffenheit der Rohmilch Zu- oder Abschläge vorgenommen, wie noch später ausgeführt wird. Der endgültige Milchauszahlungspreis steht also erst am Schluß des molkereigenossenschaftlichen Wirtschaftsjahres fest, wenn die erzielten Verwertungsergebnisse und die voraussichtlich anstehende Absatzsituation bekannt sind. Erzielt das Unternehmen bei der Vermarktung höhere Verwertungserlöse als den Erzeugern über die Verrechnungspreise ausgezahlt wurde, werden die realisierten Überschüsse nach Abzug der betrieblichen Unkosten sowie der gesetzlichen und freiwilligen Rücklagen den Lieferanten in Form einer außerordentlichen Nachzahlung erstattet. Diese wird zu Beginn des neuen Kalenderjahres vergütet, wobei sich die Höhe für jedes Mitglied nach seiner anteilsmäßigen Kalenderjahresanlieferung richtet. Bis 1986 wurde zusätzlich noch ein sog. "Saisonzuschlag" als Vergütung gewährt. Diese, Mitte Dezember ausbezahlte Prämie richtete sich nach der angelieferten Milchmenge zwischen April und September, der Hauptsaison für das Geschäft mit Milch und Milcherzeugnissen. Zu Beginn des Jahres 1987 wurde der Saisonzuschlag abgeschafft. Dafür wurde der Basispreis um 1,3 auf nunmehr 59 Pf/kg angehoben.

5.2.2. Produktionsfördernde Dienstleistungen

Die Molkereigenossenschaften stellten bis noch vor 30 Jahren, als sie mit der Milcherfassung vergleichsweise weniger, örtlich begrenzter Erzeuger beschäftigt waren, oftmals den Mittelpunkt des Gemeindelebens dar. Begründet war dies in den zahlreichen zusätzlichen produktionsfördernden Dienstleistungen, die in Nebenbetrieben den Mitgliedern angeboten wurden[14]. Stationäre Kartoffeldämpfungsanlagen, Grünfuttertrocknungs- und Saatbeizanlagen, Mühlen, Gemeinschaftsbackhäuser und Tiefkühl- und Gefrieranlagen (Kalthäuser) sowie Wäschereien standen den Milcherzeugern zur gemeinschaftlichen Nutzung zur Verfügung. Nach dem zweiten Weltkrieg beteiligten sich die Genossenschaften mit großem Einsatz auch an der Sanierung tuberkulinnegativer Viehbestände. Neben staatlichen Unterstützungsmaßnahmen wurden den Erzeugern von den Molkereien finanzielle Beihilfen zur Tbc-Bekämpfung (Untersuchungen, Ausmerzungsaktionen, Tbc-Tilgung) gewährt. Mit der Konzentration in der Molkereiwirtschaft, die zur Schließung der kleineren Molkereien führte, ging auch eine Reduzierung der produktionsfördernden Dienstleistungen für die Erzeuger einher[15]. Einige Molkereien beschränken sich heute auf die Beschaffung von landwirtschaftlichen Bedarfsartikeln, wie Kühlaggregate, Wannen, Wattescheiben, Reinigungsmittel etc.[16]

In dem untersuchten molkereigenossenschaftlichen Unternehmen hält man sich von solchem Leistungsangebot an die Erzeuger, das über den zentralen Leistungsprozeß herausreicht, zurück. Den Lieferanten wird lediglich eine, wirklich so zu bezeichnende Serviceleistung ihrer Genossenschaft zuteil. Bei plötzlichem Ausfall von Kühlwannen bzw. Kühlaggregaten in den Erzeugerbetrieben stehen fünf Geräte leihweise und kostenlos zum Einsatz bereit, bis der Defekt der Anlage behoben ist. Bei der großen Zahl der Erzeuger befinden sich die fünf Geräte fast pausenlos als Aushilfskühlung in Gebrauch.

Weniger als produktionsfördernde Dienstleistung, sondern eher als Werbeaktion im eigenen Absatzinteresse ist hingegen das genossenschaftliche Angebot an die Erzeuger zu sehen, die eigenproduzierten Futtermittel aus dem Trocknungswerk des Tochterunternehmens (Milchwerk III) zur Kälberaufzucht, Kälbermast und Ferkelaufzucht zu verfüttern. Denn im Gegensatz zur von einigen Molkereien früher praktizierten Rücklieferung flüssiger Magermilch oder Magermilchpulvers an die Erzeuger durch die Tanksammelfahrzeuge[17], werden die Futtermittel des Unternehmens wie sonstige Bedarfsartikel über die Raiffeisen-Zentrallager und die ihnen angeschlossenen Lagerhäuser und örtlichen Warengenossenschaften vertrieben. Dabei sind sie trotz einer besonderen Preisliste für die genossenschaftlichen Milcherzeuger nach deren Angaben nicht unbedingt preisgünstiger als die anderer Futtermittelhersteller.

---

14) Vgl. NITSCH 1957, S. 90 f.

15) Begünstigt wurde diese Entwicklung natürlich auch durch die technologischen Innovationen in Land- und Hauswirtschaft sowie die Verbesserung des materiellen Lebensstandards der ländlichen Bevölkerung, was solch zusätzliches Leistungsangebot überflüssig machte.

16) Vgl. KELLER 1975, S. 199.

17) Vgl. MÜCKE 1966, S. 153 sowie ROSSKAMP 1971, S. 41.

5.3. Formale Grundlagen der Koordination

5.3..1. Gesetze und staatliche Verordnungen

Milch und Milcherzeugnisse gehören von ihren ernährungsphysiologischen Eigenschaften zu einem der wertvollsten Nahrungsmittel[1]. Von daher bemühten sich schon frühzeitig die staatlichen Hoheitsträger durch das Erlassen von Vorschriften und Verordnungen, daß bei der Erzeugung, Be- und Verarbeitung sowie der Verteilung der Milch ein Mindestmaß an hygienischen Erfordernissen beachtet wurde. Zum einen sollte dadurch die Bevölkerung vor gesundheitlichen Schäden bewahrt werden und zum anderen wollte man Milchfälschungen aller Art (z.B. Verwässerung und Entrahmung) verhindern. Die gesetzliche Regelung der Milchwirtschaft erfolgte vorwiegend durch die Länder[2]. Landesregierung, die ihnen unterstehenden Behörden und Gemeinden erließen polizeiliche Verordnungen, welche auf der Grundlage des Nahrungsmittelgesetzes von 1879 zum Teil schon eingehende Vorschriften zur Milchgewinnung, der Behandlung und des Verkehrs der Milch enthielten. Zwar wurden verschiedene Anläufe zu einer reichseinheitlichen Milchgesetzgebung gestartet[3], doch erst mit dem Reichsmilchgesetz war solchen Bemühungen endlich Erfolg beschieden. Das Reichsmilchgesetz vom 31. Juli 1930 sollte im Interesse des Verbraucherschutzes die Gefahren, welche mit der besonderen Beschaffenheit der Milch (kurze Haltbarkeit, potentieller Überträger von Krankheitserregern) und ihrer Bedeutung als Grundnahrungsmittel verbunden sind, durch gesetzliche Bestimmungen einschränken. Neben der Möglichkeit zur Bildung von Zwangszusammenschlüssen in der Milchwirtschaft (§ 38) als staatliche Maßnahme einer Milchmarktordnung, beinhaltete das Milchgesetz daher weitgehende Vorschriften für den Produktionsbereich der Milchgewinnung sowie den Verarbeitungsbereich und den Verkehr mit Milch, also Molkereien und den Milchhandel[4]. Bis heute besitzen diese Bestimmungen noch weitgehend Rechtsgültigkeit. Für die landwirtschaftlichen Erzeugungsstätten der Milch ist ein Mindestmaß an hygienischen Erfordernissen sowie die Sorgfaltspflicht der Landwirte bei der Milchgewinnung und der Milchbehandlung verankert. So werden der erforderliche Gesundheitszustand der Kühe (§ 3 und 4) und der mit der Milch in Berührung kommenden Personen (§ 13) ebenso gesetzlich geregelt wie die Außenbedingungen der Milchgewinnung, z.B. Stallverhältnisse, Schmutz- und Geruchsvermeidung (§ 6) und die Räumlichkeiten und Voraussetzungen der Milchaufbewahrung (§ 7 und 8). Der Direktabsatz von Milch wird zugunsten der Molkereien reglementiert (§ 17). Für diese sieht das Gesetz in § 12 zudem einen "Bear-

1) Neben Eiweiß, Fett und Kohlenhydraten enthält Milch Mineralstoffe (Calcium, Phosphor, Natrium, Kalium, Magnesium und Chlorid), Spurenelemente (Zink, Eisen, Kupfer, Mangan, Fluorid, Jodid), Vitamine (u.a. A, D, E, K, B_1 B_2, B_6 B_{12} und C) und verschiedene Aminosäuren; vgl. GOTTSCHALK 1982, S. 10.

2) Vgl. NITSCH 1957, S. 21 f.

3) Wegen der Unterschiedlichkeit der landesrechtlichen Regelungen wurde bereits 1914 aus gesundheitspolizeilichen Erwägungen eine reichseinheitliche Milchgesetzgebung gefordert. 1915 und 1916 folgten die ersten "Bestimmungen zur Beschränkung der Verwendung von Milch", die dann durch das erste deutsche "Gesetz zur Regelung des Verkehrs mit Milch" 1924 eine grundlegende Verankerung erfuhren. Dieses Gesetz wurde aber in seiner Rechtsgültigkeit bestritten, so daß 1926 ein gleichlautendes erlassen werden mußte. Dessen Geltungsdauer wurde bis März 1928 befristet. Vgl. NITSCH 1957, S. 22 u. RABICH 1974, S. 103.

4) Vgl. NITSCH 1957, S. 23 ff.

beitungszwang" der Milch (Reinigungs-, Erhitzungs- und Tiefkühlverfahren) vor. Darüber hinaus gelten für Molkereien und Milchhandel hinsichtlich der Verteilung von Milch strenge Konzessionierungsbestimmungen (§§ 14 ff.) und hinsichtlich der Sorten, Beschaffenheit, Verpackung und Kennzeichnung der Milch besondere Standardisierungsvorschriften (§ 37). Das Reichsmilchgesetz von 1930 bildete später die Grundlage für die Umorganisation der Milchwirtschaft während der Reichsnährstandszeit. Im Reichsnährstandsgesetz erhielt der Reichsminister für Ernährung und Landwirtschaft die Befugnis zur Durchführung einer umfassenden Erzeugungs- und Marktregelung. Danach wurden aus den Einzugs- und Absatzgebieten der Molkereien sog. "Milchversorgungsverbände" gebildet[5].

Bereits das Milchgesetz von 1930 und die Reichsnährstandsverordnungen hatten drastische Einschränkungen der Freizügigkeit der Milcherzeugung und des Milchabsatzes gebracht. Jeder Bauer mußte unter bestimmten Bedingungen Milch erzeugen und einer ihm zugeteilten Molkerei liefern. Keine Molkerei durfte Milch außerhalb der ihr vorgeschriebenen Marktgebiete verkaufen. Auch nach dem zweiten Weltkrieg sollte dies so bleiben. Das Milch- und Fettgesetz von 1951 regelte in der Nachfolge ähnlich den Marktweg der Milch, um im Interesse ihrer qualitativen Beschaffenheit insbesondere überlange Transportwege zu vermeiden und um eine ausgewogene molkereiwirtschaftliche Struktur zu fördern. Dazu schrieb das Gesetz die Schaffung von festen Molkereieinzugs- und Absatzgebieten vor (§ 1 und 2), die von den obersten Landesbehörden bestimmt wurden. Für die Landwirtschaft bestand damit eine Lieferpflicht öffentlich-rechtlichen Charakters[6] gegenüber bestimmten Molkereien bzw. vorgelagerten Milchgenossenschaften[7]. Der Direktabsatz von Milch wurde für die Erzeuger untersagt. Neben diesen Bestimmungen enthielt das Gesetz die Milcherzeugerpreisstützung aufgrund der Festpreisregelung (§ 20), die Organisation eines Verwertungsausgleiches (§§ 12 ff.) sowie die Einrichtung einer staatlichen Einfuhr- und Vorratsstelle für Butter, Schmalz und andere Fette (§§ 15 ff.)[8]. Bis Mitte der 60er Jahre wurden die Vorschriften in verschiedenen Novellen und Änderungsgesetzen an die geänderten Rahmenbedingungen angepaßt.

Mit der zunehmenden Integration der europäischen Agrarmärkte haben sich inzwischen die gesetzlichen Voraussetzungen für den Milchabsatz erheblich verändert. Die nationalen Bestimmungen nach dem Milch- und Fettgesetz in den verschiedenen Fassungen wurden abgelöst durch die EWG-Marktregelung mit ihren Zusatzverordnungen. Infolge der EWG-Verordnungen Nr. 804/68 wurde 1970 die Einzugs- und Absatzgebietsregelung aufgehoben. Für die Molkereiwirtschaft bedeutete dies eine beträchtliche Umstellung auf die Liberalisierung ihrer Absatztätigkeit. In der Folgezeit kam es erwartungsgemäß zu einem mehr oder minder aggressiven Konkurrenzkampf um Marktanteile unter einzelnen Molkereien, der bis heute andauert. Allerdings beschränkte sich die Liberalisierung auf den Vermarktungsbereich der Molkereien und bezog sich nicht auf den Erzeugungsbereich in der Landwirtschaft, wie die umfassenden

5) Vgl. ebd., S. 29 ff.

6) Dies gilt einigen Autoren als besondere Form vertikaler Integration, da die Integration nicht auf der Vertragsfreiheit der Beteiligten beruht, sondern auf einem gesetzlich festgelegten "positiven Kontrahierungszwang" (SCHOPEN 1966, S. 25); vgl. auch STRECKER et al. 1963, S. 107.

7) Vgl. zur Geschichte, Begründung und Verfahrensweise sowie zu dem Für und Wider der Festlegung von Molkereieinzugsgebieten ausführlich SCHUG 1968, S. 96 ff.

8) Vgl. NITSCH 1957, S. 47 ff., MÜCKE 1966, S. 410 ff. u. SCHUG 1968, S. 185 ff.

Regelungsvorschriften zur "Gemeinsamen Marktordnung für Milch und Milcherzeugnisse" belegen[9]. Besonders durch die in der "Milch-Garantiemengen-Verordnung" beschlossenen Milchmengenkontingentierung kommt dies zum Ausdruck[10]. Jedem Erzeugerbetrieb wird auf die Milchanlieferung 1983 eine Referenzmenge zugeteilt. Bei deren Überschreitung muß von der Molkerei bei den Betrieben eine Abgabe erhoben und an die Bundesfinanzverwaltung abgeführt werden. Damit wird das molkereigenossenschaftliche Unternehmen quasi in den Dienst als staatliches Vollzugsorgan gestellt. Da solche staatliche Koordination aber nicht im Blickpunkt unseres Interesses liegt, bleibt die Milchmengenkontingentierung außer Acht.

Wesentliche Grundlage der molkereigenossenschaftlichen Koordination stellt die EWG-Verordnung Nr. 1411/71 dar[11], wo in Artikel 5 die Bezahlung der an die Milchbearbeitungsbetriebe (Molkereien) gelieferte Milch nach einem qualitätsdifferenzierten System vorgeschrieben ist. Die Ausführungsbestimmungen zu dieser Verordnung oblagen in der Bundesrepublik bis 1981 den Landes-Güte-Verordnungen der einzelnen Bundesländer[12]. Darin wurden die Qualitätsanforderungen an die den Molkereien gelieferte Rohmilch und die Mindestabzüge für qualitativ minderwertige Anlieferungsmilch geregelt. Mit der am 1.1.1981 in Kraft getretenen "Milch-Güteverordnung"[13] werden bundeseinheitlich verbindliche Mindestrichtlinien für die Untersuchung, Bewertung und Bezahlung der Anlieferungsmilch der Erzeuger nach Gütemerkmalen vorgegeben. Solche sind der Fett- und Eiweißgehalt, die bakteriologische Beschaffenheit und der somatische Zellgehalt der Milch (§ 1)[14]. Dazu sind Mindestanzahl und Art der Probenahme zur Untersuchung der Milch auf die genannten Gütemerkmale sowie den Nachweis von Hemmstoff geregelt (§ 2). Die zulässigen Verfahren der Probenanalyse werden genaustens im Anhang der Verordnung ausgeführt. Weiterhin enthält die Verordnung Mindestbestimmungen zur Einstufung (Bewertung) der Milch nach ihrer bakteriologischen Beschaffenheit in vier Güteklassen (§ 3). Diesem Bewertungsschema liegt schließlich das Berechnungssystem des Auszahlungspreises an die Erzeuger zugrunde. Die Verordnung bestimmt hierzu die Mindestzu- und -abschläge bei Fett- und Eiweißabweichungen von dem festgesetzten Basiswert, die Mindestkürzungen gestaffelt nach Güteklassen sowie weitere Mindestabzüge bei Hemmstoffnachweis und Überschreiten eines bestimmten somatischen Zellgehaltes in der Anlieferungsmilch (§ 4). Darüber hinaus werden

9) Vgl. STAMER 1982, S. 112 ff. u. JAUDZIMS 1985, S. 141 ff.

10) Die "Verordnung über die Abgaben im Rahmen von Garantiemengen im Bereich der Marktorganisation für Milch und Milcherzeugnisse" vom 25. Mai 1984 ist ein Versuch der Europäischen Gemeinschaft vor dem Hintergrund mit Butter- und Milchpulverbergen überfüllter Kühl- und Lagerhäuser die weitere Überproduktion in der Milchwirtschaft von 127% (1985) zu reduzieren.

11) "Verordnung Nr. 1411/71 des Rates zur Festlegung ergänzender Vorschriften für die gemeinsame Marktorganisation für Milch und Milcherzeugnisse hinsichtlich der unter die Tarifnummer 04.01 des Gemeinsamen Zolltarifs fallenden Erzeugnisse" vom 29. Juni 1971.

12) Für Baden-Württemberg war dies die "Verordnung des Ministeriums für Ernährung, Landwirtschaft und Umwelt und des Ministeriums für Wirtschaft, Mittelstand und Verkehr über Prüfung und Bezahlung von Erzeugern angelieferter Milch", die sog. "Gütebezahlungsverordnung" in der letzten Fassung vom 23. August 1978.

13) "Verordnung über die Güteprüfung und Bezahlung der Anlieferungsmilch vom 9. Juli 1980", inzwischen in der Neufassung vom 3.12.1982. Bis zum endgültigen Inkrafttreten der Bundesverordnung wurde den Ländern bis 31.12.1982 - unter besonderen Bedingungen bis zum 31.12.1984 - eine Übergangsregelung eingeräumt, wonach die zuvor gültigen Landesverordnungen noch Geltung besaßen.

14) Auf die einzelnen Merkmale, die die Güte einer Milchanlieferung bestimmen, wird später noch ausführlich eingegangen.

den Bundesländern zusätzliche Durchführungs-Verordnungen auf der Grundlage der in der Bundesverordnung aufgeführten Einzelbestimmungen eingeräumt (§ 6).

5.3.2. Satzung der genossenschaftlichen Milcherzeugervereinigung

Wie in allen Genossenschaftssatzungen sind auch im Statut der Milcherzeugervereinigungen die den genossenschaftsrechlichen Bestimmungen entsprechenden organisationalen Rahmenbedingungen für die Zusammenarbeit mit den Mitgliedern zugrundegelegt. Dabei nehmen die einzelnen Paragraphen in erster Linie Bezug auf die Regelung der Mitgliederschaft (Erwerb, Ausscheiden, Kündigung, Rechte etc.), der Organe (Vorstand, Aufsichtsrat, Generalversammlung), des Eigenkapitals und der Haftungssumme sowie des Rechnungswesens. Darüber hinaus werden den Mitgliedern Verhaltenspflichten auferlegt, die als Grundlage der molkereigenossenschaftlichen Koordination dienen.

Mit Erhalt der Genossenschaftssatzung erklärt sich das Mitglied mit seiner Unterschrift in einer vorgedruckten "Bestätigung" ausdrücklich mit den in § 12 der Satzung enthaltenen Verhaltenspflichten einverstanden. Solch eine Pflicht ist insbesondere, "sämtliche erfaßte bzw. sämtliche im landwirtschaftlichen Betrieb gewonnene und nicht zum unmittelbaren Verbrauch im eigenen Haushalt oder zur Verfütterung im Betrieb benötigte Milch (...) ausschließlich an (das molkereigenossenschaftliche Unternehmen, C.D.) zu liefern" (§ 12, Abs. 2a)[15]. Damit werden die Erzeuger bereits in der Satzung ihrer Vereinigung, die das molkereigenossenschaftliche Unternehmen mitträgt, auf die Lieferung sämtlicher Milch verpflichtet, was konkret die *vollständige* Lieferpflicht als bindendes Element beinhaltet[16]. Aus dem genannten Passus geht ferner hervor, daß die Milchanlieferung der Erzeuger "nach Maßgabe der jeweils geltenden Lieferungs- und Qualitätsbedingungen" zu erfolgen hat. An die Milchanlieferung können demnach den Koordinationserfordernissen entsprechende, besondere Bedingungen geknüpft werden. Nähere Einzelheiten gehen aus der Satzung hierzu allerdings nicht hervor.

Neben diesen, die Milcherzeugung direkt betreffenden Verhaltenspflichten der Mitglieder regelt die Satzung noch die Informationspflicht des Erzeugers über seinen Kuhbestand (§ 12, Abs. 2b), die Zeichnung von Geschäftsanteilen (§ 12, Abs. 2d und e) sowie die Maßnahmen, die bei Verstößen gegen die Mitgliederpflichten von der Milcherzeugervereinigung ausgesprochen werden können (§ 12, Abs. 2h). Weitere Einzelheiten über Milcherzeugung und Milcherfassung enthält die Satzung nicht. Dies überläßt die Milcherzeugervereinigung dem molkereigenossenschaftlichen Unternehmen, das ergänzende formalrechtliche Vereinbarungen als Koordinationsgrundlage mit den Milcherzeugern abschließt.

---

15) Die Lieferpflicht bezieht sich auch auf die der Milcherzeugervereinigung als Mitglieder angeschlossenen örtlichen Milchsammelgenossenschaften; daher erklärt sich, daß auch von "sämtlich erfaßter Milch" die Rede ist.

16) Dies läßt sich wohl bei allen Molkereigenossenschaften finden, da die statuarische Andienungspflicht Bestandteil des molkereigenossenschaftlichen Musterstatuts des Deutschen Raiffeisenverbandes ist; vgl. NITSCH 1957, S. 74 f. und KELLER 1975, S. 171. Schon in dem von RAIFFEISEN entworfenen Musterstatut für Molkereigenossenschaften war im Abschnitt II, § 6d) der Kontrahierungszwang als Mitgliederpflicht verankert; RAIFFEISEN 1881, S. 270.

5.3.3. Milchlieferungsbedingungen

Die Milchlieferungsbedingungen verstehen sich ausdrücklich als "Regelung von unmittelbaren und mittelbaren Rechtsbeziehungen zwischen der Molkerei (...) und dem Milchlieferanten (Milcherzeuger)" (Präambel), womit ihnen für die molkereigenossenschaftliche Koordination grundlegende Bedeutung zukommt. Bereits in den Satzungen der Milcherzeugervereinigungen wird insofern auf sie verwiesen, als die Milchanlieferung "nach Maßgabe der jeweils geltenden Lieferungs- und Qualitätsbedingungen" zu erfolgen hat (§ 12, Abs. 2a), wie schon erwähnt wurde. Gleichwohl erstreckt sich der Geltungsbereich der Lieferungsbedingungen auf alle Erzeuger, also auch auf diejenigen, die weder einer Milcherzeugervereinigung noch einer örtlichen Milchsammelgenossenschaft (Sammelstelle) angehören.

Im einzelnen beinhalten die Milchlieferungsbedingungen folgende, für unser Interesse wichtigen Punkte[17]: Gegenstand der Lieferung, Milchanfuhr und Erfassung, Rücknahme von Milchüberschüssen, Milchgeldabrechnung und Bezahlung[18].

"Der Milchlieferant hat die Milch gemäß den jeweils geltenden gesetzlichen Bestimmungen, insbesondere denen des Milchgesetzes" und allen sonstigen, die Qualität der Milch betreffenden Verordnungen anzuliefern (I.1). Aufgeführt sind dazu die Verfügungen, nach denen aufgrund der gesetzlichen Bestimmungen Milch von der Anlieferung ausgeschlossen ist (I.2 und 3). Punkt 4 des ersten Teils der Lieferungsbedingungen enthält eine Reihe verschiedener Verhaltenspflichten des Erzeugers, die sich auf Einzelheiten der Milchgewinnung und Milchbehandlung, der Stallverhältnisse sowie der Reinigung der Melkmaschinen beziehen. Außerdem wird auf das Zutrittsrecht, das bestimmten Kontrollorganen zum Stall und zur Milchkammer zu gewähren ist, hingewiesen. Weiterhin ist die Informationspflicht des Erzeugers im Falle meldepflichtiger, ansteckender Erkrankungen bzw. des Verdachts auf solche von im Betrieb beschäftigten Personen oder des Viehbestandes festgeschrieben (I.5). "Der Milchlieferant hat die Milch auf seine Kosten und Gefahr (...) der von der (Molkerei, C.D.) bestimmten Annahmestelle zu liefern" (II.1). Die Molkerei kann außerdem Bestimmungen treffen, wann und wohin die Milch zu liefern ist bzw. zur Erfassung kommt (II.2 und 3). "Der Milchlieferant ist verpflichtet, Überschüsse an Mager-, Butter- und Futtermilch, die (...) marktmäßig nicht verwertet werden können, jederzeit - im angemessenen Verhältnis zu der von ihm gelieferten Milchmenge - zurückzunehmen" (III.1). Die Milchlieferbedingungen enthalten darüber hinaus die für die Milchgeldabrechnung wichtigen und den Auszahlungspreis bestimmenden Kriterien sowie den Auszahlungsmodus. Zudem werden finanz-technische Sonderfälle, wie z.B. Pfändungen geregelt (IV. 3-8). Eine nachdrückliche Absicherung des genossenschaftlichen Koordinationsrechts läßt sich die Molkerei schließlich dadurch geben, daß sich jeder anliefernde Erzeuger mit seiner Unterschrift zur Anerkennung der Milchlieferungsbedingungen verpflichtet.

---

17) Vgl. auch MÄNDLE/WINTER (Hrsg.) 1980, Sp. 1251.

18) Auf die einzelnen Punkte wird später näher eingegangen.

5.3.4. Milchliefervertrag

Bis zur Ablösung der nationalen Marktordnung bestanden kraft Gesetz feste Lieferbeziehungen zwischen Molkereien und Erzeugern. Die Molkereien waren verpflichtet, die Milch anzunehmen, die Erzeuger, die Milch zu liefern. Bei dieser eindeutigen Rechtslage erschien die Notwendigkeit zum Abschluß zusätzlicher Lieferverträge oftmals nicht gegeben. Dort, wo solche Verträge abgeschlossen waren - so auch in der untersuchten Molkerei - kam ihnen eher untergeordnete, ergänzende Funktion hinzu[19]. Mit Wegfall der Einzugsgebietsregelung bemühten sich die Molkereien entweder erstmals oder durch textliche Ergänzungen, mit ihren Erzeugern "echte Liefer- und Abnahmeverträge"[20] abzuschließen und zwar "zur rationellen Erfassung, zur Sicherung des Absatzes sowie zur bestmöglichen Verwertung der Milch", wie zu anfangs des molkereigenossenschaftlichen Vertrages steht. Ergänzend müßte es eigentlich noch heißen "zur Sicherung des Rohmilchbezuges der Molkerei", was wohl der ausschlaggebende Punkt für die Vertragsbeziehung ist. Weitgehend wurden durch die Verträge nämlich die traditionellen Lieferbeziehungen innerhalb der zuvor bestehenden Gebietsordnung sanktioniert.

Im einzelnen sind elf Punkte im Vertragstext aufgeführt, von denen folgende wichtig erscheinen. Auch im Liefervertrag wird nochmals die vollständige Lieferpflicht für die Erzeuger und eine Annahmepflicht für die Molkerei verankert (Ziffer 1 und 2). Ebenfalls wie im Statut ist die Informationspflicht der Lieferanten über seinen Kuhbestand enthalten (Ziffer 5). Die Verträge beinhalten keine Regelungen über die Bedingungen der Lieferung oder über Milchqualität und Zahlungsbedingungen. Stattdessen sind die "Milchlieferungsbedingungen" ausdrücklich als Bestandteil des Vertrages eingefügt (Ziffer 7). Darüber hinaus beinhaltet der Vertrag die Verpflichtung des Lieferanten, bei der ihm vorgeschalteten regionalen Milcherzeugervereinigung Mitglied zu sein und die dafür erforderlichen Geschäftsanteile zu erwerben (Ziffer 6).

5.4. Koordinationsinhalte

Infolge der fortschreitenden Konzentration im molkereiwirtschaftlichen Sektor, mit der ein verstärkter Konkurrenzkampf der Unternehmen um Marktanteile einhergeht, haben sich die Molkereien zwei, sich einander ergänzenden, Aufgaben zu stellen: einmal der Sicherung oder sogar Vergrößerung ihrer Umsatzanteile am Markt für Milch und Milcherzeugnisse. Dabei können sich nur solche Unternehmen behaupten und gegenüber der Konkurrenz durchsetzen, die über einen in quantitativer wie qualitativer Hinsicht gesicherten Rohmilchbezug verfügen. Dies ist die zweite Aufgabe der Molkereien: Sie müssen dafür Sorge tragen, daß ihnen von ihren Erzeugern eine Rohmilch angeliefert wird im angemessenen Größenumfang, in der zur Be- und Verarbeitung erfor-

---

19) Für v. ALVENSLEBEN et al. 1973 schien es auch gar nicht erforderlich, daß den Verträgen zentrale Rechtsfunktion zukäme, da in der Praxis bereits die Satzungen der Molkereigenossenschaften sowie die überall verankerten Milchlieferungsordnungen bzw. -bedingungen die Liefer- und Annahmeverpflichtung regelten (S. 111 f.).

20) Ebd., S. 112.

derlichen Beschaffenheit und innerhalb eines zeitlich wie räumlich in den rationalisierten Betriebsablauf des Unternehmens passenden Modus der Lieferung. Dem molkereigenossenschaftlichen Unternehmen obliegt demnach nicht nur die Ausübung der Teilfunktionen Erfassung, Be- und Verarbeitung sowie Vermarktung von Milch und Milcherzeugnissen, sondern auch die nachdrückliche Abstimmung der Erzeugerstufe mit den nachgelagerten Stufen. Es ergeben sich daraus unterschiedliche Koordinationsinhalte, die von den Lieferanten bei der Milcherzeugung beachtet werden müssen, damit sie zur gewünschten Rohmilchversorgung ihres Unternehmens beitragen. Welche Inhalte dies im einzelnen sind, soll nun geklärt werden.

5.4.1. Liefertreue

Die Inanspruchnahme des molkereigenossenschaftlichen Leistungsangebotes durch die Erzeuger ist nicht nur für die Konkurrenzfähigkeit des Unternehmens im Wettbewerb um Marktanteile, sondern generell für seine Lebensfähigkeit von Bedeutung. Denn nur wenn die Erzeuger kontinuierlich die Rohmilchversorgung gewährleisten, kann sich ein nachhaltiger Unternehmenserfolg für Molkerei (Umsatzentwicklung) und Lieferanten (Entwicklung des Milchgeldes) einstellen. Über die unmittelbare Bezugssicherung der Rohstoffbasis an Milch hinaus, erfordern die kostenintensiven molkereitechnologischen Anlagen einschließlich aller Bauten, Geräte und Fahrzeuge sowie der hohe Personalbestand eine kontinuierliche Auslastung der technisch-organisatorischen, betrieblich-sachlichen und personellen Kapazitäten. Würde es den Erzeugern überlassen, ob, wann und in welchem Umfang sie ihre Milch an die Molkerei anliefern, so wäre es um die dauerhafte Existenz des Unternehmens unter Umständen schlecht bestellt. Denn eine ungesicherte Rohmilchversorgung mit einem daraus resultierenden schwankenden Angebot an Milch und Milcherzeugnissen würde interessierte Abnehmer von einer langfristigen Lieferbeziehung mit der Molkerei abschrecken. Außerdem wären die enormen Investitionen in den Be- und Verarbeitungsbetrieb sowie das gesamte Vertriebssystem hinsichtlich ihres Auslastungsgrades unter ungünstigen Voraussetzungen getätigt worden. Aus diesen Gründen steht die Liefertreue der milchproduzierenden Betriebe an erster Stelle der Koordinationsinhalte. Dies erschließt sich auch aus dem Statut der Milcherzeugervereinigungen und dem Liefervertrag. In beiden ist - wie schon erwähnt - die vollständige Lieferpflicht verankert, um eine dem Belieben der Erzeuger überlassende Liefermoral zu verhindern.

Zuletzt wurde die Absicherung der molkereigenossenschaftlichen Rohstoffbasis nach Inkrafttreten der Garantiemengenregelung 1984 aktuell, als jedem Erzeugerbetrieb in der Bundesrepublik eine bestimmte abgabefreie Jahresreferenzmenge an Milchanlieferung zugeteilt wurde. Wie von der EG-Kommission als produktionsreduzierender Effekt erwartet, ging die Jahresmilchanlieferung auch an die untersuchte Molkerei zurück. Damit wurden aber die Produktions- und Absatzkapazitäten geringer ausgelastet, als es die ungebremste Nachfrage nach Milch und Milcherzeugnissen eigentlich erlaubt hätte. Folglich mußten Umschichtungen der Milchzuteilung innerhalb des Produktionsprogrammes der drei Milchwerke vorgenommen werden. Besonders gravierend war jedoch angesichts der für die Molkerei unerwünscht rückläufigen Rohmilchanlieferungsmengen, daß im ersten Milchwirtschaftsjahr nach der Kontingentierung bei einer Überschreitung der Quote von 32,2% der Betriebe (mit einer Überlieferung von rund 1,64 Mio. kg Milch) die restlichen 67,8% der Betriebe ihre Quote gar nicht ausschöpften und dies sogar in der beträchtlichen Größenordnung von bald 14 Mio. kg[21]. Aus diesem Grund wurde an die Erzeuger immer wieder in Rundschreiben und auf Versammlungen appelliert, die ihnen zustehende Jahresreferenzmenge doch auszuschöpfen und der Molkerei anzuliefern, also konsequent ihre Liefertreue unter Beweis zu stellen.

5.4.2. Beschaffenheit der Rohmilch

Bereits bei RAIFFEISEN stand die Hebung der Milchqualität im Vordergrund, wenn er die Vorteile der genossenschaftlichen Milchwirtschaft erläuterte[22]. Auch die Satzung der Milcherzeugervereinigungen deutet unter Verweis auf ihre Qualitätsbedingungen darauf hin, daß nur Milch einer bestimmten Beschaffenheit zur Anlieferung kommen darf. Dazu wird in den Lieferungsbedingungen der Molkerei Rohmilch definiert als "nur vollkommen reine, gesunde, unverfälschte und unverdorbene Kuhmilch" (I.1). Ähnlich kurz und bündig fällt auch die Definition des molkereigenossenschaftlichen Außendienstleiters aus, wenn er nach "guter" Rohmilchqualität gefragt wird: "Milch von gesunden Kühen, sauber gewonnen, schnell gekühlt". Hinter diesem offensichtlich klaren Verständnis, wie die dem Unternehmen angelieferte Rohmilch beschaffen sein sollte, stehen verschiedene Kriterien, die mehr oder weniger dominant die molkereigenossenschaftliche Koordination inhaltlich bestimmen.

a) Keimgehalt

Im Mittelpunkt der Bemühungen um eine gute Rohmilchqualität steht deren bakteriologische Beschaffenheit, d.h. ihr Keimgehalt. Die sensorischen Eigenschaften von Milch und Milcherzeugnissen wie Geschmack, Geruch und Aussehen hängen nämlich entscheidend davon ab. Unter Keimgehalt wird die Anzahl der Keime in der Rohmilch verstanden. Keime sind Mikroorganismen (Bakterien), die sich unter den für sie günstigen Bedingungen durch Teilung sehr schnell vermehren[23].

Eine keimfreie Rohmilch gibt es grundsätzlich nicht. Aus dem Euter einer gesunden Kuh kommt die Milch nach Passieren des Strichkanals mit ca. 100 - 1.000 Keimen/ml[24]. Sobald die frisch ermolkene Rohmilch aber mit der Außenwelt (durch Luft, Leitungen der Melkanlagen, Behälter usw.) in Berührung kommt, setzt die rasche Ver-

---

21) Dieser Gegensatz hätte bei einer Molkereiquote, wie sie z.B. in Frankreich praktiziert wird, leicht ausgeglichen werden können. Doch in der Bundesrepublik hatte man sich auf die Hofquote, also eine Kontingentierung auf die Erzeugerbetriebe bezogen, entschieden. Der badische Bauernverband hatte zwar gemeinsam mit der Molkereizentrale Südwest - in weiser Vorausahnung der Diskrepanzen zwischen Überschreitungs- und Unterlieferungsmengen - für die Molkereiquote plädiert, war jedoch am Widerstand der anderen Landesverbände gescheitert.

22) Vgl. RAIFFEISEN 1881, S. 255.

23) Vgl. BOGNER (Hrsg.) 1983, S. 81.

24) HOPPE 1983, S. 10.

mehrung der Keimzahl ein. Je nach Milchtemperatur und Bakterienart dauert die Teilung etwa 20 Minuten bei kuhwarmer Milch, bei sofort gekühlter dagegen 8 - 10 Stunden[25]. Es ist nun nicht die bloße Anwesenheit von Keimen, die die Rohmilchqualität nachteilig beeinflußt, sondern deren Stoffwechsel[26].

Als Kleinstlebewesen haben Bakterien einen eigenen Stoffwechsel. Dabei werden je nach Keimart Milchzucker, Milchfett und Milcheiweiß gespalten. Milchsäurebildende Keime bauen Milchzucker ab. Unter 10 °C findet bei ihnen jedoch keine Vermehrung mehr statt. Fett- und eiweißspaltende Keime sind hingegen kältetolerant, sie teilen sich auch noch unter 10 °C. Ihr Anteil an der Gesamtkeimzahl steigt daher trotz sofortiger Kühlung nach dem Melken, wobei die Höhe von der Anfangskeimbelastung und der Lagerdauer der Rohmilch bestimmt wird. Milch mit höherer Anfangskeimbelastung gelangt schon nach einer Lagerdauer von zwei Tagen in den kritischen Bereich, bei dem es zu Geschmacksbeeinträchtigungen kommen kann. Wird die Rohmilch bis zur Verarbeitung in der Molkerei auch noch zwischengelagert - wie es mit Samstagsanlieferungen passiert, weil erst montags wieder produziert wird - dann wird der Grenzwert für kältetolerante Keime mit negativem Einfluß auf Geruch, Geschmack und Aussehen der Milcherzeugnisse weit überschritten[27]. Solche störenden Begleiterscheinungen bei der Be- und Verarbeitung von Rohmilch sind z.B. die geringere Haltbarkeit der Erzeugnisse (auch bei Sterilprodukten trotz Ultrahocherhitzungsverfahren), Flockenbildung in der Kaffeesahne, Geruchs- und Geschmacksfehler bei Joghurt und Quark und eine fehlende Ausbeute bei der Quarkproduktion. Aus diesem Grund ist die Molkerei auf eine Rohmilchqualität mit möglichst geringem Keimgehalt angewiesen. Voraussetzung dafür ist, daß jede Anlieferung der Milcherzeuger keimarm ist. Denn mischt sich bei der Erfassung durch Tanksammelfahrzeuge eine mit niedriger Anfangskeimzahl ermolkene Milch mit auch nur geringen Mengen keimreicher Rohmilch, so schlägt sich das auf den Keimgehalt der anfangs keimarmen Milch negativ nieder, verändert also unter Umständen die Rohmilchqualität einer gesamten Tankwagenlieferung[28].

Ein geringer Keimgehalt stellt nicht nur aus molkereiverfahrenstechnologischen Gründen ein unabdingbares Kriterium der Rohmilchbeschaffenheit dar, sondern auch unter absatzwirtschaftlichem Gesichtspunkt. Frische und Haltbarkeit von Milcherzeugnissen sind nämlich die Qualitätsansprüche, mit denen die Molkerei von ihren Großabnehmern (Handelsketten) konfrontiert wird. Diese sind daran interessiert, dem Endverbraucher Molkereiprodukte von höchstmöglicher Haltbarkeitsdauer anbieten zu können - wiederum eine Folge zeit- und arbeitsrationeller Einkaufserledigung. Die "Qualitäts- und Frischegarantie" - so der einschlägige Werbeslogan der Molkerei - dient demnach auch als genossenschaftliche Absatzstrategie, um sich bei einem Sortimentanteil von 80% an Frischerzeugnissen im Konkurrenzkampf mit anderen Molkereien behaupten zu können:

"Wenn wir am Milchmarkt bestehen wollen, sind wir an einer bestimmten Qualität interessiert. Das sind nicht wir, die darauf bestehen, daß eine Milch von uns möglichst lange haltbar ist, sondern die Abnehmerseite legt Wert darauf, daß in den Kühlregalen Waren mit langer Haltbarkeit stehen. Der Verbraucher geht nur noch ein, zwei Mal die Woche einkaufen und so muß ne angebrochene Pakkung drei, vier Tage und noch länger halten. Deswegen sind wir als Molkerei darauf angewiesen,

25) Vgl. die Tabelle bei RABOLD et al. 1985, S. 121.
26) Vgl. ebd.
27) Ebd.
28) Ebd., S. 121.

daß unsere Erzeuger ne keimfreie Rohmilch der S-Klasse bringen. Des is keine Schikane von uns, sondern ne Notwendigkeit, um am Markt bestehen zu können - für uns und auch für die Erzeuger, die ja einen hohen Auszahlungspreis wollen."
- Molkereileitung

Gegenüber ihren Erzeugern argumentiert die Molkerei ähnlich, wenn sie auf die Erfordernisse einer keimarmen Rohmilch hinweist:

"Im Interesse der Erhaltung unserer Wettbewerbsfähigkeit sind wir bestrebt, die Haltbarkeit unserer Frischprodukte ständig weiter zu verlängern. Voraussetzung hierfür ist die Anlieferung möglichst keimarmer Milch."
"Bei allen marktwirtschaftlichen Überlegungen gehen wir im Grundsatz davon aus, daß echte und rentable Verkaufserfolge auf Dauer nur mit Spitzenqualität erzielt werden können. Dazu brauchen wir eine erstklassige Rohmilchqualität."
- aus Rundschreiben

b) Somatischer Zellgehalt

"Somatische Zellen der Milch sind Körperzellen, die zum Teil aus dem Epithelgewebe des Euters (Epithelzellen), zum Teil aus dem Blut (Leukozyten) in die Milch gelangen"[29]. Da zwischen der Eutergesundheit einer Kuh und dem somatischen Zellgehalt ihrer Milch ein enger Zusammenhang besteht, gilt die Anzahl somatischer Zellen auch als Eutergesundheitsindex[30]: Je höher der Zellgehalt der Milch, desto wahrscheinlicher ist es, daß Gesundheitsstörungen im Viehbestand vorliegen. Bei einer gesunden Kuh erneuert sich das Eutergewebe fortlaufend von selbst, so daß nur eine geringe Anzahl von Epithelzellen verbraucht oder abgestoßen werden. Zugleich besteht eine gute Abwehrbereitschaft gegenüber Krankheitserregern, weswegen sich auch nur eine geringe Anzahl von Leukozyten bildet. Ein somatischer Zellgehalt von 100.000 - 300.000 Zellen/ml ist daher der Normalfall bei einem Kuhbestand. Eine Zahl von 300.000 - 500.000 Zellen ist entweder das Ergebnis altmelkender Kühe oder bereits ein erster Hinweis auf eine defekte Melkmaschine und/oder Euterreizungen der Kühe. Über 500.000 Zellen/ml gelten dem Veterinäramt als deutliches Zeichen von Euterkrankheiten im Viehbestand[31]. Melkfehler (z.B. falsches Vakuum und falsche Pulsfrequenz der Melkanlage, zu lange Melkzeiten und Blindmelken, d.h. Absaugen ohne Milchfluß) und mechanische Euterschädigungen (z.B. alte Zitzengummis) führen zu Euterreizungen und Verletzungen der Zitzenschleimhäute (Reibungen, Quetschungen, Abschieferung)[32]. Epithelzellen werden vom Eutergewebe abgestoßen, dieses entzündet sich und es kommt zu Infektionen der Milchdrüse mit vermehrter Leukozytenbildung - einer Mastitis[33].

Auf die eigentliche Rohmilchqualität oder die molkereitechnische Produktion hat ein erhöhter somatischer Zellgehalt keinerlei Auswirkungen, weil die Zellen über eine Hochleistungszentrifuge restlos ausgeschleudert werden. Es entspricht allerdings den Qualitätsrichtlinien staatlicher Bestimmungen[34] wie auch den molkereigenossenschaftli-

29) GOTTSCHALK 1982, S. 83.
30) Vgl. ebd., S. 83 f.
31) Die Zahlenangaben beruhen auf Aussagen eines Tierarztes am staatlichen Veterinäramt.
32) Vgl. FRANK 1981, S. 102 ff. sowie WIESNER 1981, S. 54.
33) Vgl. GOTTSCHALK 1982, S. 84.
34) "Erste Verordnung zur Ausführung des Milchgesetzes" vom 15. Mai 1931, § 3b und 3c.

chen Lieferbedingungen (I.2b), daß an die Erzeuger die Aufforderung zur Anlieferung von Rohmilch aus gesunden Viehbeständen ergeht. Die Molkerei hat schließlich über die gesetzliche Qualitätsverpflichtung hinaus noch ein weiteres Interesse an der Gesundheit der Kühe ihrer Lieferanten. Euterkranke Viehbestände bedürfen der oftmals längeren medizinischen Behandlung, was sich unter Umständen nachteilig auf die Rohmilchqualität auswirkt - nämlich in Form von hemmstoffpositiven Reaktionen.

c) Hemmstoffreaktionen

Ähnlich zentrale Bedeutung wie der Keimgehalt nimmt die Hemmstoffreaktion der Anlieferungsmilch bei der molkereigenossenschaftlichen Koordination ein. Hemmstoffe sind Substanzen, die vornehmlich in Arzneimitteln, aber auch in Reinigungs- und Desinfektionsmitteln enthalten sein können. In die Rohmilch gelangen Hemmstoffe hauptsächlich über zwei Wege. Zur Behandlung von Euterkrankheiten werden verschiedene Antibiotika, insbesondere Penicillin, eingesetzt. Das zumeist in den Strichkanal des Euters eingebrachte Medikament wird vom Eutergewebe aufgenommen, gelangt in die Milch und wird mit dieser wieder ausgeschieden. Eine andere Art, wie hemmstoffhaltige Rückstände in die Rohmilch gelangen können, ist die unsachgemäße Handhabung von alkalischen Reinigungs- und Desinfektionsmitteln, die bei der Säuberung von Milchleitungen der Melkanlagen, von Milchkannen, -behältern und -wannen eingesetzt werden[35].

Die in die Rohmilch gelangten Hemmstoffrückstände führen zu gravierenden Beeinträchtigungen der molkereitechnischen Produktion. Besonders bei der Joghurt- und Sauermilchherstellung kommt es infolge von Fehlsäuerungen und Fehlgärungen zu Produktionsschäden. Die Verwendungsfähigkeit einer hemmstoffpositiv reagierenden Milch wird erheblich eingeschränkt:

"Von einer einzigen Kuh kann der Hemmstofftest eines ganzen Kühltanks mit Milch positiv ausfallen. Für uns sind das dann Wahnsinnsprobleme im Betrieb. Die Milch können Sie vergessen, die ist dann kaum noch verwendungsfähig."
- Leiter des Betriebslabors der Molkerei

Für das Unternehmen sind damit enorme Verluste verbunden, was man versucht, den Erzeugern klar zu machen:

"Durch Hemmstoff-Rückstände in der Anlieferungsmilch entstehen der deutschen Milchwirtschaft jährlich Produktionsschäden in Höhe von mehreren Millionen DM. Auch unser Unternehmen ist mit dieser Frage konfrontiert."
- aus Rundschreiben

Aus diesem Grund darf nach den molkereigenossenschaftlichen Lieferungsbedingungen keine "Milch von Kühen mit (...) Eutererkrankungen" (I.2b) und "von Kühen, die mit in die Milch übergehenden Arzneimitteln oder wegen einer Euterentzündung behandelt werden" (I.2d) zur Anlieferung kommen. Von der Erfassung ausgeschlossen ist ebenfalls "Milch, die Reinigungs- oder Desinfektionsmittel oder deren Rückstände enthält" (I.2e).

35) Gegen diesen, von den Molkereien immer wieder erhobenen Verdacht werden von Seiten der Hersteller solcher Reinigungs- und Desinfektionsmittel energisch Einwände vorgebracht, so z.B. von LAUERMANN et al. 1981.

d) *Milchinhaltsstoffe*

Die Beschaffenheit von Rohmilch wird auch durch ihren Anteil an Inhaltsstoffen bestimmt. Fett- und Eiweißgehalt stehen dabei im Vordergrund. Milch enthält im Durchschnitt zwischen 3,1 und 3,7% Roheiweiß sowie 3,5 und 4,5% Fett[36], wobei die Werte, abhängig von Umwelteinflüssen (Klima, Fütterung, Melktechnik) und genetischem Material, starken Schwankungen unterworfen sein können. Im molkereigenossenschaftlichen Unternehmen nehmen die Milchinhaltsstoffe im Gegensatz zu Keimgehalt und Hemmstoffreaktion keine bedeutende Stellung bei der Koordination ein. Man übernimmt als Richtgrößen die Basiswerte, wie sie bundeseinheitlich von der Milchgüte-Verordnung verbindlich vorgegeben sind (§ 4, Abs. 2). Danach ist der Fettgehalt auf 3,7% und der Eiweißgehalt auf 3,4% festgelegt. Darüber hinaus gehende Koordinationsbestrebungen hinsichtlich der Milchinhaltsstoffe gibt es nicht.

e) *Sonstige Güteeigenschaften*

Die bisher aufgeführten Qualitätsrichtlinien, die der molkereigenossenschaftlichen Koordination im Hinblick auf die qualitative Beschaffenheit der von den Erzeugern angelieferten Rohmilch inhaltlich zugrundeliegen, werden schließlich durch eine Reihe weiterer Güteeigenschaften ergänzt. Entsprechend den staatlichen Bestimmungen im Milchgesetz[37] sind sie in den Milchlieferungsbedingungen aufgeführt. So ist nicht nur die Milch von euterkranken Kühen von der Annahme ausgeschlossen, sondern auch die von Tuberkulose verseuchten oder tbc-verdächtigen Viehbeständen (I.2a) sowie "Milch von Kühen mit sonstigen Krankheiten" (I.2b). Weiterhin ist Rohmilch von ihrer qualitativen Beschaffenheit her dann abzulehnen, wenn sie "kurz vor oder in den ersten fünf Tagen nach dem Abkalben gewonnen ist; (...) erheblich verschmutzt ist; (...) in ihrem Geruch, Geschmack, Aussehen oder ihrer sonstigen sinnfälligen Beschaffenheit so verändert ist, daß ihr Genuß- oder Gebrauchswert erheblich beeinträchtigt ist" (I.3a-c). Eine ungenügende Qualität stellt ferner "saure, ansaure und alkalisch reagierende Milch" dar (I.3d).

5.4.3. Viehhaltung

Von koordinierenden Bestimmungen, die die Haltung der Milchviehbestände betreffen, hält sich das molkereigenossenschaftliche Unternehmen weitgehend zurück. Den Erzeugern werden keine Auflagen hinsichtlich der Zusammensetzung ihres Viehbestandes (Zahl, Art, Rasse), der Haltungsform oder genaue Einzelheiten der Fütterung, Pflege oder Stallverhältnisse gemacht. Nur für drei begrenzte Bereiche können koordinierende Ansätze aufgeführt werden.

---

36) Vgl. GOTTSCHALK 1982, S. 9.

37) "Erste Verordnung zur Ausführung des Milchgesetzes" vom 15. Mai 1931, §§ 3a-c und § 6.

a) Fütterung

In den Milchlieferungsbedingungen wird wortgleich den Ausführungsbestimmungen zum Milchgesetz[38] die Fütterung der Viehbestände angesprochen. Danach ist Rohmilch von der Annahme ausgeschlossen, welche von Kühen stammt, die "mit Futtermitteln gefüttert werden, welche die Beschaffenheit der Milch nachteilig für die menschliche Gesundheit beeinflussen können" (I.2c). Dieser, sonst nirgends näher erläuterte Passus gelangte in der Praxis bisher nur einmal zur Anwendung. Nach der Atomkatastrophe von Tschernobyl 1986 befürchtete die Molkerei mit dem Übergang zur Winterfütterung einen Anstieg der radioaktiven Belastung der Milch. Es stand nämlich das Heu zur Verfütterung an, das im Frühsommer nach dem Fallout des Kernkraftwerkes besonders stark radioaktiv verseucht war. Daher erging an die Erzeuger die Aufforderung, nicht ausschließlich diesen ersten Schnitt zu verwenden, sondern mit späteren Ernten vermischt zu verfüttern.

Im Gegensatz zu milchverarbeitenden Käsereien im Allgäu, die oftmals mit Rücksicht auf bestimmte Verarbeitungserfordernisse sehr präzise Auflagen für die Fütterung der Milchkühe aufstellen[39], wird von der Molkerei ansonsten keine Reglementierung bei der Fütterung vorgenommen.

b) Gesundheitspflege

Um eine einwandfreie Rohmilch angeliefert zu bekommen, ist die Molkerei an einem gesunden Viehbestand ihrer Erzeuger interessiert. Die Lieferanten sind dazu angehalten,

"bei Vorliegen einer Erkrankung unbedingt den Tierarzt einzuschalten. Von der Eigenbehandlung der Kühe ist dringend abzuraten; bei der Vielzahl der heute angebotenen Medikamente besteht die Gefahr, daß ein völlig falsches oder nicht ausreichend wirksames Mittel zur Anwendung kommt."
- aus Rundschreiben

Von einer Eigenbehandlung erkrankter Kühe wird insbesondere auch deswegen abgeraten, um eine zu frühe Milchanlieferung aus kranken Beständen zu verhindern. Da Milch von medikamentös behandelten Kühen zu den schon erwähnten, nicht wünschenswerten hemmstoffpositiven Reaktionen führt, ist eine Wartefrist von mindestens sieben Tagen einzuhalten. Ein mit der Behandlung beauftragter Tierarzt wird daher auf alle Fälle die Erzeuger über die Einhaltung der Sperrfrist aufklären. Bei Eigenbehandlung durch die Lieferanten befürchtet die Molkerei hingegen, daß die Erzeuger die Mindestfrist unterschreiten und die Milch behandelter Kühe zu früh mit dem Gesamtgemelk anliefern könnten. Zusätzlich werden die Erzeuger von der Molkerei in einem Merkblatt, den "Richtlinien zur Vermeidung von Hemmstoffen in der Anlieferungsmilch" dazu aufgefordert, mit Antibiotika behandelte Kühe besonders zu kennzeichnen. Damit sollen Verwechslungen oder Irrtümer über die zur Anlieferung bestimmte Rohmilch innerhalb des Melkpersonals ausgeschlossen werden.

---

38) "Erste Verordnung zur Ausführung des Milchgesetzes" vom 15. Mai 1931, § 3 f.

39) Vgl. STRECKER et al. 1963, S. 109; so wird z.B. die Silagefütterung verboten und die Kraftfutterverwendung stark eingeschränkt. Vgl. auch v. ALVENSLEBEN 1973, S. 113.

c) Stallverhältnisse

Im Interesse eines gesunden Viehbestandes ihrer Lieferanten gibt die Molkerei allgemeine Weisungen zur Verhinderung von Euterkrankheiten heraus, die die Stallverhältnisse betreffen. So werden die Erzeuger hingewiesen auf

"zweckmäßige Ställe und gute Einstreu (...); bereits erkrankte Tiere abzusondern, um Verschleppungen zu verhindern."
- aus Rundschreiben

Aus der Fülle gesetzlicher Bestimmungen, die sich auf die Stallverhältnisse beziehen[40], beläßt es die Molkerei damit, ihre Erzeuger in den Milchlieferungsbedingungen darauf zu verpflichten, "für einwandfreie und hygienische Stallverhältnisse zu sorgen, insbesondere für ausreichende Belichtung und Belüftung" (I.4.).

5.4.4. Milchgewinnung

Wesentlich stärker als die Rahmenbedingungen der Milchkuhhaltung tragen die Melkarbeiten zu einer guten Rohmilchqualität bei. Aus diesem Grund kommt der Milchgewinnung zentrale Bedeutung bei der molkereigenossenschaftlichen Koordination zu. Zwar wird in den Milchlieferungsbedingungen lediglich darauf verwiesen, daß bei der Milchgewinnung "die notwendige Sorgfalt anzuwenden" ist (I.4). Wie der Erzeuger das konkret bewerkstelligen soll, wird aber dann in einem "Merkblatt zur Gewinnung keimarmer Rohmilch" weiter ausgeführt. Die besondere Bedeutung, die den Melkarbeiten zur Gewinnung keimarmer, hemmstofffreier Rohmilch von der Molkerei beigemessen wird, verrät die Tatsache, daß in dem genannten Merkblatt mit einer Ausnahme alle gesetzlichen Bestimmungen aufgenommen sind[41]. Im einzelnen bezieht sich dies auf drei Punkte.

a) Vorreinigung

Vor dem Melken sollen die Erzeuger Euter, Zitzen und Flanken der Kühe reinigen. Trotz gut gemeinter Durchführung der Reinigung ist ihre Anwendung oftmals mit besonderen Problemen für die bakteriologische Beschaffenheit der später ermolkenen Milch verbunden[42]. Es lassen sich nämlich verschiedene Arten der Vorreinigung unter-

40) "Erste Verordnung zur Ausführung des Milchgesetzes" vom 15. Mai 1931, §§ 15 u. 16. Darin sind u.a. Angaben zu Fußboden, Jaucherinne und Krippen der Ställe enthalten (§ 15, Abs. 1) sowie die Anordnung, wonach "die Wände (...), soweit sie nicht abwaschbar sind, Kalkanstrich haben (müssen, C.D.), der jährlich mindestens einmal zu erneuern ist" (§ 16, Abs. 1).

41) Ebd., § 17, Abs. 1-5. Einziger Passus, der nicht in dem Merkblatt Berücksichtigung findet, ist Absatz 2: "die Melkpersonen haben beim Melken saubere, waschbare Oberkleidung zu tragen. Sie haben sich vor dem Melken Hände und Unterarme mit Wasser und Seife zu reinigen und dies nach Bedarf zu wiederholen".

42) Die Wichtigkeit einer einwandfreien Vorreinigung machen RABOLD et al. 1985 deutlich: "Mit 1 g Kuhkot können bis zu 40 Milliarden Keime in die Milch gebracht werden (von der Zitze oder beim Abfallen des Melkzeuges)" (S. 121)

scheiden[43]: das einfache Abspritzen mit Wasser, das Säubern mit einem trockenen oder nassen Lappen, mit einem trockenen oder feuchten sowie einem feuchten und in Desinfektionsmittellösung getränkten Einwegpapiertuch. Bei nassem Reinigen durch Abspritzen besteht die Gefahr, daß ohne nachträgliches Abtrocknen die Zitzenbecher des Melkzeugs bereits zu Anfang des Melkens hochrutschen. Schlechter Milchfluß, mangelhaftes Ausmelken, schlechte Melkzeughaftung sowie Keimübertragung von Wasser auf den Euter sind die Folgen[44]. Das Säubern mit einem mehrmals verwendeten Lappen erhöht die Gefahr der Keimverschleppung von einer Kuh zur anderen, was besonders für feuchte Lappen gilt, die in immer trüber werdenden Waschwasser gespült und mit jeder Euterberühung schmutziger und keimhaltiger werden. Von der Molkerei wird den Erzeugern daher angeraten, Einwegpapiertücher zur Vorreinigung zu verwenden, am besten solche, die zuvor mit Desinfektionsmittellösung getränkt wurden.

b) Vormelken

Zu Beginn des Melkens sind die ersten Milchstrahlen aus jeder Zitze wegzumelken. Diese Maßnahme ist zur Keimvermeidung in der Rohmilch besonders wichtig, weil die vom vorausgegangenen Melken im Zitzenhohlraum verbliebenen Milchreste sehr keimreich sind und daher nicht in das Gesamtgemelk gelangen dürfen[45]. Da die ersten Milchstrahlen zudem einen idealen Nährboden zur Übertragung von Krankheitserregern darstellen, sind die Erzeuger dazu angehalten, diese nicht einfach auf den Standplatz der Kühe, ins Streu, wegzumelken, sondern in ein Vormelkgefäß. Gleichzeitig wird dadurch ein Prüfen der Milch vor dem Melken ermöglicht. Sinnfällig fehlerhafte Veränderungen, z.B. fadenziehende, flockige, blutige oder gar eitrige Milch zeigen Sekretionsstörungen an, die erste Hinweise auf Euterkrankheiten geben.

c) Melken

Während des Melkens sollen die Erzeuger im Hinblick auf die Reduzierung zusätzlicher Keimbelastung der Rohmilch eine Staubentwicklung im Stall möglichst vermeiden. Andere Stallarbeiten, wie Entmisten, Einstreuen oder Futtereinbringen sind daher zu unterlassen. Um die Übertragung von Krankheitserregern auszuschließen, sind zuerst die gesunden und im Anschluß die euterkranken Kühe zu melken. Diese Reihenfolge ist auch als vorbeugende Maßnahme zu verstehen, damit die Milch medikamentös behandelter Kühe keinesfalls in das Gesamtgemelk gelangt, sondern gesondert gewonnen wird. Weitergehende Anweisungen zur Melkarbeit, z.B. wie gemolken wird (ob per Hand oder maschinell) bzw. mit welcher Art von Melkanlage, werden den Erzeugern von ihrer Molkerei nicht gegeben. Das Unternehmen beläßt es in der Hauptsache dabei:

"daß e Milch sauber und keimarm gewonne wird. Wie des de einzelne Erzeuger macht, des isch uns eigentlich egal. E gute Milch wolle ma, und das reicht uns dann."
- Außendienstleiter

---

43) Vgl. das von RABOLD et al. 1985 entworfene "Milchhygieneprogramm" (S. 122 f.).
44) Vgl. WORSTORFF 1984, S. 101.
45) Nach der Tabelle von GOTTSCHALK 1982 enthält Milch aus dem Vorgemelk fast 30mal soviel Keime wie aus dem Hauptgemelk (S. 18).

5.4.5. Reinigung und Wartung der Melkgerätschaft

Für die Gewinnung keimarmer Rohmilch stellt ein Faktor die ungleich wichtigste Voraussetzung dar: die Melkgerätschaft. Dabei ist es unerheblich, auf welche Weise und mittels welcher Melktechnik die Milch gewonnen wird. Zwar betonen alle befragten, mit der Milcherzeugung bestens vertrauten Fachleute[46] übereinstimmend, daß handermolkene im Vergleich zu maschinell gewonnener Milch in der Regel die bessere Qualität (sprich geringerer somatischer Zellgehalt und geringere bakteriologische Beschaffenheit) aufweist. Dies liegt einerseits daran, daß beim Milchentzug die Gefahr von Euterreizungen weniger besteht als beim maschinellen Melken (z.B. infolge von Blindmelken oder falsch eingestellten Pulsatoren und Vakuen). Außerdem sind die Melkanlagen mit ihren langen Leitungen und zahlreichen Winkeln und Bögen nicht zu unterschätzende potentielle Träger bakterieller Lagerstätten und Keimverschleppung, was beim kürzeren Milchweg des Handmelkens vom Euter zum Lagergefäß nicht ganz so ins Gewicht fällt.

Natürlich kann man nun deswegen den Erzeugern nicht das Handmelken vorschreiben oder auch nur anraten. Dies verbietet sich nämlich aus arbeitswirtschaftlichen Gesichtspunkten ab einer bestimmten Kuhbestandsgröße und bei dem immer geringer werdenden Arbeitskräftebesatz in den milcherzeugenden Betrieben von selbst. Auch ein Wechsel von der einen zu einer anderen maschinellen Melkanlage trägt zur Reduzierung der genannten Qualitätsrisiken wenig bei. Die Molkerei hat sich daher einem anderen Koordinationsinhalt verschrieben. Wenn schon in Anpassung an die Rationalisierung landwirtschaftlicher Arbeit die Milchgewinnung maschinell erfolgt, so müssen zumindest die für die Rohmilchqualität damit verbundenen Beeinträchtigungen ausgeschlossen werden. Es gilt die Erzeuger auf höchst mögliche Sorgfalt nicht nur bei der Milchgewinnung, sondern auch beim Umgang mit der Melkgerätschaft zu verpflichten, d.h. konkret zur Reinigung und Wartung ihrer Anlagen. Denn nachweislich sind 75 - 80% aller überhöhten Keimzahlen in der Rohmilch Folge nicht sachgerechter Anwendung oder mangelnder Pflege und Sauberkeit von Melkmaschinen[47]. Da von staatlicher Seite im Gegensatz zur sonstigen, die Milcherzeugung betreffenden Fülle gesetzlicher Verordnungen und Bestimmungen keinerlei inhaltliche Ausführungen hierzu bestehen, obliegt es der Molkerei, die Reinigung und Wartung der Melkgerätschaften als verbindliche Erzeugerpflicht festzuschreiben und zu verfolgen.

a) Reinigung

Ein erster Anhaltspunkt zu den Melkgerätschaften ergibt sich aus den Milchlieferungsbedingungen: "Melkmaschinen sind nach jeder Benutzung zu reinigen und zu desinfezieren" (I.4). Ergänzt wird diese Regelung durch die Bestimmung des schon erwähnten "Merkblattes für die Gewinnung keimarmer Rohmilch", wonach "alle von Milch berührten Teile sofort nach dem Gebrauch" zu säubern sind. Die Molkerei überläßt es also nicht dem guten Willen des Erzeugers, wann und wie häufig die Anlagen zu reinigen sind, sondern schreibt den Termin (sofort) und die Regelmäßigkeit

46) Molkereigenossenschaftliche Erzeugerberatung, Veterinäramt, Milchprüfring, Eutergesundheitsdienst.

47) CHRISTIANSEN 1981, S. 314.

(immer, nach jedem Gebrauch) vor. Auch die Art der Reinigung steht dem Erzeuger nicht zur freien Entscheidung an. Das Merkblatt gibt genauen Aufschluß darüber, wie die Reinigung durchzuführen ist. In drei Schritten muß sie erfolgen: Vorspülen, Reinigung und Desinfektion (RuD), Nachspülen.

Erstens: Der Erzeuger muß alle Gerätschaften, ob Milchbehälter oder Anlagen "gründlich mit handwarmem Wasser vorspülen" (Merkblatt). Dies ist sofort, d.h. unmittelbar nach Beendigung des Melkens bzw. nach Entleerung der Gefäße und Anlage zu tun, weil später, schon nach geraumer Zeit, Milchreste und Schmutz angetrocknet und dann schwerer zu entfernen sind.

Zweitens: Vorwiegend durch ungenügend gereinigte oder falsch desinfizierte Melkgerätschaften wird Milch bakteriell verschlechtert. Daher sind nicht gewöhnliche Haushaltsreiniger, sondern die für diesen Zweck vorgesehenen Spezialmittel zu verwenden. Die Desinfektion entwickelt erst dann ihre nachhaltige Wirkung, wenn zuvor sorgfältig gereinigt wurde. Der Erzeuger muß also "unbedingt die vorgeschriebene Temperatur, Konzentration und Einwirkungszeit einhalten" (Merkblatt). In der Praxis heißt das meist: 50 ° - 60 °C Reinigungstemperatur, die Konzentration jeweils nach Angaben der Herstellerfirmen und 10 - 15 Minuten Einwirkungszeit. Die RuD-Mittel gibt es als alkalische und sauere Mittel. Die Anwendung von nur alkalischen Mitteln verhindert aber nicht die Ablagerung von Milchstein (Eiweiß- und Kalkablagerungen) in Winkeln und Ecken der Anlagen, was schließlich einen idealen Nährboden für Schadkeime darstellt. Daher wird den Erzeugern der Einsatz saurer und alkalischer Mittel im Wechsel (morgens alkalisch, abends sauer) angeraten.

Drittens: Rückstände von RuD-Mitteln in den Melkgerätschaften, insbesondere den Milchleitungen der Anlagen, gelangen beim Durchfluß des späteren Gemelkes in die Rohmilch, was zu den schon erwähnten hemmstoffpositiven Reaktionen führen kann. Daher müssen die Erzeuger den Reinigungsvorgang abschließen, indem sie "gründlich mit klarem Wasser nachspülen" (Merkblatt). Darauf weist auch das andere Merkblatt, die "Richtlinien zur Vermeidung von Hemmstoff in der Anlieferungsmilch", hin: "Melkanlagen, Kühlgeräte, Milchbehälter und Milchkannen müssen nach dem Reinigungsvorgang reichlich mit reinem Wasser nachgespült werden!"

b) Wartung

Zur Qualitätsminderung der Rohmilch tragen auch technische Probleme im Zusammenhang mit den Melkanlagen bei. Der überwiegende Teil der Anlagen, die sich in den Erzeugerbetrieben im Einsatz befinden, wurden bereits in den siebziger Jahren installiert und sind 10 - 15 Jahre alt. Um auch bei längerer Nutzungsdauer der Anlagen eine gute Rohmilchqualität zu erhalten, gibt die Molkerei an alle Erzeuger die Anweisung:

"Melkanlagen überprüfen!"
- aus verschiedenen Rundschreiben

Jedes Jahr wird nämlich von der staatlichen Melkmaschinenüberprüfung und -beratung ein Beanstandungsbericht erstellt. Danach lösen mangelhafte Melkanlagen Eutererkrankungen mit hohen Zellgehaltswerten und infolge von Verschleißteilen hohe Keimgehaltszahlen aus. Den Erzeugern wird daher eine jährliche Generalüberprüfung ihrer

Anlagen durch einen Fachmann bzw. den Kundendienst der Herstellerfirma angeraten. Indem Defekte erkannt und Reparatur- und Wartungsarbeiten rechtzeitig durchgeführt werden, kann die Funktionsfähigkeit der Anlagen erhalten werden. Zu den jährlichen Wartungsarbeiten gehören z.B. Ölwechsel bei Vakuumpumpen, Einstellen von Pulsatoren, Erneuern der Keilriemen, Reinigen der Luftleitungen und Kontrolle der Milchleitungen (z.B. der Dichtungen und Verschraubungen)[48]. Außerdem müssen die Verschleißteile aus Gummi und Plastik ausgewechselt werden. Rissige oder poröse Zitzengummis und Milchschläuche lassen sich nicht mehr wirksam reinigen und desinfizieren, so daß trotz regelmäßiger und gründlicher Pflege die Rohmilchqualität beeinträchtigt wird. "Deshalb sind sie laufend auf ihren Zustand zu überprüfen und spätestens nach sechs Monaten auszuwechseln" wie es dazu im "Merkblatt zur Gewinnung keimarmer Rohmilch" heißt. Die Notwendigkeit gerade dieser Wartungsarbeit macht die Molkerei ihren Erzeugern anhand einer Tabelle in Rundschreiben plausibel:

Tab. 6: Verschleiß von Gummiteilen an den Melkanlagen

Alter des Gummiteils	Keime / ml
neu	10.000
6 Monate	170.000
12 Monate	300.000

Entsprechend wird den Erzeugern dann eine Handlungsanweisung gebeben:

"Spätestens nach 6 Monaten alle milchführenden Gummiteile der Melkanlage erneuern und keinesfalls warten, bis die Gummiteile rissig oder porös geworden sind!"
- aus Rundschreiben

5.4.6. Milchbehandlung

Der schonenden und sauberen Milchgewinnung zur Erzielung eines geringen Anfangskeimgehaltes muß eine einwandfreie Milchbehandlung im Erzeugerbetrieb folgen. Bis die Rohmilch von der Molkerei erfaßt wird, vergeht zwischen Gewinnung und Abholung ein gewisser Zeitraum. Währenddessen muß die Milch bei den Lieferanten unter Bedingungen gelagert werden, welche die Milchqualität nicht beeinträchtigen. Dazu werden den Erzeugern von ihrem genossenschaftlichen Unternehmen bestimmte Auflagen gemacht. Im Vordergrund stehen die Milchaufbewahrung in Milchkammern und die Einrichtung von Hofkühlanlagen, was bereits seit 1963 zum Programm qualitätsfördernder Maßnahmen gehört.

48) Vgl. WADSACK 1984.

a) *Aufbewahrung*

Nach dem Melken ist die Milch laut Lieferbedingungen sofort zu reinigen (I.4). Mittels Wattefilter, Fließstoff oder Milchfilterschläuchen werden grobe Schmutzpartikel (z.B. Strohstücke) ausgesondert. Da Milch für fremde Geruchsstoffe äußerst empfänglich und aufnahmefähig ist, muß sie nach der Gewinnung sofort aus dem Stall entfernt werden. Dies geht zwar aus keinem molkereigenossenschaftlichen Regulativ (Satzung, Lieferbedingungen oder Vertrag) hervor, doch ist dies eine Bestimmung, auf deren Einhaltung die Molkerei im Interesse der Rohmilchqualität größten Wert legt. Zum einen sind die Erzeuger schon gesetzlich zu dieser Maßnahme verpflichtet[49] und außerdem macht die Molkerei ihre Lieferanten immer wieder darauf aufmerksam:

"Milch nach dem Melken sofort aus dem Stall!"
"Sofern keine Absauganlage vorhanden ist, muß die Milch nach dem Melken sofort aus dem Stall entfernt werden (...)."
- aus Rundschreiben

Die Milch kann aber nicht nach Belieben irgendwo und irgendwie aufgewahrt werden. Zu der Lagerung der Rohmilch bis zu ihrer Erfassung durch die Molkerei ergehen an die Erzeuger detaillierte Bestimmungen. So sehen diese - teilweise in Anlehnung an die staatlichen Verordnungen - vor, daß die Milch in einer separaten Milchkammer aufzubewahren ist, die bestimmten Anforderungen genügt: hell und sauber muß sie sein, möglichst gekachelt, und eine Luftzufuhr muß sie haben; im Winter sind die Fenster geschlossen, im Sommer geöffnet zu halten. Zwecks Reinigung der Milchbehälter und -gefäße müssen Wasser und Abwasserleitungen vorhanden sein. Darüber hinaus dürfen keinesfalls direkte Zugänge zu Futterräumen oder Stallungen bestehen bzw. Silage- oder Miststätten nahegelegen sein - eine Maßnahme, die der Geschmacks- und Geruchsempfänglichkeit der Milch für andere Stoffe zuzuschreiben ist:

"Auf keinen Fall dürfen stark riechende Futtermittel oder sonstige geruchsabgebende Stoffe, wie Kraftstoffe, Öl u.a., in der Nähe der Milchkammer aufbewahrt werden."
- aus Rundschreiben

Schließlich sollte die Milchkammer möglichst hoch sein, um eine zu starke Wärmeentwicklung infolge der Kühlmaschinen zu vermeiden.

All diese Bestimmungen betreffen in der Hauptsache aber nur diejenigen Erzeuger, die die Milch auf ihrem Hof aufbewahren, also direkt erfaßt werden. Lieferanten, die einer zwischengelagerten Sammelstelle die Rohmilch bringen, sind nur insofern von diesen Regelungen betroffen, als sie sofort nach dem Melken die Milch in Kannen aus dem Stall zu entfernen und ihrer Sammelstelle anzuliefern haben. Dort muß dann die Aufbewahrungsstätte der Milch den genannten Anforderungen entsprechen, die an die Räumlichkeiten einer Milchkammer gestellt werden.

b) *Tiefkühlung*

Milch kommt mit einer Temperatur von ungefähr 37 °C aus dem Euter der Kuh. Durch Zellteilung setzt dann sofort die Vermehrung der in der Milch enthaltenen Keime ein. Besonders schnell vollzieht sich die Vermehrung bei Temperaturen zwischen

49) "Erste Verordnung zur Ausführung des Milchgesetzes" vom 15. Mai 1931, § 18, Abs. 1.

15 ° und 37 °C. Kennzeichnendes Merkmal der Milch ist demnach ihr relativ hoher Grad an Verderblichkeit, da sie mit zunehmender Keimzahl säuert und verdirbt. Dies gilt um so mehr, als zwischen Milchgewinnung und ihrer Be- und Verarbeitung in der Molkerei eine Zeitspanne von bis zu zwei Tagen liegt, die ohne gravierende Qualitätsverluste der Rohmilch überbrückt werden muß. Um die Keimvermehrung zu reduzieren und die Milch frisch zu halten, muß sie sofort nach dem Melken gekühlt werden. Der Erzeugerbetrieb steht also am Anfang einer Kühlkette von der Gewinnung der Milch, über ihre Zwischenlagerung, Erfassung, dem Transport, der Be- und Verarbeitung und Distribution bis hin zu den Kühlregalen der Einzelhandelsgeschäfte und Großmärkte, von wo sie schließlich zum Endverbraucher gelangt.

Die Kühlung der Milch als qualitätsfördernde Maßnahme erkannte schon RAIFFEISEN, als er ihre folglich längere Haltbarkeit pries[50]. In der Nachfolge ist auch in der untersuchten Molkereigenossenschaft die sofortige Kühlung der Milch als verbindliche Erzeugerpflicht in den Lieferbedingungen festgeschrieben: "Die Milch ist (...) sofern sie nicht unmittelbar nach dem Melken (in eine Sammelstelle, C.D.) abgeliefert wird, (...) unverzüglich auf eine Temperatur von unter + 8 °C zu kühlen und mit dieser Temperatur bis zur Ablieferung kühl zu halten" (I.4). Die Temperaturvorgabe von + 8 °C als Grenzwert gilt als absolutes Muß für alle Erzeuger, die die Milch bis zur Abholung durch den Tanksammelwagen bei sich auf dem Hof lagern. Um aber eine wirklich einwandfreie Rohmilchqualität zu bekommen, strebt die Molkerei eine Tiefkühlung in den Erzeugerbetrieben an, d.h. die Aufbewahrung bei 3 ° bis 4 °C. Für eine wirksame Tiefkühlung müssen drei Voraussetzungen erfüllt sein. Die Tiefkühlung ist nur dann sinnvoll, wenn alle übrigen Arbeiten der Milchgewinnung und Aufbewahrung hygienisch durchgeführt werden. Übereinstimmend wird von der Praxis der Milcherzeugung nämlich festgestellt: "Reinigung und Hygiene rangiert eindeutig vor der Kühlung. Kühlung kann Keimvermehrung nur verlangsamen"[51]. Tiefkühlung allein garantiert also noch keine geringen Keimgehaltswerte. Sie hat lediglich die Aufgabe, der Keimvermehrung Einhalt zu gebieten, quasi die bakteriologische Beschaffenheit der Rohmilch zu konservieren. Die Tiefkühlung der Milch darf außerdem nicht verspätet, sondern muß sofort nach dem Melken einsetzen. Die Abkühlzeit nach beendetem Melken sollte eine bis eineinhalb Stunden nicht überschreiten. Demnach muß die Kühlanlage ein Gemelk innerhalb von zwei bis drei Stunden ab Beginn des Milchentzugs von 37 °C auf eine Temperatur von 4 °C runterkühlen. Dazu sind entsprechend leistungsfähige Kühlaggregate und Anlagen erforderlich. Schließlich ist die Tiefkühlung konstant bei einer Temperatur von 3 ° - 5 °C zu halten. Aufwärmungen bis oder sogar über 8 °C sind zu vermeiden.

Seit den Schilderungen der Kühlungsverfahren bei RAIFFEISEN[52], als einzig Wasserbasis die Frischhaltung der Milch ermöglichten, hat die moderne Kühltechnologie unvergleichbar wirksamere Verfahren entwickelt. Für den Einsatz eines bestimmten Kühlsystems ist die Erfassungsart maßgeblich. Bei der Direkterfassung an Sammelpunkten kommen transportable Hofbehälter mit einem Fassungsvermögen zwischen 120 und 300 Litern zum Einsatz, wobei die Milchbehälter meist auf einem Fahrgestell fest montiert sind. Zur Kühlung werden Tauchkühler verwendet, die in die Milch eingetaucht werden.

---

50) Vgl. RAIFFEISEN 1881, S. 262.

51) HOPPE 1983, S. 10; ähnlich auch ARETZ 1971, S. 22, CHRISTIANSEN 1981, S. 314 u. GOTTSCHALK 1982, S. 81.

52) Vgl. RAIFFEISEN 1881, S. 261 f.

Die Hofbehälter sind recht gut isoliert, so daß nur geringfügige Kälteverluste der Milch entstehen, wenn der Erzeuger den Behälter zum Sammelpunkt der Abholung gebracht hat und die Milch dort noch eine Zeitlang - allerdings nicht in der prallen Sonne - zur Erfassung bereitsteht. Voraussetzung für eine unbeeinträchtigte Qualität ist allerdings, daß die Milch zuvor auch tatsächlich bei 3 ° - 4 °C tiefgekühlt war. Im Extremfall erwärmt sie sich zwar innerhalb von drei Stunden bis zur Abholung durch den Tanksammelwagen bei Außentemperaturen um 15 ° - 20 °C auf 6 ° - 7 °C, doch damit werden immer noch die von der Molkerei geforderten 8 °C als Grenzwert unterschritten. Bei der Ab-Hof-Erfassung wird die Milch in stationären Hofbehältern in Wannen oder Tanks aufbewahrt. Die Kühlung erfolgt bei den Tanks und den meisten Wannen durch an der Tankwand oder im Wannenboden eingebaute Verdampfer. Stationäre Hofbehälter oder Wannen ohne Direktverdampfung kühlen die Milch mit einem dazwischen geschalteten Kälteträger. Bei Wannen und Tanks unterstützt ein automatisches Rührwerk die Kühlung, da die Wärmeabgabe leichter erfolgt. Während des Kühlvorganges dürfen Kannen, Wannen, Tanks und Hofbehälter nicht luftdicht verschlossen sein. Die frisch ermolkene Milch enthält Gase, die entweichen müssen, damit die Milch nicht "erstickt", d.h. riecht und muffig schmeckt. Die Erzeuger sind daher von der Molkerei aufgefordert, das Entgasen der Milch durch geöffnete Deckel und bei Wannen und Tanks durch das laufende Rührwerk zu fördern.

Ohne jegliche Kühlung kann die Milch heute beim Erzeuger nicht mehr aufbewahrt werden. Daher übernehmen die örtlichen Milchsammelstellen die Lagerung und Kühlung für ihre Lieferanten, die sich zumeist aus Rentabilitätsgründen keine Milchkammer mit Kühlanlagen angeschafft haben. Im Gegensatz zu vor zwanzig Jahren, als Milchlagerung und Kühlung in örtlichen Milchgenossenschaften noch allgemein verbreitet war, ist diese Form der Milchaufbewahrung zu einer Randerscheinung geworden. Nur noch 9% der Gesamtmilchmenge werden über Sammelstellen erfaßt. Um auch von solchen Erzeugern eine gute Rohmilchqualität zu erhalten, muß sofort nach dem Melken die frisch ermolkene, noch kuhwarme Milch an die Sammelstelle geliefert werden. Zweimal täglich wird dort die Milch erfaßt und bis zur Abholung durch das Sammelfahrzeug in Wannen und Tanks tiefgekühlt.

5.4.7. Milcherfassung

a) *Direkterfassung*

Die örtlichen Milchsammelgenossenschaften hatten für die Rohmilchbeschaffung der Molkerei früher eine unersetzliche Bedeutung als kollektierende Glieder. In jedem größeren Dorf, zu dessen Umkreis mehrere milcherzeugende Betriebe gehörten, existierte eine Sammelgenossenschaft; 1970 waren es insgesamt noch 114. In dem großen Einzugsgebiet des molkereigenossenschaftlichen Unternehmens waren sie infolge der geringen Haltbarkeit der Milch sowie der kaum verbreiteten und nur bescheidenen Kühltechnologie unverzichtbare Zwischenstellen der Vorerfassung, Messung, Kühlung und Lagerung der Rohmilch[53]. In den Höfen der Erzeuger gab es kaum Kühlvorrichtun-

53) Vgl. zur ursprünglichen Form der Milcherfassung im Untersuchungsgebiet E. MÜLLER 1987, S. 54 ff.

gen und wenn, dann nur mit Wasserkühlung. Der Erzeuger lieferte die gewonnene Milch ungekühlt, mehr oder weniger zeitig nach dem Melken in Kannen der Sammelstelle an. Dort wurde sie zur Mengenfeststellung zunächst in Meßeimer umgeschüttet, um schließlich bis zur Abholung durch die Molkerei in Wannen gekühlt und gelagert zu werden. Da es noch keine Tanksammelfahrzeuge mit automatischer Absaugvorrichtung gab, mußte die Rohmilch zum Transport in die Molkerei erst wieder in Kannen umgefüllt werden. Bei solch einem langen, die Kühlkette zwischendurch unterbrechenden Weg der Rohmilch vom Erzeuger zur Molkerei und dem häufigen Wechsel der Transportbehälter war es nicht verwunderlich, daß die Qualität der Milch nicht selten zu wünschen übrig ließ. Zusätzlich erwiesen sich die technischen Einrichtungen der Sammelstellen, besonders die Kühlaggregate, als überholt und erneuerungsbedürftig. Ihr baulicher Zustand wie ihre Ausstattung stellten auch nicht gerade ideale Voraussetzungen einer hygienisch einwandfreien Milcherfassung, -kühlung und -lagerung dar[54].

Mit dem Aufkommen technisch ausgereifter Hofkühlungsverfahren, welche die Rohmilch in Hofbehältern, Tanks oder Wannen gekühlt zu lagern erlaubten, sowie mit der Entwicklung von Tanksammelfahrzeugen zur vollautomatischen Milcherfassung waren die Rahmenbedingungen einer erheblich verbesserten Rohmilchqualität geschaffen. Die Milch konnte sofort nach dem Melken im Hof gekühlt und bis zur Abholung ohne weitere Umwege gelagert werden. Die Umstellung von der zweistufigen Milcherfassung über Sammelstellen zur einstufigen Direkterfassung beim Erzeuger wurde von der Molkerei als wegweisende Änderung zu einer rationellen, qualitativ hochwertigen Rohmilchanlieferung erkannt. Entsprechend groß war ihr Interesse an einer Übernahme dieses Erfassungssystems durch ihre Lieferanten. Auch für diese, besonders die größeren Erzeuger, waren mit der Direkterfassung Vorzüge verbunden. Sie wurden bei jeder Gelegenheit von der Molkerei herausgestellt, um die Mehrheit der Lieferanten von der Neuerung zu überzeugen. Für die Erzeuger fiel der oftmals lange und zeitraubende Transport der Milch an die Sammelstellen weg. Arbeitserleichterung erfuhren sie auch dadurch, daß nicht mehr die zahlreichen Milchkannen zu reinigen waren, sondern nur noch ein Hofbehälter, ein großer Tank oder eine Wanne. Zwar mußten die Erzeuger beachtliche Investitionen in die erforderlichen Milchkammern einschließlich ihrer Einrichtungen, in Hofbehälter und Kühlsysteme tätigen[55], doch wurden ihnen staatliche Zuschüsse für die Umstellung auf Direkterfassung geboten. Bis zu 30% der Anschaffungskosten für die neuen Hofkühlsysteme wurden durch finanzielle Förderungsleistungen staatlicher Seite gedeckt[56].

1972 kam das erste Tanksammelfahrzeug der Molkerei zur Direkterfassung der Rohmilch zum Einsatz. Im gleichen Maße, wie die Erzeuger von der Sammelstellenanlieferung zur Hofkühlung übergingen, zeigten sich auch erste Erfolge hinsichtlich der

54) Vgl. hierzu auch ROSSKAMP 1971, S. 52 f.

55) ROSSKAMP 1971 hat den Kapitalbedarf, der für den landwirtschaftlichen Betrieb bei seiner Umstellung auf Direkterfassung entstand, grob berechnet: Ohne die von Gesetzgeber und Molkerei vorgeschriebene Einrichtung einer Milchkammer, beliefen sich schon die Anschaffung eines Hofbehälters mit Tauchkühler um die 2.200 DM und eine Wanne mit Direktkühlung kam sogar auf 11.000 DM (S. 59). Wenn man dann noch die Installationskosten für die Milchkammer mit Spülwanne, Wasserzu- und -ableitung, Beleuchtung und Heißwasserzubereitung hinzurechnet, wie das THIMM/ZICHE 1966 in einer Kostenaufstellung taten (S. 188 f.), dann mußte der Erzeuger bei der Umstellung auf Direkterfassung Anfang der 70er Jahre mindestens DM 17.000,- bei bescheidenster Ausstattung investieren.

56) ROSSKAMP 1971, S. 58 ff.

Rohmilchqualität. Natürlich brachte die Erfassungsänderung allein nicht die plötzliche Verbesserung der bakteriologischen Beschaffenheit der Milch. Sie stellte vielmehr die Vervollständigung vorausgegangener Melk- und Milchbehandlungsprogramme in den Erzeugerbetrieben auf dem Weg zu einer optimalen Rohmilchbeschaffungspolitik dar. Bis heute wird von der Molkerei die Milchqualität direkt erfaßter Betriebe im Vergleich zu der von Sammelstellen vorerfaßten Rohmilch betont:

"die Qualität der Milch, die in der Sammelstelle abgeliefert wird und dort erst nach ner gewissen Zeit gekühl ist, entspricht doch teilweise nicht der Milchqualität, wie die, die gleich vom Euter weg am Hof sofort gekühlt wird."
- Molkereileitung

"je schneller die Milch gekühlt wird, um so besser ist die Milch. Der Lieferant, wo mit de Milch in Sammelstelle geht, da is immer e halbe Stund, wo net gekühlt wird. Und der, wo se am Hof hät, do werd se glei gekühlt, ohne Verzögerung."
- Außendienstleiter

b) *Erfassungsbedingungen*

Milch zeichnet sich durch eine Reihe spezifischer Eigenschaften aus, welche sie von anderen landwirtschaftlichen Erzeugnissen (wie z.B. Obst und Gemüse) erheblich unterscheiden. In oftmals weit zerstreuten, abgelegenen Produktionsstätten fällt sie nicht periodisch an, sondern kontinuierlich, jeden Tag, das ganze Jahr über. Ihre Verderbanfälligkeit bei nicht sofortigem Einbringen in eine ununterbrochene Kühlkette sowie bei nicht baldigster Be- und Verarbeitung macht ihre Erfassung durch besonders ausgestattete Tanksammelfahrzeuge erforderlich. Schließlich hat Milch noch ein relativ großes Volumen bezogen auf ihren Tauschwert, was ihren wirtschaftlichen Transport zusätzlich erschwert. Aufgrund all dieser Merkmale gilt die Molkereiwirtschaft als besonders "erfassungskostenintensiver Wirtschaftszweig"[57]. Neben dem Qualitätsgesichtspunkt - Rohmilch bester Güte - steht demnach die kostengünstige Erfassung bei der molkereigenossenschaftlichen Beschaffungspolitik im Vordergrund. Es gilt bei Wahrung der Rohmilchqualität die Kosten ihrer Erfassung so weit wie möglich zu senken. Die Höhe der Kosten wird durch die Erfassungsstruktur bestimmt. Unter den Einzelfaktoren ist dabei zunächst die sog. "Erfassungsdichte" zu nennen[58]. Als Quotient aus der anfallenden Milchmenge und der landwirtschaftlichen Nutzfläche resultiert sie aus der Erzeugerstruktur, welche das Erfassunggebiet kennzeichnet. Die Erfassungkosten werden nämlich entscheidend durch die Milchanlieferung pro Produktionsstätte verursacht. Weitere Faktoren sind die Verkehrsverhältnisse (Straßenverbindungen und Zufahrtswege zu den Höfen) und die Erfassungstechnik (Einsatz von Tanksammelfahrzeugen).

Die Erfassungsstruktur im untersuchten molkereigenossenschaftlichen Einzugsgebiet spiegelt die vergleichsweise ungünstige baden-württembergische Struktur wider. STÖCKL errechnet für das südwestdeutsche Bundesland mit 2,75 Pf/kg Milch den Höchstwert der bundesdeutschen Milcherfassungskosten (im Vergleich Schleswig-Holstein: 1,68 Pf/kg)[59]. Erklären läßt sich dieses Ergebnis durch die die Erfassungsstruktur kennzeichnenden Einzelfaktoren, welche insgesamt als ungünstige Erfassungsbedingun-

---

57) STÖCKL 1978, S. 43.
58) MÜCKE 1966, S. 71.
59) STÖCKL 1978, S. 44 ff.

gen zu bezeichnen sind[60]. Sowohl hinsichtlich der angelieferten Milchmenge zur Fläche des Erzeugungsgebietes als auch zur landwirtschaftlichen Nutzfläche ist eine geringe Erfassungsdichte festzustellen: pro Kuhhalter werden im Durchschnitt nur geringe Milchmengen zur Erfassung gebracht. Erschwerend kommen hinzu: das großräumige Einzugsgebiet der Molkerei, das unterschiedlichen Naturräumen angehört und teilweise beachtliche Höhenunterschiede aufweist, welche auch im Winter von den Sammelfahrzeugen zu überwinden sind; teilweise ungünstige Verkehrsverhältnisse bei weiten Strekken zwischen den Erzeugerbetrieben und einer hohen Anzahl von abgelegenen Einzelgehöften, was zur Erfassung relativ kleiner Milchmengen verhältnismäßig häufiges Halten erforderlich macht.

Trotz oder gerade wegen dieser ungünstigen Erfassungsbedingungen bemüht sich die Molkerei, die Milch ihrer Lieferanten kostengünstigst zu erhalten. In diese Richtung zielt auch ihre Koordination, wie aus den Milchlieferungsbedingungen hervorgeht: die Molkerei "kann Bestimmungen treffen, wann und wohin die Milch zu liefern ist" (II.3). Als Grundlage solcher Bestimmungen dient die von der Molkerei entworfene Tourenplanung. Diese enthält die räumliche Verteilung der Erzeugerbetriebe. Entsprechend ihrer Dichte und dem Straßennetz, das sie verbindet, sowie ihrer Milchliefermenge wird ein Linienplan erstellt. In ihm sind die Touren der einzelnen Tanksammelfahrzeuge mit ihren Haltepunkten zur Erfassung der Milch eingezeichnet. Dabei wird auf möglichst kurze Wegstrecken und die Auslastung der Sammelkapazitäten geachtet, um zeit- und kostenverschwendende Leerlauffahrten zu vermeiden. Ergänzt wird der Linienplan durch den Zeitplan. In ihm ist von Fahrtbeginn des leeren Tankwagens über die Milchabholung an den einzelnen Haltepunkten bis zum Eintreffen des vollen Wagens in der Molkerei die Dauer aller Fahrtstrecken und Haltestationen uhrzeitlich genau festgeschrieben:

Tab. 7: Auszug aus dem Tourenplan eines Tanksammelwagens

Fahrtbeginn:	4.55 Uhr	
	5.17 Uhr:	1. örtliche Milchsammelstelle
	5.29 Uhr:	1. Hof
	5.35 Uhr:	1. Sammelpunkt
	5.48 Uhr:	2. Hof
	6.02 Uhr:	2. Sammelpunkt
	6.09 Uhr:	3. Sammelpunkt
	6.24 Uhr:	4. Sammelpunkt
	...	
	usw. bei	74 Erzeugern, davon
		- 47 über Sammelpunkt erfaßte
		- 15 über Hof erfaßte
		- 12 über zwei örtliche Sammelstellen erfaßte
	12.01 Uhr:	47. Sammelpunkt
	12.17 Uhr:	15. Hof
Fahrtende:	12.45 Uhr:	Eintreffen in der Molkerei

60) Vgl. MÜCKE 1966, S. 130 ff.

Insgesamt sind 8 Tanksammelfahrzeuge (mit und ohne Anhänger) auf 16 verschiedenen Touren zur Milchabholung nach solch einem Plan unterwegs. Die 16 Touren unterscheiden sich dabei hinsichtlich der Erfassungsgebiete (verschiedene regionale Räume), der Zahl der erfaßten Milcherzeuger (14 - 208), der täglich anfallenden Milchmengen (6.000 - 32.000 kg) und der benötigten Erfassungszeit (3 - 13,5 Stunden).

Die Einhaltung der Erfassungsplanung durch die Lieferanten steht neben der Qualitätspolitik an oberster Stelle der molkereigenossenschaftlichen Koordinationsinhalte. Daher müssen sich die Erzeuger verschiedenen Bestimmungen unterwerfen. Um das zeitraubende Anfahren aller Erzeugerbetriebe zu vermeiden und eine rasche Milchabholung zu gewährleisten, werden nur bestimmte Betriebe ab-Hof erfaßt. Erstens: Höfe mit einer gewissen Milchmindestmenge, die auf 92.000 kg jährlich oder 250 kg täglich festgelegt ist. Diese Größenvorgaben sind Richtwerte und werden als solche nicht absolut gehandhabt, was sich schon wegen der häufig schwankenden Milchmengen in den einzelnen Höfen (z.B. infolge der Quotenregelung) nur bei ständiger Planungsänderung durchführen ließe. Zweitens: Höfe, die nicht zu weit von der Fahrtroute abgelegen und ohne größere Umwege (10 km) zu erreichen sind. Drittens: Höfe, die über eine breite Zufahrt zu jeder Jahreszeit ohne Schwierigkeiten für das Tanksammelfahrzeug zu erreichen und zu verlassen sind. Die Erzeuger müssen also im Winter die Zufahrt schnee- und eisfrei halten. Der Hof muß geräumig genug sein - im Zweifelsfall wurden sogar schon Bäume gefällt, so daß der Tanksammelwagen ohne längeres Zurücksetzen oder größere Wendemanöver den Hof wieder verlassen kann. Viertens: Höfe, deren Milchkammern vom Tanksammelfahrzeug ohne Rangieren gut erreichbar sind. Die Erzeuger müssen ihre Milchkammern demnach so konstruiert haben (z.B. mit Öffnungen oder Fenstern zum Hof hin), daß beim Absaugen der Milch aus den stationären Behältern, Wannen und Tanks der dazu erforderliche Schlauch eine Länge von fünf Metern nicht überschreitet. Und fünftens wird Milch nur ab-Hof erfaßt, wenn die Milchlagerungskapazitäten ein Fassungsvolumen von vier Gemelken (also zwei Tagen) haben. Diese Maßnahme gilt der Molkerei als Absicherung, falls plötzlich, unvorhergesehen ein Tanksammelfahrzeug infolge Unfall, Panne oder winterlicher Straßenverhältnisse ausfallen sollte. Der ständig für solche Notfälle einsatzbereite, zusätzliche Tanksammelwagen kann sich dann auf die Milchabholung bei über Sammelpunkt und örtlichen Milchsammelgenossenschaften erfaßten Erzeugern konzentrieren, während in ab-Hof erfaßten Betrieben die Milch ohne Beeinträchtigung ihrer Qualität bis zur Abholung am folgenden Tag gekühlt und gelagert wird.

Alle Milcherzeuger, die direkt erfaßt werden, aber die Anforderungen zur Ab-Hof-Erfassung nicht erfüllen, müssen die Milch zu Sammelpunkten liefern. Das ist der weitaus größte Teil der Lieferanten, da nur bei 5% die Milch ab-Hof geholt wird. Unter Berücksichtigung des Linienplans der Tanksammelfahrzeuge werden mit den Erzeugern in Frage kommende Sammelpunkte besprochen und schließlich von der Molkerei bestimmt. Laut Lieferungsbedingungen kann die Molkerei nämlich "von den Milchlieferanten die Einrichtung von Abstellplätzen an einem geeigneten Platz verlangen" (II.3). Da es im genossenschaftlichen Interesse liegt, die Erfassungskosten so gering wie möglich zu halten, soll die Sammelfahrt durch entsprechend wenig Haltestationen unterbrochen werden, um den Zeitaufwand zu minimieren. Außerdem sollen sich die Sammelpunkte an der Fahrtstrecke des Tanksammelwagens befinden, um auch den Wegeauf-

wand an Kilometern zu reduzieren. Daher werden die Sammelpunkte für die Erzeuger vorwiegend an Hauptverbindungsstrecken der Erfassungstour, in die Ortsmitte zu passierender Dörfer oder in ab-Hof erfaßte Betriebe gelegt. Zwischen zwei und sieben Lieferanten stellen dann dort ihre Milch zur Abholung bereit. Meist müssen sie ihre fahrbaren Hofbehälter nur wenige hundert Meter mit dem Traktor oder PKW transportieren. Bei abgelegenen Höfen beträgt der Anfahrtsweg zum Sammelpunkt mitunter mehrere, maximal bis zu sechs Kilometer[61].
Sowohl bei den ab-Hof wie bei den über Sammelpunkt erfaßten Betrieben betrifft die molkereigenossenschaftliche Koordination nicht nur den räumlichen Aspekt der Erfassung, indem über die Konzentration von Milchmengen am Abholungsort eine bestimmte Erfassungsdichte erreicht wird. Darüber hinaus wird auch der Termin der Erfassung durch die genaue zeitliche Tourenplanung der Koordination unterworfen. Für die einzelnen Lieferanten ergeben sich daraus unter Umständen gravierende Einschnitte in ihren arbeitsorganistorischen Betriebsablauf. Nimmt man den in der Tabelle 7 dargestellten Tourenplan exemplarisch in seinen Auswirkungen auf den Erzeugerbetrieb, so zeigt sich, daß es bei verschiedenen Höfen zu terminlichen Kollissionen zwischen Abholung der Milch durch das Tanksammelfahrzeug und Milchgewinnung kommt. Dies betrifft alle Erzeuger, die während der Melkarbeit, also je nach Betrieb zwischen 5.00 und 7.30 Uhr morgens und 17.30 und 20.00 Uhr abends, erfaßt werden. Im Interesse einer möglichst frischen Rohmilch werden diese Lieferanten von ihrer Molkerei dazu angehalten, ihren Melktermin auf die Erfassungszeit abzustimmen, d.h. im konkreten Fall: die Erzeuger, die um 5.29 und 5.48 Uhr ab-Hof sowie um 5.35, 6.02, 6.09 und 6.24 Uhr über Sammelpunkte erfaßt werden, müssen die Melkarbeit zeitlich so früh beginnen - der erste Hof also schon vor 5.00 Uhr -, daß sie bis zum Eintreffen des Tanksammelwagens die Milch gewonnen, gekühlt und bei Sammelpunkterfassung auch noch pünktlich an den vereinbarten Platz abholbereit gestellt haben[62]. Ähnlich verhält es sich bei den Betrieben, die während des abendlichen Melkens erfaßt werden und sich in ihren sonstigen betrieblichen Arbeiten dem Abholzeitpunkt laut Tourenplan unterwerfen müssen. Dabei ergibt sich aber zwischen ab-Hof und über Sammelpunkt erfaßten Betrieben ein wesentlicher Unterschied. Die Erzeuger, bei denen die Milch am Hof abgeholt wird, haben nach der Melkarbeit mit der Erfassung nichts mehr zu tun. Sie müssen sich lediglich beim Melktermin der genossenschaftlichen Erfassungsplanung anpassen, also unter Umständen begonnene Arbeiten unterbrechen. Nach dem Melken können sie dann aber ihren Arbeiten weiter nachgehen, weil der Fahrer des Tanksammelwagens Zutritt zur Milchkammer hat, um die Milch abzusaugen. Die Erzeuger, die nach dem Melken die gekühlte Milch aber in Hofbehältern zum Sammelpunkt transportieren müssen, geraten hingegen noch zusätzlich unter Zeitdruck. Sie müssen nach Beendigung der Melkarbeit ihre Milch auch noch pünktlich zur Erfassungsstelle bringen, damit sie vom Tanksammelfahrzeug mitgenommen wird. Anstehende Tätigkeiten auf dem Feld,

61) Im Erfassunggebiet der Molkereigenossenschaft gibt es weit abgelegene Einzelgehöfte mit Milcherzeugung, die aufgrund ihrer in Relation zur Milchmenge extremen Randlage gar nicht erfaßt werden. Sie verarbeiten ihre Milch selbst und gehören zu den rund 2.000 "Landbutterbetrieben" in Baden-Württemberg.

62) Erzeuger, die ihre Milch an eine örtliche Sammelgenossenschaft liefern, bleiben infolge deren festen Annahmezeiten (meist zwischen 7.00 und 8.00 Uhr morgens sowie 19.00 und 20.00 abends) davon unberührt. Sie liefern das Morgengemelk erst an, wenn der Tanksammelwagen das Abend- und Morgengemelk des vorigen Tages bereits abgeholt hat.

im Hof oder Haus[63] werden dann häufig nicht nur wegen des vom Erfassungszeitpunkt bestimmten Melktermins unterbrochen, sondern müssen auch noch hinterher verschoben werden.
Im Hinblick auf die Erfassungskosten wären für die Molkerei mit der Umstellung von der täglichen zur zweitägigen Erfassung die wohl stärksten kostensenkenden Effekte verbunden. Hier zeigt sich aber ein deutlicher Zielkonflikt innerhalb der molkereigenossenschaftlichen Koordination. Auf der einen Seite ist die Molkerei auf eine Rohmilch bester Qualität (sprich bakteriologischer Beschaffenheit) angewiesen, andererseits aber sollen die Erfassungskosten weitgehend reduziert werden. Mit der Umstellung auf den zweitägigen Erfassungsintervall wären zweifelsohne über den gekürzten Strecken- und Zeitaufwand der Tanksammelfahrzeuge Einsparungen zu erzielen. Allerdings wären damit auch Qualitätsbeeinträchtigungen der Rohmilchanlieferung verbunden. Die Rohmilch würde nicht nur bei Erzeugern und Milchsammelstellen länger gelagert, was die Keimvermehrung begünstigte, sondern auch in der Molkerei käme es infolge der größeren Anlieferungsmengen zu Engpässen, welche zu einer zeitlichen Verzögerung ihrer Be- und Verarbeitung führte. Mit der zunehmenden Lagerdauer der Rohmilch altert das Milcheiweiß, womit erhebliche produktionstechnische Probleme bei der Verarbeitung auftreten. Die Molkerei hat sich aus diesen Gründen bisher zugunsten einer frischen, qualitativ besseren Rohmilch entschieden und beläßt es bei der eintägigen Erfassung. Nur weniger als 10% der Anlieferungen werden zweitägig erfaßt. Dabei handelt es sich um ein besonders erfassungskostenintensives Einzugsgebiet in Randlage mit vielen Erzeugern kleinerer Milchmengen.

5.5. Koordinationsinstrumente

Nachdem die inhaltlichen Schwerpunkte der molkereigenossenschaftlichen Koordination beschrieben wurden, stellt sich die Frage, wie die Molkerei bei ihren Erzeuger auf die Einhaltung dieser Inhalte hinwirken kann. Bei der besonderen Bedeutung der Rohmilchqualität für die Be- und Verarbeitung und Absatztätigkeit sowie bei den ständig steigenden Kosten der Rohmilcherfassung liegt es nahe, daß man gerade in diesen beiden Punkten auf koordiniertes Verhalten der Lieferanten angewiesen ist. Allein in deren Einsicht zu vertrauen und mit ihrem der Koordination angepaßten Verhalten zu rechnen, genügt nicht. Es kommt vielmehr darauf an, wirksame Wege und Mittel zu finden, welche die Erzeuger in die seitens der Molkerei gewünschte Richtung lenken. Die Molkerei bedient sich dazu verschiedener Instrumente, die meist miteinander kombiniert angewandt werden.

63) In fast allen Nebenerwerbsbetrieben und vielen Vollerwerbsbetrieben übernehmen die Frauen den Transport des Hofbehälters zum Sammelpunkt.

5.5.1. Beratung und Information

Seit RAIFFEISEN gehört die Beratung der Mitglieder zu den ureigensten Aufgaben landwirtschaftlicher Genossenschaften. Bei den molkereigenossenschaftlichen Unternehmen steht entspechend ihren Koordinationsinhalten "die Erziehung der Landwirte zur Beachtung eines Mindestmaßes milchwirtschaftlicher Hygiene und zur Einhaltung der notwendigen Regelmäßigkeit und Pünktlichkeit in der Ablieferung der Milch"[1] traditionsgemäß im Vordergrund ihrer Beratungstätigkeit. Mit der zunehmenden Konzentration in der Molkereiwirtschaft und der einhergehenden räumlichen Ausdehnung der Erfassungsgebiete ist aber, wie in fast allen Unternehmen, auch in dem untersuchten kaum noch ein persönlicher Kontakt zwischen Milchlieferanten und Molkerei vorhanden. Die Beratungsarbeit gestaltet sich unter solchen Bedingungen ungleich schwieriger als früher in kleineren Molkereien mit einem überschaubaren Erzeugerkreis. Im Hinblick auf die quantitative wie qualitative Sicherung ihrer Rohstoffbasis wird daher seit geraumer Zeit von den Molkereien eine "intensive Kommunikation" mit ihren Lieferanten gefordert[2]. Gezielte Beratung und Betreuung der Lieferanten soll alle die Milchproduktion betreffenden Belange in den Erzeugerbetrieben mit den Erfordernissen, Zielen und Wünschen der nachgelagerten Be- und Verarbeitungsseite koordinieren. Die Beratungsarbeit stößt dabei allerdings auf nahzu unüberbrückbare Probleme, wie sich an der untersuchten Molkerei zeigen läßt. Zwar sind drei "Milcherzeugerberater" - so ihre formale Tätigkeitsbeschreibung - für die Molkerei im Einsatz, doch können sie selbst bei bestem Willen das große Einzugsgebiet (einschließlich jenes des Tochterunternehmens vom Werk II) mit den vielen Erzeugern niemals flächendeckend und schon gar nicht intensiv, wie gefordert, betreuen. Hinzu kommt, daß ihnen eine eher kontrollierende denn beratende Funktion zugewiesen ist, wie noch dargelegt wird. Die Beratung der Erzeuger vollzieht sich also weniger durch persönliche Kontakte, als über die "Betreuung auf schriftlichem Wege"[3]. Im Gegensatz zu anderen Molkereien, die ein Bündel an Fachmedien als Beratungs- und Informationsträger ihrer Lieferanten einsetzen[4], begnügt sich die untersuchte Genossenschaft im wesentlichen mit der regelmäßigen Versendung von sog. "Erzeugerinformationen".

Zweimal jährlich, zumeist im Mai und Oktober, wird seit 1974 allen Erzeugern mit ihrer Milchgeldabrechnung ein Rundbrief zugestellt. Darin wird ein allgemeiner Überblick über die Geschäftsentwicklung des Unternehmens (Absatz-, Erlös- und Kostenentwicklung) gegeben und es werden Betriebsinterna (Entwicklung des Milchauszahlungspreises, Ergebnisse der Wahlen zur Besetzung der Organe, Änderungen oder Neuerungen im Produktionssortiment etc.) mitgeteilt. An erster Stelle der Erzeugerinformationen steht jedoch immer der Bericht über die "Qualitätseinstufung der Anlieferungsmilch" der vergangenen sechs Monate. Für die beiden Werke I und III werden gesondert die Güteklassen nach bakteriologischer Beschaffenheit der erfaßten Milch sowie

---

1) NITSCH 1957, S. 93.
2) "Kampf um den Rohstoff Milch" in: DIE MILCHWIRTSCHAFT 7/1981, S. 188, SCHLEIMINGER 1981 u. BÜCKER 1981, S. 522.
3) "Kampf um den Rohstoff Milch" in: DIE MILCHWIRTSCHAFT 7/1981; S. 188.
4) Von verschiedenen Molkereien wird das viermal jährlich erscheinende Branchenblatt der Milcherzeugung "Milchpraxis" an die Lieferanten verteilt; vgl. ebd. sowie BÜCKER 1981, S. 522 u. "Reaktionen der Milcherzeuger auf die Quote" in: MILCHPRAXIS 1985, S. 163.

der Anteil hemmstoffhaltiger Milch prozentual ausgewiesen. Im Anschluß daran finden sich die bekannten Ratschläge und Empfehlungen zur Verbesserung der Rohmilchqualität: Tiefkühlung zwischen 4 ° und 5 °C, Melkhygiene, Sauberkeit im Stall, ordentliche Reinigung und Wartung der Melkanlagen und Milchbehälter usw. Alle der Molkerei wichtig erscheinenden Koordinationsinhalte werden in unregelmäßigen Abständen den Erzeugern wieder in Erinnerung gebracht und ihre Einhaltung wird angemahnt. Darüber hinaus beinhalten die Erzeugerinformationen aktuelle Fragen der Milchwirtschaft (Kosumwandel und Nachfrageänderungen bei Milch und Milcherzeugnissen), insbesondere auch der Milchwirtschaftspolitik (EG-Bestimmungen, Änderungen der bundeseinheitlichen Milch-Güte-Verordnung).

Weitere feste Bestandteile der Erzeugerberatung sind die schon mehrmals erwähnten beiden Blätter, die "Richtlinien zur Vermeidung von Hemmstoff in der Anlieferungsmilch" und das "Merkblatt für die Gewinnung keimarmer Rohmilch", die an die Lieferanten zur Beachtung verteilt werden. Eine gezielte individuelle oder Gruppenberatung wird nicht angeboten. In den jährlichen Generalversammlungen der direkt erfaßten Milcherzeuger und in den Winterversammlungen der örtlichen Sammelgenossenschaften werden lediglich Änderungen der Milcherfassung oder die Entwicklung des Milchauszahlungspreises angesprochen und die Einhaltung der Qualitätsrichtlinien wird nur in allgemeiner Form angemahnt.

5.5.2. Kontrolle

Wesentliche Voraussetzung einer wirksamen Koordination ist die Kontrolle der Produktionstätigkeit der Erzeuger durch die Genossenschaft. Denn erst, wenn die Beschaffenheit der Rohmilch als konkretes Arbeitsergebnis der Molkerei bekannt ist, vermag sie Fehler, Mängel und Lücken der Erzeuger bei der Milchgewinnung, -behandlung und -aufbewahrung festzustellen und auf deren Beseitigung hinzuwirken. Durch Kontrolle läßt sich die Einhaltung der Verhaltenspflichten der Milcherzeuger also überhaupt erst ermitteln. Die Ausübung der Kontrolle über die Lieferanten erfolgt auf verschiedene Weise.

a) Direkterfassung

Die Direkterfassung der Erzeuger bietet der Molkerei die Möglichkeit, die Kontrolle über ihre Milchlieferanten auszudehnen und zu intensivieren[5]. Dem Übergang von der zweistufigen Erfassung über örtliche Sammelgenossenschaften zur einstufigen Direkterfassung kommt damit auch instrumenteller Charakter zu. Zunächst erleichtert die Direkterfassung der Molkerei allein schon den Zugang zu den Erzeugerbetrieben. Als Mitglieder örtlicher Sammelgenossenschaften sind die Betriebe der Milchproduktion für die Molkerei kaum zu erreichen. Sie fallen ausschließlich unter die Kontrolle ihrer örtlichen Genossenschaft, und diese steht wiederum als rechtlich völlig selbständiges

5) Ähnlich auch E. MÜLLER 1987, S. 68 und BRUDER et al. 1979, S. 3 in ihren Untersuchungen der Molkerei.

Unternehmen der Molkerei gegenüber. Für die Koordinationspraxis heißt das: die Molkerei hat keinen Zugriff auf ihre Milchlieferanten und damit auch keinerlei direkten Weg, deren Produktionstätigkeit zu kontrollieren, sofern sie einer örtlichen Sammelgenossenschaft angehören. Deutlicher Beleg hierfür ist die Regelung, wonach die molkereieigene Erzeugerberatung ohne vorherige Genehmigung der örtlichen Milchsammelgenossenschaften nicht das Recht hat, deren Mitgliederbetriebe aufzusuchen, um sie z.B. auf ihre hygienischen Verhältnisse zu überprüfen. Die Molkerei ist damit hinsichtlich der Kontrolle ihrer Lieferanten von den Sammelgenossenschaften abhängig und folglich in ihrer Kontrolltätigkeit erheblich eingeschränkt. Mit dem Übergang zur Direkterfassung ändert sich dieser Umstand aber: der Erzeuger muß den Austritt aus seiner örtlichen Sammelgenossenschaft erklären, womit diese als erstes Hindernis einer ungestörten Kontrolle schon einmal wegfällt. Durch die einstufige Milcherfassung erfolgt außerdem seine engere Anbindung an die Molkerei[6], was den Kontrollweg vereinfacht. Statt über die Vorerfassung örtlicher Sammelstellen wird seine Milch direkt der Molkerei angeliefert; statt der Anlieferung einer Sammelmilch, bestehend aus verschiedenen Einzelanlieferungen, kommt von jedem Erzeuger gesondert die Rohmilch zur Erfassung. Durch den Einsatz von Tanksammelfahrzeugen erhält die Kontrolle eine besondere Bedeutung. Die Fahrer der Tanksammelwagen sind nämlich dazu verpflichtet, sich vor Einschalten der Absaugvorrichtung von der grobsinnlich wahrnehmbaren (Aussehen, Geruch) einwandfreien Beschaffenheit der Rohmilch zu vergewissern:

"Ma guckt halt scho emol rei und riecht. Wenn's stinkt und so e Wolk hochkommt, weiß ma glei: da stimmt was net."
- TSW1

"Wenn ma de Deckel ufmacht bi ner saure Milch, da schlägt eim de Dampfe entgege, daß die Luft anhälscht."
- TSW3

Zusätzlich ist im Tanksammelwagen ein Meßgerät installiert, das beim Absaugen den Milchfluß ständig auf seine Temperatur überprüft. Beim Überschreiten der vorgeschriebenen Mindestkühltemperatur von 8 °C leuchtet eine rote Signallampe auf. Alarmiert sie den Fahrer, daß die Rohmilch die Temperaturgrenze übersteigt oder hat er schon zuvor bei der grobsinnlichen Prüfung der Milch Zweifel an ihrer Qualität gehegt, dann kann er eine Alkoholprobe vornehmen, mit der der Säuerungsgrad der Milch ermittelt wird.

Über die Direkterfassung läßt sich demnach die Qualität der Anlieferungsmilch jedes Erzeugers schon beim Absaugen in den Tanksammelwagen kontrollieren. Dies ist bei der Milcherfassung über örtliche Sammelgenossenschaften wegen der Vielzahl von Einzelanlieferungen unterschiedlicher Qualitäten nicht möglich. In der Sammelmilch gleichen sich gute und schlechte Anlieferungen aus, so daß bei der Erfassung die schlechte Qualität des Einzellieferanten nicht mehr erkennbar ist. Zusätzlich verschlechtert sich auch noch die Qualität der Gesamtmilch aus der örtlichen Genossenschaft[7].

---

6) Vgl. POPPINGA 1975, S. 108 f.
7) Diesen Aspekt betont auch MÜCKE 1966, S. 246.

b) Milchprüfung

Schon Ende letzten Jahrhunderts waren im Auftrag der staatlichen Hoheitsträger Prüfungsverfahren entwickelt, praktiziert, schließlich verworfen und wieder neue ausprobiert worden, um Milchfälschern unter den Erzeugern das Handwerk zu legen[8]. Auch heute bildet eine staatliche Verordnung die Grundlage der Milchprüfung, die seit dem 1.1.1981 die zuvor geltenden Landesverordnungen ablösende Bundesgüteverordnung. Darin sind die Mindestanforderungen hinsichtlich der Probenart und Probenzahl sowie der Wahl der Probentermine und der Verfahren bei der Probenanalyse festgeschrieben. Im einzelnen sind zur Kontrolle der Anlieferungsmilch an Molkereien vorgesehen: die Feststellung der Milchinhaltsstoffe; zur Bestimmung des Fettgehaltes müssen monatlich mindestens drei, zur Bestimmung des Eiweißgehaltes mindestens zwei Proben genommen werden. Außerdem ist die Rohmilch auf ihre Qualität zu überprüfen; zur Bewertung der hygienischen Qualität wird die Anlieferungsmilch auf ihre bakteriologische Beschaffenheit, die Zahl somatischer Zellen und ihren Hemmstoffgehalt untersucht.

Die Qualitätsuntersuchung der Milch ist noch relativ neu. Bis Anfang der 70er Jahre begnügte man sich ausschließlich mit der Bestimmung des Fettgehaltes als Milchinhaltsstoff. Die Hemmstoffprobe wurde erst 1973 eingeführt; seit dem 1.10.1978 sind monatlich mindestens zwei Proben zu ziehen. Mit diesem Stichtag wurde auch die einmalige monatliche Untersuchung des somatischen Zellgehaltes der Anlieferungsmilch gesetzlich vorgeschrieben, was nach der Bundesgüteverordnung bis heute Gültigkeit besitzt. Die Keimzahlbestimmung als Methode zur Messung der bakteriologischen Beschaffenheit der Rohmilch wird in Baden-Württemberg seit dem 1.4.1979 praktiziert. Nach Inkrafttreten der Bundesgüteverordnung müssen monatlich mindestens zwei Proben gezogen werden.

Die rechtmäßige Ausführung und Überwachung der in der Bundesgüteverordnung enthaltenen Bestimmungen obliegt den Bundesländern. In Baden-Württemberg regelt eine Durchführungsverordnung die Milchprüfung[9]. Sie geht bei der Anzahl der Fett- und Eiweißproben über die Mindestbestimmungen der Bundesverordnung hinaus. Statt drei bzw. zwei Inhaltsproben werden monatlich jeweils vier genommen. Identisch mit der Bundesverordnung wird der Termin der monatlichen Probennahme geregelt: "Die Proben (...) sind unvermutet und unregelmäßig über den Monat verteilt zu entnehmen" (§ 8, Abs. 1). Die praktische Durchführung der Milchprüfung ist dem "Milchprüfring" übertragen, der dem örtlichen Regierungspräsidium untersteht. Der Prüfring unterhält im molkereigenossenschaftlichen Unternehmen eine zentrale Dienststelle und innerhalb des gesamten Einzugsgebietes drei weitere Außenstellen. Vom Leiter der Zentrale werden Mitte jeden Monats die Termine der Probenahme des Folgemonats festgelegt. Steht eine Milchprobe an, so erhalten die Fahrer der Tanksammelwagen frühestens einen Tag zuvor den Kasten mit den Probefläschchen. Für jede Sammeltour gibt es einen solchen Kasten, in dem das Probefläschchen des einzelnen Lieferanten in der laut Tourenplan feststehenden Reihenfolge der Erfassung seiner Milch nummeriert ist. Die Probenahme

8) Vgl. RABICH 1974, S. 30 ff.

9) "Milchgüte-Verordnung-Durchführungsverordnung des Ministeriums für Ernährung, Landwirtschaft und Umwelt und des Ministeriums für Wirtschaft, Mittelstand und Verkehr Baden-Württemberg" in der Änderungsverordnung vom 10. März 1986.

erfolgt auf Knopfdruck des Fahrers während des Absaugens der Milch vollautomatisch. In den örtlichen Sammelgenossenschaften werden die Einzelproben hingegen von dem Leiter der Sammelstelle gezogen. Dazu erhält dieser über den Fahrer vom Prüfring den Probekasten mit den Probeterminen. Die Proben werden dann vom Sammelstellenleiter bei der Milchanlieferung der Erzeuger von Hand gezogen. Monatlich sind jeweils zwei Morgen- und zwei Abendproben zu nehmen. Diese Regelung erklärt sich aus dem variierenden Fettgehalt der Morgen- und Abendmilch, was bei den direkt erfaßten Betrieben mit zwei bis vier Gemelken je Probe ohne Belang ist. Das Tankfahrzeug zieht lediglich von der Sammelmilch der örtlichen Genossenschaft eine Gesamtprobe.

Die Milchproben werden vom Tankwagen schnellstmöglich in den Prüfring gebracht und dort auf ihre Inhaltsstoffe, bakteriologische Beschaffenheit, auf Hemmstoff und ihren somatischen Zellgehalt untersucht. Die folgende Aufstellung gibt zusammenfassend einen Überblick über die monatlichen Milchproben:

Tab. 8: Monatliche Güteprüfung der Anlieferungsmilch nach der Bundesgüte- und der Landesdurchführungsverordnung (Stand 1.1.1987)

Fettgehalt	monatlich 4 Proben
Eiweißgehalt	monatlich 4 Proben
Bakteriologische Beschaffenheit	monatlich 2 Proben
Hemmstoffnachweis	monatlich 2 Proben
Somatischer Zellgehalt	monatlich 1 Probe

Im Unterschied zu den meisten Bundesländern, die die bakteriologische Beschaffenheit der Rohmilch über die Bestimmung des Pyruvatgehaltes ermitteln[10], findet in der Molkerei wie überall in Baden-Württemberg die Messung der Keimzahl Anwendung. Seit dem 1.1.1984 erfolgt in Ablösung der weitgehend manuellen Oesen-Platten-Methode eine automatische fluoreszenzoptische Keimzahlbestimmung nach Bactoscan, bei der die Einzelbakterien in Mikrokolonien durch elektronische Lichtimpulse gezählt werden[11]. Das Ergebnis dieses Meßverfahrens ist ein Bactoscan-Zählwert, der je nach seiner Höhe eine Aussage über die bakteriologische Beschaffenheit der Anlieferungsmilch zuläßt und die Grundlage für die Güteeinstufung der Rohmilch bildet. Danach ergibt sich dann für die Keimprobe der Rohmilch folgendes Bewertungsschema:

10) Vgl. GOTTSCHALK 1982, S. 81 f.
11) Vgl. CHRISTIANSEN 1981, S. 314 und SCHMIDT 1984, S. 1875.

Tab. 9: Güteeinstufung der Anlieferungsmilch nach bakteriologischer Beschaffenheit nach der Bundesgüte- und Landesdurchführungsverordnung (Stand 1.1.1987)

Bewertungsstufe	Bactoscan-Zählwert je Probe	
S	bis	2.250
1	über	2.250 - 3.300
2	über	3.300 - 8.100
3	über	8.100 - 18.500
4	über	18.500

Sobald die Probenanalyse im Milchprüfring abgeschlossen ist, werden ihre Ergebnisse der Molkerei mitgeteilt. Obwohl die Milchprüfung nicht als molkerei*eigenes* Koordinationsinstrument verstanden werden darf, weil sie auf Bundes- und Landesverordnungen zurückgeht, stellt sie für die molkereigenossenschaftliche Koordinationspraxis doch das entscheidende Instrument der Kontrolle dar. Die Auswertungsliste der monatlichen Probenergebnisse informiert die Molkerei - auch wenn es sich nur um Stichproben handelt - über den ihr am wichtigsten erscheinenden Bereich der Produktionstätigkeit ihrer Erzeuger: deren Arbeitsergebnis, ersichtbar aus ihrer Rohmilchqualität. Über die Güteeinstufung nach bakteriologischer Beschaffenheit erhält sie zumindest zweimal monatlich die Kontrolle über Sorgfalt und Sauberkeit bei der Milchgewinnung und -aufbewahrung all ihrer Lieferanten. Das monatliche Ergebnis der somatischen Zellgehaltsprobe informiert als Eutergesundheitsindex über den Gesundheitszustand der Kühe ebenso wie der Hemmstoffnachweis. Dieser hilft der Molkerei überdies, Produktionsstörungen bei der Be- und Verarbeitung der Rohmilch weitgehend auszuschließen.

Von der Milchprüfung als Instrument der Kontrolle sind auch die örtlichen Sammelgenossenschaften betroffen. Die Ergebnisse aus ihren Gesamtproben dienen der Überprüfung der Arbeit in den Sammelstellen. Es ist z.B. durchaus möglich, daß zwischen der Güteeinstufung der Einzelmilchanlieferungen der Erzeuger (alle in "Stufe S") und jener aus der Gesamtprobe ("Stufe 1") ein gravierender Unterschied besteht. Die Molkerei hätte dann einen ersten Hinweis auf die mangelhafte Hygiene oder unzureichende Kühlung in der Sammelstelle und könnte die betreffende örtliche Genossenschaft daraufhin ansprechen.

Neben der monatlichen Milchuntersuchung durch den Prüfring erfolgt durch die Molkerei eine ständige Überwachung der Anlieferungsmilch. Dies geschieht auf dreierlei Weise.

Einmal bei der Erfassung der Rohmilch durch den Tanksammelwagen. Der Fahrer soll sich zunächst von ihrer grobsinnlich wahrnehmbaren, einwandfreien Qualität vergewissern und außerdem verhindert das automatische Temperaturmeßgerät eine ungekühlte Milchanlieferung. Davon war schon weiter vorne die Rede.

Darüber hinaus unterliegt die Milchanlieferung eines jeden Tanksammelfahrzeuges der doppelten Kontrolle durch die Molkerei. Erstens ist in ihrer Milchannahmehalle ein pH-Meßgerät und ein Temperaturmeßgerät installiert. Beim Absaugen der Milch aus dem Tanksammelwagen in das Rohmilchlager der Molkerei wird jede Anlieferung auf ihren pH-Wert überprüft, um sauere oder ansauere Milch von der Annahme auszuschließen. Erreicht eine Anlieferung den pH-Wert von unter 6,65 - ein erster Hinweis auf die beeinträchtigte Rohmilchqualität - wird dies sofort in der elektronischen Meßstation des Betriebes angezeigt und die Absauganlage schaltet sich automatisch ab. Das gleiche passiert bei einem pH-Wert von über 6,85, was auf Lauge in der Rohmilch (z.B. infolge von Reinigungsmitteln) zurückzuführen ist. Bisher mußte erst einmal solch laugenhaltige Milch zurückgewiesen werden, nachdem bei einem Erzeuger Reinigungslauge in die Milchwanne ausgelaufen war, was dann die gesamte Tankwagenlieferung verdorben hatte. Angesäuerte Milchanlieferungen durch den Tanksammelwagen kommen hingegen häufiger vor, meist in den Sommermonaten bei Außentemperaturen um die 30 °C. Das Temperaturmeßgerät in der Annahmehalle überprüft den Milchfluß vom Tanksammelwagen in das Rohmilchlager auch daraufhin, ob die angelieferte Milch die vorgeschriebene Kühltemperatur von 8 °C überschreitet. Ist dies der Fall, dann schaltet sich die Absauganlage wiederum ab, während bereits die Kontrollstation im Betrieb benachrichtigt ist. Bei solchen, eher die Ausnahme bildenden Zwischenfällen, nimmt das molkereieigene Betriebslabor vom Tanksammelwagen eine Sonderprobe, um über die Be- und Verarbeitungsfähigkeit der beeinträchtigten Rohmilch zu entscheiden. Meist wird die Milch dann auch noch bei 10 °C, im Einzelfall sogar bis 12 °C angenommen.

Die zweite Kontrolle der Anlieferungsmilch durch die Molkerei erfolgt regelmäßig durch das Betriebslabor. Von jedem in der Molkerei eintreffenden Tanksammelwagen wird eine Milchprobe entnommen und u.a. auch auf Hemmstoff untersucht, noch bevor die angelieferte Rohmilch eventuell zu Produktionsstörungen in der Be- und Verarbeitung führen könnte. Reagiert die Probe tatsächlich hemmstoffpositiv, dann entscheidet der Betriebsleiter über die weitere Verwendung der angelieferten Milch. In solch einem Fall eignet sie sich kaum noch zur Verarbeitung und wird daher als Frischmilch abgefüllt, wo sich der Hemmstoffgehalt kaum auswirkt. Außerdem wird sofort eine Milchprobe bei allen von dem betreffenden Tanksammelwagen erfaßten Betriebe veranlaßt, um den Verursacher der hemmstoffpositiven Reaktion der Milchanlieferung unter den Erzeugern dieser Sammeltour ausfindig zu machen.

c) Außendienst

Trotz der monatlichen Probenahme bei den Erzeugern und der regelmäßigen Milchprüfung jeder Tankwagenanlieferung läßt sich eine ständige, lückenlose Kontrolle aller Milchlieferanten nicht praktizieren. Ihre große Zahl und die Größe des Einzugsgebietes verhindern dies. Stattdessen konzentriert sich die molkereigenossenschaftliche Kontrolle auf diejenigen Erzeuger, deren Rohmilchqualität zu Beanstandungen Anlaß gibt. Drei Erzeugerberater sind dazu im Außendienst als Kontrollorgane angestellt. Sie müssen die genossenschaftliche Qualitätspolitik gegenüber den Erzeugern draußen vertreten, was konkret heißt: sie müssen die Lieferanten auf die Einhaltung der Qualitätsrichtlinien bei der Milchgewinnung und -aufbewahrung kontrollieren. In der alltäglichen Praxis des Außendienstes sieht dies folgendermaßen aus. Der Milchprüfring gibt die monatlichen Probenergebnisse an die Molkerei weiter, wo sie in der elektronischen Datenverarbeitung gespeichert werden. Den drei Beratern werden schließlich die Werte jener Tanksammeltouren, für die sie entsprechend der räumlichen Aufteilung des Erfassungsgebietes in Außendienstregionen zuständig sind, ausgehändigt. Fällt ein Betrieb in der Liste durch ein hemmstoffpositives Probenergebnis auf, setzt sich der Berater telefonisch oder während einer Dienstfahrt mit dem betreffenden Erzeuger in Verbindung. Er spricht ihn dann auf das Ergebnis an und untersagt ihm bis zu einer hemmstoffnegativen Probe die weitere Anlieferung seiner Milch. Mit Ausnahme solcher äußerst seltenen "Hemmstoff-Fälle" reagiert der Außendienst bei anderne Probenwerten nach einem Monat noch nicht, weil es sich oftmals um einzelne "Ausrutscher" handelt:

"und sowas kann bei jedem Erzeuger emol vorkomme - selbscht bei de beschte, wo ma im Stall vom Bode esse könnt. Da trete mir noch net uf de Plan. Des könne mer auch gar net, weil die Probe, die zwischedurch emol schlecht ausfalle - des geht gar net bei soviel Erzeuger, da komme mir gar net nach mi'm rumtelefoniere und rumfahre."
- Außerdienstleiter

Von ungleich größerer Bedeutung sind für die Außendienstkontrolle die vierteljährlichen "Fortschreibungslisten". Darin werden die von der Molkerei gespeicherten Probenergebnisse für drei Folgemonate zum Vergleich ausgedruckt. Den Beratern geben diese Vergleichswerte Aufschluß über die längerfristige Entwicklung der Rohmilchqualität aller Erzeuger. Neben der Anlieferungsmenge und den Milchinhaltsstoffen sind auch die Ergebnisse der Milchproben auf bakteriologische Beschaffenheit, somatischen Zellgehalt und Hemmstoffreaktion für jeden Lieferanten aufgeführt. Die Berater überprüfen die Liste auf schlechte Probenwerte. Für den Keimgehalt wird dies dadurch vereinfacht, daß die Betriebe mit den Güteeinstufungen 3 und 4 gesondert ausgewiesen sind. Nun wird der Außendienst tätig. Die durch minderwertige Rohmilchanlieferungen solchermaßen aufgefallenen Erzeuger werden nacheinander aufgesucht, um sie auf ihre Sorgfalt und Sauberkeit bei der Milchgewinnung und -aufbewahrung zu überprüfen. Im Gespräch mit ihnen sollen die möglichen Ursachen und Hintergründe der schlechten Milchqualität (sprich des hohen Bactoscan-Zählwertes) herausgefunden und es soll auf ihre Beseitigung hingewirkt werden[12]. Es bleibt allerdings nicht nur bei der Anmahnng der genossenschaftlichen Qualitätsvorschriften, sondern im Einzelfall wird auch eine direkte Kontrole aller in Frage kommenden Schwachstellen durchgeführt. Die Milchlieferungsbedingungen der Molkerei sehen dies ausdrücklich vor: Ihren "Kontrollorganen (...) ist zur Erfüllung ihrer dienstlichen Obliegenheiten Zutritt zur Milchkammer und zum Stall zu gewähren" (I.4). Trifft der Berater bei seiner Kontrolle offensichtlich mangelnde Hygiene im Stall, unzureichend gereinigte und gewartete Melkanlagen, defekte Kühlanlagen oder ähnliches an, so obliegt es ihm, die Erzeuger nachdrücklich zur Behebung solcher Mißstände aufzufordern.

Der Außendienst wird außerdem bei besonders auffälligen Probenwerten der Milchinhaltsstoffe, die aus den Fortschreibungslisten über einen längeren Zeitraum hinweg ersichtlich sind, tätig. Solche anormalen Abweichungen sind Fettgehaltswerte von dauerhaft unter 3% und über 4,5% sowie ein Eiweißgehalt von dauerhaft unter 2,5% und über 4%. Die Berater überprüfen die Erzeuger besonders daraufhin, ob eventuell unzulässige Manipulationen für die auffälligen Probenwerte verantwortlich sind, also z.B. Wasserzusatz oder Fettentzug vorgenommen wurden.

---

12) E. MÜLLER 1987 spricht daher auch von der "zwangsweisen Beratung" der Erzeuger durch ihre Molkerei (S. 111).

Eine wichtige Bedeutung spielt der Außendienst auch deswegen, weil der Molkerei durch ihn die wichtigsten, die Milcherzeugung berührenden Informationen über ihre Lieferanten vorliegen. Im unregelmäßigen Abstand von mehreren Jahren - zuletzt 1980/81 - wird von den Beratern eine Lieferantenstatistik der ihnen zugeteilten Erfassungsrouten erstellt. Aufgeschlüsselt nach den einzelnen Sammeltouren gehen aus ihr die Gesamtzahl der Lieferanten, der Kühe und der Milchanlieferungsmenge hervor. Darüber hinaus enthält die Statistik Angaben zum mengenmäßigen Umfang aller Erzeuger nach der Art der Milchgewinnung (Handmelker, mit Eimermelkanlage, Absauganlage, Melkstand), der Milchaufbewahrung (in Kanne, Hofbehälter, Wanne, Tank) sowie danach, ob sie die Milch kühlen sowie über eine Milchkammer und automatische Reinigungsanlage verfügen. Außerdem ist für alle Lieferanten der Kuhbestand nach Größenklassen aufgelistet und ihr Anteil an der Tagesanlieferung einer Erfassungstour. Zwar werden die Erzeuger nach der Satzung ihrer Milcherzeugervereinigung lediglich dazu verpflichtet, "jederzeit Angaben zur Größe der Kuhbestände zu machen" (§ 2b) und auch der Liefervertrag sieht für den Erzeuger nur vor, daß er "jederzeit auf Verlangen die Anzahl der in seinem landwirtschaftlichen Betrieb gehaltenen Kühe anzugeben" hat (Punkt 5), doch die teilweise detaillierten Aussagen zur Milcherzeugung ihrer Lieferanten erhält die Molkerei von anderer Seite: eben vom Außendienst. Bei der Umstellung von Sammelstellen-Erfassung zur Direkterfassung überprüfen die Berater die Höfe nämlich auf ihre Milchkammern, Kühlanlagen und bei Ab-Hof-Erfassung auf die Zufahrtswege für die Tankwagen. Für die Molkerei ergab sich daraus in den 70er Jahren die günstige Gelegenheit, von der Mehrheit der erfaßten Betriebe Einzelheiten über ihre Milchgewinnung und -aufbewahrung zu erfahren. Außerdem hat der Berater bei seiner Tätigkeit auf dem Hof jederzeit die Möglichkeit, sich über solche Details zu informieren. In einzelnen Punkten hat die Lieferantenstatistik inzwischen allerdings an Aussagewert verloren. Gab z.B. früher der Kuhbestand der Erzeuger der Molkerei die voraussichtlich anfallende Milchmenge eines Jahres als Planungsgrundlage ihrer Lagerungs- und Verarbeitungskapazitäten an, so läßt sich dies seit der Quotenregelung viel einfacher aus der zugewiesenen Referenzmenge pro Erzeuger entnehmen.

d) Zusammenarbeit mit externen Stellen

In der Milchwirtschaft nehmen neben der Molkerei noch weitere Institutionen Kontrollfunktionen hinsichtlich der Milcherzeugung wahr, womit sie für die genossenschaftliche Koordination instrumentell begleitenden Charakter besitzen[13]. Zum einen ist dies der schon erwähnte Milchprüfring, eine neutrale Instanz, die als Landeskontrollverband die von der Bundesgüte-Verordnung vorgesehenen Milchprüfungen durchführt. Die Milcherzeugung überwachen außerdem der staatliche Tiergesundheitsdienst einschließlich des Veterinäramtes sowie die milchwirtschaftliche Beratung an den Landwirtschaftsämtern bzw. beim Regierungspräsidium. Die Schwerpunkte der Kontrolltätigkeit sind bei den einzelnen Instutitionen unterschiedlich ausgerichtet[14]. Das Interesse des Eutergesundheitsdienstes und des Veterinäramtes zielt auf die Gesundheit der Milchviehbestände. Dazu erhalten beide Stellen vom Prüfring die monatlichen Proben-

13) Vgl. ähnlich auch KELLER 1975, S. 200.
14) Vgl. die ausführlichere Darstellung anhand Bayerns von GOTTSCHALK 1982, S. 98 ff.

ergebnisse der Zellgehaltsuntersuchungen. Bei Werten von über 750.000 Zellen/ml - was bereits auf ernsthafte Erkrankungen im Kuhbestand eines Erzeugers hinweist - benachrichtigt der Prüfring sowohl den betroffenen Erzeuger als auch den Eutergesundheitsdienst. Dieser nimmt dann mit dem Erzeuger Kontakt auf und macht einen Bestandsbesuch. Die Kühe werden auf ihre Gesundheit und die Melkanlagen auf ihre Funktionstüchtigkeit untersucht. Meist werden gleich erste Maßnahmen angeraten und eine Behandlung durch den Tierarzt wird empfohlen. Die Ergebnisse des Bestandsbesuches werden in einem Untersuchungsbericht zusammengefaßt, der gemeinsam mit einem ausführlicheren Maßnahmenkatalog zur Verhütung von Euterkrankheiten später dem Erzeuger zugesandt wird. Stellen sich nach einiger Zeit immer noch keine besseren Zellgehaltswerte in den Proben ein, wird das Veterinäramt informiert, das beim (erwiesenermaßen) Ignorieren aller gesundheitlichen und melktechnischen Empfehlungen durch den Erzeuger dessen Milchanlieferung verbieten kann, worüber dann auch die Molkerei benachrichtigt wird.

Auch der Milchprüfring beläßt es nicht nur bei den monatlichen Milchproben und der Weitergabe ihrer Ergebnisse an Molkerei und Eutergesundheitsdienst, sondern wird bei schlechten Probenwerten direkt beim Erzeuger vorstellig. Weist eine Probe Hemmstoff auf, wird dem Erzeuger dies sofort mitgeteilt. Bei hemmstoffhaltiger Milch verläuft die Kontrolle also zweigleisig: von der Molkerei und dem Prüfring wird der Lieferant angesprochen und ihm wird die weitere Milchanlieferung bis zur Feststellung hemmstoffnegativer Probenwerte untersagt. Im Gegensatz zum Außendienst der Molkerei, der erst ab Güte III bei den Erzeugern kontrollierend tätig wird, informiert der Prüfring bereits alle Erzeuger mit Probenwerten ab Klasse II über ihre eingeschränkte Milchqualität.

Die staatliche Erzeugerberatung beschäftigt sich neben der eigentlichen Betriebsberatung auf ausdrücklichen Wunsch der Erzeuger auch mit der Kontrolle ihrer Melkanlagen.

e) *Soziale Kontrolle*

Der molkereigenossenschaftlichen Koordination dient schließlich noch eine weitere, anders gerichtete Kontrolle: die soziale Kontrolle, die die Milcherzeuger untereinander ausüben. Sie erfolgt auf zwei Wegen. Einmal auf dem Informationsweg, über den der Milchprüfring die Erzeuger über ihre eingeschränkte Rohmilchqualität benachrichtigt. Anstatt daß solche Erzeuger, deren Milchproben wegen Hemmstoffgehalt, zu hohen Bactoscan-Zählwerten oder zu vielen somatischen Zellen aufgefallen sind, diskret postalisch darüber informiert werden, wählt der Prüfring in Absprache mit der Molkerei den offenen Nachrichtenweg. Den Fahrern der Tankwagen werden die Qualitätsbenachrichtigungen an die Erzeuger mit schlechten Probenergebnissen ausgehändigt: weiße Zettel für Lieferanten mit hemmstoffpositiver Milch, gelbe für jene mit über 750.000 Zellen/ml und rote Zettel für Erzeuger mit Probenwerten der bakteriologischen Gütestufen II, III und IV. Bei seiner nächsten Sammeltour klemmt der Fahrer dann den betroffenen Erzeugern die Benachrichtigung des Prüfringes an die Hofbehälter bzw. Tanks und Wannen in den Milchkammern. Auf diese Weise werden zumindest die Erzeuger, die ihre Milch in Hofbehältern anliefern, als Erzeuger schlechter

Rohmilchqualität für jedermann erkennbar. Besonders anhand der leuchtend roten Benachrichtigungszettel bei zu hoher bakteriologischer Beschaffenheit der Milch läßt sich eine wirksame soziale Kontrolle unter den Erzeugern ausüben. Denn als nachlässiger Erzeuger, unsauber oder gar als "Drecksau" will kein "anständiger Bauer" innerhalb der Dorfgemeinschaft gelten - sind doch zu hohe Bactoscan-Zählwerte meist das Ergebnis fehlender Hygiene bei der Milchgewinnung und -aufbewahrung. Natürlich erfolgt bei einer oder gelegentlichen "roten" Benachrichtigungen keine Stigmatisierung. Allerdings besteht bei Wiederholung die Gefahr, als "einer mit schlechter Milch" auf Dauer abgestempelt zu werden:

"des sin jo eh immer die gliche, wo en rote Zettel kriege."
- MSap2

"Wenn Se mich scho so direkt frage, dann will ich ehne emal sage: als en anständige Bauer hät ma e Ordnung im Stall. Und dann kriegt ma erscht gar nit so Werte über vier, fünf Tausend. Alles andere sin Drecksäu in meine Auge."
- MHo4

"Klar gfällt's eim net, wenn ma des Ding stecke hät. Da werd von de andere dumm rumgschwätzt: 'was häscht gmacht? was war los?' (...) Und blöd grinse tun se."
- MSap4

"gehn Se mol zum (XY) rüber, da hän Se so en Kandidat. Der kriegt fascht jedn Monat sin Zettel."
- MSap5

Ähnlich verhält es sich auch in den örtlichen Sammelgenossenschaften. Die Qualitätsbenachrichtigungen des Prüfringes werden von den Fahrern der Tankwagen in der Sammelstelle hinterlegt, wo sie dann vom Sammelstellenleiter den betreffenden Erzeugern ausgehändigt werden. Zusätzlich werden die monatlichen Probenergebnisse aller örtlichen Lieferanten in der Sammelstelle ausgehängt oder ausgelegt, so daß man sich jederzeit über die Probenwerte anderer Erzeuger informieren kann:

"der, wo jetzt kunnt, seller hät immer e schlechti Milch. Ich zeig's Ihne nachher in de Lischt, wenn er wieder weg is."
- MSag3

Der zweite Weg sozialer Kontrolle unter den Milcherzeugern ist das sich gegenseitige Beobachten[15]. Dies geschieht meist verdeckt bei Hofbesuchen, wo man einen Blick in den Stall oder die Milchkammer hineinwirft und sich daraus ein Urteil über die Arbeit des Erzeugers bildet:

"Ich laß andre gar nimmi uf de Hof. Da komme se und mache recht freundlich (...). Und spioniere tun se, was macht er, wie macht er's, wo und was. Und dann aber, dann geht's rum: 'de (XY) hät des und macht sel.'"
- MHo1

"Ware Se drobe schon emol beim (XY). Da müsse Se mal hi. Gehn Se bei dem mol in d'Milchkammer, dann wisse Se, wie ma uf zehn, zwanzig Tausend Keim (Bactoscan-Zählwerte sind gemeint, C.D.) kunnt."
- MHo2

"Da gibt's auch, wo hän Milchküch als Abstellkammer. Da dürfe Se net ni, da hän Se kei Platz mehr zum schaffe. Alles megliche stoht rum. Des isch für d'Milch auch grad net 's Optimale."
- Ehefrau von MHo4

Das rege Interesse an anderen bekannten Milchlieferanten zeigt sich auch darin, daß Erzeuger während der Gespräche wiederholt nach den Probenwerten bestimmter Höfe gefragt hatten, wahrscheinlich deshalb, um sich in ihren Meinungen bestätigen zu lassen.

15) Vgl. hierzu BRÜGGEMANN/RIEHLE 1986, S. 183 ff.

Aus solchen Urteilen über andere Erzeuger entstehen schnell Vorurteile, mit denen eine feste Einteilung der Milchlieferanten in jene mit guter Milch und solchen mit schlechter Milch verbunden ist. Dies schlägt sich dann auch in ungeprüften, oftmals gar nicht zutreffenden, doch gerne und wiederholt geäußerten Sprüchen nieder, wie:

"Wo e Trott stoht, is Milch sauber"
"Bure mit Sei hän e Drecksmilch".

5.5.3. Erfassung der Milch durch Fuhrunternehmen

Anstatt die Milch der Erzeuger über werkseigene Tanksammelwagen abzuholen, hat die Molkerei die Erfassung acht Fuhrunternehmen übertragen. Verankert ist dies bereits in den Milchlieferungsbedingungen; darin heißt es: zur Erfassung "bevollmächtigt der Milchlieferant (die Molkerei, C.D.) in seinem Namen mit Dritten Verträge abzuschließen, um seine Anfuhrverpflichtung zu erfüllen" (II.2). Verschiedene kostenwirtschaftliche Gründe sprechen aus Sicht der Molkerei dafür. Die Anschaffung und Unterhaltung der Fahrzeuge entfällt, weil dies von den beauftragten Speditionen übernommen wird; lediglich den Tankaufsatz auf der Karosserie finanziert die Molkerei. Es können außerdem Personalkosten für Fahrer eingespart werden, weil die Fuhrunternehmen nach gefahrenen Kilometern und der benötigten Zeit bezahlt werden. Da die Speditionen, denen die Erfassung übertragen ist, ihre Standorte an verschiedenen Stellen inmitten des Einzugsgebietes der Molkerei haben, fallen zudem längere Anfahrtswege bei den Sammeltouren weg. Schließlich wird auch noch angeführt, daß von der Molkerei angestellte Fahrer mit molkereieigenen Fahrzeugen unachtsamer und weniger pfleglich umgingen, was mit häufigen Blech- und Motorschäden und entsprechend hohen Ausfallzeiten sowie Reparatur- und Wartungskosten verbunden sei.

So überzeugend und zutreffend diese Argumentation in einzelnen Punkten auch sein mag, so vernachlässigt sie indessen zwei andere, die molkereigenossenschaftliche Koordination tangierende Gründe. Vorteile der Erfassung durch Fuhrunternehmen ergeben sich nämlich auch in Hinblick auf eine rationalisierte Milchanlieferung und die Kontrolle der erfaßten Rohmilchqualität.

a) Rationalisierungsgründe

Den Fahrern der Fuhrunternehmen - entweder sind es die Unternehmer selbst oder angestellte Berufsfahrer - wird für ihre Sammelroute der genaue Tourenplan mit Streckenführung und Zeitrahmen erstellt. Dazu hat der Außendienst der Molkerei zuvor Probefahrten für die einzelnen Touren unternommen, um die kürzeste Verbindung zwischen den Erfassungsstationen herauszufinden. Gleichzeitig wurde die für das Abfahren der Wegstrecke einschließlich der Haltestellen maximal benötigte Zeit gemessen. Aufgrund dieser genauen Tourenplanung werden die Fuhrunternehmen von der Molkerei bezahlt, d.h. sie sind darauf angewiesen, innerhalb der ihnen vorgegebenen Zeit die Milcherfassung zu bewältigen. Permanenter Zeitdruck ist für die Fahrer daher die alltägliche Praxis. Für längere Zwischenhalte bei Sammelpunkten oder auf Höfen bleibt keine Zeit. Ebenso verbietet sich ein Abweichen von der erstellten Streckenführung, um z.B. aus Gefälligkeit die Milch eines Erzeugers einmal am Hof statt am Sammelpunkt abzuholen. Die Terminierung der Haltestationen verhindert außerdem unvorhergesehene Wartezeiten an den Sammelpunkten. Hat ein Erzeuger seinen Hofbehälter nicht rechtzeitig zum vereinbarten Termin abgestellt, fährt der Fahrer, ohne auf die noch verspätet eintreffende Anlieferung zu warten, nach dem ihm vorgegebenen Zeitplan weiter. Die Milch des Erzeugers kommt dann nicht zur Erfassung. Die Molkerei begründet ihre exakte Tourenplanung für die Tankfahrzeuge mit dem absoluten Muß, Zeitüberschreitungen zu vermeiden. Nur durch eine detaillierte Tourenplanung könnten die ohnehin steigenden Erfassungskosten einigermaßen im Rahmen gehalten werden:

"Wenn er (= der Tankwagenfahrer, C.D.) bei jedem Sammelpunkt nur e Minut wart, is er am Mittag e Stund hintedran. Und des geht uf unser Koschte. Weil de Unternehmer sagt uns: 'mir bruche immer e Stund mehr für Tour 2, 3' oder was weiß ich - und dann müsse ma zahle. Deswege mache mir den Zeitplan und nehme des sehr genau, daß der auch eighalte wird."
- **Außendienstleiter**

Zweierlei erreicht die Molkerei damit. Erstens werden die Lieferanten gezwungen, ihre Milch pünktlich zum vorgesehenen Termin am vereinbarten Sammelpunkt bereitzustellen. Diese Zeitdisziplin bei der Lieferung ist besonders wichtig, weil die Mehrheit der Erzeuger über Sammelpunkte erfaßt wird. Zweitens hält man sich mögliche Beschwerden der Erzeuger über die konsequente, teilweise unnachgiebige Erfassungsrationalisierung auf Distanz. Gehen tatsächlich Klagen von Lieferanten in der Molkerei ein, die sich darüber empören, daß z.B. bei nur geringfügigen Verspätungen nicht auf ihre Milchanlieferung am Sammelpunkt gewartet werde oder daß der Tanksammelwagen noch nicht einmal in Ausnahmefällen (Krankheit des Lieferanten, Ausfall eines Fahrzeuges) ihre Milch am Hof abhole, dann kann die Molkerei, ohne sich mit solchen Anschuldigungen auseinandersetzen zu müssen, darauf verweisen, daß die Erfassung nicht ihre unmittelbare Aufgabe, sondern die des Fuhrunternehmens sei.

b) Qualitätsgarantie

Laut Vertrag zwischen Molkerei und Fuhrunternehmen sind die Fahrer der Tanksammelwagen voll für die Qualität der von ihnen erfaßten Rohmilch verantwortlich. Die Molkerei überläßt also nicht nur die Aufgabe der Erfassung den Fuhrunternehmen, sondern auch die Zuständigkeit dafür, daß nur qualitativ nicht zu beanstandende Milch in der Annahmehalle der Molkerei zur Anlieferung kommt. Gleichzeitig wird damit den Fahrern das Risiko übertragen, wenn sie in Zweifelsfällen darüber zu entscheiden haben, ob sie z.B. Milch über 8 °C, Milch, die säuerlich riecht oder flockt, mitnehmen oder stehenlassen. Erfaßt der Fahrer nämlich zugunsten des Erzeugers solch qualitativ nicht einwandfreie Milch, besteht die Gefahr, daß unter Umständen die gesamte Tankwagenanlieferung verdorben wird. In der Molkerei würde die automatische Erfassungs- und Kontrollstation beim Abpumpen der Milch aufgrund der zu hohen Temperatur oder des pH-Wertes Alarm schlagen. Bei der Feststellung der nicht mehr zweifelsfreien Verwendungsfähigkeit der Milch durch das Betriebslabor würde dann womöglich die gesamte abgelehnte Tankwagenlieferung dem Fuhrunternehmen in Rechnung gestellt.

Indem die Verantwortung für die Qualität der erfaßten Rohmilch den Fuhrunternehmen übertragen wird, erreicht die Molkerei zweierlei: Erstens wird die Kontrolle über jede einzelne Milchanlieferung der Erzeuger verstärkt. Der Fahrer kennt die möglichen Auswirkungen, welche die Anlieferung qualitativ nicht einwandfreier Milch nach sich ziehen können. Er soll so zu gewissenhafter, lückenloser Kontrolle jeder Milchanlieferung "erzogen" werden: erst sich von der grobsinnlich wahrnehmbaren unbeschadeten Milchqualität vergewissern, dann den Temperaturmesser im Auge behalten und auf die vorgeschriebene Mindesttemperatur von 8 °C achten:

"de Fahrer is voll verantwortlich, daß mir einwandfreie Qualitätsmilch geliefert kriege. Dann muß er sich ebe auch drum kümmern und kann net bloß de Schlauch anschließe, einschalte und absauge, egal was für e Milch."

\- Außendienstleiter

Würde die Milcherfassung hingegen durch werkseigene Fahrer vorgenommen, hätte letztlich die Molkerei die Verantwortung für die Qualität der Tankwagenanlieferung zu tragen. Die molkereigenossenschaftlichen Fahrer würden dann womöglich entsprechend lässig die Kontrolle der Anlieferungsmilch der Erzeuger handhaben.

Zweitens geht die Molkerei auch hinsichtlich der Qualität der Anlieferungen wiederum dem direkten Konflikt mit den Erzeugern aus dem Weg. Läßt der Fahrer tatsächlich eine offensichtlich schmutzige, ungenügend gekühlte, sauere, ansauere oder sonstwie verdorbene Milch stehen, woraufhin sich der davon betroffene Erzeuger bei der Molkerei beschwert, kann diese auf ihre fehlende Zuständigkeit verweisen, da es laut Vertrag der Verantwortung des Fahrers obliegt, über die qualitative Anlieferungstauglichkeit einer zur Erfassung bereitgestellten Milch zu entscheiden.

5.5.4. Bezahlungssystem

Im Gegensatz zu Dänemark und den Niederlanden, wo schon im vorigen Jahrhundert erste Versuche einer qualitätsbezogenen Milchgeldauszahlung erprobt wurden[16], wurde in Deutschland bis in die 30er Jahre die Anlieferungsmilch der Erzeuger nur aufgrund der volumetrisch gemessenen Menge bezahlt, ohne Milchinhaltsstoffe oder die Qualität der Milch zu berücksichtigen[17]. Ansätze eines qualitätsdifferenzierten Milchgeldes finden sich in Deutschland zunächst für die Allgäuer Käsereibetriebe, die die Milch ihrer Lieferanten nach Käsereitauglichkeit und Fettgehalt vergüteten[18]. Erst nach dem zweiten Weltkrieg wurde die Fettbezahlung allgemein verbindlich in Deutschland eingeführt. Mit der zunehmenden Auftürmung von Butterbergen in den Kühllagern der Europäischen Gemeinschaft verschob sich immer mehr das Interesse auf

---

16) So schwärmte bereits DAVID 1922 in seinem Plädoyer für das Genossenschaftswesen als Ausweg aus der Krise der klein- und mittelbäuerlichen Landwirtschaft von dem qualitätsdifferenzierten Milchauszahlungssystem, das in Dänemark Anwendung fände. Die Genossenschaften könnten dadurch im Hinblick auf die Milchanlieferung ihrer Erzeuger "einen wirksamen Druck" ausüben (S. 496).

17) Vgl. zur "ökonomischen Bewertung der Milch im Laufe der historischen Entwicklung" FREDE 1976, S. 16 ff.

18) Ebd., S. 26 ff.

das ernährungsphysiologisch wichtigere Eiweiß als Milchinhaltsstoff[19], das nach der Bundesgüte-Verordnung seit 1983 für alle Molkereien in der Bundesrepublik als verbindliches Bezahlungskriterium vorgeschrieben ist. In der molkereiwirtschaftlichen Praxis gibt es heute eine Vielzahl angewandter Berechnungsmodelle zur Bestimmung des Milchauszahlungspreises, einzeln oder kombiniert nach Fett- und Eiweißgehalt, Kasein, Lactose, fett- und fettfreie Trockenmasse sowie der Gesamttrockenmasse der Milch[20]. Für die untersuchte Molkereigenossenschaft hat sich die kombinierte Fett-Eiweiß-Bezahlung durchgesetzt.

Das Milchgeld an die Lieferanten errechnet sich aus dem Gesamterlös, den die Molkerei aus ihrem Absatzgeschäft erwirtschaften konnte. Daraus ergibt sich ein Basispreis. Seine Höhe variiert demnach mit der Geschäftsentwicklung des Unternehmens. Die Molkerei ist nun daran interessiert, die ihr quasi als Auszahlungsstock zur Verfügung stehenden Finanzmittel ihren Koordinationsinhalten entsprechend (Rohmilchbeschaffenheit) auf die einzelnen Erzeuger aufzuteilen. Dies tut sie auch, wie noch gezeigt wird. Doch zunächst wird der Auszahlungspreis durch die in der Bundesgüte-Verordnung enthaltenen Vorgaben bestimmt. Die Verordnung bildet seit dem 1.1.1981 die Grundlage des Bezahlungssystems aller Molkereien in der Bundesrepublik. Damit regelt sie nicht nur die monatlichen Milchprüfungen, wie bereits ausgeführt, sondern auch "zur Sicherung der Transparenz und besseren Vergleichbarkeit"[21] die Berechnung des Auszahlungspreises.

Das von den Molkereien an die Erzeuger auszuzahlende Milchgeld setzt sich laut Verordnung aus verschiedenen Komponenten zusammen. Als erstes gilt es, die monatliche Anlieferungsmilch nach Gewicht zu bezahlen. Dazu wird eine Umrechnung von Litern in Kilogramm vorgenommen, indem die Milchmenge jedes Erzeugers mit dem Faktor 1,020 multipliziert wird (§ 4, Abs. 1). Für den Basispreis der Molkereien bestimmt die Verordnung einen Fettgehalt der Milch von 3,7% und einen Eiweißgehalt von 3,4% (§ 4, Abs. 2). Abweichungen von diesen Basiswerten, die sich aus dem Durchschnittswert der vier monatlichen Fett- und Eiweißproben für jeden Erzeuger ergeben, sind mit Zu- und Abschlägen, sogenannten Korrekturwerten zu veranschlagen. Deren Höhe "ist aus der durchschnittlichen Nettoverwertung für Fett und Eiweiß des Vorjahres auszurichten" (§ 4, Abs. 2). In unserer Molkerei beträgt seit einiger Zeit der Korrekturwert je 0,1% Fett 0,8 Pfg/kg und für je 0,1% Eiweiß 0,4 Pf/kg. Damit ist schon einmal der Grundpreis des monatlichen Milchgeldes bezogen auf den Fett- und Eiweißgehalt der Milch festgesetzt. Er wird nun laut Güte-Verordnung entsprechend der Qualität der angelieferten Rohmilch weiter differenziert. Aus den zwei Monatsproben der Anlieferungsmilch auf bakteriologische Beschaffenheit, den Güte*stufen*, wird nun ein Durchschnittswert errechnet, der repräsentativ die monatliche Güte*klasse* der Anlieferungsmilch eines jeden Erzeugers ermittelt (§ 3, Abs. 1), und zwar nach folgender Tabelle:

---

19) Verschiedene Berechnungsmodelle zur Qualitätsbezahlung nach Einweißgehalt in der Anlieferungsmilch wurden dazu entworfen; vgl. exemplarisch BRUNN 1977.

20) FREDE 1976 gibt einen anschaulichen Überblick über die international praktizierten Berechnungsmodelle (S. 56 ff.).

21) CHRISTIANSEN 1981, S. 313. Demgegenüber kritisiert POPPINGA immer wieder die fehlende Transparenz und Offenlegung der von den Molkereien ausgezahlten Milchgelder an die Erzeuger, insbesondere hinsichtlich der preisbildenden Faktoren. Unter seiner Leitung befaßt sich daher seit geraumer Zeit eine Arbeitsgruppe an der Gesamthochschule Kassel mit der Aufstellung und Analyse der Milchgelder von verschiedenen Molkereien in der Bundesrepublik; vgl. POPPINGA 1986 sowie "Heiße Diskussionen um Auszahlungspreise" in DEUTSCHE MILCHWIRTSCHAFT 1984, S. 734.

Tab. 10: Einstufung der monatlichen Güteklasse der Anlieferungsmilch

Durchschnittliche Bewertungsstufe aus zwei Milchproben		Güteklasse
	bis 1,50	1
über 1,50	bis 2,50	2
über 2,50	bis 3,50	3
über 3,50		4

Dem aufmerksamen Leser fällt nun auf, daß in der Tabelle nur vier Güteklassen enthalten sind. Im Gegensatz dazu waren es bei den Gütestufen (Tab. 9, S. 236) fünf Kategorien gewesen, nämlich noch die "Stufe S". An dieser Stelle beginnt nun die über die gesetzliche Verordnung hinausgehende molkereigenossenschaftliche Koordination. Die Bundesverordnung versteht ihre Gütebewertung der Milch nur als Mindestbestimmung. Ausdrücklich wird darauf hingewiesen, daß Ergänzungen von den Molkereien in Absprache mit den für die monatlichen Milchprüfungen zuständigen Landesstellen - in Baden-Württemberg also dem Milchprüfring - vorgenommen werden können: "Die Molkereien (...) können eine Klasse S einrichten, die sich in ihren Anforderungen hinsichtlich der bakteriologischen Beschaffenheit von Klasse 1 wesentlich abhebt" (§ 3, Abs. 2). Unsere Molkerei macht von dieser fakultativen Bestimmung Gebrauch. Milchanlieferungen, die sich durch ihre bessere bakteriologische Beschaffenheit ausweisen, als es die "Stufe 1" vorsieht - also unter 2.250 Bactoscan-Zählwerte - fallen unter die (Spitzen-) "Stufe S". Um allerdings als "Güte*klasse* S" für die monatliche Milchgeldberechnung herangezogen zu werden, muß ein Erzeuger bei beiden Monatsproben auf bakteriologische Beschaffenheit in "Stufe S" gewesen sein. Nun ergeben sich, wie bei den Korrekturwerten für Fett und Eiweiß, Zu- oder Abschläge nach den monatlichen Güteklassen. Zunächst die Mindestbestimmungen der Bundesgüte-Verordnung (§ 4, Abs. 3): Für "Klasse 1" gilt der feste Grundpreis ohne Zu- oder Abschläge. Die Klassen 2, 3 und 4 mit erhöhter bakteriologischer Beschaffenheit werden mit Abzügen versehen, für jede schlechter werdende Güteklasse 2 Pf/kg. Die freiwillige "Güteklasse S" der Molkerei gewährt für eine besonders gute Rohmilchqualität (gemessen am Keimgehalt) einen Zuschlag von 2 Pf/kg. Entsprechend den Bestimmungen der Bundesgüte-Verordnung (§ 4, Abs. 3) nimmt die Molkerei auch die weiteren Qualitätsabzüge für mehr als 750.000 somatische Zellen/ml in zwei von drei aufeinanderfolgenden Monatsproben[22] und bei positivem Nachweis der Hemmstoffproben vor. Zusammenfassend sieht die Gütebezahlung der Molkerei dann folgendermaßen aus:

22) Diese Regelung erklärt sich dadurch, daß man der Tatsache, daß zu Beginn und zu Ende der Laktationsperiode der Zellgehalt auch ohne Euterstörungen ansteigt, Rechnung tragen will, um die Erzeuger nicht zu benachteiligen.

Tab. 11: Gütebezahlung des Milchgeldes

Güteklasse	Zu-/Abschläge	in Pf/kg	weitere Abzüge
S	Zuschlag	+ 2	keine
1	keine	± 0	keine
2	Abschlag	- 2	Wegfall der
3	Abschlag	- 4	Kostener-
4	Abschlag	- 6	sparnis[23]
bei mehr als 750.000 somatischen Zellen/ml bei 2 von 3 aufeinanderfolgenden Proben	Abschlag	- 2	Wegfall des Zuschlages für Klasse S und der Kostenersparnis
bei Nachweis von Hemmstoff:			Wegfall des Zuschlages für
in 1 Probe	Abschlag	- 6	Klasse S und der
in 2 Proben	Abschlag	- 10	Kostenersparnis

Zum besseren Verständnis des Bezahlungssystems als molkereigenossenschaftliches Koordinationsinstrument soll folgendes (fiktives) Beispiel dienen[24]:
Drei Erzeuger liefern der Molkerei in einem Monat gleich viel (7.582 Liter) Rohmilch an. *Erzeuger A* bringt gemäß den genossenschaftlichen Koordinationsinhalten nur Milch bester Qualität zur Erfassung, *Erzeuger B* liefert Milch durchschnittlicher Güte und *Erzeuger C* hat eine ausgesprochen schlechte Milchqualität gewonnen. Im einzelnen haben die monatlichen Milchproben des Prüfringes für die drei Erzeuger folgende Werte ermittelt:

Erzeuger A

Fettproben: 1) 4,1% 2) 4,1% 3) 3,95% 4) 3,85%
Eiweißproben: 1) 3,6% 2) 3,5% 3) 3,55% 4) 3,75%
ergibt als monatlichen Durchschnittswert: Fett: 4,0%
Eiweiß: 3,6%

Qualitätsproben:

- 2 Proben auf bakteriologische Beschaffenheit
  (in Bactoscan-Zählwerten): 1) 1.875 = Gütestufe S
  2) 1.890 = Gütestufe S
  ergibt monatliche Güteklasse S
- 1 Probe auf somatischen Zellgehalt (in Zellen/ml): 240.000
- 2 Proben auf Hemmstoffreaktion: 1) negativ 2) negativ

23) Die Kostenersparnis begünstigt die Erzeuger mit größeren Monatsanlieferungen, da ab einer bestimmten Milchmenge Zuschläge vergütet werden. Als selektive Maßnahme wird sie noch besprochen.

24) Das Beispiel bezieht sich zwar auf Einzellieferanten, doch ließe sich unter geringen Änderungen die gleiche Auswirkungen auch für Sammelstellen-Lieferanten darstellen.

Erzeuger B

Fettproben: 1) 3,85% 2) 3,8% 3) 3,65% 4) 3,5%
Eiweißproben: 1) 3,25% 2) 3,4% 3) 3,55% 4) 3,4%
ergibt als monatlichen Durchschnittswert: Fett: 3,7%
Eiweiß: 3,4%

Qualitätsproben:

- 2 Proben auf bakteriologische Beschaffenheit
  (in Bactoscan-Zählwerten): 1) 2.758 = Gütestufe 1
  2) 2.110 = Gütestufe S
  ergibt monatliche Güteklasse 1
- 1 Probe auf somatischen Zellgehalt (in Zellen/ml): 375.000
- 2 Proben auf Hemmstoffreaktion: 1) negativ 2) positiv

Erzeuger C

Fettproben: 1) 3,5% 2) 3,35% 3) 3,45% 4) 3,7%
Eiweißproben: 1) 3,2% 2) 3,15% 3) 3,35% 4) 3,1%
ergibt als monatlichen Durchschnittswert: Fett: 3,5%
Eiweiß: 3,2%

Qualitätsproben:

- 2 Proben auf bakteriologische Beschaffenheit
  (in Bactoscan-Zählwerten): 1) 5.778 = Gütestufe 2
  2) 19.114 = Gütestufe 4
  ergibt monatliche Güteklasse 3
- 1 Probe auf somatischen Zellgehalt (in Zellen/ml): 780.000,
  nachdem in der Monatsprobe zuvor schon 775.000 festgestellt wurden
- 2 Proben auf Hemmstoffreaktion: 1) positiv 2) positiv

Die Molkerei errechnet für die drei Erzeuger dann das monatliche Milchgeld aufgrund der vorliegenden Probenergebnisse (siehe Tab. 12). Der von der Molkerei für die Berechnung angesetzte Basispreis von 55 Pf/kg schlägt sich nach den Fett- und Eiweißkorrekturwerten bei unseren drei Erzeugern unterschiedlich nieder: *Erzeuger A* kann mit seinen über den Basiswerten liegenden Milchinhaltsstoffen sein Milchgeld auf 58,2 Pf/kg anheben. Bei *Erzeuger B* verändert sich aufgrund der genauen Übereinstimmung der Inhaltsstoffe mit den gesetzlich festgelegten Basiswerten zunächst noch nichts, so daß Basispreis und Grundpreis übereinstimmen. Indessen erhält *Erzeuger C* wegen des nicht den Basispreis erreichenden Fett- und Eiweißgehaltes seiner Anlieferungsmilch Abzüge, womit sein Grundpreis auf 52,6 Pf/kg reduziert wird.

Noch gravierender sieht die Preisdifferenz aus, wenn vom Grundpreis die weiteren Zu- und Abschläge vorgenommen werden. Für *Erzeuger A* ergibt sich lediglich der für alle Milchlieferanten gleich hohe Abschlag von 1,8 Pf/kg Erfassungskostenanteil. Damit sollen die Erzeuger ihren finanziellen Beitrag zu den Kosten der Tanksammelwagenerfassung leisten. Ansonsten kann er den molkereieigenen 2-Pfennig-Zuschlag für seine gute Rohmilchqualität - bezüglich der Keimzahl - und die Kostenersparniszulage für sich in Anspruch nehmen. *Erzeuger B* erhält neben dem obligatorischen Erfassungsko-

Abb. 12: Milchgeldberechnung - ein Beispiel

	Erzeuger A	Erzeuger B	Erzeuger C
Angelieferte Milch in Liter	7.582 l	7.582 l	7.582 l
Umrechnung in Kilogramm, d.h. multipliziert mit Faktor 1,020	7.733,64 kg	7.733,64 kg	7.733,64 kg
Basispreis von der Molkerei allgemein festgesetzt auf	55 Pf/kg	55 Pf/kg	55 Pf/kg
Fettkorrekturwert vom Basiswert 3,7% für 0,1% je 0,8 Pf/kg	bei 4,0%: +2,4 Pf/kg	bei 3,7%: ±0 Pf/kg	bei 3,5%: -1,6 Pf/kg
Eiweißkorrekturwert vom Basiswert 3,4% für 0,1% je 0,4 Pf/kg	bei 3,6%: +0,8 Pf/kg	bei 3,4%: ±0 Pf/kg	bei 3,2%: -0,8 Pf/kg
ergibt den **Grundpreis** von	**58,2 Pf/kg**	**55 Pf/kg**	**52,6 Pf/kg**
Qualitätszu- und -abschläge			
für Güteklasse	S: Zuschlag von 2 Pf/kg	1: keine	3: Abschlag von 4 Pf/kg
für somatischen Zellgehalt	keine	keine	Abschlag von 2 Pf/kg
für Hemmstoffnachweis	keine	in 1 Probe: Abschlag 6 Pf/kg	in 2 Proben: Abschlag 10 Pf/kg
Weitere Zu- und Abschläge			
Kostenersparnis	Zuschlag von 1,5 Pf/kg	keine	keine
Erfassungskostenanteil	Abschlag von 1,8 Pf/kg	Abschlag von 1,8 Pf/kg	Abschlag von 1,8 Pf/kg
ergibt den **Auszahlungspreis netto**	**59,9 Pf/kg**	**47,2 Pf/kg**	**36,8 Pf/kg**

stenabzug noch einen Abschlag von 6 Pf/kg für eine hemmstoffpositive Probe. Trotz gleich großer Anlieferungsmenge entfällt bei ihm aber die Kostenersparniszulage als Sanktionierung des einmaligen Hemmstoffnachweises. Besonders hart trifft es *Erzeuger C* mit Abschlägen für seine schlechte Milchanlieferung: außer dem Erfassungskostenanteil werden ihm erstens 4 Pf/kg für die schlechte monatliche "Güteklasse 3" abgezogen, zweitens 2 Pf/kg für einen zu hohen somatischen Zellgehalt innerhalb zwei aufeinanderfolgenden Proben und drittens noch 10 Pf/kg für zweimaligen Hemmstoffnachweis. Gleich aus mehreren Gründen entfällt damit auch die Kostenersparniszulage. Setzt man den Netto-Auszahlungspreis an die drei Erzeuger in Vergleich zueinander, so zeigt sich deutlich der Unterschied. *Erzeuger A* erhält 59,9 Pf/kg, *Erzeuger B* immerhin noch 47,2 Pf/kg und *Erzeuger C* kann mit 36,8 Pf/kg wohl kaum noch seine Betriebskosten decken. Die Differenz von über 10 Pf/kg zwischen den Erzeugern schlägt auch voll auf den Endauszahlungsbetrag, den der Erzeuger als monatliches Milchgeld überwiesen bekommt, durch. Nach der Erstattung der Mehrwertsteuer von 7,5% erhalten die drei Erzeuger für ihre gleich hohe Anlieferungsmenge von 7.582 Litern Rohmilch:

Erzeuger A: 4.979,85 DM
Erzeuger B: 3.924,02 DM
Erzeuger C: 3.059,41 DM

Deutlicher als in unserem Beispiel kann das Bezahlungssystem als Koordinationsinstrument nicht mehr zum Ausdruck kommen. Über die Preispolitik nimmt die Molkerei demnach wohl am stärksten Einfluß auf das Produktionsgeschehen ihrer Milchlieferanten. Der Zuschlag für Milch der "Klasse S" dient den Erzeugern als Anreiz, durch Hygiene und Sorgfalt bei der Milchgewinnung und -aufbewahrung sowie der sofortigen Tiefkühlung nach Beendigung des Melkens nur Rohmilch bester Qualität zur Anlieferung zu bringen. Der für die Produktionstätigkeit der Molkerei besonders schädliche Hemmstoffgehalt in der Anlieferungsmilch wird fast vollständig daduch ausgeschlossen, daß die betroffenen Erzeuger mit drastischen Abzügen bis zu 10 Pf/kg belegt werden. Selbst ein einmaliger "Ausrutscher", wie bei Erzeuger B geschehen, läßt das monatliche Einkommen aus der Milcherzeugung trotz ansonsten akzeptabler Milchqualität um gleich mehrere hundert Mark sinken. Aus diesem Grund nimmt das Bezahlungssystem als Instrument "pretialer Steuerung"[25] in der molkereigenossenschaftlichen Koordination den wichtigsten Platz überhaupt ein, um die Produktionsziele der Erzeuger hinsichtlich der Rohmilchqualität mit der von der Molkerei gewünschten Beschaffenheit einer Anlieferungsmilch in Einklang zu bringen.

5.5.5. Sanktionen

Soll die Kontrolle der Milchlieferanten als Instrument molkereigenossenschaftlicher Koordination ihren Zweck erfüllen, so müssen diejenigen Erzeuger, die erwiesenermaßen gegen die Koordinationsinhalte verstoßen haben, entsprechend belangt werden können. Dazu verfügt die Molkerei über den Einsatz negativer Sanktionen, um gegenüber solchen Erzeugern ihren Unwillen zu bekunden und sie zur Einhaltung der ver-

25) BRIXNER 1971, S. 118; ähnlich auch FREDE 1976, S. 109.

bindlichen Verhaltensrichtlinien bei ihrer Produktionstätigkeit aufzufordern. Im Einzelfall können je nach Art und Schwere eines Fehlverhaltens mehr oder minder drastische Sanktionen zum Einsatz kommen - von der einfachen Ermahnung, bis hin zum unwiderruflichen Abbruch der Leistungsbeziehungen.

a) Ermahnung

Die bereits erwähnten schriftlichen Qualitätsbenachrichtigungen des Milchprüfringes an die Erzeuger mit schlechten Probenwerten stellen die erste Form von Saktionen dar. Über die reine Informationsfunktion hinaus bezwecken die roten, weißen und gelben Meldezettel auch, die Milchlieferanten zu erhöhter Sorgfalt bei der Milchgewinnung und -aufbewahrung zu ermahnen.

Neben diesen, die genossenschaftliche Koordination unterstützenden Ermahnungen durch den Prüfring wird auch die Molkerei selbst sanktionierend tätig. Stellt der Fahrer des Tanksammelwagens bei der Erfassung der Rohmilch fest, daß der Milchbehälter eines Lieferanten offensichtlich ungenügend gereinigt wurde oder sich in einem sonstigen, die Milchqualität beeinträchtigenden Zustand befindet, ist er von der Molkerei dazu angehalten, dem betreffenden Erzeuger eine "Beanstandung" auszuhändigen bzw. an den Behälter zu klemmen. In ihr wird seine Sorgfaltspflicht für den Zustand der Milchbehälter angemahnt. Eine Mahnung (blauer Zettel) wird von der Molkerei auch jenen Lieferanten über den Fahrer ausgesprochen, deren Milch bei der Erfassung die vorgeschriebene Mindesttemperatur von 8 °C überschreitet:

"Der Fahrer des Tankwagens ist von uns angewiesen, von einer Übernahme Ihrer Anlieferungsmilch Abstand zu nehmen, falls die Temperaturgrenze weiterhin überschritten wird."

Von der Molkerei implizit als Sanktion gedacht und von den Lieferanten auch als solche verstanden, sind die meist unangemeldeten Kontrollbesuche der Erzeugerberater auf Höfen, denen die Fortschreibungsliste der mehrmonatigen Probenwerte eine schlechte Anlieferungsmilch bescheinigt. Indem ein Vertreter der Molkerei persönlich einen Erzeuger aufsucht, wird für jeden sichtbar demonstriert, daß man eine absinkende Milchqualität keinesfalls untätig hinnimmt. Der Berater versucht die Ursachen der mangelhaften Qualität gemeinsam mit dem Lieferanten herauszufinden, nicht ohne ihn dabei zur Einhaltung der Gütevorschriften zu ermahnen. Im Einzelfall werden die Mahnungen auch mit mehr oder minder nachdrücklich geäußerten Drohungen verbunden. So belegt E. MÜLLER in ihrer Untersuchung, daß unter Umständen auch die deutlich ausgesprochene Drohung, bei weiterer minderwertiger Qualität die Milch des Erzeugers nicht mehr anzunehmen, eine gewichtige Rolle bei dem "Beratungsgespräch" spielen kann[26].

Meint die Molkerei anhand der allgemeinen Qualitätsentwiclung der Anlieferungsmilch ein Nachlassen der Sorgfalt bei der Milchgewinnung durch die Erzeuger feststellen zu können, so werden den Lieferanten in den halbjährlichen Informationsrundschreiben die Qualitätsrichtlinien wieder ins Gedächtnis gerufen - ebenfalls mit der Androhung weiterer Maßnahmen, sofern keine allgemeine Besserung der qualitativen Beschaffenheit der Anlieferungsmilch eintreten sollte:

26) E. MÜLLER 1987, S. 117 f.

"Die wenigen noch nicht qualitätsbewußten Milchlieferanten müssen mit einer spürbaren Erhöhung (...) der Qualitätsabzüge rechnen, wenn die Beratung durch unsere Außendienstmitarbeiter weiterhin ohne Erfolg bleibt."
- aus einem Rundschreiben

b) *Zurückweisung der Milch*

Die Satzungen der Milcherzeugervereinigungen berechtigen die Molkerei ausdrücklich dazu, härtere Sanktionen, wie die Annahmeverweigerung einer zur Erfassung bereitgestellten Milch, nicht nur anzudrohen, sondern auch zu realisieren: "Milch, die den Qualitätsanforderungen des Milchwerkes nicht entspricht, kann von diesem zurückgewiesen werden" (§ 12, Abs. 2a). Die Annahmeverweigerung ist für verschiedene Fälle vorgesehen. Erstens, wenn die grobsinnliche Überprüfung der Milch durch den Tankwagenfahrer eine mangelhafte Beschaffenheit der Rohmilch vermuten läßt, also z.B. flockige, unnatürlich verfärbte, sichtbar verschmutzte oder sauer riechende, verdorbene Milch angetroffen wird. Zweitens, wenn der vom Fahrer im Zweifelsfall vorgenommene Alkoholtest die Verdorbenheit der Milch anhand ihres Säuregrades nachweist. Drittens, wenn eine Milch trotz zweimaliger Ermahnung wiederholt unzureichend gekühlt zur Erfassung bereitgestellt wurde. Der Erzeuger erhält dann über den Fahrer einen schriftlichen Bescheid der Molkerei (rosa Zettel):

"Ihre Anlieferungsmilch ist erst wieder zur Abholung bereit zu stellen, wenn die Temperaturgrenze von maximal 8 °C nicht überschritten wird."

Viertens wird die Milch eines Erzeugers nicht vom Tanksammelwagen mitgenommen, wenn sie nicht pünktlich bis zum vereinbarten Abholtermin am Sammelpunkt angeliefert ist. Außerdem wird fünftens die Milch vom Lieferanten solange nicht erfaßt, bis nach einem Hemmstoffnachweis in der Probe die darauf folgende Milchprüfung ein hemmstoffnegatives Ergebnis bestätigt. Zur Annahmeverweigerung einer Milchanlieferung ist die Molkerei laut Liefervertrag auch dann berechtigt, wenn der Erzeuger gänzlich oder teilweise gegen seine Lieferverpflichtung verstoßen hat: "Kommt der Milchlieferant seiner Lieferpflicht (...) nicht nach, so kann die (Molkerei, C.D.) (...) die Abnahme seiner Milch verweigern" (Punkt 3).

In der molkereigenossenschaftlichen Koordinationspraxis stellt die Rückweisung der Milch ein äußerst selten angewandtes Sanktionsmittel dar. Die Erzeuger treffen nämlich nach einer schriftlichen oder persönlichen Ermahnung durch einen Außendienstmitarbeiter fast immer schon Vorkehrungen, um weiteren Qualitätsbeanstandungen an ihrer Milch zuvorzukommen.

c) *Pretiale Sanktionen*

Die Molkerei hat die Möglichkeit gegenüber ihren Erzeugern mit unzureichenden Milchqualitäten auch pretiale Sanktionen auszusprechen. Dies kann auf unterschiedliche Weise erfolgen. Zunächst hat schon das Bezahlungssystem mit den Milchgeldabzügen für die Güteklassen 2, 3 und 4 sowie für Hemmstoffnachweis und einen somatischen Zellgehalt von über 750.000/ml in der Anlieferungsmilch quasi Sanktionscharakter.

Durch die Minderbezahlung der monatlichen Milchanlieferung wird den Erzeugern deutlich zu verstehen gegeben, daß sie sich zukünftig in ihrer Produktionstätigkeit den Richtlinien der Molkerei anpassen müssen, wenn sie ihre monatliche Milchgeldüberweisung ohne Abzüge erhalten wollen.

Darüber hinaus kann gegenüber Erzeugern, die gegen die Qualitätsbestimmungen der Molkerei verstoßen und sofern sie Mitglied einer Milcherzeugervereinigung sind, vorgegangen werden. Die Satzungen der Milcherzeugervereinigung sehen hierfür vor, daß "eine vom Vorstand festzusetzende Vertragsstrafe bis zu DM 50,- je 10.000 kg Milchanlieferung des Vorjahres zu zahlen" ist (§ 12, Abs. 2h). Von dieser Bestimmung wurde bisher noch kein einziges Mal Gebrauch gemacht. Außerdem können gegenüber Mitgliedern, die gegen die Qualitätsbestimmungen verstoßen und deren Milchanlieferung in der Molkerei daraufhin Schäden verursacht haben, "weitergehende Schadensersatzansprüche für den der Genossenschaft aus der Zuwiderhandlung entstehenden Schaden" angemeldet werden (§ 12, Abs. 2h). Über die Lieferungsbedingungen kann diese Sanktionsregelung auf alle Lieferanten des Milchwerkes angewendet werden; darin heißt es nämlich: die Molkerei "ist berechtigt (...) Schadensersatzzahlungen usw. gegen den Milchlieferanten gegen das Milchgeld aufzurechnen" (IV.4). Seit Bestehen der Molkerei fand diese Regelung erst ein einziges Mal Anwendung. Vor einigen Jahren waren bei einem Erzeuger mehrere Liter Reinigungs- und Desinfektionsmittel zu zwei Gemelken in die Milchwanne geflossen. Obwohl er dies bemerkt hatte - wie er später zugab - informierte er nicht die Molkerei und ließ die Milch vom Tanksammelwagen abholen. Beim Entleeren des Tanks in der Molkerei schlug aber sofort die Kontrollstation aufgrund des ungewöhnlichen pH-Wertes Alarm, weil die gesamte Tankwagenlieferung inzwischen verdorben war. Nachdem intensive Recherchen der Außendienstmitarbeiter bei Erzeugern dieser Sammeltour den Schuldigen ausfindig gemacht hatten, wurden diesem die gesamten 4.000 Liter Milch des Tankwagens in Rechnung gestellt.

d) *Abbruch der Leistungsbeziehungen*

Läßt sich das Produktionsverhalten eines Erzeugers auf Dauer nicht mit den molkereigenossenschaftlichen Koordinationsinhalten vereinbaren - z.B. wenn seine Milchanlieferungen immer wieder Grund zu qualitativen Beanstandungen geben oder sich ein Erzeuger nicht den Erfassungsbedingungen unterwerfen möchte - dann ist der Abbruch der Leistungsbeziehungen das letzte Sanktionsmittel, dessen sich die Molkerei zu bedienen vermag. Nach der Bindungsart zwischen Molkerei und Erzeugern lassen sich drei Formen der Beendigung vorstellen.

Erstens: Ein Lieferant, der Mitglied einer Milcherzeugervereinigung ist, kann nach deren Statut aus dieser u.a. auch ausgeschlossen werden, wenn er "den satzungsmäßigen und sonstigen der Genossenschaft gegenüber bestehenden Verpflichtungen nicht nachkommt" (§ 9, Abs. 1a) und "wenn sich sonst sein Verhalten mit den Belangen der Genossenschaft nicht vereinbaren läßt" (§ 9, Abs. 1e). Konkret heißt das, daß insbesondere aufgrund des recht dehnbaren und interpretationsfähigen letzten Passus' jederzeit Erzeuger ausgeschlossen werden könnten, die gegen die Qualitätsrichtlinien der Molkerei verstoßen. Zweitens: Erzeugern, mit denen ein Liefervertrag über die Milcherfassung abgeschlossen wurde, kann die Molkerei nach dreijähriger Laufzeit mit zweijähriger

Frist kündigen. Und drittens: Bei allen anderen Erzeugern, mit denen der Milchabsatz weder genossenschaftsrechtlich noch individualvertraglich geregelt ist, könnte die Molkerei zu jeder Zeit ohne weitere Begründung die Leistungsbeziehungen abbrechen. Der Tanksammelwagen würde dann eben die Milch dieser Erzeuger einfach nicht mehr abholen. In der Vergangenheit wurde dieser rigorose Schritt der Beendigung der molkereigenossenschaftlichen Kooperation mit einzelnen Erzeugern noch niemals vollzogen.

e) Positive Sanktionen

Das Produktionsverhalten der Milchlieferanten wird von der Molkerei nicht nur durch negative Sanktionen bewertet. Durch positive Sanktionen, sog. Gratifikationen, kann den Erzeugern eine "Belohnung" zuteil werden für ihre vorbildliche Milchproduktion, insbesondere in qualitativer Hinsicht der Rohmilchbeschaffenheit. Während nämlich bei Lieferanten mit ungenügender Milchqualität Abzüge an ihrem monatlichen Milchgeld vorgenommen werden, erhalten diejenigen Erzeuger, deren Milch mit der "Güteklasse S" bewertet wurde, den Qualitätszuschlag und ab einer bestimmten monatlichen Milchmenge auch noch die Kostenersparniszulage, wie ja bereits zuvor erwähnt wurde.

Seit 1980 zeichnet die Molkerei zudem eine bestimmte Erzeugergruppe durch eine besondere Gratifikation aus: die sogenannten "zehn Jahresbesten". Aus den Fortschreibungslisten eines Jahres werden die Erzeuger ausgewählt, die von allen Milchanlieferungen im Jahresdurchschnitt die besten Qualitäten produziert haben. Als Auswahlkriterien sind die bakteriologische Beschaffenheit, der negative Hemmstoffgehalt und ein somatischer Zellgehalt von unter 300.000 Zellen/ml entscheidend. Die so gefundenen zehn Jahresbesten werden dann auf der Generalversammlung geehrt. Sie erhalten Geldpreise zwischen 100,- und 500,- Mark und eine Ehrenurkunde. Außerdem werden sie mit ihren prämierten Jahresdurchschnittswerten im Erzeugerrundbrief namentlich genannt und den anderen Lieferanten als lobendes Beispiel vorgestellt.

5.5.6. Selektion

Das molkereigenossenschaftliche Interesse richtet sich vor allem auf die Anlieferungsmilch jener Erzeuger, die den Koordinationsinhalten besondere Aufmerksamkeit schenken und in ihrer Produktionstätigkeit danach handeln. Es kommt demnach zur Unterscheidung sogenannter "guter" und "weniger guter" bzw. "schlechter" Milcherzeuger. Verständlich ist es, daß sich die Molkerei als Wirtschaftsunternehmen vorzugsweise um die Lieferanten mit der von ihr gewünschten Rohmilchqualität bemüht, während sie die "schlechten Erzeuger" auszusondern versucht. Dies ist von um so größerer Bedeutung, als oftmals gerade die kleineren Erzeuger schlechte Milchqualität bringen, so daß man auf ihre Anlieferung sowohl aus quantitativer als auch qualitativer Hinsicht gern verzichten könnte. Hierzu kommen selektionswirksame Maßnahmen zur Anwendung, um solche unerwünschten und unbenötigten Milcherzeuger längerfristig aus dem Kreis der Lieferanten auszuschließen und die leistungs-, weil qualitätsbewußten größeren Erzeuger dauerhaft an das Unternehmen zu binden. Dies kann offensichtlich, direkt geschehen, aber auch auf verdeckte, indirekte Weise.

a) Direkte Selektion

Deutlicher Ausdruck des vornehmlichen Interesses der Molkerei an den größeren Erzeugern ist die Tatsache, daß entgegen dem ursprünglichen genossenschaftlichen Grundsatz der Gleichbehandlung aller Mitglieder die Erfassung der Anlieferungsmilch letztendlich nach dem Kostenverursacherprinzip berechnet wird. Je größer die Milchmenge ist, die der einzelne Erzeuger zur Erfassung bringt, desto geringer werden die Kosten, die vom gesamten Erfassungskostenaufwand auf die Abholung seiner Milch entfallen. Zwar werden unter dem Gleichbehandlungsgrundsatz allen direkt erfaßten Erzeugern, unabhängig davon, ob sie nur 10 Liter oder 500 Liter Milch anliefern, 1,8 Pf/kg als Erfassungskostenanteil in Rechnung gestellt, doch hebt der sog. "Kostenersparniszuschlag" die Gleichbehandlung wieder auf. Gestaffelt nach der abgelieferten Milchmenge erhalten die Erzeuger bei ihrer monatlichen Milchgeldabrechnung nämlich eine Mengenvergütung:

von 2.500 kg	-	4.999 kg:	0,5 Pf/kg
von 5.000 kg	-	7.500 kg:	1,0 Pf/kg
über		7.500 kg:	1,5 Pf/kg

Die Kostenersparniszulage erstattet folglich den Erzeugern mit größeren Milchmengen einen mehr oder weniger hohen Anteil der zuvor abgezogenen 1,8 Pf/kg Erfassungskostenpauschale wieder zurück, womit diese eindeutig gegenüber den kleineren Milchlieferanten finanziell begünstigt sind.

Auf ähnliche Weise wird eine weitere Maßnahme selektiv wirksam, welche die Milcherzeugervereinigungen als Träger des molkereigenossenschaftlichen Unternehmens betrifft. Mitglieder dieser Genossenschaften können nur Erzeuger werden, die jährlich eine Mindestanlieferung von 30.000 kg Rohmilch tätigen. Es besteht damit von vornherein eine Eintrittsbegrenzung für Erzeuger mit einer bestimmten Produktionsgröße, denn mit über 30.000 kg Jahresanlieferungsmenge bringt man monatlich immerhin mindestens 2.500 kg Rohmilch zur Erfassung, womit man bereits unter die erste Gruppe des Kostenersparniszuschlages fällt. In den Erzeugervereinigungen trat außerdem zum 15.4.1981 eine Satzungsänderung in Kraft, wonach die von den Mitgliedern zu zeichnenden Anteile an der Molkerei verdoppelt wurden: statt wie zuvor für jede angefangene 70.000 kg Jahresanlieferung muß für jede angefangene 35.000 kg Jahresanlieferung ein Geschäftsanteil von 2.000 DM erworben werden (§ 37, Abs. 3). Mit dieser Änderung können die Erzeuger größerer Milchmengen kapitalmäßig noch enger an die Molkerei gebunden werden, da man angesichts einer Beteiligung von mehreren Tausend Mark kaum noch Abwanderungsabsichten hegen wird. Demgegenüber müssen die kleineren Erzeuger unter 30.000 Kilo Jahresanlieferungen zwar anteilsmäßig ein Gleichstellungsguthaben einzahlen, doch dürfen sie andererseits nicht in die Milcherzeugervereinigung eintreten. Ihnen wird damit das Mitwirkungs- und Entscheidungsrecht als Milchlieferant vorenthalten.

b) *Indirekte Selektion*

Weniger offenkundig und eher mittelbar werden indirekte Selektionsmaßnahmen der Molkerei wirksam. Als solches Koordinationsinstrument indirekt selektiven Charakters kann die Umstellung von der Sammelstellenerfassung zur Direkterfassung in den 70er Jahren gelten[27]. Ausschließlich die kleineren Erzeuger wurden von dieser Erfassungsänderung nachweislich in ihrer betrieblichen Existenz bedroht. Während die größeren Erzeuger über eine ausreichende Kapitalbasis verfügten bzw. staatliche Fördergelder in Anspruch nehmen konnten, um die beträchtlichen Investitionskosten für die erforderlichen Geräte und Einrichtungen decken zu können, fehlten den kleinen, oftmals Grenzbetrieben die dazu notwendigen Finanzmittel. Aus eigener Kraft konnten sie kein Geld aufbringen und von den staatlichen Hilfsprogrammen waren sie aufgrund bestimmter Förderschwellen (gemessen am Betriebseinkommen, dem Kuhbestand oder der jährlichen Milchproduktion) ausgeschlossen, so daß sie bei der Sammelstellenerfassung bleiben mußten. Da aber andererseits die größeren, leistungsfähigeren Betriebe zur Direkterfassung übergingen, trat in den örtlichen Milchsammelgenossenschaften ein zunehmender Mitgliederschwund ein, bis schließlich bei nur noch wenigen, kleinen Lieferanten die Sammelstellen unrentabel wurden und dann geschlossen werden mußten. Den restlichen Sammelstellenlieferanten blieb nur noch das Ausscheiden aus der Milchproduktion. Die Direkterfassung hatte tatsächlich eine Selektion bewirkt. "Kleinbauern wurden weg-rationalisiert", wie POPPINGA sich ausdrückt[28]; andere Autoren sprechen in diesem Zusammenhang von "kalter Liquidation"[29].

Bis heute steht die Molkerei der Umstellung kleinerer Erzeuger, die bisher noch über eine örtliche Sammelstelle ihre Milch anliefern, zur Direkterfassung skeptisch gegenüber:

"Für die kleinere, die sowieso aufhöre in zwei, drei, vier Johr, spätestens, wenn die Alte abtrete, für die is des nix. Die solle besser erscht gar net uf Direkterfassung umsteige. Des koscht die en Hüfe Geld und bringe tut's nix."
- Außendienstleiter

Entsprechende Anfragen von Erzeugern mit einer Tagesanlieferungsmenge von unter 80 kg werden von den Erzeugerberatern daher negativ beschieden:

"Des steht nirgends. Aber ich sag dene: 'wenn Du kei 80, 100 Liter häscht, laß Finger davon!' Es steht, daß Milchzentral sich verpflicht ab 10 Liter anzunehme. Aber ich ärger mich hinterher mit dene Leut rum. Ich weiß, daß der mit seine 10 Liter net in de Lag is, sei Milch zu kühle. Auch keini 20 oder 30 Liter, kann er net. Durch die Technik is des unmöglich, so kleini Menge zu kühle und in ner gute Qualität abzuliefere. Deswege sin mir mit dene kleine Lieferante vorsichtig."
- Außendienstleiter

Als selektive Maßnahme zur Erfassungsrationalisierung ist auch die molkereigenossenschaftliche Begrenzung der Ab-Hof-Abholung auf Erzeuger zu verstehen, die mindestens 250 kg täglich anliefern können:

"damit net jeder kleini Lieferant im hinterschte Winkel (...) meint, ma müßt sein Hof anfahre, um Milch zu hole."
- Außendienstleiter

---

27) Ähnlich sehen das ROSSKAMP 1971, S. 23 u. E. MÜLLER 1987, S. 69.
28) POPPINGA 1979, S. 105.
29) ROSSKAMP 1971, S. 139 u. FRICKE 1976, S. 116 f.

Selektiver Charakter kommt indirekt auch den Lieferverträgen zwischen Molkerei und Erzeugern zu. Nachdem die Einzugsgebietsregelung 1971 aufgehoben war, entstand ein Verdrängungswettbewerb unter den angrenzenden Molkereien, in den auch die Milcherzeuger als Rohstofflieferanten einbezogen wurden. Dieser "Kampf um den Rohstoff Milch"[30] dauert zwischen zwei unserer Molkerei benachbarten Milchverarbeitungsunternehmen bis heute an. Mit 4 Pf/kg Rohmilch überbietet die eine Molkerei die andere, um die Erzeuger von ihrem bisherigen Absatzpartner abzuwerben. Um Abwanderungsabsichten von Lieferanten vorzubeugen, stellen Lieferverträge daher ein unverzichtbares Instrument dar, die Erzeuger an ihre Molkerei zu binden[31]. Während aber mit den größeren, leistungsfähigen Erzeugerbetrieben als benötigten Rohstofflieferanten gerne längerfristige vertragliche Absatzbeziehungen eingegangen werden, besteht gegenüber den kleineren in dieser Hinsicht wiederum eine eher selektive Tendenz. Mit Lieferanten einer jährlichen Anlieferungsmenge von unter 15.000 kg Rohmilch werden grundsätzlich keine Lieferverträge abgeschlossen. Der "organisatorische Arbeitsaufwand" wird hierfür als Grund genannt. Vielleicht ist aber noch eine andere Überlegung ausschlaggebend: Die Molkerei möchte sich gegenüber solch kleinen Erzeugern nicht in einem individualrechtlichen Verhältnis längerfristig dazu verpflichten, deren Milch zu erfassen; insbesondere dann nicht, wenn diese kleinen Lieferanten in abgelegenen, weiter entfernten Gebieten produzieren, wo das Ausscheiden nur weniger Betriebe aus der Milcherzeugung die Erfassungskosten der Tanksammeltour unverhältnismäßig hoch ansteigen lassen würde:

"Na also vorstelle kann isch ma des scho, daß wenn's ihne (= der Molkerei, C.D.) paßt, oder, nur emol angnomme, Erfassungskoschte steige wahnsinnig, wegem Ölpreis oder sonschtwas, dann sage die sich doch: 'Was solle mir da hindre fahre und selle ihr paar Liter hole' - des kommt die viel zu teuer. Wenn se jetzt aber en Vertrag hän mit dene Lit, dann müsse se weiter hindre fahre, ob se wolle oder net. Die sin verpflicht, selle ihr Milch zu hole. Und da hän se natürlich kei Interesse dra, und deswege kriege die auch kein Vertrag."
- MSap3

Eine ähnliche Mutmaßung wurde von einem Milcherzeuger in der Untersuchung von E. MÜLLER geäußert[32]:

"Wenn zum Beispiel morge (die Molkerei, C.D.) Probleme het, un de Markt git nix mehr her, dann genn se wahrscheinlich in de Zinke (= abgelegene Täler, C.D.) un sage, horch, die Erfassung isch do sowieso unmeglich, die Milch hole mir nimmi."

Die Verweigerung, mit kleineren Erzeugern Lieferverträge abzuschließen, bietet der Molkerei auf lange Sicht unter Umständen die Möglichkeit zum Ausschluß marginaler Mitgliederbetriebe aus dem molkereigenossenschaftlichen Leistungsprozeß[33].

30) Leitartikel in DEUTSCHE MILCHWIRTSCHAFT 1981, S. 188.
31) Vgl. ähnlich KELLER 1975, S. 172 u. E. MÜLLER 1987, S. 128.
32) E. MÜLLER 1987, S. 135.
33) Vgl. hierzu auch SCHLOEN 1974, S. 157 f.

5.6. Perzeption der Koordination durch die Erzeuger

Wie alle der landwirtschaftlichen Produktion nachgelagerten Be- und Verarbeitungsunternehmen bemüht sich auch unsere Molkerei intensiv darum, eine unter produktions- und absatzwirtschaftlichen Gesichtspunkten adäquate Rohstoffanlieferung zu erhalten. Das ist inzwischen bekannt. Auch die verschiedenen Koordinationsinstrumente, die ihr dabei Hilfestellung leisten, würden ausführlich dargestellt. Bisher standen allerdings weitgehend die Interessen und Aktivitäten der Molkerei im Mittelpunkt der Betrachtung. Es besteht also die Gefahr einer einseitigen Bestandsaufnahme der molkereigenossenschaftlichen Koordination, ohne zu hinterfragen, wie deren Inhalte und Instrumente von den Erzeugern wahrgenommen und - was noch wichtiger ist - ob sie übernommen werden. Denn erst ihre Bejahung bzw. (freiwillige oder erzwungenermaßene) Anerkennung als Handlungsanweisung durch die Milchproduzenten führt zu der von der Molkerei erwünschten Rohmilchanlieferung in quantitativer, qualitativer, terminlicher und modaler Hinsicht. Der Beschreibung des Soll-Zustandes schließt sich die Frage nach dem Ist-Zustand an.

5.6.1. Koordinationsgrenzen

5.6.1.1. Strukturbedingte Koordinationsgrenzen

a) Dörfliche Sozialstruktur

Vor der Direkterfassung oblag das Sammeln der Milch den zahlreichen örtlichen Sammelgenossenschaften als der Molkerei vorgeschalteten kollektierenden Zwischengliedern. Durch die zweimalige Milchannahme nach dem Morgen- und Abendmelken waren sie für die Lieferanten Orte der dörflichen Begegnung. Bei der Milchablieferung traf man sich, es wurden Neuigkeiten ausgetauscht und das Dorfgeschehen kommentiert. Oftmals war am "Milchhäusle" auch das schwarze Brett für Gemeinde- und Vereinsnachrichten angebracht, was seine Kommunikations- und Sozialfunktion als Umschlagplatz für Informationen, Spekulationen und Tratsch zusätzlich erhöhte. Mit der Umstellung der Milchabholung auf die einstufige Direkterfassung durch Tanksammelwagen verloren die Sammelgenossenschaften ihre einstige Bedeutung als "Stützpunkte der Dorfgemeinschaft"[1]. Immer mehr Erzeuger verließen sie und wurden direkt erfaßt. Bis heute existieren jedoch im Einzugsgebiet des Milchwerkes I noch 16 solcher örtlichen Milchsammelgenossenschaften. Aufgrund ihrer noch traditionellen dörflichen Sozialstruktur erweisen sie sich vielerorts als Hindernis einer wirksamen Koordination der ihnen angeschlossenen Mitgliederbetriebe.

Im Gegensatz zur Molkerei ist den Sammelstellen die Qualität der zur Anlieferung gebrachten Milch oftmals egal, und von daher besteht auch kaum eine innergenossenschaftliche Qualitätskontrolle der Anlieferungsmilch. Bei meist nur geringer Mitgliederzahl - zwischen 6 und maximal 40, im Durchschnitt 19 Erzeugern - kennt man sich gut gegenseitig, geht Konflikten aus dem Weg und es dominiert sogar eine ausgesprochen

1) ROSSKAMP 1971, S. 34.

starke Solidarität untereinander, um sich gegenüber der zentralen Molkerei einigermaßen zu behaupten:

"'s gibt jo nimmi viel Genosseschafte. Mir ghöre zu de letschte. Da müß ma halt zammehalte, sonscht stecke se ein in de Sack."
- *MSag3*

"Bi uns zählt gnosseschaftliche Solidarität noch ebbes, auch wenn's nimmi so isch wie früher."
- MSag4

Die Solidarität äußert sich besonders bei den Milchprüfungen, denen die monatliche Milchgeldberechnung zugrundeliegt. Mit der Probenahme sind die Leiter der örtlichen Sammelstellen beauftragt. Sie erhalten über den Fahrer des Tankwagens die Probekästen des Prüfringes mit der schriftlichen Benachrichtigung, welche Monatsproben wann zu nehmen sind. Bis zu 14 Tagen zuvor sind die Probentermine damit den Sammelstellenleitern bekannt, wobei sie aber keinesfalls den Erzeugern mitgeteilt werden dürfen. Trotzdem kennen die Erzeuger der in die Untersuchung aufgenommenen drei Sammelstellen meistens die Termine der Proben. In der ersten Sammelstelle werden Art und Termine der Probe von der Leiterin in einen für jeden zugänglichen Wandkalender eingetragen, so daß sich interessierte Erzeuger darüber informieren können. So offensichtlich geht es in der zweiten Sammelstelle nicht zu. Dort wird der Probenkasten in einer Ecke deponiert, allerdings zusammen mit den schriftlichen Probenterminen des Prüfringes. Will ein Erzeuger diese wissen, muß er nur den Kasten öffnen und ihm wird der Termin durch beiliegenden Zettel bekannt. Die Art der Probe ist dann am Probekasten ersichtlich: Bei einem einfachen Kasten werden Inhaltsproben der Anlieferungsmilch gezogen, bei einem isolierten die Keimproben. Kurz und bündig werden die Erzeuger der dritten Sammelstelle informiert. Die Leiterin notiert den nächsten Probentermin auf einer Tafel, die in der Sammelstelle aushängt.

Schon allein diese ersten Beobachtungen verweisen auf eine Diskrepanz zwischen dem Soll-Zustand, wie er von Molkerei und Prüfring gefordert und auch in Untersuchungen angenommen wird[2] und der tatsächlichen Praxis der Probenahme. Sind den Erzeugern von Milchsammelstellen im Gegensatz zu den direkt erfaßten Lieferanten die Termine der Proben nämlich zuvor bekannt, ist es möglich, daß sie sich in Hinblick auf eine Verbesserung ihrer Probenwerte darauf einstellen. Durch besseres Ausmelken ließen sich höhere Fettwerte erzielen, durch besondere Reinlichkeit bei der Milchgewinnung ließen sich überhöhte Keimzahlen vermeiden und auf alle Fälle könnte die Anlieferung hemmstoffpositiver Milch von medikamentös behandelten Kühen durch den Erzeuger ausgeschlossen werden. Ein Mitglied stellt sich z.B. hinsichtlich des Melkzeitpunktes auf die ihm bekannten Probentermine insofern ein, als es erst kurz vor der Milchannahme in der Sammelstelle seine Kühe melkt, damit die frische Milch nicht zu lange ungekühlt auf dem Hof steht:

"Mir kühle net Milch. Die Möglichkeit hä ma net. Und des isch mitunda auch's Problem, weil mir die Milch dann ein bis einehalb Stund stehn hän bis se zur Sammelstell kommt. Und des weiß ma ja, wie dann Keimzahle hochgehe. Gut, wenn halt Probe sin, schau ma dann, daß se glei wegkommt, melke ma dann halt später. (...) Des kriegt ma halt so mit, wenn die (= Probentermine, C.D.) sin. Da werd kei Versteckeles gspielt."
- MSag1

---

2) "Nur der Sammlerin und/oder dem Probennehmer ist das jeweilige Probedatum (...) vorher bekannt", E. MÜLLER 1987, S. 112 f.

Indem sich Erzeuger in ihrem Produktionsverhalten (Milchgewinnung und -behandlung) auf die Probentage - die quasi als Termine zur Messung des Arbeitsergebnisses der Lieferanten (Milchqualität) verstanden werden müssen - einrichten, könnten sie die Berechnung ihres monatlichen Milchgeldes zu ihren Gunsten beeinflussen. Sogar vorsätzliche Täuschungsversuche als extremste Form der Manipulation, wie die Anlieferung verwässerter oder entrahmter Milch im Normalfall und naturbelassener Milch an den Probetagen, wären - rein theoretisch - denkbar. An dieser Stelle soll nun aber nicht weiter mit kriminalistischem Spürsinn solchen möglichen koordinationsbegrenzenden Handlungsweisen der Erzeuger nachgegangen werden, sondern es sollte lediglich auf die für die molkereigenossenschaftliche Koordination unter Umständen folgenschwere Unterscheidung zwischen Ist- und Soll-Zustand aufmerksam gemacht werden.

Wie läßt sich nun das erzeugerfreundliche, streng genommen aber unkorrekte Verhalten unserer drei Sammelstellenleiterinnen erklären? Erstens gehören sie dem sozialen Dorfverband ebenso an, wie die Milchlieferanten, oftmals ihre Verwandte, Bekannte oder Nachbarn. Folglich sind sie an einem guten, konfliktfreien Verhältnis mit ihnen eher interessiert, als daß sie eine mustergültige Sammelstellenleiterin abgeben, dafür aber als soziale Außenseiter gelten:

"Isch mach's halt so, daß se (= die Erzeuger, C.D.) zufriede sin mit ma. Isch will niemand verärgre im Ort."
- SaStl3
"Mir macht die Arbet Spaß. Ma kennt Lit, wo Milch bringe, schwätzt e weng. Des is doch schön. (...) Isch versteh misch mit de Bure. Da gibt's nix. Da hän ma noch nie Probleme ghat."
- SaStl1

Die Sammelstellenleiterinnen geben auch deutlich zu verstehen, daß ihnen die Qualität der angelieferten Milch gleichgültig ist. Daher schreiten sie, wie auch die Vorstände der örtlichen Sammelstellen, die als Milchlieferanten und Dorfbewohner ebenfalls in erster Linie an einer reibungslosen und konfliktfreien Milchanlieferung interessiert sind, bei vom Prüfring gemahnten Qualitätsmängeln der Anlieferungsmilch niemals ein:

"Isch geb dene halt de Zettel, wo Milchzentral bringt, wo drinstoht, daß Qualität net stimmt. Aber groß sage, mein Gott, was soll ma dene sage? Die müsse doch selbscht wisse, daß se abzog kriege, wenn se zuviel Keim hän. Mir isch des doch egal. Mei Geld isch's jo net."
- SaStl1
"Da kenn ma groß nix sage. Isch will ma net de Mund verbrenne. Isch nemm die Milch und fertisch. Was se für Qualität hät und warum, da kümmer isch misch net. 's goht misch ja auch nix an."
- SaStl2
"'s gibt auch, die lache nur, wenn ich ehne de Zettel geb. Des isch ma grad egal."
- SaStl3

Zweitens werden die Sammlerinnen nicht von der Molkerei, sondern den örtlichen Sammelgenossenschaften angestellt und bezahlt. Über die personelle Besetzung der Sammelstellen entscheiden nämlich die Erzeuger in Absprache mit den Vorständen ihrer örtlichen Genossenschaften. Dies führt dazu, daß die Sammlerin die Milchprobe von den Erzeugern nimmt, die ihr nicht nur aus der Dorfgemeinschaft gut bekannt, sondern letztlich auch ihr Arbeitgeber sind:

"Da hän ma auch emol eini ghat. Des war so en Bese. Die hät immer gschimpft und rumgmeckert und wenn ma en zweier, dreier oder gar en vierer (= Bactoscan-Güteklasse, C.D.) ghat hät, da hät's gmacht wie bled. Die hät sich ufgfiehrt, unmeglich. Des hän ma uns aber net lang biete lasse. Die war schneller wieder weg wie se do gsi is. Selli, wo jetzt 's Milchhäusel macht, die is richtig."
- MSag2

Eine strenge Trennung zwischen Lieferanten und Leiterin gibt es in keiner der drei Sammelstellen. In einer wiegen regelmäßig die Erzeuger ihr Milchanlieferung, lochen die Wiegekarten und nehmen auch immer die Proben selbst. Die Leiterin ist hauptsächlich zur Reinigung der Sammelstelle zuständig. In den anderen beiden ziehen die Erzeuger ebenfalls die Proben ihrer Milch, wenn die Leiterin verhindert ist:

"wenn's net paßt, dann nehme Bure Probe selbscht."
- SaStl2

Ganz genau nahmen es die örtlichen Sammelstellen noch nie mit den Milchproben. Als die Analysen der sog. "Schmutzproben" als Vorläufer der heutigen Keimproben mittels Filzblättchen noch in den Sammelstellen durchgeführt wurden, entschieden die Leiter eher subjektiv als objektiv über die Qualität der Anlieferungsmilch: zeigte das Blättchen die Farbe grau, entschied der Leiter über sauber (weiß) oder schmutzig (schwarz):

"des lag halt im Ermesse vom Sammelstelleleiter, was jetzt weiß, grau oder schwarz war."
- MHo1

Der kleine, überschaubare Kreis der Lieferanten und die enge Dorfgemeinschaft führen in einigen Sammelstellen zu genossenschaftlicher Solidarität ganz besonderer Art, was auch E. MÜLLER in ihrer Untersuchung bestätigt[3]: Hat der Prüfring in der Probe eines Erzeugers Hemmstoff nachgewiesen, was ausgesprochen selten passiert, wird der von der Molkerei bei ihm dafür vorgenommene Abschlag von 6 Pf/kg bzw. 10 Pf/kg von der örtlichen Genossenschaft getragen. Der traditionelle Genossenschaftsspruch "Einer für alle, alle für einen" findet in diesem Fall tatsächlich noch Anwendung:

"Des isch hart, des isch arg hart, wie de Milchhof des (= hemmstoffhaltige Milch, C.D.) stroft. So oft kommt des doch gar net vor, daß ma Hemmstoff in d'Milch hät. Und wenn's ein wirklich emol erwischt hän, und des kenn jedem emol passiere, e krank Kuh hät jeder emol im Stall stoh und ob des alles do immer reell zugoht mit dene Probe und so, des isch e andres Kapitel - red ma net drüber. Wege dem mach ma's bi uns so, daß ma den Abzug uf Gnosseschaft umschlagt. Der arme Kerle, den's erwischt hän, is stroft gnug mit seini kranke Kih im Stall. Und em einzelne tun die paar Pfennig, wo er weniger kriegt, net weh."
- MSag4

E. MÜLLER berichtet sogar von einer Sammelstelle, in der das genossenschaftssolidarische Verhalten besonders "unorthodox" praktiziert wurde[4]. Die Anlieferungsmilch von zwei älteren Erzeugern war regelmäßig qualitativ derartig schlecht, daß der Vorstand der Ortsgenossenschaft die Sammelstellenleitererin angewiesen hatte, die Milch nur pro forma anzunehmen und sofort nach der Anlieferung in den Abguß zu leeren. Trotzdem wurden diese beiden Lieferanten für ihre weggeschüttete Milchanlieferung von der Sammelstelle wie alle anderen Mitglieder bezahlt. Mit dieser Regelung wollte man sowohl ständigen Qualitätsbeanstandungen durch den Prüfring und die Molkerei zuvorkommen als auch unerwünschtem Ärger im Dorf, den eine offene Maßregelung bzw. der Ausschluß der beiden Erzeuger aus der Genossenschaft mit Sicherheit zur Folge gehabt hätte, aus dem Weg gehen.

---

3) E. MÜLLER 1987, S. 123.
4) E. MÜLLER 1987, S. 67 f.

b) *Erzeugerstruktur*

Daß nach der Umstellung auf Direkterfassung Anfang der 70er Jahre bis heute überhaupt noch einige örtliche Sammelgenossenschaften existieren, die der Rationalisierung zur einstufigen Direkterfassung und der direkten Kontrolle aller Milchlieferanten durch die Molkerei im Wege stehen, ist durch die Erzeugerstruktur des Einzugsgebietes bedingt. In der Molkerei wird über die zahlenmäßige Entwicklung der örtlichen Sammelstellen intern genaustens Buch geführt, wobei auch die Gründe, die zu ihrem weiteren Fortbestehen führen, vermerkt sind. Zwei Kategorien werden unterschieden: "Auflösung abgelehnt" und "ungünstige Struktur".

Ersteres beinhaltet, daß die Molkerei an der Auflösung einer Sammelstelle interessiert ist, weil sie nur noch wegen einiger kleinerer Lieferanten mit unbedeutendem Milchanlieferungsvolumen aufrechterhalten wird. Diese bestehen zumeist aus drei Gruppen: sog. "Feierabendsbetrieben", die die Milchwirtschaft im Nebenerwerb bzw. hobbymäßig betreiben, auslaufenden Betrieben älterer Erzeuger ohne Hofnachfolger sowie Milchproduzenten, denen die Sammelgenossenschaft lediglich als "Restverwerter" dient, weil sie für ihre Milch noch andere Verwertungsmöglichkeiten besitzen; auf diese letzte Gruppe wird noch später zurückzukommen sein. Allen drei Gruppen gemeinsam ist, daß ihnen die Umstellung auf Direkterfassung finanziell unrentabel erscheint und sie daher bei ihrer Milchverwertung mehr oder weniger stark auf die Sammelstelle angewiesen sind. Die wenigen größeren Erzeuger, deren Milchanlieferungen mengenmäßig die finanzielle Grundlage solcher örtlichen Sammelgenossenschaften bilden, könnten genauso gut direkt erfaßt werden. In acht Sammelstellen wurde die Auflösung bisher jedoch vom Vorstand oder von der Generalversammlung im Interesse der kleineren Erzeuger abgelehnt[5]. Die zweite Kategorie betrifft die auch von der Molkerei als solche erkannte "ungünstige Struktur" einiger Produktionsgebiete. Davon sind sechs örtliche Genossenschaften betroffen. Sie befinden sich in weiträumigen, oftmals starke Höhenunterschiede aufweisenden Gebieten mit zwar auch größeren, aber durchweg zerstreut liegenden Höfen. Die einstufige Erfassung über Tanksammelwagen erscheint der Molkerei hier kostenwirtschaftlich ungünstiger als die Beibehaltung des status quo der zweistufigen Erfassung über Sammelstellen.

Insbesondere die erste Kategorie örtlicher Sammelstellen begrenzt die molkereigenossenschaftliche Koordination in qualitativer Hinsicht. Denn es sind vor allem die kleineren Milcherzeuger, von denen die Qualitätspolitik der Molkerei nicht angenommen wird. Und diese kleinen Lieferanten stellen die Mehrheit der Mitglieder in örtlichen Sammelgenossenschaften dar, wie ein Blick auf die Kuhbestandsgrößen verdeutlicht:

---

5) Will ein Erzeuger aus seiner örtlichen Sammelgenossenschaft austreten, um direkt erfaßt zu werden, so benötigt er hierfür ihre Genehmigung. Größere, austrittswillige Betriebe sind also unter Umständen an ihre Sammelstelle gebunden und tragen damit gezwungenermaßen über ihre Milchanlieferung zu deren weiteren Erhaltung bei.

Tab. 13: Kuhbestandsgrößen der Sammelstellenlieferanten (Stand 1981)

Kuhbestand (Anzahl der Kühle)	1 - 6	7 - 10	11 - 15	über 15
Anteil an den Sammelstellenlieferanten des Milchwerkes I	55%	29%	9%	7%

Über die Hälfte der Sammelstellenlieferanten zählt mit einem Kuhbestand von 1 - 6 Kühen eindeutig zu den Kleinsterzeugern. Unterstrichen wird diese Erzeugerstruktur der örtlichen Sammelgenossenschaften von der Tagesanlieferungsmenge ihrer Mitglieder. Liefert ein direkt erfaßter Betrieb der Molkerei im Jahresdurchschnitt 143 Liter täglich an, so stellt ein Sammelstellenlieferant durchschnittlich gerade 59 Liter täglich der Molkerei über seine örtliche Genossenschaft bereit. Aufschluß über die Qualität der an Sammelstellen angelieferten Milch gibt folgende Übersicht:

Tab. 14: Güteklassen der Sammelstellenproben im Jahresdurchschnitt (1984)

Güteklasse	S	I	II	III	IV
Anzahl der Sammelstellen	3	6	6	1	0

Danach erreichten nur 3 von 16 Sammelstellen im Erfassungsgebiet des Milchwerkes I die "Güteklasse S", während bei 7 örtlichen Genossenschaften Abzüge wegen einer zu hohen bakteriologischen Beschaffenheit in der Sammelmilch vorgenommen werden mußten.

Ob nun direkt oder über Sammelstellen erfaßt, insgesamt stellen die Kleinlieferanten die "Sorgenbetriebe" der Molkerei dar, wie der Leiter des Außendienstes erklärt:

"de gröschte Ärger hab isch mit dene kleine, mit e paar Liter jeden Tag. die brauche des Geld net, die gehe noch verdiene, Frau womeglich auch noch oder die mache noch was anderes in ihrm Betrieb. Da is des dene wurscht, ob die 5 Pfennig mehr oder weniger kriege. Die reschne nämlisch anders: is de Melkmaschin kaputt, goht Kühlanlag net, dann koscht des 1500 Mark. Kriege se aber wege der kaputte Kühlung oder der Melkanlag, wo nimmi rischtisch funktioniert en Keimwert von 2 oder 3, dann gibt des vielleicht Abzüg von 100 Mark und die Sach is erledigt. Und so gohts mit allem."

Auch unter den Milchproduzenten im Haupterwerb gelten die Kleinlieferanten als weniger qualitätsbewußt bei ihrer Milcherzeugung:

"Ma kenn scho sage, der, wo wenig Milch bringt, der hät auch e schlechtri Milch"
- MHo3

"(...) jo, jo, genau so isch's. So war's scho immer."
- Vater von MHo3

"die kleini, die hän kei spezielle Reinigungsmittel, die hän kei gscheid Kühlung, des is dene halt alles zu teier. Und dann komme se uf Zahle von 5, 6 oder 10 Tausend Keim."
- MHo1

"Des sin selle, wo in Fabrik schaffe und am Obend goht's in de Stall: Husch, husch - do is kein Zit für's Mischte, do werd net sauber gmacht. Alles goht schnell, schnell (...) Des sin halt kei Bure und so isch dann Milch."
- MHo2

"zum Beispiel, wenn ma jetzt nur 7 Kih hät und nur eini is krank, dann hät ma e Mords Keimzahl. Aber hät ma 15 Kih im Stall stoh, dann fällt des gar net ins Gwicht."
- MSap2

Entscheidend für das wiederholt geäußerte Qualitätsdefizit bei der Milchproduktion von Kleinlieferanten dürften demnach folgende Faktoren sein: Erstens der geringere Zeitaufwand, der angesichts anderer landwirtschaftlicher Arbeiten oder einer außerlandwirtschaftlichen Erwerbsarbeit zur Erledigung der täglichen Routinearbeiten[6] betrieben wird. In erster Linie wird die Milchqualität nämlich bestimmt von der täglichen Stall- und Melkhygiene, der sorgfältigen Reinigung und Wartung der Melkanlagen sowie der sofortigen Tiefkühlung und der sauberen Lagerung der Milch bis zur Abholung durch den Tanksammelwagen. Zweitens die geringe Bereitschaft zu Investititonen in die Milchviehhaltung, der eher hobbymäßig im Nebenerwerb nachgegangen wird oder sich anderen landwirtschaftlichen Betriebszweigen (Ackerbau, Wald, Obst, Schweinemast) unterordnen muß. So werden z.B. notwendige Neuanschaffungen oder Reparaturen an Melkmaschinen oder Kühlanlagen oftmals verschoben; oder statt zwar teureren, dafür aber hygienisch einwandfreien Einwegtüchern werden beliebige Lumpen zur Euterreinigung benutzt. Als besonderer Begrenzungsfaktor der molkereigenossenschaftlichen Koordination dürfte sich drittens die relative finanzielle Unabhängigkeit kleinerer Lieferanten vom monatlichen Milchgeld erweisen. Die Molkerei kann eine qualitativ hochwertige Rohmilchanlieferung mit noch so vielen Zuschlägen belohnen und eine schlechte Anlieferungsmilch mit Abzügen bestrafen, am Einkommen des Kleinerzeugers ändert sich gravierend kaum etwas. Bei Nebenerwerbsbetrieben steht eine außerlandwirtschaftliche Einkommensquelle zur Verfügung und bei Haupterwerbsbetrieben bestimmen andere Zweige, wie Obst, Ackerbau, Wald oder die Vermietung von Ferienzimmern primär das Einkommen:

"Nee, des is kei Komedie (= Drama, C.D.), so en 2er oder 3er kriegt ma schnell emol i. Dann schaut ma halt's nächschte Mol e bissel besser uf, des bügelt's dann scho wieder us. Sterbe tu ma aber wege dem net."
- MSap5

"Na jo, häm ma au scho ghat: da kriegt ma so en rote Zettel und Abzüg gibt's, wie in d'Schul. D'Frau is des immer arg: 'Was häm ma gmacht, wie kummt des?' (...) Bi uns isch des net so schlimm, weil, isch geh noch verdiene (...) Beim Bruder isch's anders: der hät nur de Hof, der muß spure, daß er jede Monat in de S is. Des is sei Geld, davon müß er lebe."
- MSag4

Ähnliche Äußerungen erhielt auch MÜLLER in ihrer Untersuchung[7]:

---

6) Vgl. WORSTORFF 1984, S. 100.
7) E. MÜLLER 1987, S. 107.

"Wenn einer noch in's Gschäft goht, un noch a bissle Obst het un des het, un noch drei Kieh het - des isch nochher - do kunnt's uf d'Qualität nit so o. Ich will jetzt nit dramatisiere, aber wenn der mol zwei Pfennig Abzieg het, no saiter, des isch egal. Do schwätzt der gar nit davo (...) Die kannsch mit Geld nit schtrofe".

Die große Zahl kleinerer Lieferanten erschwert die Koordination schließlich auch deswegen, weil sich ihre Kontrolle durch den Außendienst vom Arbeits- und Zeitaufwand her wesentlich schwieriger gestaltet als die von wenigen größeren Betrieben. Zwar tragen die Klein- und Kleinsterzeuger (bis 10 Kühe) noch nicht einmal 20% zum Gesamtmilchanlieferungsvolumen der Molkerei bei, doch zahlenmäßig stellen sie fast die Hälfte der 1.266 das Werk I beliefernden Erzeuger dar. Um aber bei all jenen, deren Milchqualität Grund zu Beanstandungen gibt, kontrollierend tätig zu werden, benötigte die Molkerei eine kräftige personelle Aufstockung des Außendienstes. Zur Zeit sind für den Erfassungsbereich des Werkes I nur zwei Berater tätig, wovon der eine zudem noch das Gebiet des Milchwerkes III mitbetreut. Infolge dieser Peronallage bleibt dem Außendienst nichts anderes übrig, als nach der vierteljährlichen Fortschreibungsliste zunächst die Erzeuger mit größeren Milchanlieferungsmengen, deren Qualität zu wünschen übrig läßt, zu einem Kontrollbesuch aufzusuchen. Die vielen kleineren Lieferanten bleiben somit unter Umständen über einen längeren Zeitraum von einem Kontrollbesuch unbehelligt. Einige wurden trotz wiederholt schlechter Probenwerte noch nie von einem Erzeugerberater angesprochen. Währenddessen liefern sie weiterhin unzureichende Milchqualitäten an.

c) *Erfassungsstruktur*

Nicht uneingeschränkt stellt sich die einstufige Direkterfassung über Tanksammelwagen als positiv für die molkereigenossenschaftliche Koordination dar. Zwar werden insgesamt die Vorzüge überwiegen, die sich aus der automatischen Temperaturkontrolle jeder Milchanlieferung und den Rationalisierungseffekten einer exakten Tourenplanung ergeben. Doch die feste Tourenplanung zeigt mitunter Lücken in der ursprünglich gedachten lückenlosen Kontrolle bei der Milcherfassung auf. Der detailierte Zeit- und Linienplan, der den Tankwagenfahrern nicht nur die Streckenführung und die Haltestationen vorgibt, sondern auch die Fahrtzeiten der einzelnen Strecken und die Wartezeiten an den Erfassungspunkten vorschreibt, bringt sie in ständigen Zeitdruck. Wenn zudem auch noch infolge widriger Verkehrsverhältnisse oder Witterung die Richtzeiten überschritten werden, geraten manche Fahrer in Hektik. Die ihnen vorgeschriebene grobsinnliche Überprüfung der Anlieferungsmilch fällt dann weg. Für Alkoholproben bleibt ohnedies fast nie Zeit. Die Arbeitsroutine und der Zeitdruck lassen die Erfassung in der Regel ohne größere Kontrollen erfolgen. Der Tanksammelwagen fährt vor, der Fahrer steckt die Wiegekarte in das Volumenmeßgerät, schließt den Schlauch an und saugt in kürzester Zeit die Milch aus dem Behälter. Warten an einem Sammelpunkt die Erzeuger, um ihren Hofbehälter gleich wieder mitzunehmen, werden ein paar Worte ausgetauscht, aber sicherlich keine Kontrollen der Milch oder des Zustandes der Behältnisse vorgenommen. Die befragten Fahrer sehen ihre Aufgabe eben in erster Linie in der Abholung der Milch und weniger in der Überprüfung ihrer Qualität:

"In erschter Linie sin ma für die Erfassung zuständig, also 's Abhole von de Milch. Qualität und Kontroll und des, des is Sach vom Berater und em Prüfring."
- TSW1

"Isch spiel net gern de Wachhund von de (Molkerei, C.D.). Isch fahr de Laschtzug und hol die Milch, dafür werd isch bezahlt. Gut - natürlich schau isch auch druf, daß d'Milch net ständig über 8 °C isch, aber des müß gnüge."
- TSW3

5.6.1.2. Abwehrverhalten der Erzeuger gegenüber der Koordination

Keineswegs wird die molkereigenossenschaftliche Koordination in inhaltlicher oder instrumenteller Sicht von den Erzeugern ausschließlich positiv beurteilt und als Handlungsanweisung für ihre alltägliche Arbeit begrüßt. Vielmehr steht die Mehrzahl der befragten Erzeuger ihr skeptisch gegenüber - beinhaltet die koordinierte Milchproduktion doch in verschiedener Hinsicht (Qualitätsanforderung, Erfassungsrationalisierung) für die Produzenten ein Mehr an Arbeits-, Zeit- und auch Kapitalaufwand sowie ein Weniger an eigenem Entscheidungs- und Ermessensspielraum bei der täglichen Arbeit. Man versucht daher, sich die Koordinationsbemühungen der Molkerei - soweit möglich - auf Distanz zu halten.

a) Mißtrauen

Die meisten Milchlieferanten verfolgen die Koordinationspraxis ihrer Molkerei mit ausgeprägtem Mißtrauen. Darin kommt ihr Unbehagen insbesondere gegenüber den strengen Qualitätsanforderungen und der Milchauszahlungspraxis zum Ausdruck, das von der ständigen Angst begleitet wird, von der Molkerei finanziell benachteiligt zu werden. Das Mißtrauen richtet sich im einzelnen gegen folgende Punkte.

Da Menge, Inhaltsstoffe und Qualität der Anlieferungsmilch das monatliche Milchgeld der Erzeuger bestimmen, wird der Messung und den Ergebnissen dieser Faktoren besondere kritische Aufmerksamkeit zuteil. Auch von E. MÜLLER wird diese Beobachtung bestätigt, daß "viele Lieferanten nicht von einer ordnungsgemäßen Abwicklung der Milchannahme und Probenauswertung überzeugt" sind[8]. Bereits die automatische Stempelanzeige des Tanksammelwagens, mit der die Milchanlieferung gemessen wird, gibt einigen Erzeugern Anlaß zur Vorsicht. Im Gegensatz zu früher, als in den örtlichen Sammelgenossenschaften noch eine gewisse Eigenkontrolle praktiziert werden konnte, ist man heute weitgehend auf die Mengenangaben des automatischen volumetrischen Milchflußzählers angewiesen:

"Früher gab's die 40 Liter-Kanne. Da wußt ma gnau ei Kann und e halbi, des sin so rund 60 Liter. Und heut mit de Wanne, des is e riese Ding, und da weischt net, wieviel Liter du häscht."
- MHo1

8) E. MÜLLER 1987, S. 149.

"ob die Meßuhre da immer geeicht sin, ob des immer so uf's Zehntel genau isch, des weiß ma net. Früher bei de Sammelstell konnt ma wisse, was ma hät - soundsoviel, des hät ma gsi. Und heut weiß ma nix mehr davo und muscht dene (= Molkerei, C.D.) glaube."
- MSap3

Zwar hatte es auch früher in den örtlichen Sammelgenossenschaften oft genug Auseinandersetzungen um die Messung der angelieferten Milchmengen gegeben - einer befürchtete, die Molkerei hätte die Kannenböden ausgewölbt, um zwei Liter mehr einfüllen zu lassen, ein anderer meinte, die unterschiedlichen Halshöhen der Kannen seien dazu da, ihn um ein paar Liter zu prellen - doch konnte sich der Erzeuger durch das Abfüllen seiner Anlieferung in Meßeimern entweder schon zuhause oder erst in der Sammelstelle von seiner Anlieferungsmenge selbst vergewissern. Dies ist bei der heutigen Milchanlieferung in den großen Wannen, Tanks oder Hofbehältern nicht mehr möglich. Bei einer bestimmten Milchmenge in einem 500-Liter-Tank ist es nämlich schwer nachmeßbar, ob es sich z.B. um 275 Liter oder nur 255 Liter Milch handelt. Einzelne Erzeuger haben sich deswegen sogar einen Peilstab zugelegt, um jede Milchanlieferung, die beim Tankwagen zur Erfassung kommt, zuvor nachzumessen und das Ergebnis zu notieren, damit sie später bei der Monatsabrechnung die Mengenangabe der Molkerei kontrollieren können:

"Automatisch Meßuhr hi und her, Kontroll isch besser. Und wege dem hab isch so en Meßstab, wo ma rihängt und wo ma dann weiß, 240 oder 250 Liter hän se (= Tankwagen, C.D.) mitgnomme."
- MHo3

"Ma will ja so ugfähr wisse, was ma hät. Wenn ma z.B. jetzt Monatsabrechnung kriegt, da kann ma des glaube oder au net, was se (= Molkerei, C.D.) an Kilo eim agrechent hän. Und so kann isch ugfähr überschlage, wieviel Liter se kriegt hän, und ob's grob gnomme stimme kennt, was se ma gebe."
- MSap2

Das Mißtrauen ist besonders stark bei einem Erzeuger ausgeprägt, nachdem er nach mehrmaligem Anfragen in der Molkerei, wo man sich Peilstäbe besorgen könne, bis heute noch keine Auskunft dazu erhalten hat:

"mir hän dann e paar Mol reklamiert. Bis heut hän mir den Stab noch net. Die hän jedes Mol e andri Üsred. Ma könnt doch glatt meine, die wolln net, daß ma se kontrolliere kann. Und des macht mich jetzt erscht recht mißtrauisch."
- MHo1

Neben der Mengenmessung geben Probenahme und Probenanalyse immer wieder Anlaß zu Argwohn bei den Erzeugern. Obwohl die monatlichen Milchproben beim Absaugen der Anlieferungsmilch von einem Gerät im Tanksammelwagen vollautomatisch gezogen werden, befürchten einige Lieferanten, ihre Proben könnten nicht richtig genommen werden. Sie verweisen auf "Verschleppungsfehler"[9], wonach noch Milchreste des Vorlieferanten ihre Milchcharge nachteilig veränderten, bezweifeln die Repräsentativität von einem Probefläschchen für eine gesamte Milchanlieferung und schließen auch Verwechslungen nicht aus:

"des kann auch sei, daß Probe mit jemand verwechselt is. Isch möcht net unke, aber des is doch öfter drin."
- MSap4

"dene kann ma halt au net so hundertprozentig traue, dene Probe."
- MSap6

---

9) Vgl. KREUZER/DAUER 1984, S. 164.

"Wie willscht jetzt wisse, daß do alles mit rechte Dinge zugoht. Die sage dir: 4.000 Keim und in Wirklichkeit häscht vielleischt nure 2.000. Nachprüfe kennscht des net."
- MSap2

Die Zweifel werden besonders dann verstärkt, wenn Erzeuger, die dem Zuchtverband angeschlossen sind, von diesem zu den vom Prüfring ermittelten Probenwerten anders lautende Werte mitgeteilt bekommen[10], ohne daß z.B. hinsichtlich der Fettgehaltswerte eine Umstellung der Fütterung oder sonstige Änderungen vorgenommen wurden. Auch auffällige Abweichungen von Normalwerten oder starke Schwankungen innerhalb eines Zeitraumes geben den Erzeugern zu denken:

"ab und zu hän mir so en wahnsinnig gute Fettgehalt. Da wisse ma gar net, wie ma des kriegt hän. Un's nächschte Mol sin ma dann unne im Keller. 's kommt eim dann scho e bissel komisch vor."
- MHo4

"Grad beim Fett und Eiweiß - des schwankt ja net so groß. Des is normalerweis so ugfähr ein Wert mit nur kleini Abweichung. Aber wenn'd z.B. im Schnitt 3,8 Fett häscht und ei Prob hät plötzlich 3,4 dann hät was net gstimmt. Dann hän die (= Molkerei oder Prüfring, C.D.) ebbes Murks gmacht."
- MSap3

"So en Ausrutscher, des is e Kataschtroph. Einmal hän ma so en IIIer (= Güteklasse, C.D.). Noch nie da gwese, sonscht immer in de S-Klass, höchschtens in Ier und jetzt en IIIer. Da hän ma uns scho gfragt: hän die auch die rischtisch Prob gnomme? Hän die nix verwechselt? Was schaffen die da unne mit unsri Probe?"
- MSap5

Zwei Erzeuger sprachen im Zusammenhang mit den Probenwerten eine besonders tollkühne, mit Sicherheit aber abwegige Verdächtigung aus[11]: Prüfring und Molkerei würden "unter einer Decke stecken" und "gemeinsame Sache machen"[12], wenn es darum ginge, unliebsame oder kritische Lieferanten gefügig bzw. mundtot zu machen:

"Isch hab scho erlebt in ner Versammlung, da isch einer ufstande und hät die Herre mol zur Red gstellt. Un hinterher hieß es: 'wer war des, wo kummt der her?' Un plötzlich hät der en IIer (= Güteklasse, C.D.). En IIer hät der no nie ghat, isch kenn den. Der hät die bescht Milch, war immer in de S bis zu dere Versammlung. Da is doch was faul oder was meine Se?"
- MHo1

"Mit d'Probe kenn se (= Molkerei, C.D.) scho Druck mache bi de Bure. Da kenn se ein fertisch mache. Nur mol angnomme: einer paßt dene net, macht Ärger oder ebbes, kriegt er en IIer und en IIIer ridrückt bis er's Muel hält."
- MSap2

Mißtrauisch verfolgen die Erzeuger auch die Qualitätsanforderungen, die ihrer Anlieferungsmilch als Bewertungsmaßstab zugrundegelegt sind. Dabei werden jedoch die Unterschiede zwischen dem Staat als Gesetzgeber der Verordnungen und der Molkerei als Ausführungsorgan verwischt. Mehrheitlich ist man der Meinung, die Molkerei würde im Hinblick auf ihre Absatzinteressen die Qualitätsanforderungen ständig verschärfen[13]:

---

10) Vgl. zu dieser Problematik KREUZER/DAUER 1984.

11) Zwar sind Prüfring und Molkerei unter einem Dach untergebracht und beide bemühen sich bei den Lieferanten auf eine Qualitätsproduktion hinzuwirken, doch ist der Prüfring eine streng neutrale Instanz, was die Analyse und Bewertung der Milchproben betrifft. Klagen von Erzeugern, die wegen angeblich falscher Probenwerte und Preisabzüge beim Milchgeld gegen Prüfring und Molkerei vor Gericht gehen, wurden daher immer abschlägig beschieden; vgl. hierzu SCHAUFF 1984a.

12) Ähnlich auch in der Untersuchung von E. MÜLLER 1987, S. 153.

13) Vgl. ähnlich ebd., S. 106.

"Warum setzt Milchzentral en Eiweißwert von 3,4 fescht, wo ma doch genau weiß, daß 80% den gar net erreiche könne? Und so goht's endlos: ständig werde Keimwert runtergsetzt - und alles damit's Gwinne mache. Mir kriege davo aber nix"
- MSap3

"Wissen Se was, des heut, e Überangebot 's isch zuviel Milch. Da müß ma alles möglichi erfinde, um Gschäftle zu mache. Und dann machen se (= Molkerei, C.D.) 's mit Qualität: Da sin's Keimzahle, dann Hemmstoff, dann wieder Eiweiß - mal warte, was ehne no eifällt."
- MHo1

"De Bactoscan-Wert wird gsenkt, de Eiweißwert goht nuf, dann fällt de Kühlpfennig weg un dann die Koschte für Erfassung. So kann ma de Milchpreis auch mache, ohne daß Erzeuger groß verunsichert werde. Die halte uns Bure wohl für dumm."
- MSap2

Vor allem die ständig gesenkten Grenzwerte für die bakteriologische Beschaffenheit der Anlieferungsmilch sind Anstoß zur Kritik. Den Erzeugern fällt es sichtlich schwer, einen geringen Keimgehalt als besonderes Gütezeichen der Milch zu erkennen. Schmutz in der Milch sieht man, den Fettgehalt der Milch schmeckt man, verdorbene Milch riecht man, aber unsichtbare Keime in einer ansonsten voll genußfähigen Milch - das ist schwer nachvollziehbar:

"Des isch sowieso alles übertriebe, was se (= Molkerei, C.D.) heut wolle. Von e paar Keim isch no niemand gschtorbe. Des schmeckt ma doch gar net."
- MSap1

"Ja, wenn ma d'Milch sauber haltet, is es scho von Vorteil. Aber des is ja so grass mit dene Keim. Heut kennt ma grad meine, früher hät ma e dreckigi Milch ghat - mal sozusage"
- MSag2

"Warum sterbe denn jetzt heut soviel Lüt an Krebs, an Krankheite, wo noch gar net erforscht sin, wo d'Ärzt noch gar net wisse, wo des herkummt. Und warum sin denn die Lüt nit gstorbe, wo ma's noch von Hand gmolke hät, mit'm Eimer, wo de Staub un de Dreck un alles herab komme is von de Kuh in d'Eimer ni. Un heut mache se e Gschrei mit de Keimzahle. E guet Milch hät selli Keim, des isch d'Natur."
- MHo1

"Die (= Molkerei, C.D.) sin immer an ebbes, wo ma an unsri Milch kann was üssetze. Mit der bakteriologische Beschaffenheit - wie Se sage - hän se wieder ebbes. Früher hät ma des alles net kennt. Da war Milch sauber oder dreckig, 's hät en guet Fettghalt ghat und hät gschmeckt. Des war's wichtigschte: gschmeckt hät's! Aber jetzt experementiern se an d'Milch alleweil, immer neue Sache, neue Methode. Erzeuger hän nix davo."
- MSap4

Ausgangspunkt allen Mißtrauens gegenüber der molkereigenossenschaftlichen Koordination ist die Angst der Erzeuger, ein geringeres Milchgeld ausbezahlt zu bekommen, als ihnen vermeintlich zusteht. Die Preispolitik der Molkerei findet daher ihre ungeteilte Aufmerksamkeit. Alle Einzelfaktoren, aus denen sich das Milchgeld errechnet, jeder Abzug vom Grundpreis wird kritisch registriert. So trägt auch die Erhöhung des Erfassungskostenanteils, der zum 1.6.1986 von 1,8 Pf/kg auf 2,0 Pf/kg angehoben wurde zu ihrem Argwohn bei. Denn mit der Umstellung auf die Direkterfassung waren einst niedrigere Erfassungskosten von der Molkerei in Aussicht gestellt worden, da die Sammelstellenkosten für direkt erfaßte Erzeuger wegfallen würden:

"'s gsaigt worde: 'Ihr kriegt e höhere Uszahlungspris', wenn ma direkt erfascht werd. Unsri Sammelstell hät 3 Pf/kg ghat Erfassungskoschte. Gut, dann sin Erfassungskoschte runtergange uf 1,5. Aber die steige jo scho wieder rapid an: 1,85, dann 1,88, jetzt sin ma schon uf 2 Pfennig. Mit uns kenne se (= Molkerei, C.D.) ja rumfahre, wie's ehne grad paßt."
- MSap1

"Mir müsse uf eigni Koschte Milch kühle, was Sammelstell früher gmacht hät. Jetzt hän se uns de Kühlpfennig gstriche. Gleichzitig setze se eim de Korrekturwert vom Eiweiß hoch un Erfassungskoschte steige au ständig. Mit dene Summe hät ma auch in d'Milchgnosseschaft wirtschafte kenne."
- MSap3

Ein Lieferant gibt darüber hinaus zu bedenken, daß sich für die Mehrzahl der direkt erfaßten Erzeuger nicht nur von finanzieller Seite, sondern auch von der Arbeits- und Zeitersparnis her kaum eine Verbesserung ergeben hätte: statt zu einer örtlichen Sammelgenossenschaft müsse man jetzt zu einem (oftmals weiter entfernten) Sammelpunkt die Milch transportieren; die Wegzeiten seien geblieben[14]:

"Direkterfassung als solchi im Vergleich, daß d'Milch von jedem einzelne Hof zu ner Sammelstell gbracht wird, mag von de Organisation her für de Milchhof günschtiger sei. Aber soll sich wirklich niemand täusche, daß des für die Erzeuger bim Milchpris von Vorteil wär, von de Koschte her, mein isch. Mir müsse Milchkammer einrischte und Behälter aschaffe. Dann müß ma zum Sammelpunkt fahre, uf de Wage warte, daß er d'Milch holt und wieder zurückfahre. Ab Hof mache se ja nur ab er gewisse Größ und die hän d'wenigschte. Für uns is des Direkterfasse wege dem nur begrenzt von Vorteil."
- MSap2

Da die Höhe des Auszahlungspreises wesentlich durch den von der Molkerei festgesetzten Grundpreis und dieser wiederum durch das Geschäftsjahr des Unternehmens bestimmt wird, richtet sich das Mißtrauen der Lieferanten auch gegen die Geschäftspolitik der Molkerei. Zwar bezweifelt JAUDZIMS, daß exorbitant hohe Auszahlungspreise die Zustimmung der Erzeuger bekämen, weil diese als "selbständige Unternehmer" hohen Dauerausschüttungen ohne nachhaltige Substanzsicherung kritisch gegenüberstünden[15]. Doch ist das Mißtrauen der befragten Erzeuger über die Geschäftspolitik ihrer Molkerei unüberhörbar. Ihr Argwohn läßt sich auf zwei Ursachen zurückführen. Erstens behagt ihnen die Konzentrations- und Investitionspolitik nicht. Der ungebrochene Trend zur Konzentration im molkereiwirtschaftlichen Sektor hat auch vor dem untersuchten Genossenschaftsunternehmen nicht halt gemacht, wie die Gliederung in drei Werke belegt. Damit waren zwangsläufig erhebliche Investitionen verbunden, um die drei ehemals eigenständigen Unternehmen in eine funktionale Organisationseinheit mit arbeitsteiligem Produktionsprogramm zusammenzuführen. Die Kosten hierfür gingen am Grundpreis der Milchlieferanten ab, wie von diesen kritisiert wird:

"Uns kommt des größer und immer größer von de Molkerei ganz und gar net zugut. Im Gegeteil, mir kriege jedes Johr weniger, wenn isch ma so mei Abrechnung anguck."
- MHo1

"da inveschtiere se wieder und baue Kapazitäte us. Für die Erzeuger bleibt da net viel übrig."
- MHo3

"Vergrößere tun se: immer mehr und noch moderner und schöner müß es jo sin do unte. Und uns ziehn's es ab."
- MHo4

14) Ähnlich auch in der Untersuchung von ROSSKAMP 1971, S. 225.
15) JAUDZIMS 1985, S. 184.

"Alles, wo die da unte schaffe, baue und mache, sel goht von unserm Milchgeld. Da bruchet ma sich net wundere, daß Erzeugerpris immer mehr falle."
- MSap5

Zweitens sind die Erzeuger mehrheitlich nicht in Kenntnis über die Geschäftspolitik ihrer Molkerei. Ihnen fehlen die Informationen und der erforderliche Wissensstand, als daß sie sich mit den wirtschaftlichen Hintergründen der Milchgeldabrechnung auseinandersetzen könnten:

"Vadder, du häscht doch gar kein Einblick. Mir alle blicke doch gar net durch, was die da mache. Mir müsse's Geld nemme und Klapp halte."
- MHo3

"Wie des so genau abläuft, des weiß eigentlisch niemand von de Erzeuger. So is auf alle Fäll mein Eindruck. Mir wern da net gfragt. Do heißt's plötzlich: 'hört emol, mir müsse Erfassungskoschte erhöhe' oder de Grundpreis wird gsenkt oder so irgendwas."
- MHo2

"Was soll ich da jetzt sage. Mir kenne uns do eigentlich net groß us, was die mache. Mir liefere unsri Milch und fertisch. Wie des mit de Qualitätsabschläg oder so mit'm Milchgeld und dem ganze läuft und warum, des wisse mir net."
- MSap5

"In dem Riesegetriebe sin mir nur e kleinis Rädle. Ma hört emol des und emol sellis. Aber genau wisse tut glaub niemand ebbes, wie de Milchpreis zstand kummt."
- MSap6

Ob und wie sich das Mißtrauen der Erzeuger ihrer Molkerei gegenüber auch in ihrem konkreten Verhalten niederschlägt, dies gilt es als nächstes zu klären.

b) Opposition

Wenn sich die Milchlieferanten aus verschiedenen Gründen gegen einzelne Koordinationsinhalte und -instrumente ihrer Molkerei sträuben und sie kritisieren, und wenn sie der Geschäftspolitik, insbesondere der Preispolitik beim Milchgeld mißtrauen, liegt es nahe, daß sie ihren Unmut durch Widerspruch der Molkerei offen zum Ausdruck bringen, um eine Veränderung der Koordinationspraxis in ihrem Sinne zu erreichen.

Zunächst bietet sich der Beschwerdeweg an. Da sind zum einen die Erzeugerberater als Nahtstelle zwischen Lieferanten und Molkerei, denen man sein Mißfallen mitteilen könnte. Wie schon dargestellt, ist der Außendienst aber in erster Linie für die Organisation der Erfassung zuständig und als Kontrollorgan tätig. Von daher wird er als Ansprechpartner nur begrenzt und wenn, dann lediglich für den Erfassungsbereich (z.B. bei der Entscheidung über eine Hofzufahrt) in Frage kommen. Außerdem werden die wesentlichen Koordinationsinhalte, wie Qualitätsproduktion und Erfassungsrationalisierung, nicht von ihm, sondern von übergeordneter Stelle in der Molkerei entschieden. Die Kontaktaufnahme von Erzeugerseite zum Außendienst ist insgesamt wohl deswegen auch recht spärlich.

Etwas häufiger, aber ebenfalls die Ausnahme, sind die Anrufe von Lieferanten beim Prüfring, um sich über vermeintlich falsche, weil schlechte Probenwerte zu beschweren. Die Mitarbeiter des Prüfringes gehen solchen Anfragen zwar nach, doch bleiben die Nachforschungen meist ohne verändertes Ergebnis.

Im Gegensatz zu anderen landwirtschaftlichen Genossenschaften, in denen aufgrund ihrer übersichtlichen Größe die Geschäftsführung den Erzeugern meistens persönlich bekannt ist, scheidet der direkte Beschwerdeweg zur Leitung der Molkerei so gut wie vollständig aus. Da das Unternehmen über einen gewaltigen Verwaltungsapparat mit verschiedenen Zwischenstellen verfügt, gestaltet es sich für die für diesen Anlaß kaum kommunikationserprobten Erzeuger äußerst schwierig, ihre Anliegen an der zuständigen Stelle vorzubringen.

Als Weg der Opposition gegen die Koordination bietet sich schließlich das genossenschaftsdemokratische Willensbildungsorgan der Generalversammlung der Milcherzeugervereinigungen an, die ja als Hauptgesellschafter auch Träger der Molkerei sind. Doch anders als in den örtlichen Sammelgenossenschaften, wo früher hitzige Debatten mit den Vertretern der Molkerei geführt wurden, beurteilt keiner der befragten Erzeuger die Generalversammlung als ein zum Widerspruch geeignetes Forum:

"Früher in de Ortsgenosseschaft da hän se gstritte mitnander, da hät's grauscht, da warn se da vom Milchhof, hän enander wüscht gsaigt, da isch's zugange. Ma hät saig kenne, was ma denkt. Aber heut hockt ma do wie dumm in dene Versammlunge und saigt nix."
- MSap2

"natürlich heißt's immer: Erzeuger, de Erzeuger. Aber wie läuft's denn ab? Da wird was vorgebet und mir müsse's halt glaube, was se sage, ob's stimmt oder net. Un dann stimme ma ab - wie die Schafe: alle dafür. Des war früher in de Milchgenosseschafte anders. Da is noch richtig dischputiert worde, bis morgens in de Früh."
- MSap3

Alle Entscheidungen, auch solche, die direkt die Milchproduktion und -erfassung betreffen, also für die Erzeuger von größter Wichtigkeit sind, werden ohne Diskussion von der Molkereileitung und den Milcherzeugervereinigungen zur Abstimmung in der Generalversammlung vorgelegt:

"Des liegt scho fix und fertisch in de Schublad. Da wird gar nimmi lang gfragt, da wird abgstimmt. Da werd net e Versammlung gmacht: 'hört emol, wäret ihr iverstand, wenn mir Keimwert senke, oder wenn ma Erfassungskoschte erhöhe' oder so un so. Des gibt's net. Des hat's noch in keiner Versammlung gebe."
- MHo1

"Wenn die was durchziehe, dann wird des durchzoge. Un de Vorstand ruft dann zu ner ordentliche oder außerordentliche Versammlung - meischtens in de ordentliche, damit's kein hohe Ufwand gibt. Dann wird des Ding durchzoge und abgstimmt. Und des läuft immer ohne Gegestimme. Aber in er Demokratie is jo normalerweis e Opposition erlaubt, oder?"
- MHo3

Warum wird aber bei offenkundigem Mißtrauen gegenüber einzelnen Sachverhalten, seien es die Preispolitik oder die Qualitätspolitik der Molkerei, von den Erzeugern immer zugestimmt? Warum machen sie niemals ihre Einwände geltend? Erstens setzt qualifizierter Widerspruch, der zu einer Änderung der Koordinationspraxis führen könnte, Wissen voraus. Da die Erzeuger aber oftmals nicht über die Detailkenntnisse verfügen, um ihren Widerspruch sachlich zu begründen, müßten sie sich erst einmal Informationen beschaffen. Dies ist zeit- und arbeitsaufwendig und setzt ein bestimmtes Kenntnis- und Erfahrungspotential der Informationsbeschaffung voraus[16]. Mehrheitlich haben die Erzeuger daher weder Zeit noch Lust, sich mit dem zur Sachdiskussion erforderlichen Wissensstand auseinanderzusetzen:

16) Vgl. hierzu JAUDZIMS 1985, S. 138 ff.

"Da wird in Zahle gered, ewig lang und Statistike un Gsetze, da komme mir net so richtig mit, mit dene Sache."
- MSap4

"Isch war früher auch emol dort, ja. Da wird gered, wie's langt und geht. Mir hän do ja so kei Überblick. Da sin mir halt net gschult, was die so alles wisse (...)"
- Vater von MHo3

"(...) Ah, wenn ma wollt, kennt ma da au mitrede. Aber bis des ganze Ding und des wissescht - mir sin halt de ganze Tag uf'm Feld oder im Stall von morgens bis in de Nacht, bestimmt 14 Stund. Da willscht auch emal dei Ruh und was andris sih. Un nit noch im Geschäftsbericht riblättre und mache un tue."
- MHo3

Zweitens muß den Erzeugern, wenn sie schon die Bereitschaft zur Informationsbeschaffung haben, der für Entscheidungen relevante Wissensstand von Seiten der Molkerei zugänglich sein. Daran scheint es aber zu hapern:

"Ja mir hän da nix z'sage. Die mache des für sich us. Un dann sitze da noch Lit im Ufsichtsrat, die wem des scho mache. Was solle ma au gegesaige? Die hän jo die Informatione un net mir. Da komme mir au gar net dran, des bhalte die für sich."
- MSap3

"Alles des, wo ma wisse müß, um da mitzurede, des wisse mir ja net. Des halte die unter Verschluß. Geheimsache, verstehn Se? Ma kennt ja emol was gege se verwende und wie stehn's dann do?"
- MHo1

Außerdem müßte Gestaltung und Ablauf der Generalversammlungen auch tatsächlich den Erzeugern die Gelegenheit zum Fragen und Auseinandersetzen mit einzelnen Sachverhalten bieten. Ansonsten wird das traditionelle genossenschaftliche Willensbildungsorgan auf ein reines Zustimmungsorgan reduziert:

"da wird en Politiker eingelade. Der hält e schön lang Red über dies und des, meischt, was uns gar net kümmert. Und was wirklich für uns wichtig is, wird in Nullkommanix durchzoge, noch eh mir was dagege sage könne."
- MSap5

"Die hän ihr Strategie. Da wird net lang gfackelt. Und des find isch net gut: wenn dann en einzelne mal net mit allem iverstande is und der des saigt und die gehn über den weg. Da wird nämlich alles vorbereit und in d'Versammlung abgspielt, wo die da drobe hocke un doch genau wisse, daß Lit unte net ufmucke, weil se sich net getraun, was zum sage."
- MSap2

"Mir hän uns emol gwehrt. (...) Sage Se mol, die ware noch beleidigt, als ma des in ner Versammlung öffentlich vorgetrage habe. So sieht des Ding us. Da is überhaupt nix z'mache. Da renne Se gege e Mauer, wie Se mol ihrn Mund ufmache."
- MHo2

"bis es zur Diskussion kunnt, is des scho abgeblockt."
- MHo3

"da kunnt's erscht gar net zum Streit. Des lasse die gar net zu, daß was gegegsaigt wird."
- MHo4

"Wenn wirklich einer de Mund aufmacht, kriegt er einen uf de Zylinder - deutsch gsagt - un dann is für de Rescht vom Obend Ruh."
- MSap6

Schließlich erfordert der offene Widerspruch in einer Generalversammlung auch bestimmte formale und soziale kommunikative Fähigkeiten bei den Erzeugern. Formale, das sind sprachliches Formulierungsgeschick, Rhetorik und sicheres Auftreten. Mit sozialen ist die unter der landwirtschaftlichen Bevölkerung nicht immer vorhandene Fähigkeit, Diskussionen kontrovers, aber sachlich und ohne Gefühlsausbrüche (Beschimpfungen, Schreien etc.) zu führen, gemeint:

"Die Zivilcourage un des Vorpresche un des so schön tue und rede, des lernt ma ebe net im Kuhstall, wenn isch immer nur mit meini Kih zsamme bin."
- MSap1

"Des Sprachliche, des Könne, sowas vorzubringe, des feht uns Bure halt. Die, wo da obe sitze, sin uf d'Schul gange un habe womöglisch studiert, die lerne des, mit viel Worte zu umschreibe. Die hän ganz andri Wörter, en größere Wortschatz, die hän e ganz andri Bildung. Un dann des Uftrete: immer de Chef, nix bringt se aus de Ruh."
- MHo1

"Isch geh scho nimmi hi in Versammlunge. Mir platzt de Krage, wenn isch seh, wie des so läuft. Am liebschte würd ich dene emol so e kleinis Bömble isetze, wo's richtig funkt."
- MSap2

Die untersuchte Molkerei verfügt neben der Generalversammlung über keine weiteren Organe, in denen die Erzeuger ihre Meinung wirksam einbringen könnten. Es gibt weder Fachkommissionen noch ad-hoc-Ausschüsse, wie sie JAUDZIMS vorschlägt[17], noch Fuhrversammlungen oder Lieferantenbeiräte, wie sie von anderen Molkerei schon seit längerer Zeit praktiziert werden[18].

c) *Defensive Strategien*

Wenn sich den Erzeugern schon nicht die Gelegenheit bietet, über Opposition die molkereigenossenschaftliche Koordination in ihrem Sinne zu ändern, so versuchen sie auf andere Weise ihrem Mißtrauen und Unbehagen Ausdruck zu verleihen. Sie versuchen die Koordination, sofern sie ihre Produktionstätigkeit stört und soweit möglich, durch defensive Strategien abzuwehren, sie auf Distanz zu halten. Auch hier lassen sich wiederum einige Muster unterscheiden.

Zunächst kann die Koordinationsabwehr durch *Ausweichreaktionen* erfolgen. Erzeuger wählen anstelle der Milchanlieferung an die Molkerei andere Verwertungsformen. In Betracht kommt die Eigenverwertung der Milch zur Verfütterung an Tiere (Schweine, Kälber) oder zum Eigenverbrauch im Haushalt. Allerdings lassen sich auf diese Weise nur geringe Milchmengen im Erzeugerbetrieb wirtschaftlich nutzbar machen. Ab einer bestimmten Menge bedarf es daher einer zusätzlichen Verwertungsform. Es bietet sich die Abwanderung an. Die extremste Form der Abwanderung wäre der offene Abbruch der Leistungsbeziehungen mit der Molkerei entweder infolge des Ausscheidens aus der Milchproduktion (Betriebsaufgabe oder Spezialisierung auf andere landwirtschaftliche Betriebszweige) oder durch Kündigung des Liefervertrages und Wechsels zu einer anderen Molkerei. Während das Einstellen der Milchproduktion als agrarpolitische Konsequenz aus der staatlichen Milchrentenaktion häufiger im Einzugsgebiet der Molkerei zu beobachten ist[19], erweist sich der Wechsel zu einem an-

17) JAUDZIMS 1985, S. 188 ff.
18) SCHLEIMINGER 1981, S. 482.
19) Hier zeigt sich auch eine deutliche Grenze der molkereigenossenschaftlichen Koordination: Stellt ein Betrieb kurzfristig die Milchproduktion ein, so hat die Molkerei keinerlei rechtliche Handhabe, ihm dies zu verwehren und die weitere Milchanlieferung einzuklagen; vgl. v. ALVENSLEBEN et al. 1973, S. 112.

deren Milchverarbeitungsunternehmen für die Erzeuger als außerordentlich schwierig. Zwar scheint er "theoretisch eine optimale Abwanderungsstrategie zu sein"[20], doch hat er wegen der Erfassungsorganisation nur für die Erzeuger praktische Bedeutung, die ihre Produktionsstätte in der Nähe des zu einer anderen Molkerei gehörigen Einzugsgebietes haben. Daher stellt JAUDZIMS auch fest, daß Absatzbewegungen dieser Art nur für Molkereien in Randgebieten nachweisbar sind[21]. Auch für unsere Molkerei ist diese Abwehrform schon einmal beobachtet worden. Nach Aufhebung der Einzugsgebietsregelung 1970 wechselten zahlreiche Erzeuger zu einer anderen Molkerei in einem Grenzgebiet über, wo ihnen höhere Auszahlungspreise in Aussicht gestellt waren:

"Möglichkeite hät's gebe in Grenzgebiete zwische dene Einzugsbereiche von dene verschiedene Molkereie. Des war in de 70er Johr, wo ma dann frei entscheide konnt, wo ma hät wolle liefere. Wenn Se jetzt in de Grenzgebiet waren, dann hät ma natürlisch könne überlege - un des is au gmacht wore, weil es Molkerei gebe hät, wo en höhere Uszahlungspreis gebe un da sin se reiheweis darüber gloffe."
- MHo1

Seit mehreren Jahren werden von der Molkerei Absatzbewegungen von Lieferanten allerdings nicht mehr registriert.

Als weitere Ausweichreaktion bietet sich die (partielle) Abwanderung der Erzeuger zur Privatvermarktung an. Statt daß sie ihre Milch (ausschließlich) einer Molkerei anliefern, versuchen sie diese ab Hof auf dem Weg der Direktvermarktung zu verwerten. Nicht nur Rohmilch eignet sich hierzu, sondern auch die Verarbeitung zu Käse sowie die selbst hergestellte Butter als "älteste Form der bäuerlichen Milchverarbeitung"[22]. Da der Trend bestimmter Verbrauchergruppen immer stärker zum Direkteinkauf beim Erzeuger hingeht, bemühen sich mehrere Milchlieferanten als Ergänzung ihrer Leistungsbeziehung zur Molkerei auch in dieser Vermarktungsform Fuß zu fassen, so daß die Molkereiwirtschaft schon klagt: "die Lieferantentreue ist vielfach gestorben"[23]. Dabei scheint das Kundenpotential für die privatvermarktenden Milchbetriebe noch gar nicht einmal ausgeschöpft:

"Da gibt's immer Leut, wo mehr naturielle Sache wollen. Die komme halt un frage: 'könne ma Frischmilch habe?'"
- MHo4

"Doch, 's kumme scho e Hufe Lit, viel junge, jetzt an. Da kann ma nix sage. Durch des könne ma noch e bissel was rushole aus de Landwertschaft."
- MSap4

"Mir hän, obwohl e Dorf, zwischen 1.500 und 2.000 Neubürger. 's Neubaugebiet is zirka zwei Drittel. Un do hat's scho Kundschaft. Dann hän ma au Käskunde bis zu 300 km weg. Die hole dann halt glei für über 200 Mark. Un dann hat scho emol e Feinkoschtgschäft Interesse angmeld. Des isch jetzt nämlich de Renner: original Landkäs."
- MSag2

"Halt die ganz grün Bewegung, des Öko-Zeug und die Bio-Leut. Un die komme dann zu uns, obwohl mei Milch vielleischt 10 Pfennisch teurer is un net in de Verpackung. Flasche oder Kanne müsse se nämlisch scho mitbringe. Un mit de Keimzahl, des kümmert die net, weil des wisse die gar net. Des is ja sowieso en Bledsinn."
- MHo2

---

20) JAUDZIMS 1985, S. 135.
21) Ebd., S. 137.
22) MÜCKE 1966, S. 81.
23) "Kampf um den Rohstoff Milch", Leitartikel in "DEUTSCHE MILCHWIRTSCHAFT" 1981, S. 188.

"Isch glaub, des is gar net bloß die Milch. Des is des ganze, irgendwie - wie soll isch sage. Die kaufe ebe net nur d'Milch wie im Lade. Für die is des was bsonderes, wenn se zu uns komme. Kinder komme mit, die freue sich, wenn se kenne vor Küh nahsteh, vor Kälber, e bissle streichle. Mir hän au Lit, die bringe ihrn Bsuch mit, die sin dann ganz begeischtert."
- MSap1

Nicht nur die Bewohner konsumnaher Umlandgemeinden von Städten kommen als Abnehmer von Milch und Milcherzeugnissen in Betracht. In den abgelegeneren Gebieten nehmen Feriengäste und Inhaber von Zweitwohnsitzen das Direktvermarktungsangebot gerne an. Einige Erzeuger beliefern auch Bäckereien und Metzgereien mit der als Rohstoff benötigten Milch.

Es stellt sich nun die Frage, welche Vorteile die Erzeuger sich von dem zusätzlichen Ab-Hof-Verkauf versprechen und ob diese im Zusammenhang mit der molkereigenossenschaftlichen Koordination stehen. Einmal machen die Erzeuger finanzielle Gründe geltend[24]. Für einen Liter Rohmilch erhalten sie von ihren Privatkunden ohne jegliche Abzüge für Erfassungskosten oder Qualitätsbeanstandungen zwischen 80 Pfennigen und einer Mark. Von der Molkerei werden ihnen hingegen in der S-Klasse maximal 60 Pfennige ausbezahlt:

"des is halt des Geld, wo isch mehr verdiene kann als beim Milchhof."
- MHo2

"Des is auch mit de Preis. Isch hab feschtgstellt, je mehr daß se Abzüg mache, desto mehr is ma bereit, privat zu verkaufe. Je höher isch's Vertraue, daß ma's allein kann. Und de Preis is halt besser, wenn isch's selbscht verkauf."
- MSag1

"Mit dem Ab-Hof-Verkauf des probiere se auch bi uns. Und die hän au Recht. 's zahlt sich eifach us. Do kriegt ma wenigschtens noch e Geld."
- MSap1

Zweitens sprechen Zeitgründe für die Privatvermarktung. Man ist keinem festen Erfassungstermin an einem Sammelpunkt oder in einer örtlichen Sammelgenossenschaft unterworfen, dem man die Melkarbeit unterordnen muß. Weite, zeitaufwendige Fahrtwege zu den Erfassungsstellen und wieder zum Hof entfallen ebenfalls:

"'s isch so: isch bin net uf d'Zit agwiese, in de Stall zu gehe, wenn isch grad e andri Arbeit mach. So muß isch renne, daß gmolke isch und am Milchhäusel bin."
- MSag1

"Bequemer isch's auf alle Fäll (= der Ab-Hof-Verkauf, C.D.). Irgendwie is ma drin in de Arbeit und dann muscht net uf die Minut los in de Stall und melke und dann losfahre zum Tankwage, wo d'pünktlich sei muscht; die fahre sonscht weg und lasse dich stoh mit deini Milch."
- MSap4

"So müßt ich ab sieben obends Milch wegbringe. Und bei uns geht vor sieben niemand in de Stall. Da sin ma noch druße uf'm Feld. Des isch es erschte Handicap. Un zusätzlich die halbi Stund, wo isch unterwegs bin und dann red ma manschmal noch mit jedem, da is im Tag e ganzi Stund weg. Und in dere Stund, denk isch ma, hat ma auch Milch verarbeit."
- MSag2

"'s Problem isch bei uns die Zit. Morgens kennt ma zum rischtige Zeitpunkt abliefere, aber obends durch d'Arbeit komm ma so spät in d'Stall, daß es halt von de Zit her net längt."
- MSag3

Drittens wird die Spezialisierung als Rohmilchlieferant der Molkerei nachteilig empfunden. Als Direktvermarkter produziert man eben nicht nur Rohmilch, sondern verarbeitet sie teilweise auch zu Butter und Käse:

---

24) Ähnlich auch bei E. MÜLLER 1987, S. 141 f.

"Über Butter geht 50-60% vom Hof weg. Dazu muß ich aber sage, do kumme mir uf de selbe Verdienscht, aber mit noch mehr Arbeit, wie wenn isch Milch abliefer. (...) Aber so mach isch au Butter und hab zusätzlich e hochwertige Magermilch. Isch komm ja net zu dem Entzug von Fett und Eiweiß durch die Zentrifug wie wahrscheinlich die in de Molkerei. Und us der Magermilch mache ma en tolle Käs."
- MSag2

Eng damit verbunden ist die Qualitätsfrage. Während die Molkerei die Anlieferung hochwertiger (sprich keimarmer) Rohmilch verlangt, was wegen der höheren Sorgfalt und Sauberkeit mehr Arbeitsaufwand für die Erzeuger erfordert, stellt sich eine solche Rohmilchqualität als Hindernis der Butter- und Käseherstellung im landwirtschaftlichen Betrieb dar. Die Milchgewinnung und -behandlung muß folglich weniger penibel hinsichtlich der Keimvermeidung durchgeführt werden:

"Mir mache zum Beispiel Sauerrahmbutter, net, de Rahm muß sauer werde. Und des isch halt viel schmackhafter de Butter, wie wenn ma frisch verarbeitet. Un des müß sogar Keim hän, weil ohne Keim gibt's kei rechti Butter. Der muß ja sauer werde. Da bruchet ma des ganze mit der Sauberkeit und dem gar net."
- MSap1

"Gut, isch hab auch mei Hof un de Stall im Griff, aber net in dem Rahme, wie wenn isch jetzt abliefere muß. Dann hab isch escht mit de Keimzahle zu kämpfe. Aber jetzt, wo isch auch Selbstvermarkter mach un Butter un Käs mach - des will isch glei sage, da darf isch kei so saubris Melkgschirr habe, weil isch brauch die Keim, daß de Käs un de Butter was wird. Wenn ma zu saubris Melkgschirr hät und isch halb Kollege, die Absauganlag hän, die hän dauernd S-Klass, wollte mit de Überschuß Butter und Käs mache, 's isch nix gworde, weil die Keim fehle."
- MSag2

Von den Direktvermarktern wird dabei auch hervorgehoben, daß die Privatkunden weniger Wert auf eine keimarme Rohmilch legten, als die Molkerei. Von den strengen Qualitätsrichtlinien, wie sie die Molkerei aufstelle, sei man daher teilweise entlastet:

"Mir müsse am Milchhof ja auch relativ hochwertige Milch abliefere, also Sauberkeit und des ganze, daß Milch haltbar is. Und unsri Kunde, wo täglisch komme, um Milch zu kaufe, da müß die ja net so haltbar sein, weil, die wird halt viel schneller verbraucht. Des isch au en Vorteil, wenn Se so wolle, daß ma net so uf Qualität schaue müß."
- MHo2

"Weil, wenn se immer weniger zahle meine se, daß ma macht wie bled im Stall, um Qualität zu kriege. Aber des mach ich nimmi. Deswege verkaufe ma auch privat, und mei Milch isch net schlechter, weil, sonscht tät Lit nit kumme."
- MSag1

Ein Erzeuger bringt die Vorteile, die sich für ihn aus der Direktvermarktung ergeben, zusammenfassend auf den Punkt: man ist flexibler bei der Milchproduktion:

"Wenn ma des betriebswirtschaftlich rechent, von de Milch, wo de Genosseschaft bracht wird, macht en Gewinn 30-40 Pfennig de Liter. Und da müß ma Zeit halte und die strenge Qualitätskontrolle vom Milchhof. Und des is unrentabel, soviel Rücksicht da drauf zu nehme. Un dadurch, daß mir selbschtvermarkte, sin ma flexibler, könne melke, wann ma wolle, verkaufe wann und wie ma wolle und im Stall mache ma's, wie's grad goht."
- MSag1

Bei allen Vorteilen, die für eine Direktvermarktung von Milch und Milcherzeugnissen durch die Produzenten ab Hof sprechen, sind dieser Ausweichreaktion enge Grenzen gesetzt. Für einige weniger Erzeuger mag die Direktvermarktung tatsächlich eine Verwertungsalternative zur Abwehr der molkereigenossenschaftlichen Koordination darstellen. Sobald jedoch mehrere Betrieb in größerem Stil zum Ab-Hof-Verkauf übergingen, würden diese attraktiven Marktnischen restlos überfüllt. Zudem können 20 oder 30 Liter täglich noch gut aus eigener Kraft verkauft werden. Mit einer Tagesproduktion von über 100 Litern stellen sich dem auf die Milcherzeugung spezialisierten Betrieb allerdings erhebliche Absatzprobleme bei der Direktvermarktung, wenn er nicht einen zusätzlichen Arbeits-, Kapital- und Organisationsaufwand für eine eigene Verarbeitungsstätte und ein eigenes Vertriebsnetz tätigen möchte. Daher ist es auch verständlich, daß zwar von mehreren Betrieben Rohmilch in unbedeutenden Mengen direkt verkauft wird, aber nur wenige kleine Betriebe hierin eine realistische Alternative zur Molkereianlieferung sehen. Bei ihnen handelt es sich vorwiegend um die Mitglieder der örtlichen Sammelgenossenschaften. Sie betrachten ihre Sammelstelle und damit auch die Molkerei als "Restverwertungsinstitution"[25] für jene Milchmengen, die auf ihren privaten Absatzkanälen nicht verkauft werden konnten:

"Theoretisch kann des so sei, daß Lieferante, die immer 80, 100 Liter an die Sammelstell abliefere, plötzlich 30 nur noch bringe. Und wenn die Fremde, die Kurgäscht, fort sin, is wieder die volli Meng da."
- Außendienstleiter

"Mir lege gar net so groß Wert druf, Milch abzuliefere. Solang ma Kundschaft hät und des gut läuft, macht ma's lieber selbscht."
- MSag1

"Mir sin scho noch Mitglied in de Genosseschaft. Aber so kann ma's sich ussuche, wo ma liefert, ob an Sammelstell oder daß ma's privat verkauft."
- MSag3

Mit dieser Lückenbüßerfunktion erklärt sich auch das Fortbestehen zumindest einiger kleinerer örtlicher Sammelgenossenschaften trotz rückläufiger Mitgliederzahlen und schwindender Rentabilität. In erster Linie sind die privatvermarktenden Erzeuger nämlich daran interessiert, überhaupt ihre überschüssigen Milchmengen abgenommen zu bekommen. Der Preis spielt dann nicht mehr die entscheidende Rolle, zumal sich die geringeren Milchgelder über die höheren Erlöse aus der Direktvermarktung kompensieren lassen.

Das Abwehrverhalten der Erzeuger gegenüber der molkereigenossenschaftlichen Koordination kommt noch durch eine andere Ausweichreaktion zum Ausdruck. Man geht auf Distanz zu der Stelle, die ursprünglich als Ansprechpartner der Molkerei für die Lieferanten vorgesehen ist: die Erzeugerberatung im Außendienst. Mehrheitlich finden die Lieferanten die Beratung schlicht überflüssig, weshalb sie aus eigener Initiative nur äußerst selten von ihr Gebrauch machen[26]:

"Mir bruchet kei Berater. Mir bruchet e höheres Milchgeld! Solle se lieber Personal ispare un uns mehr uszahle. Mir mache unser Arbeit im Stall auch ohne Berater."
- MHo3

"Den Außedienst hän mir noch net viel gseh. Aber da sin ma eigentlich au nit scharf druf."
- MHo2

"Solang isch mei Hof mach, hän mir Beratung noch nie brucht. Un Qualität hät au gstimmt."
- MHo4

"Mir müsse schaffe im Stall und uf'm Feld. Des is unser Arbeit unnit Zettel lese, was se meine, was se schwätze. Wer stoht morgens in de Früh uf un isch im Stall? Die Herre Berater liege da noch im Bett."
- MSap2

25) ROSSKAMP 1971, S. 133, ebenso bei E. MÜLLER 1987, S. 69.
26) Ähnlich bei E. MÜLLER 1987, S. 111.

"Wenn ma se sieht, dann im Sommer. Im Winter nie, da hät ma sei Ruh."
- MHo1

Damit befinden sich die befragten Erzeuger im Widerspruch zu der meist geäußerten Behauptung von Molkereiseite, wonach die Milchlieferanten eine molkereieigene Erzeugerberatung wünschten[27]. Vielleicht liegt das Desinteresse aber auch dran, daß man die Außendienstmitarbeiter als das wahrnimmt und einschätzt, wozu sie auch hauptsächlich eingestellt sind: als Kontrolle und eben nicht als Beratung der Erzeuger. Zwar schmälert der Außendienstleiter die Kontrollfunktion für die Molkerei, wenn er meint:

"isch werd für's Spazierfahre bezahlt. Des reicht scho, wenn ich mich ab un zu blicke lass un mit e paar Leut schwätz. Da müß ma gar kei Kontroll uf de Höf mache" -

doch wird er von den Erzeugern als Kontrollorgan und nur als solches gesehen:

"die komme emol vorbei un frage: 'ha, was mache ner, wie läuft's?' un dann fahre se weiter. Warum die komme, weiß ich ja net genau. Aber e Kontroll soll's bestimmt sei."
- MHo1

"Wenn was mit de Werte net stimmt, dann kommt emol iner und sagt: 'Ihr müsset besser ufpasse!' und dann wird halt gschaut, wo's hänge kennt."
- MSap1

"Isch Qualität so, daß se stimmt, kräht kein Hahn danach, was mir hier obe mache. Die komme nur zum Kontrolliere, wenn Qualität net stimmt."
- MSap3

"Wenn ma jetzt z.B. zu viel Schmutz hät oder e schlechti Milch hät mit viel Keime, dann kommt tatsächlich mol iner. Dann stoht der do und guckt und kontrolliert."
- MHo4

Distanz zur Molkerei wird auch von jenen Erzeugern gehalten, die an den Versammlungen nicht teilnehmen. Ihre Abwesenheit ist eine weitere Ausweichreaktion defensiver Art. Meist ist diese Reaktion eine Antwort auf den organisatorischen Ablauf bisher erfahrener Versammlungen: man ist ohne Einfluß, die Partizipation ist auf die reine physische Anwesenheit reduziert:

"Ja früher sin ma scho do gsi. Aber wisse Se, des is immer 's gliche: viel Gered un nix kommt rus. Jetzt bleib ma glei weg."
- MSap3

"Isch geh da nimmi hi, des bringt doch nix. Die mache sowieso, was se wenn, ob isch jetzt do rumsitz oder net."
- MHo4

Schließlich wird auch von den auf den Versammlungen Anwesenden bei den zur Abstimmung gestellten Beschlußvorlagen defensiv reagiert: man stimmt zu, ohne wirklich, innerlich zuzustimmen, eigentlich nur, weil es von einem erwartet und mehrheitlich getan wird. Begünstigt wird dieses Abstimmungsverhalten durch die in den Versammlungen meist praktizierte offene Stimmabgabe durch Handaufheben:

"Isch würd ma halt bei Abstimmunge auch eher getraue 'Nein' izuschreibe uf en Zettel, als Hand zu hebe, wo alle andri mitkriege un's dann heißt: 'hascht gsih, der un der ...'"
- MHo1

"do wird abgstimmt un dann heißt's: 'wer dafür?' - klar, dann gehn die Händ nuf, weil, wenn de gegebischt, dann bischt de inzige, wo Händ unnehät. Groß auffalle will niemand (...) Da werde auch nie gheime Abstimmunge verlangt. Des wär ja schon, wie will isch sage, ja so e Art Verschwörung."
- MSap2

---

27) Vgl. "Kampf um den Rohstoff Milch", Leitartikel in DEUTSCHE MILCHWIRTSCHAFT 1981, S. 188.

Eine weitere Form des Abwehrverhaltens ist das *Ignorieren von Forderungen*. Dies bezieht sich hauptsächlich auf die Qualitätsvorschriften der Molkerei für die Milchgewinnung und -aufbewahrung. Unter dem Eindruck der allgemein schlechten landwirtschaftlichen Einkommenssituation sowie im Hinblick auf ihre eigene eingeschränkte Betriebslage als Milchproduzenten (Quotenregelung) scheint bei einigen Erzeugern diese Abwehrform gegenüber der molkereigenossenschaftlichen Koordination an Bedeutung zu gewinnen. Im Vordergrund steht dabei die Überlegung, vermeintlich überflüssige und entbehrliche Unkosten bei der Milcherzeugung einsparen zu können: die Anschaffung von Reinigungs- und Desinfektionsmitteln, Investitions- und Wartungskosten für Melkgerätschaft und Kühlanlagen sowie die Rechnungen für tierärztliche Betreuung. Daß damit gegenüber den einzelnen Richtlinien zur Produktion von Qualitätsmilch mehr oder minder gravierend verstoßen wird, liegt auf der Hand. Im Einzelfall bleiben nämlich die Anweisungen zur Gesundheitspflege des Viehbestandes unbeachtet und die Hygienebestimmungen zur Milchgewinnung und Reinigung und Desinfektion des Melkgeschirrs werden dann ebenso ignoriert wie die Anordnungen zur Milchlagerung und Milchkühlung. Einige Lieferanten nehmen also unter Umständen eher eine Verschlechterung ihrer Milchqualität in Kauf und finden sich folglich mit den Milchgeldabzügen ab, als daß sie weiterhin den oftmals mit finanziellen Aufwendungen verbundenen Anordnungen ihrer Molkerei folgen:

"Angscht vor ner Reschnung bewegt die Leut: Reparaturkoschte für Kühlanlag, Wartungskoschte von de Melkmaschin, de Tierarzt und des geht so weiter. Einkomme gehe zurück, Quote werde gekürzt, Koschte steige und Schulde auch. Un dann sage die sich: 'jetzt nehme ma lieber mal Abzüg in Kauf anstatt Tausende von Mark in e neue Kühlanlage - nur emol als Beispiel - zu inveschtiere.'"
- Außendienstleiter

"Klar, Qualität wolle se, Qualität. Aber, was se de Lieferante zahle, des isch net grad von großer Qualität. Jetzt kenne Se sage: 'ah, Landwirtschaft steht wieder an de Klagemauer' - wie se immer in de Zittig schreibe. Aber so isch's nit. Uns laufe Koschte davo, 's längt net hinte un vorne! Isch kann Ihne Reschnunge zeige (...) Jetzt überleg ma sich halt: 'wo kennscht ispare?' Un Inveschtitione stohn ganz obe uf d'Lischt. Un des goht uf Koschte von d'Qualität. E S (= Güteklasse, C.D.) is dann nimmi drin, des werde se scho noch merke da unte."
- MSap3

Selbst bisher als selbstverständlich erschienene Ausgaben, wie die Stromkosten für die obligatorische Tiefkühlung der Milch nennt ein Erzeuger als möglichen Ansatzpunkt, Einsparungen vorzunehmen:

"Es wär ma jetzt au lieber, wenn de Tankwage morgens um achte oder neune kunnt, um Milch z'hole. So kunnt da obends un des sin die Kühlkoschte. Ja wenn's emol heiß is im Sommer, muß ma ischalte, um Milch kühl z'halte. Des sin au unsri Koschte und bi dem Milchpreis sieht's düschter us. Da brucht sich niemand wundere, wenn e schlechtri Milch agliefert wird, weil d'Bure spare. Warum hän se au de Kühlpfennig gstriche?"
- MSap2

Das Ignorieren molkereigenossenschaftlicher Qualitätsanforderungen kommt vor allem für die Erzeuger mit kleineren Milchanlieferungen als Weg der Kostenersparnis in Betracht. Lieferanten größerer Milchmengen können sich Einsparungen bei der Produktion mit folglich schlechteren Milchqualitäten kaum erlauben, da bei ihnen die Qualitätsabzüge wesentlich stärker zu Buche schlagen:

"so kleini oder mittleri, die reagiere scho uf Quote. Mir kenne uns des net erlaube. Mir sin uf jeden Pfennig agwiese. Bei de kleini ja, wenn die e paar Pfennig Abzüg kriege, bei zwei, drei Tausend Liter

sin des so um die 40 Mark. Aber wenn mir mit d'Qualität schludre, gibt's Abzüg, da sin glei vier, fünf Hundert Mark weg. Un des is en Hufe Geld."
- MHo2

Nicht nur das rational-ökonomische Kalkül der Kosteneinsparung führt zum Ignorieren von Qualitätsanforderungen, sondern auch die Resignation gegenüber dem verschärften Existenzkampf, dem man sich hilflos unterlegen fühlt. E. MÜLLER hat dies in ihrer Untersuchung festgehalten[28]:

"Ich moin, des isch, ganz ehrlich gsagt, de 'Leck mi am Arsch'. Des isch halt - irgendwo kummt halt d'Resignation. Irgendwo isch do so a gwisse Resignation festzustelle. Sakrament, mer mueß jo au alle andere drumrum äe. Un dann unsere Leischtung un's Verhältnis zum Einkomme. Trotz viell Gschwätz vo unte bis obe - au von de Berufsvertreter - mir fühle uns irgendwo überall verarscht, un des schlecht sich au do a bißle - irgendwo schlecht sich des do nieder, so stell ich des irgendwie fescht."

Verschiedentlich versuchen Erzeuger ihre Abwehrhaltung gegenüber der molkereigenossenschaftlichen Koordination auch durch spezifische Kommunikationsmuster zum Ausdruck zu bringen. Anstatt sich lautstark zur Wehr zu setzen, wählt man den defensiven, leisen Weg der *Täuschung* als handlungsorientierte Form des Lügens. Es wird eine koordinierte Milchproduktion, insbesondere hinsichtlich der Qualität nach außen demonstriert, ohne sie tatsächlich immer zu betreiben; man täuscht Anpassung an die Koordination lediglich vor. Ein Beispiel hierfür ist die vorgeschriebene sofortige (Tief-)Kühlung der Milch unter 8 °C nach dem Melken bis zur Abholung durch den Tanksammelwagen. Vergißt ein Erzeuger die Kühlung einzuschalten, was häufiger passiert, oder er lagert die Milch absichtlich ungekühlt, um Stromkosten zu sparen, wird eindeutig gegen die Koordination verstoßen, weil sich die Milchqualität in ihrer bakteriologischen Beschaffenheit womöglich verschlechtert. Damit dies dem Fahrer bei der Erfassung durch die Temperaturkontrolle aber nicht auffällt, kann die Kühlung noch kurz vor Eintreffen des Tankwagens eingeschaltet und die vielleicht bereits angesäuerte Milch auf 4 °C temperiert werden. Der beeinträchtigte Frischezustand der Milch ist für den Fahrer nicht ersichtlich, die Milch kommt unbeanstandet zur Erfassung[29]:

"Nur emol angnomme, ma hät vergesse Kühlung ischalte, oder isch mein, Frau macht's, die hät aber kei Zit und denkt, de Mann macht's. Die Milch wird net gekühlt. Jetzt irgendwann emol merkt ma nach e paar Stund - 's Sommer, rischtig schön heiß. Jetzt, was macht ma? Riskiert ma's, daß Probe sin oder schütt ma Milch gli weg, gibt's de Kälber oder was. Meischte werde Kühlung schnell ischalte, runterkühle uf 4, 5 °C un hofft, daß kei Probe sin. Un Milch goht weg mi'm Tankwage."
- MHo2

Auch Täuschungsformen mit schon betrügerischem Charakter kommen nach Angaben des Außendienstleiters unter den Lieferanten gelegentlich vor. Seit 1985 tritt häufiger der Verdacht von Milchverfälschungen zutage, indem der Milch Wasser zugesetzt oder Fett entzogen ist. Die Molkerei verzichtet allerdings auf eine größer angelegte Aufklärung unter polizeilicher Mitwirkung, um keinesfalls mit imageschädigenden Schlagzeilen in die Presse zu kommen. Man versucht stattdessen durch den Außendienst solche Fälle intern zu klären, wobei der Nachweis der vorsätzlichen Milchverfälschung aber nur äußerst schwierig zu erbringen ist. Außerdem - so die Argumentation der Molkerei - seien solche Lieferanten durch die drastischen Milchgeldabzüge auf der Basis der

28) E. MÜLLER 1987, S. 109.
29) Ähnliches schildert E. MÜLLER 1987, S. 79.

Korrekturwerte für geringere Fett- und Eiweißgehalte in der Anlieferungsmilch ohnehin bestraft. Eine Täuschung ist auch dann gegeben, wenn Erzeuger die Anlieferung z.B. hemmstoffhaltiger Milch von der Probenahme abhängig machen. Der Außendienstleiter schildert hierzu ein besonders burlekes Beispiel:

"'s isch au scho dagwese, daß de Bub in de Milchkammer is, de Vadder un d'Mudder gehe zum Milchfahrer hi, schenke dem en Schnaps ei, dabei wird Milch abgsaugt. In de Milchkammer isch es dunkel, weil die Anschlußleitung use isch. Und dann gebe die dem Bub e Zeiche, ob Probe gmacht werre oder net. Und wenn net, mache se so (Daumen nach oben, C.D.) un dann leert der noch zwei, drei Kanne hinte noch, die Hemmstoff hän."

Als wichtige defensive Abwehrstrategie erweist sich die Kommunikation der Erzeuger mit dem Tankwagenfahrer. Zwar kann auch er wegen der ihm nur kurzfristig vom Prüfring mitgeteilten Probentermine die Lieferanten nicht über den Zeitpunkt der Probenahme informieren, doch verfügt er über einen gewissen Ermessensspielraum darüber, wie er die in seinen Tätigkeitsbereich fallenden Koordinationsbelange mit den Erzeugern handhabt. Gute *persönliche Beziehungen* zu ihm sind daher unter Umständen für die Lieferanten eine wichtige Abwehrvoraussetzung, ohne gleich an "Bestechung" denken zu müssen. An einigen Höfen erwartet den Fahrer in der Milchkammer z.B. im Winter eine heiße Tasse Kaffee mit einem Stück Kuchen und auch gelegentliche Aufmerksamkeiten für ihn, wie selbstgebrannter Schnaps, Obst, ein paar Eier u.ä. sind nicht die Ausnahme:

"Ma is scho irgendwie uf e gut's persönlich Verhältnis agwiese. Da müß ma sich dann auch emol e bißle erkenntlich zeige."
- MHo4

"'s tut doch niemand weh, wenn ma dem Fahrer en Speck, e paar Eier oder so ebbes - wenn ma dem halt e kleini Freud macht."
- MSap2

"An Wihnachte gebe mir auch irgendwas, des macht ma scho so, des ghört scho e wingli dazu, daß ma e guts Verhältnis hat."
- MHo3

Entsprechend entgegenkommend zeigen sich dann auch die Fahrer gegenüber den Milchlieferanten: ob sie für die Annahme eine Toleranzgrenze der Milchtemperatur bis 10 °C oder 12 °C setzen oder nicht:

"wenn eini oder zwei Wanne mit 10 °C oder auch emal 12 °C dabi sin, bei 30 Sammelpunkte durchmischt sich des."
- TSW1

"ei Milch mit 12 °C in dem Riesetank, des is net so schlimm. Des kann ma noch mache"
- TSW3

"der Fahrer macht scho Toleranzgrenze bis 12 °C. Aber wisse Se, die Molkerei, die nimmt's genau"
- MHo3

"de Fahrer hät doch kei Interesse, sich mit uns azulege. Der macht doch net lang rum, ob er se mitnimmt oder net."
- MHo1

"Was is des, wenn 80 Liter warmi Milch zukunnt in de Tank zu e paar Tausend kalti Milch. Des erhöht sich vielleischt um 0,1 °C"
- Sap2

Ob sie zwischendurch von ihrem - von der Molkerei streng beachtetem - Tourenplan abweichen, um einem Sammelpunkt-Lieferanten die Milch auch einmal am Hof abzuholen oder nicht:

"Wenn emol was is, daß ma z.B. uswärts is, kann ma des mit dem Fahrer absprech, daß er auch zu uns hindre fährt un d'Milch holt. Da kriegt er e Flasch Wi oder so"
- MHo3

"Wenn ma emol vergesse hät, Milch russtelle, kommt der auch gfahre und holt se"
- MSap4

"Mir hän's au scho vergesse ghät, un dann isch er komme un hat's hier gholt."
- MSap6

Auch wenn sich für den einzelnen Erzeuger die eine oder andere Strategie zur Abwehr der molkereigenossenschaftlichen Koordination anbietet, weist die Milchproduktion der überwiegenden Mehrheit aller Lieferanten doch eine erstaunliche Übereinstimmung mit den Koordinationsinhalten ihrer Molkerei auf. Die Koordination zeigt demnach weitgehend Erfolg.

5.6.2. Koordinationserfolg

5.6.2.1. Auflösung der örtlichen Milchsammelgenossenschaften

a) Entwicklung und Hintergründe

Der Übergang zur einstufigen Direkterfassung der Milch vom Erzeuger zum Tanksammelwagen wurde als wichtiger Koordinationsinhalt der Molkerei bereits behandelt. Tatsächlich konnte seit Anfang der 70er Jahre die Zahl der örtlichen Milchsammelgenossenschaften - und damit ihre koordinationsbegrenzende Zwischenfunktion - deutlich reduziert werden (Tab. 15).

Der Anteil der von der Molkerei direkt erfaßten Milch erhöhte sich sukzessive seit Beginn der Umstellungsaktion, so daß 1987 nur noch 7,8% der gesamten Milchanlieferung von örtlichen Milchsammelgenossenschaften angedient wurden. Anfangs verlief der Auflösungstrend der Sammelstellen recht schnell bis dann Ende der 70er Jahre eine Beruhigung eintrat. Seit 1981 vollzieht sich der Rückgang schleppend, was auf die besondere Struktur der Sammelstellen-Lieferanten hinweist. Entweder handelt es sich um jene Erzeuger, die ihre örtlichen Genossenschaften als Restverwertungsinstitution für die nicht privat vermarktungsfähigen Milchüberschüsse benötigen oder um solche kleineren Lieferanten, die wegen der hohen Umstellungskosten zur Direkterfassung auf die Annahme ihrer ungekühlten Milch durch die Sammelstelle angewiesen sind. Eine weitere Reduzierung der Milchsammelgenossenschaften ist daher nur noch über das Ausscheiden einzelner Erzeuger aus der Milchproduktion zu erwarten, weil den örtlichen Sammelstellen infolge schrumpfender Milchmengen dann die Existenzgrundlage entzogen wird.

Tab. 15: Entwicklung der Sammelstellen und ihres Erfassungsanteils

Jahr	Sammelstellen (absolut)	Anteil an der Gesamtmilcherfassung (in %)
1970	114	
1971	87	
1972	76	
1973	67	
1974	62	
1975	57	
1976	51	
1977	46	23,3[30]
1978	43	24,0
1979	39	18,4
1980	33	15,8
1981	24	11,7
1982	23	10,5
1983	21	10,3
1984	19	9,5
1985	18	8,3
1986	17	8,2
1987	16	7,8

Dies war auch die Ursache, die zur Auflösungswelle der Sammelstellen in den 70er Jahren geführt hatte. Oftmals war schon durch den Austritt weniger größerer Milcherzeuger der Anlaß dazu gegeben[31]. Da die Betriebskosten der Sammelstellen nach der angelieferten Milchmenge auf die Mitglieder umgeschlagen wurden, fühlten sich die größeren Erzeuger finanziell benachteiligt, zumal die Molkerei seit jeher Direktlieferanten größerer Milchmengen sogar mit Kostenersparniszuschlägen belohnt. Steigende Sammelstellenkosten infolge der vielerorts dringend durchzuführenden Investitionen und Reparaturen (erneuerungsbedürftige Wannen, Kühlvorrichtungen und Gebäude) sowie die Aussicht auf staatliche Fördermittel und Zuschüsse für den Bau von Milchkammern und die Anschaffung von Kühlanlagen trugen schließlich zu der Entscheidung zahlreicher Erzeuger bei, aus ihrer örtlichen Sammelgenossenschaft auszutreten und zur Direkterfassung überzugehen:

"Des hät sich halt nimmer rentiert. Des isch zu teuer worre und die ganze Anschaffunge, wo ma hät mache müsse. Un dann hat sich halt jeder selber eigricht bei sich am Haus. 's isch ja unterstützt worde, finanziell mein isch."
- MSap6

"'s war eifach net rentable. Koschte sin explodiert un dann konnt ma des Kühle und des ja bei sich uf'm Hof mache. 's gab ja auch Gelder - jetzt weiß isch net war's die EG oder was"
- MHo3

"Wenn ma zsammerechent, was des zum Schluß Koschte ware, des hät sich ned mehr grechent."
- MSap1

30) Bis 1976 lag kein Datenmaterial zum Erfassungsanteil der Sammelstellen vor.
31) Vgl. ROSSKAMP 1971, S. 225 f.

Je mehr Lieferanten ihrer Sammelstelle den Rücken kehrten, um so größer wurden die finanziellen Probleme, bei geringeren Milchmengen die Betriebskosten auf weniger Erzeuger aufzuteilen und einigermaßen rentabel zu wirtschaften[32]:

"'s hat sich halt eifach net rentiert für fünf, sechs Milcherzeuger e Kühlwann azuschaffe für 10.000 Mark. Un die ganze Unkoschte, da wurd se halt ufglöst un jeder hät's für sich gemacht."
- MHo4

Hinzu kamen mitunter auch Personalprobleme. Es wurde immer schwieriger, Nachfolger für die älteren Rechner und Leiter der Sammelstellen zu finden, da Arbeitszeiten (täglich, ohne Wochenende und Feiertage) und Bezahlung (zwischen 250 und 350 DM monatlich) kaum geeignetes Personal anzogen[33].

Für die Direkterfassung sprach aus Sicht der größeren Erzeuger auch die Arbeitserleichterung, die mit der Umstellung verbunden ist[34]. Es gibt keinen Zeitdruck mehr, um die Milch pünktlich zweimal täglich zu den Annahmeterminen der Sammelstelle anzuliefern. Die Anfahrtswege und -zeiten fallen weg. Der Transport der vielen kleinen Kannen (Aufladen und Abladen, Anheben auf die Laderampe der Sammelstelle und Einschütten in die Wanne) wird durch die automatische Absaugvorrichtung des Tanksammelfahrzeuges abgelöst. Statt mehrere Kannen zweimal täglich (nach der Morgen- und der Abendanlieferung) reinigen zu müssen, wird ein größerer Behälter nur noch einmal täglich gesäubert. Insgesamt ergaben sich also Zeiteinsparungen und Erleichterungen bei der Arbeit der Milchanlieferung und Behälterreinigung, so daß die Direkterfassung auch für die Erzeuger Vorteile brachte:

"Bequemer isch's scho. Kei Kanne net schleppe, die Hin- und Herfahrerei hät ma au nid mehr."
- MHo1

"um siebene hät ma praktisch do si müsse un obends wieder. Da war ma fascht mehr unterwegs mit de Milch, als daß ma was garbeit hät. Un so könne ma histelle an d'Straß, emal um neune oder auch um elfe, wenn's grad passt"
- MSap5

"Für mich isch's besser. Auch rein zeitlich gseh: nimmer die Rumfahrerei un zum feschte Zeitpunkt muscht im Milchhäusel sei."
- MHo2

Die größeren Erzeuger sahen sich in den Sammelstellen zudem noch benachteiligt, weil ihre (vermeintlich) bessere Milchqualität nicht honoriert wurde. Hier versprach die Qualitätsbezahlung der Molkerei Abhilfe zu schaffen:

"Mir große, mir ware die Leidtragende wege de Qualität, weil die kleini, die schaue net so recht uf Qualität"
- MHo2

"Des is natürlich e feini Sach. Gut, im Winter muß ich halt de Wendeplatz freihalte, aber dafür hab isch hier auf'm Hof mei eigni Milchkammer, wo Milch kühlt. Die kommt dann gut kühlt in de Tank un so kriege mir halt sehr gute Werte und fascht immer de S-Zuschlag (...) Früher war des nix: da war kei Qualität in de Sammelstell. Alles in ein Topf un die kleini, die hän kei Qualität könne bringe. Aber de Ton hän se wenn angebe."
- MHo3

Verschiedene Gründe bewogen demnach allmählich immer mehr Erzeuger dazu, tatsächlich der molkereigenossenschaftlichen Koordination zu folgen und ihre Milch direkt erfassen zu lassen. Dort, wo sich die Lieferanten nicht so schnell für die Umstellung

32) Vgl. zur Kostenkalkulation einer Sammelstelle MÜCKE 1966, S. 183.
33) Vgl. ROSSKAMP 1971, S. 52 f.
34) Vgl. auch E. MÜLLER 1987, S. 82 ff.

entscheiden mochten oder sich sogar dagegen sträubten, scheint die Molkerei mit besonderem Engagement und unter Einsatz auch ausgefallener Mittel und Wege zu Werke gegangen zu sein. Die Außendienstmitarbeiter wurden auf die Lieferanten angesetzt, vielleicht auch andere lokale Stellen, wie Bürgermeister, örtliche Verbandsfunktionäre, ja sogar Kirchenmänner eingeschaltet:

"'s war doch auch so bi uns. Die sin komme, immer wieder un hän uns breitklopft: 'Sammelstell isch zu teuer, stellt uf Hoferfassung um!' und so. Un dann hät de Pfarrer auch noch am Sonntag von de Kanzel runterpredigt, de Bürgermeischter hät gschwätzt, bis es endlich soweit war un Sammelstell ufglöst worre is."
- MHo1

"Die bringe des scho schonend bei, wenn se uflöse wolle. Die schalte alle mögliche Stelle i, bis se ehrn Wille durchgsetzt hän."
- MSap2

Gegenüber einigen Erzeugern wurde die Umstellung auf Direkterfassung vermutlich als obligatorisches Muß vertreten, sogar als einzige Möglichkeit, weiterhin Milchwirtschaft betreiben und die Milch der Molkerei anliefern zu können:

"De Berater war do un hät gfragt: 'Willscht weiter Milch liefere? Dann **muscht** *am Hof kühle, Milchkammer irichte' un halt des alles. Was hätscht mache wolle?"*
- MSap5

"Milchhof hat gsaigt, daß die, wo jetzt halt weiter Milch mache wolle, des die Zukunft isch mit dere Direkterfassung un mir des mache **müsse**.*"*
- MSap4

"Da, wo halt d'Umstellung war, daß ma Milch kühle **muß** *am Hof auf 4 °C, da hän se halt erklärt, was da los isch, was ma mache* **muß**, *daß ma weiter Milch aliefere kenn."*
- MSap1

b) Vorteile für die molkereigenossenschaftliche Koordination

Mit der Auflösung örtlicher Sammelgenossenschaften und dem Übergang immer mehr Erzeuger zur Direkterfassung waren für die Molkerei bestimmte Vorteile verbunden, die bis heute ihre Koordinationsfunktion begünstigen. Erstens wurden die Sammelstellen ausgeschaltet, welche ja häufig den Qualitätsbestrebungen im Wege gestanden waren. Die Molkerei hat nun die zentrale Kontrollbefugnis über die Lieferanten, was zuvor ausschließlich den örtlichen Genossenschaften zustand. Ohne Erlaubnis ihrer Vorstände war der Molkerei die Kontaktaufnahme zu den Erzeugern, insbesondere auch der Kontrollbesuch durch den Außendienst, untersagt. Jetzt kann hingegen der Direktlieferant auf seine mangelhafte Qualität angesprochen und ermahnt werden. Auch der gesamte Erfassungsablauf mit Milchlagerung und Probennahme, was in den Sammelstellen oftmals hinsichtlich Sorgfalt, Genauigkeit und Hygiene zu wünschen übrig ließ, untersteht nun durch die Tanksammelfahrzeuge der direkten Kontrolle der Molkerei. Jede Milchanlieferung wird bei der Erfassung auf ihren Frischezustand (Temperatur) überprüft. Die lässige Handhabung, wonach zwei, drei schlechte Milchanlieferungen in der Sammelmilch einer örtlichen Genossenschaft als wenig störend empfunden werden, ist unterbunden:

"Milchzentral hät jetzt jeden Landwirt in de Hand, weil se über jeden Lieferant volle Überblick hät, weil's Einzellieferante sin (...) Früher warn's Sammelstelle. Da hän vielleicht 30 Küh ghabt. Jeder hät in de große Topf gleert und da hät ma net so die einzelne Milch kontrolliere könne."
- MHo3

"Schlicht un eifach, sie habe über jeden Betrieb, der liefert, Kontroll. Sie hän de Vorteil, daß se immer erschtklassig Milch kriege."
- MSap3

Zweitens entfällt auch quasi der "Schutz", den der Erzeuger durch seine örtliche Genossenschaft genoß. Gab es von der Molkerei Qualitätsbeanstandungen an einzelnen Milchanlieferungen, so war es Sache der Sammelstelle, dies intern zu regeln - was übrigens meist recht locker, in beiderseitigem Einvernehmen arrangiert wurde. Heute hingegen sind die Direktlieferanten der Molkerei durch die Lieferbedingungen und Lieferverträge eindeutig zur Qualitätsproduktion verpflichtet. Eine örtliche Genossenschaft steht bei Streitfällen, z.B. wegen der Qualität oder Einzelheiten der Erfassung (Ab-Hof oder über Sammelpunkt, Termin) nicht mehr als "Solidargemeinschaft" dem einzelnen Erzeuger zur Seite:

"des war e Vorschaltbollwerk - emol grob gsaigt - gege de Milchhof unte. Wenn jetzt einer Probleme ghat hät, dann isch des an die Vorstandschaft un de Aufsichtsrat gloffe. Un die hän dann scho denen unte Bescheid gsagt."
- MHo1

"Die Direkterfassung, da hat jeder einzelne Milcherzeuger koschtegünschtig wahrscheinlich Erfassung. Aber - un des isch de wunde Punkt: Milchzentral hält alle Erzeuger fescht unter Kontroll. Denn des globale Erfasse, des ganze Konsortium wird immer größer, bis die Milchzentral alles beherrscht. Un de einzelne Lieferant muß springe, wie se grad wenn: mit de Qualität un mit allem."
- MSap2

Ähnlich komt dies in der Untersuchung von E. MÜLLER durch einen Erzeuger zum Ausdruck[35]:

"die (Molkerei, C.D.) het en greßere Einfluß uf ihre Lieferante, wenn sie's einzeln het. Des war praktisch de Sinn, daß die Zentral die einzelne Lieferante im Griff habe (...) Sie habe die Leit besser in de Hand, sie kennes zwinge zu Qualitätsmilch (...) D'Gnosseschaft isch ehr a Machtinstitution, wie en einzelne. En einzelne kann sich nid wehre"

Da die örtlichen Sammelgenossenschaften für ihre Mitglieder auch Interessensvertretungsfunktion gegenüber der Molkerei wahrnahmen, sind die Direktlieferanten heute jeder für sich isoliert, ohne ein gleichwertiges Organ[36]. Die Molkerei verfügt dadurch über einen größeren Freiraum, sowohl was die Unternehmenspolitik einschließlich Milchgeld und Qualitätspolitik betrifft, als auch einzelne Fragen der Milcherfassung, also z.B. die Tourenplanung mit Haltepunkten, Erfassungsrhythmus etc. Die Molkerei kann solche organisatorischen Entscheidungen wesentlich leichter mit einzelnen Lieferanten treffen, "als dies bei selbständigen Genossenschaften, mit deren Vorstand häufig langwierige Verhandlungen geführt werden müssen, der Fall ist"[37]:

"des wurd vom Milchhof betriebe mit dem Hintergedanke, da entzieht ma dem Erzeuger, dem Bauer, irgendwie die Handlungsgewalt (...) bi uns hän se Gnosseschaft ufglöst, damit sich erscht gar net Bure absprech könne. So hän se mit uns e leichtris Spiel: könne Milchpreis kürze, wie se wolle, unte im Milchhof Politik mache, wie's ihne grad gfallt."
- MHo1

35) E. MÜLLER 1987, S. 65.
36) Ähnlich auch FRASSINE 1976, S. 145.
37) MÜCKE 1966, S. 162.

"Heut heißt's nur noch Sammelstell. Des war vor Jahre, vor de Tankerfassung, war alles in örtliche Genosseschafte gegliedert. Un die hän unte e Machtwort gschwätzt. Net so wie heut, wo Lieferante immer kusche müsse."
- MSag3

Dem einzelnen Lieferanten bereitet es verständlicherweise erheblich größere Schwierigkeiten, sich mit seinen Vorstellungen in den Willensbildungsprozeß einer Versammlung einzubringen oder auch seiner Kritik Gehör zu verschaffen als dem Vertreter einer örtlichen Sammelgenossenschaft, der im Namen mehrerer Lieferanten spricht und monatliche Milchmengen von ein paar Tausend Liter als Einflußfaktor einzusetzen weiß:

"Des is klar, die Vorständ von de Gnosseschafte, die hän was z'sage ghabt. Des war scho en Machtfaktor. So e Gnosseschaft mit - sage ma - 80, 100 Mitglieder un e paar Tausend Liter im Monat, die sin komme un habe knallhart ihr Forderunge gstellt: 'wir wolle des, so kennt ihr des un des mit uns nid mache!' Un da mußt ma scho uf die eigehe, damit's kei Ärger gab."
- Außendienstleiter

"Ah, des is doch en Unterschied, ob in so ner Versammlung 400 einzelne Baure sitze un einer stoht uf un was dagege saigt oder einer von ner Gnosseschaft kunnt doher un hinter dem stehe 30, 40 oder noch mehr Erzeuger, un des wirft der in die Waagschal"
- MSap2

Schließlich sind drittens die selektionswirksamen Begleiterscheinungen bei der Umstellung auf Direkterfassung voll zur Geltung gekommen. Durch die Auflösung örtlicher Sammelgenossenschaften wurden zahlreiche kleinere Erzeuger, sog. "Grenzbetriebe" mit unter fünf Kühen, aus der Milchproduktion gedrängt. Für sie waren die Umstellungskosten für die Einrichtung einer Milchkammer und die Anschaffung von Kühlanlagen unrentabel, zumal die staatlichen Fördermittel sog. "entwicklungsfähigen Betrieben" vorenthalten waren. Gab es 1960 noch rund 18.000 Milcherzeuger im heutigen Einzugsgebiet der Molkerei, so sind es heute noch rund 2.600. Zu dieser agrarstrukturellen Bereinigung milcherzeugender Betriebe trug im Rahmen der Agrarpolitik auch die Umstellung auf Direkterfassung bei. Der Selektionserfolg seit der Forcierung der Direkterfassung Anfang der 70er Jahre ist für das Einzugsgebiet des Milchwerkes I Tabelle 16 zu entnehmen.

Tab. 16: Lieferantenstruktur im Wandel

	1971	1981	Veränderung (in %)
Lieferantenzahl insgesamt	3.522	1.754	- 50,2
davon:			
bis 10 Kühe	3.008	871	- 71,0
10 - 20 Kühe	482	581	+ 20,5
über 20 Kühe	32	302	+ 843,8
durchschnittliche Kuhzahl je Betrieb	5,83	12,93	+ 121,7

Die Größenverschiebung innerhalb der Erzeugerschaft der Molkerei fällt sofort ins Auge. Der Rückgang kleinerer Lieferanten bei Aufstockung weniger größerer entspricht ganz der von der Molkerei gewünschten Lieferantenstruktur: Konzentration der milchproduzierenden Betriebe, da bei größeren Milchmengen der Qualitätserzeugung fast immer mehr Aufmerksamkeit geschenkt wird und sich die Erfassung kostengünstiger durchführen läßt.

5.6.2.2. Die faktische Bindung der Erzeuger an ihre Molkerei

a) Das molkereigenossenschaftliche "Quasi"-Monopol

Obwohl die Einzugsgebiete der Molkereien seit 1971 keinerlei staatlichen Fixierung mehr unterliegen, befinden sich die Milcherzeuger in mehr oder weniger großer Abhängigkeit von ihrem molkereigenossenschaftlichen Unternehmen als Abnehmer ihrer Rohmilch. Die schon mehrfach erwähnte Konzentration im Molkereisektor führte nämlich auch in unserem Untersuchungsgebiet zur räumlichen Ausdehnung des Erfassungsbereiches einer Molkerei - und zwar des Milchwerkes I - aufgrund der Aufösung anfangs mehrerer kleinerer und später infolge der Fusionierung größerer Konkurrenten. In den 60er Jahren gab es noch neun Molkereien im näheren und weiteren Umkreis, die den Milcherzeugern nach Aufhebung der Einzugsgebietsregelung als alternative Absatzpartner hätten zur Verfügung stehen können. Die durch "staatliche Subventionen weitgehend geförderte Konzentrationsbewegung"[38] hatte aber rasch die Stillegung dreier benachbarter kleinerer Molkereien zur Folge. Deren Lieferanten wurden vom genossenschaftlichen Unternehmen übernommen. 1976 kam es zur Fusionierung eines größeren Milchwerkes, woraus das Milchwerk II entstand. 1982 wurde aus einer weiteren Großmolkerei ein Tochterunternehmen, das heutige Werk III, gebildet. Mit einer vierten Molkerei, die für die Erzeuger als Alternative zu ihrem Unternehmen in Frage kommen könnte, besteht eine Vertriebskooperation, und es ist nur eine Frage der Zeit, wann daraus eine vollständige Fusionierung wird. Nachdem zum Jahresende 1987 eine weitere Molkerei aufgelöst wurde, gibt es derzeit nur noch zwei Konkurrenzmolkereien, womit dann für die Lieferanten theoretisch nur noch zwei alternative Milchabnehmer existieren. Vor geraumer Zeit ist noch ein dritter hinzugekommen: ein kleineres biologisch-dynamisches Milchwerk.

Wie sieht es nun aber mit der Abwanderungsmöglichkeit, dem Wechsel zu einer anderen Molkerei, in der Praxis aus? Schlecht, um es mit einem Wort zu benennen. Zu den beiden verbliebenen Konkurrenzmolkereien bestehen räumliche Entfernungen von rund 200 bzw. 250 km. Aufgrund der nur begrenzten Lagerfähigkeit des Rohstoffes Milch (Verderbanfälligkeit) und der hohen Erfassungskosten ist ein Wechsel zu einer dieser Molkereien daher ausschließlich für Erzeuger aus den angrenzenden Randgebieten des Erfassungsgebietes denkbar. Das kleinere Milchwerk kommt als realistische Absatzalternative auch nur in begrenztem Umfang für Lieferanten in Betracht: einmal rein zahlenmäßig, da seine Lagerungs- und Verarbeitungskapazitäten beschränkt sind. Außerdem bedarf es vor der Anlieferung einer zwei- bis dreijährigen Umstellungsphase der Erzeugerbetriebe in ihrer Wirtschaftsweise (Fütterung, Düngung etc.), da an die Milchanlieferung strenge Maßstäbe entsprechend der biologisch-dynamischen Ausrichtung der Molkerei gelegt werden.

---

38) JAUDZIMS 1985, S. 80; vgl. auch FRASSINE 1976, S. 95 ff.

Im gleichen Maße wie der molkereiwirtschaftliche Konzentrationsprozeß zu einer Rationalisierung im milchwirtschaftlichen Absatzbereich geführt hat, ist für die vorgelagerte Produktionsstufe eine Verschlechterung ihrer Marktstellung einhergegangen[39]. So kommt auch der untersuchten Molkerei als Milchabnehmer "Quasi-Monopolcharakter"[40] in der Form zu, "daß der einzelne Milcherzeuger praktisch keine Absatzalternativen mehr hat"[41]:

"Des isch de wunde Punkt: Milchhof hät's Monopol"
- MHo2

"Natürlisch hän die e Monopol"
- MSap2

"Molkerei hät e Monopol. Ob d'willscht oder net, d'muscht mit dene ins Gschäft kumme. Früher konnt ma noch nach XY oder auch nach Z (Ortschaften mit inzwischen aufgelösten bzw. fusionierten Molkereien, C.D.). Aber jetzt bischt voll von dene abhängig."
- MHo1

"Klar isch's e Monopol"
- MSap3

"Mir könne nur an d'Milchhof liefere."
- MHo4

Unterstützt wird die "Quasi"-Monopolstellung der Molkerei durch die nur begrenzt wirksamen Abwanderungsalternativen für die Erzeuger zur Privatvermarktung. Unabhängig von der Standortfrage hinsichtlich eines potentiellen Kundenstammes tragen die strengen lebensmittelrechtlichen Bestimmungen und Verordnungen als staatliche Restriktionen einer bäuerlichen Privatvermarktung letztlich zum Koordinationserfolg der Molkerei bei[42]. Die Gewinnung und Vermarktung von Vorzugsmilch scheidet aufgrund der "besonders hoch bemessenen Anforderungen an ihre Gewinnung (Beschaffenheit des Stalles, Gesundheitszustand der Kühe und seine Überwachung, Fütterung, Haltung und Pflege der Kühe, Melken, Überwachung des Gesundheitszustandes des Personals), ihre Zusammensetzung (Fettgehalt, spezifisches Gewicht), ihre Beschaffenheit (Keimgehalt, Keimart, Frische), ihre Behandlung (Reinigung, Kühlung, Aufbewahrung), ihre Verpackung und ihre Beförderung"[43] für die Milcherzeuger von vornherein aus:

"Bei de Vorzugsmilch, des isch preislich scho gut. Aber da werscht gesetzlich so dra ghindert, da were dir soviel Prügel in de Weg glegt, daß du des von vornherei besser sei läscht."
- MHo3

"Da brauchscht en dementsprechende Raum, dann kunnt's Gsundheitsamt, dann kunnt Lebensmittelpolizei, de Wirtschaftskontrolldienscht, dann muscht de Stall blättle, muscht mi'm weiße Mantel melke - da kunnt soviel zsamme, da läscht's lieber glei sei."
- MSap2

39) FRASSINE 1976, S. 124; vgl. auch S. 146 f.

40) JAUDZIMS 1985, S. 110; ähnlich auch E. MÜLLER 1987 für ihre Untersuchung (S. 136 f.).

41) v. ALVENSLEBEN et al. 1973, S. 114.

42) JAUDZIMS 1985 spricht in diesem Zusammenhang sogar von "Wettbewerbsverhinderung" für die bäuerliche Privatvermarktung, weil die Standardprodukte wie Milch, Butter und Käse so eng in ihrer Gewinnung und Zusammensetzung definiert seien, daß weder Produktvariationen noch Produktinnovationen vorgenommen werden könnten (S. 174).

43) "Erste Verordnung zur Ausführung des Milchgesetzes" vom 15. Mai 1931, Abschnitt I § 2b. Vgl. auch die Kommentierung durch EICHLER 1984.

Auch bei der Direktabgabe von Rohmilch als Konsummilch vom Erzeuger an den Endverbraucher sind zahlreiche gesetzliche Vorschriften der "Hygieneverordnung für Milch-ab-Hof-Abgabe" zu beachten[44]. Der gelegentliche Verkauf "geringer Mengen", wie er von fast allen Lieferanten praktiziert wird, wurde davon freigestellt (§ 1 Abs. 3.3). Die Bundesländer haben sich auf eine Abgabemenge von maximal zehn Litern pro Tag geeinigt[45]. Sobald der Ab-Hof-Verkauf diese Größe überschreitet, treten die Hygienebestimmungen nach § 2 in Kraft. Sie betreffen den Kuhbestand und seine tierärztliche Überwachung (Abs. 1 u. 2), die Gewinnung, Behandlung und Aufbewahrung der Milch sowie die Reinigung und Desinfektion von Räumen und Gegenständen (Abs. 3 u. 4) und die Kennzeichnungspflicht des Rohmilchverkaufes (Abs. 5). Wie beim Verkauf von Vorzugsmilch gehen alle Untersuchungen - die jährliche Wasseranalyse, jährliche Genehmigungsanträge, vierteljährliche veterinärmedizinische Kontrolle, Zeugnis des Gesundheitsamtes - auf Kosten des Erzeugers, was mithin eine Summe bis zu 3.000,-- DM im Jahr ausmacht. Schon allein aus Kostengründen steht diese Vermarktungsalternative damit erst gar nicht zur Diskussion[46]. Ähnlich strengen gesetzlichen Restriktionen ist die Privatvermarktung von Milcherzeugnissen, also Landbutter und Käse, unterworfen[47]. Hier treten nicht nur die besonderen technischen Verarbeitungskenntnisse und Einrichtungen als Hindernis auf, sondern auch die Butter- und Käseverordnung mit ihren Bestimmungen[48].

Da sowohl andere Molkereien als auch die Privatvermarktung als Verwertungsalternative zur Milchanlieferung an das genossenschaftliche Unternehmen ausscheiden, bleiben für den Erzeuger, der mit der molkereigenossenschaftlichen Koordination nicht einverstanden ist, nur noch zwei Auswege[49]: entweder aus der Milchproduktion aus- und in andere Betriebszweige umzusteigen, was aufgrund der naturräumlichen Gegebenheiten (Klima, Böden) in den reinen Grünlandgebieten des Untersuchungsraumes für die Hauptlieferanten mehrheitlich nicht in Frage kommt, oder sich zwangsläufig eben doch der Koordination unterzuordnen. Da die Mehrzahl der milcherzeugenden Betriebe auch weiterhin ihre Existenz aufrechterhalten möchte, heißt dies konkret: sie sind nicht nur auf die Milchannahme des genossenschaftlichen Unternehmens als Leistungsangebot angewiesen, sondern auch weitgehend darauf, seinen Qualitätsanforderungen bei der Milcherzeugung und -anlieferung zu entsprechen - die beste Voraussetzung für einen Koordinationserfolg:

"Wenn ma halt e größris Kontingent hat un außer Milch kei andri Möglichkeit hat, wie grad mir hier obe, is ma halt gzwunge an de Milchhof abzuliefere. Dann muscht halt mache, wie er will."
- MSap3

"Also, wenn de Betrieb mehr als 50% uf Milch hät, is ma scho vom Milchhof abhängig. In jeder Beziehung."
- MSap2

---

44) "Verordnung über gesundheitliche Anforderungen an Rohmilch und daraus hergestellte Erzeugnisse, die von Milcherzeugern unmittelbar an Verbraucher abgegeben werden (Hygieneverordnung für Milch-ab-Hof-Abgabe)" vom 24. Mai 1973.

45) STEINERT 1984, S. 113.

46) Ähnlich auch KELLER 1975 in seiner Untersuchung (S. 211.).

47) Vgl. SCHAUFF 1984b.

48) "Bekanntmachung der Neufassung der Butterverordnung" vom 10. August 1970 und "Käseverordnung in der Bekanntmachung der Neufassung" vom 19. Februar 1976.

49) Ähnlich zieht JAUDZIMS 1985 seine Schlußfolgerung (S. 108).

"Des isch eigentlich klar: des isch ja irgendwie feschtgelegt. Da kannscht ja gar nix andres mache dagege. Da gibt's für uns kei andre Alternativ zur Milchzentral. Muscht dich halt dene füge."
- MHo3

Von "regelrechten Verschwörungen, Massenkündigungen und Austrittsdrohungen gegenüber der angestammten Molkerei", wie von milchwirtschaftlicher Verbandsseite gerne behauptet wird[50], kann daher für das untersuchte Unternehmen keine Rede sein; solche Verlautbarungen klingen angesichts der tatsächlichen Verwertungsalternativen für unsere milchproduzierenden Betriebe eben doch eher utopisch als realistisch[51].

b) *Der ökonomische Zwang zur koordinationskonformen Milchproduktion*

Als ausschlaggebend für den Koordinationserfolg der Molkerei kann die wirtschaftliche Bedeutung der Milcherzeugung für die landwirtschaftliche Betriebsexistenz der Hauptlieferanten angesehen werden. Zur Erinnerung sei noch einmal die Lieferantenstruktur ins Gedächtnis gerufen: zwar gehört die Hälfte der Erzeuger der klein- und mittelbäuerlichen Gruppe mit einem Viehbestand von unter zehn Kühen an, doch tragen sie zum Gesamtmilchkontingent des Unternehmens weniger als 20% bei. Wenn diese Lieferantengruppe aus den schon genannten Gründen - Spezialisierung auf andere landwirtschaftliche Betriebszweige oder die Privatvermarktung, Nebenerwerbsbetriebe, auslaufende Grenzbetriebe - sich einer koordinierten Milchproduktion verweigert, so verhält es sich bei den Erzeugern mit einem Bestand von zehn, fünfzehn, zwanzig und noch mehr Kühen gänzlich anders. Bei ihnen trägt die Milchproduktion je nach Spezialisierungsgrad mit einem erheblichen, wenn nicht sogar dominant wichtigen Anteil zum landwirtschaftlichen Einkommen bei. Diesen Hauptlieferanten der Molkerei, die über 80% der Milchmenge aufbringen, kann die Höhe des ausbezahlten Milchgeldes gar nicht gleichgültig sein, weil sie für die weitere betriebliche Entwicklung mitentscheidend ist. Dabei sind in der Milchwirtschaft die Möglichkeiten der Einkommenssteigerung insgesamt stark eingeschränkt.

Der Aufstockung des Kuhbestandes sind über die Milchmengenkontingentierung der Quotenregelung Grenzen gesetzt. So bieten sich die Milchinhaltsstoffe Eiweiß und Fett als milchpreisbestimmende Einflußfaktoren an. Doch auch hier bestehen seit dem 1.10.1986 gesetzliche Restriktionen. Nach den EG-Verordnungen zur "Durchführung der neuen Fettregelung"[52] wurde die Fettbewertung eingeführt, um den ständig anwachsenden Butterbergen innerhalb der europäischen Landwirtschaft einigermaßen Einhalt zu gebieten. Übersteigt der Fettgehalt einer Jahresanlieferung den Fettwert des Basisjahres 1985/86, so wird pro ein Zehntel Fettgehalt die Anlieferungsmenge des Erzeugers rechnerisch um 2,1% auf seine nach der Quote ihm zustehenden Jahresreferenzmenge erhöht. Ein Einkommenszuwachs über die Verbesserung der Fettwerte in der Anlieferungsmilch scheidet demnach ebenfalls aus. Bleibt noch der Eiweißgehalt. Hier liegt der Durchschnittswert der an die Molkerei gelieferten Milch mit 3,21% unter dem gesetzlichen Basiswert von 3,4%. Anstrengungen zu seiner Erhöhung könnten dem ein-

50) "Kampf um den Rohstoff Milch", Leitartikel in DEUTSCHE MILCHWIRTSCHAFT 1981, S. 188; ebenso auch BÜCKER 1981, S. 522.

51) Vgl. ebd.

52) EG-Verordnungen Nr. 2969/86, Nr. 439/87 und Nr. 1211/87.

zelnen Erzeuger also durchaus über die entsprechenden Korrekturwerte Zuwächse an Milchgeld bescheren. Da die Steigerung des Eiweißgehaltes jedoch nur geringfügig über fütterungstechnische Maßnahmen, insbesondere die Energiezufuhr, aber primär über Auslese - "indem die schlechteren Tiere ausgemerzt werden"[53] - und Selektion - tierzüchterische Maßnahmen - beeinflußbar ist[54], haben die Erzeuger nur begrenzte Gestaltungsmöglichkeiten.

Als einziger Weg, den Milchpreis wirksam zu erhöhen, bleibt somit die Produktion von Qualitätsmilch. Drei Faktoren schließt dies ein. Erstens: unbedingtes Vermeiden der Anlieferung hemmstoffhaltiger Milch, weil dafür bekanntlich besonders drastische Abzüge drohen. Zweitens: die Sorge für einen (euter-)gesundheitsunbedenklichen Kuhbestand, was im Interesse einer unbeeinträchtigten Milchproduktion eigentlich für alle Lieferanten selbstverständlich sein müßte. Und drittens: die Anlieferung keimarmer Rohmilch. Bei diesem Faktor setzt der molkereigenossenschaftliche Koordination ein, indem über die staatliche Güteverordnung hinaus der S-Zuschlag von zwei Pfennigen pro Kilo für besonders hochwertige Rohmilch zur Geltung kommt. Nur über die kontinuierliche Produktion und Anlieferung einer sehr guten Milchqualität kann der Erzeuger demnach zur besten Milchgütebewertung und einem höheren Milchgeld gelangen. Ein Blick auf Tabelle 17 soll den Koordinationserfolg der Molkerei hinsichtlich der Milchqualität dokumentieren.

Tab. 17: Entwicklung der Milchqualität anhand der Ergebnisse der Güteproben

Güteklasse	S	I	II	III	IV	Hemmstoffnachweis
1974	70,6	21,2	8,0	0,2	--	0,01
1975	76,5	16,0	7,2	0,3	--	0,01
1976	72,7	18,1	9,0	0,1	--	0,01
1977	77,7	15,7	6,4	0,2	--	0,01
1978	60,4	19,5	12,6	7,5	--	0,01
1979	74,6	16,1	6,5	2,8	--	0,02
1980	60,2	30,3	9,1	0,4	--	0,02
1981	61,3	29,6	8,8	0,3	--	0,02
1982	65,7	27,1	7,0	0,2	--	0,01
1983	68,3	25,7	5,8	0,2	--	0,01
1984[55]	81,6	8,6	8,8	0,4	0,6	0,01
1985	78,5	10,0	10,3	0,6	0,6	0,01
1986[56]	78,5	18,1	3,0	0,4	--	0,01

Am auffälligsten ist die Tatsache, daß kaum hemmstoffhaltige Milchanlieferungen festgestellt werden. Daher treten im Be- und Verarbeitungsbereich der Molkerei auch

53) FREDE 1976, S. 129.

54) Vgl. ebd., S. 129 f. u. BRUNN 1977, S. 17 ff.

55) Seit 1984 findet die Keimzahlbestimmung durch das Bactoscan-Meßverfahren statt. Von daher ergeben sich Klassenschwankungen zu den vorliegenden Jahren.

56) Zum 11.1.1986 wurden die Grenzwerte der Güteklassen herabgesetzt. Damit sind Vergleiche zum Vorjahr nur begrenzt möglich.

kaum nennenswerte Produktionsstörungen auf. Außerdem weisen die Milchproben zu mehr als drei Viertel die gewünschte hochwertige bakteriologische Beschaffenheit der "Güteklasse S" auf. Die extrem schlechte, mit empfindlichen Abzügen belegten Klassen III und IV sind die absolute Ausnahme. Auch die Angaben des Eutergesundheitsdienstes bestätigen die gute Milchqualität aus veterinärmedizinischer Sicht: maximal 9% der Proben liegen über dem problematischen Eutergesundheitsindex von 500.000 Zellen/ml. Diese Zahlen bringen deutlich zum Ausdruck, daß die Hauptlieferanten der Molkerei ihre Produktionstätigkeit mit deren Qualitätsanforderungen in Einklang zu bringen versuchen - zwar vielleicht nicht immer aus der eigenen Einsicht in die Erfordernisse der Qualitätsproduktion, aber immerhin durch den finanziellen Druck, der über das Bezahlungssystem auf ihnen lastet. Nahezu alle befragten Erzeuger bestätigen die zentrale Bedeutung des qualitätsdifferenzierten Milchgeldes, durch das man zur koordinationskonformen Produktionstätigkeit gezwungen wird:

"ob's jetzt e Pflicht gibt, daß ma Qualität bringe muß un des in irgendso em Ding drin stoht un die druf poche, des isch alles unwichtig. Wichtig isch, daß ma kei Abzüg kriege. Un des isch Grund gnug, daß ma uf Qualität schaut, oder?"
- MSap4

"Die brauche net zu komme und sage: 'höre emol, räum mal dein Stall besser auf un guck auf mehr Sauberkeit!' Die ziehe des halt am Milchgeld ab. Und des spürt de Bauer mehr als irgendeinei Kontroll und ständige Bevormunderei."
- MHo3

"Erscht, wenn's an de Geldbeutel geht, wird halt uf Qualität gschaut. Un wenn S-Milch 5 Pfennig mehr gibt, ich garantier Ihne, 95% wären in de 'S-Klasse'."
- MHo2

"Wenn mir im Stall ebbes unklar vorkomt, daß ebbes net stimmt, dann prüf ich des sofort. Noch bevor en IIer (Güteklasse, C.D.) oder so rikunnt. Des isch ja auch im eigne Interesse. Isch bin ja bestrebt, um mei Einkomme so hoch z'halte, wie möglich, muß ich jedes Mittel fasse, um des gut hizukriege. (...) Milch isch begrenzt durch Quote un de Fleischpris un de Getreidepris sin e lidrig. Was willscht da noch groß mache? Da muscht mache, daß d'wenigschtens kei Abzüg kriegscht. Am beschte, wenn de S-Zuschläg häscht."
- MSap1

"Des is kei Muß, kei Pflicht, des is kei gar nix. Da kunnt nimand un saigt: 'Du derfscht nur S-Klass bringe!' Des isch mei eignis Ding. Niederschlage tut sich des in de Qualität, wenn isch schludre. Aber am nächschte Monat, wenn Usbezahlung von de Milch kunnt, dann krieg isch Reschnung präsentiert. Deswege gucke mir scho, daß ma immer S hän. Mir hän nix zu verschenke."
- MSap2

"Des hän mir früher net so ghat, mit de Qualität un dem ganze. Un jetzt über de Auszahlungspreis wer ma zwunge, um d'Milch haltbar z'mache. Da kenne se's wieder acht Tag länger rus un so sin's nur drei, vier. (...) Mir müsse halt Melkgschirr in Ordnung halte. Alles sauber un so. Mir müsse's halt mache, 's isch unser Geld. (...)"
- MSap4

"(...) Ja, ja, isch sag's ja, wenn d'Milch schlecht isch, tun se ein scho strofe. Da wird doch abzoge: 'Klasse II' soviel, 'Klasse III' soviel und so. Un beim Hemmstoff un so Sache, da ziehn se ganz stark ab. Oh weh, da isch's Milchgeld glei futsch. Da muß ma sich astrenge, daß des nid mehr vorkunnt."
- Ehefrau von MSap4

"Isch mein halt, wenn ma des Ding im Griff hät, 's gibt kei Euterentzündung un isch hab e güt Milch, wenig Keim, des macht scho was. Des isch scho e Geld, wo ma gern nimmt, wenn's e 'S-Klass' is. Da müß ma scho e bissel dru achte."
- MHo1

Die koordinierte Milchproduktion schließt auch die Anpassung der Erzeuger an die Erfassungsbedingungen der Molkerei ein[57]. Um die Milchabnahme überhaupt gewährleistet zu bekommen, muß sich der Erzeuger dem Rhythmus, Zeitpunkt und Ort der Milcherfassung ebenso unterwerfen, wie er der vorgeschriebenen Art des Bereitstellungsgefäßes oder der obligatorischen Milchtemperatur bei der Übergabe genügen muß[58]:

"des bestimme die. Da frage se uns net. Mir hän d'Milch zu bringe, aber wie, wo un was, da hän ma die Klapp z'halte."
- MSap 2

"was wenn ma mache? Die werre scho wise, wie se's plane. Mir müsse des halt hinnehme, wie's kunnt."
- MSap6

"Erzeuger hän da groß nix z'sage"
- TSW1

Möchte ein Lieferant z.B. ab-Hof erfaßt werden, muß er sich u.a. der Anordnung fügen, eine Wanne oder einen Tank für vier Gemelke, also zwei Tagesanlieferungskapazitäten anzuschaffen:

"Was heißt hier iverstande? Welche Möglichkeite habe mir, wenn die sage, mir brauche jetzt en Tank für vier Gemelke, sonscht hole se Milch nimmi am Hof. Ob ma wolle oder net, mir müsse halt den Tank kaufe, damit se weiter uf de Hof fahre"
- MHo3

Ebenso müssen die Erzeuger von abgelegeneren Höfen oftmals zu ungünstigen Zeiten schnellstmöglich längere Anfahrtwege zu einem Sammelpunkt zurücklegen, um ihre Milch erfaßt zu bekommen:

"Des isch e wichtig Einnahm. Mir bringe d'Milch, weil ma se bringe müsse. Was wolle ma mache, wenn de Milchhof net zu uns fahrt? Solle ma Milch wegschütte? Nei - so bringt ma's halt runter, wo se's wolle."
- MSap3

"Morgens kann ma Stallzeit kontinuierlich halte. Obends is ma noch druße, da is dies und sel noch z'mache, da kommt ma net immer glei in de Stall. Un dann muß ma renne bis gmolke is. Un dann noch Milch wegbringe. Denn, wenn d'net pünktlich bischt, wenn de Milchwage kunnt, die warte net. Die hän ihrn Plan und fahrn weiter"
- MSap5

Insbesondere die Tourenplanung setzt ein koordiniertes Produktionsverhalten hinsichtlich der Zeitorganisation des Melkens voraus. Fällt der Erfassungstermin zufällig in die Melkzeit eines Hofes, so ist es Sache des Erzeugers, sich darauf ein- und eventuell umzustellen, indem z.B. der Melktermin verschoben oder vorgezogen wird:

"De Erzeuger hät da kei Eifluß, ob de Tankwage am Morge kunnt, mittags oder obends beim Melke. De macht alles de Milchhof. Da kann ma wohl motze, aber dann sage die: 'Ha, 's goht nid andersch!' un dann is der Fall klar."
- MHo1

"Da gibt's teilweis Orte, da kommt der am Morge um sechse scho. Um e einwanfrei Milch zu erzeuge, muß der um fünfe scho melke, damit die Milch dazu kommt. Andernfalls bleibt die Milch de ganze Tag steh, bis am andre Morge. Un dann hät sich längscht Keimzahl erhöht."
- MHo2

---

57) Vgl. auch ROSSKAMP 1971, S. 225.

58) JAUDZIMS 1985 spricht sogar davon, daß die Erzeuger manchmal "zur bloßen 'Kannennummer' degradiert" seien S. 81.

"'s war auch scho, die wollte in de Melkzeit komme. Während mir noch im Stall sin un melke, Milch hole - stelle Se sich desemol vor! Die nutze halt ihr Fahrzeug aus von morgens fünf bis nachts um zwölf. Da werde mir net gfragt, wie's uns paßt."
\- MHo4

Insgesamt bleibt also festzuhalten, daß die molkereigenossenschaftlichen Koordinationsbemühungen weitgehend erfolgreich verlaufen. Einmal aufgrund der generellen Abhängigkeit aller Lieferanten insofern, daß sie mangels alternativer Milchabnehmer froh sein müssen, wenn sie ihre Milch überhaupt abliefern könne. Zweitens erweist sich das Bezahlungssystem der Milchgeldberechnung als äußerst wirksames pretiales Koordinationsinstrument. Und schließlich trägt auch ein gut funktionierendes "Überwachungssystem"[59] aus Molkerei, Prüfring, staatlichem Veterinäramt und Eutergesundheitsdienst zum molkereigenossenschaftlichen Koordinationserfolg bei, weil die Milchproduktion aller Lieferanten einer nahezu lückenlosen Kontrolle unterliegt.

59) CHRISTIANSEN 1984, S. 315.

6. Zusammenfassung und Ausblick

6.1. Genossenschaftliche Koordination im landwirtschaftlichen Produktionsbereich - ein analytischer Vergleich

Ausgangspunkt unserer Untersuchung war die Frage nach der Polarität der vielgepriesenen bäuerlichen Freiheit einerseits und der genossenschaftlichen Koordination im landwirtschaftlichen Produktionsbereich andererseits. Wenn den Genossenschaften als den der eigentlichen Erzeugerstufe nachgelagerten Vermarktungs-, Be- und Verarbeitungsunternehmen aus den bekannten Gründen (Rationalisierung, Behauptung auf dem konkurrenzwirtschaftlichen Nahrungsgütermarkt durch Mengen- und Qualitätsanpassung) die koordinierende Steuerung des Produktionsbereiches ihrer Mitglieder als zusätzliche Funktion zufällt, so ergibt sich womöglich eine mehr oder weniger starke Einengung der betrieblichen Entscheidungsfreiheit des einzelnen Produzenten bei der Wahl seines Produktionsgegenstandes, seiner Produktionsverfahren, ja bei seiner Arbeits- und Zeitdisposition im gesamten Produktionsprozeß. Einige Autoren vertreten dabei sogar die These der bäuerlichen Proletarisierung: der Bauer nähere sich in seinem Produktionsprozeß um so mehr dem industriellen Lohnarbeiter an, je stärker er nach genauen Vorgaben seiner Genossenschaft seine Agrarerzeugung betreiben müsse.

Ob es sich nun um die Proletarisierungsthese in ihren zahlreichen inhaltlichen Varianten handelt oder um die Preisung der Freiheit bäuerlicher Arbeitsgestaltung - allen Diskussionsbeiträgen ist ein gravierender Vorwurf zu machen: sie erfolgen rein spekulativ, oftmals auch ideologisch motiviert (marxistisch, agrarfrundamentalistisch, von genossenschaftlicher oder bäuerlicher Verbandsseite), ohne konkrete inhaltliche Grundlagen und empirischen Bezug. Diese Lücke sollte durch zwei explorative Einzelfallstudien, eine aus dem genossenschaftlichen Obst- und Gemüsebereich sowie eine aus der genossenschaftlichen Milchwirtschaft zu schließen begonnen werden. Natürlich kann aufgrund zweier Monographien keine Stellung für die eine oder andere These bezogen werden. Dazu macht die Analyse der genossenschaftlichen Koordinationsbemühungen in beiden landwirtschaftlichen Sparten viel zu sehr deutlich: von einer *generellen* Einengung bäuerlicher Freiheit durch genossenschaftliche Produktionsvorgaben bzw. einer unbegrenzten betrieblichen Entscheidungsfreiheit in *der* Landwirtschaft kann keine Rede sein. Es bedarf vielmehr einer sektoral und unbedingt auch regional differenzierten Betrachtungsweise; letzteres konnte in der vorliegenden Arbeit aus zeit-, arbeits- und platzökonomischen Gründen nicht geleistet werden.

Die landwirtschaftliche Produktion ist durch eine besondere Heterogenität gekennzeichnet. Diese Feststellung bezieht sich nicht nur auf die allgemeingültigen natürlichen Produktionsbedingungen, sondern auch auf einzelne strukturelle Merkmale, die letztlich über Erfolg und Mißerfolg genossenschaftlicher Koordinationsbemühungen bestimmen und damit auch über die Freiräume der bäuerlichen Produktionsentscheidungen. Die wichtigsten Untersuchungsergebnisse aus den beiden Einzelfallstudien sollen daher vergleichend gegenübergestellt werden. Ergänzt wird dieses Resümee durch die Einbindung der Ergebnisse einer Untersuchung aus einem dritten landwirtschaftlichen

Sektor, dem Weinbau, zu dem bereits früher eine genossenschaftssoziologische Studie für den Untersuchungsraum erstellt wurde[1].

Das Ausmaß der Einengung bäuerlicher Entscheidungsfreiheit im landwirtschaftlichen Produktionsbereich durch genossenschaftliche Koordination wird vorrangig von drei Faktoren bestimmt: der wirtschaftlichen Abhängigkeit des Erzeugers von seiner Genossenschaft, der grundsätzlichen Kontrollierbarkeit seines Produktionsprozesses und der alltäglichen Handhabung der genossenschaftlichen Koordinationspraxis.

Der *erste* Faktor betrifft die Frage, inwiefern ein landwirtschaftlicher Produzent von seinem nachgelagerten Absatzpartner abhängig ist oder ob er seine wirtschaftliche Existenz auch ohne diesen nachhaltig sichern kann. Konkret wird damit die Möglichkeit der Abwanderung vom Integrator angesprochen, um dessen Koordination auszuweichen. Zwei Abwanderungsformen sind denkbar. Erstens das Ausweichen auf andere Einkommensquellen. Dabei spielt die Höhe der finanziellen Vergütung (Milch-, Trauben-, Obst- und Gemüsegeld), die der Erzeuger aus dem Leistungsprozeß mit seiner Genossenschaft erhält, eine wichtige Rolle: Trägt sie ausschließlich oder nur zu einem gewissen Teil zum Lebensunterhalt bei? Wird der Landwirtschaft lediglich als zusätzlicher, mehr oder weniger einträglicher Einkommensquelle im Nebenerwerb nachgegangen, wie dies für die Mehrheit der Obst- und Gemüseproduzenten sowie der Winzer festgestellt wurde, so ist man existentiell kaum auf die Auszahlungsgelder seiner Genossenschaft angewiesen, da man über ein sicheres Einkommen aus einer außerlandwirtschaftlichen Beschäftigung verfügt. Das landwirtschaftliche Zusatzeinkommen ist zwar hochwillkommen, aber nicht unbedingt erforderlich. Mit entsprechend geringem Kapital- und Zeitaufwand wird dann auch die Landwirtschaft betrieben - oftmals eher als Hobby am Wochenende. Solche Freizeitlandwirte verfolgen die Koordinationsbemühungen ihrer Genossenschaft mehr distanziert als interessiert, und im Zweifelsfalle befolgen sie deren Anweisungen und Empfehlungen wohl eher nicht. Ähnliches gilt für die Milcherzeuger im Nebenerwerb. Je unbedeutender der Anteil ist, den das Milchgeld zum monatlichen Einkommen beiträgt, um so größer ist der Freiraum für den Erzeuger, die Koordinationsaktivitäten seiner Molkerei zu negieren.

Ausweichen auf eine andere Einkommensquelle läßt sich auch über die betriebliche Diversifizierung. Indem ein Erzeuger sich nicht nur auf einen landwirtschaftlichen Betriebszweig spezialisiert hat, sondern die Produktion mehrerer Agrargüter betreibt (z.B. Milchwirtschaft *und* Ackerbau, Obst-, Gemüse- *und* Weinbau), verteilt er sein Produktionsrisiko. Gleichzeitig ist er auch finanziell nicht so eng an nur einen Absatzpartner gebunden, wie z.B. derjenige Erzeuger, der auf Milchproduktion spezialisiert ist und sein Betriebseinkommen fast ausschließlich oder zum überwiegenden Teil aus dem Milchgeld einer Molkerei bezieht. Auch der Produzent mehrerer Agrargüter behält sich also ein Stück größeren Freiraum darüber ein, ob und in welchen Breichen er sich in seinem Produktionsverhalten koordinieren läßt. Behagen ihm einzelne Auflagen und Vorschriften seiner Genossenschaft nicht oder fühlt er sich durch die Koordination zu stark in seiner betrieblichen Entscheidungsfreiheit eingeengt, dann kann er seinen Produktionsschwerpunkt auf ein anderes landwirtschaftliches Erzeugnis verlagern. Er hat grundsätzlich die Gelegenheit zur Substitution der bisherigen betrieblichen Einkommensquelle durch die Verkaufserlöse anderer Agrargüter. Entscheidend für die Aus-

1) Vgl. DIRSCHERL 1984a.

weichmöglichkeiten eines Erzeugers ist demnach nicht nur die landwirtschaftliche Erwerbsform, sondern auch der Produktionsstandort. Die natürlichen Produktionsbedingungen begünstigen die Ausweichmöglichkeiten für Erzeuger in einigen Gebieten eben stärker - ob sie z.B. Obst- und Gemüsebau betreiben, Schweine- bzw. Rindermast oder Marktfruchtbau - während Erzeugern in "Problemgebieten"[2] eine Neuausrichtung ihrer betrieblichen Tätigkeit weitgehend vorenthalten bleibt, wie dies offensichtlich für die reinen Gründlandgebiete zutrifft, in denen die Milchwirtschaft dominiert. Hier existiert zur Milcherzeugung und damit zum Milchgeld keine nennenswerte Alternative, womit man sich der molkereigenossenschaftlichen Koordination unterwerfen muß, um seine landwirtschaftliche Betriebsexistenz zu sichern.

Die zweite Abwanderungsform beinhaltet die Ausschau nach potentiellen Vermarktungsalternativen als Ergänzung oder vollständigen Ersatz zur bisherigen (ausschließlichen) Genossenschaftsvermarktung. Die bäuerliche Freiheit erfährt damit ihre Ausweitung über den eigentlichen Produktionsbereich hinaus auch auf den Absatzbereich, erweist sich als unternehmerische Freiheit. Gleichzeitig vergrößert das Vorhandensein mehrerer Absatzalternativen und die mögliche Auswahl einer Verwertungsform unter vielen den Entscheidungsfreiraum im Produktionsbereich. Hier handelt es sich nämlich um ein wechselseitiges Verhältnis: ein größerer Handlungsspielraum im Absatzbereich ermöglicht ein Mehr an Entscheidungsfreiheit im Produktionsbereich insofern, als man nicht nur auf einen Absatzpartner für seine Erzeugnisse angewiesen ist, sich daher unter Umständen dessen Koordination entziehen und seine Produktion nach Belieben gestalten kann. Die solchermaßen "unkoordiniert" hergestellten Agrargüter können schließlich über andere Vermarktungswege zum Endverbraucher gelangen. In Betracht kommen hierfür die Privatvermarktung oder der Wechsel zu einem anderen (Be-, Verarbeitungs- und Handels-)Unternehmen.

Besonders anschaulich konte die Bedeutung der Privatvermarktung für den Obstbau dargestellt werden. Allerdings sind daran bestimmte Bedingungen geknüpft, die durch die Produkteigenschaften und den Produktionsstandort vorgegeben werden. Der Privatvermarktung kommt im Obstbau und teilweise auch in der Gemüseerzeugung deshalb ein solch hoher Stellenwert zu, weil es sich um konsumfertige Güter handelt, die ohne größere Be- und Verarbeitung durch die Produzenten unmittelbar an die Endverbraucher abgegeben werden können. Einige Erzeugnisse lassen sich zudem gut lagern (z.B. Äpfel, Kohl), so daß für den Direktvermarkter kein unmittelbarer Verkaufsdruck besteht. Die weit verbreitete Heterogenität des Anbaues (verschiedene Arten und Sorten von Obst und Gemüse) begünstigt die Privatvermarktung ebenso wie der relativ verbrauchernahe Produktionsstandort in den Umlandgemeinden von Städten. Schließlich handelt es sich infolge der zahlreichen kleinen Anbauflächen (Nebenerwerbsbetriebe!) für den einzelnen Erzeuger um vergleichsweise geringe Mengen, die sich recht einfach privat verkaufen lassen. Auch die zweite Vermarktungsalternative zur Genossenschaft wurde für den Obst- und Gemüsebau festgestellt. Der Großhandel steht den Erzeugern als weiterer potentieller Absatzpartner zur Verfügung. Für die Obst- und Gemüseproduzenten sind die Ausweichmöglichkeiten also besonders günstig, womit der genossenschaftlichen Koordination Grenzen gesetzt sind.

Gänzlich anders sieht es in der Milchwirtschaft aus. Hier existieren weder andere Molkereien als mögliche Milchverwertungsunternehmen im weiteren Umkreis der Pro-

2) Vgl. DOLUSCHITZ 1984, S. 175 ff.

duzenten noch ist die Privatvermarktung eine realistische Absatzalternative. Die Privatvermarktung wird allein schon von staatlicher Seite durch zahlreiche restriktive Verordnungen, Gesetze und Bestimmungen so reglementiert, daß sie den Ab-Hof-Verkauf von Milch und Milcherzeugnissen in nennenswertem Umfang kaum zulassen. Selbst wenn diese staatliche Grenze bäuerlicher und letztlich ja auch untenehmerischer Freiheit gelockert würde - und gute Gründe sprechen aus der Sicht der Erzeuger dafür -, gibt es einige Hindernisse, die dieser Verwertungsform im Weg stehen: Das zu vermarktende Agrargut Milch weist eine hohe Verderbanfälligkeit und besonders geringe Lagerungsfähigkeit auf; der Ab-Hof-Verkauf muß also sehr schnell und regelmäßig - nicht nur saisonal wie beim Obst und Gemüse - erfolgen. Dies erfordert entsprechende Distributionswege und -zeiten, was angesichts der konsumfernen Produktionsstandorte in Höhenlagen, oftmals abgelegenen Tälern, kaum organisierbar ist. Außerdem fällt die Milch tagtäglich und nicht nur periodisch an. Infolge des hohen Spezialisierungsgrades der meisten Milchproduzenten kommt es dadurch zu beachtlichen Vermarktungsmengen. Insgesamt bietet sich die Direktvermarktung von Milch daher nur für wenige kleine Erzeuger als ergänzende Absatzform an. Da es im Erzeugungsgebiet auch an Konkurrenzmolkereien als möglichen Milchabnehmer fehlt, nimmt die Genossenschaftsmolkerei eine "Quasi"-Monopolstellung ein. Die milcherzeugenden Betriebe sind auf sie als Milchverwertungseinrichtung existenziell angewiesen und müssen sich in ihrer Produktion deshalb auch stärker deren Koordination unterwerfen, als dies für die Obst- und Gemüseerzeuger der Fall ist.

Eine Zwischenstellung hinsichtlich der Ausweichmöglichkeit der Erzeuger auf andere Absatzwege nimmt der Weinbau ein. Ähnlich wie bei der Obst- und Gemüseproduktion handelt es sich auch bei der Traubenerzeugung um ein saisonal anfallendes Agrargut, das allerdings wie die Milch der sofortigen Verarbeitung bedarf. Danach ist das Endprodukt, der Wein, aber gut lagerfähig. In einem Punkt unterscheidet sich der Verarbeitungsprozeß von den beiden anderen landwirtschaftlichen Sektoren aber erheblich: er ist besonders arbeits- und kostenaufwendig, was den eigenen (professionellen) Weinausbau und die private Weinvermarktung erschwert. Anders als bei der Milch und beim Obst und Gemüse kann mit dem landwirtschaftlichen Produktionsprozeß noch kein nahezu konsumfertiges Erzeugnis angeboten werden. Stattdessen sind für die weitere Be- und Verarbeitung besondere Sachkenntnis und enorme Investitionen (kellertechnisches Gerät, Fässer und Tanks, Abfüllanlagen, Flaschenausstattung und Flaschenverpackung etc.) erforderlich. Daher überträgt die überwiegende Zahl der kleinen, meist nebenberuflichen Winzer die Traubenverarbeitung und Weinvermarktung einer anderen Stelle. Im Unterschied zur Milchwirtschaft existiert aber für die Erzeuger zu ihrer örtlichen Genossenschaft noch die Ausweichmöglichkeit zu anderen Abnehmern, entweder Weinhandelsunternehmen und Kellereien oder privaten Weingütern. Zur winzergenossenschaftlichen Koordination gibt es also unter Umständen Abwanderungsalternativen.

Der *zweite* Faktor betrifft die grundsätzliche Kontrollierbarkeit des landwirtschaftlichen Produktionsprozesses durch den genossenschaftlichen Integrator. Hier ist zwischen der unmittelbaren und mittelbaren zu unterscheiden. Die *unmittelbare* Kontrolle bezieht sich auf die eigentliche Produktionsstufe, über die der Integrator seine Einflußnahme kontrollierend geltend macht. Natürlich ist es in keinem landwirtschaftlichen

Produktionsbereich möglich, jeden Erzeuger ständig bei all seinen Arbeitsschritten zu überwachen. Das verhindern allein schon die Weite der Produktionsstätten und die Vielzahl der Produzenten. Doch über Teilbereiche, die der unmittelbaren Bestimmung der Genossenschaft unterliegen, läßt sich mitunter eine wirksame Kontrolle ausüben.

So vermag die Winzergenossenschaft ihre Erzeuger hinsichtlich der Sortenwahl und der Traubenlese unmittelbar zu kontrollieren. Indem im Herbst nur bestimmte Traubensorten zur Annahme zugelassen sind, kann gezielt auf die Sortenstruktur der Lieferanten hingewirkt werden. Unerwünschte Sorten können auf diese Weise aus dem Sortiment der Winzer gedrängt werden. Ähnlich unterliegt die Traubenlese der genossenschaftlichen Kontrolle, weil sich die Winzer einem "Herbstplan" unterordnen müssen. Da nur an bestimmten Tagen, bestimmte Erzeuger, bestimmte Sorten aus bestimmten Lagen ihr Erntegut anliefern dürfen, greift die Genossenschaft unmittelbar in das Herbstgeschehen ein. Sie kann die Lesetermine nach ihren Qualitätsgesichtspunkten (Reifegrad, Witterungsverhältnisse) und Verarbeitungskapazitäten festlegen und kontrollieren. Zusätzlich erfolgt eine Qualitätskontrolle insofern, als eine spätere Traubenlese ("Spätlesen") nur auf vorherige Absprache mit der Genossenschaft vorgenommen werden darf.

Auf das unmittelbare Produktionsgeschehen hat auch die Obst- und Gemüsegenossenschaft in Teilbereichen kontrollierend Einfluß. Wie im Weinbau wird der Zeitrahmen der (Obst-)Ernte unter Qualitätsgesichtspunkten und Absatzerfordernissen festgesteckt. Zwar erfolgt dasnicht derart detailliert wie beim Herbstplan für die Winzer, doch werden zumindest Saisonbeginn und Saisonende, der wöchentliche Ernterhythmus sowie der tägliche Erntetermin durch die Erfassungszeiten ungefähr vorgegeben. Der Erzeuger kann also zur genossenschaftlichen Verwertung bestimmte Früchte nur ernten, wenn deren Annahme terminlich überhaupt gewährleistet ist. Im Gemüsebau wird zusätzlich eine strenge zeitliche Erntesteuerung durch das Meldesystem praktiziert. Außerdem erhalten Obst- und Gemüseproduzenten verbindliche Normen hinsichtlich der Warenaufbereitung, die sie beim Packen, Sortieren und Kennzeichnen ihrer Posten berücksichtigen müssen. Deren Einhaltung kann aufgrund des bloßen Augenscheins dann bei der Erfassung durch die Genossenschaft kontrolliert werden.

Auch in der Milchwirtschaft ist das Produktionsgeschehen nicht kontinuierlich der direkten genossenschaftlichen Kontrolle unterworfen, so daß jederzeit die Arbeit der Erzeuger in Stall oder Milchkammer überwacht werden könnte. Vielmehr zeigt sich hier sogar ein vergleichsweise geringer Grad unmittelbarer Produktionskontrolle. Erst durch die Umstellung auf die einstufige Milcherfassung konnte die Molkerei in dieser Hinsicht überhaupt tätig werden. Indem an die Direkterfassung bestimmte Bedingungen geknüpft sind, wie die Einrichtung einer Milchkammer zur Lagerung und Kühlung der Milch, trat die Molkerei mit qualitätspolitischer Zielsetzung als Kontrollorgan des Produktionsgeschehens, nämlich der Milchbehandlung nach dem Melken, unmittelbar in Erscheinung. Seit der Erfassungsumstellung fällt auch die Milchübergabe vom Erzeuger an die Molkerei in ihren Einflußbereich, da die Milchabholung ihren Rationalisierungsbestrebungen entsprechend organisiert wird.

Wesentlich wirksamer als über die unmittelbare läßt sich über die *mittelbare* Kontrolle die Produktion der Erzeuger koordinieren. Sie bezieht sich auf das fertige Produktionsergebnis (Obst und Gemüse, Rohmilch, Trauben), das der Genossenschaft als

Maßstab koordinationskonformen Produktionsverhaltens dient. Nicht in allen landwirtschaftlichen Sektoren ist die mittelbare Kontrolle gleich gut anwendbar.

In der Milchwirtschaft bietet sie eine für die Molkerei besonders effiziente Handhabung. Zwei Gründe sind hierfür entscheidend: die technisch-organisatorische Kontrollierbarkeit des Produktionsergebnisses sowie die die genossenschaftliche Kontrolle begleitenden staatlichen Bestimmungen. Vor ihrer eigentlichen Produktionstätigkeit wissen die Erzeuger bereits, was für eine Rohmilch, in welcher Beschaffenheit zu produzieren ist. Dazu haben sie entsprechende Vorgaben ihrer Molkerei erhalten. Die besondere Produktspezifität von Milch erlaubt es nun, daß sich diese Richtwerte nicht auf allgemein gebräuchliche Umschreibungen, wie "saubere", "frische" oder "gute" Rohmilch beschränken, sondern präzise definierbar und quantifizierbar sind: nach bakteriologischer Beschaffenheit, somatischen Zellen, Hemmstoffgehalt und Milchinhaltsstoffen. Gleichzeitig ermöglichen Apparate und Geräte eine fast lückenlose automatische Qualitätskontrolle jeder Anlieferungsmilch von der Erfassung durch die Tanksammelwagen bis zur Einbringung in das Rohmilchlager der Molkerei. Damit sind Bedingungen gegeben, welche der Molkerei eine vorzügliche Kontrolle der Rohmilcherzeugung gestatten. Über das erzielte Produktionsergebnis, gemessen an der Rohmilchqualität lassen sich nämlich Rückschlüsse auf die wichtigsten Arbeitsbereiche der Erzeuger ziehen: auf die Milchgewinnung und -behandlung sowie die Melkgerätschaft. In der Milchwirtschaft sind die technisch-organisatorischen Voraussetzungen mittelbarer Produktionskontrolle schließlich auch deshalb besonders günstig, weil sie die Unterstützung staatlicher Seite erfahren. Grundsätzlich unterliegt die Milcherzeugung wie kein anderer landwirtschaftlicher Produktionsbereich seit jeher staatlicher Bestimmung, so daß die Produktionsvorgaben der Molkerei weitgehend gesetzlich legitimiert sind. Konkret zeigt sich dies darin, daß ihr in der institutionalisierten Milchprüfung ein unvergleichliches Hilfsmittel zur Kontrolle ihrer Lieferanten zur Seite gestellt ist. Denn die qualitative Beschaffenheit einer Anlieferungsmilch ist ebenso wie die Durchführung von Güteprüfungen und Gütebezahlung gesetzlich geregelt. Da die Molkerei die einzelnen Probenwerte der Erzeuger zur Berechnung der monatlichen Milchgelder erhält, verfügt sie letztlich auch über eine (mittelbare) Kontrolle über deren Produktionstätigkeit aufgrund derer sie dann unter Einsatz ihres Außendienstes wiederum (unmittelbar) kontrollierend bei den Erzeugern tätig wird.

Ähnlich wie für die Molkerei sind auch für die Winzergenossenschaft günstige technisch-organisatorische Voraussetzungen einer mittelbaren Produktionskontrolle gegeben. Die Traubenanlieferungen der Winzer werden bei der Erfassung einer Bewertung unterzogen. Diese erfolgt nicht aufgrund von Stichproben, die dann zu einem Repräsentativwert hochgerechnet werden wie bei der Milch, sondern regelmäßig für jede Anlieferung. Für die Bewertung ist zur Zeit ein Faktor maßgebend: das Mostgewicht, das sofort nach der Anlieferung und dem mechanischen Abbeeren und Mahlen der Trauben in der genossenschaftlichen Annahmestation mittels einer computergesteuerten Messung in Öchslegrad ermittelt wird. Sein Ergebnis gibt der Winzergenossenschaft in der Regel - d.h. unter "normalem" Witterungsverlauf während der Reife - Aufschluß darüber, ob und inwiefern sich die Erzeuger bei ihrer Arbeit im Weinberg, insbesondere hinsichtlich des Rebschnittes, an die Qualitätsrichtlinien ihrer Genossenschaft gehalten haben[3]: je mehr Öchslegrad gemessen werden, um so eher wird eine qualitätsorientierte

3) Vgl. DIRSCHERL 1984b.

Rebbewirtschaftung erfolgt sein. Auf der Grundlage des Mostgewichtes wird dann auch das Traubengut jedes Erzeugers in Qualitätsstufen (Landwein - Qualitätswein - Prädikatswein) eingeordnet und der Auszahlungspreis an ihn errechnet. In absehbarer Zeit soll über eine sog. "Hektarhöchstertragsbegrenzung" ein zweiter Bewertungsfaktor hinzukommen. Dazu sind in einem Lageverzeichnis der Genossenschaft für jeden Winzer die Rebflächen getrennt nach Sorten ausgewiesen. Über die Umrechnung der Ertragsmengen (in Hektoliter gemessen) auf die Rebfläche kann zusätzlich kontroliert werden, ob seine Traubenproduktion qualitätsorientiert oder mengenbezogen erfolgt: je mehr Traubengut pro Hektar zur Anlieferung kommt - als Richtwert dient ja nach Sorte 80 - 100 hl/ha - desto stärker wurde von der genossenschaftlichen Qualitätspolitik abgewichen.

Für die Obst- und Gemüsegenossenschaft stellt sich die mittelbare Kontrolle über das Produktionsergebnis der Erzeuger ungleich schwerer dar. Zwar gibt es auch zur qualitativen Beschaffenheit von Obst und Gemüse zahlreiche gesetzliche Bestimmungen und genossenschaftliche Güterichtlinien, doch anders als bei der Milch liegt die Kontrolle deren Einhaltung weitgehend bei der Genossenschaft. Als ausgesprochen hinderlich für die Bewertung des Produktionsergebnisses der Erzeuger erweist sich aber die Produktspezifität von Obst und Gemüse, die sich erheblich von der bei Milch oder Weintrauben unterscheidet. Schon allein die Heterogenität der Erzeugnisse erschwert eine Qualitätskontrolle. Es handelt sich nicht nur um ein Produkt, wie bei der Rohmilch, oder um mehrere Produktsorten, wie bei den Trauben, sondern um eine Vielzahl verschiedener Kulturen und Sorten, die sich hinsichtlich ihrer Qualitätseigenschaften nach Größe, Farbe, Form und Reifegrad oftmals erheblich voneinander unterscheiden. Zudem sind die Erzeugnisse nicht immer zum gleichen Verwertungszweck bestimmt, wie Rohmilch bzw. Trauben zur Be- und Verarbeitung zu Molkereiprodukten bzw. Wein, sondern je nach Auftragslage einmal zum Frischverzehr oder zur Verarbeitung als Saft, Tiefkühlkost, Schnaps oder anderes, was jeweils unterschiedliche Anforderungen an ihre Beschaffenheit bedingt. Eng damit verbunden ist die grundsätzliche Kontrollierbarkeit von Obst und Gemüse auf ihre Qualität hin. Solange sie wie Milch und Trauben als Rohstoff einer weiteren Be- und Verarbeitung zugehen, könnte man einzelne Qualitätseigenschaften noch relativ einfach kontrollieren, z.B. den Zuckergehalt von Früchten, den Öchslegrad von Brennware. Sobald Obst und Gemüse aber als konsumfertige Frischware den Erzeuger verlassen, ist eine praktikable Qualitätskontrolle aus zweierlei Gründen weitgehend ausgeschlossen. Einmal verbietet sich die Automatisierung des Kontrollverfahrens wie bei Milch und Trauben aufgrund der besonderen Druck- und Stoßempfindlichkeit der Erzeugnisse. Schon die geringsten Berührungen, wie sie bei automatischen Kontrollvorgängen infolge Auskippen, Abtasten, Verwiegen, Zerlegen oder diverser Analysemethoden entstehen, würde ihre qualitative Beschaffenheit als Frischware beeinträchtigen. Daher kann eine Qualitätskontrolle immer nur durch Menschen erfolgen. Aber auch hier scheidet eine manuelle Warenprüfung durch Herausnehmen, Anfassen, Abfingern, Drücken etc. aus den gleichen Gründen aus. Stattdessen wird eine visuelle Begutachtung vorgenommen. Es fehlt dazu allerdings an eindeutigen, präzise definierbaren und objektiv kontrollierbaren Gütekriterien, wie sie für Milch und Trauben aufgestellt sind. Statt quantitativ meßbaren Richtwerten muß man sich bei Obst und Gemüse auf einen allgemeinen Merkmalskatalog beschränken, der Attribute wie "schön", "gut", "ausgereift", "unbeschädigt", "wohlgeformt" und ähnliches enthält. Eine

Bewertung des Produktionsergebnisses der Erzeuger wird folglich immer über die subjektiven Qualitätsmaßstäbe der jeweiligen Kontrollperson zustandekommen, womit einer mittelbaren Produktionskontrolle durch die Genossenschaft eindeutig Grenzen gesetzt sind.

Der *dritte* Faktor bezieht sich schließlich auf die Handhabung genossenschaftlicher Koordination in ihrer alltäglichen Praxis, wie sie von der Außenwelt wahrgenommen wird. Dazu gehört vor allem, wie stringent, in sich geschlossen die Inhalte gegenüber den Mitgliedern vertreten werden und wie konsequent die Instrumente Anwendung finden.

Für die Molkerei kann eine Koordinationspraxis von bemerkenswerter Eindeutigkeit und Unmißverständlichkeit festgestellt werden. Schon die Tatsache, daß hier tagtäglich, das ganz Jahr über mit den Lieferanten Leistungsbeziehungen bestehen und nicht nur periodisch, alljährlich während einer Erntesaison, wie dies für unsere Sonderkulturen der Fall ist, macht eine besondere Kontinutät der Koordination notwendig. Die Inhalte, auf die es bei der Milchproduktion und Erfassung ankommt, wurden schon vor Jahren klar artikuliert und sind den Lieferanten daher bestens vertraut. Von Zeit zu Zeit werden sie ihnen wieder in Erinnerung gerufen, wenn es die Qualitätsentwicklung der Rohmilchanlieferungen oder die Änderungen gesetzlicher Güterichtlinien erfordern. Entscheidend für diese Stringenz der Koordinationsinhalte ist wiederum die Produktspezifität der Rohmilch. Wenn von den Erzeugern einmal die Voraussetzungen zur Produktion einer Rohmilch bestimmter qualitativer Beschaffenheit erkannt und erreicht sind, bietet solche Rohmilch unabhängig von Geschmackstrends oder Konsumverhalten das ideale Grundmaterial für alle Milcherzeugnisse, so daß sich eine modifizierte inhaltliche Koordination erübrigt. Damit ist Rohmilch in besonderem Maße be- und verarbeitungsflexibel, weil sich ihre weitere Verwertungsbestimmung erst kurzfristig in der Molkerei entscheidet. Konsequent werden auch die Koordinationsinstrumente praktiziert. Die Milchgüte wird immer auf die gleiche Weise ermittelt, die Höhe des Milchgeldes an die Erzeuger immer dem einen qualitätsdifferenzierten Berechnungssystem zugrundegelegt. Selbst wenn die Erzeuger mit einzelnen Gütekriterien, die an ihre Anlieferungsmilch gestellt werden, nicht einverstanden sind, die genossenschaftlichen Koordinationsinhalte und -instrumente unterliegen in ihrer Anwendung keinerlei Zweifel durch die Lieferanten. Ihre konsequente Handhabung gibt den Lieferanten sogar eine gewisse Handlungssicherheit, da sie jederzeit wissen, mit welchen Maßnahmen von seiten der Molkerei bei einem koordiniertskonformen bzw. -abweichenden Produktionsverhalten zu rechnen ist.

Ähnlich konsequent erfolgt die genossenschaftliche Koordination im Weinbau, zumindest was die Qualitätspolitik betrifft. Zwar waren die qualitätspolitischen Zielvorstellungen der Winzergenossenschaft bis vor noch nicht allzulanger Zeit von solcher Unbestimmtheit, daß sich zahlreiche Winzer als "Mengensucher" bei ihrer Rebbewirtschaftung betätigten[4]. Doch seit einigen Jahren wird der Qualitätsgedanke unmißverständlich gegenüber den Winzern vertreten und über das Traubenauszahlungssystem auch praktiziert. Schwieriger gestaltet sich indessen die Koordination hinsichtlich der Sortimentsgestaltung, da einzelne Rebsorten bestimmten Modetrends unterliegen. Für die Winzergenossenschaft ist damit oftmals das Problem verbunden, einen gerade erreichten, einigermaßen marktgerechten Sortenspiegel wieder in Einklang mit den ver-

4) Vgl. DIRSCHERL 1984b, S. 1018 f.

änderten Konsumpräferenzen zu bringen. In unregelmäßigen Jahresabständen werden daher den Erzeugern auf der Grundlage von Marktbeobachtungen und Marktprognosen Sortenbeschränkungen oder Sortenausweitungen nahegelegt. Die genossenschaftliche Koordination kann im Hinblick auf ihre Sortimentspolitik also gar keinen eindeutigen, für die Winzer auf Dauer gültigen Weg verfolgen, sondern sie muß sich den gewandelten Marktbedingungen und folglich Absatzerfordernissen anpassen - letztlich eine ebenso flexible Sortimentspolitik vertreten.

Von Marktschwankungen besonders betroffen ist der Obst- und Gemüsebau, weswegen sich eine eindeutige Koordination schwer durchführen läßt. Die Genossenschaft ist ständig mit wechselnden Nachfragewünschen konfrontiert. Was bis vor kurzem noch zu Fehlbeständen in der Anbauplanung hinsichtlich bestimmter Kulturen oder Sorten beitrug, erweist sich in kürzester Zeit als Ursache schwer zu vermarktender Überschüsse. Bei der Vielzahl der Erzeugnisse wird daher die Anwendung genossenschaftlicher Anbauempfehlungen von den Lieferanten eher als Anbaurisiko denn als klare Leitlinie empfunden. Auch den Koordinationsinstrumenten fehlt eine unmißverständliche Handlungsvorgabe, weil sie entweder gar nicht oder nur inkonsequent zum Einsatz kommen. Im Unterschied zum Milchgeld und Traubengeld basiert die Preispolitik der Obst- und Gemüsegenossenschaft nicht auf einem festen qualitätsdifferenzierten System, sondern sie richtet sich nach den Verwertungserlösen. Angebot und Nachfrage auf dem Absatzmarkt untergraben dabei oftmals die Qualitätspolitik, was dann an die Lieferanten über die Auszahlungspreise oder Erfassungsbestimmungen weitergegeben wird. Den Erzeugern erscheint solche Marktflexibilität dann als genossenschaftliche Willkür. Zugleich ist ihnen die Möglichkeit genommen, die voraussichtliche Bewertung ihres - aus einem bestimmten Produktionsverhalten resultierenden - Arbeitsergebnisses durch die Genossenschaft vorherzusehen. Eine koordinierte Produktion unterlassen sie deswegen lieber gleich ganz. Inkonsequent werden von der Genossenschaft auch die weiteren Koordinationsinstrumente gehandhabt. Die Warenprüfung als Voraussetzung und Demonstration eindeutiger Koordinationspraxis findet nur an wenigen Stellen durch die Genossenschaft selbst statt. Mehrheitlich ist sie an die im doppelten Sinne erzeugernahen - sowohl lokal als auch interessensbezogen - örtlichen Sammelstellen ausgelagert. Die ohnehin schon subjektiv bestimmte Bewertung von Obst und Gemüse wird nochmals verstärkt - ein wesentlicher Grund für die fehlende Möglichkeit mittelbarer genossenschaftlicher Produktionskontrolle. Schließlich spielen im Unterschied zur Milchwirtschaft, wo anonyme, ausschließlich materiell geprägte Leistungsbeziehungen das Verhältnis zwischen Molkerei und Lieferanten kennzeichnen, bei der Obst- und Gemüsegenossenschaft noch weitgehend persönliche Momente eine Rolle. Der Genossenschaftsleitung obliegt funktional zwar eine leistungsbezogene Geschäftspolitik, sie kann sich aber den dysfunktionalen Sozialstrukturen, welche das Produktionsverhältnis stark beeinflussen, oftmals kaum entziehen.

Ein Schaubild soll abschließend die koordiniertsbestimmenden Faktoren, wie sie für Obst- und Gemüsebau, die Milchwirtschaft und den Weinbau festgestellt wurden, in schematischer Form gegenüberstellen. Aus ihnen ergeben sich die jeweiligen Möglichkeiten und Grenzen genossenschaftlicher Koordinationstätigkeit.

Abb. 2: Genossenschaftliche Koordination im landwirtschaftlichen Produktionsbereich

Landw. Sektor	Obst- und Gemüsebau	Milchwirtschaft	Weinbau
Koordinationsbestimmende Faktoren			
I. Wirtschaftliche Bindung an die Genossenschaft	**gering**	**stark**	**gering**
1. Einkommensbindung	gering	stark	gering
a. Erwerbsform	nebenerwerbsgeprägt	vollerwerbsgeprägt	nebenerwerbsgeprägt
b. Betriebsorganisation	diversifiziert	spezialisiert	diversifiziert
2. Alternative Vermarktungswege	vorhanden	nicht vorhanden	vorhanden
a. andere Abnehmer	existieren	existieren nicht	existieren
b. Privatvermarktung	echte Alternative	ausgeschlossen	begrenzte Alternative
II. Kontrolle der landwirtschaftlichen Produktion			
1. unmittelbar	bei Ernteorganisation	bei Erfassungsorganisation	bei Ernteorganisation
2. mittelbar	nur subjektiv möglich	objektiv gegeben	objektiv gegeben
III. Genossenschaftliche Koordinationspraxis	**inkonsequent**	**konsequent**	**konsequent**
1. Zeitliche Bestimmung	periodisch	kontinuierlich	periodisch
2. Stringenz			
a. Inhalte	unbeständig	beständig	eher beständig
b. Instrumente	widersprüchliche Anwendung	eindeutige Anwendung	eindeutige Anwendung
Koordinationserfolg	begrenzt	erfolgreich	eher erfolgreich

6.2. Ansatzpunkte zu einer Soziologie bäuerlicher Arbeit

Die Analyse genossenschaftlicher Koordination für einzelne landwirtschaftliche Produktionsbereiche ergab gravierende Unterschiede hinsichtlich Bindungsgrad und Bindungsintensität, mit denen die bäuerlichen Produzenten in ihren vertikalen Stufenverbund integriert sind. Für die Molkerei läßt sich danach ein beachtlicher Koordinationserfolg konstatieren, mit dem für unsere milcherzeugenden Betriebe allerdings auch eine entsprechend starke Produktionsbindung einhergeht. Wenn nun tatsächlich im Unterschied zur Obst- und Gemüseerzeugung im molkereigenossenschaftlichen Leistungsprozeß ein besonderes Ausmaß koordinierter Produktion anzutreffen ist, heißt das letztendlich, daß die Milchbauern bei ihrer Arbeit einer ähnlichen Reglementierung unterworfen sind wie Industriearbeiter? Bestätigt sich also womöglich die These bäuerlicher Proletarisierung, wonach sich Bauern im landwirtschaftlichen Produktionsverhältnis der vertikalen Integration der sozialen Stellung der industriellen Arbeiterschaft annähern?

Solch eine Schlußfolgerung erscheint sehr voreilig und oberflächlich, bleiben doch die spezifischen landwirtschaftlichen Produktionsbedingungen, unter denen sich auch innerhalb eines vertikalen Stufenverbundes die bäuerliche Arbeit vollzieht, nahezu unberücksichtigt. Andererseits beschränken sich Versuche, die Agrarproduktion von der industriellen Fertigung zu unterscheiden, zumeist darauf, die Naturgebundenheit der Landwirtschaft herauszuarbeiten. Eduard DAVID hatte als erster "das besondere Wesen des landwirtschaftlichen Produktionsvorganges" umrissen[5], als er in der Auseinandersetzung mit der marxistischen Agrartheorie - dabei vor allem auch mit Karl KAUTSKYs "Agrarfrage" - die organischen Wachstumsprozesse in der Landwirtschaft von den mechanischen Produktionsprozessen in der Industrie abgrenzte. Seitdem werden immer wieder die "Naturgesetze von Pflanzen, Tier und Boden, Klima und Wetter"[6], "das Wesen des Lebendigen"[7] betont, um die Landwirtschaft als "organischen Entwicklungsvorgang" zu kennzeichnen, in dem der Mensch nur "periphere Funktion" innehabe[8]. So entscheidend die Naturbindung für die landwirtschaftliche Produktionsgestaltung auch sein mag, als alleinige Erklärung des besonderen Wesens bäuerlicher Arbeit befriedigt sie nicht[9]. Es bedarf vielmehr einer systematischen Analyse der unterschiedlichen Produktionsbedingungen in Landwirtschaft und Industrie, wie sie von SPITTLER seit einiger Zeit gefordert wird[10]. Die aus der empirischen Studie der vorliegenden Arbeit gewonnenen Erkenntnisse mögen abschließend als Ansatzpunkte dazu verstanden werden.

Die Genossenschaften sind als der Produktionsstufe nachgelagerte Unternehmen auf eine bestimmte Beschaffenheit der zur Erfassung kommenden Rohmilch, Trauben oder Obst und Gemüseerzeugnisse ihrer Lieferanten angewiesen. Daher ergehen an alle Produzenten, gleich, ob es sich um die Milchwirtschaft oder den Gemüse-, Obst- oder Weinbau handelt, jeweils spezifische Anbau- und Erzeugungsrichtlinien, die als Produktionsvorgaben bei der Arbeit berücksichtigt werden sollen. Im Gegensatz zur Industrie-

---

5) Vgl. DAVID 1922, S. 45 ff.
6) J. O. MÜLLER 1964, S. 52.
7) BRAUNER 1970, S. 16 ff.
8) J. O. MÜLLER 1964, S. 53.
9) Zu diesem Ergebniss kam eine zusammenfassende Darstellung der natürlichen Produktionsbedingungen in der Landwirtschaft an anderer Stelle; DIRSCHERL 1986.
10) SPITTLER 1980, S. 611.

arbeiterschaft sind die Erzeuger nun aber relativ frei in ihrer Entscheidung darüber, ob sie einzelnen Produktionsvorgaben entsprechen oder nicht. Während der in der Industrie Tätige über ein skalares Organisationsschema in seinem Arbeitsprozeß ständig den Weisungen anderer (Vorarbeiter, Schicht-, Betriebsmeister, Betriebs-, Abteilungsleiter usw.) unterworfen ist, kennt der Bauer diese Art personeller Herrschaft nicht. Es gibt keine Trennung in dispositive (planende und entscheidende) und ausführende Handlungs- und Verantwortungsbereiche. Der Bauer erfüllt beides in einer Person. Er ist nicht Objekt im Arbeitsprozeß, wie der Industriearbeiter, dessen Tätigkeiten sich nach anderen Entscheidungshandelnden richten, sondern Subjekt: er führt aus, was er (zuvor) entschieden hat. Damit ergibt sich für die bäuerliche Arbeitsgestaltung ein hoher Dispositionsspielraum und Autonomiegrad in verschiedener Hinsicht.

Erstens: Der Bauer ist relativ frei in seiner *räumlichen Arbeitsgestaltung*. Keiner weist ihm einen festen Arbeitsplatz zu, an dem er seine Tätigkeit zu verrichten hat. Besondere Bedeutung gewinnt dies als Bewegungsfreiheit im wörtlichen Sinne, da die Landwirtschaft durch eine Vielfalt unterschiedlicher Arbeitsbereiche gekennzeichnet ist. Es findet ein ständiger Wechsel von Arbeitsplatz zu Arbeitsplatz statt: vom Stall, um zu melken, zur Melkkammer, um das Melkgeschirr zu reinigen, zum Geräteraum für Reparaturen, zur Feldarbeit auf verschiedenen Arealen, zum Raiffeisenlager, um Betriebsmittel zu kaufen, wieder zum Hof zurück usw. Das Arbeitsfeld ist demnach räumlich dezentralisiert und nicht zentralisiert wie in der Industrie. Dabei wechseln sich ortsveränderliche und ortsgebundene Arbeiten ab. Verstärkt wird der bäuerliche Bewegungsfreiraum duch die Weite der bodengebundenen Produktionsstätten. Man arbeitet nicht nur auf einem Feld oder einer Weidefläche innerhalb eines mehr oder weniger großen Radius, sondern an den unterschiedlichsten Plätzen, die oftmals mehrere Kilometer voneinander entfernt liegen. Sowohl die Vielzahl der Arbeitsstätten insgesamt, als auch die Weite einzelner Arbeitsorte sind die Ursache für die nicht durchführbare unmittelbare Kontrollierbarkeit der landwirtschaftlichen Produktion durch einen Integrator.

Die freie Disposition über den bäuerlichen Arbeitsort betrifft auch die Art und Weise seiner Gestaltung. Der abhängig Beschäftigte muß sich den räumlichen Gegebenheiten, die er an seiner Arbeitsstätte antrifft, weitgehend unterordnen, da er nur beschränkte Gestaltungsmöglichkeiten hat (z.B. ein Poster in seinem Arbeitsschrank aufzuhängen oder einen Blumenstock aufzustellen). Der Bauer hingegen hat grundsätzlich die Möglichkeit, seine (geschlossenen) Arbeitsstätten nach persönlichen Vorstellungen unter arbeitsrationalen, ergonomischen oder ästhetischen Gesichtspunkten zu gestalten: Lage und Zugangsmöglichkeiten der Wirtschaftsgebäude, den Hof (asphaltiert, begrünt, umzäunt), Einzelheiten, wie Lichtquellen, Luftzufuhr, Farbe des Anstrichs, Höhe der angebrachten Arbeitsgeräte und vieles mehr.

Zweitens: Der Bauer ist relativ frei in seiner *inhaltlichen Arbeitsgestaltung*. Niemand erteilt ihm Anweisungen, welche Arbeit wie zu tun ist; keiner greift unmittelbar in den Arbeitsprozeß ein. Auch hier ist die Vielfalt landwirtschaftlicher Tätigkeitsbereiche ausschlaggebend. Zwar gibt es in der Landwirtschaft Spezialisierungen auf den einen oder anderen Betriebszweig, doch Arbeitsteilung oder gar Arbeitszerlegung, wie sie den industriellen Fertigungsprozeß kennzeichnen, sind bäuerlichen Betrieben weitgehend unbekannt[11]. Hier bestimmt die Überschaubarkeit des gesamten Produktionsprozesses mit all seinen Teilbereichen die jeweilige Arbeit des Bauern. Die ist nämlich ganzheitlich. Es gibt keine Auflösung von Produktionsabschnitten in einfache, untergeordnete Arbeitselemente von wenigen Handgriffen als parzellierte Arbeitsgänge, die aus dem Gesamtzusammenhang der Produktion herausgerissen sind. Der Milchbauer ist für die Versorgung seines Viehbestandes (Fütterung, Stallung, Gesundheit) ebenso zuständig wie für die Gewinnung, Aufbewahrung und Übergabe der Milch an das Tanksammelfahrzeug, das Reinigen und Warten der Melkgerätschaft und anderes mehr. Er arbeitet in sämtlichen Produktionsstufen der Milcherzeugung. Der Obstproduzent setzt Jungpflanzen, verrichtet die Pflegewirtschaft mit ihren Teilaufgaben (Bodenarbeit, Düngung, Schnitt), erntet, sortiert und verpackt die Früchte, bevor sie zur Erfassung kommen. Von der Blüte bis zum fertigen Endprodukt, Äpfeln oder Kirschen, begleitet er den gesamten Produktionsprozeß. Dabei stehen in der Landwirtschaft innerhalb einzelner Arbeitstätigkeiten, wie z.B. dem Melken oder der Obsternte, mehrere Arbeitstypen in Verbindung zueinander. Einfache Handarbeiten mit repetitiven Handgriffen (Euterreinigung, Pflücken der Früchte) sind mit Transportarbeiten (Holen des Melkgeschirrs bzw. des Verpackungsmaterials), sensorischen Arbeiten mit besonderer Wahrnehmungsleistung (Anrüsten des Euters mit Vormelken, Sortierung der Früchte nach Beschaffenheit) und maschinellen Arbeiten mit Schalt-, Kontroll- und Informationstätigkeiten (maschinelles Melken) kombiniert.

Indem der Bauer von Beginn bis Ende der pflanzlichen oder tierischen Erzeugungsvorgänge für alle anfallenden Arbeiten dispositiv zuständig ist und sie exekutiv begleitet, erhöht sich seine individuelle Gestaltungsfreiheit bei den einzelnen Arbeitsvollzügen. Er ist nicht auf Arbeitsentscheidung und Arbeitsvorgänge, die seinem momentanen Arbeitsprozeß vorhergehen oder nachfolgen, abhängig, sondern er hat die Wahl über den Umfang von Teilarbeiten, welche erforderlich sind und welche nicht, sowie, ob und auf welche Weise Arbeitsgänge kombiniert werden. Er entscheidet über Mittel und Methoden, die zum Einsatz kommen. In der Milchwirtschaft bestimmt der Bauer, ob sein Kuhbestand nach einem Herdbuch leistungsbezogen ausgerichtet wird, wie Euter und Melkgerätschaft gereinigt werden, ob und wie fütterungstechnisch die Fett- und Eiweißleistung der Milchkühe beeinflußt wird, ab der wievielten fehlgeschlagenen künstlichen Besamung eine Kuh zum Metzger geführt wird, wann der Tierarzt verständigt, eine Wartung der Melkanlage, Reparatur der Kühlanlage durchgeführt wird usw. Der Obstproduzent plant und praktiziert nach seinen Vorstellungen den Anbau und dessen Bewirtschaftung. Die Ernte wird nach eigenen Beobachtungen und Erfordernissen organisiert: wo wird begonnen, wird selektiv geerntet, als Tafel- oder Industrieware, welches Gerät dazu verwendet usw.

Unabhängig von außenstehenden Meinungen, fremden Anweisungen oder Fachleuten stellt der Bauer auch seine eigenen kausalen Arbeitszusammenhänge auf und handelt danach: daß z.B. hohe Keimwerte in der Rohmilch entgegen Expertenmeinung

11) Es ist ausdrücklich von "bäuerlichen Betrieben" und nicht der Agrarproduktion insgesamt die Rede. Denn in der industriellen Agrarproduktion, wie sie in den Landwirtschaftlichen-Produktions-Genossenschaften (LPG) in der DDR anzutreffen sind, ist Arbeitsteilung und selbst Arbeitszerlegung weit verbreitet. Werktätige Genossenschaftsbauern arbeiten entsprechend ihrem "Arbeitsvertrag" (HÄHNERT et al. 1980, S. 28) als "Fütterer", "Traktorist", "Kälberpfleger", "KFZ-Mechaniker" oder - unter terminologischem Rückgriff auf POPPINGA 1973, S. 71 - "Melkbecheransetzer"; vgl. ROSENKRANZ 1964, S. 11 u. 21.

nicht von mangelnder Hygiene beim Melken und der Milchaufbewahrung kommen, sondern von Euterkrankheiten, folglich wird weniger auf Melkhygiene geachtet; oder daß z.B. ausgeschnittene und ausgerissene Äste weniger qualitätssteigernd für die späteren Früchte sind, sondern vielmehr bei Spätfrostschäden den Obstbehang stark reduzieren, folglich wird auf entsprechende Arbeiten verzichtet.

Schließlich setzt sich der Bauer seine Arbeitsbedingungen selbst. Es gibt keine fremdbestimmte Arbeitsordnung, die das Verhalten am Arbeitsplatz reglementiert. Der Bauer wählt seine Arbeitskleidung nach eigenen Bedürfnissen, raucht, hört Musik oder trinkt auch Alkohol bei der Arbeit, wenn es ihm gerade danach ist, und niemand kann ihm das verwehren. Ebensowenig werden dem Bauern kooperative Arbeitsvollzüge mit anderen zugewiesen, ohne daß er Einfluß auf die Wahl seines Arbeitspartners hätte. Stattdessen entscheidet er, ob er überhaupt mit jemandem zusammenarbeiten will oder muß und wenn ja, wer mit ihm im Produktionsprozeß tätig wird.

Drittens: Der Bauer ist relativ frei in seiner *zeitlichen Arbeitsgestaltung*. Weder Lage noch Dauer der Arbeitszeit werden ihm vorgeschrieben. Für ihn gibt es keine festgelegten Tages-, Wochen- und Jahresarbeitszeiten. Zwar hat der Milchbauer morgens und abends zeitliche Richtwerte, bis wann er seine Kühe melken muß, doch darüber hinaus kann er frei über seine Zeit verfügen, wann er die tägliche Arbeit aufnimmt, wann er sie unterbricht und beendet: beginnt er früher, hört er später auf, macht er entsprechend seinem individuellen Regenerationsbedürfnis kürzere oder längere Pausen? Er ist jeweils variabel, um viel Arbeit und wenig Arbeit nach eigenem Ermessen zu gestalten und auszugleichen. Über einen ähnlich freien Zeitrahmen verfügt der Bauer bei der Wochenarbeitszeit, innerhalb derer er die Zeitpunkte der Arbeitserledigung bestimmt. Ja sogar seine Lebensarbeitszeit ist flexibel: ob er früher oder später die Hofnachfolge festschreibt, sich schneller oder langsamer auf sein Altenteil zurückzieht, der Bauer bestimmt es.

Die zeitliche Arbeitsdisposition betrifft auch die Reihenfolge der zu erledigenden Tätigkeiten. Sie ist nicht normiert, sondern unterliegt der bäuerlichen Entscheidung, ob bestimmte zeitliche Abfolgen und Proportionalitäten zwischen verschiedenen Teilarbeiten eingehalten werden. Der Milchbauer kann nach dem Morgenmelken zuerst frühstücken gehen und danach das Melkgeschirr reinigen und Stallarbeiten verrichten oder dies auch umgekehrt tun. Der eine Obstproduzent sortiert bereits beim Pflücken im Baum die Früchte nach ihrer Beschaffenheit aus, ein anderer erst nach den Erntegängen.

Schließlich werden dem Bauern auch keine Zeitnormen hinsichtlich Arbeitstempo und Arbeitsfristen gesetzt[12]. Er kennt keine fremdbestimmten Terminarbeiten. Zwar muß er während der Erntesaison mit Arbeitsspitzen rechnen, bei Wetterveränderungen sogar mit Zeitdruck, doch ansonsten bekommt er keine Vorgaben, bis wann die Kühe gefüttert und gemolken, der Stall ausgemistet, die Weidezäune repariert sein müssen. Auch für den Obsterzeuger ist es seine eigene Entscheidung, bis wann er ein bestimmtes Areal ausgeschnitten, ausgepflückt oder abgeerntet hat. Ebensowenig bestehen Zeitnormen als Leistungsanforderung, da man seine Arbeitsgeschwindigkeit nach subjektiver Einschätzung oder Empfindung variabel gestalten und ausgleichen kann. Über ein schnelles oder langsames Arbeitstempo entscheidet der Bauer in den jeweiligen Arbeits-

12) Vgl. dazu die Analyse für die Industriearbeit bei RINDERSPACHER 1985, S. 107 ff.

situationen. Niemand mißt die für eine bestimmte Arbeit benötigte Zeitdauer, um sie - wie beim Akkordlohnsystem - als Maßstab des Arbeitserfolges zu nehmen, z.B. ob fünf Kisten Äpfel in einer Stunde gepflückt oder 20 Kühe in zwei Stunden gemolken werden.

Von besonderer Bedeutung erweist sich die zeitliche Dispositionsfreiheit infolge der Einheit von Arbeits- und Lebensraum, wie sie die bäuerliche Landwirtschaft kennzeichnet. Da der Bauer nur zu Außenarbeiten den Hof verläßt und er ansonsten, sobald er am Hofe ist, sich gleichzeitig immer auch am Arbeitsplatz befindet, gibt es für ihn keine klare Abgrenzung zwischen Anwesenheit am Arbeitsplatz und Abwesenheit vom Arbeitsplatz - folglich auch keine eindeutige Trennung zwischen Arbeitszeit und Freizeit. Während der Arbeit werden private Erledigungen eingeschoben, mit Nachbarn oder Dorfbewohnern persönliche Gespräche geführt; "interpersonelle Kontakte und Arbeit verwischen sich"[13]. Die bäuerliche Arbeitszeit ist somit immer auch von der bäuerlichen Lebenssphäre durchdrungen. Mit dem Einkauf im Raiffeisenlager oder der Obstanlieferung in der örtlichen Genossenschaft werden Behördengänge und private Einkäufe verbunden. Beim Transport des Milchbehälters zum Sammelpunkt auf einem anderen Hof, stößt man zu einer Geburtstagsfeier, bei der man verweilt. Umgekehrt werden auch während der Freizeit mitunter Arbeiten verrichtet. Bei der Fahrt zum Fußballplatz wird der Hofbehälter geschwind am Sammelpunkt abgestellt, schaut man noch einmal kurz in einer Anlage nach dem Blütenstand oder der Erntereife der Obstbäume nach.

So frei sich die bäuerliche Arbeitsgestaltung nun im Vergleich zur Industriearbeit ausnehmen mag, eine unbegrenzte Gestaltungsfreiheit existiert auch hier nicht. Im gleichen Maß wie der Bauer seine Marktproduktion aufnimmt, ist er in die wirtschaftliche Abhängigkeit mit dem Absatzmarkt eingetreten. Entweder erfolgt seine Einbindung unmittelbar wie für die privatvermarktenden Erzeuger oder mittelbar als Genossenschaftslieferant. In beiden Fällen wird das Produktionsverhalten der Erzeuger koordiniert, in einen absatzwirtschaftlichen Kontext einbezogen, womit sich Grenzen für die bäuerliche Arbeitsgestaltung ergeben. Daher war zuvor immer von "relativer" Freiheit die Rede.

Räumlich werden beide, Privat- wie Genossenschaftsvermarkter, in zweierlei Hinsicht koordiniert. Einmal bedingt die Produktion von bestimmten Agrargütern in einer bestimmten, vom Markt nachgefragten Qualität die dafür erforderlichen Produktionsstandorte. Der Milchbauer kann aufgrund seiner naturräumlichen Produktionsbedingungen keine Früchte und keinen Spargel anbauen. Der Obsterzeuger muß sich bei der Wahl von Kulturen seinen klima-, lage- und bodenspezifischen Anbauverhältnissen anpassen. Die Naturbindung der landwirtschaftlichen Produktion erweist sich hier als Begrenzungsfaktor bäuerlicher Arbeit. Zweitens können die Agrarproduzenten die Erzeugnisse nicht beliebig, irgendwo ihrer Verwertung überlassen, sondern sie müssen diese über lokale Distributionswege der Nachfrage zuführen. Obst, Gemüse oder der selbsthergestellte Käse und Rohmilch werden direkt dem Endverbraucher ausgeliefert (Ab-Hof, Straßenstände, Wochenmärkte) oder zur weiteren Verarbeitung und Vermarktung zwischengeschalteten Kanälen (der Genossenschaft, dem Groß- oder Einzelhandel) übergeben. Dabei werden die örtlichen Bedingungen der Warenübergabe genauestens vom nachgelagerten Unternehmen festgelegt. Für Genossenschaftslieferanten

13) THOMPSON 1980, S. 39; ähnlich auch RINDERSPACHER 1985, S. 223.

heißt das, daß sie ihr Obst und Gemüse über das genossenschaftliche Sammelstellennetz, ihre Rohmilch unter jeweils besonderen Bedingungen ab-Hof, über Sammelpunkte oder örtliche Sammelstellen anliefern müssen.

Auch *inhaltlich* werden beide, Privat- wie Genossenschaftsvermarkter, in ihrem Produktionsbereich koordiniert. Ob sich geänderte Verbrauchergewohnheiten oder besondere Verbraucherwünsche dem Erzeuger direkt am Absatzmarkt mitteilen oder indirekt über genossenschaftliche Hinweise und Anordnungen, er wird sie bei seinen weiteren Produktionsentscheidungen berücksichtigen müssen, will er nicht am Markt vorbeiproduzieren und folglich finanzielle Einbußen hinnehmen. Es ergeben sich bei der Perzeption der Koordination allerdings erhebliche Unterschiede. Der Privatvermarkter wird unmittelbar mit den Wünschen der Endverbraucher konfrontiert und spürt deren Mißfallen an seinem Warensortiment oder seiner minderwertigen Warenqualität sofort über rückläufige Umsätze. Er wird sich daraufhin schnellstmöglich bei seinen Produktionsentscheidungen einstellen, um wieder marktgerechte Waren anbieten zu können. Bei Neuanpflanzungen orientiert sich dann der Obstproduzent hinsichtlich der Kultur- oder Sortenwahl ebenso an der Nachfrage wie bei einzelnen Entscheidungen hinsichtlich bestimmter Bewirtschaftungsmaßnahmen, die ihm über die jeweilige Produktionstechnik den Rahmen für seine Arbeitsgestaltung vorgeben. Dem Genossenschaftsvermarkter fehlt die unmittelbare situative Erfahrung, daß seine Erzeugnisse nicht marktgerecht und nur bedingt verkaufsfähig sind. Ihm wird dies nur über die genossenschaftliche Informationspolitik vermittelt. Allerdings kann auch die genossenschaftliche Koordination zum Marktverständnis des Erzeugers, wenn schon nicht persönlich nachvollziehbar, so aber ebenso erfolgreich beitragen, sobald ihre Preispolitik die besonderen Markterfordernisse widerspiegelt. Der Milcherzeuger wird dem Wunsch des Verbrauchers nach einer möglichst haltbaren (d.h. keimarmen) Milch erst dann durch eine entsprechend qualitätsbewußte Arbeitsweise bei der Gewinnung und Behandlung der Rohmilch nachkommen, wenn ihm dies beim Ab-Hof-Verkauf von seinen Konsumenten wiederholt persönlich mitgeteilt wird oder eben, wenn die Molkerei sein Milchgeld nach Güte differenziert berechnet.

Schließlich werden Privat- wie Genossenschaftsvermarkter auch *zeitlich* bei ihrer Arbeitsgestaltung koordiniert. Über die reine Naturbindung bei der zeitlichen Arbeitsgestaltung hinaus (z.B. Melktermine am Morgen und Abend, saisongebundene Arbeiten) existieren für sie auch "konkrete Zeiten als Orientierungssystem"[14]. Die Trennung zwischen Produktions- und Konsumptionssphäre macht eine terminliche Koordination zwischen Verkäufer und Käufer auf dem Markt erforderlich. Der Privatvermarkter kann nicht beliebig, wie es ihm zeitlich gerade paßt, seine Waren absetzen, sondern er muß sich bestimmten Richtzeiten unterwerfen. Alleine schon der Verbraucherrhythmus legt ihm diese vor: am Wochenanfang und insbesondere Wochenende steigt die Kundenfrequenz und damit die Nachfrage. Entsprechend muß man sich in seinem Warenangebot mengenmäßig darauf einstellen und auf montags oder dienstags sowie freitags oder samstags den Verkauf legen. Außerdem gibt es festgesetzte Marktzeiten am Wochen- und Großmarkt, an die man sich halten muß. Ebenso wird sich der Privatvermarkter bei seinem Straßenverkauf auf die zeitlichen Kundenströme einstellen: ein Straßenstand rentiert sich wohl eher am Mittag und Abend als morgens (wegen der Pendlerströme) und in den Ausflugsgebieten eher am Wochenende als werktags. Diese vermarktungsge-

14) RINDERSPACHER 1985, S. 55 f.

bundenen Termine bestimmen weitgehend auch die vor- und nachliegenden zeitlichen Arbeitsabläufe im Produktionsbereich, welche mit dem Absatzbereich in Verbindung stehen; also z.B. Ernten von Obst und Gemüse (freitagmittags), Sortieren, Säubern und Herrichten der Ware (freitagabends), Aufladen und Transport zum Marktumschlagplatz (freitagnachts), Aufbau des Marktstandes (samstagfrüh), nach dem Verkauf wieder Heimfahrt (samstagmittags) und Aufräumen am Hof (samstagnachmittags).

Ähnlich erfolgt eine terminliche Einbindung des Genossenschaftsvermarkters bei der Warenübergabe vom Produzenten zu seinem Verarbeitungs- und Absatzunternehmen. Er muß sich an die genossenschaftliche Erfassungszeiten halten, was mitunter auch seinen zeitlichen Arbeitsablauf im Produktionsbereich beeinflußt. Der Obst- und Gemüseerzeuger kann nur dann ernten oder pflücken und die Marktware aufbereiten, wenn er weiß, daß sie in einer genossenschaftlichen Sammelstelle zur Erfassung kommen. Der Milchbauer muß sich hinsichtlich seines Melktermins auf die Milchabholung durch den Tanksammelwagen einstellen. Die Terminierung in Form des Tourenplanes wird dabei sogar als "Arbeitsdisziplinierung"[15] insofern wirksam, als der Bauer dazu angehalten wird, rechtzeitig seine Milch zur Erfassung bereitzustellen, weil sie andernfalls nicht mehr mitgenommen wird.

Die ursprüngliche "Gleichgültigkeit gegenüber der Uhrzeit", wie sie die traditionelle bäuerliche Landwirtschaft kennzeichnete[16], ist für den marktproduzierenden Bauern weitgehend aufgehoben. Es existiert ein mehr oder weniger loser zeitlicher Bezugsrahmen, innerhalb dessen man die Arbeit verrichtet. Im Gegensatz zur Industriearbeit bleibt aber doch noch wesentlich mehr Entscheidungsfreiraum über die zeitliche Arbeitsgestaltung, da nur auf den Absatzbereich gerichtete konkrete Uhr-, Tages- und Wochenzeiten koordinierend in den Arbeitsprozeß eingreifen. Und selbst hier fehlt eine feste Zeitbindung, die Bauern sind grundsätzlich flexibler.

Trotz dieser zeitlichen und auch den anderen relativen Dispositionsfreiheiten bei der bäuerlichen Arbeitsgestaltung sind in der Landwirtschaft aber kaum Unregelmäßigkeiten innerhalb der Arbeitsorganisation anzutreffen. Vielmehr bestimmt auch hier eine strenge Arbeitsrationalität den Produktionsprozeß. Obwohl der Bauer seine tägliche Arbeitszeit und Wochenarbeitszeit individuell, situationsabhängig variieren könnte, steht er regelmäßig frühmorgens auf, geht zur gleichen Zeit ins Bett, arbeitet allwöchentlich am Werktag. Obwohl der Bauer seine Arbeitspausen nach wechselndem Regenerationsbedürfnis je nach Tätigkeiten einlegen könnte, hat er seine festen Brot-, Vesper- und Mittagszeiten, die nur in Ausnahmefällen verschoben werden. Obwohl der Bauer seine Arbeitsabläufe und deren Gestaltung variieren könnte, hält er immer die gleiche Reihenfolge zwischen Teilarbeiten ein, wendet immer die gleichen Arbeitsmittel und -methoden an. Er braucht keine Anordnungen und Anweisungen, sondern er weiß, wann und wie gemolken, gefüttert, gemistet usw. werden muß. Er weiß wann, wie und wo gesät, gepflanzt, gedüngt, geerntet usw. werden muß. Dieses Wissen ist allerdings nur beschränkt ein berufliches Fachwissen, sondern in der Regel ein alltägliches Erfahrungswissen. Es ordnet den bäuerlichen Arbeitsvollzug im Situations-, Tages-, Wochen-, Saison- und Jahresverlauf[17], gibt dem Bauern durch seine dauerhafte Gültigkeit Hand-

15) Vgl. THOMPSON 1980, S. 36.
16) Vgl. ebd., S. 38.
17) Ähnlich auch BRÜGGEMANN/RIEHLE 1986, S. 115 f.

lungsroutine und Handlungssicherheit. Die bäuerliche Freiheit bei der Arbeitsgestaltung reduziert sich somit auf das Wissen, daß man räumliche, zeitliche und inhaltliche Abweichungen vom gewohnten Arbeitsvollzug vornehmen könnte, sofern man es wollte.

Mit diesen abschließenden Überlegungen sollten nur einige Ansatzpunkte vorgelegt werden, um die Diskussion über die sozio-ökonomische Stellung der bäuerlichen Arbeit in der Industriegesellschaft etwas zu beleben. Denn nach wie vor gilt SPITTLERs Feststellung: "Eine Soziologie bäuerlicher Arbeit, die diesen Namen wirklich verdient, existiert (...) bisher noch nicht."[18]

18) SPITTLER 1980, S. 610.

Anhang

Leitfaden zum Gespräch "Obst- und Gemüsebau" (überarbeitete Fassung vom 12.3.1986)

I. Genese und historische Entwicklung der Erzeugergemeinschaft

1. Gründungsjahr, -motive und -geschichte
2. Strukturdaten
   - Mitgliederzahl und -struktur
   - Erfassungsanteil, Schwerpunke in Anbau und Absatz
   - Sortenstruktur
   - Umsatzstruktur
   - Konkurrenzunternehmen
   - Handelspartner
3. Allgemeine Entwicklungsperspektiven
   - Erzeugerschaft
   - Umsatz
   - Neuerungen (Sorten etc.)

II. Struktur der befragten Erzeugerbetriebe

1. Seit wann Genossenschaftslieferant
2. Andere mögliche/praktizierte Verwertungsformen
3. Vor- und Nachteile der Verwertungsformen
4. Erwerbsform, betriebliche Schwerpunkte
5. Arbeitskräftebesatz

III. Formale Regelung der Genossenschaftsbeziehung

1. Erwerb der Mitgliedschaft
   - Voraussetzungen
   - Rechte unf Pflichten
2. Welche Unterlagen/Informationen erhält Mitglied
3. Über was wird Mitglied informiert
4. Gibt es eine Meldepflicht über Fläche, Sorten, Lagen, frühere Verwertungsform
5. Besitz/Kenntnis der Handelsklassenverordnung, Satzung, Anlieferungsbedingungen
6. Gibt es Anbauregeln, Bestimmungen, Verträge etc. - Inhalte
7. Wie erfährt Mitglied Erfassungsbedingungen, Qualitätsbestimmungen - für ihn relevante Informationen

IV. Genossenschaftlicher Leistungsprozeß

1. Welche Leistungen erhält Mitglied
2. Werden Betriebsmittel beschafft

- Saatgut	- Maschinen, Geräte
- Bindematerial	- Leimtafeln
- Pflanzmaterial	Ernteartikel
- Düngemittel	- sonstiges
- Spritzmittel	

3. Werden einzelne Dienstleistungen angeboten

- Beratung	- Versicherungen
- Lagerung	- Bodenproben und -analysen
- Geräteverleih	- sonstiges

4. Meta-ökonomisches Leistungsangebot
   - Vorträge - Ausflüge
   - gesellige Veranstaltungen
   - sonstiges
5. Urteil über genossenschaftliche Leistungen
6. Wie bildet sich Auszahlungspreis an Erzeuger: qualitätsdifferenziert
7. Welche Leistungen erbringt Erzeuger
   - Anlieferung - Warenaufbereitung
   - Verpackung - Sortierung
   - sonstiges

V. Genossenschaftliche Koordinationsfunktion

1. Hat Großmarkt in irgendeiner Form Einfluß auf Erzeugung. Gründe
2. Worauf konzentriert sich Einflußnahme - jeweils Gründe
   - Verwendung bestimmter Betriebsmittel
   - Pflanzung (Lage, Kultur, Sorte, Anbauform)
   - Pflegewirtschaft (Bodenarbeit, Schnitt, Binden, Frostschutz, Pflanzenschutz, Düngung)
   - Ernte (Termin, Technik, Gänge)
   - Warenanlieferung (Termine, Anmeldung)
   - Warenbeschaffenheit (Reifegrad, Verwendungszweck, Größe, Sortierung)
   - Warenverpackung (Gefäß, Kennzeichnung)
3. Verpackungsabwicklung

VI. Koordinationsinstrumente und deren Beurteilung

1. Wie kann sich Großmarkt über Anbau der Erzeuger informieren
2. Gibt es Anbau-, Lagepläne, Bestandmeldungen
3. Welchen Vorschriften muß sich Erzeuger fügen
4. Wie kann Genossenschaft ihre Qualitäts- und Mengenpolitik verfolgen
   - Annahmeverweigerung - Informationspolitik
   - Warenkontrolle - Beratung
   - Bezahlung - sonstiges
   - Strafen

III. Wahrnehmung der Koordination

1. Wie eng sind Vorschriften
2. Ist Koordination gängelnd, bevormundend
3. Wird sie eingehalten (wann, in welchen Punkten)
4. Welche Umgehungsmöglichkeiten gibt es
5. Fühlt man sich an Genossenschaft gebunden (vertraglich, persönlich)
6. Wie kann man sich gegen genossenschaftliche Einflußnahme wehren
7. Mitsprachemöglichkeit bei Willensbildung

Leitfaden zum Gespräch "Milchwirtschaft" (überarbeitete Fassung vom 30.5.1986)

I. Genese und historische Entwicklung der Milcherzeugervereinigung (MEV)/Molkerei/ örtlichen Sammelstelle

1. Gründungsjahr, -motive und -geschichte
2. Strukturdaten
   - Mitglieder- bzw. Lieferantenzahl und -struktur
   - Erfassungsanteil
   - Organisation zwischen einzelnen Einrichtungen
   - Änderungen durch Aufhebung der Gebietsregelung 1970
   - Konkurrenzmolkereien
   - Konzentration in der Molkereiwirtschaft: Gründe, Auswirkungen
3. Allgemeine Entwicklungsperspektiven
   - Erzeugerschaft
   - Umsatz
   - Sortimentsgestaltung
   - Kooperations- und Fusionspläne

II. Struktur der befragten Erzeugerbetriebe

1. Seit wann Lieferant
2. Andere mögliche/praktizierte Verwertungsformen
3. Vor- und Nachteile dieser
4. Erwerbsform, betriebliche Schwerpunkte
5. Arbeitskräftebesatz

III. Formale Regelung der Lieferbeziehungen / Mitgliedschaften

1. Erwerb der Mitgliedschaft in MEV / Beginn der Milchlieferung
   - Voraussetzungen
   - Rechte und Pflichten
2. Welche Unterlagen/Information erhält man
3. Über was wird man informiert
4. Gibt es eine Meldepflicht über Kuhbestand, Rasse, Haltungsform, Melkart, Fütterung etc.
5. Besitz/Kenntnis der staatlichen Bestimmungen zur Milcherzeugung, MEV-Satzung, Lieferverträge, Lieferbedingungen
6. Gibt es Bestimmungen zur Milchgewinnung und -behandlung, Kuhhaltung etc. - Inhalte
7. Wie erfährt Erzeuger Erfassungsbedingungen, Qualitätsrichtlinien - für ihn relevante Informationen

IV. Leistungsprozeß

1. Welche Leistungen erhält Erzeuger von örtlicher Sammelstelle / MEV / Molkerei
2. Werden Betriebsmittel beschafft
   - Futtermittel - Arzneimittel
   - Geräte, Maschinen - Milchbehälter
   - Reinigungsmittel - sonstiges
3. Werden Dienstleistungen angeboten
   - Beratung - Versicherungen
   - Geräteverleih - Tierüberwachung
   - Reparaturen - sonstiges
4. Meta-ökonomisches Leistungsangebot
   - Vorträge - Ausflüge
   - gesellige Veranstaltungen
   - sonstiges

5. Urteil über Leistungen der Molkerei / MEV / Sammelstelle
6. Wie bildet sich Auszahlungspreis: qualitätsdifferenziert
7. Welche Leistungen erbringt Erzeuger
   - Kühlung und Lagerung der Rohmilch
   - Bereitstellung
   - sonstiges

V. Genossenschaftliche Koordinationsfunktion

1. Hat MEV/Sammelstelle/Molkerei Einfluß auf Milchproduktion. Gründe
2. Worauf konzentriert sich Einflußnahme - jeweils Gründe
   - Viehaltung (Rasse, Stallung, Fütterung, Pflege)
   - Verwendung bestimmter Betriebsmittel
   - Milchgewinnung (Melkzeit, Melktechnik)
   - Milchbehandlung (Aufbewahrung, Kühlung, Milchkammer)
   - Milchbeschaffenheit
   - Melkanlage
   - Milcherfassung (Zeit, Ort, Temperatur der Milch)
3. Direkterfassung: Modus, Vor- und Nachteile

VI. Koordinationsinstrumente und deren Beurteilung

1. Wie kann sich MEV/Molkerei/Sammelstelle über Milcherzeugung informieren
2. Gibt es Kuhbestandsregister, Lieferantenstatistik
3. Welchen Vorschriften muß sich Lieferant fügen
4. Wie kann Molkerei ihre Qualitätspolitik verfolgen
   - Annahmeverweigerung - Informationspolitik
   - Milchprüfung - Beratung
   - Bezahlung - Strafen
   - Stallkontrolle - sonstiges

VII. Wahrnehmung der Koordination

1. Wie eng/verbindlich sind Vorschriften
2. Ist Koordination gängelnd, bevormundend
3. Wird sie eingehalten (wann, in welchen Bereichen)
4. Welche Umgehungsmöglichkeiten gibt es
5. Fühlt man sich an Molkerei gebunden (vertraglich, persönlich)
6. Wie kann man sich der Einflußnahme erwehren
7. Mitsprachemöglichkeit bei Willensbildung

Gesprächspartner im Obst- und Gemüsebau

Genossenschaftliche Obsterzeuger im Vollerwerb

OV 1: mit Weinbau, Privatvermarktung (Ab-Hof) und über Händler
OV 2: mit Weinbau, Privatvermarktung (Ab-Hof)
OV 3: mit Weinbau, Privatvermarktung (Ab-Hof und Straßenstand)
OV 4: mit Weinbau, Privatvermarktung (Ab-Hof und Straßenstand)
OV 5: mit Weinbau, Privatvermarktung (Ab-Hof)
OV 6: mit Weinbau, Privatvermarktung (Ab-Hof) und über Händler
OV 7: mit Weinbau, Privatvermarktung (Ab-Hof und Wochenmarkt) und über Händler

Genossenschaftliche Obsterzeuger im Nebenerwerb

ON 1: ausschließlich Genossenschaftsvermarktung
ON 2: Erzeugerin mit Privatvermarktung (Ab-Hof)
ON 3: mit Weinbau, Privatvermarktung (Ab-Hof)
ON 4: Erzeugerin mit Weinbau
ON 5: mit Weinbau, Privatvermarktung (Ab-Hof)

Genossenschaftliche Obst- und Gemüseerzeuger

OGV 1: im Vollerwerb, mit Weinbau, Privatvermarktung (Ab-Hof)
OGV 2: im Vollerwerb, mit Weinbau, Privatvermarktung (Ab-Hof und Wochenmarkt)
OGV 3: im Vollerwerb, mit Weinbau, Privatvermarktung (Wochenmarkt und Straßenstand)
OGN 1: Erzeugerin im Nebenerwerb, mit Privatvermarktung (Ab-Hof)

Genossenschaftliche Gemüsererzeuger

GG 1: Gartenbaubetrieb mit Privatvermarktung (Wochenmarkt)
GG 2: Gartenbaubetrieb mit Privatvermarktung (städtischer Großmarkt)
BG 1: Bäuerlicher Betrieb mit Privatvermarktung (Filialgeschäfte)
BG 2: Bäuerlicher Betrieb mit Privatvermarktung (städtischer Großmarkt)
BG 3: Bäuerlicher Betrieb mit Privatvermarktung (Wochenmarkt und städtischer Großmarkt)

Sammelstellenleiter

Sa 1: mit Weinbau, Obst- und Gemüseerzeugung im Vollerwerb
Sa 2: mit Weinbau, Obst- und Gemüseerzeugung im Nebenerwerb
Sa 3: mit Weinbau, Obsterzeugung im Vollerwerb

weitere Gesprächspartner

- OV 8: ehemals Genossenschaftsvermarkter, seit drei Jahren ausschließlich über Händler
- Geschäftsführer des Erzeugergroßmarktes
- Obstbauberater des Erzeugergroßmarktes
- Leiter der Gemüseerfassungsstelle des Erzeugergroßmarktes
- Obstgroßhändler
- Staatlicher Anbauberater für Obst
- Staatlicher Anbauberater für Gemüse
- verschiedene Genossenschaftsangestellte in Erfassung, Buchhaltung und Verkauf

Gesprächspartner in der Milchwirtschaft

Milcherzeuger mit Ab-Hof-Erfassung

MHo 1: im Vollerwerb, mit Wald
MHo 2: im Vollerwerb, mit Wald, Privatvermarktung (Ab-Hof)
MHo 3: im Vollerwerb mit Getreidebau
MHo 4: im Vollerwerb mit Wald, Privatvermarktung (Ab-Hof)

Milcherzeuger mit Sammelpunkt-Erfassung

MSap 1 im Vollerwerb, mit Getreidebau, Privatvermarktung (Ab-Hof)
MSap 2: im Vollerwerb, mit Wald
MSap 3: im Vollerwerb, mit Wald
MSap 4: im Vollerwerb, mit Wald, Privatvermarktung (Ab-Hof)
MSap 5: im Nebenerwerb, Privatvermarktung (Ab-Hof)
MSap 6: im Nebenerwerb, mit Feriengästen, Privatvermarktung (Ab-Hof)

Milcherzeuger mit örtlicher Sammelstellen-Erfassung

MSag 1: im Vollerwerb, mit Schweinemast und Gemüsebau, Privatvermarktung (Ab-Hof)
MSag 2: im Vollerwerb, mit Schweinemast und Weinbau, Privatvermarktung (Ab-Hof)
MSag 3: im Nebenerwerb, Privatvermarktung (Ab-Hof)
MSag 4: im Nebenerwerb, Privatvermarktung (Ab-Hof)

Sammelstellenleiterinnen

SaStl 1
SaStl 2
SaStl 3

weitere Gesprächspartner

- Molkereileitung (Stellv. Direktor und Leiter der "Milcherfassung und Erzeugerberatung")
- Außendienstleiter der Molkerei
- Laborleiter der Molkerei
- Leiter des Milchprüfringes
- Rechner und Vorstand einer örtlichen Sammelstelle
- Vorsitzender einer regionalen Milcherzeugervereinigung
- Tiermediziner des Eutergesundheitsdienstes und des staatlichen Veterinäramtes
- verschiedene Molkereiangestellte in Labor, Milchgeldabrechnung, Erzeugerberatung, Betrieb und Verkauf

Literatur

Verzeichnis der abgekürzten Zeitschriften und Reihen

Agrarw.	Agrarwirtschaft. Zeitschrift für Betriebswirtschaft und Marktforschung
ASG	Materialsammlung der Agrarsozialen Gesellschaft
Beiträge	Kooperations- und genossenschaftswissenschaftliche Beiträge
Berichte Bonn	Wissenschaftliche Berichte der Landwirtschaftlichen Fakultät Bonn
Betr.Schr.	Betriebswirtschaftliche Schriften
Bonner HfAA	Bonner Hefte für Agrarpolitik und Agrarsoziologie
BüL	Berichte über Landwirtschaft
DLG-Mittlg.	Mitteilungen der Deutschen Landwirtschafts-Gesellschaft e.V.
DMZ	Deutsche Molkerei-Zeitung
Dt.Milchw.	Deutsche Milchwirtschaft
DWI-Ber.	Berichte des Deutschen Wirtschaftsinstituts Berlin (Ost)
FAA	Schriften der Forschungsgesellschaft für Agrarpolitik und Agrarsoziologie e.V.
Forschungsber.	Forschungsberichte aus dem Institut für Genossenschaftswesen der Westfälischen Wilhelms-Universität Münster
GeWiSoLa	Schriften der Gesellschaft für Wirtschafts- und Sozialwissenschaften des Landbaues e.V.
GSchr.	Genossenschaftliche Schriftenreihe
HA	Hohenheimer Arbeiten
HlBuS	Schriftenreihe des Hauptverbandes der landwirtschaftlichen Buchstellen und Sachverständigen
HSchrGw	Hamburger Schriften zum Genossenschaftswesen
HüL	Hausmitteilungen über Landwirtschaft
IPW-Ber.	Berichte des Instituts für Internationale Politik und Wirtschaft der DDR
IPW-Forschungsh.	Forschungshefte des Instituts für Internationale Politik und Wirtschaft der DDR
Koop.forschg.	Schriften zur Kooperationsforschung
KTBL	Schriften des Kuratoriums für Technik und Bauwesen in der Landwirtschaft e.V.
KZfSS	Kölner Zeitschrift für Soziologie und Sozialpsychologie
Landw.-Ang.Wiss.	Landwirtschaft-Angewandte Wissenschaft
LGw	Ländliches Genossenschaftswesen
LSf	Schriftenreihe für ländliche Sozialfragen
MEW	Marx-Engels-Werke
Milchpraxis	Die Milchpraxis

Milchw.Ber.	Milchwirtschaftliche Berichte
MSchrGw	Marburger Schriften zum Genossenschaftswesen
Quellen Münster	Quellen und Studien des Instituts für Genossenschaftswesen an der Universität Münster
Soc.Rur.	Sociologia Ruralis
SchrAA	Schriftenreihe für Agrarsoziologie und Agrarrecht
Veröff.Marburg	Veröffentlichungen des Instituts für Genossenschaftswesen an der Phillips-Universität Marburg
Vorträge Münster	Vorträge und Aufsätze des Instituts für Genossenschaftswesen an der Universität Münster
Vorträge Wien	Vorträge und Aufsätze des Forschungsinstituts für Genossenschaftswesen an der Universität Wien
VS	Volkswirtschaftliche Schriften
Wiener Studien	Wiener Studien des Forschungsinstituts für Genossenschaftswesen
ZAA	Zeitschrift für Agrargeschichte und Agrarsoziologie
ZfgG	Zeitschrift für das gesamte Genossenschaftswesen

ABEL, W. (Hrsg.): Lebensformen auf dem Lande. LSf, H. 27. Hannover 1957.

ALBRECHT, G.: Das deutsche Bauerntum im Zeitalter des Kapitalismus. Grundriß der Sozialökonomik, 9. Abt.: Das soziale System des Kapitalismus 1. Teil: Die gesellschaftliche Schichtung im Kapitalismus. Tübingen 1926, S. 35-69.

ALBRECHT, H.: Widerstände und Hemmfaktoren bei Berufswechsel und Umschulung von Landwirten - ihre Berücksichtigung in der sozio-ökonomischen Beratung. Landw.-Ang.Wiss. H. 197. Münster - Hiltrup 1977.

ALVENSLEBEN, R. v. et al.: Vertikale Integration und Verträge in der Landwirtschaft. I. Bundesrepublik Deutschland. HüL 106. Brüssel 1973.

AMBROSY, R.: Was ist Arbeitswissenschaft? Grundsätzliche Bemerkungen zu Entwicklungen, Problemen und Methoden der Wissenschaft von der menschlichen Arbeit. Bochum 1983.

ARETZ, H.: Milcherzeugerberatung im Hinblick auf die Verbesserung der Rohmilchqualität. Dt.Milchw. 5/1971, S. 188-190.

ATTEMS, R.: Organisationsentwicklung und Genossenschaften. Vorträge Wien H. 10, Wien 1982.

AUSWERTUNGS- UND INFORMATIONSDIENST FÜR ERNÄHRUNG, LANDWIRTSCHAFT UND FORSTEN E.V. (Hrsg.), Qualitätsmilch liefern. H. 122. Bonn 1984.

AUTSCHBACH, P.: Der bäuerliche Familienbetrieb in der dynamischen Gesellschaft; in: EVANGELISCHE LANDJUNGENDAKADEMIE (Hrsg.) 1969, a.a.O., S. 9-30.

BACH, H.: Bäuerliche Landwirtschaft im Industriezeitalter. Ansatz zu einer ganzheitlichen Theorie der Agrarpolitik. Berlin 1967.

BACH, H. et al.: Planung und Freiheit. SchrAA H. 1, Linz 1968.

BACH, H.: Planung und Freiheit; in: BACH, H. et al. 1968, a.a.O., S. 11-21.

BADISCHER GENOSSENSCHAFTSVERBAND RAIFFEISEN-SCHULZE-DELITZSCH E.V.: Mitgliederbefragung im Erzeugergroßmarkt. Unveröff. Untersuchungsbericht. Karlsruhe 1984.

BAEHRFELD, K.-D.: Modellanalyse des Verhaltens privater und genossenschaftlicher Verarbeitungsunternehmungen landwirtschaftlicher Produkte. Diss. Bonn 1978.

BALLMANN, W.: Bauersmann! Wach auf! Zeitgemäße Darlegungen für Stadt und Land. Trier 1920.

BARTHELMÄ, K. L.: Strukturelle Auswirkungen der neuen Kooperationsformen im Erzeugungsbereich der deutschen Landwirtschaft. Diss. Heidelberg 1973.

BAUMGÄRTNER, U.: Zur Diskussion der Agrarfrage in Frankreich; in: POPPINGA, O. (Hrsg.) 1979, a.a.O., S. 27-49.

BECKMANN, F.: Der Bauer im Zeitalter des Kapitalismus. Schmollers Jahrbuch 50. Jg. 1926, S. 719-748 und 51. Jg. 1927, S. 49-91.

BECKMANN, F.: Standardisierung als genossenschaftliche Erzeugungs- und Absatzmethode. Sammlung von Schriften und Vorträgen des Seminars für Genossenschaftswesen an der Universität Köln H. 7, Halberstadt 1930.

BENDIXEN, E. O.: Einstellungen der Landwirte zu ihrem Arbeitsplatz. ASG 147, Göttingen 1980.

BENDIXEN, E. O./HARBECK, H.: Zur sozialen Sicherung in der Landwirtschaft; in: POPPINGA, O. (Hrsg.) 1979, a.a.O., S. 112-131.

BENVENUTI, B.: General Systems Theory and Entrepreneureal Autonomy in Farming: Towards a New Feudalism or Towards Democratic Planning? Soc.Rur. 15. Jg. 1975, S. 46-64.

BERGMANN, K.: Agrarromantik und Großstadtfeindlichkeit. Meisenheim 1970.

BERGMANN, T.: Factors Influencing Optimum Size and Decision-Making on Cooperative Farms. Soc.Rur. 9. Jg. 1969, S. 114-133.

BERGMANN, T.: Change Process in Farming and Political Consciousness and Attitudes of Peasants and Worker-Peasants. Soc.Rur. 15. Jg. 1975, S. 73-89.

BERSCH, W.: Arbeiterbewußtsein und Arbeiterbildung auf dem Lande. Marburg 1985.

BESCH, M.: Strukturwandel auf den Märkten und Bewertung der Kooperation. BüL 59. Jg. 1981, S. 25-38.

BESCH, M./MEYER, W.: Arbeitsteilung und Konzentration in der Nahrungsgüterwirtschaft und ihre Auswirkungen auf die sozialökonomische Struktur der Landwirtschaft. FAA 198, Bonn 1968.

BIENERT, W.: Die Genossenschaft und ihre Mitglieder. GSchr. H. 2, Heidelberg 1955.

BIERMANN, D.: Die Landwirtschaft der Bundesrepublik Deutschland - eine ökonomisch-geographische Studie unter besonderer Berücksichtigung der Auswirkungen der kapitalistischen ökonomischen Integration. Diss. Potsdam 1984.

BIRNBAUM, K.: Das Genossenschaftsprinzip in Anwendung und Anwendbarkeit in der Landwirtschaft. Leipzig 1870.

BLANCKENBURG, P. v.: Berufszufriedenheit und Unbehagen in der Landwirtschaft. Soziale Welt 9. Jg. 1958, S. 29-45.

BLANCKENBURG, P. v.: Die Berufsbejahung in der Landwirtschaft. Bemerkungen zur sozialpsychologischen Situation des westdeutschen Bauerntums. BüL 37. Jg. 1959, S. 51-40.

BLANCKENBURG, P. v.: Einführung in die Agrarsoziologie. Stuttgart 1962.

BLOHM, G.: Der westdeutsche Bauer; in: ABEL, W. (Hrsg.) 1959, a.a.O., S. 5-24.

BODENSTEDT, A.: Die Entwicklung agrarkultureller Wesenszüge in Europa; in: GLAESER, B. (Hrsg.) 1986, a.a.O., S. 49-63.

BOETTCHER, E. (Hrsg.): Selektion im Genossenschaftswesen. Quellen Münster Bd. 14, Karlsruhe 1966a.

BOETTCHER, E.: Die Funktion der Genossenschaften in der Agrarpolitik der Bundesrepublik Deutschland. Neuere Tendenzen im Genossenschaftswesen. Wiener Studien N.F. Bd. 1, Göttingen 1966b, S. 42-51.

BOETTCHER, E.: Wirtschaftliche Integrationsprozesse der Gegenwart und genossenschaftliche Agrarpolitik; in: Marktintegration 1967 a.a.O.,, S. 9-19.

BOETTCHER, E.: Kooperation und Demokratie in der Wirtschaft. Koop.forschg. A. Studien Bd. 10, Tübingen 1974.

BOETTCHER, E. (Hrsg.): Führungsprobleme in Genossenschaften. Beiträge zum genossenschaftswissenschaftlichen Führungsseminar. Tübingen 1977.

BOETTCHER, E.: Die Genossenschaft in der Marktwirtschaft. Einzelwirtschaftliche Theorie der Genossenschaften. Koop.forschg. C. Berichte Bd. 1, Tübingen 1980.

BOGNER, H. (Hrsg.): Wirtschaftliche Milchviehhaltung und Rindermast. 2. Aufl. Frankfurt/M. - Münster - Hiltrup 1983.

BOHN, E.: Wirtschaftsstruktureller Wandel und gesellschaftliche Orientierung. Eine empirische Studie über den ländlichen sozio-ökonomischen Wandel und seine Reflexion im Bewußtsein und Verhalten von Bauern und Arbeiterbauern. HA H. 110, Stuttgart 1980.

BONUS, H.: Genossenschaften - von neuem Geist beseelt. Wirtschaftswoche Nr. 15/1986, S. 72-74.

BORCHERDT, C. (Hrsg.): Geographische Landeskunde von Baden-Württemberg. Schriften zur politischen Landeskunde Baden-Württembergs Bd. 8, Stuttgart 1983.

BORCHERDT, C. et al.: Die Landwirtschaft in Baden-Württemberg 1850-1980. Veränderungen von Anbau, Viehhaltung und landwirtschaftlichen Betriebsgrößen 1850-1980. Schriften zur politischen Landeskunde Baden-Württemberg Bd. 12, Stuttgart 1985.

BORCHERT, K.: Möglichkeiten und Grenzen koordinierten Anbieterverhaltens in der Landwirtschaft. Agrarw. Sonderh. 40, Hannover 1970.

BORN, D.: Entscheidungsorientierter Ansatz der Unternehmensführung in der Landwirtschaft. Landw.-Ang.Wiss. H. 172, Münster - Hiltrup 1974.

BORRIES, R. v./NOWACK, G./WESCHE, R.: Zusammenarbeit in der Landwirtschaft. Möglichkeiten und Formen der über- und zwischenbetrieblichen Kooperation. Stuttgart 1983.

BOTHMER, H.-D.: Der staatsfreie Raum im landwirtschaftlichen Betrieb. Ein Beitrag zur Entscheidungsfreiheit des Landwirts. Diss. München 1973.

BRAUNER, H.: Die landwirtschaftlichen Arbeitsgesetze. Grenzen der Mechanisierung im Agrarbereich. SchrAA H. 10, Linz 1970.

BRAVERMANN, H.: Die Arbeit im modernen Produktionsprozeß. 2. Aufl., Frankfurt/M. 1985.

BREIMYER, H. F.: Individual Freedom and the Economic Organization of Agriculture. Urbana - London 1965.

BREUNIG, K.: Das landwirtschaftliche Genossenschaftswesen in Baden. Diss. Würzburg 1927.

BRINKMANN, G.: Ökonomik der Arbeit. Bd. 1: Grundlagen, Stuttgart 1981.

BRIXNER, J.: Marktintegration durch bäuerlich-genossenschaftliche Aktiengesellschaften. Dargestellt an Beispielen der ländlichen Genossenschaftsorganisation Württembergs. Vorträge Münster H. 13, Karlsruhe 1966.

BRIXNER, U.: Die Beeinflussung von Mitgliederentscheidungen durch den Genossenschaftsbetrieb. ZfgG Bd. 21/1971, S. 113-127.

BRUDER, A./GÖPPERT, J./HESSLÖHL, R.: Entwicklung einer städtischen Molkerei in ihrem Erfassungsbereich. Unveröff. Bericht eines industriegeographischen Praktikums am Institut für Kulturgeographie der Universität Freiburg i. Br. 1979.

BRÜGGEMANN, B./RIEHLE, R.: Das Dorf. Über die Modernisierung einer Idylle. Frankfurt/M. 1986.

BRUNN, A.: Untersuchungen der verschiedenen praktischen Möglichkeiten einer Einbeziehung des Eiweißgehaltes in die Qualitätsbezahlung der Anlieferungsmilch und ihre Auswirkungen auf die Milcherzeugung. Diss. Gießen 1977.

BRUNNER, O.: Das "ganze Haus" und die alteuropäische "Ökonomik"; in: OETER, F.. (Hrsg.), Familie und Gesellschaft. Tübingen 1966, S. 23-56.

BUCHHOLZ, P.: Probleme der beruflichen Umschulung in kleinbäuerlichen Gebieten. Ergebnisse von Erhebungen in den Landkreisen Meschede/Sauerland und Schleiden/Eifel. ASG 45, Göttingen 1966.

BRÜCKER, J.: Kommunikationswege zwischen Molkereien und Milcherzeugern. Dt.Milchw. 15/1981, S. 522-523.

BÜNNEMANN, G./HANSEN, H.: Frucht- und Gemüselagerung. Eine Anleitung für den Lagerwart. Grundlagen der Fortschritte im Garten- und Weinbau H. 11, Stuttgart 1973.

BUNTZEL, R.: Eindrücke von einer Agrarkultur in der industriellen Wachstumsgesellschaft. Eine Fallstudie aus Hohenlohe/Württemberg; in: GLAESER, B. (Hrsg.) 1986, a.a.O., S. 31-46.

BUNZ, A.R./JANSEN, R./SCHACHT, K.: Qualität des Arbeitslebens. Soziale Kennziffern zu Arbeitszufriedenheit und Berufschancen. Forschungsauftrag des Bundesministers für Arbeit und Sozialordnung, Bonn 1973.

BUSCH, W./LINK, D./OSTENDORF, H. D.: Markstruktur, Preisbildung und Handelsspannen bei Obst und Gemüse einschließlich Konserven in der Bundesrepublik Deutschland. FAA 165. Bonn 1966.

BUTTEL, F. H./NEWBY, H. (Hrsg.): The Rural Sociology of the Advanced Societies: Critical Perspectives, Montclair - London 1980.

BUSZELLO, H./BLICKLE, P./ENDRES, R. (Hrsg.): Der deutsche Bauernkrieg. Paderborn 1984.

CHRISTLICH DEMOKRATISCHE UNION (Hrsg.): Zukunft für unsere Landwirtschaft, Bonn 1986.

CHRISTIANSEN, P.: Verwirklichung der Bundesgüteverordnung 1980 aus der Sicht der Praxis. Milchw.Ber. 69/1981, S. 313-315.

COLLIGNON, H.: Das Absatz- und Bezugsgeschäft der landwirtschaftlichen Genossenschaften unter der Marktregelung. Diss. Berlin 1936.

COMPART, E.: Kapitalistische Entwicklungswege bei der Genossenschaft. Diss. Mannheim 1977/78.

CRÖNLEIN, J.: Förderung von Kooperationen im Produktionsbereich der Landwirtschaft in der Bundesrepublik Deutschland. Darstellung und Analyse der Ziele, Maßnahmen und Ergebnisse öffentlicher Förderung von Kooperationen. Diss. Gießen 1979.

DALLMANN, J.: Entwicklungstendenzen und Widersprüche in der französischen Landwirtschaft der Gegenwart. Diss. Leipzig 1984.

DAMS, T.: Regionale und agrarstrukturelle Aspekte der vertikalen Integration. ASG 36, Göttingen 1962.

DAVID, E.: Sozialismus und Landwirtschaft. 2. Aufl., Leipzig 1922.

DAVIS, J. E.: Capitalist Agricultural Development and the Exploitation of the Propertied Laborer; in: BUTTEL, F. H./NEWBY, H. (Hrsg.) 1980, a.a.O., S. 133-153.

DEENEN, B. v.: Die Leistungskraft der bäuerlichen Familie; in: RÖSENER, H. (Hrsg.) 1965, a.a.O., S. 87-104.

DEENEN, B. v.: Wandel im Verhalten, in den Einstellungen und Meinungen westdeutscher Landwirte zu Beruf, Familie und Gesellschaft. FAA 211, Bonn 1971.

DERFUSS, J.: Erfolgsermittlung bei gewerblichen und ländlichen Genossenschaften. Wiesbaden 1974.

DEUTSCHE LANDWIRTSCHAFTS-GESELLSCHAFT E.V. (Hrsg.): Unsere Landwirtschaft. Eine Zwischenbilanz. Frankfurt/M. 1985.

DEUTSCHER RAIFFEISENVERBAND E.V. (Hrsg.): Raiffeisen in unserer Zeit. Zum hundertjährigen Bestehen der ländlichen Genossenschaften. Bonn 1949.

DEUTSCHER RAIFFEISENVERBAND E.V. (Hrsg.): Jahrbuch 1986. Bonn 1987.

DIEDERICHS, E./DRAHEIM, G.: Autonomie und Bindung in der Genossenschaft. Veröff. Marburg Bd. 32, Marburg 1966.

DIE GRÜNEN (Hrsg.): Grüne Agrarpolitik. Bilanz und Perspektiven. Materialien zur parlamentarischen Arbeit, Bonn 1985.

Die neue Milch-Güte-Verordnung erfordert höchste Sorgfalt bei der Reinigung und Desinfektion. Milchpraxis 22. Jg. 1984, S. 6-7.

DIETZE, C. v.: Kapitalismus und Überlieferung in der deutschen Landwirtschaft. Vorträge über Volkswirtschaft und Politik H. 3.

DIRSCHERL, C.: Die Leistungsbeziehungen zwischen Genossenschaftsmitgliedern und Genossenschaftsbetrieb unter besonderer Berücksichtigung der gegenseitigen Bindungen. Soziologische Fallstudie einer Kaiserstühler Winzergenossenschaft. Unveröff. Magisterarbeit am Institut für Soziologie der Universität Freiburg i.Br. 1984a.

DIRSCHERL, C.: Koordination der Traubenproduktion als dringliche Aufgabe winzergenossenschaftlicher Tätigkeit. Der deutsche Weinbau 23/1984b, S. 1016-1019.

DIRSCHERL, C.: Die landwirtschaftlichen Produktionsbedingungen und ihre Auswirkungen auf die bäuerliche Arbeitsorganisation. Unveröff. Arbeitspapier am Institut für Soziologie der Universität Freiburg i. Br. 1986.

DOBERT, H.: Das Leitbild des unternehmerischen Landwirts. HlBuS H. 62, Bonn 1968, S. 3-7.

DOLUSCHITZ, R.: Produktivität und Einkommen landwirtschaftlicher Haupterwerbsbetriebe in Baden-Württemberg. Diss. Hohenheim 1984.

DORENKAMP, H.: Der Einfluß von Betriebsleiterfähigkeit und -neigung auf Betriebsergebnis und Betriebsorganisation. Münster 1968.

DRESSLER, H.-G.: Zur Problematik der Steuerung und Gestaltung des Warenflusses bei Vermarktungsbetrieben für Obst. Diss. Hannover 1980.

DRAHEIM, G.: Die Genossenschaft als Forschungsgegenstand. ZfgG Bd. 9/1959, S. 201-245.

DRAHEIM, G.: Unternehmerische Marktausrichtung und bäuerliche Unabhängigkeit. LSf H. 30, Hannover 1962, S. 7-30.

DRAHEIM, G.: Grundfragen des Genossenschaftswesens. Reden und Aufsätze. Veröffentlichung der Deutschen Genossenschaftsbank Bd. 14, Frankfurt/M. 1983.

DÜLFER, E./HAMM, W. (Hrsg.): Die Genossenschaften zwischen Mitgliederpartizipation, Verbundbildung und Bürokratietendenz. Arbeitsergebnisse der X. Internationalen genossenschaftswissenschaftlichen Tagung 1981 in Marburg. ZfgG Sonderband Göttingen 1983.

DÜRHOLT, E. et al.: Qualitative Arbeitsanalyse. Neue Verfahren zur Beurteilung von Tätigkeiten. Frankfurt/M. - New York 1983.

EGGEBRECHT, A. et al.: Geschichte der Arbeit. Vom Alten Ägypten bis zur Gegenwart, Köln 1980.

EHRLE, L.: Produktion von Qualitätsgemüse: Feldanbau für Industrie und Markt. Berlin - Hamburg 1975.

EICHLER, K.: Vorzugsmilch - Ansichten und Aussichten. Milchpraxis 22. Jg. 1984, S. 62.

Eingriffe in die unternehmerische Entscheidungsfreiheit des Landwirts. Vorträge der HLBS-Hauptverbandstagung 1979. HlBuS H. 89, Bonn 1979.

ENGEL, E.: Der Obstbau und Obsthandel im Großherzogtum Baden. Volkswirtschaftliche Abhandlungen der Badischen Hochschulen VII. Band 1. H., Karlsruhe 1903.

ENGELHARDT, W. W.: Der Funktionswandel der Genossenschaften in industrialisierten Marktwirtschaften. VS H. 163. Berlin 1971.

ENGELS, F.: Die Bauernfrage in Frankreich und Deutschland. MEW Bd. 22, Berlin (Ost) 1972 (zuerst 1894/95).

EVANGELISCHE LANDJUGENDAKADEMIE (Hrsg.): Landwirtschaft und Kooperation. Analysen und Erwägungen. Altenkircher Beiträge H. 11, Altenkirchen/Ww 1969.

EVRARD, P/HASSAN, D./VIAU, C.: Petite agriculture et capitalisme. Cahiers d'economie politique Nr. 4. Presses Universitaires de France, Paris 1977.

FASEN, W.: Organisationsstrukturen von Stufenverbunden in der Landwirtschaft. LGw H. 15, Gießen 1974.

FAUST, H.: Geschichte der Genossenschaftsbewegung. 3. überarbeitete und stark erweiterte Aufl., Frankfurt/M. 1977.

FEUERBORN, S. Die statuarische Mitgliederbindung aus genossenschaftsrechtlicher Sicht. Koop.forschg. C., Berichte Bd. 7, Tübingen 1978.

FIEHLER, R.: Kommunikation und Kooperation. Theoretische und empirische Untersuchungen zur kommunikativen Organisation kooperativer Prozesse, Berlin 1980.

FRAGNER, H.: Genossenschaften und Erzeugergemeinschaften im Agrarbereich. LGw H. 10, Gießen 1969.

FRANK, W.: Der somatische Zellgehalt der Milch. Milchpraxis 19. Jg. 1981, S. 102-104.

FRANKLIN, S.H.: The European Peasantry. The Final Phase. London 1969.

FRANZ, G. (Hrsg.): Die Geschichte der Landtechnik im 20. Jahrhundert. Frankfurt/M. 1969.

FRASSINE, W.: Konzentration und Wettbewerb in der Molkereiwirtschaft der Bundesrepublik Deutschland. Gießener Schriften zur Agrar- und Ernährungswisssenschaft H. 9, Gießen 1976.

FRATZSCHER, G.: Vertragslandwirtschaft. Bindungen und Vereinbarungen zwischen landwirtschaftlichen Betrieben und landwirtschaftlichen Unternehmungen. In ihren Formen und Konsequenzen dargestellt am Beispiel von Schleswig-Holstein. Betriebs- und Arbeitswirtschaft in der Praxis H. 10, Hamburg - Berlin 1966.

FRAUENDORFER, S. v.: Ideengeschichte der Agrarwirtschaft und Agrarpolitik im deutschen Sprachgebiet. Bd. 1, München 1957.

FREDE, C.: Zur ökonomischen Bewertung der Milch. Diss. München 1976.

FREIE DEMOKRATISCHE PARTEI (Hrsg.): Perspektiven der Agrarpolitik. Grundsatzpapier der F.D.P. Freie Demokratische Korrespondenz Ausgabe 251, Bonn 1985.

FRENZ, A.: Aspekte des dynamischen Wettbewerbs im Agribusiness. Die agrarpolitische Problematik von horizontaler und vertikaler Kooperation im Stufenwettbewerb. Forschungsber. Bd. 4, Münster 1974.

FRICKE, F.-W.: Die landwirtschaftliche Produktivgenossenschaft. Ihre Eignung als Rechtsform für landwirtschaftliche Betriebszweige und Betriebsgemeinschaften. Köln - Berlin - Bonn - München 1976.

FRINK, E.: Probleme der beruflichen Umschulung dargestellt am Ausscheiden aus der Landwirtschaft in der Bundesrepublik Deutschland. Diss. St. Gallen 1970.

FÜRSTENBERG, F.: Einführung in die Arbeitssoziologie. Darmstadt 1977.

GALESKI, B.: Basic Concepts of Rural Sociology. Manchester 1972.

GALESKI, B.: Social Organization and Rural Social Change; in: SHANIN, T. (Hrsg.) 1984a, a.a.O., S. 115-137.

GALESKI, B.: Sociological Problems of the Occupation of Farmers; in: SHANIN, T. (Hrsg.) 1984b, a.a.O.., S. 180-201.

GASSON, R.: Socioeconomic Status and Orientation to Work: the Case of Farmers. Soc.Rur. 14. Jg. 1974, S. 127-141.

GASSON, R.: Farmers Participation in Cooperative Activities. Soc.Rur. 17. Jg. 1977, S. 105-123.

GEBERT, D.: Genossenschaftsdemokratie aus organisationspsychologischer Sicht. ZfgG Bd. 33 1983, S. 176-182.

GEORGI, F.: Der Obst- und Gemüsebau in Südbaden. Anbau- und Absatzbedingungen. Diss. Freiburg i. Br. 1937.

GERBER, F.: Wandel im ländlichen Leben. Eine sozialökonomische und sozialpsychologische Untersuchung in fünf Gemeinden des Oberemmentals. Diss. ETH Zürich 1974.

GERBER, K.: Stellung und Verhalten des Geschäftsführers in modernen Genossenschaften. Darstellung und Überprüfung am Beispiel von Agrargenossenschaften. Diss. Münster 1969.

GERDES, K. (Hrsg.): Explorative Sozialforschung. Stuttgart 1979.

GERL, F.: Wirtschaftliche Probleme der Landwirtschaft in der modernen Industriegesellschaft. Kosten senken durch Kooperation. 70 Jahre Hauptgenossenschaft. Schriftenreihe des Raiffeisenverbandes Schleswig-Holstein und Hamburg H. 9, Kiel 1968, S. 9-23.

GERKEN, E.: Notizen zur deutschen Agrarsoziologie. Agrarw. 25. Jg. 1976, S. 281-289.

GERLING, D.: Die Beeinflussung des betrieblichen Entscheidungsprozesses durch Unternehmenskooperation. Forschungsber. Bd. 5, Münster 1976.

GIEDION, S.: Die Herrschaft der Mechanisierung. Ein Beitrag zur anonymen Geschichte. Frankfurt/M. 1982 (zuerst 1948).

GIORDANO, C.: Führungspositionen in "Peasant Societies". Zur partiellen Abbildung der Sozialstruktur in Genossenschaften. Schweizerische Zeitschrift für Soziologie 1976, S. 143-172.

GLAESER, B. (Hrsg.): Die Krise der Landwirtschaft. Zur Renaissance von Agrarkulturen. Frankfurt/M. - New York 1986.

GLAESER, B.: Agrarkultur zwischen begrifflicher Rekonstruktion und Empirie; in: GLAESER, B. (Hrsg.) 1986, a.a.O., S. 17-27.

GLÖY, G.: Stand und Entwicklungstendenzen intergenossenschaftlicher Beziehungen. Eine Analyse der Probleme und Möglichkeiten warenwirtschaftlicher Zusammenarbeit von Agrargenossenschaften und Genossenschaften des Einzelhandels sowie der Verbraucher. Köln - Opladen 1969a.

GLÖY, G.: Unternehmensexpansion und wirtschaftliches Wachstum im Ernährungsgütersektor. Ein Beitrag zur Theorie der Vertikalkonzentration und Kooperation. Karlsruhe 1969b.

GLÖY, G.: Marktentwicklung und absatzwirtschaftlicher Verbund. Zur Frage der Wirksamkeit von Marktverbunden; in: EVANGELISCHE LANDJUGENDAKADEMIE (Hrsg.) 1969c, a.a.O., S. 31-46.

GÖPPERT, J.: Erzeugergroßmärkte für Obst und Gemüse in Oberbaden. Ihre Einzugsgebiete und Lieferverflechtungen. Unveröffn. Magisterarbeit am Institut für Kulturgeographie der Universität Freiburg i. Br. 1984.

GOLDBERG, R. A.: Agribusiness Coordination. A systems approach to the wheat, soyabean and Florida orange economies. Boston 1968.

GOODMANN, D./REDCLIFT, M.: Capitalism, Petty Commodity Production and the Farm Enterprise. Soc.Rur. 25. Jg. 1985, S. 231-247.

GOSS, K. F./RODEFELD, R. D./BUTTEL, F. H.: The Political Economy of Class Structure in U.S.Agriculture: A Theoretical Outline; in: BUTTEL, F. H./NEWBY, H. (Hrsg.) 1980, a.a.O., S. 83-132.

GOTH, R.: Wege und Ziele der Rationalisierungsbestrebungen in der badischen landwirtschaftlichen Produktion. Diss. Heidelberg 1931.

GOTTSCHALK, A.: Melken - Milch vom Euter zum Tank. Stuttgart 1982.

GRABEIN, M.: Wirtschaftliche und soziale Bedeutung der ländlichen Genossenschaften in Deutschland. Tübingen 1908.

GREVERUS, I.-M./HAINDL, E. (Hrsg.): Versuche, der Zivilisation zu entkommen. München 1983.

GROSSFELD, B.: Genossenschaft und Eigentum. Koop.forschg. B., Vorträge Bd. 4, Tübingen 1975.

GROSSE-LÜMERN, H.: Standardisierung landwirtschaftlicher Erzeugnisse und ihre Anwendung für Deutschland. Diss. Bonn/Poppelsdorf 1928.

GRÜNER, M. W.: Zur Kritik der traditionellen Agrarsoziologie in der BRD. Saarbrücken 1977.

GÜNNEMANN, W.: Konzentration und Zentralisation in der Agrarindustrie und in den Genossenschaften; in: POPPINGA, O. (Hrsg.) 1979, a.a.O., S. 50-71.

GUGELMEIER, W.: Die geschichtliche Entwicklung der badischen Obst- und Gemüseabsatzorganisationen. Der Badische Obst- und Gartenbauer H. 4/1958, S. 77-86.

GUGELMEIER, W.: Die Anpassung der badischen Erzeugergroßmärkte für Obst und Gemüse an die Erfordernisse des gemeinsamen europäischen Marktes (unter besonderer Berücksichtigung des Erwerbsobstbaues). Diss. Mannheim 1969.

GUMPERT, K.: Ansatzpunkte für eine Verbesserung des Vermarktungserfolges mit Hilfe von Erzeugergenossenschaften am westdeutschen Gemüsemarkt. Diss. Gießen 1963.

HÄHNERT, R. et al.: Der Genossenschaftsbauer und seine LPG. Recht in unserer Zeit. Bd. 29, Berlin (Ost) 1980.

HAINDL, E.: Revitalisierung dörflicher Alltagswelt - Versuche und Chancen, dargestellt an Waldamorbach im Odenwald, Corippo und Brione in der Schweiz; in: SCHMALS, K.M./VOIGT, R. (Hrsg.) 1986, a.a.O., S. 375-408.

HAMPICKE, U.: Zur Kritik der bürgerlichen Agrarökonomie. Plakat-Bauernverlag H. 6, Stuttgart 1974.

HARBS, K. F.: Kooperation in der Phase der agrarischen Überproduktion. Eine agrarpolitische Analyse der Absatz- und Einkommenseffekte der überbetrieblichen Zusammenarbeit auf der Erzeugerstufe. Hiltrup 1969.

HARSCHE, E.: Die Landwirtschaft in der vollindustrialisierten Gesellschaft. Gesellschaftspolitische Aspekte europäischer Agrarpolitik; in: STAUDT, A. (Hrsg.), Christliche Soziallehre auf dem Prüfstand. Limburg 1982, S. 130-164.

HARTKEMEYER, J.: Theoretische und praktische Aspekte zur Genese des gesellschaftlichen Bewußtseins unter agrarischen Bedingungen. Diss. Osnabrück 1978.

HARTMANN, H. et al. (Hrsg.): Aspekte der Arbeitsgesellschaft: Arbeit-Betrieb-Technik-Gewerkschaften. Soziologische Revue H. 1/1984.

HAUG, H.: Das Verhalten von Landwirten bei der Anpassung an Erfordernisse des Strukturwandels. Eine Untersuchung zur Ermittlung beratungs-methodisch relevanter Faktoren und Prozesse. Diss. Hohenheim 1976.

HAUSHOFER, H.: Die deutsche Landwirtschaft im technischen Zeitalter. Deutsch Agrargeschichte Bd. V, Stuttgart 1963.

HAUSHOFER, H.: Die Idealvorstellung vom deutschen Bauern. ZAA 26. Jg. 1978, S. 147-160.

HECHT, M.: Die badische Landwirtschaft am Anfang des 20. Jahrhunderts. Karlsruhe 1903.

HECKER, F.-C.: Wechselbeziehungen zwischen Zuckerindustrie und rübenbauender Landwirtschaft in Süddeutschland. Diss. Hohenheim 1951/52.

HEIM, N.: Erzeugergemeinschaften für Kartoffeln in der Bundesrepublik Deutschland. Diss. Gießen 1982.

HEINZE, R. G.: Soziale Lage und Deutungsmuster von Arbeiterbauern; in: POPPINGA, O. (Hrsg.) 1979, a.a.O., S. 194-209.

Heiße Diskussion um Auszahlungspreise. Dt.Milchw. H. 20/1984, S. 734.

HENNING, F.-W.: Landwirtschaft und ländliche Gesellschaft in Deutschland. Bd. 2 1750-1976, Paderborn - München - Wien - Zürich 1978.

HENNING, F.-W.: Das vorindustrielle Deutschland 800 bis 1800. Paderborn - München - Wien - Zürich, 4. Aufl. 1985.

HENZE, J.: Bau und Einrichtung von Lagerräumen für Obst und Gemüse. KTBL 154, Frankfurt/M. 1972.

HERRMANN, K.: Pflügen - Säen - Ernten. Landarbeit und Landtechnik in der Geschichte. Hamburg 1985.

HESSELBACH, J./HORLEBEIN, W.: Ziele und Verhaltensweissen von Landwirten; in: LANGBEHN, C./STAMER, H. (Hrsg.), Agrarwirtschaft und Instabilität. GeWiSoLa Bd. 13, München 1976, S. 447-459.

HETTLAGE, R.: Genossenschaftstheorie und Partizipationsdiskussion. Frankfurt/M. 1979.

HETTLAGE, R.: Genossenschaftssoziologie. Ein verdrängter Ansatz wirtschaftssoziologischer Forschung. ZfgG Bd. 13/1981, S. 279-295.

HILL, D./STANGE, U.: Moderne Landwirtschaft verlangt Kooperation. Anleitung für die Praxis. Hildesheim 1970.

HÖLSCHER, R.: Die Ausgliederung betrieblicher Funktionen auf Handelsgenossenschaften und ihre Konsequenzen für den Mitgliedsbetrieb. Diss. Münster 1964.

HOFFMANN, D.: Ökonomische Analyse der Kooperation dargestellt am Beispiel des Betriebszweiges "Weinbau". Landw.-Ang.Wiss 186, Münster-Hiltrup 1976.

HOFFMANN, V.: Landwirtschaftliche Betriebsleiterforschung. Methodische Ansätze und vorliegende Ergebnisse. Agrarw. 30. Jg. 1981, S. 115-127.

HOFFMANN-NOWOTNY, K./GEHRMANN, F. (Hrsg.): Ansprüche an die Arbeit. Umfragedaten und Interpretationen. Frankfurt/M. 1984.

HOLLA, M.: Gründe für die hauptberufliche Weiterbewirtschaftung landwirtschaftlicher Betriebe durch Hofnachfolger mit Berufsalternativen. ASG 166, Göttingen 1984.

HOPPE, G.: Keime in der Milch. Herkunft - Untersuchung - Bekämpfung. Milchpraxis 21. Jg. 1983, S. 10-11.

HÜFFMEIER, H.: Wandlungen in den Arbeitsanforderungen in der Landwirtschaft unter der Auswirkung der Technisierung. FAA 125, Bonn 1961.

HÜLSEMEYER, F.: Formen, Möglichkeiten und Grenzen der Kooperation im Agrarbereich. Agrarw. 19. Jg. 1970, S. 297-302.

HÜLSEN, R.: Situation von Ehefrauen von Nebenerwerbs-Landwirten. ASG 151, Göttingen 1980.

HÜLSEN, R.: Sozialökonomische Probleme im Bereich der Nebenerwerbslandwirtschaft. ASG 156, Göttingen 1982.

IDE, H.-W.: Die Förderungsleistung einer Maschinengemeinschaft für die einzelnen Mitgliederwirtschaften. LGw H. 25, Gießen 1982.

ILIEN, A.: Prestige in dörflicher Lebenswelt. Eine explorative Studie. Tübingen 1977.

ILIEN, A./JEGGLE, U.: Leben auf dem Dorfe. Zur Sozialgeschichte des Dorfes und Sozialpsychologie seiner Bewohner. Opladen 1978.

IMMLER, H.: Arbeitsteilung, Kooperation und Wirtschaftssystem. Eine Untersuchung am Beispiel der Landwirtschaft in der BRD und der DDR. VS H. 203, Berlin 1973.

INHETVEEN, H./BLASCHE, M.: Frauen in der kleinbäuerlichen Landwirtschaft. Opladen 1983.

INSTITUT FÜR SOZIALFORSCHUNG (Hrsg.): Gesellschaftliche Arbeit und Rationalisierung. Leviathan Sonderh. 4, Opladen 1981.

IRION, H.: Das Organisationsproblem bei zentralgenossenschaftlichen Verwertungsbetrieben für landwirtschaftliche Produkte unter besonderer Berücksichtigung der Rohwarenbeschaffung. HA Bd. 39, Stuttgart 1967.

JAEGER, G.: Die Vermarktung von Obst und Gemüse an nordrheinischen Erzeugerversteigerungen und Möglichkeiten der Verbesserung. Berichte Bonn H. 17, Münster - Hiltrup 1969.

JÄGER, W.: Neue Formen genossenschaftlicher Selbsthilfe in der Landwirtschaft. Aktuelle Probleme und zukünftige Aspekte genossenschaftswissenschaftlicher Forschung. Quellen Münster Bd. 14, Karlsruhe 1962.

JÄGER, W.: Die neuen Gemeinschaftsformen in Westeuropa - eine Absage an das Leitbild "bäuerlicher Familienbetrieb"?; in: RÖSENER, W. (Hrsg.) 1965, a.a.O., S. 18-35.

JAMISON, J. A.: Coordination and Vertical Expansion in Marketing Cooperatives. Journal of Farm Economics Aug. 1960, Menasha, Wisc., S. 555-566.

JANETZKI, A.: Das Verbundswinzersystem. Eine Fallstudie über Motive und Wirkungen von Unternehmen. Beiträge Bd. 1, Münster 1982.

JANVRY, A. de: Social Differentation in Agriculture and the Ideology of Neopopulism; in: BUTTEL, F. H./NEWBY, H. (Hrsg.) 1980, a.a.O., S. 155-168.

JAUDZIMS, A.: Ziele und Zielkontrollen in Genossenschaften. Eine Analyse unter besonderer Berücksichtigung der genossenschaftlichen Molkereiwirtschaft. Frankfurt/M. 1985.

KALEFELD, K. H.: Wettbewerbsstrategien im Agribusiness als Problem genossenschaftlicher Verbandspolitik. Beiträge Bd. 9, Münster 1983.

Kampf um den Rohstoff Milch. Dt.Milchw. H. 7/1981, S. 188.

KAUTSKY, K.: Die Agrarfrage. Stuttgart 1899.

KELLER, R.: Die organisatorische Vielfalt kooperativer Verbunde. Diss. Gießen 1975.

KESSLER, J.: Überbetriebliche Zusammenarbeit im Produktionsbereich der schweizerischen Landwirtschaft. Eine sozioökonomische Analyse. Diss. ETH Zürich 1976.

KLEINSORGE, J.: Die proletarisierten Bauern der BRD und ihre Integration in die Arbeiterklasse. IPW-Ber. H. 1/1976, S. 32-42.

KLEINSORGE, J.: Sozialökonomische Veränderungen in der Bauernschaft der BRD und Probleme der Bündnispolitik. Mittelschichten im gegenwärtigen Kapitalismus. IPW-Forschungsh. H. 1/1978, S. 95-101.

KLEINSORGE, J./SCHILLING, H.: Veränderungen in der sozialökonomischen Struktur der Bauernschaft der BRD; in: Soziale Prozesse 1974, a.a.O., S. 49-126.

KLEINSORGE, J./SIEBERT, A.: Zwei Jahrzehnte imperialistische Agrarpolitik: Überproduktion und Bauernruin. IPW-Ber. H. 6/1976, S. 35-43.

KLEINSORGE, J. et al.: Monokapitalistische vertikale Integration der Landwirtschaft. IPW-Ber. H. 5/1972, S. 25-34.

KLEINSORGE, J. et al.: Die Landwirtschaft der BRD im Prozeß der Monopolisierung. IPW-Forschungsh. H. 4/1979.

KLIMMER, W.: Die Entwicklung des landwirtschaftlichen Genossenschaftswesens im Großherzogtum Baden. Diss. Düsseldorf 1906.

KÖBKE, U.: Landwirtschaftliche Kooperation in Theorie und Praxis. Bonner HfAA H. 3, Stuttgart 1972.

KÖHNE, M.: Der Landwirt - ein mittelständischer Unternehmer. Chancen und Risiken seines Berufes; in: DEUTSCHE LANDWIRTSCHAFTS-GESELLSCHAFT E.V. (Hrsg.) 1985, a.a.O., S. 233-241.

KÖTTER, H.: Landbevölkerung im sozialen Wandel. Düsseldorf 1958.

KÖTTER, H.: Die Wandlung der landwirtschaftlichen Arbeitsverfassung in der Industriegesellschaft. Schriften der Gesellschaft für Sozialen Fortschritt e.V. Bd. 14, Berlin 1961, S. 13-29.

KÖTTER, H.: Soziologische Aspekte der Konzentration und Spezialisierung in der Landwirtschaft; in: RINTELEN, P. (Hrsg.), Konzentration und Spezialisierung in der Landwirtschaft. GeWiSoLa Bd. 2, München - Basel - Wien 1965, S. 279-286.

KÖTTER, H.: Soziologische und gesellschaftspolitische Problematik neuer Unternehmensformen in der Landwirtschaft; in: Neue Unternehmensformen 1967, a.a.O., S. 132-147.

KÖTTER, H.: Ländliche Sozialstrukturen in Bewegung. Agrarw. 17. Jg. 1968, S. 161-167.

KÖTTER, H.: Ländliche Soziologie in der Industriegesellschaft; in: GERHARDT, E./KUHLMANN, P. (Hrsg.), Agrarwirtschaft und Agrarpolitik. Köln - Berlin 1969, S. 109-125.

KÖTTER, H.: Die Landwirtschaft; in: CONZE, W./LEPSIUS, R. M. (Hrsg.), Sozialgeschichte der Bundesrepublik Deutschland. Beiträge zum Kontinuitätsproblem Bd. 34: Industrielle Welt, Stuttgart 1983, S. 115-142.

KONRAD-ADENAUER-STIFTUNG (Hrsg.): Material zum Problem der Agrarpolitik im modernen Industriestaat. Materialien zur Tagungs- und Seminararbeit der Politischen Akademie Eichholz H. 35, Bonn 1976.

KOPPLIN, D.: Marktstellung und Marktentwicklung landwirtschaftlicher Genossenschaften in der BRD. Diss. Kiel 1982.

KRAMER, J.: Analyse einer Ausbeutung: II. Das Bewußtsein der Bauern in Österreich. In Sachen H. 3/1976.

KREMLICKA, R.: Zwischenbetriebliche Kooperation kleiner und mittlerer Erzeugungsbetriebe. Mit einer empirischen Untersuchung der genossenschaftlichen Kooperation. Dissertationen der Wirtschaftsuniversität Wien Bd. 28, Wien 1980.

KRETSCHMANN, R.: Arbeitnehmer in der Landwirtschaft. Ansprüche und Anforderungen. ASG 158, Göttingen 1982.

KREUZER, K./DAUER, E.: Fettdifferenzen zwischen Leistungs- und Molkereiproben - mögliche Ursachen. Milchpraxis 22. Jg. 1982, S. 164-165.

KROESCHELL, K.: Der Landwirt als Unternehmer - ein neues Rechtsproblem; in: Neue Unternehmensformen 1967, a.a.O., S. 112-131.

KROMKA, F.: Vom Nutzen des Ehrenamtes dargestellt am Beispiel der Landwirtschaft. Unveröff. Habil.Schr. Weihenstephan 1983.

KROMKA, F./KREUL, W.: Zur Verteidigung des landwirtschaftlichen Unternehmers. Agrarw. 32. Jg. 1983, S. 155-159.

LACKNER, U.: Entwicklungstendenzen der Produktion und des Absatzes von Gemüse in Baden-Württemberg unter besonderer Beachtung genossenschaftlicher Absatzorgane. FAA 191, Bonn 1968.

LAMBERT, B.: Bauern im Klassenkampf. Anregungen für die vergessene Analyse einer Ausbeutung. Rotbuch 32, Berlin 1971.

LANTZKE, U.: Genossenschaftlicher Bezugs- und Absatzzwang. Diss. Münster 1953.

LAUERMANN, G. et al.: Können Reinigungsmittel in Melkanlagen zu positiven Hemmstoffwerten in der Milch führen? Milchpraxis 19. Jg. 1981, S. 152-153.

LAURINKARI, J.: Die genossenschaftlichen Grundwerte; in: LAURINKARI, J. (Hrsg.): Die Prinzipien des Genossenschaftswesens. Festschrift für Prof. Dr. Vesa Laakkonen. Nürnberg 1986, S. 128-146.

LE BIHAN, J. L.: Einfluß der Entwicklung der vertikalen und horizontalen Integration auf die Strukturen der Agrarproduktion. Monographische Beiträge. HüL H. 11, Brüssel 1966.

LEHMANN, F.: bessere Markttransparenz durch Veröffentlichung von Milchauszahlungspreisen der Molkereien an ihre Lieferanten. Dt.Milchw. 21/1970, S. 873-874.

LEISEWITZ, A.: Klassen in der Bundesrepublik Deutschland. Frankfurt/M. 1977.

LEITZMANN, C. et al.: Entstehung von Agribusiness und Untergang der Agrarkultur am Beispiel Zuckerrohr; in: GLAESER, B. (Hrsg.) 1986, a.a.O., S. 131-139.

LENIN, W. J.: Die Entwicklung des Kapitalismus in Rußland. Lenin Werke Bd. 3, Berlin (Ost) 1975 (zuerst 1899).

LENIN, W. J.: Die Agrarfrage und die "Marx-Kritiker". Lenin Werke Bd. 5, Berlin (Ost) 1976 (zuerst 1901).

LENIN, W. J.: An die Dorfarmut. Die Ziele der Sozialdemokraten, dargelegt für die Bauern. Lenin Werke Bd. 6, Berlin (Ost) 1975 (zuerst 1903).

LENIN, W. J.: Das kapitalistische System der modernen Landwirtschaft. Lenin Werke Bd. 16, Berlin (Ost) 1973 (zuerst 1932).

LENIN, W. J.: Neue Daten über die Entwicklungsgesetze des Kapitalismus in der Landwirtschaft. 1. Folge: Kapitalismus und Landwirtschaft in den Vereinigten Staaten von Amerika. Lenin Werke Bd. 22, Berlin (Ost) 1977 (zuerst 1917).

LIEFMANN, R.: Zur Theorie und Systematik der Genossenschaft. Schmollers Jahrbuch 51. Jg. 1927, S. 103-133.

LIENAU, E.: Erkennen von Hemmfaktoren beim Berufswechsel selbständiger Landwirte. ASG 115, Göttingen 1973.

LILIENTHAL, D.: Die Beziehungen zwischen den Genossenschaften und ihren Mitgliedern. Diss. Hamburg 1956.

LINK, H. et al.: Gemeinschaftsformen der Milchviehhaltung - Erfahrungen und Empfehlungen. KTBL 225, Darmstadt 1978.

LITTEK, W./RAMMERT, W./WACHTLER, G. (Hrsg.): Einführung in die Arbeits- und Industriesoziologie. 2. erweiterte Aufl., Frankfurt/M. - New York 1983.

LOCHER, T.: Bindung und Freiheit im bäuerlichen Leben. Eine agrarsoziologische Untersuchung. Diss. ETH Zürich 1978.

LUCKE, R.: Das badische Oberrheingebiet. Obstbau 7. Jg. 1982, S. 411-412.

LUCKE, R.: Betriebswirtschaftliche Aspekte der Obst-Selbstvermarktung. Obst und Garten 1983, S. 306-308, 394-395 u. 439-441.

MÄNDLE, E./WINTER, H.-W. (Hrsg.): Handwörterbuch des Genossenschaftswesens. Wiesbaden 1980.

MAHN, D.: Ist zu wünschen, daß künftig Handelsrecht auf die Landwirtschaft Anwendung findet? Diss. Köln 1967.

MANTEL, N.: Möglichkeiten und Grenzen des zwischenbetrieblichen Kostenvergleichs von Obst- und Gemüseverwertungsgenossenschaften. Diss. Berlin 1968.

MARKTKONTOR OBST UND GEMÜSE BADEN E.V. (Hrsg.): Obst und Gemüse. Erzeugung und Absatz. Köln 1984.

Marktintegration und agrarpolitisch relevante Tätigkeit der Genossenschaften. Vorträge und Verhandlungen der Europäischen Arbeitstagung des Instituts für Genossenschaftswesen der Westfälischen Wilhelms-Universität Münster. BüL Sonderh. 183, Hamburg - Berlin 1967.

MARX, K.: Die Klassenkämpfe in Frankreich 1848 bis 1850. MEW Bd. 7, Berlin (Ost) 1973 (zuerst 1850).

MARX, K.: Der achtzehnte Brumaire des Louis Bonaparte. MEW Bd. 8. Berlin (Ost) 1973 (zuerst 1852).

MARX, K.: Das Kapital. Kritik der politischen Ökonomie Bd. 1, MEW Bd. 23, Berlin (Ost) 1972 (zuerst 1867).

MARX, K.: Das Kapital. Kritik der politischen Ökonomie Bd. 3, MEW Bd. 25, Berlin (Ost) (zuerst 1894).

MEDICK, H.: Zur strukturellen Funktion von Haushalt und Familie im Übergang von der traditionellen Agrargesellschaft zum industriellen Kapitalismus: die protoindustrielle Familienwirtschaft; in: CONZE, W. (Hrsg.): Sozialgeschichte der Familie in der Neuzeit Europas: neue Forschungen. Stuttgart 1976, S. 254-282.

MEIER, J./HESSELBACH, F./ROHDE, H.-D.: Subjektive Größen zum Arbeitszeitbedarf. Differenzierung und Kalkulationsdaten nach unterschiedlichem Organisationsvermögen. Arbeiten aus dem Max-Planck-Institut für Landarbeit und Landtechnik H.A-72/1, Bad Kreuznach 1972.

MEILLASSOUX, C.: Die wilden Früchte der Frau. Über häusliche Produktion und kapitalistische Wirtschaft. Frankfurt/M. 1976.

MEIMBERG, P.: Betriebswirtschaftliche Möglichkeiten und Grenzen der Produktionsbeeinflussung durch ländliche Genossenschaften. ZfgG Bd. 17/1967, S. 29-44.

MENZEL, B.: Zweifel an der Funktionserfüllung der genossenschaftlichen Unternehmung? ZfgG Bd. 18/1968, S. 150-168.

MIETHKE, H.-J.: Die Analyse der Agrarsubventionen im staatsmonokapitalistischen Kapitalismus und ihre marxistisch-leninistische Kritik. Diss. Berlin (Ost) 1973.

MIKL-HORKE, G.: Organisierte Arbeit. Einführung in die Arbeitssoziologie. München - Wien 1984.

MOONEY, P. M.: Toward a Class Analysis of Midwestern Agriculture. Soc.Rur. 23. Jg. 1983, S. 563-584.

MROHS, E.: Landbewirtschafter in der Bundesrepublik Deutschland 1980. Lebens- und Arbeitsgestaltung, Einkommensvielfalt, subjektive Ortsbestimmung. FAA 256, Bonn 1981.

MROHS, E.: Landwirte in der Gesellschaft. Soziale Schichten im Vergleich. FAA 265, Bonn 1983.

MÜCKE, H.: Die Molkereiwirtschaft in der Bundesrepublik Deutschland. Diss. Kiel 1966.

MÜHLHAUPT, E.: Der Milchring. Ein Beitrag zur Kartell- und Preisfrage. Diss. Karlsruhe 1912.

MÜLLER, E.: Steuerung und Bindung genossenschaftlich organisierter Milcherzeuger. Soziologische Untersuchung einer Genossenschaftsmolkerei. Unveröff. Magisterarbeit am Institut für Soziologie der Universität Freiburg i. Br. 1987.

MÜLLER, G.: Einsatzmöglichkeiten überbetrieblicher Zusammenarbeit in der landwirtschaftlichen Produktion. Überbetriebliche Zusammenarbeit in der Landwirtschaft. LSf 52, Hannover 1967.

MÜLLER, G.: Wirtschaftliche Konzentration und Marktmacht - Konsequenzen für die ländliche Selbständigkeit; in: JUNGHANS, K.-H./ZÖLLNER, D.: Landwirtschaft - eine soziale Frage. Landw.-Ang.Wiss. H. 280, Münster - Hiltrup 1983, S. 64-69.

MÜLLER, J.: Bauer in Gefahr. Freiburg i. Br. 1950.

MÜLLER, J. O.: Die Einstellung zur Landarbeit in bäuerlichen Familienbetrieben. Ein Beitrag zur ländlichen Sozialforschung dargestellt nach Untersuchungen in vier Gebieten der Bundesrepublik. FAA 155, Bonn 1964.

MUSEUM FÜR DEUTSCHE VOLKSKUNDE (Hrsg.): Das Bild vom Bauern. Vorstellungen und Wirklichkeit vom 16. Jahrhundert bis zur Gegenwart. Berlin 1978.

MUTH, H.: Der Weg zum landwirtschaftlichen Familienbetrieb. BüL 45. Jg. 1967, S. 343-358.

NADEL, S. S.: Die Klassenstruktur der landwirtschaftlichen Bevölkerung in den Ländern Westeuropas; in: Soziale Prozesse 1974, a.a.O., S. 6-25.

NEUBOHN, H.-J.: Entwicklungstendenzen im westdeutschen Genossenschaftswesen. Stuttgart 1972.

Neue Unternehmensformen in der Landwirtschaft. Vorträge der Wintertagung 1967. Archiv der Deutschen Landwirtschafts-Gesellschaft e.V. Bd. 39, Frankfurt/M. 1967.

NEUMANN, R.: Rechtliche Möglichkeiten der Mitglieder zur Teilnahme an der Willensbildung in der eingetragenen Genossenschaft. Koop.forschg. A. Studien Bd. 18, Tübingen 1982.

NEWBY, H.: Die Herausforderung der ländlichen Soziologie. ZAA 29. Jg. 1981, S. 199-221.

NIEHAUS, H.: Der Bauer in der Wirtschafts- und Gesellschaftsordnung. Versuch einer agrarpolitischen Orientierung. Köln - Opladen 1948.

NIEHAUS, H.: Leitbilder der Wirtschafts- und Agrarpolitik in der modernen Gesellschaft. Stuttgart 1957.

NITSCH, G.: Das deutsche Molkereigenossenschaftswesen. Aufbau, Aufgaben und Leistungen. Marburg 1957.

NUSSBAUMER, J.: Die Lebensverhältnisse der Bauernfamilien im Homburgertal. Eine agrarsoziologisch-betriebswirtschaftliche Untersuchung. Quellen und Forschungen zur Geschichte und Landschaftskunde des Kantons Baselland Bd. VI, Liestal 1963.

OHE, H. v. d.: Landwirte im Entscheidungsprozeß - verhaltenswissenschaftliche Ansätze und Ergebnisse einer empirischen Untersuchung. Agrarw. Sonderh. 105, Frankfurt/M. 1985.

OPPEN, M. v.: Möglichkeiten und Grenzen der Anwendung vertraglicher Regelungen beim Absatz landwirtschaftlicher Produkte. Eine marktwirtschaftliche Untersuchung. Braunschweig/Völkenrode 1968.

PARDUHN, C.: Kooperation als Grenzfall der Konzentration. Diss. Münster 1972.

PASCHER, P.: Entwicklungschancen landwirtschaftlicher Haupterwerbsbetriebe. Ergebnisse einer Befragung von 1.505 Betriebsleitern in der Bundesrepublik Deutschland. FAA 257, Bonn 1981.

PAVLOV, V.: Die Entwicklung der Landwirtschaft der BRD unter den Bedingungen des staatsmonopolistischen Kapitalismus. Diss. Berlin (Ost) 1985.

PERNTHALER, P.: Landwirtschaftliche Planung in rechtlicher Sicht; in: BACH, H. et al. 1968, a.a.O., S. 49-73.

PETERS, U.: Zum Unternehmerverhalten in der Landwirtschaft. Voraussetzungen und Aufgaben der Betriebsleiterforschung unter besonderer Berücksichtigung einer realitätsnahen Erfassung ihrer Ziele im Entscheidungsmodell. BüL 46. Jg. 1968, S. 419-464.

PETERSEN, H.-J.: Landarbeiter - im Schatten des öffentlichen Interesses; in: POPPINGA, O. (Hrsg.) 1979, a.a.O., S. 211-214.

PIERENKEMPER, T.: Wirtschaftssoziologie. Eine problemorientierte Einführung mit einem Kompendium wirtschaftssoziologischer Fachbegriffe. Köln 1980.

PLANCK, U./ZICHE, J.: Land- und Agrarsoziologie. Eine Einführung in die Soziologie des ländlichen Siedlungsraumes und des Agrarbereiches. Stuttgart 1979.

POPPINGA, O.: Gebrauchsanleitung zum Agrarbericht; in: POPPINGA, O. (Hrsg.) 1979, a.a.O., S. 72-111.

PLOCH, L. A.: Social und Family Charcteristics of Maine Contract Broiler Growers. Maine Agricultural Experiment Station. Bulletin 596, Orono, Maine 1960.

POPPINGA, O.: Zur Bauernfrage in Westdeutschland; in: ARBEITSKREIS AGRARPOLITIK: Bauer was nun? Beiträge zur Agrarfrage in der BRD. Stuttgart 1972, S. 3-29.

POPPINGA, O.: Bauern, Bauernverband und Gewerkschaften. Gewerkschaftliche Monatshefte 1972, S. 484-494.

POPPINGA, O.: Politisches Verhalten und Bewußtsein deutscher Bauern und Arbeiterbauern unter besonderer Berücksichtigung revolutionärer und gegenrevolutionärer Bewegungen und Ansätze. Diss. Hohenheim 1973.

POPPINGA, O.: Bauern und Politik. Frankfurt/M. 1975.

POPPINGA, O. (Hrsg.): Produktion und Lebensverhältnisse auf dem Land. Leviathan Sonderheft 2, Opladen 1979.

POPPINGA, O.: Endlich transparente Milchpreise. Unveröff. Manuskript der Arbeitsgemeinschaft für ländliche Entwicklung an der Gesamthochschule Kassel 1986.

PRIEBE, H.: Der Bauer - Ideologie oder Wirklichkeit? Sonderdruck aus dem Tagungsprotokoll Nr. 16 der Aktionsgemeinschaft "Soziale Marktwirtschaft" am 19./20.6.1961 in Bad Godesberg.

PRIEBE, H.: Die subventionierte Unvernunft. Landwirtschaft und Naturhaushalt. Berlin 1985.

PRIGGE, W.-U.: Arbeitswissenschaft aus soziologischer Sicht. Diss. Bochum 1973.

PÜTZ, H.-P.: Die Bedeutung der landwirtschaftlichen Genossenschaften als Hilfsbetrieb für die moderne bäuerliche Landwirtschaft dargestellt am Beispiel der Bezugs- und Absatzgenossenschaften. Diss. Bonn 1982.

RABICH, A.: Die deutsche Milchwirtschaft im Wandel der Zeit. Ein Jahrhundert Molkereiwesen: Die Geschichte des technisch-ökonomischen Strukturwandels in der Milch- und Molkereiwirtschaft. Hildesheim 1973.

RABOLD, K. et al.: Hygienemaßnahmen direkt beim Melken bringt mehr Milchgeld. Milchpraxis 23. Jg. 1985, S. 121-123.

RAIFFEISEN, F. W.: Die Darlehnskassen-Vereine in Verbindung mit Consum-, Verkaufs-, Winzer-, Molkerei-, Viehversicherungsgenossenschaften als Mittel zur Abhilfe der Noth der ländlichen Bevölkerung. 3. Aufl., Heddesdorf/Neuwied 1881.

Reaktionen der Milcherzeuger auf die Quote. Milchpraxis 23. Jg. 1985, S. 162-163.

RECHTZIEGLER, E.: Neue Entwicklungstendenzen in der Landwirtschaft der kapitalistischen Staaten. Berlin (Ost) 1968a.

RECHTZIEGLER, E.: Die Raiffeisen-Genossenschaften in Westdeutschland - Wirklichkeit und Möglichkeiten. DWI-Ber. 11/12-1968b, S. 13-21.

RECHTZIEGLER, E.: Westdeutsche Landwirtschaft im Spätkapitalismus. Die agrarpolitische Konzeption des Finanzkapitals und die Beherrschung der westdeutschen Landwirtschaft durch Staat und Monopole. Plakat Bauernverlag H. 1, Offenbach 1972.

RHEINWALD, H.: Entscheidungen im landwirtschaftlichen Betrieb. Versuch einer Gliederung. Entscheidungen im landwirtschaftlichen Betrieb. Forschung und Beratung Reihe C., H. 7, Münster - Hiltrup 1964, S. 5-16.

RIEHL, W. H.: Die bürgerliche Gesellschaft. Frankfurt/M. - Berlin - Wien 1976 (zuerst 1887).

RINDERSPACHER, J. P.: Gesellschaft ohne Zeit. Individuelle Zeitverwendung und soziale Organisation der Arbeit. Frankfurt/M. - New York 1985.

RINGLE, G.: Mitgliederaktivierung und Partizipation in modernen Primärgenossenschaften. Mit einer Stellungnahme von HILL, D.: Mitgliederaktivierung ist notwendig und möglich. HSchrGw Bd. 2, Göttingen 1983.

RINGLE, G.: Entscheidungspartizipation der Mitglieder in Genossenschaftsunternehmen. ZfgG Bd. 34/1984, S. 221-233.

RINTELEN, P.: Das Risiko im landwirtschaftlichen Betrieb. Ein Beitrag zur Frage des Aufbaues und der Führung bodengebundener Intensivbetriebe. Bonn 1938.

RITTER, K.: Einflüsse des Kapitalismus auf Art und Größe der landwirtschaftlichen Produktion. Agrarpolitische Aufsätze und Vorträge H. 16, Berlin 1929.

RÖHM, H.: Automatische oder gelenkte Anpassung der Landwirtschaft. Agrarw. 13. Jg. 1964, S. 305-318.

RÖSENER, H. (Hrsg.): Der bäuerliche Familienbetrieb - ein überholtes Leitbild? Witten 1965.

ROLFES, M.: Die Entwicklung der nebenberuflichen Landbewirtschaftung und ihre Erscheinungsformen; in: ABEL, W. (Hrsg.) 1959, a.a.O., S. 27-36.

ROMPUY, V. v.: Die vertikale Integration in Europa, ihre wirtschaftlichen Folgen und ihr Einfluß auf das Wesen der Familienbetriebe sowie auf Genossenschaften. European Confederation of Agriculture H. 18, Brugg 1961. S. 129-138.

RONGE, L.: Sozialreform im ländlichen Raum. Bauern und Raiffeisen; in: DEUTSCHE LANDWIRTSCHAFTS-GESELLSCHAFT E.V. (Hrsg.) 1985, a.a.O., S. 261-277.

ROSENBROCK, E.: Der Deutsche Raiffeisenverband in der Wirtschafts- und Agrarpolitik. Wiesbaden 1976.

ROSENKRANZ, O.: Über die industriemäßige Produktion in der Landwirtschaft. Sitzungsberichte der Deutschen Akademie der Landwirtschaftswissenschaften Bd. XIII, H. 3, Berlin (Ost) 1964.

ROSSKAMP, R.: Der Funktionswandel bei Agrargenossenschaften unter dem Einfluß der Veränderungen in der Agrarstruktur dargestellt am Beispiel der Umstellung des Milcherfassungssystems im Einzugsgebiet der Württembergischen Milchverwertung Südmilch AG. Diss. Hohenheim 1971.

ROY, E. P.: Contract Farming and Economic Integration. Danville, III. 1972.

SACHS, R.: Die Persönlichkeit des landwirtschaftlichen Unternehmers. Agrarw. 5. Jg. 1956, S. 183-187 u. 352-353.

SACHS, R.: Wirtschafts- und Sozialverhalten von Landwirten. LSf 65, Hannover 1972.

SACHS, R.: The Farmer an Entrepreneur Personality ? A Socio-Psychological Analysis of Decision-Making with Special Regard to the Economic Behaviour of Farmers. Soc.Rur. 13. Jg. 1973, S. 194-214.

SAHLINS, M.: Stone Age Economics. Chicago 1972.

SAUERBREY, H.: Die wirtschaftlichen Probleme zunehmender Koalition zwischen landwirtschaftlichen Erzeugereinheiten und genossenschaftlichen Be- und Verarbeitungsunternehmen. Diss. Gießen 1968.

SCHAUFF, M.: Klagen wegen Preisabzügen beim Milchgeld haben wenig Aussicht auf Erfolg. Milchpraxis 22. Jg. 1984, S. 26-27.

SCHAUFF, M.: Zur Direktvermarktung von Milch und Milcherzeugnissen - rechtliche Aspekte. DMZ 1984, S. 252-253.

SCHEIBLER, A.: Die Marktstellung der Obst- und Gemüsegenossenschaften in Nordrhein-Westfalen und die Möglichkeiten der Rationalisierung des Absatzes. Diss. Münster 1951.

SCHERINGER, R./SPRENGER, W.: Arbeiter und Bauern gegen Bosse und Banken. Bauernprobleme der Bundesrepublik in marxistischer Sicht. Frankfurt/M. 1970.

SCHILLER, O.: Kooperation und Integration im landwirtschaftlichen Produktionsbereich. Frankfurt/M. 1970.

SCHILLING, H.: Zur Herausbildung des Agrar-Industrie-Komplexes in imperialistischen Ländern. IPW-Ber. 7/1974, S. 20-31.

SCHILLING,H./SIEBERT, A./WÜRZBURG, F.: Landwirtschaftliche Genossenschaften der BRD im Prozeß der agrar-industriellen Verflechtung. IPW-Ber./1977a.

SCHILLING, H./SIEBERT, A./WÜRZBURG, F.: Die landwirtschaftlichen Genossenschaften der BRD im staatsmonopolistischen Konzentrationsprozeß. IPW-Ber. 5/1977b, S. 68-73.

SCHILLING, L.: Die Erzeugungs- und Absatzverhältnisse des badischen Obstbaues. Diss. Bonn 1930.

SCHLEIMINGER, K.: Organisation und Aufbau einer wirkungsvollen Erzeugerberatung in einem wirtschaftlichen Unternehmen. Dt.Milchw. 14/1981, S. 481-483.

SCHLITZ, S.: Die Struktur des Arbeitskräftebesatzes der rheinland-pfälzischen Landwirtschaft unter dem Einfluß industriegesellschaftlicher Gestaltungsprozesse. Gießener Schriften zur Wirtschafts- und Regionalsoziologie H. 10, Gießen 1984.

SCHLOEN, B.: Marketing- und Stabilitätsprobleme genossenschaftlicher Verbundunternehmen im Agribusiness der Bundesrepublik Deutschland. Forschungsber. Bd. 3, Münster 1974.

SCHMALS, K. M./VOIGT, R. (Hrsg.): Krise ländlicher Lebenswelten. Analysen, Erklärungsansätze und Lösungsperspektiven. Frankfurt/M. - New York 1986.

SCHMIDT, P.: Mitgliederversammlung des milchwirtschaftlichen Vereins Baden-Württemberg e.V. und des Milchprüfrings Württemberg und Hohenzollern e.V. Dt. Milchw. 1984, S. 1874-1875.

SCHMIED, W.: Ortsverbundenheit und Lebensqualität. FAA 270, Bonn 1985.

SCHNEIDER, E.: Beiträge zur Kenntnis der Entwicklung der landwirtschaftlichen Bezugs- und Absatzgenossenschaften. Ihre gegenwärtigen und künftigen Aufgaben. Diss. Berlin 1929.

SCHNEIDER, G.: Zur politischen Ökonomie des Agrarsektors. Soziale Lage und soziale Differenzierung der landwirtschaftlichen Erwerbstätigen in der Bundesrepublik seit 1960. Köln 1980.

SCHNEIDER, H.-D.: Sozialpsychologische Überlegungen zur Kooperation in der Landwirtschaft; in: EVANGELISCHE LANDJUGENDAKADEMIE (Hrsg.) 1969, a.a.O., S. 83-97.

SCHOPEN, W.: Die vertikale Integration in der Landwirtschaft. Erscheinungsformen und Entwicklungstendenzen mehrstufiger Zusammenarbeit. Landw.-Ang.Wiss. H. 125, Münster - Hiltrup 1966.

SCHOPPE, S.: Kooperation auf der Erzeugerstufe als Grenzfall oder als Übergang zur Konzentration im Agribusiness. Forschungsber. Bd. 2, Münster 1974.

SCHÜRMANN, K.: Landwirte und deren Handelspartner. Ein empirischer Beitrag zur Marktstellung. FAA 269, Bonn 1984.

SCHUG, W.: Die deutsche Milchmarktordnung. Diss. Bonn 1968.

SCHULTE-ALTHOFF, W.: Möglichkeiten und Bedeutung der Standardisierung agrarischer Erzeugnisse für die Tätigkeit der landwirtschaftlichen Absatzgenossenschaften in Westdeutschland unter besonderer Berücksichtigung der dänischen und niederländischen Maßnahmen. Diss. Münster 1954.

SCHULTZ, R./ZERCHE, J.: Genossenschaftslehre. 2. Aufl., Berlin - New York 1983.

SEIBERT, I.: Arbeitseinstellungen von Bäuerinnen zur Innen- und Außenwirtschaft im landwirtschaftlichen Betrieb. Eine explorative Untersuchung. Unveröff. Magisterarbeit am Institut für Soziologie der Universität Freiburg i. Br. 1985.

SERAPHIM, H. J.: Die genossenschaftliche Gesinnung und das moderne Genossenschaftswesen. Vorträge Münster H. 6, Karlsruhe 1956.

SEUSTER, H.: Der funktionelle Ablauf im landwirtschaftlichen Betrieb. Umfang, Vielfalt und Steuerung. Hamburg - Berlin 1966.

SEUSTER, H.: Freiheit, Freiwilligkeit und vertragliche Bindungen im ländlichen Genossenschaftswesen. ZfgG Bd. 18/1968, S. 21-42.

SEUSTER, H.: Über den organisatorisch-technischen Fortschritt in der Landwirtschaft. ZfgG Bd. 34/1984, S. 61-67.

SHANIN, T. (Hrsg.): Peasants and Peasant Societies. 7. Aufl., Harmondsworth/Middlesex 1984.

SIEBENHÜTTER, L.: Die genossenschaftliche Milchverwertung in Deutschland. Diss. Tübingen 1911.

SIEBERT, A.: Fortschreitender Konzentrationsprozeß in der BRD-Landwirtschaft. IPW-Ber. 6/1980, S. 48-52.

SIEBERT, A.: Zur Wiederbelegung des Dogmas vom "bäuerlichen Familienbetrieb". IPW-Ber. 7/1984, S. 9-14.

SINKWITZ, P.: Technischer Fortschritt - auch weiterhin? Die Frage nach den Grenzen; in: DEUTSCHE LANDWIRTSCHAFTS-GESELLSCHAFT (Hrsg.) 1985, a.a.O., S. 291-307.

SNOWDON, G.: Die zweckmäßige Gestaltung der Erzeugung als Voraussetzung für einen erfolgreichen Absatz von Obst und Gemüse (dargestellt am Beispiel der Bergsträßer Obst- und Gemüsezentrale eGmbH Zwingenberg). LGw H. 4, Gießen 1965.

SONNEMANN, T.: Das landwirtschaftliche Eigentum in seiner sozialen und ethischen Bedeutung. BüL 41. Jg. 1963, S. 1-10.

SONNEMANN, T.: Länderbericht Bundesrepublik Deutschland; in: Marktintegration 1967, a.a.O., S. 46-53.

SONNEMANN, T.: Die Neue Mitte und das Genossenschaftswesen. Göttingen 1977.

SOZIALDEMOKRATISCHE PARTEI DEUTSCHLAND (Hrsg.): Kurskorrektur in der Agrarpolitik. Informationsdienst der SPD Nr. 12, Bonn 1985.

Soziale Prozesse in der kapitalistischen Landwirtschaft. Zu den Veränderungen in der Klassenstruktur der landwirtschaftlichen Bevölkerung unter den Bedingungen der wissenschaftlich-technischen Revolution im staatsmonopolistischen Kapitalismus. IPW-Forschungsh. 1/1974.

SPITTLER, G.: Herrschaft über Bauern. Die Ausbreitung staatlicher Herrschaft und einer islamisch-urbanen Kultur in Gobir (Niger). Frankfurt/M. - New York 1978.

SPITTLER, G.: Abstraktes Wissen als Herrschaftsbasis. Zur Entstehungsgeschichte bürokratischer Herrschaft im Bauernstaat Preußen. KZfSS 32. Jg. 1980a, S. 574-604.

SPITTLER, G.: Bemerkungen zum Stand der deutschen Agrarsoziologie. KZfSS 32. Jg. 1980b, S. 606-612.

SPITTLER, G.: Verwaltung in einem afrikanischen Bauernstaat. Das koloniale Französisch-Westafrika 1919-1939. Wiesbaden 1981.

STAMER, H.: Agrarpolitik aktuell. Unser Weg in die Zukunft. Frankfurt/M. 1983.

STATISTISCHES LANDESAMT BADEN-WÜRTTEMBERG (Hrsg.): Landwirtschaft in Baden-Württemberg. Stuttgart 1986.

STEDING, F.: Agrarpolitik zwischen Zwang und Freiheit. Ein Erlebnisbericht. Prien 1975.

STEFFEN, G.: Betriebsführung unter veränderten technischen, ökonomischen und moralischen Aspekten. BüL 62. Jg. 1984, S. 170-179.

STEINERT, J.: Milch-ab-Hof-Verkauf und was dabei zu beachten ist. Milchpraxis 22. Jg. 1984, S. 112-114.

STÖCKL, J. P.: Zur Bestimmung der optimalen Erfassungs- und Vertriebskosten in Molkereien. Diss. München 1978.

STRECKER, O. et al.: Die Landwirtschaft und ihre Marktpartner. Neue Formen der Zusammenarbeit. Landw.-Ang.Wiss. H. 118, Münster - Hiltrup 1963.

STREIF, J.: Möglichkeiten zur Feststellung eines günstigen Erntetermins. Obstbau 1980, S. 312-314.

STROTHE, A.: Agrarwirtschaft im Umbruch. 2. Aufl., Frankfurt/M. 1984.

THIERY, H.: Qualitätsmilch durch geeignete Reinigung und Desinfektion. Milchpraxis 19. Jg. 1981, S. 120.

THIMM, H.-U.: Koordination für den landwirtschaftlichen Absatz. Überbetriebliche Zusammenarbeit an praktischen Beispielen und Entwicklungstendenzen. Hamburg - Berlin 1966.

THIMM, H.-U.: Kann und soll die Genossenschaft die Erzeugung von Agrarprodukten beeinflussen? ZfgG Bd. 17/1967, S. 45-54.

THIMM, H.-U./BESCH, M.: Die Nahrungsgüterwirtschaft. Zunehmende Verflechtung der Landwirtschaft mit vor- und nachgelagerten Wirtschaftsbereichen. Hamburg - Berlin 1971.

THIMM, H.-U./ZICHE, J.: Vom Hof zum Markt. BLV-Praxisbuch Bd. 3, München - Basel - Wien 1966.

THOMPSON, E. P.: Zeit, Arbeitsdisziplin und Industriekapitalismus; in: THOMPSON, E. P.: Plebeische Kultur und moralische Ökonomie. Aufsätze zur englischen Sozialgeschichte des 18. und 19. Jahrhunderts. Frankfurt/M. - Berlin - Wien 1980, S. 35-67.

THOMSEN, J. W.: Vom Hakenpflug zum Mähdrescher. Eine Fotochronik technischer Entwicklung in der Landwirtschaft. 3. Aufl. Heide 1985.

THÜNGEN, H. Frh. v.: Mehr Mut zu einer neuen Rolle des Landwirts. DLG-Mittlg. 101. Jg. 1986, S. 233.

TRABAND, G.: L'urbanisation des campagnes des Kaiserstuhl. Regio Basiliensis 13. Jg. 1972, S. 50-84.

TREIS, B.: Die Beschaffung landwirtschaftlicher Produkte durch Unternehmen der Ernährungswirtschaft. Eine Gegenüberstellung von vertikal-kooperativer und freier Beschaffungsstrategie. Betr.Schr. 40, Berlin 1970.

TSCHAJANOW, A.: Die Lehre von der bäuerlichen Wirtschaft. Versuch einer Theorie der Familienwirtschaft im Landbau. Mit einer Einleitung von Gerd Spittler. Frankfurt/M. - New York 1987.

VASTHOFF, J.: Kooperation im Produktionsbereich der Landwirtschaft. Formen, theoretische Grundlagen und Bereiche. Agrarw. Sonderh. 20, Hannover 1966.

VIERHELLER, R.: Demokratie und Management. Grundlagen einer Managementtheorie genossenschaftlich-demokratisch verfaßter Unternehmen. MSchrGw 59, Göttingen 1983.

VILMAR, F./KISSLER, L.: Arbeitswelt: Grundriß einer kritischen Soziologie der Arbeit. Opladen 1982.

VOGELER, J.: The Myth of Family Farm: Agribusiness Dominance of U.S. Agriculture. A Westview Special Study. Boulder, Col. 1981.

VONDERACH, G.: Lebensverhältnisse in ländlichen Regionen; in: POPPINGA, O. (Hrsg.) 1979, a.a.O., S. 132-175.

WADSACK, H.-J.: Wartung von Melk- und Kühlanlagen. Milchpraxis 22. Jg. 1984, S 45.

WEHLAND, W.: Werthaltungen und Ideologien im Entwicklungsprozeß der deutschen Landwirtschaft. Soc.Rur. 12. Jg. 1972, S. 400-418.

WEIPPERT, G.: Zur Soziologie des Genossenschaftswesens. ZfgG Bd. 7/1957, S. 112-114.

WEISS, H.: Der theoretische Beitrag der bürgerlichen Agrarsoziologie zur Darstellung und konfliktarmen Steuerung der sich objektiv in der kapitalistischen Landwirtschaft vollziehenden Entwicklungsprozesse. Diss. Berlin (Ost) 1984.

WERSCHNITZKY, U. et al.: Vertragslandwirtschaft - Entwicklung, Formen und Probleme. BüL 52. Jg. 1974/75, S. 393-413.

WICHERN, V.: Milchwirtschaft in Südbaden. Mit einer Untersuchung der Auswirkungen der EG-Milchkontingentierung vom 31.3.1984. Unveröff. Magisterarbeit am Institut für Kulturgeographie der Universität Freiburg i. Br. 1986.

WIESNER, H.-U.: Somatische Zellen als Gütemerkmal zur Bewertung der Anlieferungsmilch. Milchpraxis 19. Jg. 1981, S. 54.

WINNEMÖLLER, B.: Anforderungen von Landwirten an außerlandwirtschaftliche Arbeitsplätze. Schätzung der qualitativen und quantitativen Arbeitsplatznachfrage durch Befragung im Rahmen der kommunalen Entwicklungsplanung des Rheinisch-Bergischen Kreises. Diss. München 1977.

WINTER, F./JANSSEN, H.: Lage und Aussichten des Obstbaues in Baden-Württemberg unter besonderer Berücksichtigung der Einflüsse aus den obstbaubetreibenden Ländern der EG. Unveröff. Gutachten der Forschungsstation für Obstbau und landwirtschaftliche Intensivkulturen. Hohenheim 1973.

WINTER, H.-W.: Genossenschaftswesen. Schaeffers Grundriß des Rechts und der Wirtschaft Bd. 101, Stuttgart 1982.

WITT, K.: Aufgabenstellung und Organisationsaufbau von Erzeugergemeinschaften und deren Vereinigungen. Diss. Kiel 1971.

WITZEL, A.: Verfahren der qualitativen Sozialforschung. Überblick und Alternativen. Frankfurt/M. - New York 1982.

WOLF, R. M.: Ein bemerkenswertes Bekenntnis - Aufzucht des selbständigen Unternehmers. Fruchthandel 25. Jg. 1985, S. 1191.

WORSTORFF, H.: Optimale Milchabgabe durch Melkbereitschaft der Kuh und richtigen Einsatz der Technik. Milchpraxis 22. Jg. 1984, S. 100-102 u. 159-161.

WÜRZBURG, F.: Zu gegenwärtigen Prozessen der monokapitalistischen Verflechtung zwischen Landwirtschaft, Industrie und Handel im Imperialismus am Beispiel der BRD. Diss. Berlin (Ost) 1976.

WYDER, J.: Wirtschaftliche und soziologische Untersuchungen in der Zentralschweiz unter besonderer Berücksichtigung der landwirtschaftlichen Verhältnisse. Diss. ETH Zürich 1971.

ZICHE, J.: Kritik der deutschen Bauerntumsideologie. Soc.Rur. 8. Jg. 1968, S. 105-139.

Bundesgesetze und -verordnungen

Zur Milchwirtschaft

Milchgesetz vom 31. Juli 1930.

Erste Verordnung zur Ausführung des Milchgesetzes vom 15. Mai 1931.

Milch- und Fettgesetz (Gesetz über den Verkehr mit Milch, Milcherzeugnissen und Fetten) in der Fassung vom 10. Dezember 1952.

Verordnung über hygienische Anforderungen an Milch und Milcherzeugnisse bei der Einfuhr vom 23. Dezember 1969.

Verordnung über Milcherzeugnisse vom 15. Juli 1970.

Butterverordnung (Bekanntmachung der Neufassung) vom 10. August 1970.

Verordnung (EWG) Nr. 1411/71 zur Festlegung ergänzender Vorschriften für die gemeinsame Marktorganisation für Milch und Milcherzeugnisse hinsichtlich der unter die Tarifnummer 04.01 des Gemeinsamen Zolltarifs fallenden Erzeugnisse vom 29. Juni 1971.

Milch-Sachkunde-Verordnung (VO über die Sachkunde zum Betrieb eines Unternehmens der Be- und Verarbeitung von Milch und eines Milchhandelsunternehmens) vom 22. Dezember 1972.

Hygieneverordnung für Milch-ab-Hof-Abgabe (VO über gesundheitliche Anforderungen an Rohmilch und daraus hergestellte Erzeugnisse, die von Milcherzeugern unmittelbar an Verbraucher abgegeben werden) vom 24. Mai 1973.

Konsummilch-Kennzeichnungs-Verordnung (Verordnung über die Kennzeichnung wärmebehandelter Konsummilch) vom 19. Juni 1974.

Käseverordnung vom 19. Februar 1976.

Verordnung des Ministeriums für Ernährung, Landwirtschaft und Umwelt und des Ministeriums für Wirtschaft, Mittelstand und Verkehr über Prüfung und Bezahlung von Erzeugern angelieferter Milch vom 23. August 1978 (Landesgüterbezahlungsverordnung Baden-Württemberg).

Milch-Güteverordnung Verordnung über die Güteprüfung und Bezahlung der Anlieferungsmilch vom 9. Juli 1980 in der Neufassung vom 3. Dezember 1982.

Verordnung über die Abgaben im Rahmen von Garantiemengen im Bereich der Marktorganisation für Milch und Milcherzeugnisse vom 25. Mai 1984.

Milchgüte-Verordnung-Durchführungsverordnung des Ministeriums für Ernährung, Landwirtschaft und Umwelt und des Ministeriums für Wirtschaft, Mittelstand und Verkehr Baden-Württemberg in der Änderungsverordnung vom 10. März 1986.

Zur Obst- und Gemüsewirtschaft

Verordnung Nr. 23 über die schrittweise Errichtung einer gemeinsamen Marktorganisation für Obst und Gemüse vom 20. April 1962.

Verordnung Nr. 58 zur Festsetzung gemeinsamer Qualitätsnormen für einige Erzeugnisse im Anhang I B der Verordnung Nr. 23 über die schrittweise Errichtung einer gemeinsamen Marktorganisation für Obst und Gemüse vom 15. Juni 1962.

Verordnung Nr. 183/64/EWG zur Festsetzung gemeinsamer Qualitätsnormen für Spargel und Gurken vom 17. November 1964.

Verordnung Nr. 10/65/EWG zur Festsetzung der gemeinsamen Qualitätsnormen für Knoblauch vom 26. Januar 1965.

Verordnung Nr. 41/66/EWG zur Festsetzung gemeinsamer Qualitätsnormen für Kopfkohl, Rosenkohl und Bleichsellerie vom 29. März 1966.

Verordnung (EWG) Nr. 211/66 über die Hinzufügung einer Güteklasse zu den gemeinsamen Qualitätsnormen für bestimmte Obst- und Gemüsearten vom 14. Dezember 1966.

Verordnung Nr. 93/67/EWG über erste Maßnahmen zur Qualitätskontrolle von Obst und Gemüse, das innerhalb der Gemeinschaft in Verkehr gebracht wird vom 3. Mai 1967.

Verordnung (EWG) Nr. 1194/69 über die Hinzufügung einer zusätzlichen Güteklasse zu den gemeinsamen Qualitätsnormen für bestimmte Obst- und Gemüsearten vom 26. Juni 1969.

Verordnung (EWG) Nr. 1018/70 zur Anwendung der zusätzlichen Güteklassen für bestimmte Gemüse vom 29. Mai 1970.

Verordnung (EWG) Nr. 379/71 über die Festsetzung der Qualitätsnormen für Zitrusfrüchte vom 19. Februar 1971.

Verordnung (EWG) Nr. 1641/71 über die Festsetzung der Qualitätsnormen für Tafeläpfel und Tafelbirnen vom 27. Juli 1971.

Verordnung über Qualitätsnormen für Obst und Gemüse vom 9. Oktober 1971.

Verordnung über gesetzliche Handelsklassen für frisches Obst und Gemüse vom 9. Oktober 1971.

Verordnung (EWG) Nr. 1035/72 über eine gemeinsame Marktorganisation für Obst und Gemüse vom 18. Mai 1972.

Verordnung (EWG) Nr. 2397/76 zur Festsetzung von Qualitätsnormen für Gemüsepaprika bzw. Paprika ohne brennenden Geschmack vom 1. Oktober 1976.

Verordnung (EWG) Nr. 2764/77 zur Verlängerung des Zeitraumes, in dem die Güteklasse III bei bestimmten Obst- und Gemüsearten angewendet werden kann vom 5. Dezember 1977.

Verordnung (EWG) Nr. 1292/81 zur Festsetzung von Qualitätsnormen für Lauch, Auberginen und Zucchini vom 12. Mai 1981.

Verordnung (EWG) Nr. 646/82 zur Abweichung von den mit Verordnung Nr. 23 des Rates festgesetzten gemeinsamen Qualitätsnormen für Tomaten vom 19. März 1982.

Verordnung (EWG) Nr. 778/83 zur Festsetzung von Qualitätsnormen für Tomaten vom 30. März 1983.

Verordnung (EWG) Nr. 2064/83 zur Abweichung von den Qualitätsnormen für bestimmte Sorten von Äpfeln und Birnen zu Beginn des Wirtschaftsjahres 1983/84 vom 25. Juli 1983.

Verordnung (EWG) Nr. 2213/73 zur Festsetzung von Qualitätsnormen für Zwiebeln und Chicoree vom 28. Juli 1983.

Verordnung (EWG) Nr. 913/84 zur Anwendung der Güteklasse III auf bestimmtes Obst im Wirtschaftsjahr 1984/85 vom 3. April 1984.

Verordnung (EWG) Nr. 779/83 zur Anwendung der Güteklasse "III" auf bestimmtes Obst im Wirtschaftsjahr 1984/85 vom 8. Juni 1984.

Verordnung (EWG) Nr. 1677/82 zur Abweichung von den Qualitätsnormen für bestimmte Sorten von Tafeläpfeln und -birnen zu Beginn des Wirtschaftsjahres 1984/85 vom 19. Juli 1984.

Verordnung (EWG) Nr. 2763/84 zur Heraufsetzung der Mindestgröße der Äpfel, die in den Verkehr gebracht werden dürfen, für einen Teil des Wirtschaftsjahres 1984/85 vom 28. September 1984.

Verordnung über gesetzliche Handelsklassen für Speisekartoffeln vom 6. März 1985.

Verordnung (EWG) Nr. 750/85 zur Anwendung der Güteklasse "III" auf bestimmtes Obst im Wirtschaftsjahr 1985/86 vom 22.3.1985.

EG-Verordnungen Nr. 2969/86, 439/87 und 1211/87 zur Durchführung der neuen Fettregelung.

GPSR Compliance

The European Union's (EU) General Product Safety Regulation (GPSR) is a set of rules that requires consumer products to be safe and our obligations to ensure this.

If you have any concerns about our products, you can contact us on ProductSafety@springernature.com

In case Publisher is established outside the EU, the EU authorized representative is:

Springer Nature Customer Service Center GmbH
Europaplatz 3
69115 Heidelberg, Germany

Batch number: 10815974

Printed by Printforce, the Netherlands